한번에 합격하기 합격플래너

화학분석기사 실기

Plan1

나만의 셀프 Plan

3회독 학습!

일 완성!

이론 및 기출		1회독	2회독	3회독	학습한 날짜
PART 1. 핵심이론 주제별 필수이론	핵심이론 1. 유리기구와 초순수 ☐				___월 ___일 ~ ___월 ___일
	핵심이론 2. SI 단위와 유도단위 ☐				___월 ___일 ~ ___월 ___일
	핵심이론 3. 농도와 정량분석 ☐				___월 ___일 ~ ___월 ___일
	핵심이론 4. 용액 ☐				___월 ___일 ~ ___월 ___일
	핵심이론 5. 산 · 염기 지시약 ☐				___월 ___일 ~ ___월 ___일
	핵심이론 6. 산 · 염기의 세기 ☐				___월 ___일 ~ ___월 ___일
	핵심이론 7. 산 · 염기 적정 ☐				___월 ___일 ~ ___월 ___일
	핵심이론 8. EDTA 적정 ☐				___월 ___일 ~ ___월 ___일
	핵심이론 9. 산화 · 환원 적정 ☐				___월 ___일 ~ ___월 ___일
	핵심이론 10. 전기화학의 기초 ☐				___월 ___일 ~ ___월 ___일
	핵심이론 11. 화학반응속도론 ☐				___월 ___일 ~ ___월 ___일
	핵심이론 12. 시험법 밸리데이션 ☐				___월 ___일 ~ ___월 ___일
	핵심이론 13. 오차와 신뢰구간, 불확정도 ☐				___월 ___일 ~ ___월 ___일
	핵심이론 14. 최소제곱법 등 ☐				___월 ___일 ~ ___월 ___일
	핵심이론 15. 분리분석법 ☐				___월 ___일 ~ ___월 ___일
	핵심이론 16. 기체 크로마토그래피 ☐				___월 ___일 ~ ___월 ___일
	핵심이론 17. 고성능 액체 크로마토그래피 ☐				___월 ___일 ~ ___월 ___일
	핵심이론 18. 질량분석법 ☐				___월 ___일 ~ ___월 ___일
	핵심이론 19. 전위차법 ☐				___월 ___일 ~ ___월 ___일
	핵심이론 20. 전압전류법 ☐				___월 ___일 ~ ___월 ___일
	핵심이론 21. 열분석 ☐				___월 ___일 ~ ___월 ___일
	핵심이론 22. 분광분석법 기초 ☐				___월 ___일 ~ ___월 ___일
	핵심이론 23. 광학기기 구성 ☐				___월 ___일 ~ ___월 ___일
	핵심이론 24. 원자흡수분광법 ☐				___월 ___일 ~ ___월 ___일
	핵심이론 25. 유도결합 플라스마 원자방출분광법 ☐				___월 ___일 ~ ___월 ___일
	핵심이론 26. X-선 분광법 ☐				___월 ___일 ~ ___월 ___일
	핵심이론 27. 자외선-가시광선 분광법 ☐				___월 ___일 ~ ___월 ___일
	핵심이론 28. 적외선 분광법 ☐				___월 ___일 ~ ___월 ___일
	핵심이론 29. 핵자기공명 분광법 ☐				___월 ___일 ~ ___월 ___일

절취선

			1회독	2회독	3회독	학습한 날짜
PART 2. 필답형 19개년 기출복원문제	2006년 제4회 / 2007년 제4회 기출	☐				__월 __일 ~ __월 __일
	2008년 제4회 / 2009년 제2회 기출	☐				__월 __일 ~ __월 __일
	2009년 제4회 / 2010년 제2회 기출	☐				__월 __일 ~ __월 __일
	2010년 제4회 / 2011년 제1회 기출	☐				__월 __일 ~ __월 __일
	2011년 제4회 / 2012년 제1회 기출	☐				__월 __일 ~ __월 __일
	2012년 제4회 / 2013년 제1회 기출	☐				__월 __일 ~ __월 __일
	2013년 제4회 / 2014년 제1회 기출	☐				__월 __일 ~ __월 __일
	2014년 제4회 / 2015년 제1회 기출	☐				__월 __일 ~ __월 __일
	2015년 제4회 / 2016년 제1회 기출	☐				__월 __일 ~ __월 __일
	2016년 제4회 / 2017년 제1회 기출	☐				__월 __일 ~ __월 __일
	2017년 제4회 / 2018년 제1회 기출	☐				__월 __일 ~ __월 __일
	2018년 제4회 / 2019년 제1회 기출	☐				__월 __일 ~ __월 __일
	2019년 제2회 / 2019년 제4회 기출	☐				__월 __일 ~ __월 __일
	2020년 제1회 / 2020년 제2회 기출	☐				__월 __일 ~ __월 __일
	2020년 제3회 / 2020년 제4회 기출	☐				__월 __일 ~ __월 __일
	2021년 제1회 / 2021년 제2회 기출	☐				__월 __일 ~ __월 __일
	2021년 제4회 / 2022년 제1회 기출	☐				__월 __일 ~ __월 __일
	2022년 제2회 / 2022년 제4회 기출	☐				__월 __일 ~ __월 __일
	2023년 제1회 / 2023년 제2회 기출	☐				__월 __일 ~ __월 __일
	2023년 제4회 / 2024년 제1회 기출	☐				__월 __일 ~ __월 __일
	2024년 제2회 / 2024년 제3회 기출	☐				__월 __일 ~ __월 __일
PART 3. 작업형 흡광광도법에 의한 인산전량 정량분석	1. 작업형 공개문제	☐				__월 __일 ~ __월 __일
	2. 작업형 실험과정 및 답안 작성	☐				__월 __일 ~ __월 __일
			__일 완성!	__일 완성!	__일 완성!	

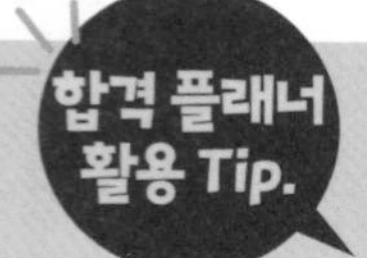

❖ **"저자쌤의 추천 Plan"** 란에는 공부한 날짜를 적거나 체크표시(√)를 하여 학습한 부분을 체크하시기 바랍니다. 저자쌤은 3회독 학습을 권장하나 자신의 시험준비 상황 및 기간을 고려하여 1회독, 또는 2회독으로 시험대비를 할 수도 있습니다.

❖ **"나만의 셀프 Plan"** 란에는 공부한 날짜나 기간을 적어 학습한 부분을 체크하시기 바랍니다.

❖ "각 이론 및 기출 뒤에 있는 네모칸(□)"에는 잘 이해되지 않거나 모르는 것이 있는 부분을 체크해 두었다가 학습 마무리 시나 시험 전에 다시 한 번 확인 후 시험에 임하시기 바랍니다.

절취선

표준 주기율표
(Periodic Table of The Elements)

표기법:

원자 번호
기호
원소명(국문)
원소명(영문)
일반 원자량
표준 원자량

1	2	3	4	5	6	7	8	9	10	11	12	13	14	15	16	17	18
1 **H** 수소 hydrogen 1.008 [1.0078, 1.0082]																	2 **He** 헬륨 helium 4.0026
3 **Li** 리튬 lithium 6.94 [6.938, 6.997]	4 **Be** 베릴륨 beryllium 9.0122											5 **B** 붕소 boron 10.81 [10.806, 10.821]	6 **C** 탄소 carbon 12.011 [12.009, 12.012]	7 **N** 질소 nitrogen 14.007 [14.006, 14.008]	8 **O** 산소 oxygen 15.999 [15.999, 16.000]	9 **F** 플루오린 fluorine 18.998	10 **Ne** 네온 neon 20.180
11 **Na** 소듐 sodium 22.990	12 **Mg** 마그네슘 magnesium 24.305 [24.304, 24.307]											13 **Al** 알루미늄 aluminium 26.982	14 **Si** 규소 silicon 28.085 [28.084, 28.086]	15 **P** 인 phosphorus 30.974	16 **S** 황 sulfur 32.06 [32.059, 32.076]	17 **Cl** 염소 chlorine 35.45 [35.446, 35.457]	18 **Ar** 아르곤 argon 39.95 [39.792, 39.963]
19 **K** 포타슘 potassium 39.098	20 **Ca** 칼슘 calcium 40.078(4)	21 **Sc** 스칸듐 scandium 44.956	22 **Ti** 타이타늄 titanium 47.867	23 **V** 바나듐 vanadium 50.942	24 **Cr** 크로뮴 chromium 51.996	25 **Mn** 망가니즈 manganese 54.938	26 **Fe** 철 iron 55.845(2)	27 **Co** 코발트 cobalt 58.933	28 **Ni** 니켈 nickel 58.693	29 **Cu** 구리 copper 63.546(3)	30 **Zn** 아연 zinc 65.38(2)	31 **Ga** 갈륨 gallium 69.723	32 **Ge** 저마늄 germanium 72.630(8)	33 **As** 비소 arsenic 74.922	34 **Se** 셀레늄 selenium 78.971(8)	35 **Br** 브로민 bromine 79.904 [79.901, 79.907]	36 **Kr** 크립톤 krypton 83.798(2)
37 **Rb** 루비듐 rubidium 85.468	38 **Sr** 스트론튬 strontium 87.62	39 **Y** 이트륨 yttrium 88.906	40 **Zr** 지르코늄 zirconium 91.224(2)	41 **Nb** 나이오븀 niobium 92.906	42 **Mo** 몰리브데넘 molybdenum 95.95	43 **Tc** 테크네튬 technetium	44 **Ru** 루테늄 ruthenium 101.07(2)	45 **Rh** 로듐 rhodium 102.91	46 **Pd** 팔라듐 palladium 106.42	47 **Ag** 은 silver 107.87	48 **Cd** 카드뮴 cadmium 112.41	49 **In** 인듐 indium 114.82	50 **Sn** 주석 tin 118.71	51 **Sb** 안티모니 antimony 121.76	52 **Te** 텔루륨 tellurium 127.60(3)	53 **I** 아이오딘 iodine 126.90	54 **Xe** 제논 xenon 131.29
55 **Cs** 세슘 caesium 132.91	56 **Ba** 바륨 barium 137.33	57-71 란타넘족 lanthanoids	72 **Hf** 하프늄 hafnium 178.49(2)	73 **Ta** 탄탈럼 tantalum 180.95	74 **W** 텅스텐 tungsten 183.84	75 **Re** 레늄 rhenium 186.21	76 **Os** 오스뮴 osmium 190.23(3)	77 **Ir** 이리듐 iridium 192.22	78 **Pt** 백금 platinum 195.08	79 **Au** 금 gold 196.97	80 **Hg** 수은 mercury 200.59	81 **Tl** 탈륨 thallium 204.38 [204.38, 204.39]	82 **Pb** 납 lead 207.2	83 **Bi** 비스무트 bismuth 208.98	84 **Po** 폴로늄 polonium	85 **At** 아스타틴 astatine	86 **Rn** 라돈 radon
87 **Fr** 프랑슘 francium	88 **Ra** 라듐 radium	89-103 악티늄족 actinoids	104 **Rf** 러더포듐 rutherfordium	105 **Db** 두브늄 dubnium	106 **Sg** 시보귬 seaborgium	107 **Bh** 보륨 bohrium	108 **Hs** 하슘 hassium	109 **Mt** 마이트너륨 meitnerium	110 **Ds** 다름슈타튬 darmstadtium	111 **Rg** 뢴트게늄 roentgenium	112 **Cn** 코페르니슘 copernicium	113 **Nh** 니호늄 nihonium	114 **Fl** 플레로븀 flerovium	115 **Mc** 모스코븀 moscovium	116 **Lv** 리버모륨 livermorium	117 **Ts** 테네신 tennessine	118 **Og** 오가네손 oganesson

57	58	59	60	61	62	63	64	65	66	67	68	69	70	71
La 란타넘 lanthanum 138.91	**Ce** 세륨 cerium 140.12	**Pr** 프라세오디뮴 praseodymium 140.91	**Nd** 네오디뮴 neodymium 144.24	**Pm** 프로메튬 promethium	**Sm** 사마륨 samarium 150.36(2)	**Eu** 유로퓸 europium 151.96	**Gd** 가돌리늄 gadolinium 157.25(3)	**Tb** 터븀 terbium 158.93	**Dy** 디스프로슘 dysprosium 162.50	**Ho** 홀뮴 holmium 164.93	**Er** 어븀 erbium 167.26	**Tm** 툴륨 thulium 168.93	**Yb** 이터븀 ytterbium 173.05	**Lu** 루테튬 lutetium 174.97

89	90	91	92	93	94	95	96	97	98	99	100	101	102	103
Ac 악티늄 actinium	**Th** 토륨 thorium 232.04	**Pa** 프로트악티늄 protactinium 231.04	**U** 우라늄 uranium 238.03	**Np** 넵투늄 neptunium	**Pu** 플루토늄 plutonium	**Am** 아메리슘 americium	**Cm** 퀴륨 curium	**Bk** 버클륨 berkelium	**Cf** 캘리포늄 californium	**Es** 아인슈타이늄 einsteinium	**Fm** 페르뮴 fermium	**Md** 멘델레븀 mendelevium	**No** 노벨륨 nobelium	**Lr** 로렌슘 lawrencium

※표준 원자량은 2011년 IUPAC에서 결정한 새로운 형식을 따른 것으로 [ ] 안에 표시된 숫자는 2종류 이상의 안정한 동위원소가 존재하는 경우에 지각 시료에서 발견되는 자연 존재비의 분포를 고려한 표준 원자량의 범위를 나타낸 것임.

한번에 합격하는 화학분석기사

[필답형+작업형] 실기

박수경 지음

BM (주)도서출판 성안당

■ 도서 A/S 안내

성안당에서 발행하는 모든 도서는 저자와 출판사, 그리고 독자가 함께 만들어 나갑니다.

좋은 책을 펴내기 위해 많은 노력을 기울이고 있습니다. 혹시라도 내용상의 오류나 오탈자 등이 발견되면 **"좋은 책은 나라의 보배"**로서 우리 모두가 함께 만들어 간다는 마음으로 연락주시기 바랍니다. 수정 보완하여 더 나은 책이 되도록 최선을 다하겠습니다.

성안당은 늘 독자 여러분들의 소중한 의견을 기다리고 있습니다. 좋은 의견을 보내주시는 분께는 성안당 쇼핑몰의 포인트(3,000포인트)를 적립해 드립니다.

잘못 만들어진 책이나 부록 등이 파손된 경우에는 교환해 드립니다.

저자 문의 e-mail : antidanger@kakao.com(박수경)
본서 기획자 e-mail : coh@cyber.co.kr(최옥현)
홈페이지 : http://www.cyber.co.kr 전화 : 031) 950-6300

머리말

이 책을 보시는 수험생 여러분의 화학분석기사 필기시험 합격을 축하드립니다.

현재 화학, 공학, 환경 및 의 · 약학 등의 다양한 분야에서 기기를 이용한 분석법이 중요한 역할을 담당하고 있어, 화학분석기사는 화학, 화학공학, 환경 등의 관련 학과 전공자들이 도전할 만한 충분한 매력을 가지고 있는 자격증이라 생각됩니다.

화학분석기사 시험의 출제기준은 폭넓은 시험범위와 전공심화 내용들을 포함하고 있어 시험대비하여 출제기준에 해당하는 모든 내용을 공부한다면 정말 힘들고 어려운 일일겁니다. 그러나 기출문제를 분석해 보면 출제 범위와 내용이 어느 정도 정해져 있고 매회 출제되는 시험문제의 약 30% 정도는 과년도 문제가 거듭 출제되고 있으므로 이를 잘 파악하여 효율적으로 준비한다면 짧은 기간에 어렵지 않게 실기 시험에 합격할 수 있을 것입니다.

이 책은 화학분석기사 실기시험에 꼭 필요한 중요이론과 다년간의 기출복원문제를 가지고 시험대비하여 모자라지도 넘치지도 않게 집필하였으며, 그 구성은 다음과 같습니다.

PART 1. 핵심이론은 18개년의 기출문제와 출제경향을 면밀히 분석, 검토하여 불필요한 시간과 노력의 낭비 없이 효율적으로 학습하여 합격점수 이상을 얻기 위해 꼭 필요한 내용과 반복 출제되는 내용을 엄선하여 자세하게 정리하였습니다.

PART 2. 필답형은 19개년(2006~2024년)의 기출복원문제에 꼼꼼하고 명쾌한 해설을 수록하여 수험생들이 쉽게 이해할 수 있도록 하였습니다.

PART 3. 작업형은 공개문제(흡광광도법에 의한 인산전량 정량분석)를 철저하게 분석하여 시험에 만전을 기할 수 있도록 작업별 주의사항 및 답안 작성 과정을 자세하게 설명해 놓았습니다.

본 수험서가 수험생들에게 화학분석기사 자격증 취득이라는 좋은 결과를 가져다주길 바라며, 최선을 다해 집필하였으나 미흡하거나 잘못된 부분에 대해서는 차후 수정 · 보완하여 수험생들이 믿고 공부할 수 있는 도서가 될 수 있도록 계속 노력해 나가겠습니다.

마지막으로, 출판되기까지 오랜 기간 기다려주시고 많은 도움을 주신 성안당 관계자분들께 진심으로 감사드립니다.

저자 **박수경**

시험 안내

1 자격 기본 정보

- 자격명 : 화학분석기사(Engineer Chemical Analysis)
- 관련 부처 : 산업통상자원부
- 시행 기관 : 한국산업인력공단

(1) 자격 개요

분석화학 및 기기분석 분야의 제반 환경의 발전을 위한 전문 지식과 기술을 갖춰 인재를 양성하고자 자격제도를 제정하였다.

(2) 수행 직무

화학 관련 산업제품이나 의약품, 식품, 소재 등의 개발, 제조, 검사를 함에 있어 제품의 품질을 유지하거나 향상시키기 위해 원재료나 제품 등의 화학성분의 조성과 함량을 분석하기 위한 분석계획 수립, 분석항목을 측정하고 자료를 분석, 종합 평가하여 결과의 보고 및 자료의 종합관리와 새로운 분석기법을 조사, 개발하는 직무를 수행한다.

(3) 진로 및 전망

모든 관련 업체에 취업이 가능하며, 정부투자기관에도 활용범위가 넓다.

해마다 화학분석기사에 도전하는 응시 인원은 적지 않습니다. 이는 화학분석기사 자격을 사회에서 많이 필요로 하고 있기 때문이며, 앞으로의 전망 또한 높게 평가되고 있습니다.

(4) 연도별 검정 현황

연 도	필 기			실 기		
	응시	합격	합격률	응시	합격	합격률
2024	6,149명	1,861명	30.3%	3,194명	677명	21.2%
2023	6,397명	1,801명	28.2%	3,050명	455명	14.9%
2022	6,273명	1,694명	27%	2,897명	716명	24.7%
2021	6,688명	1,860명	27.8%	3,130명	781명	25%
2020	4,136명	1,220명	29.5%	2,763명	499명	18.1%
2019	6,845명	3,881명	56.7%	5,063명	2,714명	53.6%
2018	4,425명	2,401명	54.3%	2,856명	1,081명	37.9%
2017	4,072명	2,344명	57.6%	2,690명	1,579명	58.7%
2016	3,283명	1,646명	50.1%	2,072명	701명	33.8%
2015	2,302명	1,128명	49%	1,247명	463명	37.1%

2 자격 취득 정보

(1) 시험 일정

구 분	필기 원서접수 (인터넷) (휴일 제외)	필기시험	필기 합격 (예정자) 발표	실기 원서접수 (휴일 제외)	실기시험	최종합격자 발표
제1회	2025.1.13. ~2025.1.16.	2025.2.7. ~2025.3.4.	2025.3.12.	2025.3.24. ~2025.3.27.	2025.4.19. ~2025.5.9.	2025.6.13.
제2회	2025.4.14. ~2025.4.17.	2025.5.10. ~2025.5.30.	2025.6.11.	2025.6.23. ~2025.6.26.	2025.7.19. ~2025.8.6.	2025.9.12.
제3회	2025.7.21. ~2025.7.24.	2025.8.9. ~2025.9.1.	2025.9.10.	2025.9.22. ~2025.9.25.	2025.11.1. ~2025.11.21.	2025.12.24.

1. 원서접수시간은 원서접수 첫날 10:00부터 마지막 날 18:00까지임.
2. 필기시험 합격예정자 및 최종합격자 발표시간은 해당 발표일 09:00임.
3. 주말 및 공휴일, 공단창립기념일(3.18)에는 실기시험 원서 접수 불가
4. 상기 기사(산업기사, 서비스) 필기시험 일정은 종목별, 지역별로 상이할 수 있음.
   [접수 일정 전에 공지되는 해당 회별 수험자 안내(Q-net 공지사항 게시) 참조 필수]

※ 화학분석기사 필기시험은 2022년 4회(마지막 시험)부터 CBT(Computer Based Test)로 시행되고 있습니다.

(2) 시험 수수료

① **필기** : 19,400원   ② **실기** : 62,900원

(3) 취득방법

① **시행처** : 한국산업인력공단

② **관련학과** : 대학의 화학과, 화학공학 등 관련학과

③ **시험과목**

- 필기 : 1. 화학의 이해와 환경 · 안전관리
  2. 분석계획 수립과 분석화학 기초
  3. 화학물질 특성 분석
  4. 화학물질 구조 및 표면 분석
- 실기 : 화학분석 실무

④ **검정방법**

- 필기 : 객관식 4지 택일형, 과목당 20문항(과목당 30분)
- 실기 : 복합형(필답형(2시간)+작업형(4시간 정도))

⑤ **합격기준**

- 필기 : 100점을 만점으로 하여 과목당 40점 이상, 전 과목 평균 60점 이상
- 실기 : 100점을 만점으로 하여 60점 이상

3 시험 접수에서 자격증 수령까지 안내

☑ 원서접수 안내 및 유의사항입니다.

- 원서접수 확인 및 수험표 출력기간은 접수당일부터 시험시행일까지 출력 가능(이외 기간은 조회불가)합니다. 또한 출력장애 등을 대비하여 사전에 출력 보관하시기 바랍니다.
- 원서접수는 온라인(인터넷, 모바일앱)에서만 가능합니다.
- 스마트폰, 태블릿 PC 사용자는 모바일앱 프로그램을 설치한 후 접수 및 취소/환불 서비스를 이용하시기 바랍니다.

STEP 01

필기시험 원서접수

- 필기시험은 온라인 접수만 가능
  (지역에 상관없이 원하는 시험장 선택 가능)
- Q-net(www.q-net.or.kr) 사이트 회원 가입
- 응시자격 자가진단 확인 후 원서 접수 진행
- 반명함 사진 등록 필요
  (6개월 이내 촬영본 / 3.5cm×4.5cm)

STEP 02

필기시험 응시

- 입실시간 미준수 시 시험 응시 불가
  (시험시작 20분 전에 입실 완료)
- 수험표, 신분증, 필기구(흑색 사인펜 등) 지참
  (공학용 계산기 지참 시 반드시 포맷)

STEP 03

필기시험 합격자 확인

- CBT 시험 종료 후 즉시 합격여부 확인 가능
- Q-net(www.q-net.or.kr) 사이트에 게시된 공고로 확인 가능

STEP 04

실기시험 원서접수

- Q-net(www.q-net.or.kr) 사이트에서 원서접수
- 응시자격서류 제출 후 심사에 합격 처리된 사람에 한하여 원서 접수 가능
  (응시자격서류 미제출 시 필기시험 합격예정 무효)

〈화학분석기사 작업형 실기시험 기본 정보〉

안전등급(safety Level) : 4등급

위험	경고	주의	관심

시험장소 구분	실내
주요 시설 및 장비	분광광도계, 유리 실험기구 등
보호구	실험복, 보안경, 나이트릴 장갑 등

* 보호구(작업복 등) 착용, 정리정돈 상태, 안전사항 등이 채점 대상이 될 수 있습니다. 반드시 수험자 지참공구 목록을 확인하여 주시기 바랍니다.

STEP 05 실기시험 응시

- 수험표, 신분증, 필기구, 공학용 계산기, 종목별 수험자 준비물 지참
  (공학용 계산기는 허용된 종류에 한하여 사용 가능하며, 수험자 지참 준비물은 실기시험 접수기간에 확인 가능)

STEP 06 실기시험 합격자 확인

- 문자 메시지, SNS 메신저를 통해 합격 통보
  (합격자만 통보)
- Q-net(www.q-net.or.kr) 사이트 및 ARS (1666-0100)를 통해서 확인 가능

STEP 07 자격증 교부 신청

- Q-net(www.q-net.or.kr) 사이트를 통해 신청
- 상장형 자격증, 수첩형 자격증 형식 신청 가능

STEP 08 자격증 수령

- 상장형 자격증은 합격자 발표 당일부터 인터넷으로 발급 가능
  (직접 출력하여 사용)
- 수첩형 자격증은 인터넷 신청 후 우편수령만 가능
  (수수료 : 3,100원 / 배송비 : 3,010원)

※ 자세한 사항은 Q-net 홈페이지(www.q-net.or.kr)를 참고하시기 바랍니다.

이 책의 구성

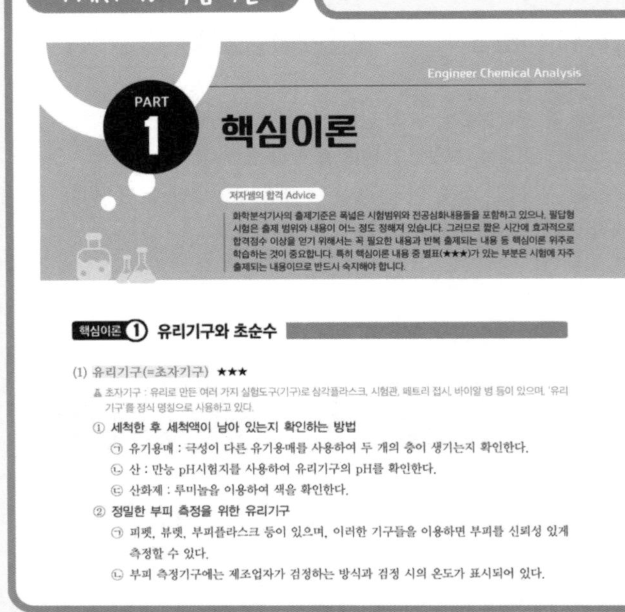

PART 1. 핵심이론

Engineer Chemical Analysis

PART 1 핵심이론

저자쌤의 합격 Advice

화학분석기사의 출제기준은 폭넓은 시험범위와 전공심화내용들을 포함하고 있으나, 필답형 시험은 출제 범위와 내용이 어느 정도 정해져 있습니다. 그러므로 짧은 시간에 효과적으로 합격점수 이상을 얻기 위해서는 꼭 필요한 내용과 반복 출제되는 내용 등 핵심이론 위주로 학습하는 것이 중요합니다. 특히 핵심이론 내용 중 별표(★★★)가 있는 부분은 시험에 자주 출제되는 내용이므로 반드시 숙지해야 합니다.

핵심이론 ① 유리기구와 초순수

(1) 유리기구(=초자기구) ★★★

초자기구 : 유리로 만든 여러 가지 실험도구(기구)로 삼각플라스크, 시험관, 페트리 접시, 바이알 병 등이 있으며, '유리기구'를 정식 명칭으로 사용하고 있다.

① 세척한 후 세척액이 남아 있는지 확인하는 방법

㉠ 유기용매 : 극성이 다른 유기용매를 사용하여 두 개의 층이 생기는지 확인한다.

㉡ 산 : 만능 pH시험지를 사용하여 유리기구의 pH를 확인한다.

㉢ 산화제 : 루미놀을 이용하여 색을 확인한다.

② 정밀한 부피 측정을 위한 유리기구

㉠ 피펫, 뷰렛, 부피플라스크 등이 있으며, 이러한 기구들을 이용하면 부피를 신뢰성 있게 측정할 수 있다.

㉡ 부피 측정기구에는 제조업자가 검정하는 방식과 검정 시의 온도가 표시되어 있다.

▸ **필수 내용과 반복 출제되는 내용**

다년간의 기출문제와 최근 출제경향을 면밀히 검토, 분석하여 꼭 필요한 중요 내용과 시험에 반복하여 출제되는 내용만을 엄선해 자세하고도 쉽게 정리하여 수록하였습니다.

"시험에 출제율이 낮은 이론까지 공부하느라 불필요한 시간과 노력을 낭비하지 마세요!"

PART 2. 필답형

화.학.분.석.기.사. 실기

2024 제3회 필답형 기출복원문제

01 적외선 스펙트럼에서 $1,725cm^{-1}$에서 강한 흡수와 $1,300\sim1,200cm^{-1}$에서 여러 개의 강한 흡수를 나타내는 화학식이 $C_9H_9BrO_2$인 어떤 화합물의 ^1H-NMR 스펙트럼이 다음과 같다. 이 화합물의 가능한 구조를 (1) 분석하는 과정을 쓰고, (2) 구조식을 그리시오.

이중선
사중선
삼중선
10 9 8 7 6 5 4 3 2 1 0

정답 (1) ① IR 스펙트럼에서 $1,725cm^{-1}$에서 나타나는 피크는 C=O 작용기를, $1,300\sim1,200cm^{-1}$에서 나타나는 피크는 벤젠고리의 C=C에 의한 것으로 예상할 수 있다.

② 불포화지수 $= \frac{(2\times \text{탄소수}+2)-\text{브로민수}-\text{수소수}}{2} = \frac{(2\times 9+2)-1-9}{2} = 5$에서 벤젠고리 1개, 이중결합 1개를 예상할 수 있다.

③ 면적비로부터 수소수를 예상하면 화학식의 수소수와 일치한다.

구분	화학적 이동(ppm)	면적비	수소수	다중도	예상구조

▸ **19개년 최다 기출복원문제**

다년간의 기출문제(2006~2024년)에 정확한 정답과 꼼꼼하고 자세한 해설을 덧붙여 수험생들이 문제를 쉽게 이해하며 더 나아가 수험장에서 정답을 작성하는 데 어려움이 없도록 하였습니다.

"반복되어 출제되고 있는 문제는 또 출제될 확률이 높은 중요한 문제이니 반드시 숙지하고 넘어가세요!"

PART 3. 작업형

Engineer Chemical Analysis

PART 3 작업형

저자쌤의 합격 Advice

작업형 시험에서는 실험복을 꼭 착용하고, 그래프 작성 시 꺾은선은 절대 안되며, 시료 채취값은 오차범위 내에 있어야 하는 등 실험 시 주의사항을 반드시 숙지해 감점요인에 해당되지 않도록 하여 30~35점 정도의 점수를 받아야 필답형 시험에서 부담감이 줄어듭니다.

1. 작업형 공개문제

① 요구사항

※ 지급된 재료 및 시설을 사용하여 아래 작업을 완성해야 한다.

흡광광도법에 의한 인산전량 정량분석 방법

분석방법을 참고하여 정량분석 작업을 한다.

→ 바나드몰리브덴산암모늄법에 의한 인산전량 정량분석 방법("②분석방법 : 비색법(바나드몰리브덴산암모늄법" 참조)

(1) 시료 칭량

주어진 시료를 성분시험 분석조건에 맞게 적정량을 칭량한다.

▸ **흡광광도법에 의한 인산전량 정량분석**

공개문제를 철저히 분석하여 작업별 주의사항 및 답안 작성 과정을 자세하게 설명해 놓는 등 작업형 시험에 관한 모든 내용을 빠짐없이 쉽게 정리하여 수록하였습니다.

"작업형 시험에서는 실험 시 주의사항을 반드시 숙지하여 감점을 받지 않도록 하는 것이 무엇보다 중요해요!"

부 록

▸ **합격 플래너와 주기율표 등**

도서의 앞부분에는 계획적인 학습으로 단기간에 시험에 합격할 수 있게 해주는 학습 플래너와 화학 공부 시 꼭 필요한 주기율표를 수록하여 수험생들의 학습의 편의를 도울 수 있도록 하였습니다.

"합격 플래너와 주기율표는 절취하여 사용하시면 더 편리하고 좋아요!"

출제 기준

- 직무/중직무 분야 : 화학/화공
- 자격 종목 : 화학분석기사
- 적용 기간 : 2023.1.1. ~ 2025.12.31.

실기 과목명 | 화학분석 실무

주요 항목	세부 항목
1. 분석계획 수립	(1) 요구사항 파악하기
	(2) 분석시험방법 조사하기
	(3) 분석노트 작성하기
	(4) 분석계획 수립하기
2. 시험법 밸리데이션 실시	(1) 밸리데이션 계획 수립하기
	(2) 분석한계 결정하기
	(3) 전처리 신뢰성 검증하기
	(4) 시험법 신뢰성 검증하기
3. 시험법 밸리데이션 평가	(1) 밸리데이션 결과 판정하기
	(2) 밸리데이션 결과보고서 작성하기
	(3) 분석업무지시서 작성하기
4. 화학구조 분석	(1) 화학구조 분석방법 확인하기
	(2) 화학구조 분석 실시하기
	(3) 화학구조 분석데이터 확인하기
5. 화학특성 분석	(1) 화학특성 확인하기
	(2) 화학특성 분석하기
	(3) 화학특성 분석데이터 확인하기
6. 분석결과 해석	(1) 측정데이터 신뢰성 확인하기
	(2) 분석오차 점검하기
	(3) 분석 신뢰성 검증하기
7. 안전 관리	(1) 물질안전보건자료 확인하기
	(2) 화학반응 확인하기
	(3) 위험요소 확인하기
	(4) 사고 대처하기
8. 환경 관리	(1) 화학물질특성 확인하기
	(2) 분석환경 관리하기
	(3) 폐수 · 폐기물 · 유해가스 관리하기
9. 분석결과보고서 작성	(1) 분석결과 종합하기
	(2) 분석결과 검증하기
	(3) 분석결과보고서 작성하기
10. 분석장비 관리	(1) 분석장비 검 · 교정하기

차례

PART 1 핵심이론

PART 2 필답형

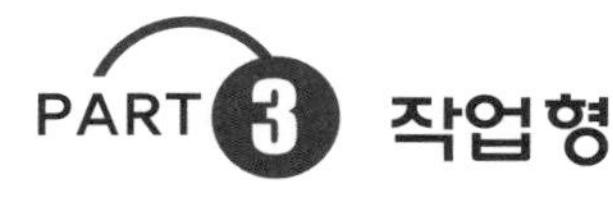

PART 3 작업형

Engineer Chemical Analysis

화학분석기사

www.cyber.co.kr

PART 1

핵심이론

주제별 필수이론

이 편에는 화학분석기사 실기 출제기준과 출제경향을 철저히 분석 후 중요이론을 선별하여 자세히 설명해 놓았습니다.

Engineer Chemical Analysis

PART 1 핵심이론

저자쌤의 합격 Advice

화학분석기사의 출제기준은 폭넓은 시험범위와 전공심화내용들을 포함하고 있으나, 필답형 시험은 출제 범위와 내용이 어느 정도 정해져 있습니다. 그러므로 짧은 시간에 효과적으로 합격점수 이상을 얻기 위해서는 꼭 필요한 내용과 반복 출제되는 내용 등 핵심이론 위주로 학습하는 것이 중요합니다. 특히 핵심이론 내용 중 별표(★★★)가 있는 부분은 시험에 자주 출제되는 내용이므로 반드시 숙지해야 합니다.

핵심이론 ① 유리기구와 초순수

(1) 유리기구(=초자기구) ★★★

초자기구 : 유리로 만든 여러 가지 실험도구(기구)로 삼각플라스크, 시험관, 페트리 접시, 바이알 병 등이 있으며, '유리기구'를 정식 명칭으로 사용하고 있다.

① 세척한 후 세척액이 남아 있는지 확인하는 방법

㉠ 유기용매 : 극성이 다른 유기용매를 사용하여 두 개의 층이 생기는지 확인한다.

㉡ 산 : 만능 pH시험지를 사용하여 유리기구의 pH를 확인한다.

㉢ 산화제 : 루미놀을 이용하여 색을 확인한다.

② 정밀한 부피 측정을 위한 유리기구

㉠ 피펫, 뷰렛, 부피플라스크 등이 있으며, 이러한 기구들을 이용하면 부피를 신뢰성 있게 측정할 수 있다.

㉡ 부피 측정기구에는 제조업자가 검정하는 방식과 검정 시의 온도가 표시되어 있다.

- TD 20℃ : 'TD'는 '옮기는(to deliver)'이라는 의미로, 20℃에서 피펫이나 뷰렛과 같은 기구를 이용하여 다른 용기로 옮겨진 용액의 부피를 의미한다.
- TC 20℃ : 'TC'는 '담아있는(to contain)'이라는 의미로, 20℃에서 부피플라스크와 같은 용기에 표시된 눈금까지 액체를 채웠을 때의 부피를 의미한다.

㉢ 피펫과 뷰렛은 보통 일정 부피를 옮겨서 검정하고, 부피플라스크는 담겨 있는 상태로 검정한다.

㉣ A표시가 있는 유리기구는 미국표준기술연구소(NIST, National Institute of Standards and Technology)에서 정한 허용오차 내에 들어오는 유리기구임을 의미하며, A표시가 없는 유리기구는 허용오차가 2배 이상 더 크다. A표시가 있는 플라스크와 피펫 등의 유리기구를 사용하면 더 정확하고 정밀한 부피 측정이 가능하다.

(2) 초순수

초순수 : 유기물이나 전기전도도 등을 최소화하여 불순물이 거의 없는 물을 말한다.

① 증류수(distilled water)

㉠ 물을 끓여 수증기를 냉각시켜 얻은 물이다.

㉡ 물보다 끓는점이 높은 비휘발성 유기물질, 금속 양이온, 비금속 음이온은 증류수에 녹아 있다.

② 탈이온수(deionized water)

㉠ 증류수의 이온까지 제거된 물이다.

㉡ 이온교환수지를 이용하여 제조한다.

㉢ 탈이온화 방법 : 특수이온교환수지를 사용하여 탈이온화한다. 특수이온교환수지는 하이드로늄이온(H_3O^+)과 수산화이온(OH^-)을 사용하여 물에 존재하는 음이온과 양이온을 제거해 탈이온수를 만든다.

- 양이온교환수지는 양이온(Mg^{2+}, Ca^{2+}, Na^+ 등)을 유지하고 하이드로늄이온(H_3O^+)을 방출하므로 물에 존재하는 금속 양이온을 H^+으로 바꾼다.
- 음이온교환수지는 음이온(SO_4^{2-}, Cl^- 등)을 유지하고 수산화이온(OH^-)을 방출하므로 물에 존재하는 음이온을 OH^-으로 바꾼다.

핵심이론 2 SI 단위와 유도단위

(1) SI 단위

물리량	단위명	단위
질량	킬로그램(kilogram)	kg
길이	미터(meter)	m
시간	초(second)	s
온도	켈빈(kelvin)	K
물질의 양	몰(mole)	mol
전류	암페어(ampere)	A
광도	칸델라(candela)	cd

(2) SI 유도단위

물리량	단위
부피	$1L = 1,000cm^3$ (= 10cm × 10cm × 10cm) = 1,000mL ※ $1,000L = 1m^3$
밀도	$1g/cm^3 = 1g/mL$
힘	$1N = 1kg \cdot m/s^2$
압력	$1Pa = 1N/m^2 = 1kg \cdot m/s^2 \cdot m^2 = 1kg/s^2 \cdot m$ ※ 1atm = 760mmHg = 101,325Pa, $1bar = 10^5Pa$
에너지	$1J = 1N \cdot m = 1kg \cdot m^2/s^2$ ※ 4.184J = 1cal

(3) 단위의 환산

① 힘(F) = 질량(m) × 가속도(a) $= kg \times m/s^2$

② 압력(P) $= \dfrac{\text{힘}(F)}{\text{면적}(A)} = \dfrac{kg \times m/s^2}{m^2} = kg/s^2 \cdot m$

③ 에너지(E) = 힘(F) × 거리(l) $= kg \times m/s^2 \times m = kg \times m^2/s^2$

④ 일률(P) $= \dfrac{\text{에너지}(E)}{\text{시간}(t)} = \dfrac{kg \times m^2/s^2}{s} = kg \times m^2/s^3$

압력 : Pressure, 일률 : Power

핵심이론 3 농도와 정량분석

(1) 농도 ★★★

① 몰농도(molarity)

용액 1L 속에 녹아 있는 용질의 몰수를 나타낸 농도로, 단위는 mol/L 또는 M으로 나타낸다.

$$\text{몰 농도(M)} = \frac{\text{용질의 몰수(mol)}}{\text{용액의 부피(L)}} = \frac{\text{용질의 질량(g)}}{\text{용질의 몰질량(g/mol)}} \times \frac{1}{\text{용액의 부피(L)}}$$

$$M = \frac{n}{V}, \quad n = M \times V$$

여기서, M : 몰농도

V : 용액의 부피

n : 용질의 몰수

② 몰랄농도(molality)

㉠ 용매 1kg 속에 녹아 있는 용질의 몰수를 나타낸 농도로, 단위는 mol/kg 또는 m으로 나타낸다.

㉡ 질량을 기준으로 농도를 표시하므로 온도가 변해도 농도가 변하지 않는다. 따라서 용액의 끓는점 오름이나 어는점 내림을 정량적으로 계산할 때 이용한다.

$$\text{몰랄농도(m)} = \frac{\text{용질의 몰수(mol)}}{\text{용매의 질량(kg)}} = \frac{\text{용질의 질량(g)}}{\text{용질의 몰질량(g/mol)}} \times \frac{1}{\text{용매의 질량(kg)}}$$

③ 퍼센트농도

퍼센트농도에 단위가 %로만 사용되는 경우는 질량백분율을 의미한다.

$$\text{질량백분율 \%(w/w)} = \frac{\text{용질의 질량(g)}}{\text{용액(용매+용질)의 질량(g)}} \times 100\%$$

$$\text{부피백분율 \%(v/v)} = \frac{\text{용질의 부피}}{\text{용액의 부피}} \times 100\%$$

$$\text{질량/부피백분율 \%(w/v)} = \frac{\text{용질의 질량(g)}}{\text{용액의 부피(mL)}} \times 100\%$$

④ ppm농도, ppb농도, ppt농도

$$\text{ppm농도(part per million, 백만분율)} = \frac{\text{용질의 질량}}{10^6\text{g 용액}} = \frac{\text{용질의 질량}}{\text{용액의 질량}} \times 10^6\text{ppm}$$

$$\text{ppb농도(part per billion, 십억분율)} = \frac{\text{용질의 질량}}{10^9\text{g 용액}} = \frac{\text{용질의 질량}}{\text{용액의 질량}} \times 10^9\text{ppb}$$

$$\text{ppt농도(part per trillion, 일조분율)} = \frac{\text{용질의 질량}}{10^{12}\text{g 용액}} = \frac{\text{용질의 질량}}{\text{용액의 질량}} \times 10^{12}\text{ppt}$$

㉠ 미량 성분의 함유율을 나타내는 분율의 단위는 분율값이 작아, 즉 용액이 아주 묽으므로 밀도를 1g/mL로 가정해도 무방하므로 다음과 같이 나타낼 수 있다.

$1\text{ppm} = \frac{1\text{mg}}{1\text{L}}$, $1\text{ppb} = \frac{1\mu\text{g}}{1\text{L}}$, $1\text{ppt} = \frac{1\text{ng}}{1\text{L}}$

㉡ $1\text{ppm} = 1{,}000\text{ppb}$, $1\text{ppb} = 1{,}000\text{ppt}$

묽힘(=희석)

1. 진한 용액에 있는 용질의 몰수와 묽은 용액에 있는 용질의 몰수는 같다.

   $M_{\text{진한}} \times V_{\text{진한}} = M_{\text{묽은}} \times V_{\text{묽은}}$

2. 두 용액에 사용된 단위가 같기만 하면, 부피의 단위는 mL 또는 L 모두 가능하다.

⑤ 노르말농도

㉠ 용액 1L 속에 녹아 있는 용질의 g당량수를 나타낸 농도로, 단위는 g당량수/L 또는 N으로 나타낸다.

$$\text{노르말농도}(N) = \frac{\text{용질의 g당량수}}{\text{용액의 부피(L)}} = \frac{\text{용질의 질량} \times \frac{1}{\text{용질 1g당량}}}{\text{용액의 부피(L)}}$$
$$= \frac{\text{산 또는 염기의 몰수(mol)} \times \text{가수}(n)}{\text{용액의 부피(L)}}$$
$$= \text{몰농도}(M) \times \text{가수}(n)$$

여기서, n(가수) : 산이나 염기 한 분자가 내놓을 수 있는 H^+ 또는 OH^-의 개수

㉡ 당량 : 화학반응에서 화학량론적으로 각 원소나 화합물에 할당된 일정한 물질량으로 단위가 없으며, 화학반응의 종류와 성질에 의해 결정된다.

- 전기화학당량 : 전자 1mol이 전기량에 반응하는 물질량
- 산 · 염기당량 : H^+ 또는 OH^- 1mol을 내줄 수 있는 산 · 염기의 양

㉢ g당량 : 당량에 g을 붙인 값으로 당량만큼의 질량을 의미하며, 산 · 염기의 경우 H^+ 또는 OH^- 1mol을 내줄 수 있는 질량을 말한다.

예 $Ba(OH)_2$은 산 · 염기반응에서 2mol의 H^+과 반응하므로 당량 무게는 몰질량의 $\frac{1}{2}$이 된다.

㉣ g당량수 : 주어진 질량 안에 들어 있는 g당량의 수로 산 · 염기의 경우 주어진 질량 안에 들어 있는 H^+ 또는 OH^-를 의미한다.

(2) 정량분석의 일반적 단계 ★★★

정성분석은 시료에 무엇이 들어 있는지를 분석하는 것이고, 정량분석은 시료를 구성하고 있는 어떤 성분이 얼마나 들어 있는지를 분석하는 것이다.

① 분석문제 파악하기

분석물에 대한 감응도, 분석물의 농도, 시료의 양, 분석결과의 정확도, 방해화학종, 시료의 물리적 상태, 시료의 수 등 분석물에 대한 분석적인 문제를 파악해야 한다.

② 분석방법 선택하기

㉠ 무게법 : 분석물 또는 분석물과 화학적으로 관련 있는 화합물의 질량을 측정하는 방법이다.

㉡ 부피법 : 분석물과 완전히 반응하는 데 필요한 용액의 부피를 측정하는 방법이다.

㉢ 전기분석법 : 전압, 전류, 저항 및 전기량과 같은 전기적 성질을 측정하여 시료의 상태를 알아내는 방법이다.

㉣ 분광광도법 : 전자기복사선이 분석물 원자나 분자와 상호작용하는 것을 측정하거나 분석물에 의해 생긴 복사선을 측정하는 것에 기초를 두고 있다.

③ 시료 취하기

시료 취하기 과정으로 벌크시료 취하기, 실험시료 취하기, 반복시료 취하기 과정이 있다. 벌크시료는 화학적 조성이 분석하려고 하는 전체 시료의 것과 같고, 입자의 크기분포도 전체 시료를 대표할 수 있는 적은 양의 시료를 말하며, 이를 대표시료라고도 한다.

④ 실험시료 만들기

벌크시료를 실제로 실험실에서 실험할 수 있을 정도의 양과 형태로 만드는 과정이다. 시료의 크기를 작게 하는 과정, 반복시료 만들기 과정, 용액시료 만들기 과정 등이 포함된다. 실험시료는 분석하기 적당한 작은 크기로 균일하게 만든 시료이며, 이를 분석시료라고도 한다.

㉠ 시료 양에 따른 분석

- 보통량(macro) 분석 : 시료의 양이 0.1g 이상인 경우
- 준미량(semi-micro) 분석 : 시료의 양이 0.01g 이상 ~ 0.1g 미만인 경우
- 미량(micro) 분석 : 시료의 양이 0.001g 초과 ~ 0.01g 미만인 경우
- 초미량(ultramicro) 분석 : 시료의 양이 0.001g 이하인 경우

㉡ 고체시료의 분쇄(grinding)

- 입자의 크기가 작아지면 시료의 균일도가 커져 벌크시료에서 취해야 하는 실험시료의 무게를 줄일 수 있다.
- 입자의 크기가 작아지면 표면적이 증가하여 시약과 반응이 잘 일어날 수 있어 용해 또는 분해가 쉽게 일어난다.

⑤ 반복시료 만들기

소량으로 여러 개 취하여 얻는다. 반복시료는 거의 같은 크기를 갖는 같은 실험시료를 여러 개 취하여 같은 시간에 같은 방법으로 행해지는 시료이다. 반복시료를 이용하여 얻은 분석데이터는 정확도와 정밀도가 높아지므로 신뢰도도 높아진다.

⑥ 용액시료 만들기

시료를 용매에 녹여 분석 가능한 상태로 만든다.

⑦ 방해물질 제거하기

사용하려는 분석방법에서 분석결과에 오차를 일으킬 수 있는 방해물질을 제거하기 위해 가리움제나 매트릭스 변형제 등을 첨가한다.

시료 취하기, 실험시료 만들기, 방해물질 제거하기 과정을 시료 전처리 과정이라고 한다.

⑧ 분석물 신호 측정하기

⑨ 결과 계산하기

⑩ 결과에 대한 신뢰도 평가하기

(3) 시료채취상수 ★★★

① Ingamells 시료채취상수 K_s는 시료채취 %상대표준편차(R)를 1%로 하는 데 필요한 시료의 양(m)이다.

② %상대표준편차가 1%일 때, 즉 $\sigma_r=0.01$에서 K_s는 m과 같다.

$$K_s = m \times (\sigma_r \times 100\%)^2 = mR^2$$

여기서, K_s : Ingamells 시료채취상수, m : 분석시료의 무게(g)

σ_r : 상대표준편차, R : %상대표준편차

(4) 1차 표준물질이 갖추어야 할 조건 ★★★

① 고순도(99.9% 이상)이어야 한다.

② 조해성, 풍해성이 없어야 한다.

③ 흡수, 풍화, 공기산화 등의 성질이 없어야 한다.

④ 정제하기 쉬워야 한다.

⑤ 반응이 정량적으로 진행되어야 한다.

⑥ 오랫동안 보관하여도 변질되지 않아야 한다.

⑦ 공기 중이나 용액 내에서 안정해야 한다.

⑧ 합리적인 가격으로 구입이 쉬워야 한다.

⑨ 물, 산, 알칼리에 잘 용해되어야 한다.

⑩ 큰 화학식량을 가지거나 또는 당량 중량이 커서 측정오차를 줄일 수 있어야 한다.

핵심이론 4 용액

(1) 균일 혼합물

혼합물을 구성하는 입자의 크기에 따라 용액, 콜로이드, 서스펜션으로 나눌 수 있다.

균일 혼합물	입자의 크기	특징	예
용액 (solution)	2.0nm 이하	빛에 투명하고, 방치해도 분리되지 않는다.	공기, 바닷물, 포도주
콜로이드 (colloid)	2.0nm 초과 ~1,000nm 미만	빛에 불투명하고, 방치해도 분리되지 않으며, 여과할 수 없다.	우유, 버터, 안개
서스펜션 (suspension)	1,000nm 이상	빛에 불투명하고, 방치하면 분리되며, 여과할 수 있다.	혈액, 에어로졸, 스프레이

(2) 콜로이드

① 형태

분산질 / 분산매	고체	액체	기체
고체	(고체)졸(sol) : 보석류	젤(gel) : 곤약, 한천	(고체)거품 : 스티로폼
액체	졸(sol) : 먹물	에멀션(emulsion) : 우유	거품 : 면도크림
기체	(고체)에어로졸 : 연기, 미세먼지, 스모그	(액체)에어로졸 : 안개, 구름	–

② 특성

콜로이드는 2.0~1,000nm 크기의 입자가 용매에 퍼져 있는 것으로서 가시광선을 산란시키므로 콜로이드 용액을 통해 지나가는 빛의 진로를 눈으로 볼 수 있다. 이러한 현상을 틴들(tyndall)효과라고 한다.

(3) 공동침전

① 침전물이 만들어지는 동안에 용해되어 있어야 하는 화학종이 함께 침전되는 현상이다.

② 침전은 한 화학종이 용해도곱을 초과했을 때 고체가 형성되어 용액에서 분리되는 과정인 반면, 공동침전은 침전이 형성될 때 용해되어 있어야 하는 화합물이 함께 침전 속으로 들어와 용액으로부터 분리되는 것을 말한다.

③ 종류로는 표면 흡착, 혼성 결정 형성, 내포, 기계적 포획이 있다.

(4) 무게분석법의 순서

용액 준비 → 침전 → 삭임 → 거르기 → 씻기 → 건조 및 강열 → 무게 달기 → 계산

핵심이론 5 산 · 염기 지시약

(1) 산·염기 지시약의 변색원리 ★★★

① 약한 유기산이거나 약한 유기염기이며 그들의 짝염기나 짝산으로부터 해리되지 않은 상태에 따라서 색이 서로 다르다.

② 산 형태 지시약인 HIn은 다음과 같은 평형으로 나타낼 수 있다.

$$HIn + H_2O \rightleftarrows In^- + H_3O^+$$

산성 색 염기성 색

이 반응에서 분자 내 전자배치 구조의 변화는 해리를 동반하므로 색 변화를 나타낸다.

③ 염기 형태 지시약인 In은 다음과 같은 평형으로 나타낼 수 있다.

$In + H_2O \rightleftarrows InH^+ + OH^-$

염기성 색 　　　　산성 색

④ 산성형 지시약의 해리에 대한 평형상수 $K_a = \frac{[H_3O^+][In^-]}{[HIn]}$ 에서 용액의 색을 조절하는 $[H_3O^+] = K_a \times \frac{[HIn]}{[In^-]}$ 는 지시약의 산과 그 짝염기형의 비를 결정한다.

⑤ $\frac{[HIn]}{[In^-]} \geq \frac{10}{1}$ 일 때 지시약 HIn은 순수한 산성형 색을 나타내고, $\frac{[HIn]}{[In^-]} \leq \frac{1}{10}$ 일 때 염기성형 색을 나타낸다.

⑥ 지시약의 변색 pH 범위 $= pK_a \pm 1$ 이다.

㉠ 완전히 산성형 색일 경우

$$[H_3O^+] = K_a \times \frac{[HIn]}{[In^-]} = K_a \times 10$$

㉡ 완전히 염기성형 색일 경우

$$[H_3O^+] = K_a \times \frac{[HIn]}{[In^-]} = K_a \times 0.1$$

㉢ 헨더슨-하셀바흐(Henderson-Hasselbalch) 식

$$pH = pK_a + \log\frac{[In^-]}{[HIn]}$$

이 식에서 $\frac{[In^-]}{[HIn]} \geq 10$ 이면 염기성 색을 띠고, $\frac{[In^-]}{[HIn]} \leq \frac{1}{10}$ 이면 산성 색을 띤다.

(2) 적정에 따른 산·염기 지시약의 선택

지시약	변색범위	산성 색	염기성 색	적정 형태
메틸오렌지	3.1 ~ 4.4	붉은색	노란색	• 산성에서 변색 • 약염기를 강산으로 적정하는 경우, 약염기의 짝산이 약산으로 작용 • 당량점에서 pH < 7.00
브로모크레졸그린	3.8 ~ 5.4	노란색	푸른색	
메틸레드	4.8 ~ 6.0	붉은색	노란색	
브로모티몰블루	6.0 ~ 7.6	노란색	푸른색	• 중성에서 변색 • 강산을 강염기로 또는 강염기를 강산으로 적정하는 경우, 짝산, 짝염기가 산·염기로 작용하지 못함 • 당량점에서 pH = 7.00
페놀레드	6.4 ~ 8.0	노란색	붉은색	
크레졸퍼플	7.6 ~ 9.2	노란색	자주색	• 염기성에서 변색 • 약산을 강염기로 적정하는 경우, 약산의 짝염기가 약염기로 작용 • 당량점에서 pH > 7.00
페놀프탈레인	8.0 ~ 9.6	무색	붉은색	
알리자린옐로	10.1 ~ 12.0	노란색	오렌지색-붉은색	

핵심이론 6 산 · 염기의 세기

(1) 산 · 염기의 상대적 세기

① 강산인 HCl은 이온화 상수값이 매우 크기 때문에 물에 녹으면 거의 100% 이온화된다.

② $HCl + H_2O \rightleftarrows H_3O^+ + Cl^-$ (K_a = 매우 크다.)

산 염기 산 염기

이 반응에서 K_a가 매우 크기 때문에 평형은 오른쪽으로 치우쳐 있으므로 산의 세기는 HCl > H_3O^+이고, 염기의 세기는 H_2O > Cl^-이다.

③ 모든 산 · 염기 반응은 항상 약한 산과 약한 염기가 생성되는 쪽으로 반응이 진행된다.

④ 위의 반응에서 강산 HCl의 짝염기 Cl^-은 약한 염기가 되고, 약산 H_3O^+의 짝염기 H_2O는 강한 염기가 된다.

(2) 짝산과 짝염기의 세기

① 브뢴스테드-로리(Brönsted-Lowry)의 산 · 염기 반응은 H^+에 대한 경쟁반응에 의해 지배된다.

② 강한 산과 강한 염기가 반응하여 약한 산과 약한 염기가 생성되는 쪽으로 반응이 진행된다.

③ 산의 세기가 강할수록 그 산의 짝염기의 세기는 약해지고, 산의 세기가 약할수록 그 짝염기의 세기는 강해진다.

㉠ 산의 세기 : HCl > CH_3COOH

㉡ 염기의 세기 : Cl^- < CH_3COO^-

(3) 할로젠화 수소산의 세기

① 결합에너지가 약할수록 강한 산이다.

- 결합에너지 : HI(298kJ/mol) < HBr(366kJ/mol) < HCl(432kJ/mol) < HF(570kJ/mol)

② 결합에너지가 비슷한 경우 극성이 클수록 강한 산이다. 즉, 할로젠화 수소산의 극성 변화는 결합에너지보다 덜 중요하다.

- 극성 세기 : HI < HBr < HCl < HF

③ 산의 세기 : HI > HBr > HCl > HF

(4) 산소산의 세기

① 산소산의 일반식은 H_nYO_m이며, Y는 비금속 원자, n과 m은 정수이다.

예 H_2CO_3, HNO_3, HClO, H_2SO_4 등

② 산소산이 해리하려면 O-H 결합이 끊어져야 한다. 따라서 결합을 약하게 하거나 극성을 증가시키는 요인이 산의 세기를 증가시킨다.

③ Y만 다른 경우 산의 세기는 Y의 전기음성도가 증가함에 따라 증가한다.

예 HClO > HBrO > HIO

④ 산소 원자의 수만 다른 경우 산소 원자의 수가 증가함에 따라 Y의 산화수가 증가하여 산의 세기는 증가한다.

예 $HClO_4$ > $HClO_3$ > $HClO_2$ > HClO

핵심이론 7 산 · 염기 적정

(1) 강산에 의한 강염기의 적정 ★★★

① 적정 시약과 분석물질 사이의 화학반응식을 쓴 다음, 그 반응을 이용하여 적정 시약이 가해진 후의 조성과 pH를 계산한다.

② 0.02000M NaOH 50.00mL를 0.1000M HCl로 적정하는 과정은 다음과 같다.

㉠ 적정 시약(HCl)과 분석물질(NaOH) 사이의 알짜화학반응은 $H^+ + OH^- \rightarrow H_2O$이고, $K = \dfrac{1}{K_w} = 1.00 \times 10^{14}$이다.

㉡ 강산과 강염기의 반응에 대한 평형상수 $K = \dfrac{1}{K_w} = 1.00 \times 10^{14}$이므로 반응이 완결된다고 할 수 있다. 즉, 가해지는 H^+는 즉시 화학량론적으로 대응되는 OH^-와 반응하게 된다.

㉢ 먼저 당량점에 도달하는 데 필요한 HCl의 부피(V_e)는 NaOH의 mmol = HCl의 mmol을 이용하여 계산하면 다음과 같다.

$0.02000\text{M} \times 50.00\text{mL} = 0.1000\text{M} \times V_e(\text{mL}) \quad \therefore \; V_e = 10.00\text{mL}$

㉣ 10.00mL의 HCl가 가해지고 나면 적정은 완결된다. 당량점에 도달하기 전에는 미반응된 과량의 OH^-가 남고, 당량점을 지나게 되면 용액에는 과량의 H^+가 남는다.

③ 강염기를 강산으로 적정하는 경우 그 적정곡선에는 세 가지 영역이 나타난다.

㉠ 당량점에 도달하기 이전의 pH는 용액 속에 남아 있는 과량의 OH^-에 의해 결정된다.

㉡ 당량점에서는 H^+의 양이 모든 OH^-와 반응하여 H_2O를 생성한다. 이때 용액의 pH는 물의 해리에 의해 결정된다.

㉢ 당량점 이후의 pH는 용액 중에 있는 과량의 H^+에 의해 결정된다.

▲ 당량점은 가한 적정 시약이 분석물질과 화학량론적 반응을 일으키는 데 필요한 정확한 양이 되는 점으로 적정에서 찾는 이상적인 결과이다. 실제로 측정하는 것은 종말점으로 지시약의 색이나 전극전위와 같은 것의 급격한 물리적 변화로 나타난다. 그리고 종말점을 검출하는 방법으로는 산-염기 지시약, 전기전도법, pH 측정 등이 있다.

④ 당량점 이전($V_x < V_e$)

V_x =2.00mL를 가한 경우 용액의 pH를 구하면 다음과 같다.

㉠ 당량점 이전이므로 과량의 OH^-이 남아 있다.

	H^+	+ OH^-	⇄ H_2O
반응 전(mmol)	0.1000×2.00	0.02000×50.00	
반응(mmol)	−0.1000×2.00	−0.1000×2.00	+0.1000×2.00
반응 후(mmol)	0	8.000×10^{-1}	2.000×10^{-1}

㉡ $[OH^-] = \dfrac{(0.02000\times50.00)-(0.100\times2.00)\text{mmol}}{(50.00+2.00)\text{mL}} = 1.538\times10^{-2}\text{M}$

$[H^+][OH^-] = K_w = 1.0\times10^{-14}$에 대입하면 $[H^+] = \dfrac{K_w}{[OH^-]} = \dfrac{1.0\times10^{-14}}{1.538\times10^{-2}}$

$= 6.502\times10^{-13}\text{M}$ 이다.

㉢ $\text{pH} = -\log[H^+] = -\log(6.502\times10^{-13}) = 12.19$

⑤ 당량점에서($V_x = V_e$)

㉠ 가해지는 H^+의 양이 모든 OH^-와 반응하여 H_2O를 생성하므로 용액의 pH는 물의 해리에 의해서 결정된다.

	H_2O ⇄	H^+	+ OH^-
반응 전(M)			
반응(M)		$+x$	$+x$
반응 후(M)		x	x

㉡ $[H^+][OH^-] = K_w = 1.00\times10^{-14}$에 대입하면 $x^2 = 1.00\times10^{-14}$, $x = [H^+] = 1.00\times10^{-7}\text{M}$ 이다.

㉢ $\text{pH} = -\log[H^+] = -\log(1.00\times10^{-7}) = 7.00$

⑥ 당량점 이후($V_x > V_e$)

V_x =10.50mL를 가한 경우 용액의 pH를 구하면 다음과 같다.

㉠ 당량점 이후이므로 과량의 H^+이 남아 있다.

	H^+	+ OH^-	⇄ H_2O
반응 전(mmol)	0.1000×10.50	0.02000×50.00	
반응(mmol)	−0.02000×50.00	−0.02000×50.00	+0.02000×50.00
반응 후(mmol)	5.000×10^{-2}	0	1.000

㉡ $[H^+] = \dfrac{(0.1000 \times 10.50) - (0.02000 \times 50.00)\text{mmol}}{(50.00 + 10.50)\text{mL}} = 8.264 \times 10^{-4}\text{M}$

㉢ $\text{pH} = -\log[H^+] = -\log(8.264 \times 10^{-4}) = 3.08$

(2) 강염기에 의한 약산의 적정 ★★★

① 0.02000M 약산 HA($pK_a = 6.27$, $K_a = 5.37 \times 10^{-7}$) 50.00mL를 0.1000M NaOH로 적정하는 과정은 다음과 같다.

㉠ 적정 시약(NaOH)과 분석물질(HA) 사이의 알짜화학반응은 $HA + OH^- \rightarrow A^- + H_2O$이고 $K = \dfrac{1}{K_b} = \dfrac{1}{1.86 \times 10^{-8}} = 5.38 \times 10^7$이다.

㉡ 반응의 평형상수($K = 5.38 \times 10^7$)가 크므로 반응은 가해지는 OH^-에 따라 완결된다고 할 수 있다. 즉, 강염기와 약산의 반응은 완결된다.

㉢ 먼저 당량점에 도달하는 데 필요한 염기 NaOH의 부피(V_e)는 HA의 mmol = NaOH의 mmol을 이용하여 계산하면 다음과 같다.

$0.02000\text{M} \times 50.00\text{mL} = 0.1000\text{M} \times V_e(\text{mL}) \quad \therefore \ V_e = 10.00\text{mL}$

② 약산을 강염기로 적정하는 경우 적정 계산은 다음의 네 가지 유형으로 생각할 수 있다.

㉠ 염기가 가해지기 전 물에 HA만이 존재하는 경우에는 약산의 문제가 되는데, 이때 pH는 $HA \overset{K_a}{\rightleftarrows} H^+ + A^-$의 평형으로 결정된다.

㉡ NaOH가 가해지기 시작하면서 당량점에 도달하기 직전까지는 생성되는 A^-와 미반응 HA의 완충용액으로 있게 되는데, 이때 완충용액의 pH는 헨더슨-하셀바흐 식 $\text{pH} = pK_a + \log\left(\dfrac{[A^-]}{[HA]}\right)$을 이용한다.

㉢ 당량점에서 모든 HA는 A^-로 변화되어 물에 단지 A^-만을 녹인 것과 같은 용액이 만들어지는데, 이러한 약염기 문제는 $A^- + H_2O \overset{K_b}{\rightleftarrows} HA + OH^-$ 반응에 의해 pH값을 계산할 수 있다.

㉣ 당량점 이후에서는 과량의 NaOH가 A^- 용액에 가해지는데, 이 용액의 pH는 강염기에 의해 결정되며 단순히 과량의 NaOH가 물에 가해지는 것과 같이 pH를 계산한다. 이 경우 A^-의 존재에 의해 나타나는 효과는 매우 작기 때문에 무시한다.

③ 염기를 가하기 이전($V_x = 0$)

㉠ 염기가 용액에 가해지기 이전에는 0.02000M 약산 HA용액은 $pK_a = 6.27$, $K_a = 5.37 \times 10^{-7}$이다. 이것은 단순히 약산 HA의 문제이다.

	HA	⇄	H^+	+	A^-
반응 전(M)	0.02000				
반응(M)	$-x$		$+x$		$+x$
반응 후(M)	0.02000$-x$		x		x

㉡ $K_a = \dfrac{[H^+][A^-]}{[HA]} = 5.37\times10^{-7}$에 대입하면 $K_a = 5.37\times10^{-7} = \dfrac{x^2}{0.0200 - x}$,

$x = 1.036\times10^{-4}$M이다.

㉢ $pH = -\log[H^+] = -\log(1.036\times10^{-4}) = 3.98$

④ 당량점 이전($V_x < V_e$)

V_x =2.00mL를 가한 경우 용액의 pH를 구하면 다음과 같다.

㉠ 용액에 OH^-이 가해지면 HA와 A^-의 완충용액으로, pH는 $\dfrac{[A^-]}{[HA]}$의 값을 알면 헨더슨－하셀바흐 식 $pH = pK_a + \log\left(\dfrac{[A^-]}{[HA]}\right)$으로 계산할 수 있다.

적정 반응	HA	+	OH^-	⇄	A^-	+	H_2O
반응 전(mmol)	0.02000×50.00		0.1000×2.00				
반응(mmol)	−0.1000×2.00		−0.1000×2.00		+0.1000×2.00		
반응 후(mmol)	0.08000		0		0.2000		

㉡ $pH = pK_a + \log\left(\dfrac{[A^-]}{[HA]}\right) = 6.27 + \log\left(\dfrac{0.1000\times2.00}{(0.02000\times50.00)-(0.1000\times2.00)}\right)$

$= 5.67$

가해준 적정 시약의 부피 $V_x = \frac{1}{2}V_e$(mL)가 되면 $\frac{[A^-]}{[HA]} = 1$이 되어, $pH = pK_a$이다.

⑤ 당량점에서($V_x = V_e$)

㉠ 당량점에서 NaOH의 양은 HA를 정확하게 소모한다.

적정 반응	HA	+	OH^-	⇄	A^-	+	H_2O
반응 전(mmol)	0.02000×50.00		0.1000×10.00				
반응(mmol)	−0.1000×10.00		−0.1000×10.00		+0.1000×10.00		
반응 후(mmol)	0		0		0.1000×10.00		

㉡ 반응 후 용액에는 A^-만 남게 되어 단순히 약염기의 용액이 되므로, 약염기와 물과의 반응을 고려한다.

$$[A^-] = \frac{(0.1000\times10.00)\text{mmol}}{(50.00+10.00)\text{mL}} = 1.667\times10^{-2}\text{M}$$

ⓒ $A^- + H_2O \overset{K_b}{\rightleftarrows} HA + OH^-$, $K_b = \dfrac{K_w}{K_a}$

적정 반응	A^-	+	H_2O	⇄	HA	+	OH^-
반응 전(M)	1.667×10^{-2}						
반응(mmol)	$-x$				$+x$		$+x$
반응 후(mmol)	$1.667\times10^{-2}-x$				x		x

$K_b = \dfrac{K_w}{K_a} = \dfrac{1.00\times10^{-14}}{5.37\times10^{-7}} = 1.862\times10^{-8}$을 이용하면

$K_b = 1.862\times10^{-8} = \dfrac{x^2}{1.667\times10^{-2}-x}$ $\therefore x = [OH^-] = 1.762\times10^{-5}M$

$[H^+][OH^-] = K_w = 1.00\times10^{-14}$에 대입하면

$[H^+] = \dfrac{1.00\times10^{-14}}{1.762\times10^{-5}} = 5.675\times10^{-10}M$이다.

ⓔ $pH = -\log[H^+] = -\log(5.675\times10^{-10}) = 9.25$

ⓜ 이 적정에서 당량점의 pH =9.25인데, pH =7.00이 아님을 주의해야 한다. 약산의 적정에서는 당량점에서의 pH가 항상 7.00 이상인데 이것은 산이 당량점에서 그 짝염기로 바뀌기 때문이다.

⑥ 당량점 이후($V_x > V_e$)

이때부터는 A^- 용액에 NaOH를 가하게 되는데, NaOH는 A^-보다 강염기이므로 pH는 용액에 있는 과량의 OH^- 농도에 의해서 결정된다.

V_x =10.10mL를 가한 경우 용액의 pH를 구하면 다음과 같다.

ⓐ 당량점 이후이므로 과량의 OH^-이 남아 있다.

$[OH^-] = \dfrac{(0.1000\times10.10)-(0.02000\times50.00)\text{mmol}}{(50.00+10.10)\text{mL}} = 1.664\times10^{-4}M$

ⓑ $[H^+][OH^-] = K_w = 1.00\times10^{-14}$에 대입하면 $[H^+] = \dfrac{1.00\times10^{-14}}{1.664\times10^{-4}} = 6.010\times10^{-11}M$ 이다.

ⓒ $pH = -\log[H^+] = -\log(6.010\times10^{-11}) = 10.22$

(3) 강산에 의한 약염기의 적정

① 약염기 B를 강산(H^+)으로 적정하는 경우는 약산을 강염기로 적정하는 것의 정반대이다.

② 적정 시약과 분석물질 사이의 알짜화학반응은 $B + H^+ \rightarrow BH^+$이다.

③ 반응물이 약염기와 강산이므로, 반응은 산이 가해지는 즉시 완결된다.

④ 먼저 당량점에 도달하는 데 필요한 강산(H^+)의 부피(V_e)는 B의 mmol=H^+의 mmol을 이용하여 계산한다.

⑤ 약염기 B를 강산(H^+)으로 적정하는 경우 적정 계산은 다음의 네 가지 유형으로 생각할 수 있다.

㉠ 산(H^+)이 가해지기 전의 용액은 물 중에 약염기 B만을 포함하고 있는데 이때 pH는 $B + H_2O \overset{K_b}{\rightleftarrows} BH^+ + OH^-$의 평형으로 결정된다.

㉡ 산(H^+)이 가해지기 시작하면서 당량점 사이에서 용액은 B와 BH^+의 완충용액인데, 이때 완충용액의 pH는 헨더슨 - 하셀바흐 식($pH = pK_a + \log\left(\frac{[B]}{[BH^+]}\right)$)을 이용한다. 가해준 적정 시약의 부피 $V_x = \frac{1}{2}V_e$(mL)가 되면 $\frac{[B]}{[BH^+]} = 1$이 되어, $pH = pK_a$(BH^+의 경우)이다.

㉢ 당량점에서 모든 B가 약산 BH^+로 전환되는데, 이때의 pH는 BH^+의 산해리 반응인 $BH^+ \overset{K_a}{\rightleftarrows} B + H^+$, $K_a = \frac{K_w}{K_b}$으로부터 계산된다. 또한 용액은 당량점에서 BH^+를 포함하므로 액성은 산성이며, 당량점에서의 pH는 7.00 이하가 된다.

㉣ 당량점 이후에서는 과량의 강산 H^+가 pH를 결정하게 된다. 이 경우 약산 BH^+의 존재에 의해 나타나는 효과는 매우 작기 때문에 무시한다.

(4) 중화적정의 응용 : 켈달(Kjeldahl) 질소분석법 ★★★

① 유기물질 속에 질소를 정량하는 가장 일반적인 방법인 켈달 질소분석법은 중화적정에 기반을 두고 있다.

② 켈달법은 시료를 뜨거운 진한 황산용액에서 분해시켜 결합된 질소를 암모늄이온(NH_4^+)으로 전환시킨 다음, 이 용액을 냉각시켜 묽히고 염기성으로 만든다. 그런 후에 염기성 용액에서 증류하여 발생되는 암모니아를 과량의 산성용액으로 모으고, 중화적정(역적정법)하여 정량한다.

예제 **켈달(Kjeldahl) 질소분석법에서 시료 0.146g으로부터 NH_3를 0.0214M HCl 10.00mL 속으로 증류시킨다. 미반응 HCl을 적정하는 데 0.0195M NaOH 3.12mL가 소비되었을 때 시료 속의 질소함량(%)을 구하시오.**

풀이 I (0.0214×10.00)−(0.0195×3.12)mmol은 HCl 속으로 증류시킨 NH_3의 양과 같으며, N의 몰질량을 14g/mol로 계산하면 다음과 같다.

$$0.1532\text{mmol NH}_3 \times \frac{1\text{mmol N}}{1\text{mmol NH}_3} \times \frac{14\text{mg N}}{1\text{mmol N}} \times \frac{1\text{g}}{1{,}000\text{mg}} = 2.1448 \times 10^{-3}\text{g N}$$

$$\therefore \text{시료 속의 질소함량} = \frac{2.1448 \times 10^{-3}\text{g N}}{0.146\text{g 시료}} \times 100 = 1.47\%$$

핵심이론 8 EDTA 적정

(1) 킬레이트 효과(chelate effect)

① 여러 자리 리간드가 유사한 한 자리 리간드보다 더 안정한 금속착물을 형성하는 능력이다.

② 자발적인 반응($\Delta G < 0$, $\Delta H < 0$, $\Delta S > 0$)은 같은 온도, ΔH가 비슷한 두 리간드를 비교하면 $\Delta S_{\text{여러 자리 리간드}} > \Delta S_{\text{한 자리 리간드}}$로 여러 자리 리간드 반응이 더 우세하다.

예 에틸렌다이아민 두 분자와 $Cd(H_2O)_6^{2+}$의 반응은 메틸아민 네 분자와의 반응보다 우세하다.

㉠ 두 반응 모두 엔탈피 변화(ΔH)는 주로 $Cd(H_2O)_6^{2+}$와 4개의 N 사이의 배위결합에 의한 결합에너지 차이에 의해 나타나므로 비슷하다.

㉡ 엔트로피 변화(ΔS)는 $Cd(H_2O)_6^{2+}$이 네 분자의 메틸아민과 반응하는 경우 분자수가 4에서 1로 줄어들고, $Cd(H_2O)_6^{2+}$이 두 분자의 에틸렌다이아민과 반응하는 경우 분자수가 2에서 1로 줄어들게 되어 메틸아민과 반응하는 경우 엔트로피 변화(ΔS)는 크게 감소한다.
→ 무질서에서 질서

㉢ 엔탈피 변화는 비슷한데 엔트로피 변화(ΔS)에 차이가 있어 자유에너지 변화($\Delta G = \Delta H - T\Delta S$)가 비슷한 값이 아니다. 메틸아민과 반응하는 경우의 ΔG는 엔트로피 변화(ΔS)가 크게 감소하므로 에틸렌다이아민과 반응하는 경우의 ΔG보다 더 큰 값을 갖게 된다.

㉣ 자발적인 반응($\Delta G < 0$, $\Delta H < 0$, $\Delta S > 0$)이 더 안정한 화합물을 형성하는 방향이므로 엔트로피 변화의 감소가 적은 에틸렌다이아민과 반응하는 경우 더 안정한 착물을 형성한다.

(2) EDTA

에틸렌다이아민테트라아세트산(ethylenediaminetetraacetic acid)의 약자이고, 가장 널리 이용되는 킬레이트제이며, 여섯 자리 리간드로 대부분의 금속이온과 1 : 1 착물을 형성한다. 직접 적정이나 반응의 간접적인 과정들을 이용하면 주기율표의 모든 원소를 EDTA로 분석할 수 있다.

① EDTA의 산 · 염기 성질

㉠ EDTA는 H_6Y^{2+}로 표시되는 육양성자성계이다.

㉡ 산성 수소원자들은 금속–착물을 형성함에 따라 수소원자들을 잃게 된다.

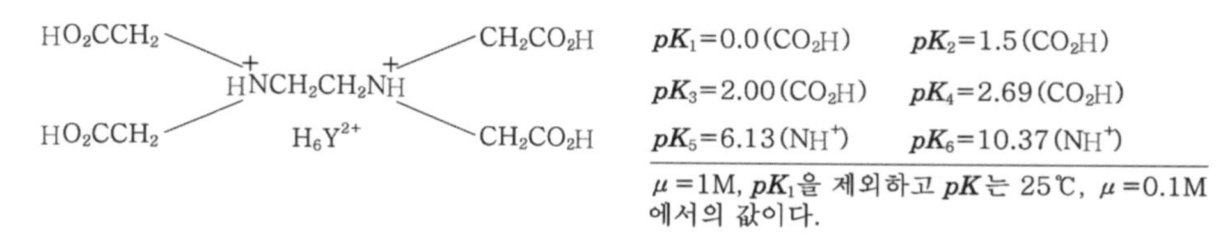

| EDTA 구조 |

㉢ pH에 따른 주화학종

pH 감소						pH 증가
H_6Y^{2+}	H_5Y^+	H_4Y	H_3Y^-	H_2Y^{2-}	HY^{3-}	Y^{4-}
0.00	1.50	2.00	2.69	6.13	10.37	

㉣ 중성 산은 H_4Y로 표시되는 사양성자성 산이다.

㉤ Y^{4-}형으로 존재하는 EDTA 분율($\alpha_{Y^{4-}}$) : 각 화학종에 대한 α는 그 형태로 존재하는 EDTA의 분율로 정의한다.

$$\alpha_{Y^{4-}} = \frac{[Y^{4-}]}{[H_6Y^{2+}]+[H_5Y^+]+[H_4Y]+[H_3Y^-]+[H_2Y^{2-}]+[HY^{3-}]+[Y^{4-}]} = \frac{[Y^{4-}]}{[EDTA]}$$

여기서, [EDTA] : 용액 중에 존재하는 모든 유리 EDTA 화학종들의 전체 농도

'유리(free) EDTA'는 금속이온과 착물을 형성하지 않은 EDTA를 의미한다.

② EDTA 착물

㉠ 형성상수(K_f, formation constant)는 금속과 리간드의 반응에 대한 평형상수로, 안정도 상수(stability constant)라고도 한다.

㉡ $M^{n+} + Y^{4-} \rightleftarrows MY^{n-4}$, $K_f = \dfrac{[MY^{n-4}]}{[M^{n+}][Y^{4-}]}$

K_f는 금속이온과 화학종 Y^{4-}의 반응에 한정된다.

㉢ 형성상수는 용액 중에 존재하는 여섯 가지 다른 형태의 EDTA 중 하나로 정의될 수 있다.

③ 조건형성상수

㉠ 대부분의 EDTA는 pH 10 이하에서 Y^{4-}로 존재하지 않으며, 낮은 pH에서는 주로 HY^{3-}와 H_2Y^{2-}로 존재한다.

㉡ Y^{4-}형으로 존재하는 EDTA 분율($\alpha_{Y^{4-}}$)의 정의로부터 $[Y^{4-}] = \alpha_{Y^{4-}}[EDTA]$로 나타낼 수 있다. 이 식에서 [EDTA]는 금속이온과 결합하지 않은 전체 EDTA의 농도이며, 유리 EDTA의 소량만이 Y^{4-} 이온 형태로 존재한다.

㉢ 형성상수 식을 다시 나타내면 다음과 같다.

$$K_f = \frac{[MY^{n-4}]}{[M^{n+}][Y^{4-}]} = \frac{[MY^{n-4}]}{[M^{n+}]\alpha_{Y^{4-}}[EDTA]}$$

㉣ 조건형성상수 식은 다음과 같다.

$$K_f' = \alpha_{Y^{4-}}K_f = \frac{[MY^{n-4}]}{[M^{n+}][EDTA]}$$

이 값은 특정한 pH에서 MY^{n-4}의 형성을 의미한다.

ⓜ 조건형성상수는 EDTA 착물 형성에서 유리 EDTA가 모두 한 형태로 존재하는 것처럼 취급할 수 있다.

$$M^{n+} + EDTA \rightleftarrows MY^{n-4},\ K_f' = \alpha_{Y^{4-}} K_f = \frac{[MY^{n-4}]}{[M^{n+}][EDTA]}$$

pH가 주어지면, $\alpha_{Y^{4-}}$를 알 수 있고 K_f'를 구할 수 있다.

(3) EDTA 적정곡선

금속을 EDTA로 적정하는 동안에 변화하는 유리 M^{n+} 농도의 계산이며, 적정반응은 $M^{n+} + EDTA \rightleftarrows MY^{n-4}$이고, $K_f' = \alpha_{Y^{4-}} K_f = \frac{[MY^{n-4}]}{[M^{n+}][EDTA]}$이다. 또한, K_f'값이 크면 적정의 각 점에서 반응은 완전히 진행되며, 적정곡선은 넣어준 EDTA 소비량에 대한 $-\log[M^{n+}]$ $(= pM)$의 그래프이다.

① 당량점 이전

㉠ 이 영역에서는 EDTA가 모두 소모되고, 용액에는 과량의 M^{n+}가 남게 된다.

㉡ 유리금속이온의 농도는 반응하지 않은 과량의 M^{n+}의 농도와 같으며, MY^{n-4}의 해리는 무시한다.

② 당량점에서

㉠ 용액 속에 금속과 EDTA가 정확히 같은 양만큼 존재하게 된다.

㉡ 이 용액은 순수한 MY^{n-4}를 녹인 용액과 같다고 생각할 수 있다.

㉢ MY^{n-4}가 약간 해리함으로써 소량의 유리 M^{n+}가 생성된다.

$$MY^{n-4} \rightleftarrows M^{n+} + EDTA$$

이 반응에서 EDTA는 각 형태로 존재하는 모든 유리 EDTA의 전체 농도를 의미한다.

㉣ 당량점에서는 $[M^{n+}] = [EDTA]$이다.

③ 당량점 이후

㉠ 과량의 EDTA가 존재하고, 모든 금속이온은 MY^{n-4}의 형태로 존재한다.

㉡ 유리 EDTA의 농도는 당량점 이후에 첨가된 과량의 EDTA의 농도와 같다.

④ 적정 계산

pH가 10.00으로 완충되어 있는 0.0400M Ca^{2+} 용액 50.0mL에 0.0800M EDTA 용액으로 적정할 경우, 적정 곡선의 모양을 구해 보면 다음과 같다.

$Ca^{2+} + EDTA \rightleftarrows CaY^{2-}$

$K_f' = \alpha_{Y^{4-}} K_f = (0.30) \times (10^{10.65}) = 1.34 \times 10^{10}$

당량점의 부피(V_e) : $0.04 \times 50.00 = 0.08 \times V_e$, $V_e = 25.00\text{mL}$

㉠ 당량점 이전 : EDTA 5.00mL를 가했을 경우 pCa를 구하면 $[Ca^{2+}]$가 과량으로 남게 된다.

$$[Ca^{2+}] = \frac{(0.04 \times 50.00) - (0.08 \times 5.00)\,mmol}{50.00 + 5.00\,mL} = 2.909 \times 10^{-2}M$$

$$\therefore\ pCa = -\log(2.909 \times 10^{-2}) = 1.54$$

㉡ 당량점에서 : EDTA 25.00mL를 가했을 경우, pCa를 구하면 금속은 모두 CaY^{2-}의 형태로 존재한다. CaY^{2-}의 해리를 고려하면 다음과 같다.

$$[CaY^{2-}] = \frac{(0.04 \times 50.00)mmol}{50.00 + 25.00mL} = 2.667 \times 10^{-2}M$$

	Ca^{2+}	+ EDTA	$\rightleftarrows$ CaY^{2-}
초기 농도(M)			2.667×10^{-2}
반응 농도(M)	$+x$	$+x$	$-x$
반응후 농도(M)	x	x	$2.667 \times 10^{-2} - x$

$$\frac{[CaY^{2-}]}{[Ca^{2+}][EDTA]} = K_f' = 1.34 \times 10^{10}$$

$$\frac{2.667 \times 10^{-2} - x}{x^2} \simeq \frac{2.667 \times 10^{-2}}{x^2} = 1.34 \times 10^{10},\ x = 1.411 \times 10^{-6}M$$

$$\therefore\ pCa = -\log(1.411 \times 10^{-6}) = 5.85$$

㉢ 당량점 이후 : EDTA 26.00mL를 가했을 경우 pCa를 구하면 이 영역에서 실제로 금속은 모두 CaY^{2-}의 형태로 존재하며, 반응하지 않은 과량의 EDTA가 존재한다. CaY^{2-}와 과량의 EDTA의 농도는 쉽게 계산된다.

$$[EDTA] = \frac{(0.08 \times 26.00) - (0.04 \times 50.00)\,mmol}{50.00 + 26.00\,mL} = 1.053 \times 10^{-3}\,M$$

$$[CaY^{2-}] = \frac{(0.04 \times 50.00)\,mmol}{50.00 + 26.00\,mL} = 2.632 \times 10^{-2}M$$

$$\frac{[CaY^{2-}]}{[Ca^{2+}][EDTA]} = K_f' = 1.34 \times 10^{10},$$

$$\frac{(2.632 \times 10^{-2})}{[Ca^{2+}](1.053 \times 10^{-3})} = 1.34 \times 10^{10},\ [Ca^{2+}] = 1.865 \times 10^{-9}M$$

$$\therefore\ pCa = -\log(1.865 \times 10^{-9}) = 8.73$$

(4) 보조착화제

① pH가 높은 염기성 용액에서 금속을 EDTA로 적정하려면 보조착화제(auxiliary complexing agent)를 사용해야 한다.

pH 10에서 $\alpha_{Y^{4-}}$은 0.30의 값을 나타내므로 $\alpha_{Y^{4-}}$을 높이려면 염기성 용액에서 적정한다.

② 보조착화제의 종류는 암모니아, 타타르산, 시트르산, 트라이에탄올아민 등의 금속과 강하게 결합하는 리간드이다.

③ 보조착화제의 역할은 금속과 강하게 결합하여 수산화물 침전이 생기는 것을 막는다. 그러나 EDTA가 가해질 때는 결합한 금속을 내어줄 정도의 약한 결합이 되어야 한다.

결합 세기 : 금속 – 수산화물 < 금속 – 보조착화제 < 금속 – EDTA

(5) 금속이온 지시약 ★★★

① EDTA 적정법에서 종말점 검출을 위해 사용한다.

다른 방법으로는 전위차 측정(수은전극, 유리전극, 이온 선택성 전극), 흡광도 측정이 있다.

② 금속이온과 결합할 때 색이 변한다.

③ 지시약으로 사용되려면 EDTA보다는 약하게 금속과 결합해야 한다.

결합세기 : 금속 – 지시약 < 금속 – EDTA

④ 금속이 지시약으로부터 자유롭게 유리되지 않는다면 금속이 지시약을 막았다(block)고 한다.

예 Cu^{2+}, Ni^{2+}, Co^{2+}, Cr^{3+}, Fe^{3+}, Al^{3+}의 금속이 지시약 에리오크롬블랙T를 막는다(block).

〈 몇 가지 일반적인 금속이온 지시약 〉

종류	구조	pK_a	유리 지시약의 색깔	금속이온 착물의 색깔
칼마자이트	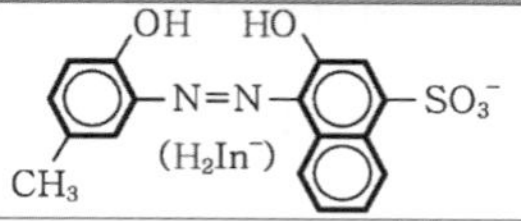 (H_2In^-)	$pK_2 = 8.1$ $pK_3 = 12.4$	H_2In^- 붉은색 HIn^{2-} 푸른색 In^{3-} 오렌지색	포도주빛 붉은색
에리오크롬 블랙T	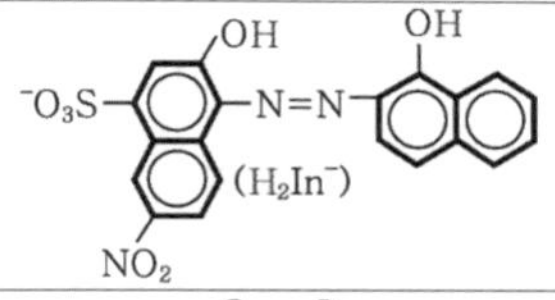 (H_2In^-)	$pK_2 = 6.3$ $pK_3 = 11.6$	H_2In^- 붉은색 HIn^{2-} 푸른색 In^{3-} 오렌지색	포도주빛 붉은색
뮤렉사이드	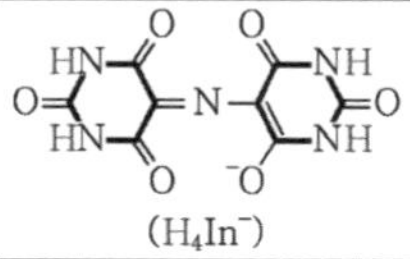 (H_4In^-)	$pK_2 = 9.2$ $pK_3 = 10.9$	H_4In^- 붉은 보라색 H_3In^{2-} 보라색 H_2In^{3-} 푸른색	노란색 (Co^{2+}, Ni^{2+}, Cu^{2+}의 경우), Ca^{2+}는 붉은색
자이레놀 오렌지	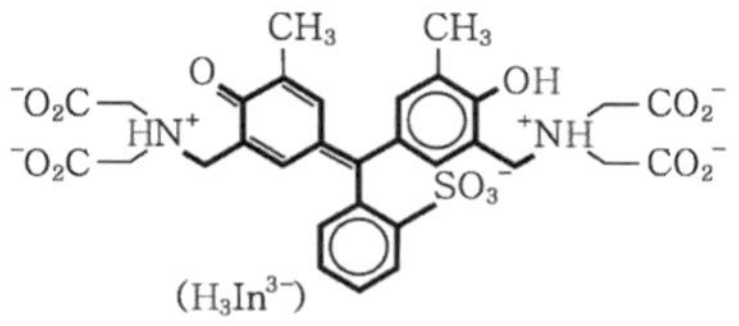 (H_3In^{3-})	$pK_2 = 2.32$ $pK_3 = 2.85$ $pK_4 = 6.70$ $pK_5 = 10.47$ $pK_6 = 12.23$	H_5In^- 노란색 H_4In^{2-} 노란색 H_3In^{3-} 노란색 H_2In^{4-} 보라색 HIn^{5-} 보라색 In^{6-} 보라색	붉은색
파이로 카테콜 바이올렛	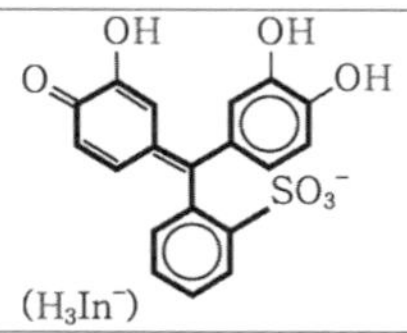 (H_3In^-)	$pK_1 = 0.2$ $pK_2 = 7.8$ $pK_3 = 9.8$ $pK_4 = 11.7$	H_4In 붉은색 H_3In^- 노란색 H_2In^{2-} 보라색 HIn^{3-} 붉은 자주색	푸른색

(6) EDTA 적정방법 ★★★

① 직접 적정(direction titration)

㉠ 분석물질을 EDTA 표준용액으로 적정한다.

㉡ 분석물질은 금속-EDTA 착물에 대한 조건상수가 크게 되도록 적절한 pH로 완충되어야 한다.

㉢ 유리 지시약은 금속-지시약 착물과 뚜렷하게 색깔 차이가 나야 한다.

② 역적정(back titration)

㉠ 일정한 과량의 EDTA를 분석물질에 가한 다음, 과량의 EDTA를 제2의 금속이온 표준용액으로 적정한다.

㉡ 분석물질이 EDTA를 가하기 전에 침전물을 형성하거나, 적정 조건에서 EDTA와 너무 천천히 반응하거나, 분석물이 지시약을 막거나, 직접 적정에서 종말점을 확실하게 확인할 수 있는 적절한 지시약이 없는 경우에 사용한다.

㉢ 역적정에 사용된 제2의 금속이온은 분석물질의 금속을 EDTA 착물로부터 치환시켜서는 안 된다.

③ 치환 적정(displacement titration)

치환 적정은 적당한 지시약이 없을 때 사용한다.

㉠ Hg^{2+} 적정 : Hg^{2+}를 과량의 $Mg(EDTA)^{2-}$로 적정하여 Mg^{2+}를 치환시킨 후, 유리된 Mg^{2+}를 EDTA 표준용액으로 적정하면 Hg^{2+}의 양을 알 수 있다.

$$Hg^{2+} + MgY^{2-} \rightleftarrows HgY^{2-} + Mg^{2+}$$

㉡ Ag^{+} 적정 : Ag^{+}는 테트라사이아노니켈산(Ⅱ) 이온으로부터 Ni^{2+}를 치환시킨 후, 유리된 Ni^{2+}를 EDTA 표준용액으로 적정하면 Ag^{+}의 양을 알 수 있다.

$$2Ag^{+} + Ni(CN)_4^{2-} \rightleftarrows 2Ag(CN)_2^{-} + Ni^{2+}$$

④ 간접 적정(indirection titration)

㉠ 특정한 금속이온과 침전물을 형성하는 음이온은 EDTA로 간접 적정함으로써 분석할 수 있다.

㉡ 음이온을 과량의 표준 금속이온으로 침전시킨 다음 침전물을 거르고 세척한 후, 거른 액 중에 들어 있는 과량의 금속이온을 EDTA로 적정한다.

가림

1. 가리움제(masking agent) : 분석물질과 EDTA와의 반응으로부터 분석물질의 어떤 성분을 막아주는 시약이다.
2. 가리움제가 시료 내의 방해 화학종과 먼저 반응하여 착물을 형성하여 방해를 줄이고 분석물이 잘 반응할 수 있도록 도와주기 때문에 시료를 전처리할 때 가리움제를 넣어 준다.

   예 Mg^{2+}와 Al^{3+}의 혼합물에서 우선 Al^{3+}을 F^{-}으로 가려주면, EDTA와 반응할 수 있는 것은 Mg^{2+}만 남으므로 Mg^{2+}을 적정할 수 있다.
3. 가림벗기기(demasking) : 가리움제로부터 금속이온을 떼어놓는 것을 말한다.

   예 사이안화 착물은 폼알데하이드를 가하면 가림을 벗길 수 있다.

(7) 물의 경도(total hardness)

① 물속에 들어 있는 모든 알칼리토금속 이온의 전체 농도를 나타내며, 총경도라고 한다. 보통 Ca^{2+}와 Mg^{2+}으로 나타내고, 물 1L에 들어 있는 $CaCO_3$의 mg수로 표시하며, 단위는 mg $CaCO_3$/L이다.

② **측정방법**

물의 경도를 측정하는 순서는 다음과 같다.

㉠ 삼각플라스크에 지하수 100mL를 넣고 NH_3 완충용액을 첨가하여 pH 10.00으로 맞춘다.

㉡ 에리오크롬블랙T(EBT) 지시약 2~3방울을 삼각플라스크에 첨가한다.

㉢ 0.01M EDTA 표준용액을 뷰렛에 넣어 적정한다.

㉣ 푸른색을 띠면 종말점으로 판단하여 뷰렛의 눈금을 읽어 적정에 사용된 표준용액의 부피를 구한다.

③ **Ca^{2+} 경도와 Mg^{2+} 경도를 구하는 방법**

다음과 같은 순서로 Ca^{2+}와 Mg^{2+}의 경도를 구할 수 있다.

㉠ 총경도를 구한다.

㉡ pH 13.00에서 Ca^{2+} 경도를 구한다. pH 13.00에서 Mg^{2+}은 OH^-와 반응하여 $Mg(OH)_2$ 침전물을 형성하므로 Ca^{2+}만 반응한다.

㉢ 총경도 − Ca^{2+} 경도 = Mg^{2+} 경도

핵심이론 9 산화 · 환원 적정

(1) 산화수에 의한 산화와 환원

① **산화수(oxidation number)** : 산화수는 어떤 원자가 중성인지, 전자가 많은지, 전자가 부족한지를 나타내는 수치로 물질 중의 원자가 어느 정도 산화 또는 환원되었는가를 결정할 수 있다. 산화상태는 (+)로 나타내고, 환원상태는 (−)로 나타낸다.

② **산화수 규칙** : 산화 · 환원반응식에서 각 물질들의 산화수를 결정할 때 다음 규칙은 항상 성립한다.

㉠ 홑원소 물질의 산화수는 0이다.

예 홑원소 물질인 Cu, B, Cl_2, P_4, H_2, O_2, C, Na에서 각 원자의 산화수는 모두 0이다.

㉡ 단원자 이온의 경우 산화수는 이온의 전하와 같다.

예 Na^+, Cl^-, Mg^{2+}, O^{2-} 등의 이온은 산화수가 각각 +1, -1, +2, -2이다.

㉢ 다원자 이온의 경우 각 원자의 산화수의 총합이 다원자 이온의 전하와 같다.

예 OH^-에서 O의 산화수는 -2이고, H의 산화수는 +1이므로 산소의 산화수(-2) + 수소의 산화수(+1) = 이온의 총 전하량(-1)이다.

㉣ 화합물에서 모든 원자의 산화수의 총합은 0이다.

예 H_2O에서 O의 산화수는 -2이고, H의 산화수는 +1이므로 산소의 산화수(-2) × 1 + 수소의 산화수(+1) × 2 = 0이다.

※ 다음은 산화수를 결정할 때 알아두면 편리한 규칙으로, 약간의 예외가 있을 수 있다. 만약 규칙들이 서로 상충될 경우에는 우선순위가 높은 규칙에 따른다.

1. 화합물에서 1족 알칼리 금속 원자는 +1, 2족 알칼리 토금속 금속 원자는 +2, 13족 금속 원자는 +3의 산화수를 갖는다.

   예 • NaH, NaCl, Na_2O, KOH, K_2O → 각 화합물에서 Na과 K의 산화수는 모두 +1이다.
   • MgH_2, $MgCl_2$, $CaCO_3$, CaO_2, CaO → 각 화합물에서 Mg과 Ca의 산화수는 모두 +2이다.
   • $AlCl_3$, Al_2O_3, $Al(OH)_3$ → 각 화합물에서 Al의 산화수는 모두 +3이다.

2. 화합물에서 H의 산화수는 +1이다.

   예 H_2CO_3, H_2O, H_2O_2, HCl → 각 화합물에서 H의 산화수는 모두 +1이다.

3. 화합물에서 O의 산화수는 −2이다.

   예 $HClO_4$, H_2SO_4 → 각 화합물에서 O의 산화수는 모두 -2이다.

4. 화합물에서 할로젠의 산화수는 −1이다.

   예 $CaCl_2$, NaCl, KBr, KI → 각 화합물에서 Cl, Br, I의 산화수는 모두 -1이다.

주의해야 할 산화수

- 수소의 산화수 : NaH, MgH_2 등은 우선순위가 높은 규칙 1과 모든 화합물에서 산화수의 총합은 항상 0이라는 규칙에 의해 수소의 산화수가 -1이 된다.
- 산소의 산화수 : KO, H_2O_2에서는 우선순위가 높은 규칙 1, 2와 화합물에서 산화수의 총합은 항상 0이라는 규칙에 의해 산소의 산화수가 -1이 된다.
- 할로젠의 산화수 : HClO, $HClO_2$, $HClO_3$, $HClO_4$ 등은 우선순위가 높은 규칙 2, 3과 화합물에서 산화수의 총합은 항상 0이라는 규칙에 의해 염소의 산화수가 각각 +1, +3, +5, +7이 된다.

③ 산화수에 의한 산화 · 환원의 정의

㉠ 어떤 원자나 이온이 전자를 잃으면 산화수가 증가하고, 전자를 얻으면 산화수가 감소한다.

㉡ 산화수가 증가하는 반응을 산화라 하고, 산화수가 감소하는 반응을 환원이라고 한다.

(2) 산화제와 환원제 ★★★

① 산화제(oxidation agent)

㉠ 산화 · 환원반응에서 다른 물질을 산화시키고 자신은 환원되는 물질을 산화제라고 한다.

㉡ 전자를 얻는 성질이 강할수록 강한 산화력을 가지므로 전기음성도가 큰 대부분의 비금속원소는 산화제가 될 수 있다.

예 F_2, Cl_2, O_2, O_3

㉢ 산화수가 높은 원소를 포함한 물질은 산화제가 될 수 있다.

예 $KMnO_4$, $K_2Cr_2O_7$, HNO_3, $HClO_4$

㉣ 같은 원자가 여러 가지 산화수를 가지는 경우 산화수가 가장 큰 원자를 포함한 화합물이 가장 강한 산화제이다.

예 $KMnO_4$, MnO_2, Mn_2O_3, $MnCl_2$ 중에서 $KMnO_4$가 가장 강한 산화제이다.

② 환원제(reduction agent)

㉠ 산화 · 환원반응에서 다른 물질을 환원시키고 자신은 산화되는 물질을 환원제라고 한다.

㉡ 전자를 내놓는 성질이 강할수록 강한 환원력을 가지므로 이온화에너지가 작은 대부분의 금속원소는 환원제가 될 수 있다.

예 Li, Na, K, Mg, Ca, Zn

㉢ 산화수가 낮은 원소를 포함한 물질은 환원제가 될 수 있다.

예 $FeCl_2$, $SnCl_2$, H_2S

㉣ 같은 원자가 여러 가지 산화수를 가지는 경우 산화수가 가장 작은 원자를 포함한 화합물이 가장 강한 환원제이다.

예 H_2S, S, SO_2, SO_3 중에서 H_2S가 가장 강한 환원제이다.

예제 **$Ce^{4+} + Fe^{2+} \rightarrow Ce^{3+} + Fe^{3+}$ 산화 · 환원 반응식에서 산화반응식과 환원반응식으로 구분하고, 산화제와 환원제는 어떤 것인지 각각 쓰시오.**

풀이 | • 산화반응식 : $Fe^{2+} \rightleftarrows Fe^{3+} + e^-$
Fe^{2+}은 +2에서 +3으로 산화수가 증가하였으므로 산화반응이고, 환원제이다.
• 환원반응식 : $Ce^{4+} + e^- \rightleftarrows Ce^{3+}$
Ce^{4+}은 +4에서 +3으로 산화수가 감소하였으므로 환원반응이고, 산화제이다.

(3) 산성 용액에서 반쪽반응법을 이용한 산화 · 환원 반응식 균형 맞추기

① 불균형 알짜이온 반응식을 쓴다.

예 $MnO_4^- + NO_2^- \rightarrow Mn^{2+} + NO_3^-$

② 산화와 환원되는 원자를 결정하고, 두 개의 불균형 반쪽반응식을 쓴다.

예 산화 : N(+3 → +5, 산화수 증가), $NO_2^- \rightarrow NO_3^-$
환원 : Mn(+7 → +2, 산화수 감소), $MnO_4^- \rightarrow Mn^{2+}$

③ O와 H 이외의 모든 원자에 대하여 두 개의 반쪽반응식의 균형을 맞춘다.

예 산화 : $NO_2^- \rightarrow NO_3^-$
환원 : $MnO_4^- \rightarrow Mn^{2+}$

④ O를 적게 갖는 쪽에 H_2O를 더하여 O에 대한 각 반쪽반응식의 균형을 맞추고, H를 적게 갖는 쪽에 H^+를 더하여 H에 대한 균형을 맞춘다.

예 산화 : $NO_2^- + H_2O \rightarrow NO_3^- + 2H^+$
환원 : $MnO_4^- + 8H^+ \rightarrow Mn^{2+} + 4H_2O$

⑤ 더 큰 양전하를 갖는 쪽에 전자를 첨가하여 전하에 대한 각 반쪽반응의 균형을 맞춘다.

예 산화 : $NO_2^- + H_2O \rightarrow NO_3^- + 2H^+ + 2e^-$
환원 : $MnO_4^- + 8H^+ + 5e^- \rightarrow Mn^{2+} + 4H_2O$

⑥ 적당한 인자를 곱하여, 두 개의 반쪽반응 양쪽이 같은 전자수를 갖게 한다.

예 산화 : $5NO_2^- + 5H_2O \rightarrow 5NO_3^- + 10H^+ + 10e^-$
환원 : $2MnO_4^- + 16H^+ + 10e^- \rightarrow 2Mn^{2+} + 8H_2O$

⑦ 두 개의 균형 반쪽반응식을 더하여 반응식 양쪽에 나타나는 전자들과 기타 화학종을 삭제하고, 반응식이 원자와 전하의 균형이 맞는지 확인한다.

예 $2MnO_4^- + 5NO_2^- + 6H^+ \rightarrow 2Mn^{2+} + 5NO_3^- + 3H_2O$

(4) 과망가니즈산포타슘에 의한 산화

① 과망가니즈산포타슘($KMnO_4$)은 진한 자주색을 띤 강산화제이다.

② 강산성 용액(pH 1.00)에서 무색의 Mn^{2+}로 환원된다.

③ 중성 또는 알칼리 용액에서는 갈색 고체인 MnO_2를 생성한다.

$MnO_4^- + 4H^+ + 3e^- \rightleftarrows MnO_2(s) + 2H_2O$, $E^\circ = 1.692V$

④ 강알칼리 용액(2M NaOH)에서는 초록색의 망가니즈산(Ⅵ) 이온을 생성한다.

$MnO_4^- + e^- \rightleftarrows MnO_4^{2-}$, $E^\circ = 0.56V$

⑤ 순수하지 못해서 일차 표준물질이 아니며, 옥살산소듐으로 표준화하여 사용한다.

⑥ 종말점은 MnO_4^-의 적자색이 묽혀진 연한 분홍색이 지속적으로 나타나는 것으로 정한다.

⑦ 반응식

㉠ $2MnO_4^- + 5C_2O_4^{2-} + 16H^+ \rightleftarrows 2Mn^{2+} + 8H_2O + 10CO_2$

㉡ $2MnO_4^- + 5H_2O_2 + 6H^+ \rightleftarrows 2Mn^{2+} + 8H_2O + 5O_2$

㉢ $MnO_4^- + 5Fe^{2+} + 8H^+ \rightleftarrows 2Mn^{2+} + 5Fe^{3+} + 4H_2O$

(5) 다이크로뮴산포타슘에 의한 산화

① 산성 용액에서 오렌지색의 다이크로뮴산이온($Cr_2O_7^{2-}$)은 초록색의 크로뮴(Ⅲ)(Cr^{3+})으로 환원되는 강한 산화제이다.

$Cr_2O_7^{2-} + 14H^+ + 6e^- \rightleftarrows 2Cr^{3+} + 7H_2O$

② 염기성 용액에서 다이크로뮴산이온($Cr_2O_7^{2-}$)은 산화력이 없는 노란색의 크로뮴산이온(CrO_4^{2-})으로 변화된다.

③ $K_2Cr_2O_7$은 $KMnO_4$나 Ce^{4+}만큼 강산화제가 아니다.

④ Fe^{2+}를 정량하거나, Fe^{2+}를 Fe^{3+}로 산화시킬 수 있는 다른 화학종들의 간접 정량에 주로 이용된다.

(6) 싸이오황산소듐 용액의 표준화

① 아이오딘산소듐($NaIO_3$)은 싸이오황산소듐($Na_2S_2O_3$) 용액에 대한 우수한 일차 표준물질이다.

② 표준화 과정

㉠ 무게를 단 양의 일차 표준급 시약을 과량의 아이오딘화 포타슘(KI)을 포함하고 있는 물에 녹인다.

㉡ 이 혼합물을 강산으로 산성화시키면 다음 반응이 즉시 일어난다.

$IO_3^- + 5I^- + 6H^+ \rightleftarrows 3I_2 + 3H_2O$

㉢ 그 다음 유리된 아이오딘(I_2)을 싸이오황산소듐($Na_2S_2O_3$) 용액으로 적정한다.

$I_2 + 2S_2O_3^{2-} \rightleftarrows 2I^- + S_4O_6^{2-}$

㉣ 과정의 총괄 화학량론은 다음과 같다.

$1mol\ IO_3^- = 3mol\ I_2 = 6mol\ S_2O_3^{2-}$

(7) 산화 · 환원 적정

산화 · 환원 적정은 분석물질과 적정 시약 사이에 일어나는 산화 · 환원 반응에 기초를 두고 있다. Pt 전극과 칼로멜 전극을 이용한 전위차법으로 관찰하면서 철(Ⅱ)이온을 세륨(Ⅳ) 표준용액으로 적정하는 과정을 생각해 보자.

① 적정 반응

$Ce^{4+} + Fe^{2+} \rightarrow Ce^{3+} + Fe^{3+}$

② Pt 지시전극에서의 두 가지 평형(지시전극의 반쪽반응)

㉠ $Fe^{3+} + e^- \rightleftarrows Fe^{2+}$, $E° = 0.767V$

㉡ $Ce^{4+} + e^- \rightleftarrows Ce^{3+}$, $E° = 1.70V$

③ 당량점 이전

㉠ 일정량의 Ce^{4+}를 첨가하면 적정 반응에 따라 Ce^{4+}은 소비되고 같은 몰수의 Ce^{3+}와 Fe^{3+}이 생성된다.

⚗ Ce^{4+}의 농도는 까다로운 평형에 관한 문제를 풀어야만 구할 수 있다.

㉡ 당량점 이전에는 용액 중에 반응하지 않은 여분의 Fe^{2+}가 남아 있으므로 Fe^{2+}와 Fe^{3+}의 농도를 쉽게 구할 수 있다.

㉢ $E = E_+ - E_-$

$$E = \left[0.767 - 0.05916\log\frac{[Fe^{2+}]}{[Fe^{3+}]}\right] - 0.241$$

㉣ 적정 시약의 부피가 당량점에 도달하는 데 필요한 양의 반이 될 때$\left(V = \frac{1}{2}V_e\right)$, Fe^{3+}와 Fe^{2+}의 농도가 같아진다. $\log 1 = 0$이므로, $E_+ = E°(Fe^{3+} \mid Fe^{2+}) = 0.767V$가 된다.

④ 당량점에서

㉠ 모든 Fe^{2+} 이온과 반응하는 데 필요한 정확한 양의 Ce^{4+} 이온이 가해졌다.

㉡ 모든 세륨은 Ce^{3+} 형태로, 모든 철은 Fe^{3+} 형태로 존재한다.

㉢ 평형에서 Ce^{4+}와 Fe^{2+}는 극미량만이 존재하게 된다.

㉣ $[Ce^{3+}] = [Fe^{3+}]$, $[Ce^{4+}] = [Fe^{2+}]$

㉤ 당량점에서의 전지전압을 나타내기 위하여 두 반응 모두 이용하면 편하다.

- 두 반응에 대한 Nernst 식은 다음과 같다.

$$E_+ = 0.767 - 0.05916\log\frac{[Fe^{2+}]}{[Fe^{3+}]}$$

$$E_+ = 1.70 - 0.05916\log\frac{[Ce^{3+}]}{[Ce^{4+}]}$$

- 두 식을 합하면

$$2E_+ = (0.767 + 1.70) - 0.05916\log\left(\frac{[Fe^{2+}][Ce^{3+}]}{[Fe^{3+}][Ce^{4+}]}\right)$$

- 당량점에서 $[Ce^{3+}] = [Fe^{3+}]$, $[Ce^{4+}] = [Fe^{2+}]$이므로 $\log 1 = 0$이고, $2E_+ = 2.467\text{V}$, $E_+ = 1.234\text{V}$가 된다.

- 전지전압 $E = E_+ - E_- = 1.234 - 0.241 = 0.993\text{V}$

㉥ 이 적정에서 당량점에서의 전위는 반응물의 농도 및 부피와는 무관하다.

⑤ 당량점 이후

㉠ 모든 철 원자는 Fe^{3+} 형태로 존재한다. Ce^{3+}의 몰수는 Fe^{3+}의 몰수와 같고, 농도를 알고 있는 반응하지 않은 과량의 Ce^{4+}가 존재한다.

㉡ 당량점 이후에는 용액 중에 반응하지 않은 과량의 Ce^{4+}가 남아 있으므로 Ce^{4+}와 Ce^{3+}의 농도를 쉽게 구할 수 있다.

㉢ $E = E_+ - E_-$

$$E = \left[1.70 - 0.05916\log\frac{[Ce^{3+}]}{[Ce^{4+}]}\right] - 0.241$$

㉣ 적정 시약의 부피가 당량점에 도달하는 데 필요한 양의 두 배가 될 때($V = 2V_e$), Ce^{3+}와 Ce^{4+}의 농도가 같아진다. $\log 1 = 0$이므로, $E_+ = E°(Ce^{4+} \mid Ce^{3+}) = 1.70\text{V}$가 된다.

핵심이론 10 전기화학의 기초

(1) 갈바니전지

① 갈바니전지(볼타전지)는 자발적인 화학반응으로부터 전기를 발생한다.

② 전기를 발생시키기 위해서는 한 반응물은 산화되어야 하고 다른 반응물은 환원되어야 한다.

③ 두 반응물은 격리되어 있어야 하는데, 그렇지 않으면 전자는 단순히 환원제에서 산화제로 직접 흐르게 된다.

④ 산화제와 환원제를 물리적으로 격리시켜 전자가 한 반응물에서 다른 물질로 외부 회로를 통해서만 흐르도록 해야 한다.

⑤ **화학전지의 표시** : 선 표시법

㉠ 산화전극(−극)은 왼쪽에, 환원전극(+극)은 오른쪽에 쓴다.

㉡ 서로 다른 상이 접촉하면 ' | '로 표시하며, 만일 염다리가 존재하면 염다리는 ' ‖ '로 표시한다.

㉢ 농도, 온도, 물질의 상태를 괄호 안에 표시한다.

예 (−) Zn(s) | $ZnSO_4$(aq) ‖ $CuSO_4$(aq) | Cu(s) (+)

(2) 반쪽반응에 대한 Nernst 식

반쪽반응 $aA + ne^- \rightleftarrows bB$

① Nernst 식

$$E = E^\circ - \frac{RT}{nF}\ln\frac{A_B^{\,b}}{A_A^{\,a}}$$

여기서, E° : 표준 환원전위

R : 기체상수(8.314J/K · mol)

T : 온도(K)

n : 전자의 몰수

F : Faraday 상수(96,485C/mol)

A_i : 화학종 i의 활동도

$\frac{A_B^{\,b}}{A_A^{\,a}}$ = 반응지수(Q)

반응지수 Q는 평형상수와 같은 형태를 갖고 있으나 활동도값이 평형값이 될 필요는 없다. 순수한 고체, 순수한 액체, 용매는 그들의 활동도가 1이나 1에 가깝기 때문에 Q에서 제외된다. 용질은 몰농도로, 기체의 농도는 bar로 표시된다. 모든 활동도가 1이면 $Q = 1$이고, $\ln Q = 0$이므로 $E = E^\circ$이 된다.

② 자연로그(ln)를 상용로그(log)로 바꾸고 온도 25℃(=298.15K)를 대입하면 다음 식과 같다.

$$E = E° - \frac{0.05916\text{V}}{n}\log Q$$

③ 반응지수 Q값이 10배 변화할 때마다 전위는 $\frac{59.16}{n}$mV씩 변화한다.

④ Nernst 식은 반응지수 Q에 알맞은 식을 넣음으로써 반쪽반응에 대한 식 또는 전체 전지반응에 대한 식으로 나타낼 수 있다.

(3) 완전한 반응식에 대한 Nernst 식

① 측정된 전압은 두 전극 간의 전위차이다.

② 완전한 전지에 대한 Nernst 식

$E_{전지} = E_+ - E_- = E_{환원} - E_{산화}$

이 식에서 E_+는 전위차계의 플러스 단자에 연결된 전극의 전위이고, E_-는 마이너스 단자에 연결된 전극의 전위이다.

③ 각 반쪽반응(환원반응으로 쓰여짐)의 전위는 Nernst 식에 의해 결정되고, 완전한 반응식에 대한 전압은 두 반쪽전지 전위 간의 차이이다.

④ 알짜전지반응식을 쓰고 전압을 알아내는 과정

㉠ 양쪽 반쪽전지에 대한 환원형태의 반쪽반응식을 쓰고 $E°$를 찾는다. 두 반응이 같은 수의 전자를 포함하도록 반쪽반응식에 적당한 수를 곱하며, 반응에서 어떤 수를 곱할 때 $E°$에는 곱하지 않는다.

㉡ 전위차계의 플러스 단자에 연결된 오른쪽 반쪽전지에서의 반쪽반응에 대한 Nernst 식을 쓴다. 이것이 $E_+(=E_{환원})$이다.

㉢ 전위차계의 플러스 단자에 연결된 왼쪽 반쪽전지에서의 반쪽반응에 대한 Nernst 식을 쓴다. 이것이 $E_-(=E_{산화})$이다.

㉣ 뺄셈으로 알짜전지전압을 구한다($E_{전지} = E_+ - E_-$).

㉤ 계수가 맞추어진 알짜전지반응식을 쓰기 위해 오른쪽 반쪽반응식에서 왼쪽 반쪽반응식을 뺀다.

⑤ 알짜전지전압, $E_{전지}(=E_+ - E_-) > 0$이면 알짜전지반응은 정방향으로 자발적이고, $E_{전지} < 0$이면 알짜전지반응은 역반응이 자발적이다.

(4) 표준환원전위($E°$)와 평형상수(K)와의 관계

① 갈바니전지는 전지반응이 평형상태에 있지 않으므로 전기를 생성한다.

② 전위차계에 흐르는 전류는 무시할 수 있으므로 각 반쪽전지의 농도는 변하지 않는다.

③ 전위차계를 도선으로 바꾸어 연결하면 많은 양의 전류가 흐르고 전지가 평형에 도달할 때까지 농도는 변할 것이다.

④ 평형에서는 반응이 더 이상 진행되지 않으며, $E=0$이다.

⑤ $0=E°-\frac{0.05916\text{V}}{n}\log K$이므로, $E°=\frac{0.05916\text{V}}{n}\log K \quad \therefore K=10^{\frac{nE°}{0.05916}}$

(5) 전기분해와 패러데이 법칙

① **전기분해**

전기에너지를 이용하여 비자발적인 산화 · 환원반응을 일으켜 물질을 분해하는 반응이다.

② **전기분해 생성물의 양적 관계**

산화 · 환원반응은 전자의 이동에 의해 일어나므로 전기분해 생성물의 양은 이동한 전자의 몰수에 비례한다.

③ **패러데이 법칙**

㉠ 전기분해에서 생성되거나 소모되는 물질의 양은 흘려준 전하량에 비례한다.

㉡ 전기분해에서 일정한 전하량에 의해 생성되거나 소모되는 물질의 질량은 각 물질의 당량 $=\left(\frac{\text{원자량}}{\text{이온의 전하수}}\right)$에 비례한다.

④ **1F(패럿)**

㉠ 전하량(Q) : 전류의 세기(I)에 전류를 공급한 시간(t)을 곱해서 구하며, 단위는 C(쿨롬)이다. 1C은 1A의 전류가 1초 동안 흘렀을 때의 전하량이다.

$$Q=I\times t$$

㉡ 1F = 전자 1몰의 전하량 = 전자 1개의 전하량 × 아보가드로수

$$=\frac{1.6022\times10^{-19}\text{C}}{\text{1개 전자}}\times\frac{6.022\times10^{23}\text{개 전자}}{\text{1mol 전자}}\fallingdotseq 96{,}485\text{C/mol}$$

㉢ 산화 · 환원반응식에 이동하는 전자의 몰수로 생성물의 양을 계산할 수 있다.

핵심이론 11 화학반응속도론

(1) 속도법칙

각 반응 몰농도에 대한 반응속도의 의존성은 속도법칙 식으로 표현된다.

(2) 적분속도법칙

어떤 시간 t에 남아 있는 반응물의 농도를 계산할 수 있게 하는 농도, 시간 식

(3) 반감기($t_{1/2}$)

반응물의 농도가 처음 값의 1/2로 되는 데 필요한 시간

(4) 'A → 생성물' 형태 0차, 1차, 2차 반응의 특징

구분	0차 반응	1차 반응	2차 반응
속도법칙	$\frac{-\Delta[A]}{\Delta t}=k$	$\frac{-\Delta[A]}{\Delta t}=k[A]$	$\frac{-\Delta[A]}{\Delta t}=k[A]^2$
적분속도법칙	$[A]_t=-kt+[A]_0$	$\ln[A]_t=-kt+\ln[A]_0$	$\frac{1}{[A]_t}=kt+\frac{1}{[A]_0}$
반감기($t_{1/2}$)	$t_{1/2}=\frac{[A]_0}{2k}$	$t_{1/2}=\frac{\ln 2}{k}$	$t_{1/2}=\frac{1}{k[A]_0}$

여기서, $[A]_t$: t초에서의 A의 농도, $[A]_0$: A의 초기농도, k : 속도상수

핵심이론 ⑫ 시험법 밸리데이션

(1) 평균과 중앙값 ★★★

① 평균(mean 또는 average)

측정한 값들의 합을 전체 수로 나눈 값으로 산술평균이라고도 한다.

$$\bar{x}=\frac{\sum_{i=1}^{n}x_i}{n}$$

여기서, x_i : 개개의 x값을 의미

n : 측정수, 자료수

② 중앙값(median)

한 세트의 자료를 오름차순 또는 내림차순으로 나열하였을 때의 중간값을 의미한다.

㉠ 결과들이 홀수 개이면, 중앙값은 순서대로 나열하여 중앙에 위치하는 결과가 된다.

㉡ 결과들이 짝수 개이면, 중간의 두 결과에 대한 평균이 중앙값이 된다.

(2) 정밀도 ★★★

① 정확히 똑같은 양을 똑같은 방법으로 측정하여 얻은 측정값들이 일치하는 정도를 말한다. 측정값들이 평균에 얼마나 가까이 모여 있는지의 정도, 즉 측정의 재현성을 나타낸다.

② 정밀도의 척도

㉠ 표준편차(s) : 표준편차가 작을수록 정밀도는 더 크다.

$$s = \sqrt{\frac{\sum_{i=1}^{n}(x_i - \bar{x})^2}{n-1}}$$

여기서, x_i : 각 측정값

$\bar{x}$: 평균

n : 측정수, 자료수

㉡ 분산(가변도, s^2) : 표준편차의 제곱으로 나타낸다.

㉢ 평균의 표준오차(s_m) $= \dfrac{s}{\sqrt{n}}$

㉣ 상대표준편차(RSD) $= s_r = \dfrac{s}{\bar{x}}$

- $\dfrac{1}{\mathrm{RSD}} = \dfrac{S}{N}$: 신호 대 잡음비로 나타낸다.
- 신호 대 잡음비는 측정횟수(n)의 제곱근에 비례한다($S/N \propto \sqrt{n}$).
- 같은 신호 세기에서 바탕 세기가 높으면 신호 대 잡음비는 감소한다.

㉤ 변동계수(CV) $= \mathrm{RSD} \times 100\% = \dfrac{s}{\bar{x}} \times 100\%$

㉥ 퍼짐(spread) 또는 구간(w, range) : 그 무리에서 가장 큰 값과 가장 작은 값 사이의 차이이다.

㉦ 평균의 신뢰구간 : 어느 신뢰수준에서 측정 평균값 주위에 참평균이 존재할 수 있는 구간을 말한다.

㉧ 표준편차(s)의 신뢰도를 향상시키기 위한 데이터 총합

여러 무리의 데이터로부터 합동 표준편차(s_{pooled})를 계산하기 위한 식

$$s_{pooled} = \sqrt{\frac{\sum_{i=1}^{n_1}(x_i - \bar{x}_1)^2 + \sum_{j=1}^{n_2}(x_j - \bar{x}_1)^2 + \cdots}{n_1 + n_2 + \cdots - n_t}}$$

여기서, n_1 : 작은 무리 1의 데이터수

n_2 : 작은 무리 2의 데이터수

n_t : 합동을 한 데이터의 작은 무리들의 총수

(3) 정확도 ★★★

① 측정값 또는 측정값의 평균이 참값에 얼마나 가까이 있는지의 정도를 말한다.

② **절대오차(E)** : 측정값과 참값과의 차이를 의미한다.
절대오차의 부호는 측정값이 작으면 음(−)이고, 측정값이 크면 양(+)이다.

$$E = x_i - x_t$$

여기서, x_i : 어떤 양을 갖는 측정값
x_t : 어떤 양에 대한 참값 또는 인정된 값

③ **상대오차(E_r)** : 절대오차를 참값으로 나눈 값으로 절대오차보다 더 유용하게 이용되는 값이다.

$$\text{백분율 상대오차 } E_r = \frac{x_i - x_t}{x_t} \times 100\%$$

④ **상대정확도** : 측정값이나 평균값을 참값에 대한 백분율로 나타내는 방법이다.
상대오차는 오차의 백분율, 상대정확도는 측정값의 백분율이다.

⑤ **정량분석의 정확도를 측정하는 방법**
㉠ 표준기준물질(SRM)을 측정하여 SRM의 인증값과 측정값이 허용신뢰수준 내에서 오차가 있는지 t−시험을 통해 확인한다.
㉡ 시료에 일정량의 표준물질을 첨가하여 표준물질이 회수된 회수율을 구하여 확인한다.
㉢ 시료를 분석 원리가 완전히 다른 두 가지 분석법으로 측정하여 두 측정값이 허용신뢰수준 내에서 오차가 있는지 t−시험을 통해 확인한다.
㉣ 같은 시료를 각기 다른 실험실과 다른 실험자에 의해 분석결과를 비교하여 확인한다.

(4) 검출한계(DL, detection limit) ★★★

① 주어진 신뢰수준(보통 95%)에서 신호로 검출될 수 있는 최소의 농도이다. 즉, 최소 검출 가능 농도이다.

② 20개 이상의 바탕시료를 측정하여 얻은 바탕신호들의 표준편차의 3배에 해당하는 신호를 나타내는 농도를 의미한다.

$$\text{검출한계(= 최소 검출 가능 농도)} = 3 \times \frac{s}{m}$$

여기서, s : 바탕신호들의 표준편차
m : 검량선의 기울기(일반적으로 x축은 농도, y축은 신호의 크기)

신호 검출한계(= 최소 검출 가능 신호) = 바탕신호의 평균 + $3s$

(5) 정량한계(LOQ, limit of quantitation)

① 정량적으로 측정할 수 있는 가장 낮은 농도이다.

② 바탕시료를 20번 이상 반복 측정하여 얻은 기기 신호들의 표준편차의 10배에 해당하는 농도를 말한다.

$$정량한계 = 10 \times \frac{s}{m}$$

여기서, s : 기기신호들의 표준편차, m : 검량선의 기울기

핵심이론 13 오차와 신뢰구간, 불확정도

(1) 오차 ★★★

① 계통오차(systematic error)

오차의 원인이 각 측정결과에 동일한 크기로 영향을 미쳐 모든 측정값과 참값 사이에 동일한 크기의 편차가 생기는 경우가 있는데 이러한 편차를 계통오차라고 하며, 그 종류로는 다음과 같다.

㉠ 방법오차

- 반응의 미완결, 침전물의 용해도, 공침, 무게 측정 시 검체의 휘발성 또는 흡습성에 의한 부반응, 부정확 또는 유발반응 등과 같이 분석방법의 기초 원리인 화학반응과 시약의 비이상적 거동으로 방해하는 오차이다.
- 분석과정에서 비이상적인 화학적 또는 물리적 성질로 인해 생기는 오차이다.

㉡ 기기오차

- 검정되지 않은 측정기기나 시약 및 용매에 포함되어 있는 불순물 등으로 인해 나타나는 오차이다.
- 측정 장치 또는 기기의 비이상적 거동, 잘못된 검정 또는 부적절한 조건 등에서 생기는 오차이다.
- 검출 가능하며, 기기의 검정을 통해 보정이 가능한 계통오차에 속한다.

㉢ 개인오차

- 색상의 분별 정도에 따른 종말점의 결정오차, 눈금의 판독 시 잘못된 습관과 같이 측정자에 의한 오차로서 잘못된 습관에 의한 오차이다.
- 실험자의 경솔함, 부주의, 개인적인 한계 등에 의해 생기는 오차이다.

㉣ 그 외 조작오차, 고정오차, 비례오차, 검정허용오차, 분석오차, 환경오차 등이 있다.

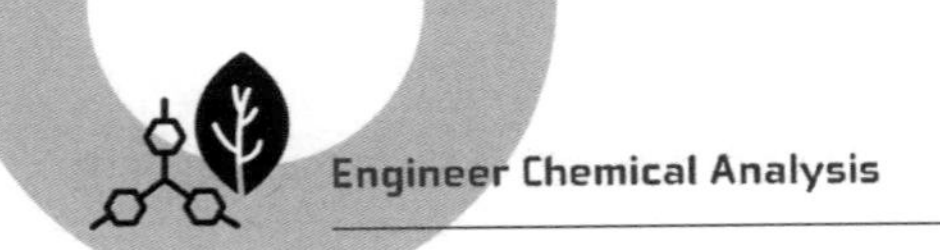

② 우연오차

㉠ 전체 분석과정에서 나타나는 우연오차인 전체 표준편차 s_o는 시료를 취하는 과정에서 생기는 표준편차 s_s와 분석하는 과정에서 생기는 표준편차 s_a에 따라 달라진다.

㉡ 전체 분산(s_o^2)은 시료 취하기의 분산(s_s^2)과 분석과정의 분산(s_a^2)의 합으로 나타난다.

$$s_o^{\ 2} = s_s^{\ 2} + s_a^{\ 2}$$

예제 **C = 12.011(±0.001), H = 1.00794(±0.00007)일 때, C_5H_{12}에 대한 분자량(±불확정도)을 구하시오.**

풀이 계통오차로 인해 생긴 불확정도 = 원자 n개의 질량에 대한 불확정도 = $n \times$(±불확정도)

C 5개에 대한 질량과 불확정도 : $(12.011 \times 5) \pm (0.001 \times 5) = 60.055(\pm 0.005)$

H 12개에 대한 질량과 불확정도 : $(1.00794 \times 12) \pm (0.00007 \times 12) = 12.09528(\pm 0.00084)$

C 5개와 H 12개의 질량의 합 = 분자량은 $60.055 + 12.09528 = 72.15028$

C 5개와 H 12개의 질량의 합에 대한 불확정도는 서로 독립적이므로 우연오차 전파를 이용한다.

불확정도 $s_y = \sqrt{s_a^{\ 2} + s_b^{\ 2}} = \sqrt{(\pm 0.005)^2 + (\pm 0.00084)^2} = \pm 0.00507$

∴ C_5H_{12}에 대한 분자량(±불확정도) = 72.150(±0.005)

(2) 신뢰구간 ★★★

① 평균이 $\overline{x}$일 때 모집단 평균이 평균 근처에 일정한 확률로 존재하는 한계를 신뢰한계라고 하고, 이 구간을 신뢰구간이라고 한다.

② Student의 t는 신뢰구간을 나타낼 때와 서로 다른 실험으로부터 얻은 결과를 비교하는 데 가장 빈번하게 쓰이는 통계학적 도구이다.

③ 모집단 표준편차(σ)가 알려져 있거나 표본 표준편차(s)가 σ의 좋은 근사값일 때의 신뢰구간 계산은 다음과 같다.

㉠ 한 번 측정으로 얻은 x값의 신뢰구간 = $x \pm z\sigma$

㉡ n번 반복하여 얻은 측정값의 평균인 경우의 신뢰구간 = $\overline{x} \pm \dfrac{z\sigma}{\sqrt{n}}$

④ 모집단 표준편차(σ)를 알 수 없을 때의 신뢰구간 계산

$$n\text{번 반복하여 얻은 측정값의 평균 } \overline{x}\text{의 신뢰구간} = \overline{x} \pm \frac{ts}{\sqrt{n}}$$

여기서, $\overline{x}$: 시료의 평균

s : 표준편차

t : Student의 t

자유도 : $n-1$

예제 **시료를 반복 측정하여 다음과 같은 결과를 얻었다. 이 결과에 대한 90% 신뢰구간을 구하시오.**

18.32, 18.33, 18.33, 18.35, 18.33, 18.32, 18.31, 18.34

자유도	One Side Student의 t값		
	0.1	0.05	0.025
6	1.440	1.943	2.447
7	1.415	1.895	2.365
8	1.397	1.860	2.306
9	1.383	1.833	2.262
10	1.372	1.812	2.228

풀이 I 평균($\bar{x}$) : 18.33, 표준편차(s) : 0.012, $n=8$

One Side Student의 t값은 0.05에서 자유도 $= n-1 = 7$에서 구하면 1.895이다.

$\therefore$ 90% 신뢰구간 $= \bar{x} \pm \dfrac{t \cdot s}{\sqrt{n}} = 18.33 \pm \dfrac{1.895 \times 0.012}{\sqrt{8}} = 18.33 \pm 0.01$

(3) $Q-$test ★★★

① 의심스러운 결과를 버릴 것인지, 보유할 것인지를 판단하는 데 사용되던 통계학적 시험법이다.

② 측정값을 작은 것부터 큰 것으로 나열한다.

③ 의심스러운 측정값(x_q)과 이에 가장 가까이 이웃하는 측정값(x_n)과의 차이의 절댓값을 한 무리의 데이터의 퍼짐(w)으로 나누어 $Q_{실험}$값을 구한다.

$$Q_{실험} = \frac{|\,x_q - x_n\,|}{w}$$

여기서, x_q : 의심스러운 측정값

x_n : x_q에 가장 가까이 이웃하는 측정값

w : 한 무리의 데이터의 퍼짐

㉠ 어떤 신뢰수준에서 $Q_{실험} > Q_{기준}$, 그 의심스러운 점은 버려야 한다.

㉡ 어떤 신뢰수준에서 $Q_{실험} < Q_{기준}$, 그 의심스러운 점은 버리지 말아야 한다.

(4) 계산에 필요한 유효숫자 규칙

① 곱셈, 나눗셈

유효숫자 개수가 가장 적은 측정값과 유효숫자가 같도록 해야 한다.

예 $98 \times 4.17\ (=408.66) = 4.1 \times 10^2$

② 덧셈, 뺄셈

계산에 이용되는 가장 낮은 정밀도의 측정값과 같은 소수자리를 갖는다.

예 1.23 + 4.5 + 6.789 (= 12.519) = 12.5

③ log와 antilog

어떤 수의 log값은 소수점 아래의 자릿수가 원래 수의 유효숫자와 같도록 하며, log는 정수부분인 지표와 소수부분인 가수로 구성된다.

예를 들어, log 417 = 2.620에서 2는 지표, 0.620은 가수이며, 417은 4.17×10^2으로 쓸 수 있다. log 417의 가수에 있는 자릿수는 417에 있는 유효숫자의 수와 같아야 하며, 지표 2는 4.17×10^2의 지수와 일치한다.

어떤 수의 antilog값은 원래 수의 소수점 오른쪽에 있는 자리의 수와 같은 유효숫자를 갖도록 한다.

예 $\log 339 = \log(3.39 \times 10^2) = 2.530$
$10^{2.530} = 339$ (유효숫자 3개)

(5) 불확정도

① 절대 불확정도

측정에 따르는 불확정도의 한계에 대한 표현이다. 예를 들어, 교정된 뷰렛을 읽는데 평가된 불확정도가 ±0.02mL라면 읽기와 관련된 절대 불확정도는 ±0.02mL라고 하며, 눈금을 12.25로 읽을 때 불확정도 ±0.02는 실제 값이 12.23에서 12.27 범위의 어떤 값이든 될 수 있음을 의미한다.

② 상대 불확정도

절대 불확정도를 관련된 측정의 크기와 비교하여 나타낸 것으로, 뷰렛을 12.25 ± 0.02mL라고 읽었을 때의 상대 불확정도$\left(=\dfrac{\text{절대 불확정도}}{\text{측정의 크기}}\right)$는 단위가 없는 값이 된다. 예를 들어, 뷰렛 12.25±0.02mL에서의 상대 불확정도 $= \dfrac{0.02\text{mL}}{12.25\text{mL}} = 0.002$가 된다.

③ 불확정도의 전파

유의수준의 불확정도를 가지는 분석값들의 연산에서 각각의 연산에 따른 각 절대 불확정도 또한 연산에 의해 전파(propagation)된다. 이를 오차의 전파라고도 한다.

계산 종류	예시	불확정도(표준편차)
덧셈 또는 뺄셈	$y=a+b$	$s_y = \sqrt{s_a^2+s_b^2}$
곱셈 또는 나눗셈	$y=a\times b$	$\frac{s_y}{y} = \sqrt{\left(\frac{s_a}{a}\right)^2+\left(\frac{s_b}{b}\right)^2}$
지수식	$y=a^x$	$\frac{s_y}{y} = x\left(\frac{s_a}{a}\right)$
log	$y=\log_{10}a$	$s_y = \frac{1}{\ln 10}\times\frac{s_a}{a}$
antilog	$y=\text{antilog}_{10}a$	$\frac{s_y}{y} = \ln 10\times s_a$

여기서, a, b는 불확정도(표준편차)가 각각 s_a, s_b인 실험변수이다.

예제 pH = 5.21(±0.03)에 대한 [H⁺] 및 불확정도를 구하시오.

풀이 | $\text{pH}=-\log[\text{H}^+]$에서 $[\text{H}^+]=10^{-\text{pH}}$의 함수가 된다.
$[\text{H}^+]=10^{-5.21}=6.2\times10^{-6}$(유효숫자 2개)

불확정도는 $\frac{s_y}{y}=(\ln 10)\times s_x$를 이용하면,

$s_y=(\ln 10)\times s_x\times y=(\ln 10)\times 0.03\times 6.2\times 10^{-6}=4\times 10^{-7}=0.4\times 10^{-6}$

따라서, $[\text{H}^+]=6.2(\pm0.4)\times10^{-6}$

$\therefore\ [\text{H}^+]=6.2(\pm0.4)\times10^{-6}\ \text{M}$

핵심이론 14 최소제곱법, 표준물 첨가법, 내부 표준물법

(1) 최소제곱법(method of least squares)

① 흩어져 있어 한 직선에 놓이지 않는 실험자료 점들을 지나는 '최적' 직선을 그리기 위해 사용한다.

② 어떤 점은 최적 직선의 위 또는 아래에 놓이게 된다.

③ 직선의 식

$$y = ax + b$$

여기서, a : 기울기
b : y절편

㉠ 기울기$(a)=\dfrac{n\sum_{i=1}^{n}(x_i y_i)-\sum_{i=1}^{n}x_i\sum_{i=1}^{n}y_i}{n\sum_{i=1}^{n}(x_i^2)-(\sum_{i=1}^{n}x_i)^2}$

㉡ y절편$(b) = \dfrac{\sum_{i=1}^{n}(x_i^2)\sum_{i=1}^{n}y_i - \sum_{i=1}^{n}x_i\sum_{i=1}^{n}(x_iy_i)}{n\sum_{i=1}^{n}(x_i^2) - \left(\sum_{i=1}^{n}x_i\right)^2}$

㉢ 상관계수$(r) = \dfrac{n\sum_{i=1}^{n}(x_iy_i) - \sum_{i=1}^{n}x_i\sum_{i=1}^{n}y_i}{\sqrt{\left\{n\sum_{i=1}^{n}(x_i^2) - \left(\sum_{i=1}^{n}x_i\right)^2\right\}\left\{n\sum_{i=1}^{n}(y_i^2) - \left(\sum_{i=1}^{n}y_i\right)^2\right\}}}$

④ 검정곡선의 작성

㉠ 적당한 농도 범위를 갖는 분석물질의 알려진 시료를 준비하여 이 표준물질에 대한 분석과정의 감응을 측정한다.

㉡ 보정 흡광도를 구하기 위하여 측정된 각각의 흡광도로부터 바탕시료의 평균 흡광도를 빼준다(보정 흡광도 = 관찰한 흡광도 − 바탕 흡광도). 바탕시료는 분석물질이 들어 있지 않을 때 분석과정의 감응을 측정한다.

㉢ 농도 대 보정 흡광도의 그래프를 그린다.

㉣ 미지 용액을 분석할 때도 바탕시험을 동시에 하여 보정 흡광도를 얻는다.

㉤ 미지 용액의 보정 흡광도를 검량선의 직선의 식에 대입하여 농도를 계산한다. 이때 미지 용액의 농도가 검량선의 구간에서 벗어나면 미지 용액을 구간 내에 포함되도록 적절하게 희석 또는 농축하여 흡광도를 다시 측정해야 한다.

(2) 표준물 첨가법(standard addition) ★★★

① 시료와 동일한 매트릭스(matrix)에 일정량의 표준물질을 한 번 이상 일정하게 농도를 증가시키며 첨가하고, 이 아는 농도를 통해 곡선을 작성하는 방법이다. 이 방법은 분석물질의 농도에 대한 감응이 직선성을 가져야 한다.

매트릭스는 분석물질을 제외하고 미지시료 중에 함유되어 있는 모든 화학종을 말하며, 매트릭스 효과란 시료 중에 존재하고 있는 분석물질이 아닌 다른 어떤 물질에 의해서 일으키는 분석신호의 변화로서 정의한다.

② 매질효과의 영향이 큰 분석방법에서 분석대상 시료와 동일한 매질을 제조할 수 없을 때 매트릭스 효과를 쉽게 보정할 수 있는 방법이다.

③ 미지시료에 아는 양의 분석물질을 첨가시킨 다음, 증가된 신호로부터 원래 미지시료 중에 얼마나 많은 양의 분석물질이 함유되어 있는가를 측정한다. 표준물질은 분석물질과 같은 화학종의 물질이다.

④ 표준물 첨가법은 원자흡수법에 주로 사용되고, 시료의 조성이 잘 알려져 있지 않거나 복잡하여 분석신호에 영향을 줄 때, 매트릭스 효과가 있을 가능성이 큰 시료 분석에 유용하다.

⑤ 표준물 첨가식

㉠ 단일 점 방법

$$\frac{[X]_i}{[S]_f + [X]_f} = \frac{I_X}{I_{S+X}}$$

여기서, $[X]_i$: 초기 용액 중의 분석물질의 농도

$[S]_f$: 최종 용액 중의 표준물질의 농도

$[X]_f$: 최종 용액 중의 분석물질의 농도

I_X : 초기 용액의 신호

I_{S+X} : 최종 용액의 신호

예제 **Na^+을 함유하고 있는 시료의 원자방출 실험에서 4.20mV의 신호가 나왔다. 시료 95.0mL에 2.00M NaCl 표준용액 5.00mL를 첨가한 후 측정하였더니 8.40mV였을 때 시료 중에 함유된 Na^+의 농도(M)를 구하시오. (단, 소수점 셋째 자리까지 구하시오.)**

풀이 Ⅰ

$$\frac{[Na^+]_{초기}}{\left([Na^+]_{초기} \times \frac{95.0}{100}\right) + \left(2.00 \times \frac{5.00}{100}\right)} = \frac{4.20}{8.40}$$

$2.00[Na^+]_{초기} = 0.950[Na^+]_{초기} + 0.100$

$\therefore [Na^+]_{초기} = 0.095M$

㉡ 다중 첨가법

- 시료를 같은 크기로 여러 개로 나눈 것들에 하나 이상의 표준 용액을 첨가하는 것이다.
- 각각의 용액은 흡광도를 측정하기 전에 고정된 부피로 희석된다.
- 시료의 양이 한정되어 있을 때는 미지의 용액 한 개에 표준물을 계속 첨가함으로써 표준물 첨가법을 실행한다.
- Beer 법칙에 따르면 용액의 흡광도는 다음과 같다.

$$A_S = \frac{\varepsilon b V_S C_S}{V_t} + \frac{\varepsilon b V_X C_X}{V_t} = k V_S C_S + k V_X C_X$$

여기서, ε : 흡광계수, b : 빛이 지나가는 거리(셀의 폭)

V_S : 표준물질의 부피, C_S : 표준물질의 농도

V_t : 최종 용액의 부피, V_X : 분석물질(미지시료)의 부피

C_X : 분석물질(미지시료)의 농도, k : $\frac{\varepsilon b}{V_t}$ 의 상수

이 식을 A_S를 V_S에 대한 함수로 그리면 $A_S = m V_S + b$의 직선을 얻는다.

기울기 $m = kC_S$, y절편 $b = kV_X C_X$, $\frac{m}{b} = \frac{C_S}{V_X C_X}$ $\therefore C_X = \frac{bC_S}{mV_X}$

(3) 내부 표준물법(internal standard) ★★★

① 시료에 이미 알고 있는 농도의 내부 표준물을 첨가하여 시험분석을 수행하는 방법으로서 시험분석 절차, 기기 또는 시스템의 변동에 의해 발생하는 오차를 보정하기 위해 사용한다.

② 분석되는 시료의 양이 시간에 따라 변하거나 기기 감응의 세기 보정에 유용하다.

③ 내부 표준물은 시료를 분석하기 전에 바탕시료, 검정곡선용 표준물질, 시료, 시료추출물에 첨가되는 농도를 알고 있는 화합물이다.

내부 표준물은 분석물질과는 다른 화학종의 물질이다.

④ 분석물질의 신호와 내부 표준의 신호를 비교하여 분석물질이 얼마나 들어 있는지를 알아낸다.

⑤ 감응인자(F)

$$\frac{A_X}{[X]} = F \times \frac{A_S}{[S]}$$

여기서, $[X]$: 분석물질의 농도

$[S]$: 표준물질의 농도

A_X : 분석물질 신호의 면적

A_S : 표준물질 신호의 면적

⑥ 내부 표준물법은 원자방출법에 주로 사용된다.

예제 **예비실험에서 0.0840M의 X와 0.0670M의 S를 함유하는 용액의 봉우리 넓이는 $A_X = 423$이고, $A_S = 342$였다. 미지시료를 분석하기 위하여 0.150M의 S 10.0mL를 미지시료 10.0mL에 첨가하여 최종 부피 25.0mL로 묽혔다. $A_X = 553$이고, $A_S = 582$일 때 미지시료 중에 함유된 X의 농도(M)를 구하시오. (단, 소수점 셋째 자리까지 구하시오.)**

풀이 I $\frac{423}{0.0840} = F \times \frac{342}{0.0670}$, $F = 0.9865$

$$\frac{553}{[X] \times \frac{10.0\text{mL}}{25.0\text{mL}}} = 0.9865 \times \frac{582}{0.150 \times \frac{10.0\text{mL}}{25.0\text{mL}}}$$

$\therefore [X] = 0.144\text{M}$

핵심이론 15 분리분석법

(1) 크로마토그래피의 종류

이동상의 종류에 따른 분류	정지상의 종류에 따른 분류	정지상	상호작용
기체 크로마토그래피 (GC)	기체-액체 크로마토그래피 (GLC)	액체	분배
	기체-고체 크로마토그래피 (GSC)	고체	흡착
액체 크로마토그래피 (LC)	액체-액체 크로마토그래피 (LLC)	액체	분배
	액체-고체 크로마토그래피 (LSC)	고체	흡착
	이온교환 크로마토그래피	이온교환수지	이온교환
	크기 배제 크로마토그래피	중합체로 된 다공성 젤	거름/분배
	친화 크로마토그래피	작용기 선택적인 액체	결합/분배
초임계-유체 크로마토그래피 (SFC)		고체 표면에 결합된 유기 화학종	분배

(2) 화학종의 이동속도 ★★★

① 분배계수(=분배비, 분포상수)

㉠ 용질 A의 이동상과 정지상 사이의 분포평형에 대한 평형상수 K_C를 분배계수라고 한다.

㉡ $A_{이동상} \rightleftarrows A_{정지상}$

이 평형에 대한 평형상수(K_C)는 다음과 같다.

$$K_C = \frac{C_S}{C_M}$$

여기서, C_M : 이동상에 머무는 용질 A의 몰농도

C_S : 정지상에 머무는 용질 A의 몰농도

② 머무름인자(k_A', retention factor)

㉠ 머무름인자는 용질의 이동속도를 나타낸다.

$$k_A' = \frac{t_R - t_M}{t_M}$$

여기서, t_R : 분석물질의 머무름시간

t_M : 불감시간

㉡ 머무름시간(t_R, retention time) : 시료를 주입한 후 용질이 칼럼에서 용리되어 검출기에 도달할 때까지 걸리는 시간으로, 주입한 분석물의 양과는 무관하다.

ⓒ 불감시간(t_M, dead time) : 머무르지 않는 화학종이 검출기에 도달하는 시간으로, 무용시간이라고도 한다.

머무르지 않는 화학종 : 분석물 봉우리의 왼쪽에 있는 작은 봉우리는 칼럼에 의해 머무르지 않는 화학종의 봉우리이다. 머무르지 않는 화학종의 이동속도는 이동상 분자의 평균 이동속도와 같다.

ⓔ 화학종의 $k_A' < 1$이면 용리가 매우 빨라서 머무름시간의 정확한 측정이 어렵고, $k_A' > 20 \sim 30$이면 용리시간이 길다. 이상적인 분리는 $1 < k_A' < 10$에서 이루어진다.

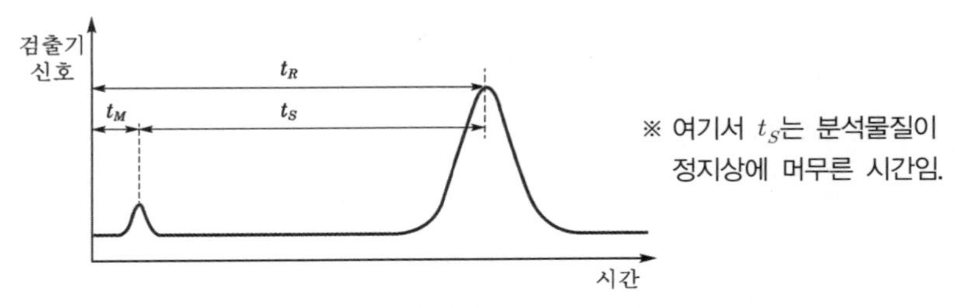

| 두 성분 혼합물의 전형적 크로마토그램 |

③ **선택인자**(α, selectivity factor)

㉠ 선택인자는 두 분석물질 간의 상대적인 이동속도를 나타낸다.

㉡ 두 화학종 A와 B에 대한 칼럼의 선택인자

$$\alpha = \frac{K_B}{K_A} = \frac{k_B'}{k_A'} = \frac{(t_R)_B - t_M}{(t_R)_A - t_M}$$

여기서, K_B : 더 세게 붙잡혀 있는 화학종 B의 분배계수

K_A : 더 약하게 붙잡혀 있거나 또는 더 빠르게 용리되는 화학종 A의 분배계수

ⓒ 선택인자는 항상 1보다 크다.

(3) 단높이(H, plate height) ★★★

크로마토그래피 칼럼 효율을 정량적으로 표시하는 척도로, 두 가지 연관 있는 항(단높이(H)와 이론단수(N))이 널리 사용된다.

$$H = \frac{L}{N}, \quad N = 16\left(\frac{t_R}{W}\right)^2$$

여기서, L : 칼럼의 충전길이

N : 이론단의 개수(이론단수)

W : 봉우리 밑변의 너비

t_R : 머무름시간

① 이론단(theoretical plate)

이동상과 정지상 사이에서 용질의 평형이 일어난다고 가정하는 가상의 층으로, 크로마토그래피 칼럼을 수많은 불연속적인 얇은 층, 즉 이론단으로 이루어진 증류관으로 생각한다. 용질이 칼럼 아래로 이동하는 것을 평형을 이룬 이동상이 한 단에서 다음 단으로 단계적으로 이동하는 것이라고 간주하고 이론적인 연구를 시작한 데서 비롯된 용어이다.

② 단높이(H)가 낮을수록, 이론단수(N)가 클수록, 칼럼의 길이(L)가 길수록 분배평형이 더 많은 단에서 이루어지게 되므로 칼럼의 효율은 증가한다.

③ 칼럼의 길이(L)가 일정할 때 단의 높이(H)가 감소하면 단의 개수(이론단수, N)는 증가한다.

④ 단높이(H)는 이론단 하나의 높이(HETP, hieght equivalent to a theoretical plate)라고도 한다.

$$H = \frac{\delta^2}{L}$$

여기서, δ^2 : 반복 측정한 데이터의 가변도

(4) 띠넓힘 현상(칼럼 효율)에 영향을 미치는 변수 ★★★

① 이동상의 선형속도

② 이동상의 확산계수 : 확산계수는 온도가 증가하고, 점도가 감소함에 따라 증가한다.

③ 정지상에서의 확산계수

④ 머무름인자

⑤ 충전제 입자지름

⑥ 정지상 표면에 입힌 액체 막 두께

봉우리 띠넓힘을 줄이는 방법

1. 고체 충전제의 입자 크기를 작게 한다.
2. 지름이 작은 충전관을 사용한다.
3. 기체 이동상의 경우에는 온도를 낮춘다.
4. 액체 정지상의 경우에는 흡착된 액체 막의 두께를 최소화한다.

(5) van Deemter 식

$$H = A + \frac{B}{u} + C_S u + C_M u$$

여기서, H : 단높이(cm)

A : 소용돌이 확산계수

B : 세로확산계수

u : 이동상의 선형속도(cm/s)

C_S : 정지상과 관련된 질량이동계수

C_M : 이동상과 관련된 질량이동계수

① 다중 경로항(A)

㉠ 소용돌이 확산 : 분석물의 입자가 충전 칼럼을 통해 지나가는 통로가 다양함에 따라 같은 화학종의 분자라도 칼럼에 머무는 시간이 달라진다. 분석물의 입자들이 어떤 시간 범위에 걸쳐 칼럼 끝에 도착하게 되어 띠넓힘이 발생하는 다중 경로효과를 소용돌이 확산이라고 한다.

㉡ 이동상(용매)의 속도와는 무관하며, 칼럼 충전물질의 입자의 직경에 비례하므로 고체 충전제 입자 크기를 작게 하면 다중 경로가 균일해지므로 다중 경로 넓힘을 감소시킬 수 있다.

② 세로확산항(B/u)

㉠ 세로확산이 일어나면 농도가 진한 띠의 중앙 부분에서 띠 양쪽의 농도가 묽은 영역으로(즉, 흐름의 같은 방향과 반대방향으로) 용질이 이동하게 된다.

㉡ 세로확산에 대한 기여는 이동상의 속도에는 반비례한다. 이동상의 속도가 커지면 확산시간이 부족해져서 세로확산이 감소한다.

㉢ 이동상이 기체일 경우 세로방향 확산의 속도는 온도를 낮추어 확산계수를 감소시킴으로써 상당히 느리게 만들 수 있다.

③ 질량이동항($C_S u$, $C_M u$)

㉠ 질량이동계수는 정지상의 막 두께의 제곱, 모세관 칼럼 지름의 제곱, 충전입자 지름의 제곱에 비례한다.

㉡ 단높이가 작을수록 칼럼 효율이 증가하므로 질량이동계수를 작게 해야 한다.

㉢ 충전제의 입자 크기를 작게 하고, 지름이 작은 충전관을 사용하며, 액체 정지상의 막 두께를 줄임으로써 띠넓힘을 줄일 수 있다.

④ 단높이에 미치는 이동상 흐름 속도의 영향

㉠ 흐름 속도가 낮을 때 H는 최소값을 갖지만, LC의 최소점은 일반적으로 GC 경우보다 낮은 흐름속도에서 나타난다.

㉡ LC의 흐름 속도는 GC의 흐름 속도보다 느리며, 이것은 GC 분리가 LC 분리보다 더 짧은 시간에 완결될 수 있다는 것을 의미한다.

㉢ LC 칼럼의 단높이는 GC 칼럼의 단높이보다 10배 이상 작다. 그러나 LC 칼럼이 25cm보다 길어지면 높은 압력강하로 이런 장점이 상쇄된다.

㉣ GC 칼럼은 길이가 50cm 이상도 사용할 수 있어 전반적인 칼럼 효율은 GC 칼럼이 더 우수하다. 즉, GC와 LC를 비교하면 GC가 더 빨리, 더 높은 효율로 분리할 수 있다.

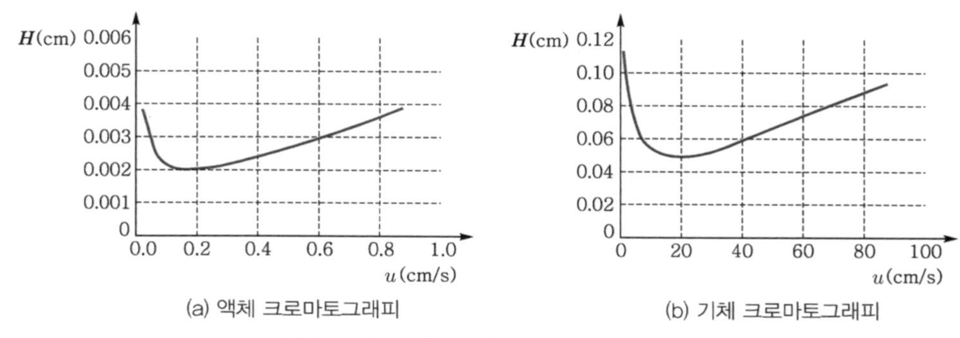

| 액체, 기체 크로마토그래피 van Deemter 도시 |

(6) 분리능(R_s, resolution)

① 두 가지 분석물질을 분리할 수 있는 칼럼의 능력을 정량적으로 나타내는 척도이다.

② 분리능은 다음의 식으로 구한다.

$$R_s = \frac{(t_R)_B - (t_R)_A}{\frac{W_A + W_B}{2}} = \frac{2[(t_R)_B - (t_R)_A]}{W_A + W_B}$$

여기서, W_A, W_B : 봉우리 A, B의 너비

$(t_R)_A$, $(t_R)_B$: 봉우리 A, B의 머무름시간

㉠ A와 B를 완전하게 분리하는 데 분리능이 1.5가 되어야 하며, 분리능이 0.75인 경우에는 분리가 잘 되지 않는다.

㉡ 분리능이 1.0인 경우 띠 B가 약 4%의 A를 포함하며, 분리능이 1.5인 경우 약 0.3% 겹친다.

㉢ 분리능은 칼럼의 길이를 늘이면, 즉 단의 수(N)를 증가시키면 개선된다. 그러나 단이 증가하면 분리에 필요한 시간이 길어지게 된다.

$R_s \propto \sqrt{N} \propto \sqrt{L}$

핵심이론 16 기체 크로마토그래피(GC)

(1) 시료 주입 ★★★

① 시료는 양이 적당하고 짧은 증기층으로 주입해야 칼럼의 효율이 좋아진다.

㉠ GC에 적합한 시료의 성질은 휘발성이 커야 하고, 열안정성이 커야 하며, 분자량이 작아야 한다.

ⓛ 유도체화(derivatization)

- 시료를 전처리할 때 분석물질이 더 쉽게 검출되거나 분리되도록 화학적으로 변화시키는 과정이다.
- 분석물질의 분리를 빠르게 해 주고, 검출감도를 높여준다.

ⓒ 블리딩(bleeding)

- 칼럼에 붙어 있는 정지상이 높은 온도, 반응성이 높은 시료 이동상에 포함되어 있는 산소에 의해 용리되는 동안 떨어져 나오는 현상이다.
- 크로마토그램의 베이스라인이 계속 올라가서 정량분석을 어렵게 한다.
- 검출기에 달라 붙어 검출기의 성능을 떨어뜨린다.

② 많은 양의 시료를 서서히 주입하면 띠는 넓어지며, 분리능이 떨어진다.

③ 미세주사기로 액체 또는 기체 시료를 주입하는 방법이 가장 일반적인 시료 주입법이다. 시료 주입구의 온도는 보통 시료 중 가장 비휘발성인 물질의 끓는점보다 50℃ 정도 더 높다.

④ 시료 주입방법

㉠ 분할 주입법

- 분할 주입에서는 시료가 뜨거운 주입구로 주입되고, 분할 배기구를 이용해 일정한 분할비로 시료의 일부만 칼럼으로 들어간다.
- 주입되는 동안 분할비의 오차가 생길 수 있고 휘발성이 낮은 화합물이 손실될 수 있어, 정량분석에는 좋지 않다.
- 고농도 분석물질이나 기체 시료에 적합하며, 분리도가 높고 불순물이 많은 시료를 다룰 수 있다.
- 열적으로 불안정한 시료는 분해될 수 있다.

㉡ 비분할 주입법

- 분할 주입에서보다 온도가 조금 낮으며, 분할 배기구가 닫힌 상태에서 시료를 분할 없이 천천히 칼럼에 주입한다.
- 농도가 매우 낮은 희석된 용액에 적합하다.
- 휘발성이 낮은 화합물은 손실될 수 있으므로 정량분석에는 좋지 않다.
- 감도가 우수하고, 정량적 재현성도 우수하다.
- 분리도가 높다.

㉢ 칼럼 내 주입법

- 시료가 뜨거운 주입기를 통하지 않고 칼럼에 직접 주입되므로 시료의 손실이 거의 없어 정량분석에 가장 적합하다.
- 초기 칼럼 온도로부터 분리가 시작되므로 열에 예민한 화합물에 좋다.
- 분리도가 낮다.

(2) 온도 프로그래밍(temperature programming)

① 분리가 진행되는 동안 칼럼의 온도를 계속적으로 또는 단계적으로 증가시키는 것이다.

② 끓는점이 넓은 영역에 걸쳐 있는 분석물질에 대하여, 시료의 분리효율을 높이고 분리시간을 단축시키기 위해 사용한다.

③ HPLC에서의 기울기 용리와 같다.

④ 일반적으로 최적의 분리는 가능한 한 낮은 온도에서 이루어지도록 한다. 그러나 온도가 낮아지면 용리시간이 길어져서 분석을 완결하는 데도 시간이 오래 걸린다.

(3) 검출기 종류 ★★★

① **불꽃이온화검출기**(FID, flame ionization detector)

㉠ 기체 크로마토그래피에서 가장 널리 사용되는 검출기로, 버너를 가지고 있으며 칼럼에서 나온 용출물은 수소와 공기와 함께 혼합되고 전기로 점화되어 연소된다.

㉡ 시료를 불꽃에 태워 이온화시켜 생성된 전류를 측정하며, 대부분의 유기화합물들은 수소-공기 불꽃 온도에서 열분해될 때 불꽃을 통해 전기를 운반할 수 있는 전자와 이온들을 만든다.

㉢ 생성된 이온의 수는 불꽃에서 분해된(환원된) 탄소 원자의 수에 비례한다.

㉣ 연소하지 않는 기체(H_2O, CO_2, SO_2, NO_x 등)에 대해서는 감응하지 않는다.

㉤ H_2O에 대한 감도를 나타내지 않기 때문에 자연수 시료 중에 들어 있는 물 및 질소(N)와 황(S)의 산화물로 오염된 유기물을 포함한 대부분의 유기시료를 분석하는 데 유용하다.

㉥ 장점 : 감도는 높고($\sim 10^{-13}$g/s), 선형 감응범위가 넓으며($\sim 10^7$g), 바탕잡음이 적다. 또한 기기 고장이 별로 없고, 사용하기 편하다.

㉦ 단점 : 시료를 파괴한다.

② **열전도도검출기**(TCD, thermal conductivity detector)

㉠ 분석물 입자의 존재로 인하여 생기는 운반기체와 시료의 열전도도 차이에 감응하여 변하는 전위를 측정한다.

㉡ 이동상인 운반기체로 N_2를 사용하지 않고 He과 H_2와 같이 분자량이 매우 작은 기체를 사용하는데, 이들의 열전도도가 다른 물질보다 6배 정도 더 크기 때문에 사용한다.

㉢ 장점 : 간단하고, 선형 감응범위가 넓으며($\sim 10^5$g), 유기 및 무기 화학종 모두에 감응한다. 또한 검출 후에도 용질이 파괴되지 않아 용질을 회수할 수 있으며, 비파괴적이고, 보조기체가 불필요하다.

㉣ 단점 : 감도가 낮으며, 모세 분리관을 사용할 때는 칼럼으로부터 용출되는 시료의 양이 매우 적어 사용하지 못한다.

③ **황화학발광검출기**(SCD, sulfur chemiluminescene detector)

황화합물과 오존 사이의 반응을 근거로 한 검출기로, 황의 농도에 비례한다.

④ **전자포획검출기**(ECD, electron capture detector)

㉠ 살충제와 polychlorinated biphenyl과 같은 화합물에 함유된 할로젠 원소에 감응 선택성이 크기 때문에 환경 시료에 널리 사용된다.

㉡ X-선을 측정하는 비례계수기와 매우 유사한 방법으로 작동한다.

㉢ ^{63}Ni과 같은 β-선 방사체를 사용하며, 방사체에서 나온 전자는 운반 기체(주로 N_2)를 이온화시켜 많은 수의 전자를 생성한다.

㉣ 유기화학종이 없으면 이온화 과정으로 인해 검출기에 일정한 전류가 흐른다. 그러나 전자를 포착하는 성질이 있는 유기분자들이 있으면 검출기에 도달하는 전류는 급격히 감소한다.

㉤ 검출기의 감응은 전자포획원자를 포함하는 화합물에 선택적이며, 할로젠, 과산화물, 퀴논, 나이트로기와 같은 전기음성도가 큰 작용기를 포함하는 분자에 특히 감도가 좋다. 그러나 아민, 알코올, 탄화수소와 같은 작용기에는 감응하지 않는다.

㉥ 장점 : 불꽃이온화검출기에 비해 감도가 매우 좋고, 시료를 크게 변화시키지 않는다.

㉦ 단점 : 선형으로 감응하는 범위가 작다($\sim 10^2$g).

⑤ **열이온검출기**(TID, thermionic detector)

㉠ 질소인검출기(NPD, nitrogen phosphorous detector)라고도 한다.

㉡ 질소와 인을 함유하는 유기화합물, 헤테로 원자에 대하여 선택적으로 감응한다.

㉢ FID와 비교할 때 TID는 인(P) 함유 화합물에 대하여 500배, 질소(N) 함유 화학종에 대해서는 50배 정도 감도가 더 좋다.

㉣ 인 함유 살충제를 검출하고 정량하는 데 유용하다.

㉤ 루비듐 실리케이트(rubidium silicate) 구슬을 사용한다.

⑥ **불꽃광도검출기**(FPD, flame photometric detector)

㉠ 공기와 물의 오염물질, 살충제 및 석탄의 수소화 생성물 등을 분석하는 데 널리 이용된다.

㉡ 황과 인을 포함하는 화합물에 감응하는 선택성 검출기이다.

⑦ 그 밖에 **원자방출검출기**(AED, atomic emission detector), **광이온화검출기**(photoionization detector), **질량분석검출기**, **전해질전도도검출기** 등이 있다.

(4) 열린 모세관 칼럼 ★★★

칼럼에는 충전칼럼과 열린 모세관 칼럼의 두 종류가 있다. 열린 칼럼이 고분리도, 짧은 분석시간, 높은 감도를 제공하므로 많은 분석에서 내경이 0.1 ~ 0.5mm이고 길이가 15~100m인 양 끝이 열린 모세관 칼럼을 사용한다. 열린 모세관 칼럼의 종류는 다음과 같다.

① **벽 도포 열린 관 칼럼(WCOT, wall-coated open tubular)**

㉠ 칼럼 내부를 정지상으로 얇게 입히고 가운데는 비어 있는 칼럼이다.

㉡ 칼럼 재질은 스테인리스 스틸, 알루미늄, 구리, 플라스틱 또는 유리로 되어 있다.

② **용융 실리카 열린 관 칼럼(FSOT, fused silica open tubular)**

㉠ 벽 도포 열린 관 칼럼의 일종으로서 칼럼 재질로 금속 산화물이 포함되지 않은 용융 실리카를 사용한다.

㉡ 유리 칼럼보다 벽의 두께가 매우 얇다.

㉢ 칼럼 외부를 폴리이미드로 입혀서 강도가 높다.

㉣ 칼럼에 주입하는 시료의 양을 줄여야 하므로 시료를 분할 주입하며, 감응속도가 빠르고 감도가 좋은 검출기를 사용해야 한다.

③ **지지체 도포 열린 관 칼럼(SCOT, support-coated open tubular)**

㉠ 모세관의 안쪽 표면에 규조토와 같은 지지체를 얇은 막(~30μm) 형태로 입히고 그 위에 액체 정지상을 흡착시킨 열린 관 칼럼이다.

㉡ 벽 도포 칼럼보다 정지상의 양이 더 많으므로 시료 용량이 더 크다.

④ **다공성막 열린 관 칼럼(PLOT, porous layer open tubular)**

다공성 중합체의 고체상 입자가 칼럼 내벽에 부착되어 있는 열린 관 칼럼이다.

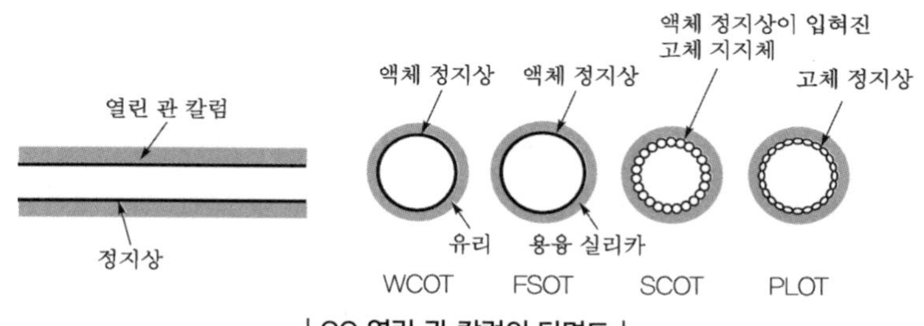

| GC 열린 관 칼럼의 단면도 |

(5) 머무름지수(I, retention index) ★★★

① 용질을 확인하는 데 사용되는 파라미터이다.

② 머무름지수 눈금을 결정하는 데는 n-alkane을 기준으로 한다.

③ n-alkane의 머무름지수는 화합물에 들어있는 탄소수의 100배에 해당하는 값으로 정의하며, 칼럼 충전물, 온도, 크로마토그래피의 다른 조건과는 관계없다.

④ **n-alkane 이외의 화합물** : $\log t_R' = \log(t_R - t_M)$을 이용하여 탄소원자수를 계산한다. 탄소원자수에 대한 보정 머무름시간의 log값, 즉 $\log t_R'$을 도시하면 직선이 얻어지므로 기울기를 이용하여 탄소원자수를 구해서 100을 곱하면 머무름지수(I)를 구할 수 있다.

예제 n-Butane의 $\log t_R' = 2.0$, n-Pentane의 $\log t_R' = 2.5$임을 이용하여 시료의 머무름지수를 구하시오. (단, 미지시료의 $\log t_R' = 2.3$)

풀이 I 시료의 탄소원자수를 x로 두고, 탄소원자수에 대한 $\log t_R'$의 관계에서

기울기 $= \dfrac{2.5-2.0}{5-4} = \dfrac{2.5-2.3}{5-x}$, $x = 4.6$

∴ 시료의 머무름지수 $= 4.6 \times 100 = 460$

핵심이론 17 고성능 액체 크로마토그래피(HPLC)

(1) 분배 크로마토그래피(partition chromatography) ★★★

① 용질이 정지상 액체와 이동상 사이에서 분배되어 평형을 이루어 분리된다.

② 액체 크로마토그래피 중 가장 널리 이용되는 방법이다.

③ 액체 정지상이 고체 지지체 표면에 얇은 막을 형성하는 방법에 따라 두 가지로 나뉜다.

㉠ 액체-액체 크로마토그래피 : 액체 정지상이 충전물 표면에 물리적 흡착으로 머물러 있다.

㉡ 결합상 크로마토그래피 : 정지상이 충전물 표면에 화학적 결합에 의하여 붙어 있다.

④ 이동상과 정지상의 상대적 극성에 따라 두 가지로 나뉜다.

㉠ 정상 분배 크로마토그래피(normal-phase chromatography) : 정지상으로 실리카, 알루미나 입자에 도포시킨 물 또는 트리에틸렌글리콜과 같은 극성이 매우 큰 것을 사용하고, 이동상으로는 헥산 또는 아이소프로필에터와 같이 비극성인 용매를 사용한다.

→ 정상 분배 크로마토그래피에서는 극성이 가장 작은 성분이 상대적으로 이동상에 가장 잘 녹기 때문에 먼저 용리되고, 이동상의 극성을 증가시키면 용리시간이 짧아진다.

㉡ 역상 분배 크로마토그래피(reversed-phase chromatography) : 정지상이 비극성인 것으로 종종 탄화수소를 사용하며, 이동상은 물, 메탄올, 아세토나이트릴과 같이 비교적 극성인 용매를 사용한다.

→ 역상 크로마토그래피에서는 극성이 가장 큰 성분이 처음에 용리되고, 이동상의 극성을 증가시키면 용리시간도 길어진다.

⚗ 물을 이동상으로 사용할 수 있다는 장점이 있다.

⚗ 여러 분석물 작용기들의 극성이 증가하는 순서는 탄화수소(CH) < 에터(ROR′) < 에스터(RCOOR′) < 케톤 < 알데하이드(RCHO) < 아미드 < 아민(RNH_2) < 알코올(ROH), 물은 제시된 작용기를 포함하는 화합물보다 극성이 크다.

⑤ 보호칼럼(guard column)

㉠ 시료주입기와 분석칼럼 사이에 위치하며, 분석칼럼과 동일한 정지상으로 충전된 짧은 칼럼이다.

㉡ 정지상에 잔류되는 화합물 및 입자성 물질과 같은 불순물을 제거하여 분석칼럼이 오염되는 것을 방지한다.

㉢ 이동상에 정지상을 포화시켜 분석칼럼에서 정지상이 손상되는 것을 최소화하면서 분석칼럼을 보호한다.

㉣ 정기적으로 교체해주면 분석칼럼의 수명을 연장시킬 수 있다.

(2) 흡착 크로마토그래피(adsorption chromatography)

① 고체 정지상으로 실리카와 알루미나를 사용하여 흡착 · 치환 과정에 의해 분리된다.

② 분자량이 5,000 이하이고, 비극성–비수용성의 성질을 지닌 분석물을 분리할 때 가장 효과적이다.

③ 이성질체, 동족체와 같이 비슷한 크기의 시료 분리에 주로 사용된다.

(3) 이온교환 크로마토그래피(ion exchange chromatography) ★★★

① 정지상으로 $-SO_3^-H^+$, $-N(CH_3)_3^+OH^-$ 등이 공유결합되어 있는 이온교환수지를 사용하여 용질 이온들이 정전기적 인력에 의해 정지상에 끌려 이온교환이 일어나는 것을 이용한다.

② 교환반응상수는 이온의 전하가 클수록, 수화된 이온의 크기가 작을수록 크다.

㉠ 양이온교환반응상수(K_{ex})

$$RSO_3^-H^+ + M^+ \rightleftarrows RSO_3^-M^+ + H^+,\ K_{ex} = \frac{[RSO_3^-M^+][H^+]}{[RSO_3^-H^+][M^+]}$$

㉡ 음이온교환반응상수(K_{ex})

$$RN(CH_3)_3^+OH^- + A^- \rightleftarrows RN(CH_3)_3^+A^- + OH^-,\ K_{ex} = \frac{[RN(CH_3)_3^+A^-][OH^-]}{[RN(CH_3)_3^+OH^-][A^-]}$$

③ 용리액 억제칼럼(suppressor)

㉠ 시료 이온의 전도도에는 영향을 주지 않고 용리 용매의 전해질을 이온화하지 않는 분자화학종으로 바꿔주는 이온교환수지로 충전되어 있는 억제칼럼이다.

㉡ 이온교환 분석칼럼의 바로 뒤에 설치하여 사용함으로써 용매 전해질의 전도도를 막아 시료 이온만의 전도도를 검출할 수 있게 해 준다.

④ 단일칼럼 이온 크로마토그래피

㉠ 용리액 억제칼럼을 따로 사용하지 않는 것으로 용리된 시료 이온과 용리액의 주된 이온 사이의 적은 전도도 차이에 의존한다.

㉡ 전도도의 차이를 증폭하기 위하여 소량의 교환체를 사용한다. 교환체는 낮은 당량 전도도를 지닌 화학종으로 용리할 수 있게 한다.

㉢ 억제관 이온 크로마토그래피보다 감도가 다소 떨어지고, 측정농도범위도 작아진다.

⑤ Donnan 평형

㉠ 이온교환수지를 전해질 용액에 넣으면 전해질의 농도가 수지의 안쪽보다 바깥쪽에서 더 크게 되는 평형을 말한다.

㉡ $R-SO_3^-Na^+$로 되어 있는 양이온교환수지를 NaCl 수용액에 넣었을 때 수지 안쪽에서는 $R-SO_3^-$가 움직이지 않으므로 Na^+는 전하 균형을 이루며 함께 존재한다.

- 수지 바깥쪽에 있는 NaCl 중 Cl^-는 수지 안쪽에 없으므로 확산에 의해 수지 안쪽으로 이동한다.
- 전하 균형을 이루기 위해 Na^+도 함께 수지 안쪽으로 이동한다.
- 수지 안쪽에는 이동하지 않는 이온 $R-SO_3^-$가 많이 있으므로 바깥쪽에 있는 Na^+Cl^- 중 적은 양만이 수지 안쪽으로 이동하여 평형을 이룬다.
- Na^+Cl^-이 수지 안쪽보다 바깥쪽에 더 많이 존재하게 된다.

(4) 크기 배제 크로마토그래피(size exclusion chromatography)

① 소수성 충전물을 이용한 크로마토그래피를 젤 투과 크로마토그래피라고 하며, 친수성 충전물을 이용하면 젤 거르기 크로마토그래피라고 한다.

② 충전물은 작은 실리카 또는 용질 및 용매 분자가 확산해 들어갈 수 있는 균일한 미세 구멍의 그물구조를 가지고 있는 작은 실리카 또는 중합체 입자로 되어 있다.

③ 분자가 구멍에 들어가 있는 동안 효과적으로 붙잡히며 이동상의 흐름에서 제거된다. 구멍에 머무르는 평균 시간은 분석물 분자의 유효 크기에 따라 달라진다. 충전물의 평균 구멍 크기보다 큰 분자는 배제되므로 머무름이 사실상 없어진다.

④ 구멍보다 상당히 작은 지름을 가진 분자는 구멍 미로를 통해 침투 또는 투과할 수 있으므로 오랜 시간 동안 붙잡혀 있게 된다.

⑤ 여러 크로마토그래피 방법들과는 달리 분석물과 정지상 사이에 화학적, 물리적 상호작용이 일어나지 않는다.

⑥ 분자량 10,000 이상의 생체 고분자(글루코오스 계열의 화합물)를 분리하고자 할 때 가장 적합하다.

예제 **다음 화합물들을 가장 잘 분리할 수 있는 ① 액체 크로마토그래피의 종류를 쓰고, 선택한 방법으로 분리할 때 ② 가장 먼저 용리되는 이온 또는 분자를 쓰시오.**

(1) Ca^{2+}, Sr^{2+}, Fe^{3+}

(2) C_4H_9COOH, $C_5H_{11}COOH$, $C_6H_{13}COOH$

(3) $C_{20}H_{41}COOH$, $C_{22}H_{45}COOH$, $C_{24}H_{49}COOH$

(4) 1,2－다이브로모벤젠, 1,3－다이브로모벤젠

풀이 | (1) ① 이온교환 크로마토그래피

② 전하가 작을수록 더 빨리 용리되고(Ca^{2+}, Sr^{2+}), 전하가 같은 경우 수화된 지름이 클수록(Ca^{2+} > Sr^{2+}) 더 빨리 용리된다. 빨리 용리되는 순서로 쓰면 Ca^{2+}, Sr^{2+}, Fe^{3+}이다. ∴ Ca^{2+}

(2) ① 정상 분배 크로마토그래피

② 카복실산의 극성으로 극성이 작을수록 먼저 용리된다. 극성의 크기는 C_4H_9COOH > $C_5H_{11}COOH$ > $C_6H_{13}COOH$이다. ∴ $C_6H_{13}COOH$

(3) ① 크기 배제 크로마토그래피

② 동족계열의 분자를 분리하며, 분자량이 큰 것이 먼저 용리된다. 분자량의 크기는 $C_{20}H_{41}COOH$ < $C_{22}H_{45}COOH$ < $C_{24}H_{49}COOH$이다. ∴ $C_{24}H_{49}COOH$

(4) ① 흡착 크로마토그래피

② 벤젠고리에 같은 작용기 2개가 치환되었을 때 상대적으로 극성이 클수록 더 빨리 용리된다. 빨리 용리되는 순서는 ortho-, meta-, para-순으로, 빨리 용리되는 순서로 쓰면 1,2-다이브로모벤젠(ortho), 1,3-다이브로모벤젠(meta)이다. ∴ 1,2-다이브로모벤젠

(5) 기울기 용리(gradient elution) ★★★

① 극성이 다른 2~3가지 용매를 사용하여 용리가 시작된 후에 용매들을 섞는 비율은 이미 프로그램된 비율에 따라 단계적으로 또는 연속적으로 변화시킨다.

② 분리효율을 높이고 분리시간을 단축시키기 위해 사용한다.

③ 기체 크로마토그래피에서 온도 변화 프로그램을 이용하여 얻은 효과와 유사한 효과가 있다.

④ 일정한 조성의 단일 용매를 사용하는 분리법을 등용매 용리(isocratic elution)라고 한다.

(6) 검출기

① 흡수검출기

자외선, 가시광선, 적외선 영역에서 용리액의 흡광도를 측정하여 검출한다. 자외선가시광선 흡수검출기는 HPLC에 이용되는 검출기 중 가장 널리 사용되는 검출기이다.

② 형광검출기

형광을 발하는 화학종에 대해 사용 가능하고, 흡수방법보다 10배 이상의 높은 감도를 나타낸다. 형광을 발하는 유도체를 만드는 시약으로 시료를 전처리하면 형광을 발하는 화학종의 수가 더 많게 할 수 있다.

③ 굴절률검출기
이동상과 시료 용액과의 굴절률 차이를 이용한 것으로, 셀에 기준 용액과 굴절률이 다른 시료 용액이 들어오면 유리판에서 빛살이 굴절되는 각도가 달라져 검출기의 다른 위치로 빛살이 도달하게 되어 신호를 얻는다.

④ 전기화학검출기
일정 전위영역에서 산화 · 환원반응을 일으키는 유기 작용기를 가지고 있는 화학종을 적당한 전기화학 분석법으로 검출한다.

⑤ 그 밖에 증발산란광검출기, 질량분석검출기, 전도도검출기, 광학활성검출기, 원소선택성검출기, 광이온화검출기 등이 있다.

(7) 혼합물의 극성지수

$$P_{AB}' = \phi_A P_A' + \phi_B P_B'$$

여기서, P' : 극성지수
ϕ : 부피분율

핵심이론 18 질량분석법(MS)

(1) 원자 및 분자 질량분석법 ★★★

① 질량분석법은 여러 가지 성분의 시료를 기체상태로 이온화한 다음 자기장 혹은 전기장을 통해 각 이온을 질량 대 전하의 비(m/z)에 따라 분리하여 검출기를 통해 질량 스펙트럼을 얻는 방법으로 다른 분석법에 비해 감도가 높다.

② 질량분석법의 분석단계는 다음과 같다.

㉠ 원자화

㉡ 이온의 흐름으로 원자화에서 형성된 원자의 일부분을 전환

㉢ 질량 대 전하비(m/z)를 기본으로 형성된 이온의 분리

m : 원자 질량단위의 이온의 질량, z : 전하

㉣ 각각의 형태의 이온의 수를 세거나 또는 적당한 변환기로 시료로부터 형성된 이온 전류를 측정

(2) 질량분석법의 원자량과 분자량

① 동위원소의 질량을 구별할 수 있다.

② **원자 질량단위(amu)** : $^{12}_{6}C$을 12amu로 놓고 이것에 대한 상대적인 값이다(amu = u = Da).

③ 특정 동위원소의 정확한 질량이나 특정 동위원소가 포함되어 있는 화합물의 정확한 질량을 구별한다.

예 $^{12}C\ ^{1}H_4$: $m = (12.000 \times 1) + (1.007825 \times 4) = 16.031Da$

$^{13}C\ ^{1}H_4$: $m = (13.00335 \times 1) + (1.007825 \times 4) = 17.035Da$

④ 보통 소수점 이하 3~4자리의 정확한 질량을 사용한다.

➜ 고분해능 질량분석계는 이 정도의 정밀도를 갖고 있기 때문이다.

⑤ **질량 대 전하비(m/z)**

㉠ 한 이온의 원자나 분자량(m)을 그 이온의 전하(z)로 동위원소의 질량을 구별할 수 있다.

예 $^{12}C\ ^{1}H_4^{+}$의 $m/z = \dfrac{16.031}{1} = 16.031$이고, $^{13}C\ ^{1}H_4^{2+}$의 $m/z = \dfrac{17.035}{2} = 8.518$이다.

㉡ 대부분의 이온은 1가 전하를 가지므로 m/z는 질량을 나타낸다.

(3) 질량분석계의 구성

시료도입장치 → 기체 10^{-5}~10^{-8}torr(진공상태를 유지) 이온화원 → 질량분석기
→ 검출기(변환기) → 신호처리장치

(4) 시료도입장치

① **직접 도입장치**

열에 불안정한 화합물, 고체 시료, 비휘발성 액체 시료에 적용하며, 진공 봉쇄상태로 되어 있는 시료 직접 도입 탐침에 의해 이온화 지역으로 주입된다.

② **배치식 도입장치**

기체나 끓는점이 500℃까지의 액체 시료에 적용하며, 압력을 감압하여 끓는점을 낮추어 기화시킨 후 기체 시료를 진공인 이온화 지역으로 새어 들어가게 한다.

③ **크로마토그래피 또는 모세관 전기이동 도입장치**

GC/MS, LC/MS 또는 모세관 전기이동관을 질량분석기와 연결시키는 장치이며, 용리 기체로 용리한 후 용리 기체와 분리된 시료 기체를 도입한다.

(5) 기체-상 이온화원

① 시료를 먼저 기체상태로 만든 후 화합물을 이온화시키는 방법으로, 끓는점이 500℃ 이하의 열에 안정한 시료에 적용할 수 있다.

② 일반적으로 분자량이 10^3Da보다 큰 물질의 분석에는 불리하다.

③ 종류로는 전자충격이온화원, 화학이온화원, 장이온화원 등이 있다.

㉠ 전자충격이온화원(EI)

- 전자이온화원이라고도 한다.
- 시료의 온도를 충분히 높여 분자 증기를 만들고 기화된 분자들이 높은 에너지의 전자빔에 의해 부딪혀서 이온화된다.
- 고에너지의 빠른 전자빔으로 분자를 때리므로 토막내기 과정이 매우 잘 일어난다.
- 토막내기 과정으로 생긴 분자이온보다 작은 질량의 이온을 딸이온(daughter ion)이라 한다.
- 센 이온원으로 분자이온이 거의 존재하지 않으므로 분자량의 결정이 어렵다.
- 기준 봉우리 : 가장 높은 값을 나타내는 봉우리로, 크기를 임의로 100으로 정한다.
- 토막내기가 잘 일어나므로 스펙트럼이 가장 복잡하다.
- 기화하기 전에 분석물의 열분해가 일어날 수 있다.

㉡ 화학이온화원(CI)

- 메테인(CH_4)이나 암모니아(NH_3) 등과 같은 시약 기체를 전자충격으로 생성된 과량의 시약 기체의 양이온과 시료의 기체분자들이 서로 충돌하여 이온화된다.
- 시료 분자 MH와 CH_5^+ 또는 $C_2H_5^+$ 사이의 충돌에 의해 양성자 전이로 $(MH+1)^+$, 수소화이온 전이로 $(MH-1)^+$, $C_2H_5^+$ 이온 결합으로 $(MH+29)^+$ 봉우리를 관찰할 수 있다.
- 전자이온화 스펙트럼에 비해 스펙트럼이 단순하다.
- 기체상 가장 약한 이온화원이므로 기체 분석물질의 분자량을 측정하기에 적합하다.

㉢ 장이온화원(FI)

- 센 전기장(10^8V/cm)의 영향으로 이온이 생성된다.
- 전자이온화 스펙트럼에서 분자이온$(MH)^+$이 보이지 않지만 장이온화 스펙트럼에서는 $(MH+1)^+$ 봉우리가 선명하게 나타난다.

(6) 탈착식 이온화원

① 비휘발성이거나 열적으로 불안정한 시료를 다루기 위한 여러 가지 탈착 이온화 방법이 개발되어 예민한 생화학적 물질과 분자량이 10^5Da 이상의 큰 화학종의 질량 스펙트럼 분석이 가능하다.

② 탈착방법은 시료의 기화과정과 이온화 과정 없이 여러 가지 형태의 에너지를 고체나 액체 시료에 가해서 직접 기체상태의 이온을 형성하여, 스펙트럼은 매우 간단해져서 분자이온이나 혹은 양성자가 첨가된 분자이온만 형성할 때도 있다.

③ 종류로는 장탈착이온화원, 전기분무이온화원, 매트릭스 지원 레이저탈착이온화원, 빠른원자충격이온화원 등이 있다.

(7) 질량분석기 ★★★

생성된 이온들을 질량 대 전하비(m/z)에 따라 분리하는 장치로, 광학분광계에서 복사선을 그의 성분 파장으로 분산시키는 회절발과 유사한 역할을 한다. 이상적인 분석기는 미소한 질량의 차이를 구별할 수 있어야 하고, 쉽게 측정할 수 있는 이온 전류를 얻을 수 있도록 충분한 이온을 통과시켜야 한다.

① 분리능(=분해능, R, resoultion)

질량분석기가 두 질량 사이의 차를 식별 · 분리할 수 있는 능력이다.

$$R = \frac{m}{\Delta m}$$

여기서, Δm : 겨우 분리된 가까운 두 봉우리 사이의 질량 차이

m : 첫 번째 봉우리의 명목상 질량 또는 두 봉우리의 평균 질량

② 질량분석기의 종류

㉠ 자기장섹터분석기(=자기장부채꼴질량분석기, 단일초점분석기) : 부채꼴 모양의 영구자석 또는 전자석을 이용하여 이온살을 굴절시켜 무거운 이온은 적게 휘고 가벼운 이온은 크게 휘는 성질을 이용하여 분리한다.

㉡ 이중초점분석기 : 이온 빛살 초점에 대하여 정전기분석계와 자석 부채꼴분석계가 있다. 광원으로 나오는 이온들은 휘어진 정전기장 속에서 슬릿을 통해 가속되고 휘어진 자기장을 내는 슬릿 속에서 운동에너지의 좁은 띠를 갖는 이온 빛살 초점을 제공한다. 가벼운 이온들은 많이 휘어지고 무거운 이온들은 덜 휘어진다.

㉢ 사중극자질량분석기 : 주사시간이 짧고, 부피가 작으며, 값이 싸고 튼튼하여 널리 사용되는 질량분석기이다. 원자질량분석계에서 사용되는 가장 일반적인 질량분석기이다.

㉣ 비행시간분석기(TOF, time-of-flight) : 기기가 간단하고 튼튼하며, 이온화발생기를 장치하기 쉽고, 사실상 무제한의 질량 범위를 가지며, 데이터 획득 속도가 빠르다.

㉤ 이온포획(이온포집)분석기 : 기체상태 음이온이나 양이온이 전기장과 자기장에서 생성되어 이 이온들을 한동안 잡아둘 수 있는 장치이다. 이온 사이클로트론 공명현상을 이용한 질량분석기이다.

ⓑ Fourier 변환(FT)질량분석기 : 적외선 기기, 핵자기 공명기기의 경우와 같이 Fourier 변환 원리는 신호 대 잡음비를 개선하고, 속도를 더 빠르게 하며, 감도를 증진시키고, 분리능을 높인다. Fourier 변환 기기의 가장 중요한 부분은 이온이 한동안 일정한 궤도를 회전할 수 있는 이온 포획이며, 이 공간은 이온 사이클로트론 공명현상을 이용할 수 있게 설계되어 있다.

③ 검출기

㉠ 전자증배관 : 가장 널리 사용되며, 광전증배관과 비슷한 원리를 가진다.

㉡ Faraday컵

㉢ 배열변환기

- 전기광학이온검출기(EOID)
- 마이크로-Faraday 배열검출기

㉣ 사진건판검출기

㉤ 섬광검출기

(8) 순수 화합물의 확인

① **분자량 결정** : 질량 스펙트럼으로부터 $(M+1)^+$, $(M-1)^+$, M^+(분자이온) 봉우리 확인으로 분자량을 구할 수 있다.

② **정확한 분자량으로부터 분자식 결정** : 소수점 이하 3~4자리의 정확한 분자량을 구하는 것만으로도 분자식의 결정이 가능하다.

③ **동위원소비에서 분자식 구함** : 얻은 동위원소의 비로부터 시료의 원소 조성에 관한 정보와 분자식을 구하는 것이 가능하다.

원소	가장 많은 동위원소	가장 많은 동위원소에 대한 존재 백분율
수소	^{1}H (100)	^{2}H (0.015)
탄소	^{12}C (100)	^{13}C (1.08)
질소	^{14}N (100)	^{15}N (0.37)
산소	^{16}O (100)	^{17}O (0.04)
염소	^{35}Cl (100)	^{37}Cl (32.5)
브로민	^{79}Br (100)	^{81}Br (98.0)

예제 **분자량이 168인 $C_{12}H_{24}$의 분자량 M^+에 대한 $(M+1)^+$ 봉우리 높이비를 구하시오.**

풀이 | $C_{12}H_{24}$에는 12개의 탄소 원자와 24개의 수소 원자가 있으므로, $C_{12}H_{24}$ 분자 100개마다 ^{13}C 원자를 가진 $C_{12}H_{24}$는 $12\times1.08 = 12.96$개 분자, ^{2}H 원자를 가진 $C_{12}H_{24}$는 $24\times0.015 = 0.36$개 분자가 있을 것이다.
$(M+1)^+$ 봉우리는 M^+ 봉우리의 $12.96+0.36 = 13.32\%$의 크기를 가진다. ∴ 13.32%

핵심이론 19 전위차법

(1) 기준전극(reference electrode) ★★★

어떤 한 전극전위 값이 이미 알려져 있거나, 일정한 값을 유지하거나, 분석물 용액의 조성에 대하여 완전히 감응하지 않는 전극이다.

① 기준전극의 조건

㉠ 반응이 가역적이고, Nernst 식에 따라야 한다.

㉡ 시간 흐름에 대하여 일정한 전위를 나타내야 한다.

㉢ 작은 전류가 흐른 후에는 본래 전위로 돌아와야 한다.

㉣ 온도가 주기적으로 변해도 과민반응을 나타내지 않아야 한다.

㉤ 반전지전위값이 알려져 있어야 한다.

② 표준 수소전극(SHE, standard hydrogen electrode)

㉠ 수소이온의 활동도가 1이고, 수소의 부분압력이 1atm으로 전극의 전위는 모든 온도에서 정확히 0V이다.

㉡ 전극반응 : $2H^+(aq) + e^- \rightleftarrows H_2(g)$

㉢ 선 표시법 : $Pt(s) \mid H_2(g,\ 1atm) \mid H^+(aq,\ A=1) \parallel$

㉣ 수소전극은 염다리로 짝지어진 반쪽전지에 따라 산화전극으로 또는 환원전극으로도 작용한다.

㉤ 전극 표면을 만들고 반응물의 활동도를 조절하기 어려워 거의 사용하지 않는다.

③ 포화 칼로멜 전극(SCE, saturated calomel electrode)

㉠ 염화수은(Ⅰ)(Hg_2Cl_2, 칼로멜)으로 포화되어 있고, 포화 염화칼륨(KCl) 용액에 수은을 넣어 만든다.

㉡ 전극반응 : $Hg_2Cl_2(s) + 2e^- \rightleftarrows 2Hg(l) + 2Cl^-(aq)$

㉢ 선 표시법 : $Hg(l) \mid Hg_2Cl_2(sat'd),\ KCl(sat'd) \parallel$

㉣ 전극의 전위는 온도에 의해서만 변한다(Cl^-의 농도가 변하지 않으므로). 단, 온도가 변할 때 새로운 평형전이에 느리게 도달하는 단점이 있다. 또한 염화칼륨과 칼로멜의 용해도가 새로운 평형에 도달하는 데 시간이 매우 오래 걸린다.

㉤ 70℃ 부근에서 칼로멜의 분해반응이 일어나므로 높은 온도에서 사용이 불가능하다.

④ 은-염화은(Ag/AgCl) 전극

㉠ 염화은(AgCl)으로 포화된 염화칼륨 용액 속에 잠긴 은(Ag) 전극으로 이루어져 있다.

㉡ 전극반응 : $AgCl(s) + e^- \rightleftarrows Ag(s) + Cl^-(aq)$

㉢ 선 표시법 : $Ag(s) \mid AgCl(sat'd),\ KCl(sat'd) \parallel$

㉣ 가장 많이 사용된다.

㉤ 60℃ 이상의 고온에서 사용할 수 있다.

⑤ 기준전극 사용 시 주의사항

㉠ 기준전극 내부 용액의 수위는 시료 용액의 수위보다 항상 높게 유지되어야 한다.

→ 전극용액의 오염을 방지하고 분석물과의 반응을 방지하기 위함이다.

㉡ 기준전극은 전위차법 측정에서 항상 왼쪽 전극으로 취급한다.

㉢ 기준전극은 전지에서 IR 저항을 감소시키기 위하여 가능한 한 작업전극에 가까이 위치시킨다.

⑥ 서로 다른 기준전극에 대한 전위 변환

SCE에 대하여 전극전위가 0.309V인 전극은 (표준수소전극에 대한 상대전위는 SCE = 0.244V, 포화 Ag/AgCl 기준전극 = 0.199V) $0.309 = E_{지시} - E_{기준} = E_{지시} - 0.24V$, $E_{지시} =$ 0.553V이므로, 포화 Ag/AgCl에 대하여 0.553 − 0.199 = 0.354V 전극전위를 나타낸다.

(2) 지시전극(reference electrode)

이상적인 지시전극은 분석이온의 활동도 변화에 빠르게, 재현성 있게 감응해야 한다.

① **금속전극** : 1차 전극, 2차 전극, 3차 전극 및 산화 · 환원전극으로 구분한다.

② **막전극(membrane electrode)** : 선택성이 크기 때문에 이온선택성 전극(ISE, ion−selective electrcde)이라고 부른다.

(3) pH 측정에 영향을 미치는 오차

① **알칼리 오차** : 소듐 오차라고도 한다. 유리전극은 수소이온(H^+)에 선택적으로 감응하는데, pH 11~12보다 큰 용액에서는 H^+의 농도가 낮고 알칼리금속(Na^+) 이온의 농도가 커서 전극이 알칼리금속(Na^+) 이온에 감응하기 때문에 측정된 pH는 실제 pH보다 낮아진다.

② **산 오차** : pH가 0.5보다 낮은 강산 용액에서는 유리 표면이 H^+로 포화되어 H^+이 더 이상 결합할 수 없기 때문에 측정된 pH는 실제 pH보다 높아진다.

③ **탈수** : H^+에 올바르게 감응하기 위해 마른 전극은 몇 시간 정도 반드시 담가두어야 한다.

④ **낮은 이온 세기의 용액** : 이온 세기가 너무 낮으면 용액의 전기전도도가 작아 pH 측정이 어려워진다.

⑤ **접촉전위의 변화** : pH를 측정할 때 생기는 근본적인 불확정성으로 분석물질 용액의 이온 조성과 표준 완충용액의 이온 조성이 다르므로 접촉전위가 변하게 되어 약 0.01pH 단위의 오차가 발생한다.

⑥ **표준 완충용액의 불확정성**

⑦ **온도 변화에 따른 오차** : pH미터는 pH를 측정하는 온도와 같은 온도에서 교정되어야 한다.

⑧ **전극의 세척 불량** : 전극이 수용액과 다시 평형에 도달하는 동안 수 시간 동안 표류할 수 있다.

핵심이론 20 전압전류법

(1) 유체역학 전압전류법

유체역학 전압전류법은 다음과 같은 방법으로 할 수 있다.

① 고정된 작업 전극에 접하고 있는 용액을 격렬하게 저어준다.

② 용액에서 미소전극을 일정한 속도로 회전시켜 젓기효과를 얻는다.

③ 미소전극이 설치된 관을 통해 분석물질 용액을 흘려준다.

④ LC 칼럼에서 흘러나오는 분석물질을 산화나 환원시켜 분석하는 데 사용한다.

(2) 유체역학 전압전류법에서 용액을 세게 저어주었을 때 미소전극 주위에서의 용액의 흐름

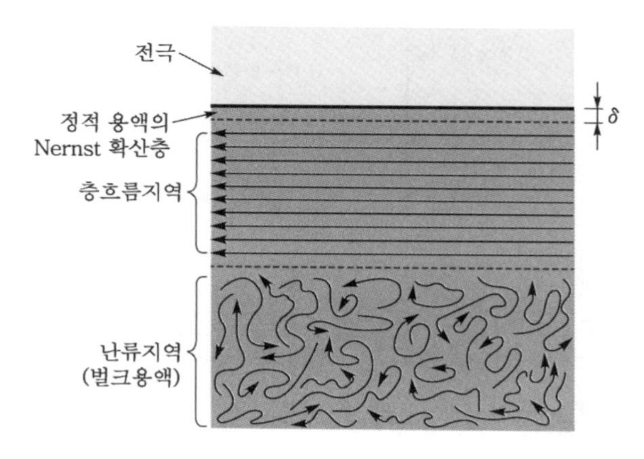

① **난류지역** : 액체의 움직임에 아무런 규칙이 없고 전극에서 떨어진 본체 용액 중에서 일어난다.

② **층(laminar)흐름지역** : 전극 표면에 접근함에 따라 laminar 흐름으로 바뀐다. laminar 흐름에서는 액체의 층이 전극 표면과 평행되는 방향으로 미끄러져 나란히 된다.

③ **Nernst 확산층** : 전극 표면에서 δ(cm) 떨어진 점에서는 액체와 전극 사이의 마찰로 인해 층류의 속도가 거의 0이 되는 정체된 얇은 용액층이 형성되는데, 이를 Nernst 확산층이라 부른다.

(3) 미세전극을 전압전류법에서 사용할 때의 장점

① 생물 세포와 같이 매우 작은 크기의 시료에도 사용할 수 있다.

② IR 손실이 적어 저항이 큰 용액이나 비수용매에도 사용할 수 있다.

③ 전압을 빨리 주사할 수 있으므로 반응 중간체와 같이 수명이 짧은 화학종의 연구에 사용할 수 있다.

④ 전극 크기가 작으므로 충전전류가 작아져서 감도가 수천 배 증가한다.

(4) 산소파

① 용해되어 있는 산소는 많은 종류의 작업전극에서 쉽게 환원된다.

② 반응식

㉠ $O_2 + 2H^+ + 2e^- \rightarrow H_2O_2$

㉡ $H_2O_2 + 2H^+ + 2e^- \rightarrow 2H_2O$

③ 산소가 용해되어 있으면 다른 화학종을 정확하게 정량하는 데 종종 방해하는 경우도 있다.

④ 전압–전류법과 전류법 측정을 시작하기 전에 산소를 제거하는 것이 일반적이다.

㉠ 비활성기체(N_2 기체)를 용액에 수 분 동안 불어넣어 O_2를 쫓아낸다(스파징, sparging).

㉡ 분석하는 동안에는 용액 표면에 N_2를 계속 불어넣어 주어 공기 중의 O_2가 다시 용액에 흡수되지 못하도록 한다.

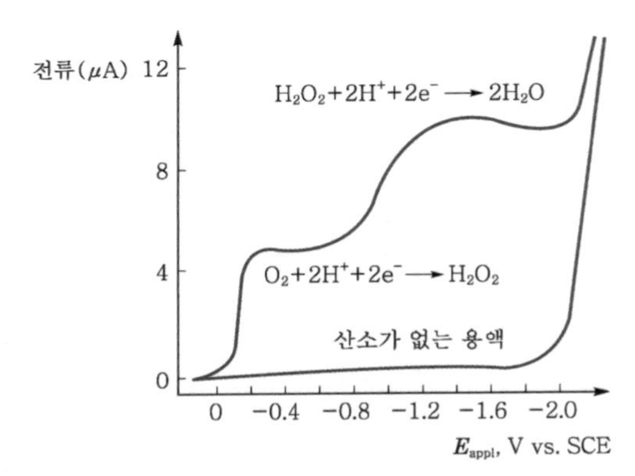

| 공기로 포화된 0.1M KCl 용액 중의 산소 환원 전압 – 전류 곡선 |

(5) 사각파 전압전류법

① 들뜸신호

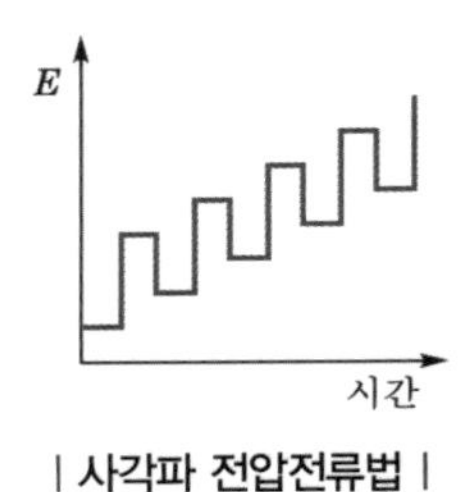

| 사각파 전압전류법 |

② 장점

㉠ 산화 · 환원에 의한 전류를 측정하므로 패러데이 전류가 증가한다.

㉡ 산화 · 환원과 관계없는 비패러데이 충전전류는 감소한다.

㉢ 사각파 전압전류법의 감도는 선형 전압전류법보다 대략 1,000배 정도 증가한다.

(6) 카드뮴 – 니켈 벗김분석

① 들뜸신호

처음에 −1.0V의 일정한 환원전위를 미소전극에 걸어 카드뮴과 니켈이온을 환원시켜 금속으로 석출시키고 두 금속이 전극에 상당량 석출될 때까지 몇 분간 주어진 전위를 유지한다. 전극전위를 −1.0V로 유지시키고 30초간 저어주는 것을 멈춘다. 그리고 전극의 전위를 양의 방향으로 증가시킨다.

② 전지의 전류를 전위에 대한 함수로 기록한 전압–전류 곡선

−0.6V보다 다소 큰 음의 전위에서 카드뮴이 산화되어 전류가 갑자기 증가하게 된다. 석출된 카드뮴이 산화됨에 따라 전류 봉우리가 감소하여 원래 수준으로 되돌아간다. 전위가 좀더 양의 방향으로 증가하면 니켈이 산화되는 두 번째 봉우리가 나타난다.

③ 반응식

$Cd + Ni^{2+} \rightarrow Cd^{2+} + Ni$

㉠ $Cd^{2+} + 2e^- \rightleftarrows Cd(s),\quad E^\circ = -0.403V$

㉡ $Ni^{2+} + 2e^- \rightleftarrows Ni(s),\quad E^\circ = -0.250V$

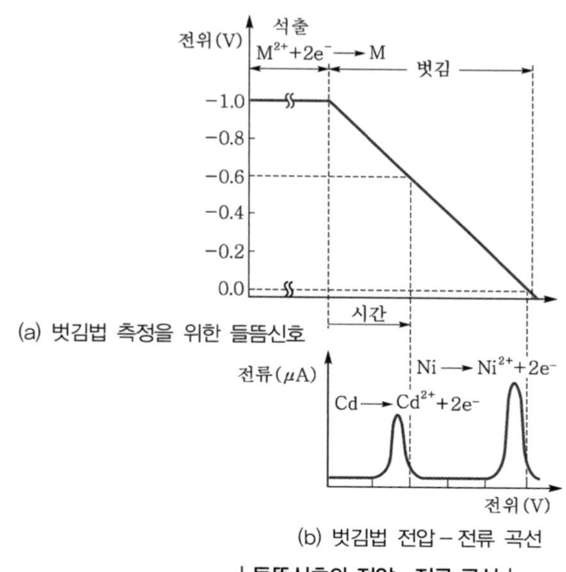

(a) 벗김법 측정을 위한 들뜸신호

(b) 벗김법 전압 – 전류 곡선

| 들뜸신호와 전압 – 전류 곡선 |

(7) 전기량법 적정

① 전기량법 적정과 부피법 적정의 유사점

㉠ 모두 관찰할 수 있는 종말점이 필요하며, 적정오차가 생길 수도 있다.

㉡ 분석물질의 양은 이것과 반응하는 것의 양을 측정함으로써 결정할 수 있다.

㉢ 반응이 빠르며, 완전히 일어나야 하고, 부반응이 일어나지 않아야 한다.

② 전기량법 적정의 장점

㉠ 표준 용액을 만들고, 표준화하고, 저장하는 것과 관련된 문제들을 피할 수 있다. 염소, 브로민, 타이타늄 이온과 같이 쉽게 변하는 시약인 경우, 이 화학종들이 매우 불안정하기 때문에 부피법 분석에서는 적합하지 못하지만 전기량법 분석에서 이 시약들은 생성되자마자 즉시 분석물질과 반응하기 때문에 유용하다.

㉡ 적은 양의 시약이 사용되어야 하는 경우에 매우 유용하다. 전류를 적당하게 선택하면 마이크로 양의 시약을 쉽고 정확하게 생성할 수 있다.

㉢ 하나의 일정 전류원을 사용하여 침전법, 착화법, 산화-환원법 또는 중화법에 필요한 시약을 생성할 수 있다.

㉣ 전류를 쉽게 조절할 수 있기 때문에 쉽게 자동화 할 수 있다.

③ 전기량법 적정에서의 오차

㉠ 전기분해가 일어나는 동안의 전류변화에 의한 오차

㉡ 100% 전류효율로부터 벗어나기 때문에 생기는 오차

㉢ 전류측정의 오차

㉣ 시간측정의 오차

㉤ 당량점과 종말점이 다르기 때문에 생기는 오차

(8) 전기화학전지의 편극

① **편극** : 전기화학전지에서 전류가 흐를 때 실측 전극전위가 Nernst 식으로부터 벗어나는 편차이다.

② 일정 전극전위에서 전지전위와 전류 사이에 직선관계가 성립해야 하나 실제로는 직선에서 벗어나는데, 이런 경우 전지는 편극되었다고 한다.

③ 발생 원인에 따른 편극의 종류

㉠ 농도 편극 : 반응 화학종이 전극 표면까지 이동하는 속도가 요구되는 전류를 유지시킬 수 있는 정도가 되지 않을 경우 발생한다. 반응 화학종이 벌크 용액으로부터 전극 표면으로 이동하는 속도가 느려 전극 표면과 벌크 용액 사이의 농도 차이에 의해 발생되는 편극이다.

반응물의 농도가 낮거나 전체 전해질 농도가 높을 때 농도 편극이 더 잘 일어난다. 그리고 기계적으로 저어줄 때, 전극의 크기가 클수록, 용액의 온도가 높을 때, 전극의 표면적이 클수록 편극효과는 감소한다.

㉡ 반응 편극 : 반쪽전지반응은 중간체가 생기는 화학과정을 통해 이루어지는데, 이런 중간체의 생성 또는 분해속도가 전류를 제한할 때 발생한다.

㉢ 흡착, 탈착, 결정화 편극 : 흡착, 탈착, 결정화 같은 물리적 변화 과정의 속도가 전류를 제한할 때 발생한다.

㉣ 전하이동 편극 : 반응 화학종과 전극 사이의 전자 이동속도가 느려 전극에서 산화 · 환원 반응의 속도 감소로 인해 발생되는 편극이다.

(9) 전류법 적정 ★★★

① 적정 반응에 참여하는 반응물 또는 생성물 중 적어도 하나가 미소전극에서 산화 또는 환원 반응을 한다면 유체역학 전압전류법을 이용하여 적정의 당량점을 결정할 수 있다.

② 한계전류 영역의 한 일정 전위에서의 전류를 적정 시약의 부피(또는 적정 시약이 일정 전류 전기량법에 의해 생성된다면 시간)의 함수로서 측정한다.

③ 당량점 양쪽의 데이터를 도시하면 기울기가 다른 두 직선을 얻게 된다.

④ 종말점은 두 직선을 외연장하여 만나는 지점이다.

⑤ 전류법 적정곡선은 다음 중 한 가지이다.

㉠ 분석물은 미소전극에서 환원되지만 적정 시약은 환원되지 않는 적정에서 나타난다(그림 (a)).

㉡ 미소전극에서 적정 시약은 반응하지만 분석물은 반응하지 않는 적정에서 나타난다(그림 (b)).

㉢ 분석물과 적정 시약 모두 미소전극에서 반응하는 적정에서 나타난다(그림 (c)).

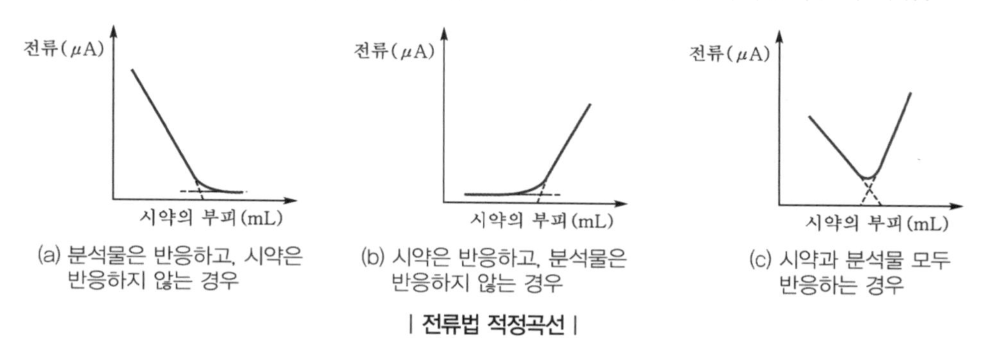

| 전류법 적정곡선 |

핵심이론 21 열분석

(1) 시차주사열계량법(DSC, differential scanning calorimetry)

시료물질과 기준물질을 조절된 온도 프로그램으로 가열하면서 이 두 물질에 흘러 들어간 열량의 차이를 시료 온도의 함수로 측정하는 열분석 방법이다.

(2) 열무게분석법(TGA, thermogravimetric analysis) ★★★

열무게분석에서는 조절된 환경하에서 시료의 온도를 증가시키면서 시료의 무게를 시간 또는 온도의 함수로 연속적으로 기록한다.

① 기기장치

㉠ 감도가 매우 좋은 분석저울(= 열저울) : 0.001~100g까지의 질량을 갖는 시료에 대한 정량적인 정보를 제공해 줄 수 있는 저울을 사용할 수 있다.

㉡ 전기로 : 온도 범위는 실온부터 1,500℃ 정도까지이다.

㉢ 기체주입장치 : 질소 또는 아르곤을 전기로에 넣어주어 시료가 산화되는 것을 방지한다.

㉣ 기기장치의 조정과 데이터 처리를 위한 장치

② 응용

㉠ 분해반응과 산화반응, 기화, 승화, 탈착 등과 같은 물리적 변화에 이용한다.

㉡ 다성분 시료의 조성 분석 및 분해과정에 대한 정보를 제공한다.

㉢ 여러 종류의 중합체 합성물의 분해 메커니즘에 대한 정보를 제공한다.

③ 열분해곡선

시간의 함수로 무게 또는 무게 백분율을 도시한 것을 열분해곡선(thermal decomposition curve) 또는 열분석도(thermogram)라고 한다.

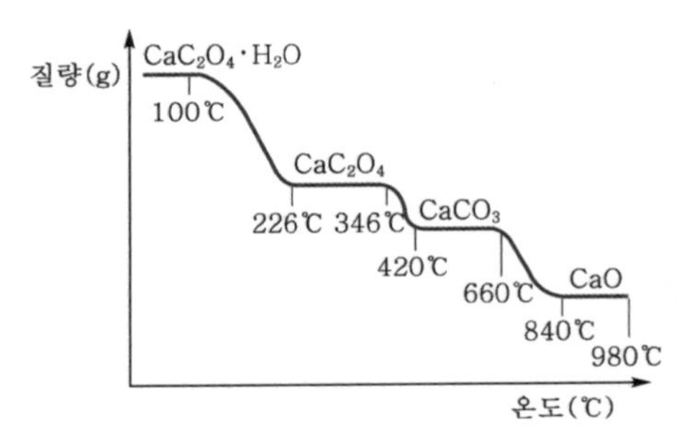

| $CaC_2O_4 \cdot H_2O$의 열분석도 |

명확하게 나타나는 수평영역은 칼슘화합물이 안정하게 존재하는 온도 영역(226~346℃ : CaC_2O_4, 420~660℃ : $CaCO_3$, 840~980℃ : CaO)임을 알려준다.

(3) 시차열분석법(DTA, differential thermal analysis)

시료와 기준물질이 온도 제어 프로그램으로 가열되면서 이 두 물질 사이의 온도 차이를 온도함수로 측정하는 방법이다.

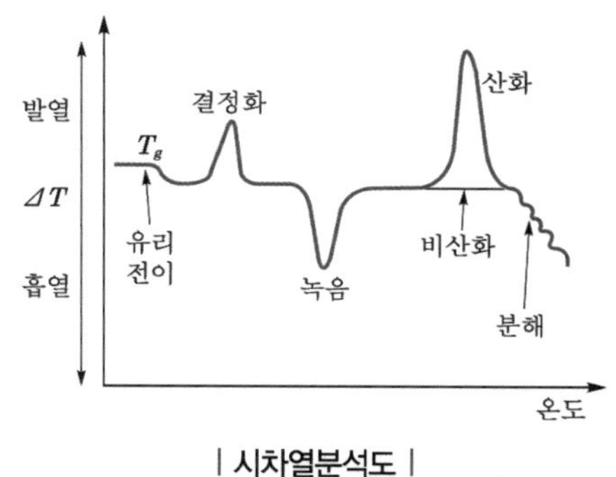

| 시차열분석도 |

① 유리전이(glass transition)

㉠ 중합체가 가열될 때 초기에 나타나는 현상이다.

㉡ 유리전이 온도(T_g) : 유리질 무정형 중합체가 고무처럼 말랑말랑해지는 특성적인 온도이다.

㉢ 유리질에서 고무질로의 전이에서는 열을 방출하거나 흡수하지 않으므로 엔탈피의 변화가 없다($\Delta H = 0$).

㉣ 고무질의 열용량은 유리질의 열용량과 달라 기준선이 낮아질 뿐 어떤 봉우리도 나타나지 않는다.

② 결정 형성(결정화) : 첫 번째 봉우리

열분석도에서 두 개의 최대와 하나의 최소가 나타나는데 이들 모두 봉우리라 부른다. 두 개의 최대점은 시료로부터 열이 방출되는 발열과정의 결과로 생긴 것이고, 최소점은 분석물에 의해서 열이 흡수되는 흡열반응의 결과로 생긴 것이다.

㉠ 특정 온도까지 가열되면 많은 무정형 중합체는 열을 방출하면서 미세 결정으로 결정화되기 시작한다.

㉡ 시간적 여유를 많이 가지면 결정이 더 생기고 성장하기 때문에 가열속도를 느리게 하면 봉우리의 면적은 점점 더 커지게 된다.

㉢ 열이 방출되는 발열과정의 결과로 생긴 것으로 이로 인해 온도가 올라간다.

③ 녹음 : 두 번째 봉우리

㉠ 형성된 미세 결정이 녹아서 생기는 것이다.

㉡ 열을 흡수하는 흡열과정의 결과로 생긴 것으로 이로 인해 온도가 내려간다.

④ 산화 : 세 번째 봉우리

㉠ 공기나 산소가 존재하여 가열할 때만 나타난다.

㉡ 열이 방출되는 발열반응의 결과로 생긴 것으로 이로 인해 온도가 올라간다.

⑤ 분해 : ΔT값이 마지막 음의 변화를 하는 것은 중합체가 흡열분해하여 여러 가지 물질을 생성할 때 나타나는 결과이다. 유리전이 과정과 분해과정은 봉우리가 나타나지 않는다.

⚗ 시차 열분석의 봉우리는 시료의 온도 변화로 인해 나타나는 화학반응과 물리적 변화로부터 생긴 결과이다. 흡열 물리적 과정으로는 용융, 기화, 승화, 흡수, 탈착 등이 있다. 흡착과 결정화는 보통 발열과정이며, 화학반응은 흡열 또는 발열 과정일 수 있다. 그리고 흡열반응에는 탈수, 비활성 기체 중에서의 환원 그리고 분해 등이 있고, 발열반응에는 공기나 산소 존재하에서의 산화반응, 중합반응, 촉매반응 등이 있다.

⑥ 봉우리의 면적은 시료의 질량(m), 화학 또는 물리적 과정의 엔탈피 변화(ΔH), 어떤 기하학적인 인자 및 열전도 인자 등에 의해서 영향을 받는다.

⑦ 시차열분석의 특성

㉠ 유기화합물의 녹는점, 끓는점 및 분해점 등을 측정하는 간단하고 정확한 방법이다.

㉡ 일반적으로 모세관법이나 가열관법으로 얻은 값보다 더 정밀하고 재현성이 있다.

㉢ 압력에 영향을 받으며, 높은 압력에서는 끓는점이 높아지므로 시차열분석도의 결과도 달라진다.

핵심이론 22 분광분석법 기초

(1) 전자기복사선 ★★★

① 전자기복사선의 성질

㉠ 파동적 성질 : 회절, 간섭, 투과, 굴절, 반사, 산란

㉡ 양자역학적(입자적) 성질 : 광전효과, 흡수

② 전자기복사선의 분류

γ–선	X–선	자외선	가시광선	적외선	마이크로파	라디오파
γ–ray	X–ray	Ultraviolet (UV)	Visible (VIS)	Infrared (IR)	Microwave	Radiowave

←—— 에너지 증가, 파장 감소　　　　에너지 감소, 파장 증가 ——→

③ 전자기복사선을 이용하는 분광법

㉠ 광학분광법 : 흡광, 형광, 인광, 산란, 방출 및 화학발광의 현상에 바탕을 둔 것이다.

㉡ 원자분광법과 분자분광법 : 빛을 흡수하거나 방출하는 입자가 원자인지, 분자인지에 따라 원자분광법과 분자분광법으로 나뉘고, 측정하는 빛을 입자가 흡수한 것인지 방출한 것인지, 복사선에 의해 들떴다가 발광한 것인지에 따라 흡수법, 방출법, 형광 · 인광법으로 나뉜다.

- 원자분광법 : 원자 흡수 및 형광 분광법, 유도결합플라스마 원자방출분광법, X–선 분광법
- 분자분광법 : 자외선–가시광선흡수분광법, 형광 및 인광 광도법, 적외선흡수분광법, 핵자기공명분광법

(2) 에너지와 파장과의 관계식 ★★★

$$E = h\nu = h\frac{c}{\lambda} = h\bar{\nu}c$$

여기서, h : 플랑크상수(6.626×10^{-34}J · s)

ν : 진동수(s^{-1})

λ : 파장(m)

c : 진공에서 빛의 속도(3.00×10^8m/s)

$\bar{\nu}$: 파수(m^{-1}) $= \frac{1}{\lambda}$

(3) 투광도와 흡광도 ★★★

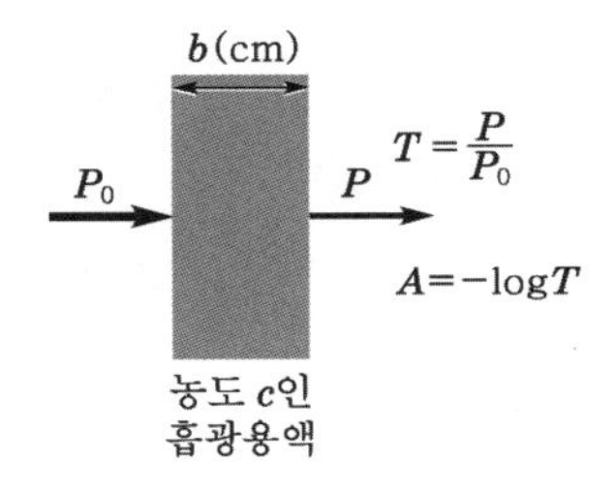

| 흡광용액에 의한 복사선 빛살의 감쇠 |

① **투광도(=투과도)**

㉠ 빛의 흡광물질의 농도가 c이고, 두께가 b(cm)인 매질을 통과하기 전과 후의 복사선의 세기는 흡광 원자나 분자와 광자 사이의 상호작용에 따라 빛의 세기는 P_0로부터 P까지 변한다.

㉡ 매질에서의 투광도 T는 매질에 의해 투과되는 입사복사선의 분율로 나타낸다.

$$T = \frac{P}{P_0}, \quad \% T = \frac{P}{P_0} \times 100\%$$

② **흡광도** : 매질의 흡광도는 빛살의 감쇠가 클수록 커진다.

$$A = -\log T = -\log \frac{P}{P_0}$$

③ **베르-람베르트 법칙(Beer-Lambert law)**

㉠ 베르 법칙(Beer's law ; 흡광도는 농도에 비례함)과 람베르트 법칙(Lambert law ; 흡광도는 매질을 통과하는 거리에 비례함)을 합한 법칙이다.

일반적으로 흔히 베르-람베르트 법칙을 베르 법칙이라고도 한다.

㉡ 단색 복사선에서 흡광도는 매질을 통과하는 거리와 흡수물질의 농도 c에 직접 비례한다.

$$A = \varepsilon bc$$

여기서, ε : 몰흡광계수($cm^{-1} \cdot M^{-1}$)

b : 셀의 길이(cm)

c : 시료의 농도(M)

㉢ 흡광도와 투광도 사이의 관계식

$$A = -\log T = \varepsilon bc$$

㉣ 베르 법칙은 분석물의 농도 범위가 10^{-4}~10^{-3}M의 묽은 용액에서 잘 맞다.

④ 혼합물에서의 베르 법칙

㉠ 베르 법칙은 한 가지 종류 이상의 물질들을 포함하는 매질에서도 적용된다.

㉡ 여러 가지 화학종들 사이에서 상호작용이 일어나지 않는다면, 다중성분계에 대한 전체 흡광도는 다음 식으로 나타낼 수 있다.

$A_{전체} = A_1 + A_2 + \cdots + A_n = \varepsilon_1 bc_1 + \varepsilon_2 bc_2 + \cdots + \varepsilon_n bc_n$

⑤ 베르 법칙으로부터의 편차

㉠ 몰흡광계수는 특정 파장에서 흡수한 빛의 양을 의미하며, 매질의 굴절률, 전해질을 포함하는 경우 전해질의 해리는 몰흡광계수를 변화시켜 베르 법칙의 편차를 유발한다.

㉡ 겉보기 화학편차 : 분석성분이 해리하거나 회합하거나 또는 용매와 반응하여 분석성분과 다른 흡수 스펙트럼을 내는 생성물을 만들 때 베르 법칙으로부터 겉보기 편차가 일어난다.

㉢ 미광복사선(떠돌이빛)에 의한 기기편차

- 미광복사선이란 측정을 위해 선정된 띠너비 범위 밖에 있는 파장의 빛으로 회절발, 렌즈나 거울, 필터 및 창과 같은 광학기기 부품의 표면에서 일어나는 산란과 반사로 인해 생긴 기기로부터 오는 복사선이다.
- 미광복사선은 시료를 통과하지 않으면서 검출기에 도달하므로 시료에 흡수되지 않고 투과하는 빛의 세기에 더해지기 때문에 투광도가 증가하는 결과가 되어 흡광도는 감소한다.

㉣ 다색복사선에 대한 겉보기 기기편차

- 베르(Beer) 법칙은 단색복사선에서만 확실하게 적용된다.
- 다색복사선의 경우 농도가 커질수록 흡광도가 감소한다.

㉤ 기기편차인 경우 항상 음의 흡광도 오차를 유발한다.

⑥ 등흡광점

㉠ 전체 농도가 일정한 두 화합물의 스펙트럼이 어느 한 파장에서 교차될 때 두 혼합물의 각 농도가 어떤 농도 조성으로 변하더라도 어떤 특정한 파장에서 똑같은 흡광도를 갖는데 이 지점을 등흡광점이라고 한다.

㉡ 화학반응에서 등흡광점이 존재한다는 것은 하나의 주된 화학종이 또 다른 주된 화학종으로 변화된다는 것을 알 수 있는 좋은 증거가 된다.

⑦ 용매의 차단점(cut-off-point)

㉠ 물을 기준으로 하여 한 용매의 흡광도를 측정하였을 때 흡광도가 1에 가까운 값을 가질 때의 가장 낮은 파장을 말한다.

㉡ 분석물의 흡수파장은 용매의 차단점보다 더 커야 한다.

㉢ 물의 차단점은 200nm이고, 메탄올의 차단점은 210nm이다.

(4) 신호와 잡음 ★★★

모든 분석 측정의 신호는 두 가지 성분으로 이루어져 있다. 한 성분은 신호(signal)로 화학자가 관심을 갖고 있는 분석물에 관한 정보를 가지고 있고, 또 다른 성분은 잡음(noise)으로 분석결과의 정확도와 정밀도를 감소시킨다. 잡음은 검출되는 분석물의 검출 최소한계보다 낮은 외부에서 오는 원하지 않는 신호 정보이다.

① 신호 대 잡음비(S/N, signal-to-noise)

㉠ 대부분의 측정에서 잡음의 평균 세기는 신호의 크기와는 무관하고 일정하다.

㉡ 신호 대 잡음비(S/N)는 분석물 신호(S)를 잡음 신호(N)로 나눈 값으로 측정횟수(n)의 제곱근에 비례한다.

$$\frac{S}{N} \propto \sqrt{n}$$

㉢ 신호 대 잡음비(S/N)를 정수비로 나타내는 방법 : 분석물 신호(S)는 측정의 평균값 $\overline{x}$ 이고 잡음 신호(N)는 측정 신호의 표준편차 s이므로, 신호 대 잡음비는 분석물 신호의 상대표준편차(RSD)의 역수가 된다.

$$\frac{S}{N} = \frac{\overline{x}}{s} = \frac{1}{\mathrm{RSD}}$$

㉣ 신호 대 잡음비가 클수록 신호를 측정하는 데 오차가 적어지므로 정량, 정성에 유리하다.

② 잡음

㉠ 화학잡음 : 분석하려는 계의 화학적 성질에 영향을 주는 조절할 수 없는 변수에 의해 발생한다.

㉡ 기기잡음 : 기기의 각 부분장치로부터 나오는 잡음으로 각종 원인에 의해 발생하며, 종류는 다음과 같다.

- 열적 잡음(thermal noise)
  - Johnson 잡음 또는 백색잡음(white noise)이라고도 한다.

  열적 잡음은 주파수와 무관하다.

  - 전자 또는 하전체가 기기의 저항회로 소자 속에서 열적 진동을 하기 때문에 생긴다.
  - 온도가 낮을수록, 저항이 작을수록 열적 잡음이 줄어든다.
- 산탄잡음(shot noise)
  - 전자 또는 다른 하전 입자가 접촉 계면을 가로지를 때 나타난다.
  - 띠너비를 감소시켜서 최소화 할 수 있다.
- 깜빡이잡음(flicker noise)
  - 원인은 알려져 있지 않으나 언제, 어디서나 존재하며 주파수(f)에 반비례한다.
  - 약 100Hz보다 낮은 주파수에서 심하므로 저주파 필터를 걸어서 줄인다.
- 환경잡음(environmental noise)
  - 주위로부터 자연적으로 발생하는 다양한 형태의 잡음들로 이루어져 있다.
  - 기기 안의 모든 도체가 안테나 역할을 할 수 있기 때문이다.

③ 신호 대 잡음비를 향상시키는 방법

㉠ 잡음 감소를 위한 하드웨어 장치

- 접지(grounding)와 차폐(shielding)
- 차동 증폭기와 계측 증폭기
- 아날로그 필터
- 변조
- 동기식 복조
- Lock-in 증폭기

㉡ 잡음 감소를 위한 소프트웨어 방법

- 앙상블 평균
- 박스카(boxcar) 평균
- 디지털 필터링
- 상관관계분석법

핵심이론 23 광학기기 구성

(1) 광학기기의 부분장치

① 안정한 복사에너지 광원(source)

② 시료를 담는 투명한 용기(시료용기)

③ 측정을 위해 제한된 스펙트럼 영역을 제공하는 장치(파장선택기)
④ 복사선을 유용한 신호(전기신호)로 변환시키는 복사선검출기(detector)
⑤ 변환된 신호를 계기 눈금, 음극선관, 디지털 계기 또는 기록기 종이 위에 나타나도록 하는 신호처리장치와 판독장치(read out)

(2) 광학기기의 배치 ★★★

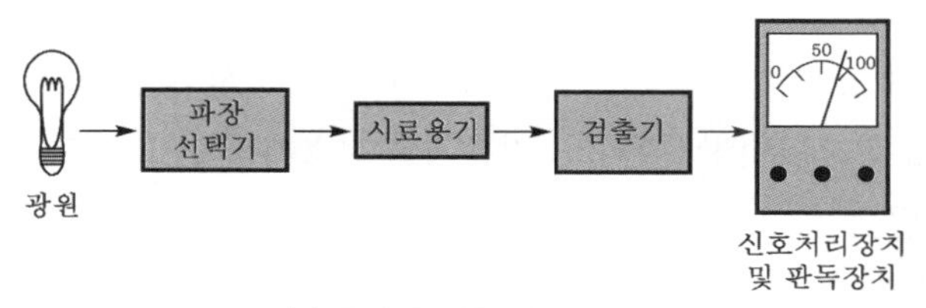

(a) 흡광 측정을 위한 배치

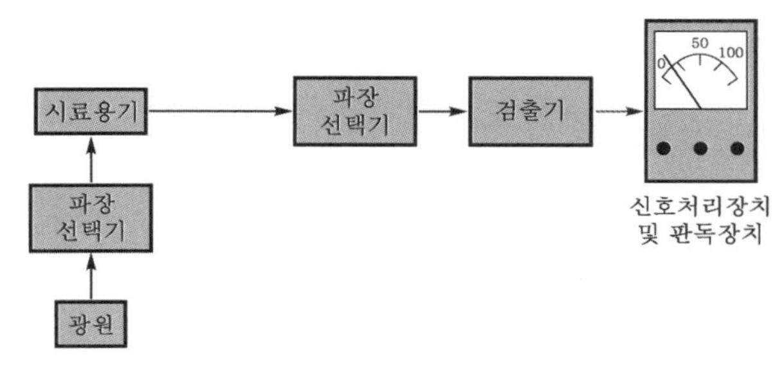

(b) 형광 측정을 위한 배치

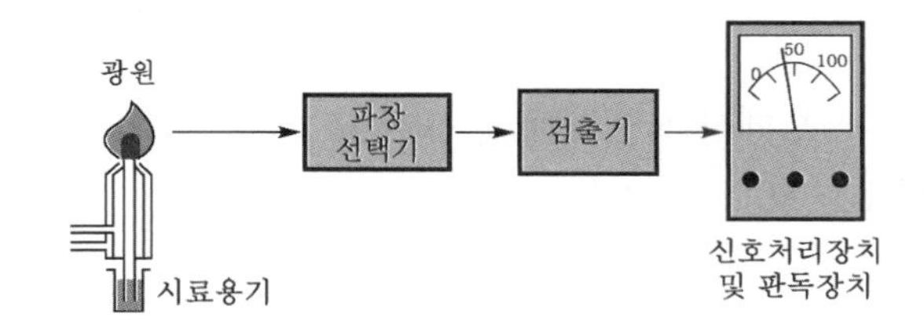

(c) 방출 분광학을 위한 배치

| 기기 배치 |

① 흡수법

연속 광원을 쓰는 일반적인 흡수분광법에서는 시료가 흡수하는 특정 파장의 흡광도를 측정해서 정량하는 것이므로 파장선택기가 광원 뒤에 놓이나 시료와 같은 금속에서 나오는 선 광원을 쓰는 원자흡수분광법에서는 광원보다 원자화 과정에서 발생되는 방해 복사선을 제거하는 것이 중요하므로 파장선택기가 시료 뒤에 놓인다.

㉠ 분자흡수법 : 광원 – 파장선택기 – 시료용기 – 검출기 – 신호처리장치 및 판독장치
㉡ 원자흡수법 : 광원 – 시료용기 – 파장선택기 – 검출기 – 신호처리장치 및 판독장치

② 형광·인광 및 산란법

시료가 방출하는 빛의 파장을 검출해야 하므로 광원에서 나오는 빛의 영향을 최소화하기 위해 광원 방향에 대하여 보통 90°의 각도에서 측정한다. 발광을 측정하는 장치에서는 두 개의 단색화 장치를 사용하여 광원의 들뜸 빛살과 시료가 방출하는 방출 빛살에 대해 모두 파장을 분리한다.

③ 방출분광법 및 화학발광분광법

시료 그 자체가 발광체로서 광원이 되므로 외부 복사선 광원을 필요로 하지 않는다.

㉠ 광원, 시료용기 – 파장선택기 – 검출기 – 신호처리장치 및 판독장치

㉡ 방출분광법에서 시료용기는 플라스마, 스파크 또는 불꽃으로 모두 다 시료를 포함하고 있으며, 특정 복사선을 방출한다.

㉢ 화학발광분광법에서 복사선의 광원은 분석물질과 반응시약의 용액이며, 이는 투명한 시료용기에 들어있다.

(3) 광원 ★★★

광원이 분광광도법에 적용되려면 쉽게 검출되고, 측정될 수 있는 충분한 세기의 복사선을 방출해야 하며, 출력 세기가 일정기간 동안 일정해야 한다.

① 연속 광원

㉠ 넓은 범위의 파장을 포함하고 있으며, 파장에 따라 세기가 변하는 복사선을 방출하는 광원이다.

㉡ 흡수와 형광분광법에서 사용된다.

㉢ 자외선 영역(10~400nm) : 중수소(D_2)

⚗ 아르곤, 제논, 수은 등을 포함한 고압기체, 충전아크 등은 센 광원이 요구될 때 사용한다.

㉣ 가시광선 영역(400~780nm) : 텅스텐 필라멘트

㉤ 적외선 영역(780nm~1mm) : 1,500~2,000K으로 가열된 비활성 고체 니크롬선(Ni–Cr), 글로우바(SiC), Nernst 백열등

② 선 광원

㉠ 매우 제한된 범위의 파장을 가진 몇 개의 불연속선을 방출하는 광원이다.

㉡ 원자흡수분광법, 원자 및 분자 형광법, Raman 분광법에 사용된다.

㉢ 수은 증기등, 소듐 증기등은 자외선과 가시선 영역에서 비교적 소수의 좁은 선스펙트럼을 방출한다.

㉣ 속빈 음극등, 전극 없는 방전등은 원자 흡수와 형광법에 널리 사용되는 선 광원이다.

⚗ 속빈 음극등 : 유리관에 네온과 아르곤 등이 1~5torr 압력으로 채워진 텅스텐 양극과 원통 음극으로 이루어진 광원으로, 원자흡수분광법에서 가장 많이 사용되는 광원이다.

③ 레이저(LASER) 광원

㉠ 레이저(LASER)는 유도 방출 복사선에 의한 빛살의 증폭(light amplication by stimulate emission of radiation)의 약어이다.

㉡ 빛의 증폭현상으로 인해 파장범위가 좁고, 세기가 세며, 좁은 띠의 복사선 빛살을 낸다.

㉢ 레이저 발생 메커니즘 : 펌핑 – 자발 방출 – 유도 방출 – 흡수

유도 방출(자극 방출) : 간섭성 복사선을 방출하는 과정으로, 레이저 발생의 바탕이 되는 과정이다.

(4) 시료용기 ★★★

방출분광법을 제외한 모든 분광법에서는 측정을 위한 시료용기가 필요하며, 단색화 장치와 마찬가지로 시료를 담는 용기인 셀(cell)과 큐벳(cuvette)은 투명한 재질로 되어 있고 이용하는 스펙트럼 영역의 복사선을 흡수하지 않아야 한다. 시료용기의 재질에 따른 이용방법은 다음과 같다.

① **석영, 용융 실리카** : 자외선 영역(350nm 이하)과 가시광선 영역에 이용한다.

② **규산염 유리, 플라스틱** : 가시광선 영역에 이용한다.

③ **결정성 NaCl, KBr 결정, TII, TIBr** : 자외선, 가시광선, 적외선 영역에서 모두 가능하나, 주로 적외선 영역에서 이용한다.

(5) 파장선택기 ★★★

대부분의 분광법 분석에서는 띠(band)라고 부르는, 제한된 좁고 연속적인 파장의 다발을 이루고 있는 복사선을 필요로 한다. 좁은 띠너비는 감도를 증가시키고, 방출법과 흡수법 분석에서 선택성을 높이며, 복사선 신호와 농도 사이에서 직선관계가 성립하므로 가능한 좁은 띠너비 복사선을 만드는 것이 중요하다. 파장선택기는 연속 광원으로부터 나오는 넓은 범위의 혼합된 파장의 빛으로부터 좁은 띠너비를 가지는 제한된 영역의 파장의 복사선을 선택하는 장치로 필터와 단색화 장치가 있다.

분광광도계는 파장을 선택하기 위해 단색화 장치 또는 다색화 장치를 가지고 있어 여러 파장을 선택할 수 있고, 광도계는 파장을 선택하기 위해 필터를 가지고 있어 하나 또는 몇 개의 파장만을 선택할 수 있다.

① **필터(filter)**

원하는 한 영역의 복사선 띠를 선택하는 장치로, 종류는 다음과 같다.

㉠ 간섭필터

- 두 개의 유리판 사이에 투명한 유전체를 채워서 만드는데, 유전체층의 두께를 조절하여 투과하는 복사선의 파장을 선택한다.
- 광학적 간섭에 의해 좁은띠의 복사선을 제공한다.

㉡ 흡수필터 : 필요 없는 영역을 흡수하고 원하는 영역을 선택한다.

② 단색화 장치(monochromator)

빛을 각 성분 파장으로 분산시키고 좁은 띠의 파장을 선택하여 연속적으로 단색광의 빛을 변화하면서 주사(scanning)할 수 있는 장치이다. 단색화 장치의 부분장치로는 입구슬릿, 평행한 빛살로 만든 평행화 렌즈 또는 거울, 복사선을 성분 파장으로 분산시키는 회절발 또는 프리즘, 초점장치, 출구슬릿 등이 있다.

㉠ 슬릿

- 인접 파장을 분리하는 역할을 하는 장치로 단색화 장치의 성능특성과 품질을 결정하는 데 중요한 역할을 한다.
- 슬릿이 좁아지면 유효 띠너비가 줄어들고 분해능이 증가하여 더 미세한 스펙트럼을 얻을 수 있지만, 복사선의 세기가 현저하게 감소한다. 슬릿너비가 넓은 경우 상세한 스펙트럼의 모양이 필요한 정성분석과 정량분석에 이용된다.
- 슬릿너비와 역선분산능과의 관계식

$$\Delta\lambda_{\text{eff}} = wD^{-1}$$

여기서, $\Delta\lambda_{\text{eff}}$: 유효 띠너비

w : 슬릿너비

D^{-1} : 역선분산능

$D^{-1} = \dfrac{d}{nf}$ (단위 : nm/mm 또는 Å/nm)

여기서, n : 회절차수, f : 초점거리, d : 홈 사이의 거리

- 두 개의 슬릿의 너비가 똑같을 때 띠너비의 $\frac{1}{2}$을 유효 띠너비라 하고, 주어진 파장에서 설정한 단색화 장치에서 나오는 파장범위를 말한다. 두 선이 완전히 분리되려면 유효 띠너비가 파장 차이의 $\frac{1}{2}$이 되어야 한다.

㉡ 회절발

- 많은 수의 평행하고 조밀한 간격의 홈을 가지고 있어 복사선을 그의 성분 파장으로 분산(회절현상에 의해 파장이 분산되는 원리를 이용)시키는 역할을 한다.
- 종류로는 에셀레트 회절발, 오목 회절발, 홀로그래피 회절발 등이 있다.
- 분해능(R, resolution) : 인접 파장의 상을 분리하는 능력의 정도

$$R = \frac{\lambda}{\Delta\lambda} = nN$$

여기서, λ : 두 상의 평균 파장

$\Delta\lambda$: 두 상의 파장 차이

n : 회절차수

N : 홈수

- 에셸레트(echelette) 회절발의 회절 메커니즘

$$n\lambda = d(\sin A + \sin B)$$

여기서, n : 회절차수

λ : 회절되는 파장

d : 홈 사이의 거리

A : 입사각

B : 반사각

㉢ **단색화 장치의 종류**

회절발 단색화 장치와 프리즘 단색화 장치가 있다.

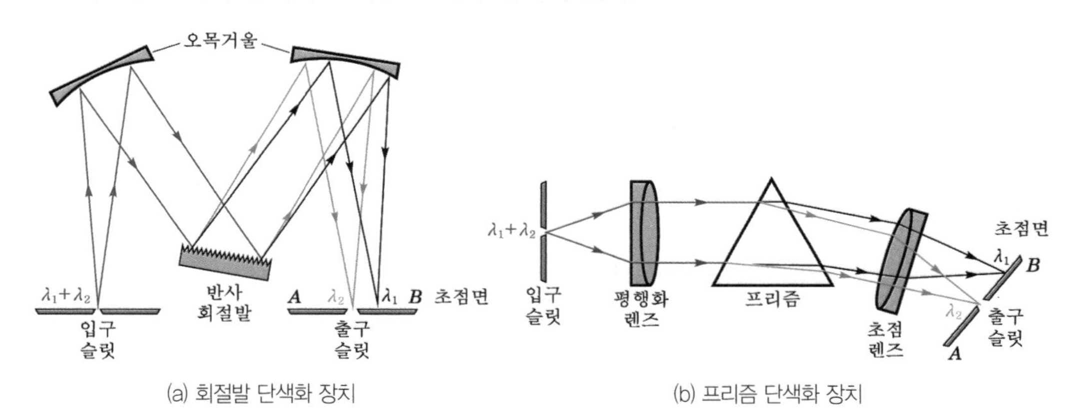

(a) 회절발 단색화 장치 (b) 프리즘 단색화 장치

| 단색화 장치 |

(6) 복사선 변환기

이상적인 변환기는 높은 감도, 높은 신호 대 잡음비, 넓은 파장 영역에 걸쳐 일정한 감응을 나타내고, 빠른 감응시간, 빛의 조사가 없을 때에는 0의 출력을 내며, 변환기에 의해 얻어진 신호는 복사선의 세기에 정비례하여야 한다. 복사선에너지를 전기신호로 변환시키는 변환기는 광자에 감응하는 광자변환기, 열에 감응하는 열검출기가 있다.

① 광자변환기(photon transducer)

㉠ 광자검출기 또는 광전검출기라고도 하며, 복사선을 흡수하여 전자를 방출할 수 있는 활성 표면을 가지고 있어서 복사선에 의해 광전류가 생성된다.

㉡ 가시광선이나 자외선 및 근적외선을 측정하는 데 주로 사용된다.

㉢ 한 번에 한 파장의 복사선을 검출하는 광전류기와 여러 파장의 복사선을 동시에 검출하는 다중채널광자변환기가 있다.

- 광전류기의 종류 : 광전압전지, 진공광전관, 광전증배관(PMT), 규소다이오드검출기, 광전도검출기 등
- 다중채널광자변환기의 종류 : 광다이오드 배열, 전하이동장치 등

② 열검출기

㉠ 열변환기라고도 하며, 복사선에 의한 온도 변화를 감지한다.

㉡ 주로 적외선을 검출하는 데 이용되며, 적외선의 광자는 전자를 광 · 방출시킬 수 있을 만큼 에너지가 크지 못하기 때문에 광자변환기로 검출할 수 없다.

㉢ 종류 : 열전기쌍, 볼로미터(bolometer), 서미스터(thermistor), 파이로전기검출기 등

(7) 기기의 형태

① 홑빛살형 기기 : 필터나 단색화 장치로부터 나온 복사선은 기준용기나 시료용기를 통과하여 광검출기에 부딪힌다.

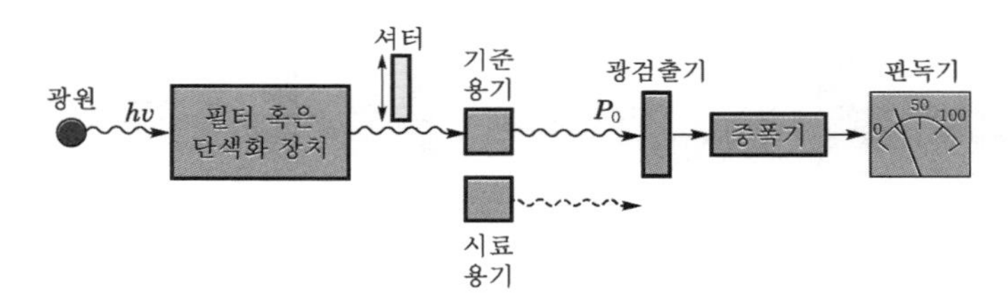

② 공간적-겹빛살형 기기 : 필터나 단색화 장치로부터 나온 복사선은 두 개의 빛살로 분리되어 동시에 기준용기와 시료용기를 통과한 후 두 개의 광검출기에 부딪힌다.

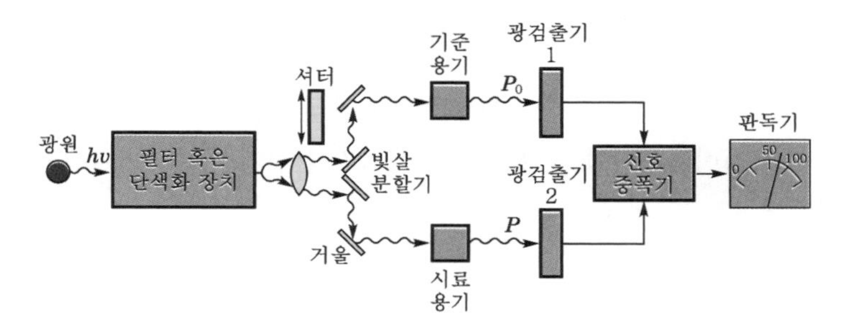

③ **시간적-겹빛살형 기기** : 빛살은 기준용기와 시료용기를 번갈아 통과한 후 단일 광검출기에 부딪히며, 두 개의 용기를 통과하면서 단지 밀리초 단위로 빛살을 분리한다.

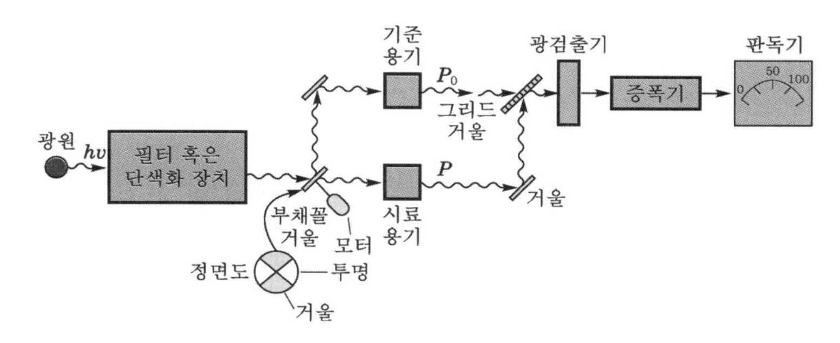

핵심이론 24 원자흡수분광법(AAS)

(1) 선 넓힘의 원인 ★★★

① **불확정성 효과** : 하이젠베르크(Heisenberg)의 불확정성 원리에 의해 생기는 선 넓힘으로, 자연선 너비라고도 한다.

② **도플러 효과** : 검출기로부터 멀어지거나 가까워지는 원자의 움직임에 의해 생기는 선 넓힘으로, 원자가 검출기로부터 멀어지면 원자에 의해 흡수되거나 방출되는 복사선의 파장이 증가하고 가까워지면 감소한다.

③ **압력효과** : 원자들 간의 충돌로 바닥상태의 에너지준위의 작은 변화로 인해 흡수하거나 방출하는 파장이 어떤 범위를 가지게 되어 생기는 선 넓힘이다.

④ **전기장과 자기장 효과(Zeeman 효과)** : 센 자기장이나 전기장 하에서 에너지준위가 분리되는 현상에 의해 생기는 선 넓힘으로, 원자분광법에서는 선 넓힘의 원인이 아닌 스펙트럼 방해를 보정하는 바탕보정 시 이용하므로 바탕보정방법으로 분류한다.

(2) 시료 도입방법 ★★★

전체 시료를 대표하는 일정 분율의 시료를 원자화 장치로 도입시킨다.

① **용액 시료의 도입** : 기압식 분무기, 초음파분무기, 전열증기화, 수소화물생성법 등이 있다.

㉠ 기압식 분무기

- 동심관 기압식 분무기 : 액체 시료가 관 끝 주위를 흐르는 높은 압력 기체에 의해서 모세관을 통해 빨려 들어간다(베르누이 효과). 이러한 액체의 운반과정을 흡인(aspiration)이라 한다.

- 교차－흐름 분무기 : 높은 압력의 기체가 직각으로 모세관 끝을 가로질러 흐른다.
- 소결판 분무기
- 바빙턴(Babington) 분무기

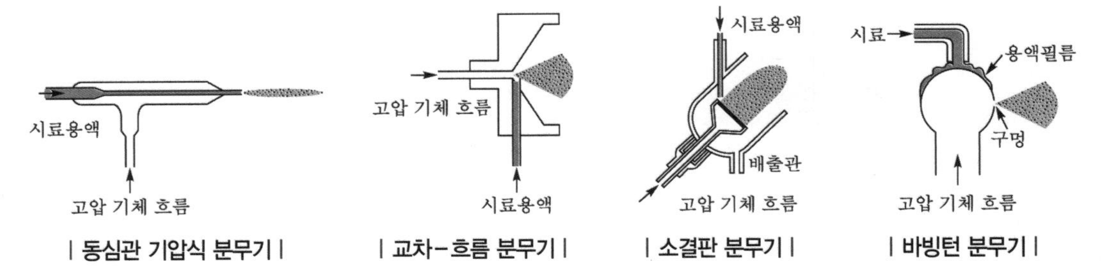

| 동심관 기압식 분무기 | | 교차－흐름 분무기 | | 소결판 분무기 | | 바빙턴 분무기 |

㉡ 수소화물생성법

- 비소, 안티몬, 주석, 셀레늄, 비스무트, 납을 함유한 시료를 추출하여 기체상태로 만들어 원자화 장치에 도입하는 방법이다.
- 원소들의 검출한계를 10~100배로 높여준다.
- 매우 독성이 강한 화학종들은 농도가 낮은 수준에서 정량하는 것이 매우 중요하다.
- 산성 시료 수용액을 유리용기에 함유된 수소화붕소소듐($NaBH_4$) 수용액에 첨가하여 휘발성 수소화물을 생성한다.

② 고체 시료의 도입

㉠ 플라스마와 불꽃 원자화 장치로 분말 또는 금속이나 미립자 형태의 고체 시료를 도입하는 것은 시료 분해와 용해시키는 데 걸리는 시간과 지루함을 피할 수 있는 장점이 있으나, 검량선, 시료의 조건화, 정밀도 및 정확도에 어려움이 있다.

㉡ 시료를 시료용액의 분무에 의해 주입하는 것만큼 만족한 결과를 나타내지는 못하며, 대부분의 경우 연속 신호보다는 불연속 분석신호를 준다.

㉢ 직접 시료 도입, 전열증기화, 레이저 증발, 아크와 스파크 증발, 글로우방전법 등이 있다.

(3) 시료 원자화 방법 ★★★

① 불꽃 원자화

㉠ 시료용액을 기체 연료와 혼합된 산화제 기체의 흐름에 의해 분무시켜 불꽃 속으로 도입시켜 원자화한다.

㉡ 원자화 발생과정 : 탈용매 → 증발 → 해리(원자화)

- 탈용매 : 용매가 증발되어 매우 미세한 고체분자 에어로졸을 만든다.
- 증발 : 에어로졸이 기체분자로 휘발된다.
- 해리 : 기체분자들의 대부분이 해리되어 기체원자를 만든다.

㉢ 불꽃에 사용되는 연료와 산화제

연료	산화제
천연가스	공기, 산소
수소	공기, 산소
아세틸렌	공기, 산소, 산화이질소

㉣ 불꽃 원자화 장치의 성능 특성
- 재현성이 우수하다.
- 시료의 효율과 감도가 낮다. 왜냐하면 많은 시료가 폐기통으로 빠져 나가며, 각 원자가 빛살 진로에서 머무는 시간이 짧기(10^{-4}s 정도) 때문이다.

② **전열 원자화**

㉠ 시료를 양 끝이 열려 있고 중앙에 구멍이 있는 원통형 흑연관의 시료 주입구를 통해 마이크로 피펫으로 주입하고 전기로의 온도를 높여 원자화한다.

㉡ 전열 원자화 장치의 가열순서 : 건조 → 회화 → 원자화
- 건조 : 용매를 제거하기 위해 낮은 온도(수백℃)로 가열하여 증발시킨다.
- 회화(=탄화, 열분해) : 유기물을 분해시키기 위해 약간 높은 온도(약 1,000~2,000℃)에서 가열한다.
- 원자화 : 전류를 빠르게 증가시켜 2,000~3,000℃로 가열하여 원자화시킨다.

㉢ 전열 원자화의 장점
- 원자가 빛 진로에 머무는 시간이 1s 이상으로 원자화 효율이 우수하다.
- 감도가 높아 작은 부피의 시료도 측정 가능하다.
- 직접 원자화가 가능하다. ➜ 고체, 액체 시료를 용액으로 만들지 않고 직접 도입

㉣ 전열 원자화의 단점
- 분석과정이 느리다. ➜ 가열하고, 냉각하는 순환과정 때문
- 측정 농도 범위가 보통 10^2 정도로 좁고, 정밀도가 떨어진다.
- 동일한 표준물질을 찾기 어렵다. ➜ 검정하기 어렵다.

⚠ 불꽃이나 플라스마 원자화 장치가 적당한 검출한계를 나타내지 못할 경우에만 전열 원자화 방법을 사용한다.

㉤ 매트릭스 변형제 : 전열 원자화 장치에서 분석물이 원자화될 때 매트릭스와 반응하여 매트릭스가 분석물보다 더 잘 휘발되게 하거나 또는 분석물과 반응하여 분석물의 휘발성을 낮추어 비교적 높은 온도의 회화과정에서 매트릭스만 휘발시켜 제거하여 분석물이 손실되는 것을 방지하는 역할을 한다.

③ **수소화물 생성 원자화**

㉠ 비소(As), 안티모니(Sb), 주석(Sn), 셀레늄(Se), 비스무트(Bi) 및 납(Pb)을 포함하는 시료를 원자화 장치에 도입하기 위하여 수소화붕소소듐($NaBH_4$) 수용액을 가하여 휘발

성 수소화물(MH_n)을 생성시키는 방법이다.

ⓛ 휘발성 수소화물(MH_n)은 비활성 기체에 의해 원자화 장치로 운반되고, 가열하면 분해되어 분석물 원자가 생성된다.

ⓒ 검출한계를 10~100배 정도 향상시킬 수 있다. → 휘발성이 큰 원소들은 불꽃에서 직접 원자화시키면 불꽃에 머무른 시간이 짧아 감도가 낮아진다. 그러나 휘발성이 큰 수소화물을 만들면 이들이 쉽게 기체화되므로 용기 내에서 모은 후 이를 한꺼번에 원자화 장치에 도입하여 원자화시킬 수 있기 때문에 감도가 높아지고 검출한계는 낮아진다.

④ 찬 증기 원자화

㉠ 오직 수은(Hg) 정량에만 이용하는 방법이다.

ⓛ 수은은 실온에서도 상당한 증기압을 나타내어 높은 온도의 열원을 사용하지 않고도 기체 원자화할 수 있다.

ⓒ 여러 가지 유기수은화합물들이 유독하기 때문에 찬 증기 원자화법이 이용된다.

⑤ 그 밖에 글로우방전 원자화, 유도결합 아르곤 플라스마 원자화, 직류 아르곤 플라스마 원자화, 마이크로 유도 아르곤 플라스마 원자화, 전기 아크 원자화, 스파크 원자화 등이 있다.

(4) 스펙트럼 방해 ★★★

① 방해 화학종의 흡수선 또는 방출선이 분석선에 너무 가까이 있거나 겹쳐서 단색화 장치에 의하여 분리가 불가능한 경우에 생긴다.

② 스펙트럼 방해 보정법(매트릭스 방해 보정법)

㉠ 연속 광원 보정법 : 중수소(D_2)램프의 연속 광원과 속빈 음극등이 번갈아 시료를 통과하게 하여 중수소램프에서 나오는 연속 광원의 세기의 감소를 매트릭스에 의한 흡수로 보아 연속 광원의 흡광도를 시료 빛살의 흡광도에서 빼주어 보정하는 방법이다.

ⓛ 두 선 보정법 : 광원에서 나오는 방출선 중 시료가 흡수하지 않는 방출선 하나를 기준선으로 선택해서 시료를 통과하고 나온 기준선의 세기 감소를 매트릭스 방해로 보아 기준선의 흡광도를 시료 빛살의 흡광도에서 빼주어 보정하는 방법이다.

ⓒ 광원 자체 반전에 의한 바탕보정법(Smith-Hieftje 바탕보정법) : 속빈 음극등이 번갈아가며 먼저 작은 전류에서, 그 다음에는 큰 전류에서 작동하도록 프로그램하여 큰 전류로 작동할 때 속빈 음극등에서 방출하는 복사선의 자체 반전이나 자체 흡수현상을 이용해 바탕 흡광도를 측정하여 보정하는 방법이다.

㉣ Zeeman 효과에 의한 바탕보정법 : 원자 증기에 센 자기장을 걸어 전자전이 준위에 분리를 일으키고(Zeeman 효과), 각 전이에 대한 편광된 복사선의 흡수 정도의 차이를 이용해 보정하는 방법이다.

(5) 화학적 방해 ★★★

원자화 과정에서 분석물이 여러 가지의 화학적 변화를 받아서 흡수 특성이 변화하는 경우에 생긴다.

① 휘발성이 낮은 화합물 생성에 의한 방해

㉠ 분석물이 음이온과 반응하여 휘발성이 작은 화합물을 만들어 분석성분의 원자화 효율을 감소시키는 음이온에 의한 방해이다.

㉡ 휘발성이 낮은 화합물의 생성에 의한 방해를 줄이는 방법

- 가능한 한 높은 온도의 불꽃을 사용한다.
- 해방제(releasing agent) 사용 : 방해물질과 우선적으로 반응하여 방해물질이 분석물질과 작용하는 것을 막을 수 있는 시약인 해방제를 사용한다.

  예 Ca 정량 시 PO_4^{3-}의 방해를 막기 위해 Sr 또는 La을 과량 사용한다. 또한 Mg 정량 시 Al의 방해를 막기 위해 Sr 또는 La을 해방제로 사용한다.
- 보호제(protective agent) 사용 : 분석물과 반응하여 안정하고 휘발성 있는 화합물을 형성하여 방해물질로부터 분석물을 보호해 주는 시약인 보호제를 사용한다.

  예 EDTA, 8-hydroquinoline, APDC

② 해리 평형에 의한 방해

㉠ 원자화 과정에서 생성되는 금속 산화물(MO)이나 금속 수산화물(MOH)의 해리가 잘 일어나지 않아 원자화 효율을 감소시키는 것을 말한다.

㉡ 산화제로 산화이질소(N_2O)를 사용하여 높은 온도의 불꽃을 사용하면 방해를 줄일 수 있다.

③ 이온화 평형(이온화 방해)

㉠ 높은 온도의 불꽃에 의해 분석원소가 이온화를 일으켜 중성원자가 덜 생기는 방해로, 이온화가 많이 일어나 원자의 농도를 감소시켜 나타나는 방해이다.

㉡ 온도가 증가하면 들뜬 원자수가 증가하므로 이온의 형성을 억제하기 위해 들뜬 온도를 낮게 하고 압력은 높인다.

㉢ 분석물질보다 이온화가 더 잘 되어 불꽃에 높은 농도의 전자를 제공하는 이온화 억제제(ionization suppressor)를 사용함으로써 이온화 평형의 이동을 막고 시료의 이온화를 억제할 수 있다. 이온화 억제제로는 주로 K, Rb, Cs과 같은 알칼리금속이 사용된다.

예 Sr 정량 시 이온화 억제제로 K 첨가, K 정량 시 이온화 억제제로 Cs 첨가

(6) 유기용매의 효과 ★★★

① 원자흡수분광법에서 낮은 분자량의 알코올, 에스터 또는 케톤이 포함된 시료용액을 사용하는 경우 흡광도를 높일 수 있다.

② 유기용매의 효과는 주로 분무 효율을 증가시키는 역할에 기인한다. 이러한 용액은 표면장력이 약하기에 더 작은 방울로 되게 하여 결과적으로 불꽃에 도달하는 시료의 양을 증가시킨다.

③ 유기용매가 물보다 더 빨리 증발하여 원자화가 잘 되는 효과도 얻을 수 있다.

④ 용액의 점도를 감소시켜 분무기가 빨아올리는 효율을 증가시킨다.

핵심이론 25 유도결합 플라스마 원자방출분광법(ICP-AES)

(1) 플라스마(plasma) ★★★

① 진한 농도의 양이온과 전자를 포함하는 전도성 기체 혼합물이다.

② 두 가지의 농도는 알짜전하가 0에 가깝게 되어 있다.

③ 높은 온도 플라스마의 세 가지 형태

㉠ 유도결합 플라스마(ICP, inductively coupled plasma)

> 유도결합 플라스마(ICP) 광원 : 석영으로 된 3개의 동심원통으로 되어 있으며, 이 속으로 5~20L/min의 유속으로 아르곤이 통하고 있다. 관의 윗부분은 물로 냉각시키는 유도코일로 둘러싸여 있고, 이 코일은 라디오파 발생기에 의하여 가동되며, 흐르고 있는 아르곤의 이온화는 Tesla 코일의 스파크로서 시작된다. 이렇게 얻은 이온들과 전자들은 유도코일에 의해 유도 발생한 변동하는 자기장과 작용하며, Ar^+와 전자가 자기장에 붙들려 큰 저항열을 발생하는 플라스마를 만든다.

㉡ 직류 플라스마(DCP)

㉢ 마이크로 유도 플라스마(MIP)

(2) ICP 원자화 광원의 장점 ★★★

① 플라스마 광원의 온도가 매우 높기 때문에 원자화 효율이 좋고, 원소 상호간의 화학적 방해가 거의 없다.

② 아르곤의 이온화로 인한 전자밀도가 높아서 시료의 이온화에 의한 방해가 거의 없다.

③ 플라스마 단면의 온도 분포가 균일하여 자체 흡수나 자체 반전이 없으므로 넓은 선형 측정 범위를 갖는다.

④ 높은 온도에서도 잘 분해되지 않는 산화물, 즉 내화성 화합물을 형성하는 텅스텐(W), 우라늄(U), 지르코늄(Zr) 등의 낮은 농도의 원소들도 측정이 가능하다.

⑤ 화학적으로 비활성인 환경에서 원자화가 일어나므로 분석물의 산화물이 형성되지 않아 원자의 수명이 증가한다.

⑥ 광원이 필요 없고, 하나의 들뜸조건에서 동시에 여러 원소들의 스펙트럼을 얻을 수 있으며, 다원소 분석이 가능하다.
⑦ 염소(Cl), 브로민(Br), 아이오딘(I) 및 황(S)과 같은 비금속원소들도 측정이 가능하다.

(3) ICP 방출분광법의 감도

① 높은 온도로 인해 화학적 방해가 거의 없어 감도가 높다.
② 높은 온도로 인해 원자화와 들뜬 상태 효율이 좋아 감도가 높다.
③ 플라스마에서 산화물을 만들지 않으므로 감도가 높다.
④ 플라스마에 전자가 풍부하여 이온화 방해가 거의 없어 감도가 높다.
⑤ 들뜬 원자가 플라스마에 머무는 시간이 비교적 길어 감도가 높다.

(4) ICP를 이용한 정량분석에서 내부 표준물법을 사용하는 이유

① 분석물과 내부 표준물이 똑같은 비율로 손실되어 이의 비율은 변하지 않고 일정하게 되기 때문에 내부 표준물법을 사용한다.
② 기기의 표류, 불안정성, 매트릭스 효과를 상쇄시켜 우연오차와 계통오차를 없애기 위해 사용한다.
③ 실험자가 조절할 수 없을 정도로 플라스마의 온도가 매 순간 변함에 따라 신호가 변하여 생기는 오차를 상쇄시키기 위해 사용한다.
④ 시료가 분무되는 속도가 매 순간 변하므로 인해 생기는 오차를 없애기 위해 사용한다.

핵심이론 26 X-선 분광법

(1) 개요 ★★★

① X-선은 고에너지 전자의 감속 또는 원자의 내부 오비탈에 있는 전자들의 전자전이에 의해 생성된 짧은 파장의 전자기복사선이다.
② X-선의 파장은 10^{-2}~100Å이나, 통상적인 X-선 분광법은 약 0.1~25Å 영역으로 국한된다.
③ **X-선 방출** : 분석 목적으로 X-선은 다음 네 가지 방법으로 생성된다.
㉠ 고에너지의 전자살로 금속표적에 충격을 가하는 방법
㉡ X-선 형광의 이차 살을 생성하기 위해 X-선 일차 살에 어떤 물질을 노출시키는 방법
㉢ 방사성 동위원소의 붕괴과정에서 X-선 방출을 만드는 방법
㉣ 가속기 방사선 광원으로부터 얻는 방법

④ X-선 변환기(광자계수기)

㉠ 기체 충전 변환기

- Geiger관
- 비례계수기
- 이온화 상자

㉡ 섬광계수기

- X선이 섬광체에 들어와 부딪치면 약 400nm 정도의 수천 개의 섬광 광자가 생기고 이것이 광전증배관에 들어가 검출되면서 X선을 검출한다.
- 흔히 사용되는 섬광체는 0.2% 아이오딘화탈륨(TlI)이 포함된 아이오딘화 나트륨(NaI)의 투명한 결정이다.

㉢ 반도체 변환기

⑤ X-선을 이용한 분석법

㉠ X선 형광법

㉡ X선 흡수법

㉢ X선 회절법

㉣ X선 방출법

(2) X-선 형광법(XRF, X-ray fluorescence) ★★★

① X-선이 흡수되면 높은 에너지준위의 전자가 전이되어 바닥상태로 돌아가는 전자들뜸이온이 생성된다. 짧은 순간 후에 이온은 일련의 전이과정을 거쳐 바닥상태로 돌아가는데 이때는 전자충격으로 인해 들뜰 때와 같은 파장의 복사선을 방출(형광)한다.

② X-선 형광법의 장점

㉠ 스펙트럼이 단순하여 스펙트럼선 방해가 적다.

㉡ 비파괴 분석법이어서 시료에 손상을 주지 않는다.

㉢ 실험과정이 빠르고 편리하다. → 수분 내에 다중원소 분석

㉣ 정확도와 정밀도가 좋다.

③ X-선 형광법의 단점

㉠ 감도가 좋지 않다. 가장 적당한 조건에서 수ppm 이하이다.

㉡ 가벼운 원소 측정이 어렵다. 검출과 측정에서 오제(Auger) 방출이라고 하는 경쟁과정이 형광세기를 감소시키므로 원자번호가 23(V, 바나듐) 이하로 적어지면서 점점 더 나빠진다. 원자번호 8번보다 큰 것만 분석 가능하다.

㉢ 기기가 비싸다.

핵심이론 27 자외선-가시광선 분광법(UV-VIS)

(1) 분자의 에너지

① 분자의 전체 에너지는 병진(translation), 진동(vibration), 회전(rotation), 전자(electronic) 에너지의 합으로 나타낼 수 있다. 이들 중 병진에너지만 연속적 변화를 나타내고, 다른 에너지는 모두 양자화되어 있다.

$$E_{전체} = E_{병진} + E_{회전} + E_{진동} + E_{전자}$$

② 분자 내 전자전이의 에너지 크기 순서

$$n \rightarrow \pi^* < \pi \rightarrow \pi^* < n \rightarrow \sigma^* < \sigma \rightarrow \sigma^*$$

③ 발색단(chromophores)

㉠ 불포화 작용기를 포함하고 자외선-가시광선을 흡수할 수 있는 분자

㉡ 특징적인 전이에너지나 흡수 파장에 대해 흡광을 하는 원자단

㉢ 유기화합물의 흡수는 대부분 $n \rightarrow \pi^*$와 $\pi \rightarrow \pi^*$ 전이에서 일어나므로, π 오비탈를 제공하는 발색단이 있어야 한다.

④ 조색단(auxochrome)

㉠ 작용기가 자외선 영역에서 그 자신은 흡수하지 않고 발색단 봉우리를 장파장으로 이동시키고 동시에 세기를 증가시키는 효과를 가진다.

㉡ 조색단 치환은 고리의 π전자와 작용할 수 있는 적어도 한 쌍의 전자를 가진다. 이런 작용은 π^*상태를 안정화시키는, 즉 에너지를 낮추는 효과를 가지고 있으며 해당 띠의 파장을 증가시킨다.

(2) 광도법 및 분광광도법 적정

분석성분, 적정 시약 또는 적정 생성물이 복사선을 흡수한다면 광도법이나 분광광도법 측정은 적정 당량점의 위치를 찾는 데 유용하다. 또 다른 방법으로는 흡수 지시약으로 하여금 흡광도 변화를 일으키게 하여 당량점의 위치를 찾을 수도 있다.

① 적정곡선

㉠ 부피 변화에 대한 보정된 흡광도를 적가액 부피의 함수로 도시하여 얻는다.

㉡ 많은 적정에서 곡선은 기울기가 다른 두 개의 선형 영역으로 구성되는데, 하나는 적정 초기에 일어나고 다른 것은 당량점을 지나서 존재한다.

㉢ 외연장한 두 직선의 교차점이 종말점이 된다.

② 대표적인 광도법 적정곡선

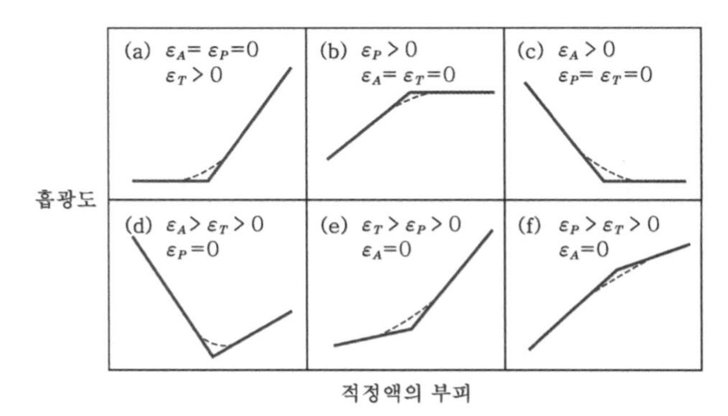

※ 분석성분, 생성물, 적정 시약의 몰흡광계수가 각각 ε_A, ε_P, ε_T로 주어진다.

| 광도법 적정곡선 |

㉠ (a)는 분석성분과 반응하여 흡광하지 않는 생성물을 만드는 흡광하는 적가용액과 흡광하지 않는 화학종의 적정에 대한 곡선이다.

㉡ (b)는 흡수하지 않는 반응물로부터 흡수 화학종의 형성에 대한 적정곡선이다.

핵심이론 28 적외선 분광법(IR)

(1) 적외선 흡수 스펙트럼

적외선 흡수 스펙트럼은 파장에 대한 투광도와 파수 또는 파장에 대한 흡광도로 나타나며, 2,000cm^{-1} 이하의 파수에서 유용한 정성적인 적외선 스펙트럼이 많이 나타난다.

영역	파장(λ) 범위	파수($\bar{\nu}$) 범위
근적외선	0.78 ~ 2.5μm	12,800 ~ 4,000cm^{-1}
중적외선	2.5 ~ 50μm	4,000 ~ 2,000cm^{-1}
원적외선	50 ~ 1,000μm	200 ~ 10cm^{-1}
많이 사용하는 영역	2.5 ~ 25μm	4,000 ~ 400cm^{-1}

① 4,000~400cm^{-1}(많이 사용하는 영역) : 분자 내 작용기와 골격구조에 따라 다른 IR 흡수 봉우리를 가지므로, IR 스펙트럼의 흡수 봉우리 파장으로부터 작용기를 확인하여 분자구조를 알아낼 수 있다.

② 4,000~1,500cm^{-1}(작용기 영역) : 여러 작용기들의 신축진동과 굽힘진동으로 인한 흡수 봉우리가 나타난다.

③ 1,500~400cm^{-1}(지문 영역) : 분자구조와 구성원소의 차이로 흡수 봉우리 분포에 큰 변화가 생기는 영역. 만일 두 개의 시료의 지문 영역 스펙트럼이 일치하면 확실히 같은 화합물이라고 할 수 있다.

$$\text{파수}(cm^{-1}) = \frac{1}{\text{파장}(\mu m)} \times 10^4 = \frac{\text{주파수}(Hz\ \text{또는}\ s^{-1})}{c(cm/s)}$$

여기서, c : 진공에서의 빛의 속도 3.00×10^{10}cm/s

(2) 적외선 흡수분광법 ★★★

① 진동과 회전의 쌍극자 변화

㉠ 적외선의 흡수는 여러 가지 진동과 회전상태 사이에 작은 에너지 차가 존재하는 분자 화학종에만 일어난다.

㉡ 적외선을 흡수하기 위하여 분자는 진동이나 회전운동의 결과로 쌍극자모멘트의 알짜변화를 일으켜야 한다.

쌍극자모멘트는 두 개의 전하 중심 사이의 전하 차이와 그 거리에 의해 결정된다.

㉢ O_2, N_2, Cl_2와 같은 동핵 화학종의 진동이나 회전에서 쌍극자모멘트의 알짜변화가 일어나지 않는다. → 결과적으로 적외선을 흡수할 수 없다.

㉣ 흡수된 적외선의 진동수는 분자의 진동운동과 일치하므로, IR 스펙트럼으로 분자운동의 종류와 분자 내 결합 종류(작용기)를 알 수 있다.

② 분자진동의 종류

㉠ 분자에서 원자의 상대적 위치는 정확히 고정되어 있지 않고 여러 가지 종류의 진동 크기에 따라 연속적으로 요동하고 있다.

㉡ 큰 분자는 많은 수의 진동 중심을 갖고 있을 뿐만 아니라 몇 개의 중심 사이에서 상호작용이 일어난다.

㉢ 진동은 신축(streching)과 굽힘(bending)의 기본 범주로 구분된다.

- 신축진동 : 두 원자 사이의 결합축을 따라 원자 간의 거리가 연속적으로 변화함을 말하며, 대칭(symmetric) 신축진동과 비대칭(asymmetric) 신축진동이 있다.

| **신축진동** |

- 굽힘진동 : 두 결합 사이의 각도 변화를 말하며, 가위질진동(scissoring), 좌우흔듦진동(rocking), 앞뒤흔듦진동(wagging), 꼬임진동(twisting)이 있다.

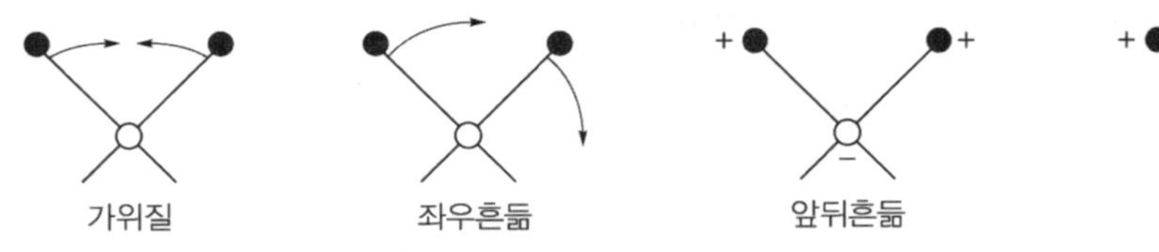

| 굽힘진동 |

- +는 페이지로부터 독자를 향한 운동이고, −는 반대로 향하는 운동이다.

㉣ 한 개의 중심 원자에 붙은 결합들 사이에 진동이 일어나면 진동의 상호작용 또는 짝지음이 일어난다. 짝지음의 결과는 진동의 특성을 변화시킨다.

③ 분자 진동의 파수

$$\bar{\nu} = \frac{1}{2\pi c}\sqrt{\frac{\kappa}{\mu}}$$

여기서, $\bar{\nu}$: cm^{-1} 단위의 흡수 봉우리의 파수

c : cm/s 단위의 빛의 속도(3.00×10^{10}cm/s)

μ : kg 단위의 환산질량(reduced mass)$\left(\mu = \frac{m_1 m_2}{m_1 + m_2}\right)$

κ : N/m 단위의 화학결합의 강도를 나타내는 힘상수

파수는 힘상수가 클수록, 환산질량이 작을수록 커진다.

단일결합의 전형적인 힘상수 $\kappa = 5\times10^2$N/m, 이중결합의 힘상수 $\kappa = 1\times10^3$N/m, 삼중결합의 힘상수 $\kappa = 1.5\times10^3$N/m이다.

④ 진동방식

㉠ N개의 원자를 포함하는 분자는 $3N$의 자유도를 갖는다.

㉡ 분자운동은 공간에서 전체 분자의 운동(무게중심의 병진운동), 무게중심으로 전체 분자의 회전운동, 원자 각 개의 다른 원자에 상대적인 운동(개별적 진동)을 고려한다.

㉢ 기준 진동방식(normal mode)

- 비선형 분자의 진동수 : $3N-6$

  병진운동에 3개의 자유도를 사용하고 전체 분자의 회전을 기술하는 데 또 다른 3개의 자유도가 필요하다. 전체 자유도 $3N$에서 6개의 자유도를 빼면, 즉 $3N-6$의 자유도가 원자 간 운동에 따라서 분자 내에서 일어나는 가능한 진동의 수를 나타낸다.

- 선형 분자의 진동수 : $3N-5$

  모든 원자가 단일 직선상에 나열되기 때문에 결합축에 관한 회전은 가능하지 않고, 회전운동을 기술하기 위하여 2개의 자유도가 사용된다.

㉣ 기준 진동방식보다 더 적은 수의 봉우리

- 분자의 대칭성으로 인해 특별한 진동에서 쌍극자모멘트의 변화가 일어나지 않는 경우

- 1~2개의 진동에너지가 서로 같거나 거의 같은 경우
- 흡수 세기가 일반적인 방법으로 검출될 수 없을 만큼 낮을 경우
- 진동에너지가 측정기기 범위 밖의 파장영역에 있는 경우

ⓜ 기준 진동방식보다 더 많은 수의 봉우리

- 기준 진동 봉우리의 2배 또는 3배의 주파수를 가진 배진동(overtone) 봉우리가 나타난다.
- 광자가 동시에 2개의 진동방식을 들뜨게 할 경우 복합띠(combination bands)가 나타난다.

  복합띠의 주파수는 두 개의 기본 주파수의 차 또는 합이다.

⑤ 진동짝지음

어떤 진동에너지 또는 흡수 봉우리의 파장은 분자 내 다른 진동자에 의하여 영향 또는 짝지음을 받는다. 한 진동에너지가 분자 내 다른 진동에 의하여 영향을 받아 흡수 봉우리의 파장이 변하는 현상을 진동짝지음이라고 한다.

㉠ 두 가지 진동에 공통 원자가 있을 때만 이 신축진동 사이에 센 짝지음이 일어난다.

㉡ 짝지음진동들이 각각 대략 같은 에너지를 가질 때 상호작용은 크게 일어난다.

㉢ 두 개 이상의 결합에 의해 떨어져 진동할 때 상호작용은 전혀 또는 거의 일어나지 않는다.

㉣ 짝지음은 같은 대칭성 화학종에서 진동할 때 일어난다.

(3) 적외선 광원과 변환기

① 적외선 광원

㉠ 적외선 광원은 1,500~2,200K 사이의 온도까지 전기적으로 가열되는 불활성 고체로 구성되어 있으며, 흑체의 복사선과 비슷한 연속 복사선이 방출된다.

㉡ 광원의 종류로는 Nernst 백열등, Globar 광원, 백열선 광원, 니크롬선, 수은 아크, 텅스텐 필라멘트등, 이산화탄소 레이저 광원 등이 있다.

② 적외선변환기

㉠ 일반적으로 파이로전기변환기, 광전도변환기, 열변환기가 있다.

㉡ 파이로전기변환기는 광도계, 일부 FTIR 분광기 및 분산형 분광광도계에서 사용되며, 광전도변환기는 많은 FTIR 기기에서 사용된다.

(4) 시료 취급

① 시료용기

㉠ 용매는 적외선을 세게 흡수하려는 경향성이 있기 때문에 적외선 용기는 자외선-가시광선 영역에서 사용되는 것보다 대단히 좁고(0.01mm 또는 1mm), 적외선 복사선의 광로 사정으로 시료 농도는 0.1~10% 정도 필요하다.

㉡ NaCl창이 가장 흔하게 사용된다. NaCl창은 주의하더라도 그 표면은 습기의 흡수로 인하여 흐려지는데, 연마용 가루로 문지르면 그 표면이 원상태로 돌아간다.

㉢ 용기의 광로길이(=시료용기의 폭)

$$b = \frac{\Delta N}{2(\overline{\nu_1} - \overline{\nu_2})}$$

여기서, ΔN : 간섭무늬수

$\overline{\nu_1}$, $\overline{\nu_2}$: 두 개의 알려진 파장 λ_1과 λ_2의 파수

② 펠렛(pelleting)

㉠ 고체 시료를 취급하는 일반적인 방법 중 하나가 KBr 펠렛이다.

㉡ 할로젠화염들은 그 미세 분말에 적당한 압력을 가하면 투명한 또는 반투명한 유리같은 성질을 갖는 차가운 유체의 성질을 갖는다.

㉢ 곱게 간 시료 1mg 이하를 건조한 KBr 분말 100mg 정도와 고르게 혼합하여 압력을 가해 압축하여 만든다.

(5) Fourier 변환(FT ; Fourier transform) 분광법

① Fourier 변환 적외선 기기

㉠ 단색화 장치가 필요 없다.

㉡ 기기 구성

- 광원
- 광검출기
- Michelson 간섭계(Michelson interferometer) : 빛살분할기, 고정거울, 이동거울로 구성된다.

㉢ 분해능($\Delta\overline{\nu}$)과 지연(δ)의 관계

$$\Delta\overline{\nu} = \frac{1}{\delta}$$

여기서, 분해능($\Delta\overline{\nu}$) : 기기에 의해 분해될 수 있는 두 선의 파수의 차이, $\overline{\nu_1} - \overline{\nu_2}$

지연(δ) : 두 빛살의 진행거리의 차이, 거울이 움직여야 하는 거리의 2배

㉣ 간섭도(interferogram)의 진동수(f)와 스펙트럼의 파장(λ) 관계식

$$f = \frac{2v_M}{\lambda}$$

여기서, v_M : 이동거울의 움직이는 속도(cm/s)

② Fourier 변환 분광법의 장점

㉠ 분산형 기기보다 10배 이상의 좋은 신호 대 잡음비(S/N)를 갖는다.

➜ 기기들이 복사선의 세기를 감소시키는 광학 부분장치와 슬릿을 거의 가지고 있지 않기 때문에 검출기에 도달하는 복사선의 세기는 분산기기에서 오는 것보다 더 크게 되므로 신호 대 잡음비가 더 커진다.

㉡ 높은 분해능과 정확하고 재현성 있는 주파수 측정이 가능하다.

➜ 높은 분해능으로 인해 매우 많은 좁은 선들의 겹침으로 개개의 스펙트럼의 특성을 결정하기 어려운 복잡한 스펙트럼을 분석할 수 있다.

㉢ 빠른 시간 내에 측정된다.

➜ 광원에서 나오는 모든 성분 파장들이 검출기에 동시에 도달하기 때문에 전체 스펙트럼을 짧은 시간 내에 얻을 수 있다.

㉣ 일정한 스펙트럼을 얻을 수 있다.

➜ 정밀한 파장 선택으로 재현성이 높기 때문이다.

㉤ 기계적 설계가 간단하다.

(6) 주요 작용기의 주파수(cm^{-1})

① 대부분의 작용기는 독특한 IR 흡수띠를 가지며, 화합물에 따라서 크게 변하지 않는다.

② 케톤류의 C=O 흡수는 항상 1,680~1,750cm^{-1} 범위에서, 알코올의 O-H 흡수는 3,400~3,650cm^{-1} 범위에서, 알켄의 C=C 흡수는 1,640~1,680cm^{-1} 범위에서 일어난다.

③ 특정 작용기가 어디에서 흡수하는지를 알아냄으로써 IR 스펙트럼으로부터 유용한 구조적인 정보를 얻을 수 있다.

작용기	주파수 범위(cm^{-1})
C－O	1,050～1,300
C－H (alkane) 1,340～1,470 굽힘진동	1,400～1,500
C＝C (benzene)	1,500～1,600
C＝C 1,610～1,680 C＝O 1,690～1,760	1,600～1,800
C≡C, C≡N	2,100～2,280
C－H (alkane) 2,850～3,000 신축진동 C－H (alkene) 3,000～3,100 신축진동 C－H (alkyne) 3,300 신축진동	2,850～3,300
O－H (free) 3,500～3,650	3,200～3,650

④ IR의 특성적인 흡수 위치는 4,000cm^{-1}에서부터 400cm^{-1}까지를 네 개의 영역으로 나누어 볼 수 있다.

㉠ 4,000~2,500cm^{-1} 영역 : N－H, C－H, 그리고 O－H의 단일결합의 신축운동에 의해 일어나는 흡수에 해당된다. N－H, O－H 결합은 3,300~3,600cm^{-1} 범위에서 흡수하고, 3,000cm^{-1} 부근에서는 C－H 결합 신축운동에 대한 흡수가 일어난다.

㉡ 2,500~2,000cm^{-1} 영역 : 삼중결합 신축운동에 대한 흡수가 일어나는 영역이다. C≡C, C≡N 결합은 모두 이 영역에서 흡수 봉우리가 나타난다.

㉢ 2,000~1,500cm^{-1} 영역 : 각종 이중결합(C＝O, C＝N, C＝C)의 흡수가 일어난다. 일반적으로 카보닐기 흡수는 1,690~1,760cm^{-1}에서 일어나고, 알켄 신축운동은 일반적으로 1,610~1,680cm^{-1}의 좁은 범위에서 나타난다.

㉣ 1,500cm^{-1} 이하 영역 : 지문영역에 속한다. 이 영역에서는 C－C, C－O, C－N, C－X 등의 단일결합의 진동에 의한 많은 흡수가 일어난다.

핵심이론 29 핵자기공명 분광법(NMR)

(1) 개요

핵자기공명 분광법은 약 4~900MHz의 라디오 주파수 영역에서 전자기복사선에 흡수 측정을 기반으로 한다. 핵의 외부 전자를 흡수하는 자외선, 가시광선, 적외선의 흡수과정과는 달리 원자핵이 흡수과정에 관여한다.

(2) 관계식 및 기기 구성

① 관계식

$$\Delta E = h\nu = \gamma\left(\frac{h}{2\pi}\right)B_0$$

여기서, ΔE : 두 상태 사이의 에너지 차이

h : 플랑크상수(6.626×10^{-34}J · s)

ν : 전이를 일으키는 데 필요한 복사선의 주파수

γ : 자기회전비율

B_0 : 외부 자기장 세기

② NMR 기기 구성
㉠ 균일하고 센 자기장을 갖는 자석
㉡ 대단히 작은 범위의 자기장을 연속적으로 변화할 수 있는 장치
㉢ 라디오파(RF) 발신기
㉣ 검출기 및 증폭기

(3) 화학적 이동

① NMR 스펙트럼
스펙트럼의 왼쪽에서부터 오른쪽으로 갈수록 외부 자기장의 세기가 증가한다. 따라서 도표의 왼쪽 부분은 낮은 장(downfield)이고, 오른쪽 부분은 높은 장(upfield)이다. 도표의 낮은 장 쪽에서 흡수를 보이는 핵은 공명을 위해 낮은 세기의 자기장이 필요하고 이는 상대적으로 가려막기가 작다는 것을 의미하며, 높은 장 쪽에서 흡수를 보이는 핵은 공명을 위해 높은 세기의 자기장이 필요하고 가려막기가 크다는 것을 의미한다.

② TMS(tetramethylsilane, $(CH_3)_4Si$)
㉠ 흡수 위치를 확인하기 위해서 NMR 도표는 보정되고, 기준점으로 사용되는 내부 표준물질이다.
㉡ TMS는 유기화합물에서 일반적으로 나타나는 다른 흡수보다도 높은 장에서 단일 흡수 봉우리를 나타내기 때문에 ^{1}H와 ^{13}C 측정 모두에 기준으로 사용된다.
㉢ TMS의 화학적 이동을 0으로 하면 다른 신호들은 일반적으로 도표의 왼쪽 방향인 낮은 장에서 나타난다.

③ 델타(δ) 척도
NMR 도표는 델타(δ) 척도라는 임의적인 척도 눈금을 매겨 나타낸다.
㉠ δ는 단위가 없지만 $\frac{1}{10^6}$의 상대적인 이동을 의미하므로 ppm 단위처럼 사용한다.
1δ 단위는 분광기 작동 진동수의 백만분의 일(1ppm)에 해당된다.

$$\delta = \frac{\text{관찰된 화학적 이동(TMS로부터 Hz수)}}{\text{MHz로 나타낸 분광기의 진동수}}$$

㉡ 시료의 ^{1}H NMR 스펙트럼을 200MHz의 기기로 측정하면 1δ는 200Hz가 된다.

(4) DEPT ^{13}C NMR 분광법

① DEPT-NMR(distortionless enhancement by polarization transfer)로, 분자 내 각 탄소에 결합된 수소의 수를 결정할 수 있다.

② DEPT-NMR 실험은 세 단계로 진행된다.

㉠ 모든 탄소의 화학적 이동을 알기 위해 넓은띠-짝풀림(broadband-decoupled)이라는 보통 스펙트럼을 얻는다.

㉡ 다음, CH 탄소에 의한 신호만을 얻기 위해 특수한 조건하에서 DEPT-90이라는 두 번째의 스펙트럼을 얻는다. CH_3, CH_2 및 사차탄소에 의한 신호는 나타나지 않는다.

㉢ 마지막으로, DEPT-135라고 하는 세 번째 스펙트럼에서는 CH_3와 CH 공명신호는 정상의 양(positive)의 신호로 나타나고, CH_2 신호는 바탕선 아래로 봉우리가 나타나는 음(negative)의 신호가 되도록 하며, 사차탄소는 나타나지 않는다.

③ **C 사차탄소** : 넓은띠-짝풀림 스펙트럼에서 DEPT-135 신호 제거

㉠ CH : DEPT-90

㉡ CH_2 : 음의 DEPT-135

㉢ CH_3 : 양의 DEPT-135 신호에서 DEPT-90 신호 제거

(5) ^{1}H NMR 분광법에서 화학적 이동

① 화학적 이동의 차이는 서로 다른 핵을 둘러싸고 있는 전자들의 국부적인 자기장이 원인이다.

㉠ 전자에 의해 강하게 가려 막힌 핵을 공명시키기 위해서는 더 높은 외부 자기장을 필요로 하며, NMR 도표지의 오른쪽에서 흡수가 일어난다.

㉡ 전자에 의해 약하게 가려 막힌 핵을 공명시키기 위해서는 낮은 외부 자기장을 필요로 하며, NMR 도표지의 왼쪽에서 흡수가 일어난다.

② 대부분의 ^{1}H NMR 흡수는 0~10δ에서 일어난다.

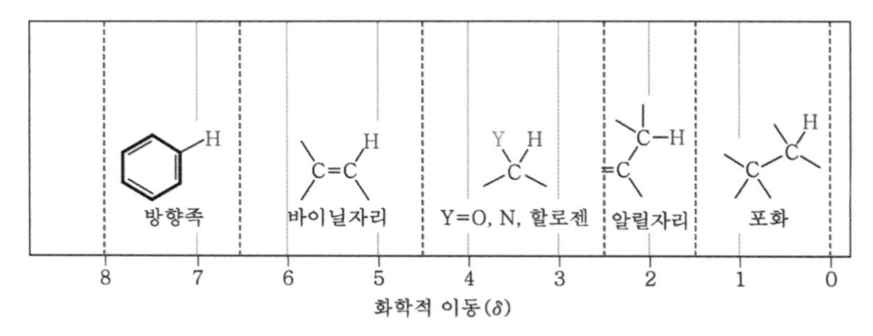

| ^{1}H NMR 스펙트럼의 영역 |

③ **전자적인 환경과 ^{1}H 화학적 이동과의 관계**

포화 sp^3 혼성 탄소에 결합된 양성자는 높은 장에서 흡수가 일어나고, sp^2 혼성 탄소에 결합된 양성자는 낮은 장에서 흡수된다. 또한 N, O 또는 할로젠과 같이 전기음성적인 원자가 결합된 탄소의 양성자 역시 낮은 장에서 흡수된다.

④ ${}^{1}H$ NMR 분광법을 위한 가장 좋은 용매는 양성자를 포함하지 않아야 하므로 이런 이유로 사염화탄소(CCl_4)가 매우 이상적이다. 그러나 많은 화합물이 사염화탄소에 대하여 상당히 낮은 용해도를 갖고 있으므로 NMR 실험에서의 용매로서의 유용성이 제한되므로 많은 종류의 중수소-치환 용매가 대신 사용되는데 중수소화된 클로로포름($CDCl_3$) 및 중수소화된 벤젠(C_6D_6)이 흔히 사용되는 용매들이다.

〈주위 환경과 ${}^{1}H$ 화학적 이동과의 상관관계〉

수소의 종류	구조	화학적 이동(δ)	수소의 종류	구조	화학적 이동(δ)
기준물질	$Si(CH_3)_4$	0	할로젠화 알킬	H | —C—Hal |	2.5 ~ 4.0
알킬(일차)	$-CH_3$	0.7 ~ 1.3	알코올	| —C—O—H |	2.5 ~ 5.0
알킬(이차)	$-CH_2-$	1.2 ~ 1.6	에터	H | —C—O— |	3.3 ~ 4.5
알킬(삼차)	| —CH—	1.4 ~ 1.8	바이닐자리	H \\ / C=C / \\	4.5 ~ 6.5
알릴자리	H | C=C—C— |	1.6 ~ 2.2	아릴	Ar—H	6.5 ~ 8.0
메틸케톤	O ‖ —C—CH_3	2.0 ~ 2.4	알데하이드	O ‖ —C—H	9.7 ~ 10.0
방향족 메틸	Ar—CH_3	2.4 ~ 2.7	카복실산	O ‖ —C—O—H	11.0 ~ 12.0
알카이닐	—C≡C—H	2.5 ~ 3.0			

(6) ${}^{1}H$ NMR 흡수의 적분 : 양성자수 계산

① 봉우리 아래의 면적은 그 봉우리가 나타내는 양성자의 수에 비례한다.

② 봉우리 아래의 면적을 적분하여 분자 내 서로 다른 종류의 양성자의 상대적인 비를 알 수 있다.

예 methyl 2,2-dimethylpropanoate의 두 봉우리를 적분하면 1 : 3의 비가 되며, 이는 3개의 동등한 $-OCH_3$ 양성자와 9개의 동등한 $(CH_3)_3C-$ 양성자들로부터 예상할 수 있는 것과 같다.

(7) ^{1}H NMR 스펙트럼에서 스핀-스핀 갈라짐

지금까지의 ^{1}H NMR 스펙트럼에서는 분자 내 서로 다른 종류의 양성자는 각각 단일 봉우리로 나타났다. 그러나 한 양성자의 흡수가 다중선(multiplet)이라고 부르는 여러 개의 봉우리로 나타나는 경우가 흔하다.

① 스핀-스핀 갈라짐(spin-spin splitting)이라고 부르는 한 핵의 다중흡수현상은 이웃한 원자의 핵스핀 간의 상호작용, 또는 짝지음(coupling)에 의한 것이다. 즉, 한 핵의 작은 자기장이 이웃한 핵이 느끼는 자기장에 영향을 미치는 것이다.

② **$n+1$ 규칙** : NMR 스펙트럼에서 n개의 동등하며 이웃한 양성자들은 $n+1$개의 봉우리로 나타난다.

③ **짝지음 상수(J, coupling constant)** : 다중선에서 각 봉우리 사이의 거리를 짝지음 상수(J)라고 하며, Hz 단위로 측정되는데 보통 0~18Hz 범위에 속한다.

동등하며 인접한 양성자수	다중선(= 다중도)	봉우리의 상대적 면적비(= 세기의 비)
0	단일선	1
1	이중선	1 : 1
2	삼중선	1 : 2 : 1
3	사중선	1 : 3 : 3 : 1
4	오중선	1 : 4 : 6 : 4 : 1
5	육중선	1 : 5 : 10 : 10 : 5 : 1
6	칠중선	1 : 6 : 15 : 20 : 15 : 6 : 1

④ ^{1}H NMR에서의 스핀-스핀 갈라짐은 다음 네 가지 규칙으로 요약된다.

㉠ 화학적으로 동등한 양성자들은 스핀-스핀 갈라짐이 나타나지 않는다.

→ 동등한 양성자들은 같은 탄소 또는 다른 탄소에 결합되어 있을 수 있지만 신호는 갈라지지 않는다.

㉡ n개의 서로 동등하며 이웃한 양성자를 갖는 양성자의 신호는 짝지음 상수를 갖는 $n+1$개의 다중선으로 분리된다.

→ 두 탄소 이상 서로 떨어져 있는 양성자는 보통 짝짓지 않지만, 서로 결합에 의해 분리되어 있을 때 작은 짝지음 상수를 나타내는 경우도 있다.

㉢ 서로 짝짓는 두 양성자 무리는 동일한 짝지음 상수를 가져야 한다.

→ 짝지음 상수는 갈라진 봉우리 사이의 간격을 Hz 단위로 나타낸 값으로 자기장의 세기와는 무관하다.

㉣ 네 개의 결합길이보다 큰 거리에서는 짝지음이 거의 일어나지 않는다.

⑤ ^{13}C 핵과 이웃한 탄소와 짝지음이 일어나지 않는 것은 자연에서의 존재비가 낮아 두 개의 ^{13}C 핵이 서로 이웃할 가능성이 낮기 때문이다.

PART 2

필답형

실기 필답형 기출복원문제

이 편에는 실기 필답형 기출문제를 복원하여
자세한 해설 및 정확한 정답과 함께 수록하였습니다.
(단, 복원된 문제라 실제 출제문제와 다소 상이할 수 있습니다.)

Engineer Chemical Analysis

2006 제4회 필답형 기출복원문제

※ 필답형 문제 중 계산문제의 답안 작성 시에는 "해설"에 있는 **풀이과정(계산식)**까지 써야 각 문제에 배정된 점수를 모두 받을 수 있습니다. 계산식이 미비하거나 계산결과만 쓸 경우 감점이 되어 부분점수만 받을 수 있음에 유의하시기 바랍니다!

01 산 – 염기 지시약(HIn, In^-)의 변색 원리를 쓰시오.

정답 산 – 염기 지시약은 약한 유기산 또는 약한 유기염기이며, 이들은 pH에 따라 H^+와 결합하거나 H^+를 해리하여 분자 내 전자배치 구조가 변하여 색의 변화가 일어난다.

해설 산 – 염기 지시약의 변색 원리

- 약한 유기산이거나 약한 유기염기이며, 그들의 짝염기나 짝산으로부터 해리되지 않은 상태에 따라서 색이 서로 다르다.
- 산 형태 지시약, HIn은 다음과 같은 평형으로 나타낼 수 있다.

  $HIn + H_2O \rightleftarrows In^- + H_3O^+$

  산성 색　　　　　염기성 색

  이 반응에서 분자 내 전자배치 구조의 변화는 해리를 동반하므로 색 변화를 나타낸다.
- 염기 형태 지시약, In은 다음과 같은 평형으로 나타낼 수 있다.

  $In + H_2O \rightleftarrows InH^+ + OH^-$

  염기성 색　　　　　산성 색
- 산성형 지시약의 해리에 대한 평형상수 $K_a = \dfrac{[H_3O^+][In^-]}{[HIn]}$에서 용액의 색을 조절하는 $[H_3O^+] = K_a \times \dfrac{[HIn]}{[In^-]}$는 지시약의 산과 그 짝염기형의 비를 결정한다.
- $\dfrac{[HIn]}{[In^-]} \geq \dfrac{10}{1}$일 때 지시약 HIn은 순수한 산성형 색을 나타내고, $\dfrac{[HIn]}{[In^-]} \leq \dfrac{1}{10}$일 때 염기성형 색을 나타낸다.
- 지시약의 변색 pH 범위 $= pK_a \pm 1$

  ① 완전히 산성형 색일 경우, $[H_3O^+] = K_a \times \dfrac{[HIn]}{[In^-]} = K_a \times 10$

  ② 완전히 염기성형 색일 경우, $[H_3O^+] = K_a \times \dfrac{[HIn]}{[In^-]} = K_a \times 0.1$

  ③ 헨더슨 – 하셀바흐 식 : $pH = pK_a + \log\dfrac{[In^-]}{[HIn]}$

  이 식에서 $\dfrac{[In^-]}{[HIn]} \geq 10$이면 염기성 색을 띠고, $\dfrac{[In^-]}{[HIn]} \leq \dfrac{1}{10}$이면 산성 색을 띤다.

02 정량분석 시 계획하는 실험과정을 순서대로 쓰시오.

정답 ① 분석문제 파악하기 → ② 분석방법 선택하기 → ③ 시료 취하기 → ④ 실험시료 만들기 → ⑤ 반복시료 만들기 → ⑥ 용액시료 만들기 → ⑦ 방해물질 제거하기 → ⑧ 분석물 신호 측정하기 → ⑨ 결과 계산하기 → ⑩ 결과에 대한 신뢰도 평가하기

03 폐수에 포함되어 있는 카페인 17.4ppb는 몇 nM인지 구하시오. (단, 카페인의 분자량은 194g/mol이다.)

정답 89.69nM

해설 $$\text{ppb농도(십억분율)} = \frac{\text{용질의 질량}}{10^9\text{g 용액}} = \frac{\text{용질의 질량}}{\text{용액의 질량}} \times 10^9\text{ppb}$$

폐수의 밀도를 1g/mL로 가정하면 $1\text{ppb} = \frac{1\mu\text{g}}{1\text{L}}$, 즉 $17.4\text{ppb} = \frac{17.4\mu\text{g}}{1\text{L}}$이다.

$$\therefore \frac{17.4\mu\text{g 카페인}}{1\text{L 용액}} \times \frac{1\text{g}}{10^6\mu\text{g}} \times \frac{1\text{mol 카페인}}{194\text{g 카페인}} \times \frac{10^9\text{nmol}}{1\text{mol}} = 89.69\text{nM}$$

04 0.018M의 $KMnO_4$ 용액을 1.0L 제조할 때, 다음 물음에 답하시오. (단, $KMnO_4$의 분자량은 158g/mol 이다.)

(1) 필요한 $KMnO_4$의 양(g)을 구하시오.

(2) $KMnO_4$의 보관 시 유의사항을 쓰시오.

정답 (1) 2.84g $KMnO_4$
(2) $KMnO_4$는 빛에 의해 분해반응이 빨리 일어나므로 짙은 갈색병에 넣어 어두운 곳에 보관한다.

해설 $$\text{몰농도(M)} = \frac{\text{용질의 몰수(mol)}}{\text{용액의 부피(L)}} = \frac{\text{용질의 질량(g)}}{\text{용질의 몰질량(g/mol)}} \times \frac{1}{\text{용액의 부피(L)}}$$

$M = \frac{n}{V}$, $n = M \times V$

여기서, M : 몰농도
V : 용액의 부피
n : 용질의 몰수

$$\therefore \frac{0.018\text{mol } KMnO_4}{1\text{L 용액}} \times 1.0\text{L 용액} \times \frac{158\text{g } KMnO_4}{1\text{mol } KMnO_4} = 2.84\text{g } KMnO_4$$

05 검출한계의 정의를 쓰시오.

정답 주어진 신뢰수준(보통 95%)에서 신호로 검출될 수 있는 최소의 농도이다. 또는 20개 이상의 바탕시료를 측정하여 얻은 바탕신호들의 표준편차의 3배에 해당하는 신호를 나타내는 농도를 의미한다.

06 다음 물음에 답하시오.

(1) 정밀도에 대해 설명하시오.

(2) 정확도에 대해 설명하시오.

정답 (1) 정확히 똑같은 양을 똑같은 방법으로 측정하여 얻은 측정값들이 일치하는 정도를 말하며, 측정값들이 평균에 얼마나 가까이 모여 있는지의 정도, 즉 측정의 재현성을 나타낸다.
(2) 측정값 또는 측정값의 평균이 참값에 얼마나 가까이 있는지의 정도를 말한다.

07 계통오차의 종류 3가지를 쓰고, 각각 설명하시오.

정답 ① 방법오차 : 분석과정에서 비이상적인 화학적 또는 물리적 성질로 인해 생기는 오차이다.
② 기기오차 : 측정 장치 또는 기기의 비이상적 거동, 잘못된 검정 또는 부적절한 조건 등에서 생기는 오차이다.
③ 개인오차 : 실험자의 경솔함, 부주의, 개인적인 한계 등에 의해 생기는 오차이다.

08 이론단수(N)와 단높이(H), 칼럼의 길이(L)의 관계식을 쓰시오.

정답 $H = \frac{L}{N}$

해설 단높이(H, plate height)

$$H = \frac{L}{N},\ N = 16\left(\frac{t_R}{W}\right)^2$$

여기서, L : 칼럼의 충전길이
N : 이론단의 개수(이론단수)
W : 봉우리 밑변의 너비
t_R : 머무름시간

- 단높이(H)가 낮을수록, 이론단수(N)가 클수록, 칼럼의 길이(L)가 길수록 분배 평형이 더 많은 단에서 이루어지게 되므로 칼럼 효율은 증가한다.
- 칼럼의 길이(L)가 일정할 때, 단의 높이(H)가 감소하면 단의 개수(이론단수, N)는 증가한다.

09 불꽃원자흡수분광법에서 사용되는 연료 3가지를 쓰시오.

정답 ① 천연가스, ② 수소(H_2), ③ 아세틸렌(C_2H_2)

해설 불꽃에 사용되는 연료와 산화제

연료	산화제
천연가스	공기, 산소
수소	공기, 산소
아세틸렌	공기, 산소, 산화이질소

10 전열 원자흡수분광법에서 사용하는 매트릭스 변형제의 역할을 설명하시오.

정답 그 자체가 방해 화학종이 아닌 것으로 분석신호가 방해 화학종의 농도와 상관없이 얻어지도록 추가하는 화학종으로 전열 원자화 장치에서 분석물이 원자화될 때 매트릭스와 반응하여 매트릭스가 분석물보다 더 잘 휘발되게 하거나, 분석물과 반응하여 분석물의 휘발성을 낮추어 비교적 높은 온도의 회화과정에서 매트릭스만 휘발시켜 제거하여 분석물이 손실되는 것을 방지하는 역할을 한다.

11 원자흡수분광법에서 매트릭스로 인해 생기는 스펙트럼 방해로 인한 바탕을 보정하는 방법 4가지를 쓰시오.

정답 ① 연속 광원 보정법
② 두 선 보정법
③ 광원 자체 반전에 의한 바탕보정법
④ Zeeman 효과에 의한 바탕보정법

해설 **스펙트럼 방해 보정법(매트릭스 방해 보정법)**

- 연속 광원 보정법 : 중수소(D_2)램프의 연속 광원과 속빈 음극등이 번갈아 시료를 통과하게 하여 중수소램프에서 나오는 연속 광원의 세기의 감소를 매트릭스에 의한 흡수로 보아 연속 광원의 흡광도를 시료 빛살의 흡광도에서 빼주어 보정하는 방법이다.
- 두 선 보정법 : 광원에서 나오는 방출선 중 시료가 흡수하지 않는 방출선 하나를 기준선으로 선택해서 시료를 통과하고 나온 기준선의 세기 감소를 매트릭스 방해로 보아 기준선의 흡광도를 시료 빛살의 흡광도에서 빼주어 보정하는 방법이다.
- 광원 자체 반전에 의한 바탕보정법 : 속빈 음극등이 번갈아가며 먼저 작은 전류에서, 그 다음에는 큰 전류에서 작동하도록 프로그램하여 큰 전류로 작동할 때 속빈 음극등에서 방출하는 복사선의 자체 반전이나 자체 흡수현상을 이용해 바탕 흡광도를 측정하여 보정하는 방법이다.
- Zeeman 효과에 의한 바탕보정법 : 원자 증기에 센 자기장을 걸어 전자전이 준위에 분리를 일으키고 (Zeeman 효과) 각 전이에 대한 편광된 복사선의 흡수 정도의 차이를 이용해 보정하는 방법이다.

12 적외선 분광법에서 분자진동 중 굽힘진동의 종류 4가지를 쓰시오.

정답 ① 가위질진동(scissoring)
② 좌우흔듦진동(rocking)
③ 앞뒤흔듦진동(wagging)
④ 꼬임진동(twisting)

해설
- **신축진동** : 두 원자 사이의 결합축을 따라 원자 간의 거리가 연속적으로 변화함을 말하며, 대칭(symmetric) 신축진동과 비대칭(asymmetric) 신축진동이 있다.

- **굽힘진동** : 두 결합 사이의 각도 변화를 말하며, 가위질진동(scissoring), 좌우흔듦진동(rocking), 앞뒤흔듦진동(wagging), 꼬임진동(twisting)이 있다.

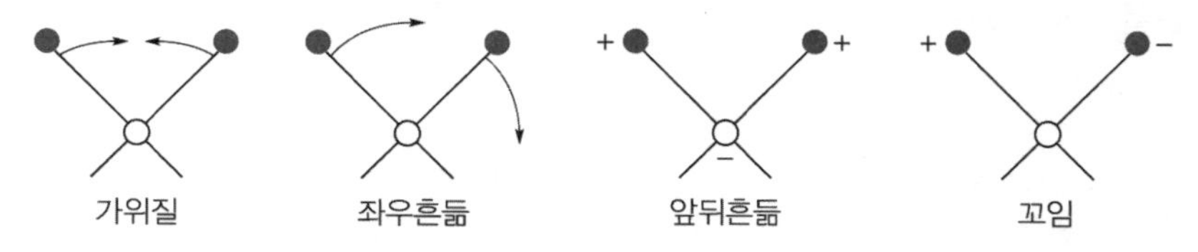

13 원자흡수분광법에서 칼슘을 정량할 때 보호제로서 알루미늄, 규소, 인산의 방해를 제거하기 위해 사용하는 시약을 쓰시오.

정답 EDTA

해설 칼슘 정량 시 분석물이 반응하여 안정하고 휘발성 있는 화합물을 형성하여 방해물질로부터 분석물을 보호해 주는 시약인 보호제(protective agent)로 EDTA를 사용한다.

14 AAS와 ICP－AES 분석법에서 Li, Na, K과 같은 물질이 존재할 때 나타나는 방해를 쓰시오.

정답 이온화 방해

해설 Li, Na, K과 같은 알칼리금속은 이온화에너지가 매우 낮아, 불꽃의 온도나 플라스마의 온도에서 이온화가 매우 잘 일어나므로 중성 원자를 만드는 효율이 감소되어 AAS와 ICP－AES 분석법으로 측정할 때 감도가 떨어진다.

15 바닥상태의 원자가 흡수하는 파장이 480nm일 때, 이 광자 하나가 가지는 에너지(J)를 구하시오. (단, Planck 상수 = 6.626×10^{-34}J · s, 진동에서의 빛의 속도 = 3.00×10^{8}m/s이다.)

정답 4.14×10^{-19}J

해설

$$E = h\nu = h\frac{c}{\lambda} = h\bar{\nu}c$$

여기서, h : 플랑크상수(6.626×10^{-34}J · s)

ν : 진동수(s^{-1})

λ : 파장(m)

c : 진공에서 빛의 속도(3.00×10^{8}m/s)

$\bar{\nu}$: 파수(m^{-1}) $= \frac{1}{\lambda}$

$$\therefore\ E = h\frac{c}{\lambda} = \frac{6.626\times10^{-34}\text{J}\cdot\text{s}\times3.00\times10^{8}\text{m/s}}{480\times10^{-9}\text{m}} = 4.14\times10^{-19}\text{J}$$

16 어떤 물질의 몰농도가 4.17×10^{-3}M일 때 셀 길이 2.0cm에서 투광도는 0.216이었다. 셀 길이 1.0cm에서 투광도가 3배일 때 몰농도(M)를 구하시오.

정답 2.36×10^{-3}M

해설

- $A = \varepsilon bc$

  여기서, ε : 몰흡광계수($cm^{-1}\cdot M^{-1}$), b : 셀의 길이(cm), c : 시료의 농도(M)

- 흡광도와 투광도 사이의 관계식

  $A = -\log T = \varepsilon bc$

  $-\log(0.216) = \varepsilon\times2.0\text{cm}\times4.17\times10^{-3}\text{M}$, $\varepsilon = 79.80\text{cm}^{-1}\cdot\text{M}^{-1}$

  $-\log(0.216\times3) = 79.80\times1.0\text{cm}\times x(\text{M})$ $\therefore\ x = 2.36\times10^{-3}\text{M}$

필답형 기출복원문제

01 부피 측정에서 오목한 액체의 표면을 무엇이라고 하는지 쓰시오.

정답 메니스커스(meniscus)

해설 부피 측정에서 오목한 액체의 표면을 메니스커스(meniscus)라고 하며, 눈금실린더 등에서 눈금을 판독할 때 정확한 측정을 위하여 고려해야 한다.

02 1,000ppm 표준시약으로 (1) 100ppm, (2) 25ppm, (3) 1ppm 표준시약 100mL를 만드는 방법을 쓰시오.

정답 (1) 1,000ppm 용액 10mL를 100mL 부피플라스크에 취해서 100mL 표선까지 증류수로 채워 잘 흔들어 100mL 용액을 만든다.
(2) 1,000ppm 용액 2.5mL를 100mL 부피플라스크에 취해서 100mL 표선까지 증류수로 채워 잘 흔들어 100mL 용액을 만든다.
(3) 1,000ppm 용액 0.1mL를 100mL 부피플라스크에 취해서 100mL 표선까지 증류수로 채워 잘 흔들어 100mL 용액을 만든다.

해설 $M_{진한} \times V_{진한} = M_{묽은} \times V_{묽은}$ 식을 이용하여 표준시약을 각각 100mL 만든다.
(1) $1{,}000\,\text{ppm} \times x(\text{mL}) = 100\text{ppm} \times 100\text{mL}$ $\therefore$ x=10mL, 즉 1,000ppm 용액 10mL를 100mL 부피플라스크에 취해서 100mL 표선까지 증류수로 채워 잘 흔들어 100mL 용액을 만든다.
(2) $1{,}000\,\text{ppm} \times x(\text{mL}) = 25\text{ppm} \times 100\text{mL}$ $\therefore$ x=1mL, 즉 1,000ppm 용액 2.5mL를 100mL 부피플라스크에 취해서 100mL 표선까지 증류수로 채워 잘 흔들어 100mL 용액을 만든다.
(3) $1{,}000\,\text{ppm} \times x(\text{mL}) = 1\text{ppm} \times 100\text{mL}$ $\therefore$ x=0.1mL, 즉 1,000ppm 용액 0.1mL를 100mL 부피플라스크에 취해서 100mL 표선까지 증류수로 채워 잘 흔들어 100mL 용액을 만든다.

03 비중이 1.18인 37%(w/w) HCl 용액의 몰농도(M)를 구하시오. (단, HCl의 분자량은 36.5g/mol이다.)

정답 11.96M

해설 $\dfrac{37\text{g HCl}}{100\text{g 용액}} \times \dfrac{1.18\text{g 용액}}{1\text{mL 용액}} \times \dfrac{1{,}000\text{mL}}{1\text{L}} \times \dfrac{1\text{mol HCl}}{36.5\text{g HCl}} = 11.96\text{M}$

04 시료 내의 분석물을 정량할 때 가리움제를 넣어 주는 이유를 쓰시오.

정답 가리움제가 시료 내의 방해 화학종과 먼저 반응하여 착물을 형성하여 방해를 줄이고 분석물이 잘 반응할 수 있도록 도와주기 때문에 시료를 전처리할 때 가리움제를 넣어준다.

해설 시료 내의 분석물을 정량할 때 방해 화학종이 분석물과 반응해야 할 물질과 먼저 반응할 수 있으므로 이를 방지하기 위해 가리움제를 넣어준다. 가리움제가 시료 내의 방해 화학종과 먼저 반응하여 착물을 형성하여 방해를 줄이고, 분석물이 잘 반응할 수 있도록 도와준다. 예를 들어, Mg^{2+}을 EDTA로 정량하려고 할 때 Al^{3+}가 있으면 방해를 한다. 이때 가리움제로 F^-를 넣어주면 방해 이온인 Al^{3+}와 반응하여 착물을 형성하므로 방해하지 못하게 한다.

05 EDTA 적정에서 역적정이 필요한 경우 4가지를 쓰시오.

정답 ① 분석물질이 EDTA를 가하기 전에 침전물을 형성하는 경우
② 적정 조건에서 EDTA와 너무 천천히 반응하는 경우
③ 지시약을 막는 경우
④ 직접 적정에서 종말점을 확실하게 확인할 수 있는 적절한 지시약이 없는 경우

해설 **역적정**(back titration)
- 일정한 과량의 EDTA를 분석물질에 가한 다음, 과량의 EDTA를 제2의 금속이온 표준용액으로 적정한다.
- 분석물질이 EDTA를 가하기 전에 침전물을 형성하거나, 적정 조건에서 EDTA와 너무 천천히 반응하거나, 혹은 지시약을 막거나, 직접 적정에서 종말점을 확실하게 확인할 수 있는 적절한 지시약이 없는 경우에 사용한다.
- 역적정에 사용된 제2의 금속이온은 분석물질의 금속을 EDTA 착물로부터 치환시켜서는 안 된다.

06 GC의 검출기 중 열전도도검출기(TCD)에서 주로 쓰이는 (1) 운반기체 2가지, (2) 그 이유를 쓰시오.

정답 (1) ① He, ② H_2
(2) 열전도도가 다른 물질보다 더 크기 때문

해설 **열전도도검출기**(TCD, thermal conductivity detector)
- 분석물 입자의 존재로 인하여 생기는 운반기체와 시료의 열전도도 차이에 감응하여 변하는 전위를 측정한다.
- 이동상인 운반기체로 N_2를 사용하지 않고 He과 H_2와 같이 분자량이 매우 작은 기체를 사용하는데, 이들의 열전도도가 다른 물질보다 6배 정도 더 크기 때문에 사용한다.
- 장점 : 간단하고, 선형 감응범위가 넓으며($\sim 10^5$g), 유기 및 무기 화학종 모두에 감응한다. 또한 검출 후에도 용질이 파괴되지 않아 용질을 회수할 수 있다.
- 단점 : 감도가 낮으며, 모세 분리관을 사용할 때는 관으로부터 용출되는 시료의 양이 매우 적어 사용하지 못한다.

07 이온교환수지를 전해질 용액에 넣으면 전해질의 농도는 수지의 안쪽보다 수지의 바깥쪽이 더 크다. 이때 용액 내 이온과 수지 내 이온 사이의 평형을 무엇이라고 하는지 쓰시오.

정답 Donnan 평형

해설 **Donnan 평형**
이온교환수지를 전해질 용액에 넣으면 전해질의 농도가 수지의 안쪽보다 바깥쪽에서 더 크게 되는 평형을 말한다. 예를 들어, $R-SO_3^-Na^+$로 되어 있는 양이온 교환수지를 NaCl 수용액에 넣었을 때 수지 안쪽에서는 $R-SO_3^-$가 움직이지 않으므로 Na^+는 전하 균형을 이루며 함께 존재하며, 수지 바깥쪽에 있는 NaCl 중 Cl^-는 수지 안쪽에 없으므로 확산에 의해 수지 안쪽으로 이동한다. 이때 전하 균형을 이루기 위해 Na^+도 함께 수지 안쪽으로 이동한다. 그러나 수지 안쪽에는 이동하지 않는 이온 $R-SO_3^-$ 가 많이 있으므로 바깥쪽에 있는 Na^+Cl^- 중 적은 양만이 수지 안쪽으로 이동하여 평형을 이룬다. 따라서 Na^+Cl^-이 수지 안쪽보다 바깥쪽에 더 많이 존재하게 된다.

08 계통오차의 종류 3가지를 쓰고, 각각 설명하시오.

정답 ① 방법오차 : 분석과정에서 비이상적인 화학적 또는 물리적 성질로 인해 생기는 오차이다.
② 기기오차 : 측정 장치 또는 기기의 비이상적 거동, 잘못된 검정 또는 부적절한 조건 등에서 생기는 오차이다.
③ 개인오차 : 실험자의 경솔함, 부주의, 개인적인 한계 등에 의해 생기는 오차이다.

09 주어진 <자료>에 대한 다음 물음에 답하시오.

〈자료〉	17, 25, 20, 19

(1) 평균값을 구하시오.

(2) 중앙값을 구하시오.

정답 (1) 20.25
(2) 19.50

해설 • **평균**(mean 또는 average) : 측정한 값들의 합을 전체 수로 나눈 값으로 산술평균이라고도 한다.

$$\bar{x} = \frac{\sum_{i=1}^{n} x_i}{n}$$

여기서, x_i : 개개의 x값을 의미
n : 측정수, 자료수

• **중앙값**(median) : 한 세트의 자료를 오름차순 또는 내림차순으로 나열하였을 때의 중간값을 의미한다.
① 결과들이 홀수 개이면, 중앙값은 순서대로 나열하여 중앙에 위치하는 결과가 된다.
② 결과들이 짝수 개이면, 중간의 두 결과에 대한 평균이 중앙값이 된다.

(1) 평균값 $= \frac{17+25+20+19}{4} = 20.25$

(2) 크기 순서대로 나열하면 17, 19, 20, 25
중앙값 $= \frac{19+20}{2} = 19.50$

10 n번 측정했을 때 상대오차가 2.0%라면 상대오차를 0.02%로 낮추려면 몇 번의 측정이 필요한지 구하시오.

정답 10,000 × n번

해설 상대오차는 측정수 n의 제곱근에 반비례한다. 따라서 $2.0 : \frac{1}{\sqrt{n}} = 0.02 : \frac{1}{\sqrt{x}}$

$\therefore x = 10{,}000 \times n$번의 측정이 필요하다.

11 신호 대 잡음비(S/N)에 대해 설명하시오.

정답 신호 대 잡음비(S/N)는 분석물 신호(S)를 잡음 신호(N)로 나눈 값으로 측정횟수(n)의 제곱근에 비례한다 $\left(\frac{S}{N} \propto \sqrt{n}\right)$. 분석물 신호($S$)는 측정의 평균값 $\bar{x}$이고, 잡음 신호(N)는 측정 신호의 표준편차 s이므로, 신호 대 잡음비는 분석물 신호의 상대표준편차(RSD)의 역수가 된다$\left(\frac{S}{N} = \frac{\bar{x}}{s} = \frac{1}{\mathrm{RSD}}\right)$. 그리고 신호 대 잡음비가 클수록 신호를 측정하는데 오차가 적어지므로 정량 · 정성 분석에 유리하다.

12 원자흡수분광법에서 비휘발성 화합물로 인해 생기는 화학적 방해를 극복하는 방법 3가지를 쓰시오.

정답 ① 높은 온도의 불꽃을 사용한다.
② 해방제를 사용한다.
③ 보호제를 사용한다.

해설 휘발성이 낮은 화합물 생성에 의한 방해

- 분석물이 음이온과 반응하여 휘발성이 적은 화합물을 만들어 분석성분의 원자화 효율을 감소시키는 음이온에 의한 방해이다.
- 휘발성이 낮은 화합물의 생성에 의한 방해를 줄이는 방법
  ① 가능한 한 더 높은 온도의 불꽃 사용
  ② 해방제(releasing agent) 사용 : 방해물질과 우선적으로 반응하여 방해물질이 분석물질과 작용하는 것을 막을 수 있는 시약인 해방제를 사용한다.
  예 Ca 정량 시 PO_4^{3-}의 방해를 막기 위해 Sr 또는 La을 과량 사용한다. 또한 Mg 정량 시 Al의 방해를 막기 위해 Sr 또는 La을 해방제로 사용한다.
  ③ 보호제(protective agent) 사용 : 분석물과 반응하여 안정하고 휘발성 있는 화합물을 형성하여 방해물질로부터 분석물을 보호해 주는 시약인 보호제를 사용한다.
  예 EDTA, 8-hydroquinoline, APDC

13 원자흡수분광법으로 금속을 분석할 경우 나타나는 방해 영향 중 이온화 방해를 줄이는 방법을 쓰시오.

정답 분석물질보다 이온화가 더 잘 되어 불꽃에 높은 농도의 전자를 제공하는 이온화 억제제를 사용함으로써 이온화 평형의 이동을 막고 시료의 이온화를 억제할 수 있다.

해설 이온화 평형(이온화 방해)

- 높은 온도의 불꽃에 의해 분석원소가 이온화를 일으켜 중성원자가 덜 생기는 방해로, 이온화가 많이 일어나 원자의 농도를 감소시켜 나타나는 방해이다.
- 온도가 증가하면 들뜬 원자수가 증가하므로 이온의 형성을 억제하기 위해 들뜬 온도를 낮게 하고 압력은 높인다.
- 분석물질보다 이온화가 더 잘 되어 불꽃에 높은 농도의 전자를 제공하는 이온화 억제제(ionization suppressor)를 사용함으로써 이온화 평형의 이동을 막고 시료의 이온화를 억제할 수 있다. 이온화 억제제로는 주로 K, Rb, Cs과 같은 알칼리금속이 사용된다.
  예 Sr 정량 시 이온화 억제제로 K 첨가, K 정량 시 이온화 억제제로 Cs 첨가

14 자외선 분광법으로 정성분석을 할 때 슬릿 너비를 줄이는 이유를 쓰시오.

정답 슬릿 너비가 좁아지면 분해능이 좋아져서 복잡한 스펙트럼이 분해되어 스펙트럼의 상세구조가 나타난다. 따라서 흡수 파장을 좀 더 정확하게 알 수 있어 복잡한 스펙트럼의 정성분석을 하기가 쉬워진다.

15 자외선-가시광선을 흡수하는 불포화 유기 작용기를 무엇이라고 하는지 쓰시오.

정답 발색단

해설 발색단(chromophores)

- 불포화 작용기를 포함하고 자외선-가시광선을 흡수할 수 있는 분자
- 특징적인 전이에너지나 흡수 파장에 대해 흡광을 하는 원자단
- 유기화합물의 흡수는 대부분 $n \rightarrow \pi^*$와 $\pi \rightarrow \pi^*$ 전이에서 일어나므로, π 오비탈을 제공하는 발색단이 있어야 한다.

16 적외선으로 검출할 수 있는 쌍극자모멘트의 알짜전하 변화를 일으키는 물질 3가지를 쓰시오.

정답 ① CH_3OH, ② CH_3CN, ③ CH_3NH_2

해설 진동과 회전의 쌍극자 변화

- 적외선의 흡수는 여러 가지 진동과 회전상태 사이에 작은 에너지 차가 존재하는 분자 화학종에만 일어난다.
- 적외선을 흡수하기 위하여 분자는 진동이나 회전운동의 결과로 쌍극자모멘트의 알짜 변화를 일으켜야 한다.
- O_2, N_2, Cl_2와 같은 동핵 화학종의 진동이나 회전에서 쌍극자모멘트의 알짜 변화가 일어나지 않는다. → 결과적으로 적외선을 흡수할 수 없다.
- 흡수된 적외선의 진동수는 분자의 진동운동과 일치하므로 IR 스펙트럼으로 분자운동의 종류와 분자 내 결합 종류(작용기)를 알 수 있다.

2008 제4회 필답형 기출복원문제

01 산－염기 중화 적정에서 적정 당량점에서 표준용액의 적가된 부피를 구하는 방법을 $MV = M'V'$를 이용하여 설명하시오. (단, 반응은 1 : 1이다.)

✔ 정답 모든 적정 반응은 분석물의 몰수와 적가 표준용액의 몰수가 화학량적 관계를 갖는다.

$$MV = M'V'$$

여기서, M과 V는 미지시료의 몰농도와 부피이고, M'와 V'는 표준용액의 몰농도와 적가 부피이다. 따라서 미지시료의 몰농도(M)와 미지시료의 부피(V), 표준용액의 몰농도(M')를 알고 있다면 $MV = M'V'$를 통해 표준용액의 적가된 부피(V')를 구할 수 있다.

02 대부분의 무기물질은 무게를 달기 전에 건조한다. 다음 물음에 답하시오.

(1) 건조온도를 쓰시오.

(2) 건조시간을 쓰시오.

✔ 정답 (1) 105 ~ 110℃
(2) 1 ~ 2시간

✔ 해설 건조온도는 105 ~ 110℃(높게는 120℃까지)이고, 건조시간은 1 ~ 2시간(짧게는 30분)이다.

03 정밀도를 설명하시오.

✔ 정답 정확히 똑같은 양을 똑같은 방법으로 측정하여 얻은 측정값들이 일치하는 정도를 말하며, 측정값들이 평균에 얼마나 가까이 모여 있는지의 정도, 즉 측정의 재현성을 나타낸다.

04 ICP 원자화 광원을 쓸 때 불꽃보다 이온화 방해가 적게 일어나는 이유를 쓰시오.

✔ 정답 아르곤(Ar)의 이온화로 인한 전자밀도가 높아서 시료의 이온화에 의한 방해가 거의 없다.

✔ 해설 ICP 원자화 광원

- 플라스마 광원의 온도가 매우 높기 때문에 원자화 효율이 좋고, 원소 상호간의 화학적 방해가 거의 없다.
- 아르곤의 이온화로 인한 전자밀도가 높아서 시료의 이온화에 의한 방해가 거의 없다.
- 플라스마 단면의 온도 분포가 균일하여 자체 흡수나 자체 반전이 없으므로 넓은 선형 측정범위를 갖는다.
- 높은 온도에서도 잘 분해되지 않는 산화물, 즉 내화성 화합물을 형성하는 텅스텐(W), 우라늄(U), 지르코늄(Zr) 등의 낮은 농도의 원소들도 측정이 가능하다.
- 화학적으로 비활성인 환경에서 원자화가 일어나므로 분석물의 산화물이 형성되지 않아 원자의 수명이 증가한다.
- 광원이 필요 없고, 하나의 들뜸조건에서 동시에 여러 원소들의 스펙트럼을 얻을 수 있으며, 다원소 분석이 가능하다.
- 염소(Cl), 브로민(Br), 아이오딘(I) 및 황(S)과 같은 비금속원소들도 측정이 가능하다.

05 복잡한 매트릭스의 조성이 알려지지 않았을 때 사용하고, 알고 있는 농도의 표준물을 미지시료에 첨가하여 증가된 신호의 크기를 보고 미지시료에 들어 있는 분석물의 농도를 알아내는 정량분석법을 쓰시오.

정답 표준물 첨가법

해설 **표준물 첨가법**(standard addition)

- 시료와 동일한 매트릭스에 일정량의 표준물질을 한 번 이상 일정하게 농도를 증가시키며 첨가하고, 이 아는 농도를 통해 곡선을 작성하는 방법이다. 이 방법은 분석물질의 농도에 대한 감응이 직선성을 가져야 한다.
- 매질효과의 영향이 큰 분석방법에서 분석대상 시료와 동일한 매질을 제조할 수 없을 때 매트릭스 효과를 쉽게 보정할 수 있는 방법이다.
- 미지시료에 아는 양의 분석물질을 첨가시킨 다음, 증가된 신호로부터 원래 미지시료 중에 얼마나 많은 양의 분석물질이 함유되어 있는가를 측정한다. 표준물질은 분석물질과 같은 화학종의 물질이다.
- 표준물 첨가식(단일점 방법) : $\dfrac{[X]_i}{[S]_f + [X]_f} = \dfrac{I_X}{I_{S+X}}$

  여기서, $[X]_i$: 초기 용액 중의 분석물질의 농도
  $[S]_f$: 최종 용액 중의 표준물질의 농도
  $[X]_f$: 최종 용액 중의 분석물질의 농도
  I_X : 초기 용액의 신호
  I_{S+X} : 최종 용액의 신호
- 표준물 첨가법은 원자흡수법에 주로 사용되고, 시료의 조성이 잘 알려져 있지 않거나 복잡하여 분석신호에 영향을 줄 때, 매트릭스 효과가 있을 가능성이 큰 시료 분석에 유용하다.

06 크로마토그래피에서 머무름시간(t_R)을 설명하시오.

정답 시료를 주입한 후 용질이 칼럼에서 용리되어 검출기에 도달할 때까지 걸리는 시간이다.

07 이론단수(N)와 단높이(H), 칼럼의 길이(L)의 관계식을 쓰시오.

정답 $H = \dfrac{L}{N}$

해설 **단높이**(H, plate height)

$$H = \frac{L}{N},\ N = 16\left(\frac{t_R}{W}\right)^2$$

여기서, L : 칼럼의 충전길이
N : 이론단의 개수(이론단수)
W : 봉우리 밑변의 너비
t_R : 머무름시간

- 단높이(H)가 낮을수록, 이론단수(N)가 클수록, 칼럼의 길이(L)가 길수록 분배 평형이 더 많은 단에서 이루어지게 되므로 칼럼 효율은 증가한다.
- 칼럼의 길이(L)가 일정할 때, 단의 높이(H)가 감소하면 단의 개수(이론단수, N)는 증가한다.

08 다음 표를 참고하여 물음에 답하시오.

구분	용매(공기) t_M	A	B
t_R(시간, 분)	5	20	25
W(피크 폭)	–	4	5

(1) 머무름인자(k_A', k_B')를 구하시오.

(2) 선택인자(α)를 구하시오.

(3) 분리능(R_s)을 구하시오.

정답 (1) ① $k_A' = 3.00$, ② $k_B' = 4.00$
(2) 1.33
(3) 1.11

해설
- **머무름인자**(k_A', retention factor)
  ① 머무름인자는 용질의 이동속도를 나타낸다.
  ② $k_A' = \dfrac{t_R - t_M}{t_M}$
  여기서, t_R : 분석물질의 머무름시간
  t_M : 불감시간
- **선택인자**(α, selectivity factor)
  ① 선택인자는 두 분석물질 간의 상대적인 이동속도를 나타낸다.
  ② 두 화학종 A와 B에 대한 칼럼의 선택인자
  $$\alpha = \frac{K_B}{K_A} = \frac{k_B'}{k_A'} = \frac{(t_R)_B - t_M}{(t_R)_A - t_M}$$
  여기서, K_B : 더 세게 붙잡혀 있는 화학종 B의 분배계수
  K_A : 더 약하게 붙잡혀 있거나 더 빠르게 용리되는 화학종 A의 분배계수
- 분리능(R_s, resolution)
  ① 두 가지 분석물질을 분리할 수 있는 칼럼의 능력을 정량적으로 나타내는 척도
  ② $$R_s = \frac{(t_R)_B - (t_R)_A}{\frac{W_A + W_B}{2}} = \frac{2[(t_R)_B - (t_R)_A]}{W_A + W_B}$$
  여기서, W_A, W_B : 봉우리 A, B의 너비
  $(t_R)_A$, $(t_R)_B$: 봉우리 A, B의 머무름시간

(1) ① $k_A' = \dfrac{t_R - t_M}{t_M} = \dfrac{20-5}{5} = 3.00$

② $k_B' = \dfrac{t_R - t_M}{t_M} = \dfrac{25-5}{5} = 4.00$

(2) $\alpha = \dfrac{k_B'}{k_A'} = \dfrac{4}{3} = 1.33$

(3) $R_s = \dfrac{2[(t_R)_B - (t_R)_A]}{W_A + W_B} = \dfrac{2(25-20)}{4+5} = 1.11$

09 40% CH_3Cl과 60% $n-C_6H_{14}$ 용액에서 CH_3Cl 대신 $C_2H_5OC_2H_5$로 대체할 경우 몇 %의 $C_2H_5OC_2H_5$를 써야 극성지수가 같아지는지 구하시오. (단, CH_3Cl의 극성지수는 4.1, $n-C_6H_{14}$의 극성지수는 0.1, $C_2H_5OC_2H_5$의 극성지수는 2.8이다.)

정답 59.26%

해설 혼합물의 극성지수

$$P_{AB}{}' = \phi_A P_A{}' + \phi_B P_B{}'$$

여기서, P' : 극성지수

ϕ : 부피분율

40% CH_3Cl과 60% $n-C_6H_{14}$ 용액의 극성지수는 $(0.4\times4.1)+(0.6\times0.1)=1.70$이므로, $C_2H_5OC_2H_5$의 부피분율을 x로 두면 $(x\times2.8)+\{(1-x)\times0.1\}=1.70$, $x=0.5926$이다.

따라서, 59.26%의 $C_2H_5OC_2H_5$를 써야 극성지수가 1.70이 된다.

10 불꽃원자흡수분광법에서 사용되는 연료 3가지를 쓰시오.

정답 ① 천연가스, ② 수소(H_2), ③ 아세틸렌(C_2H_2)

해설 불꽃 원자화 방법

- 시료용액을 기체 연료와 혼합된 산화제 기체의 흐름에 의해 분무시켜 불꽃 속으로 도입시켜 원자화한다.
- 원자화 발생과정 : 탈용매 → 증발 → 해리(원자화)
  ① 탈용매 : 용매가 증발되어 매우 미세한 고체분자 에어로졸을 만든다.
  ② 증발 : 에어로졸이 기체분자로 휘발된다.
  ③ 해리 : 기체분자들의 대부분이 해리되어 기체원자를 만든다.
- 불꽃에 사용되는 연료와 산화제

연료	산화제
천연가스	공기, 산소
수소	공기, 산소
아세틸렌	공기, 산소, 산화이질소

- 불꽃 원자화 장치의 성능 특성
  ① 재현성이 우수하다.
  ② 시료의 효율과 감도가 낮다. 왜냐하면 많은 시료가 폐기통으로 빠져 나가며, 각 원자가 빛살 진로에서 머무는 시간이 짧기(10^{-4}s 정도) 때문이다.

11 회절발(grating)을 설명하시오.

정답 회절발은 평평하거나 오목한 면에 작은 홈들을 평행하면서도 규칙적으로 만들어 이 면에 다색복사선이 닿으면 회절 현상에 의해 파장이 분산되는 원리를 이용한 분산장치이다. 종류로는 에셀레트 회절발, 오목 회절발, 홀로그래피 회절발 등이 있다.

12 **다음은 반복 측정하여 얻은 값이다. 이 측정값들에 대한 다음 물음에 답하시오. (단, 소수점 둘째 자리까지 구하시오.)**

〈반복 측정 결과값〉	5.5, 5.1, 5.3, 5.1, 5.4

(1) 평균을 구하시오.

(2) 표준편차를 구하시오.

(3) 상대표준편차를 구하시오.

정답 (1) 5.28
(2) 0.18
(3) 0.03

해설
- **평균(mean 또는 average)** : 측정한 값들의 합을 전체 수로 나눈 값으로 산술평균이라고도 한다.

$$\bar{x} = \frac{\sum_{i=1}^{n} x_i}{n}$$

여기서, x_i : 개개의 x값을 의미, n : 측정수, 자료수

- **표준편차(s)** : $s = \sqrt{\dfrac{\sum_{i=1}^{n}(x_i - \bar{x})^2}{n-1}}$

여기서, x_i : 각 측정값, $\bar{x}$: 평균, n : 측정수, 자료수

- **상대표준편차(RSD)** : $\text{RSD} = s_r = \dfrac{s}{\bar{x}}$

(1) $\bar{x} = \dfrac{5.5+5.1+5.3+5.1+5.4}{5} = 5.28$

(2) $s = \sqrt{\dfrac{(5.5-5.28)^2+(5.1-5.28)^2+(5.3-5.28)^2+(5.1-5.28)^2+(5.4-5.28)^2}{5-1}} = 0.18$

(3) $\text{RSD} = \dfrac{0.18}{5.28} = 0.03$

13 **어떤 물질의 몰농도가 3.09×10^{-3}M일 때 셀 길이 2.0cm에서 투광도는 0.418이었다. 셀 길이 1.0cm에서 투광도가 2배일 때 몰농도(M)를 구하시오.**

정답 1.27×10^{-3}M

해설
- $A = \varepsilon bc$

여기서, ε : 몰흡광계수($\text{cm}^{-1}\cdot\text{M}^{-1}$), b : 셀의 길이(cm), c : 시료의 농도(M)

- 흡광도와 투광도 사이의 관계식

$A = -\log T = \varepsilon bc$

$-\log(0.418) = \varepsilon \times 2.0\text{cm} \times 3.09\times10^{-3}\text{M}$, $\varepsilon = 61.30\text{cm}^{-1}\cdot\text{M}^{-1}$

$-\log(0.418\times2) = 61.30\times1.0\text{cm}\times x(\text{M})$ $\therefore$ $x = 1.27\times10^{-3}$M

14 Beer 법칙의 편차 3가지를 쓰시오.

정답 ① 겉보기 화학편차
② 미광복사선(떠돌이빛)에 의한 기기편차
③ 다색복사선에 대한 겉보기 기기편차

해설 **베르의 법칙으로부터의 편차**

- 베르-람베르트 법칙을 베르 법칙이라고도 한다.
  ① 흡광도 $A = \varepsilon bc$
  여기서, ε : 몰흡광계수($cm^{-1} \cdot M^{-1}$)
  b : 셀의 길이(cm)
  c : 시료의 농도(M)
  ② 흡광도는 단위가 없다.
  ③ 분석성분의 농도가 0.01mol/L 이하의 낮은 농도에서 잘 성립한다.
  ④ 몰흡광계수는 특정 파장에서 흡수한 빛의 양을 의미하며, 매질의 굴절률, 전해질을 포함하는 경우 전해질의 해리는 몰흡광계수를 변화시켜 베르 법칙의 편차를 유발한다.
- 겉보기 화학편차 : 분석성분이 해리하거나 회합하거나 또는 용매와 반응하여 분석성분과 다른 흡수 스펙트럼을 내는 생성물을 만들 때, 베르 법칙으로부터 겉보기 편차가 일어난다.
- 미광복사선(떠돌이빛)에 의한 기기편차
  ① 미광복사선이란 측정을 위해 선정된 띠너비 범위 밖에 있는 파장의 빛으로 회절발, 렌즈나 거울, 필터 및 창과 같은 광학기기 부품의 표면에서 일어나는 산란과 반사로 인해 생긴 기기로부터 오는 복사선이다.
  ② 미광복사선은 시료를 통과하지 않으면서 검출기에 도달하므로 시료에 흡수되지 않고 투과하는 빛의 세기에 더해지기 때문에 투광도가 증가하는 결과가 되어 흡광도는 감소한다.
- 다색복사선에 대한 겉보기 기기편차
  ① 베르(Beer) 법칙은 단색복사선에서만 확실하게 적용된다.
  ② 다색복사선의 경우 농도가 커질수록 흡광도가 감소한다.
- 기기편차인 경우 항상 음의 흡광도 오차를 유발한다.

15 원자흡수분광법에서 선 넓힘이 일어나는 원인 4가지를 쓰시오.

정답 ① 불확정성 효과
② 도플러 효과
③ 압력 효과
④ 전기장과 자기장 효과

해설 **선 넓힘의 원인**

- 불확정성 효과 : 하이젠베르크(Heisenberg)의 불확정성 원리에 의해 생기는 선 넓힘으로, 자연선 너비라고도 한다.
- 도플러 효과 : 검출기로부터 멀어지거나 가까워지는 원자의 움직임에 의해 생기는 선 넓힘으로, 원자가 검출기로부터 멀어지면 원자에 의해 흡수되거나 방출되는 복사선의 파장이 증가하고 가까워지면 감소한다.
- 압력 효과 : 원자들 간의 충돌로 바닥상태의 에너지준위의 작은 변화로 인해 흡수하거나 방출하는 파장이 어떤 범위를 가지게 되어 생기는 선 넓힘이다.
- 전기장과 자기장 효과 : 센 자기장이나 전기장 하에서 에너지준위가 분리되는 현상에 의해 생기는 선 넓힘으로, 원자분광법에서는 선 넓힘의 원인이 아닌 스펙트럼 방해를 보정하는 바탕보정 시 이용하므로 바탕보정 방법으로 분류한다.

16 **자외선 – 가시광선 분광법에서 최대흡수파장(λ_{max})이 1,3 – 뷰타다이엔(217nm, $H_2C = CH - CH = CH_2$)보다 1,3,5 – 헥사트리엔(256nm, $H_2C = CH - CH = CH - CH = CH_2$)이 더 긴 이유를 쓰시오.**

✔ 정답 분자 궤도함수의 HOMO와 LUMO 사이의 ΔE가 클수록 최대흡수파장은 짧아진다. 이중결합이 많을수록 HOMO와 LUMO 사이의 ΔE는 작아지므로 이중결합이 3개인 $CH_2 = CH - CH = CH - CH = CH_2$의 최대흡수파장이 더 길다.

2009 제2회 필답형 기출복원문제

01 비중이 1.18이고, 37wt%인 HCl 용액으로 4.0M HCl 용액 250mL를 만들 때 필요한 37wt% HCl 용액의 부피(mL)를 구하시오. (단, HCl의 분자량은 36.5g/mol이다.)

정답 83.60mL

해설 $\dfrac{4.0\text{mol HCl}}{1\text{L 용액}} \times 0.25\text{L 용액} \times \dfrac{36.5\text{g HCl}}{1\text{mol HCl}} \times \dfrac{100\text{g HCl 용액}}{37\text{g HCl}} \times \dfrac{1\text{mL HCl 용액}}{1.18\text{g HCl 용액}}$

$= 83.60\text{mL HCl 용액}$

02 물의 몰농도를 구하시오. (단, 물의 밀도는 1g/mL이다.)

정답 55.56M

해설 $\dfrac{1\text{g } H_2O}{1\text{mL}} \times \dfrac{1{,}000\text{mL}}{1\text{L}} \times \dfrac{1\text{mol } H_2O}{18\text{g } H_2O} = 55.56\text{M}$

03 시료의 질소 함량을 분석하기 위한 시료채취상수가 0.6g일 때, 이 분석에서 0.2% 시료채취 정밀도를 얻으려면 취해야 하는 시료의 양(g)을 구하시오.

정답 15.00g

해설 시료채취상수

- Ingamells 시료채취상수 K_s는 시료채취 %상대표준편차(R)를 1%로 하는 데 필요한 시료의 양(m)이다.
- %상대표준편차가 1%일 때, 즉 $\sigma_r = 0.01$에서 K_s는 m과 같다.

$K_s = m \times (\sigma_r \times 100\%)^2 = mR^2$

여기서, K_s : Ingamells 시료채취상수

m : 분석시료의 무게(g)

σ_r : 상대표준편차

R : %상대표준편차

$0.6 = mR^2 = x \times (0.2)^2$

$\therefore x = 15.00\text{g}$

04 계통오차의 종류 3가지를 쓰고, 각각 설명하시오.

정답 ① 방법오차 : 분석과정에서 비이상적인 화학적 또는 물리적 성질로 인해 생기는 오차이다.
② 기기오차 : 측정 장치 또는 기기의 비이상적 거동, 잘못된 검정 또는 부적절한 조건 등에서 생기는 오차이다.
③ 개인오차 : 실험자의 경솔함, 부주의, 개인적인 한계 등에 의해 생기는 오차이다.

05 다음 〈보기〉에서 설명하는 분석법을 쓰시오.

- 단백질, 우유, 곡류 및 밀가루에 존재하는 질소를 정량하는 방법이다.
- 유기화합물을 황산으로 가열분해하고 삭혀 질소를 암모니아성 질소로 만든 다음 알칼리를 넣어 유리시켜 수증기 증류법에 따라 포집된 암모니아를 정량하는 방법이다.
- 분해를 촉진하기 위해 셀레늄, 황산수은, 황산구리와 같은 촉매를 첨가하는 방법이다.

정답 켈달(Kjeldahl) 질소분석법

해설 **켈달(Kjeldahl) 질소분석법**

- 유기물질 속에 질소를 정량하는 가장 일반적인 방법인 켈달 질소분석법은 중화 적정에 기반을 두고 있다.
- 켈달법은 시료를 뜨거운 진한 황산용액에서 분해시켜 결합된 질소를 암모늄이온(NH_4^+)으로 전환시킨 다음 이 용액을 냉각시켜 묽히고 염기성으로 만든 후, 염기성 용액에서 증류하여 발생되는 암모니아를 과량의 산성 용액으로 모으고, 중화 적정(역적정법)하여 정량한다.
- 분해단계는 종종 켈달법 정량에서 가장 시간이 많이 걸리는 반응이다. 삭임시간을 짧게 하기 위하여 가장 널리 이용되는 방법은 황산포타슘(K_2SO_4)과 같은 중성염을 첨가하여 진한 황산(98wt%)용액의 끓는점(338℃)을 증가시켜 분해온도를 높여주는 방법이며, 또 다른 방법은 삭임 후 혼합용액에 과산화수소를 첨가하여 대부분의 유기물질을 분해하는 것이다.

06 다음은 원자분석질량계의 부분장치에 대한 설명이다. 빈칸에 들어갈 알맞은 용어를 각각 쓰시오.

(1) (   )은/는 광전증배관과 비슷한 원리이다.

(2) (   )은/는 비휘발성이나 열에 민감한 시료를 직접 이온화 장치에 접근하여 도입한다.

(3) (   )은/는 자기부채꼴 장치보다 장치가 작고, 이동이 쉬우며, 사용하기 편리하다.

정답 (1) 전자증배관
(2) 직접 시료도입장치
(3) 사중극자 질량분석기

해설 **질량분석계의 구성**

시료도입장치 → 기체 $10^{-5} \sim 10^{-8}$torr(진공상태를 유지) 이온화원 → 질량분석기 → 검출기(변환기) → 신호처리장치

- 시료도입장치 중 직접 시료도입장치는 열에 불안정한 화합물, 고체 시료, 비휘발성 액체 시료에 적용하며, 진공 봉쇄상태로 되어 있는 시료 직접 도입 탐침에 의해 이온화 지역으로 주입된다.
- 질량분석기 중 사중극자 질량분석기는 주사시간이 짧고, 부피가 작으며, 값이 싸고 튼튼하여 널리 사용되는 질량분석기로, 원자 질량분석계에서 사용되는 가장 일반적인 질량분석기이다.
- 검출기 중 전자증배관이 가장 널리 사용되며, 광전증배관과 비슷한 원리를 가진다.

07 역상 분배 크로마토그래피에서 사용하는 이동상의 종류 2가지를 쓰시오. (단, 물은 제외한다.)

정답 ① 메탄올(CH_3OH), ② 아세토나이트릴(CH_3CN)

해설 역상 분배 크로마토그래피(reversed – phase chromatography)

- 정지상이 비극성인 것으로 종종 탄화수소를 사용하며, 이동상은 물, 메탄올, 아세토나이트릴과 같이 비교적 극성인 용매를 사용한다.
- 역상 분배 크로마토그래피에서는 극성이 가장 큰 성분이 처음에 용리되고, 이동상의 극성을 증가시키면 용리시간도 길어진다.

08 A와 B의 표준혼합시료에서 A의 농도 = 1.35mg/mL, B의 농도 = 1.45mg/mL이고, 표준혼합시료의 피크 면적은 A = 13.1cm^2, B = 3.90cm^{2}이다. A만을 함유한 미지시료 10.0mL에 12.5mg의 B를 넣고 증류수를 넣어 최종부피를 50.0mL로 묽혔다. 그 결과 미지시료의 면적은 A = 6.00cm^2, B = 6.50cm^{2}일 때 미지시료 A의 농도(mg/mL)를 구하시오.

정답 0.32mg/mL

해설 내부 표준물법(internal standard)

- 시료에 이미 알고 있는 농도의 내부 표준물을 첨가하여 시험분석을 수행하는 방법으로서 시험분석 절차, 기기 또는 시스템의 변동에 의해 발생하는 오차를 보정하기 위해 사용한다.
- 분석물질의 신호와 내부 표준의 신호를 비교하여 분석물질이 얼마나 들어있는지를 알아낸다. 표준물질은 분석물질과 다른 화학종의 물질이다.
- 감응인자(F)

$$\frac{A_X}{[X]} = F \times \frac{A_S}{[S]}$$

여기서, $[X]$: 분석물질의 농도, $[S]$: 표준물질의 농도
A_X : 분석물질 신호의 면적, A_S : 표준물질 신호의 면적

$$\frac{13.1}{1.35} = F \times \frac{3.90}{1.45}, \quad F = 3.61$$

미지시료 A의 농도를 x(mg/mL)로 두면,

$$\frac{6.00}{x(\text{mg/mL}) \times \frac{10.0\text{mL}}{50.0\text{mL}}} = 3.61 \times \frac{6.50}{12.5\text{mg} \times \frac{1}{50.0\text{mL}}}$$

$\therefore x = 0.32\text{mg/mL}$

09 다음 빈칸에 들어갈 알맞은 용어를 쓰시오.

Fourier 변환 분광기의 장점은 대부분의 중간 정도의 파장 범위에서 타 실험기기와 비교했을 때 한 자리 수 이상의 (　　　　　)을/를 갖는다.

정답 신호 대 잡음비

해설 Fourier 변환 분광기는 복사선의 세기를 감소시키는 광학 부분장치와 슬릿을 거의 가지고 있지 않기 때문에 검출기에 도달하는 복사선의 세기는 분산기기에서 오는 것보다 더 크게 되므로 신호 대 잡음비가 커진다.

10 분광광도법에서 사용되는 시료용기의 재료를 파장에 따라 서로 다른 재질로 사용하는 이유를 쓰시오.

정답 시료용기는 사용하는 영역의 복사선을 흡수하지 않아야 하기 때문이다.

해설 방출분광법을 제외한 모든 분광법에서는 측정을 위한 시료용기가 필요하며, 단색화 장치와 마찬가지로 시료를 담는 용기(cell) 또는 큐벳(cuvette)은 투명한 재질로 되어, 이용하는 복사선을 흡수하지 않아야 한다.

시료용기의 재질에 따른 이용방법은 다음과 같다.

- 석영, 용융 실리카 : 자외선 영역(350nm 이하)과 가시선, 적외선 영역에 이용한다.
- 규산염 유리 : 가시광선 영역에 이용한다.
- 결정성 NaCl, KBr 결정, TlI, TlBr : 자외선, 가시광선, 적외선 영역에서 모두 이용 가능하나, 주로 적외선 영역에서 이용한다.

11 유도결합플라스마 원자방출분광법이 원자흡수분광법보다 좋은 점 4가지를 쓰시오.

정답 ① 플라스마 광원의 온도가 매우 높기 때문에 원자화 효율이 좋고 원소 상호간의 화학적 방해가 거의 없다.
② 아르곤의 이온화로 인한 전자밀도가 높아서 시료의 이온화에 의한 방해가 거의 없다.
③ 플라스마 단면의 온도 분포가 균일하여 자체 흡수나 자체 반전이 없으므로 넓은 선형 측정범위를 갖는다.
④ 높은 온도에서도 잘 분해되지 않는 산화물, 즉 내화성 화합물을 형성하는 텅스텐(W), 우라늄(U), 지르코늄(Zr) 등의 낮은 농도의 원소들도 측정이 가능하다.
⑤ 화학적으로 비활성인 환경에서 원자화가 일어나므로 분석물의 산화물이 형성되지 않아 원자의 수명이 증가한다.
⑥ 광원이 필요 없고, 하나의 들뜸조건에서 동시에 여러 원소들의 스펙트럼을 얻을 수 있으며, 다원소 분석이 가능하다.
⑦ 염소(Cl), 브로민(Br), 아이오딘(I) 및 황(S)과 같은 비금속원소들도 측정이 가능하다.
이 중 4가지 기술

12 X선 검출기 중 섬광계수기에 대한 다음 물음에 답하시오.

(1) 섬광체의 역할을 쓰시오.

(2) 흔히 사용되는 섬광체를 쓰시오.

정답 (1) X선이 섬광체에 들어와 부딪치면 약 400nm 정도의 수천 개의 섬광 광자가 생기고, 이것이 광전증배관에 들어가 검출되면서 X선을 검출한다.
(2) 0.2% TlI가 포함된 NaI의 투명한 결정

해설 X-선 검출기(광자계수기)

- 기체충전변환기
  ① Geiger관
  ② 비례계수기
  ③ 이온화 상자
- 섬광계수기
- 반도체변환기

13 적외선 분광법에서 분자진동 중 굽힘진동의 종류 4가지를 쓰시오.

정답 ① 가위질진동(scissoring)
② 좌우흔듦진동(rocking)
③ 앞뒤흔듦진동(wagging)
④ 꼬임진동(twisting)

해설 진동은 신축(streching)과 굽힘(bending)의 기본 범주로 구분된다.

- **신축진동** : 두 원자 사이의 결합축을 따라 원자 간의 거리가 연속적으로 변화함을 말하며, 대칭(symmetric) 신축진동과 비대칭(asymmetric) 신축진동이 있다.

- **굽힘진동** : 두 결합 사이의 각도 변화를 말하며, 가위질진동(scissoring), 좌우흔듦진동(rocking), 앞뒤흔듦진동(wagging), 꼬임진동(twisting)이 있다.

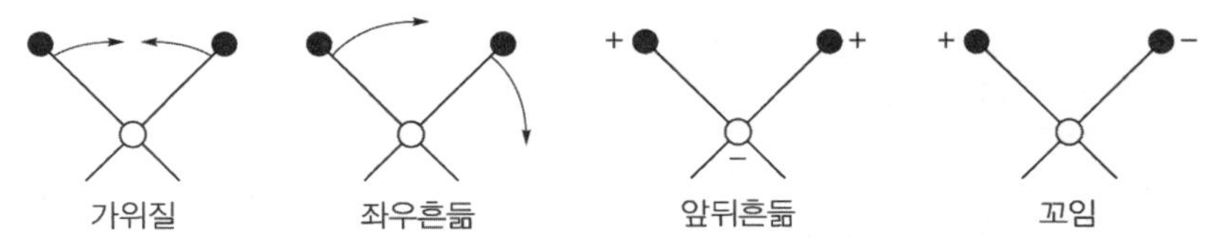

14 다음 H－NMR spectrum과 같이 0.97ppm에서 3중선, 면적비 3, 1.64ppm에서 12중선, 면적비 2, 2.37ppm에서 6중선, 면적비 2, 9.76ppm에서 3중선, 면적비 1을 나타내는 물질의 구조식을 그리시오. (단, 분석물질은 분자량이 72이고, C, H, O로만 구성되어 있다.)

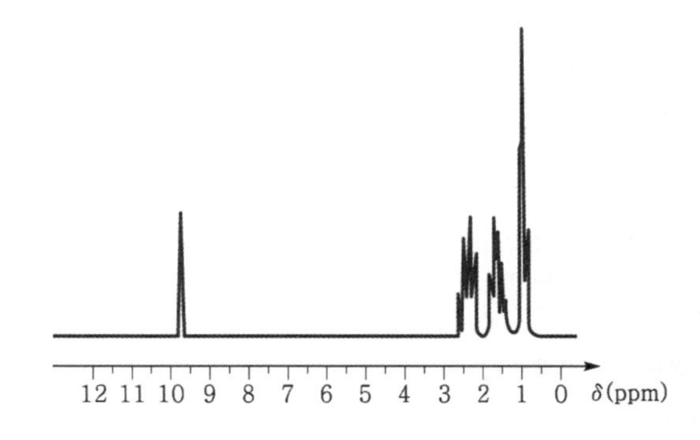

정답

$CH_3-CH_2-CH_2-CH(=O)$

해설 13법칙으로부터 $\frac{72}{13} = 5 + \frac{7}{13}$: $C_5H_{12} \rightarrow C_4H_8O$

불포화도 $= \frac{(2 \times \text{탄소수} + 2) - \text{수소수}}{2} = \frac{(2 \times 4 + 2) - 8}{2} = 1$

이중결합 한 개 또는 고리구조를 예상할 수 있다. 화학적 이동 9.76ppm은 알데하이드기(−CHO)의 H로 인한 피크로 한 개의 이중결합을 갖는 구조로 예상한다.

화학적 이동(ppm)	H수(면적비)		다중도		예상구조
0.97	3	CH_3	3	2+1	**CH_3** − CH_2
1.64	2	CH_2	12	(3+1) × (2+1)	CH_3 − **CH_2** − CH_2
2.37	2	CH_2	6	(2+1) × (1+1)	− CH_2 − **CH_2** − CH
9.76	1	CHO	3	2+1	CH_2 − **CHO**

예상되는 구조식은 $CH_3-CH_2-CH_2-CH(=O)$ 이다.

2009 제4회 필답형 기출복원문제

01 시료 내 분석물을 정량할 때 가리움제를 넣어 주는 이유를 쓰시오.

정답 가리움제가 시료 내의 방해 화학종과 먼저 반응하여 착물을 형성하여 방해를 줄이고 분석물이 잘 반응할 수 있도록 도와주기 때문에 시료를 전처리할 때 가리움제를 넣어 준다.

해설 시료 내의 분석물을 정량할 때 방해 화학종이 분석물과 반응해야 할 물질과 먼저 반응할 수 있으므로 이를 방지하기 위해 가리움제를 넣어 준다. 가리움제가 시료 내의 방해 화학종과 먼저 반응하여 착물을 형성하여 방해를 줄이고 분석물이 잘 반응할 수 있도록 도와준다. 예를 들어, Mg^{2+}을 EDTA로 정량하려고 할 때 Al^{3+}가 있으면 방해를 한다. 이때 가리움제로 F^-를 넣어주면 방해 이온인 Al^{3+}와 반응하여 착물을 형성하므로 방해하지 못하게 한다.

02 표준용액을 만들 때 1차 표준물질의 당량 무게가 작은 것보다 큰 것을 쓰는 이유를 쓰시오.

정답 1차 표준물질의 무게를 달 때 당량 무게가 큰 것을 쓸수록 상대오차가 작아지게 되므로 더 정확한 농도의 표준용액을 만들 수 있다.

해설 1차 표준물질이 갖추어야 할 조건

- 고순도(99.9% 이상)이어야 한다.
- 조해성, 풍해성이 없어야 하며, 흡수, 풍화, 공기 산화 등의 성질이 없어야 한다.
- 정제하기 쉬워야 한다.
- 반응이 정량적으로 진행되어야 한다.
- 오랫동안 보관하여도 변질되지 않아야 한다.
- 공기 중이나 용액 내에서 안정해야 한다.
- 합리적인 가격으로 구입이 쉬워야 한다.
- 물, 산, 알칼리에 잘 용해되어야 한다.
- 큰 화학식량을 가지거나 또는 당량 중량이 커서 측정오차를 줄일 수 있어야 한다.

03 원자흡수분광법에서 선 넓힘이 일어나는 원인 4가지를 쓰시오.

정답 ① 불확정성 효과, ② 도플러 효과, ③ 압력 효과, ④ 전기장과 자기장 효과

해설 선 넓힘의 원인

- 불확정성 효과 : 하이젠베르크(Heisenberg)의 불확정성 원리에 의해 생기는 선 넓힘으로 자연선 너비라고도 한다.
- 도플러 효과 : 검출기로부터 멀어지거나 가까워지는 원자의 움직임에 의해 생기는 선 넓힘으로 원자가 검출기로부터 멀어지면 원자에 의해 흡수되거나 방출되는 복사선의 파장이 증가하고 가까워지면 감소한다.
- 압력 효과 : 원자들 간의 충돌로 바닥상태의 에너지준위의 작은 변화로 인해 흡수하거나 방출하는 파장이 어떤 범위를 가지게 되어 생기는 선 넓힘이다.
- 전기장과 자기장 효과 : 센 자기장이나 전기장하에서 에너지준위가 분리되는 현상에 의해 생기는 선 넓힘이다. 원자분광법에서는 선 넓힘의 원인이 아닌 스펙트럼 방해를 보정하는 바탕보정 시 이용하므로 바탕보정 방법으로 분류한다.

04 **약한 염기(B) 수용액의 염기 해리상수 $K_b = 1.00 \times 10^{-5}$일 때, 수용액으로부터 유기용매로 염기성 물질이 추출될 수 있는 최소 pH를 구하시오. (단, 분배계수 k는 5.00, 분포비 D는 4.984이다.)**

정답 11.49

해설

분포비 또는 분포계수는 섞이지 않는 두 용매 사이에서 한 화학종의 분석 몰농도의 비$\left(\frac{C_{org}}{C_{aq}}\right)$를 나타내며, $D = k \times \frac{K_a}{K_a + [H_3O^+]_{aq}}$으로 구할 수 있다(여기서, D : 분포비, k : 분배계수).

$K_a \times K_b = K_w$이므로 $K_a = \frac{1.00 \times 10^{-14}}{1.00 \times 10^{-5}} = 1.00 \times 10^{-9}$

$4.984 = 5.00 \times \frac{1.00 \times 10^{-9}}{1.00 \times 10^{-9} + [H_3O^+]_{aq}}$, $[H_3O^+] = 3.210 \times 10^{-12}M$

$\therefore \ pH = -\log(3.210 \times 10^{-12}) = 11.49$

05 **다음은 혈액 시료에 들어 있는 중금속의 함량을 반복 측정하여 얻은 값이다. 이 측정값들에 대한 다음 물음에 답하시오. (단, 소수점 넷째 자리까지 구하시오.)**

〈측정값〉	0.575, 0.576, 0.571, 0.570, 0.572 (단위 : ppm)

(1) 평균을 구하시오.

(2) 표준편차를 구하시오.

정답 (1) 0.5728ppm
(2) 0.0026ppm

해설

- **평균**(mean 또는 average) : 측정한 값들의 합을 전체 수로 나눈 값으로 산술평균이라고도 한다.

$$\bar{x} = \frac{\sum_{i=1}^{n} x_i}{n}$$

여기서, x_i : 개개의 x값을 의미, n : 측정수, 자료수

- **표준편차**(s)

$$s = \sqrt{\frac{\sum_{i=1}^{n}(x_i - \bar{x})^2}{n-1}}$$

여기서, x_i : 각 측정값, $\bar{x}$: 평균, n : 측정수, 자료수

(1) $\bar{x} = \frac{0.575 + 0.576 + 0.571 + 0.570 + 0.572}{5} = 0.5728ppm$

(2) $s = \sqrt{\frac{(0.575 - 0.5728)^2 + (0.576 - 0.5728)^2 + (0.571 - 0.5728)^2 + (0.570 - 0.5728)^2 + (0.572 - 0.5728)^2}{5-1}}$
$= 0.0026ppm$

06 측정 농도의 평균이 26.9ppm이고, 표준편차가 0.93ppm인 시료를 취할 때마다 표준편차가 2.10ppm일 때 전체 분산값을 구하시오.

정답 5.27

해설 우연오차

- 전체 분석과정에서 나타나는 우연오차인 전체 표준편차 S_o는 시료를 취하는 과정에서 생기는 표준편차 S_s와 분석하는 과정에서 생기는 표준편차 S_a에 따라 달라진다.
- 전체 분산($S_o{}^2$)은 시료 취하기의 분산($S_s{}^2$)과 분석과정의 분산($S_a{}^2$)의 합으로 나타난다.

$$S_o{}^2 = S_s{}^2 + S_a{}^2$$
$$= (0.93)^2 + (2.10)^2 = 5.27$$

07 무기화합물을 분리 분석하는 데 이용하는 이온 크로마토그래피에서 억제칼럼을 사용하는 이유를 쓰시오.

정답 이동상 용액이 이온화되면 분석물질의 이온을 관측하는 데 방해가 될 수 있기 때문에 이동상의 전해질을 없애기 위한 방법으로 억제칼럼을 사용한다.

해설 이온 크로마토그래피에서 검출기로는 전도도검출기를 사용하므로 무기 이온을 적당한 시간에 용리시키기 위해서는 이동상에 있는 전해질의 농도가 매우 높아야 한다. 그래서 시료 이온의 전도도에는 영향을 주지 않고, 용리 용매의 전해질을 이온화하지 않는 분자 화학종으로 바꿔 주는 이온교환수지로 충전되어 있는 억제칼럼을 사용한다. 이온교환 분석칼럼의 바로 뒤에 설치하여 사용함으로써 용매 전해질의 전도도를 막아 시료 이온만의 전도도를 검출할 수 있게 해 준다.

08 HPLC에서 이동상을 (1) 한 가지 조성의 용매만을 사용하는 방법과, (2) 두 가지 이상의 조성을 사용하는 방법을 무엇이라고 하는지 쓰시오.

정답 (1) 등용매 용리
(2) 기울기 용리

해설 기울기 용리(gradient elution)

- 극성이 다른 2~3가지 용매를 사용하여 용리가 시작된 후에 용매들을 섞는 비율은 이미 프로그램된 비율에 따라 단계적으로 또는 연속적으로 변화시킨다.
- 분리효율을 높이고 분리시간을 단축시키기 위해 사용한다.
- 기체 크로마토그래피에서 온도 변화 프로그램을 이용하여 얻은 효과와 유사한 효과가 있다.
- 일정한 조성의 단일 용매를 사용하는 분리법은 등용매 용리(isocratic elution)라고 한다.

09 충치를 예방하기 위해서 1.60mg F⁻/kg water인 음용수의 사용을 권장한다. 이 음용수 0.50ton을 만들기 위해 필요한 NaF의 질량(g)을 구하시오. (단, Na의 원자량은 23.0, F의 원자량은 19.0이다.)

정답 1.77g

해설
$$\frac{1.60 \times 10^{-3}\text{g F}^-}{1\text{kg H}_2\text{O}} \times \left(0.50\text{ton} \times \frac{1{,}000\text{kg}}{1\text{ton}}\right) \times \frac{1\text{mol F}^-}{19.0\text{kg F}^-} \times \frac{1\text{mol NaF}}{1\text{mol F}^-} \times \frac{42.0\text{g NaF}}{1\text{mol NaF}}$$
$$= 1.77\text{g NaF}$$

10 다음 각 광학분광계의 기기배치 순서를 〈보기〉의 기호로 나열하시오.

> ① 제한된 스펙트럼을 제공하는 파장선택기　② 안정된 복사에너지 광원
> ③ 시료용기　④ 신호처리장치 및 판독장치
> ⑤ 복사선을 유용한 신호로 변환시키는 검출기

(1) 분자흡수분광계

(2) 원자흡수분광계

(3) 형광 또는 인광 분광계

정답 (1) ② → ① → ③ → ⑤ → ④
(2) ② → ③ → ① → ⑤ → ④
(3) ② → ① → ③ → ① → ⑤ → ④

해설 기기배치

- 흡수법 : 연속 광원을 쓰는 일반적인 흡수분광법에서는 시료가 흡수하는 특정 파장의 흡광도를 측정해서 정량하는 것이므로 파장선택기가 광원 뒤에 놓이나 시료와 같은 금속에서 나오는 선 광원을 쓰는 원자흡수분광법에서는 광원보다 원자화 과정에서 발생되는 방해 복사선을 제거하는 것이 중요하므로 파장선택기가 시료 뒤에 놓인다.
  ① 분자흡수법 : 광원 – 파장선택기 – 시료용기 – 검출기 – 신호처리장치 및 판독장치
  ② 원자흡수법 : 광원 – 시료용기 – 파장선택기 – 검출기 – 신호처리장치 및 판독장치
- 형광 · 인광 및 산란법 : 시료가 방출하는 빛의 파장을 검출해야 하므로 광원에서 나오는 빛의 영향을 최소화하기 위해 광원 방향에 대하여 보통 90°의 각도에서 측정한다. 발광을 측정하는 장치에서는 두 개의 단색화 장치를 사용하여 광원의 들뜸 빛살과 시료가 방출하는 방출 빛살에 대해 모두 파장을 분리한다.
- 방출분광법 및 화학발광분광법 : 시료 그 자체가 발광체로서 광원이 되므로 외부 복사선 광원을 필요로 하지 않는다.
  ① 광원, 시료용기 – 파장선택기 – 검출기 – 신호처리장치 및 판독장치
  ② 방출분광법에서는 시료용기는 플라스마, 스파크 또는 불꽃으로 모두 다 시료를 포함하고 있으며 특정 복사선을 방출한다.
  ③ 화학발광분광법에서 복사선의 광원은 분석물질과 반응시약의 용액이며 이는 투명한 시료용기에 들어 있다.

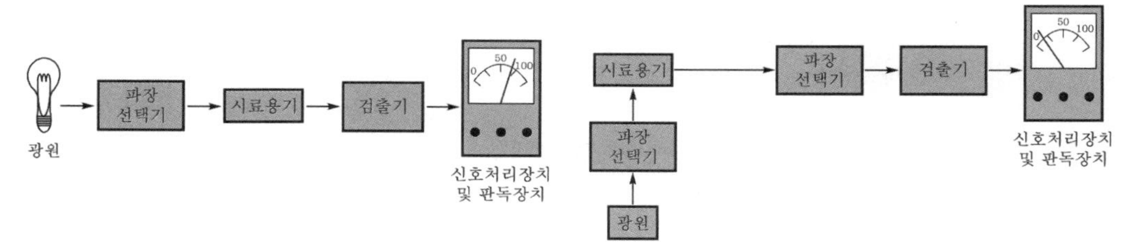

(a) 흡광 측정을 위한 배치　(b) 형광 측정을 위한 배치

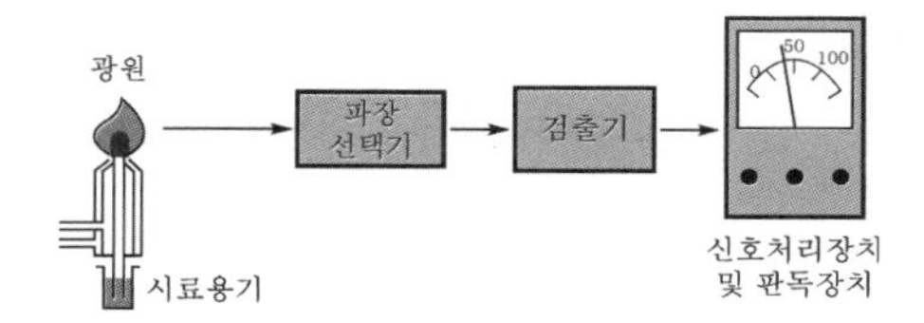

(c) 방출 분광학을 위한 배치

11 원자흡수분광법에서 Sr을 정량하기 위하여 검정곡선을 그릴 때 K을 넣어 주는 이유를 쓰시오.

정답 K은 분석물질 Sr보다 이온화가 더 잘 되어 분석물질이 이온화되는 것을 막아 준다.

해설 **이온화 평형**

이온화가 많이 일어나 원자의 농도를 감소시켜 나타나는 방해이다. 분석물질보다 이온화가 더 잘 되어 불꽃에 높은 농도의 전자를 제공하는 이온화 억제제(ionization suppressor)를 사용함으로써 이온화 평형의 이동을 막고 시료의 이온화를 억제할 수 있다. 이온화 억제제로는 주로 K, Rb, Cs과 같은 알칼리금속이 사용된다.

12 원자흡수분광법을 이용하여 수은을 정량할 때 찬 증기 원자화법을 사용하는 이유를 쓰시오.

정답 수은은 실온에서도 상당한 증기압을 나타내어 높은 온도의 열원을 사용하지 않고도 기체 원자화 할 수 있기 때문이다.

해설 **찬 증기 원자화**

- 오직 수은(Hg) 정량에만 이용하는 방법이다.
- 수은은 실온에서도 상당한 증기압을 나타내어 높은 온도의 열원을 사용하지 않고도 기체 원자화 할 수 있다.
- 여러 가지 유기수은화합물들이 유독하기 때문에 찬 증기 원자화법이 이용된다.

13 벤젠 37.8mg을 헥산을 용매로 500mL 부피플라스크를 채워 1cm의 시료 셀에 넣어 측정하였더니 256nm에서 최대흡광도가 나타났다. 흡광도가 0.187일 때 몰흡광계수를 구하시오. (단, 벤젠의 분자량은 78.114g/mol이다.)

정답 $193.22\text{cm}^{-1} \cdot \text{M}^{-1}$

해설 **베르 – 람베르트의 법칙(Beer – Lambert law)**

- 베르 법칙(Beer's law ; 흡광도는 농도에 비례함)과 람베르트 법칙(Lambert law ; 흡광도는 매질을 통과하는 거리에 비례함)을 합한 법칙이다.
- 단색 복사선에서 흡광도는 매질을 통과하는 거리와 흡수물질의 농도 c에 직접 비례한다.
- $A = \varepsilon bc$

  여기서, ε : 몰흡광계수($\text{cm}^{-1} \cdot \text{M}^{-1}$)

  b : 셀의 길이(cm)

  c : 시료의 농도(M)
- 흡광도와 투광도 사이의 관계식 : $A = -\log T = \varepsilon bc$
- 베르 법칙은 분석물의 농도 범위가 $10^{-4} \sim 10^{-3}$M의 묽은 용액에서 잘 맞다.

$$0.187 = \varepsilon \times 1 \times \frac{37.8 \times 10^{-3}\text{g 벤젠} \times \dfrac{1\text{mol 벤젠}}{78.114\text{g 벤젠}}}{0.500\text{L}}$$

$\therefore\ \varepsilon = 193.22\text{cm}^{-1} \cdot \text{M}^{-1}$

14 **한 흡수 화학종 X가 화학반응과정 중에 다른 흡수 화학종 Y로 변화될 때, 자외선-가시광선 흡수스펙트럼에서 화학종 X와 화학종 Y가 같은 파장에서 같은 흡광도를 나타내는 지점을 무엇이라고 하는지 쓰시오.**

✔ 정답 등흡광점

✔ 해설 **등흡광점**

- 전체 농도가 일정한 두 화합물의 스펙트럼이 어느 한 파장에서 교차될 때 두 혼합물의 각 농도가 어떤 농도 조성으로 변하더라도 어떤 특정한 파장에서 똑같은 흡광도를 갖는데 이 지점을 등흡광점이라고 한다.
- 화학반응에서 등흡광점이 존재한다는 것은 하나의 주된 화학종이 또 다른 주된 화학종으로 변화된다는 것을 알 수 있는 좋은 증거가 된다.

2010 제2회 필답형 기출복원문제

01 부피플라스크와 눈금피펫에는 "A"자로 표시된 것도 있다. "A"자가 표시되지 않은 부피플라스크와 눈금피펫과는 어떠한 차이가 있는지 쓰시오.

정답 A 표시가 있는 유리기구는 미국표준기술연구소(NIST, National Institute of Standards and Technology)에서 정한 허용오차 내에 들어오는 유리기구임을 의미하며, A 표시가 없는 유리기구는 허용오차가 2배 이상 더 크다. 따라서 A 표시가 있는 부피플라스크와 눈금피펫 등의 유리기구를 사용하면 더 정확하고 정밀한 부피 측정이 가능하다.

02 농도를 표시하는 백분율 중 w/v%를 설명하시오.

정답 질량/부피백분율 $\%(w/v) = \dfrac{\text{용질의 질량(g)}}{\text{용액의 부피(mL)}} \times 100\%$

해설 퍼센트농도

- 질량백분율 $\%(w/w) = \dfrac{\text{용질의 질량(g)}}{\text{용액(용매+용질)의 질량(g)}} \times 100\%$

  퍼센트농도에 단위가 %로만 사용되는 경우는 질량백분율을 의미한다.

- 부피백분율 $\%(v/v) = \dfrac{\text{용질의 부피}}{\text{용액의 부피}} \times 100\%$

- 질량/부피백분율 $\%(w/v) = \dfrac{\text{용질의 질량(g)}}{\text{용액의 부피(mL)}} \times 100\%$

  고체 화합물을 순수한 액체에 용해시켜 만든 용액의 조성을 나타낼 때 사용한다.

03 0.02M Al^{3+} 용액 100mL와 반응하는 데 필요한 0.08M EDTA 용액의 부피(mL)를 구하시오.

정답 25.00mL

해설 Al^{3+}와 EDTA는 1 : 1 반응이므로 몰수가 같다.

$0.02\text{M} \times 100\text{mL} = 0.08\text{M} \times V(\text{mL})$

$\therefore V = 25.00\text{mL}$

04 계통오차의 종류 3가지를 쓰고, 각각 설명하시오.

정답 ① 방법오차 : 분석과정에서 비이상적인 화학적 또는 물리적 성질로 인해 생기는 오차이다.
② 기기오차 : 측정 장치 또는 기기의 비이상적 거동, 잘못된 검정 또는 부적절한 조건 등에서 생기는 오차이다.
③ 개인오차 : 실험자의 경솔함, 부주의, 개인적인 한계 등에 의해 생기는 오차이다.

05 검출한계를 설명하시오.

✔ 정답 주어진 신뢰수준(보통 95%)에서 신호로 검출될 수 있는 최소의 농도이다. 또는 20개 이상의 바탕시료를 측정하여 얻은 바탕신호들의 표준편차의 3배에 해당하는 신호를 나타내는 농도를 의미한다.

06 pH가 10으로 완충되어 있는 0.083M Mg^{2+} 용액 30.0mL에 0.043M EDTA 용액 15.0mL를 가하였을 때 pMg = (−log[Mg^{2+}])를 구하시오. (단, $K_f(MgY^{2-}) = 4.9\times10^8$, $\alpha_{Y^{4-}} = 0.35$이다.)

✔ 정답 1.39

✔ 해설 금속을 EDTA로 적정하는 동안에 변화하는 유리 Mg^{2+} 농도의 계산이다.

적정 반응은 $Mg^{2+} + EDTA \rightleftarrows MgY^{2-}$, $K_f' = \alpha_{Y^{4-}}K_f = \dfrac{[MgY^{2-}]}{[Mg^{2+}][EDTA]}$이다.

K_f' 값이 크면 적정의 각 점에서 반응은 완전히 진행된다.

$K_f' = 0.35\times4.9\times10^8 = 1.715\times10^8$이므로 반응은 완전히 진행되며, 0.043M EDTA 용액 15.0mL를 가하였을 때는 당량점의 부피 57.91mL 이전이다. 이 영역에서는 EDTA가 모두 소모되고, 용액에는 과량의 Mg^{2+}가 남게 된다. 또한 유리금속이온의 농도는 반응하지 않은 과량의 Mg^{2+}의 농도와 같으며, MgY^{2-}의 해리는 무시한다.

$$[Mg^{2+}] = \frac{(0.083\times30.0)-(0.043\times15.0)}{30.0+15.0} = 0.041M$$

$$\therefore\ pMg = -\log(0.041) = 1.39$$

07 크로마토그래피에서 칼럼 효율에 영향을 주는 변수 4가지를 쓰시오.

✔ 정답 ① 이동상의 선형속도, ② 이동상의 확산계수, ③ 정지상에서의 확산계수, ④ 머무름 인자,
⑤ 충전물의 입자지름, ⑥ 정지상 표면에 입힌 액체 막 두께
이 중 4가지 기술

08 신호 대 잡음비를 정수비로 나타내는 방법을 쓰시오.

✔ 정답 신호 대 잡음비는 분석신호(S)를 잡음신호(N)로 나눈 값이다. 분석신호는 측정신호의 평균($\bar{x}$)이고, 잡음신호는 측정신호의 표준편차(s)이므로 신호 대 잡음비는 분석신호의 상대표준편차의 역수가 된다.

$$\frac{신호(S)}{잡음(N)} = \frac{신호는\ 측정의\ 평균값(\bar{x})}{잡음은\ 측정신호의\ 표준편차(s)} = \frac{1}{상대표준편차(RSD)}$$

✔ 해설 분석 측정은 두 가지 요소로 구성되어 있다. 하나는 화학자가 관심을 갖는 분석시료의 정보를 갖고 있는 신호(signal)이고, 다른 하나는 잡음(noise)이다. 잡음은 분석의 정확도와 정밀도를 감소시키고, 분석시료의 검출한계에 많은 방해작용을 한다. 일반적으로 분석방법의 특징 또는 분석기기의 성능을 잡음으로만 설명하는 것보다 신호 대 잡음비(S/N)로 나타내는 방법이 더 좋은 계수가 된다.

09 많은 광도계와 분광광도계의 겹빛살 기기는 크게 공간적으로 분리되는 겹빛살 기기와 시간적으로 분리되는 겹빛살 기기로 구분된다. 공간적으로 분리되는 겹빛살 기기의 기기 구조를 그리시오. (단, 일반적인 분광광도계는 광원, 단색화 장치, 시료용기, 검출기, 신호증폭기와 판독장치로 구성된다.)

✔ 정답

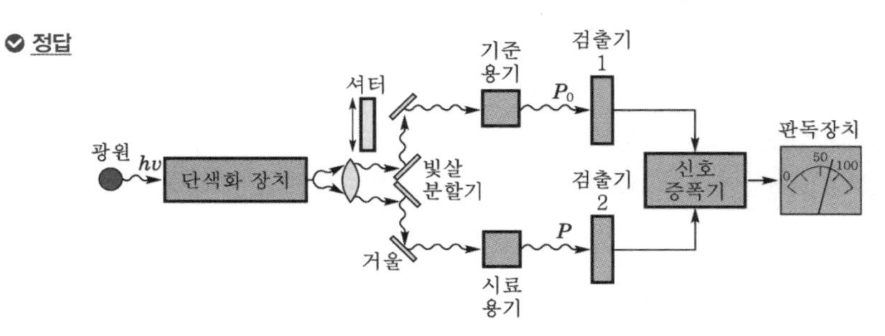

✔ 해설 기기의 형태

- 홑빛살형 기기 : 필터나 단색화 장치로부터 나온 복사선은 기준용기나 시료용기를 통과하여 광검출기에 부딪힌다.

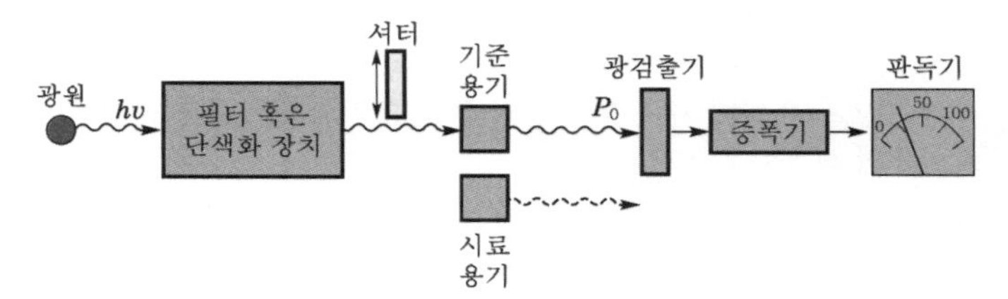

- 공간적-겹빛살형 기기 : 필터나 단색화 장치로부터 나온 복사선은 두 개의 빛살로 분리되어 동시에 기준용기와 시료용기를 통과한 후 두 개의 광검출기에 부딪힌다.

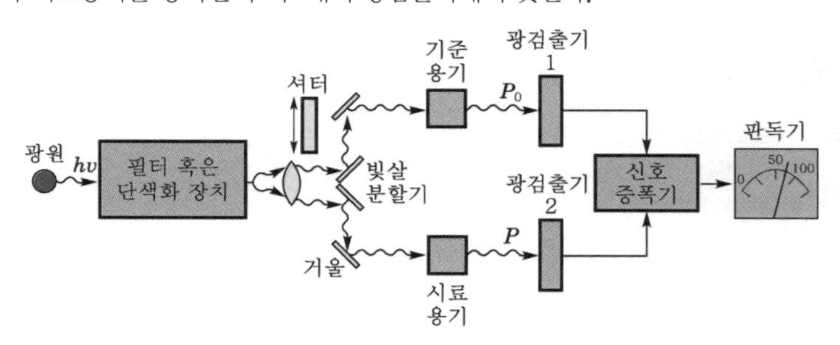

- 시간적-겹빛살형 기기 : 빛살은 기준용기와 시료용기를 번갈아 통과한 후 단일 광검출기에 부딪히며, 두 개의 용기를 통과하면서 단지 밀리초 단위로 빛살을 분리한다.

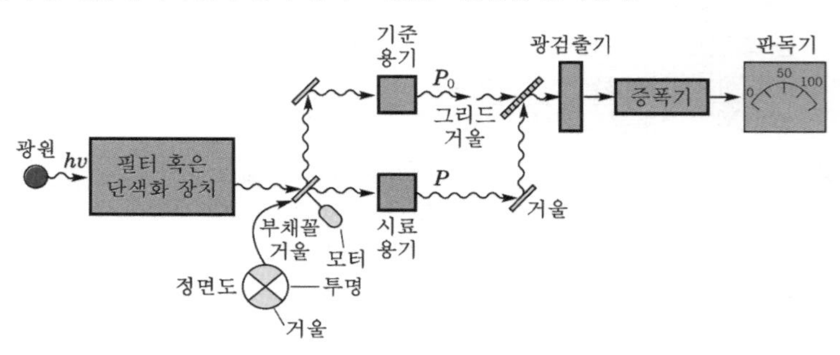

10 원자흡수분광법에서 낮은 분자량의 알코올, 에스터, 케톤 등을 포함하는 시료용액을 사용하면 흡수 봉우리가 증가하는 이유 3가지를 쓰시오.

✔ 정답 ① 유기용매의 효과는 주로 분무효율을 증가시키는 역할에 기인한다. 이러한 용액은 표면장력이 약하기에 더 작은 방울로 되게 하여 결과적으로 불꽃에 도달하는 시료의 양이 증가되어 흡수 봉우리가 증가한다.
② 유기용매가 물보다 더 빨리 증발하여 원자화가 잘 되어 흡수 봉우리가 증가한다.
③ 용액의 점도를 감소시켜 분무기가 빨아올리는 효율이 증가되어 흡수 봉우리가 증가한다.

11 수소화물 생성 원자흡수분광법의 검출한계가 불꽃원자흡수분광법의 검출한계에 비해 약 1,000배 정도 낮은 이유를 쓰시오.

✔ 정답 비소(As), 안티모니(Sb), 주석(Sn), 셀레늄(Se), 비스무트(Bi) 및 납(Pb)을 포함하는 시료들은 불꽃에서 직접 원자화시키면 불꽃에 머무른 시간이 짧아 감도가 낮아진다. 그러나 휘발성이 큰 수소화물을 만들면 이들이 쉽게 기체화되므로 용기 내에서 모은 후 이를 한꺼번에 원자화 장치에 도입하여 원자화시킬 수 있기 때문에 감도가 높아지고 검출한계는 낮아진다.

✔ 해설 수소화물 생성 원자화
- 비소(As), 안티모니(Sb), 주석(Sn), 셀레늄(Se), 비스무트(Bi) 및 납(Pb)을 포함하는 시료를 원자화 장치에 도입하기 위하여 수소화붕소소듐($NaBH_4$) 수용액을 가하여 휘발성 수소화물(MH_n)을 생성시키는 방법이다.
- 휘발성 수소화물(MH_n)은 비활성 기체에 의해 원자화 장치로 운반되고 가열하면 분해되어 분석물 원자가 생성된다.
- 검출한계를 10 ~ 100배 정도 향상시킬 수 있다.

12 유도결합플라스마 부품 중 분무기에 의해 분무된 시료입자 중 작고 균일한 크기의 입자들만 플라스마에 도입하기 위하여 큰 에어로졸 방울을 효율적으로 걸러내는 장치는 무엇인지 쓰시오.

✔ 정답 분무체임버(spray chamber)

✔ 해설 압축 공기에 의한 분무기는 일반적으로 분무기와 플라스마 사이에 분무체임버(spray chamber)를 배치한다. 큰 방울은 탈용매화, 원자화, 들뜸이 효율적이지 않기 때문에 에어로졸의 큰 방울을 제거하기 위해 분무체임버가 설계되었다.

13 광학분광법은 크게 6가지 현상을 기초로 이루어진다. 다음 빈칸에 알맞은 용어를 쓰시오.

흡광(absorption), 형광(fluorescence), 인광(phosphorescence),
(①), (②), (③)

✔ 정답 ① 산란(scattering)
② 방출(emission)
③ 화학발광(chemiluminescence)

14 원자흡수분광법으로 금속을 분석할 경우 나타나는 방해 영향 중 이온화 방해를 줄이는 방법을 쓰시오.

정답 분석물질보다 이온화가 더 잘 되어 불꽃에 높은 농도의 전자를 제공하는 이온화 억제제를 사용함으로써 이온화 평형의 이동을 막고 시료의 이온화를 억제할 수 있다.

해설 **이온화 평형(이온화 방해)**

- 높은 온도의 불꽃에 의해 분석원소가 이온화를 일으켜 중성원자가 덜 생기는 방해로 이온화가 많이 일어나 원자의 농도를 감소시켜 나타나는 방해이다.
- 온도가 증가하면 들뜬 원자수가 증가하므로 이온의 형성을 억제하기 위해 들뜬 온도를 낮게 하고 압력은 높인다.
- 분석물질보다 이온화가 더 잘 되어 불꽃에 높은 농도의 전자를 제공하는 이온화 억제제(ionization suppressor)를 사용함으로써 이온화 평형의 이동을 막고 시료의 이온화를 억제할 수 있다. 이온화 억제제로는 주로 K, Rb, Cs과 같은 알칼리금속이 사용된다.
  예 Sr 정량 시 이온화 억제제로 K 첨가, K 정량 시 이온화 억제제로 Cs 첨가

2010 제4회 필답형 기출복원문제

01 음용수 중의 중금속을 분석하기 위한 분석법 4가지를 쓰시오.

정답 ① 불꽃원자흡수분광계(AAS)
② ICP 원자방출분광계
③ ICP-MS 원자질량분석계
④ 이온 크로마토그래피
⑤ 이온 선택성 전극을 이용한 전위차계
⑥ 발색 시약을 이용한 UV-VIS 흡수분광광도계
이 중 4가지 기술

02 0.01063M $KMnO_4$ 50.00mL에 H_2SO_4 5.00mL, $NaNO_2$ 50.00mL를 섞고 가열하여 다음의 반응식이 완결되도록 하였다. 몇 분간 가열 후 0.02500M $Na_2C_2O_4$ 용액 20.00mL를 첨가하였더니 색깔이 없어졌다. 이 용액에서 과망간산이온은 모두 소모되었고, 과량의 옥살산이 존재하여 남은 옥살산을 역적정하였더니 0.01063M $KMnO_4$ 2.41mL를 가해야 눈에 띌 정도의 자주색이 나타났다. 바탕 적정에서 0.01063M $KMnO_4$ 0.05mL가 필요했다면 $NaNO_2$의 몰농도(M)를 구하시오. (단, 소수점 다섯째 자리까지 구하시오.)

$$5NO_2^- + 2MnO_4^- + 6H^+ \rightleftarrows 5NO_3^- + 2Mn^{2+} + 3H_2O$$
$$5C_2O_4^{2-} + 2MnO_4^- + 16H^+ \rightleftarrows 10CO_2 + 2Mn^{2+} + 8H_2O$$

정답 0.01783M

해설 남은 $C_2O_4^{2-}$과 반응한 MnO_4^-의 mmol

$$: \left(0.02500\text{M} \times 20.00\text{mL} \times \frac{2\text{mol } MnO_4^-}{5\text{mol } C_2O_4^{2-}}\right) - (0.01063\text{M} \times 2.41\text{mL}) = 0.174382\text{mmol } MnO_4^-$$

NO_2^-과 반응한 MnO_4^-의 mmol

= 가한 MnO_4^-의 mmol − 남은 $C_2O_4^{2-}$과 반응한 MnO_4^-의 mmol − 바탕 적정에 사용된 MnO_4^-의 mmol

$$: (0.01063\text{M} \times 50.00\text{mL}) - 0.174382\text{mmol} - (0.01063\text{M} \times 0.05\text{mL}) = 0.356597\text{mmol } MnO_4^-$$

$$\therefore NaNO_2\text{의 몰농도} = \frac{0.356587\text{mmol } MnO_4^- \times \dfrac{5\text{mmol } NO_2^-}{2\text{mmol } MnO_4^-} \times \dfrac{1\text{mmol } NaNO_2}{1\text{mmol } NO_2^-}}{50.00\text{mL}}$$

$$= 0.01783\text{M}$$

03 매트릭스 효과란 무엇인지 쓰시오.

정답 시료 중에 존재하고 있는 분석물질이 아닌 다른 어떤 물질, 즉 매트릭스가 분석과정을 방해하여 분석신호의 변화가 있는 것을 매트릭스 효과라고 한다.

해설 매트릭스(matrix)는 분석물질을 제외하고 미지시료 중에 함유되어 있는 모든 화학종을 말하며, 매트릭스 효과란 시료 중에 존재하고 있는 분석물질이 아닌 다른 어떤 물질에 의해서 일으키는 분석신호의 변화로서 정의한다.

04 3-메틸펜탄올 250mg과 펜탄올 240mg을 함유한 용액 10mL를 GC로 분리하여 얻은 봉우리 높이비는 $X : Y =$ 0.91 : 1.00이다. 펜탄올을 내부 표준물질(Y)로 할 때, 3-메틸펜탄올(X)의 감응인자(F)를 구하시오. (단, 3-메틸펜탄올의 분자량은 102.2g/mol, 펜탄올의 분자량은 88.15g/mol이다.)

정답 1.01

해설 **내부 표준물법(internal standard)**

- 시료에 이미 알고 있는 농도의 내부 표준물을 첨가하여 시험분석을 수행하는 방법으로서 시험분석 절차, 기기 또는 시스템의 변동에 의해 발생하는 오차를 보정하기 위해 사용한다.
- 분석물질의 신호와 내부 표준의 신호를 비교하여 분석물질이 얼마나 들어있는지를 알아낸다.
- 표준물질은 분석물질과 다른 화학종의 물질이다.
- 감응인자(F)

$$\frac{A_X}{[X]} = F \times \frac{A_S}{[S]}$$

여기서, $[X]$: 분석물질의 농도
$[S]$: 표준물질의 농도
A_X : 분석물질 신호의 면적
A_S : 표준물질 신호의 면적

$$\frac{\text{분석물 } X\text{의 봉우리 높이}}{\text{분석물 } X\text{의 농도(M)}} = F \times \frac{\text{내부 표준물질 } Y\text{의 봉우리 높이}}{\text{내부 표준물질 } Y\text{의 농도(M)}}$$

$$\frac{0.91}{\left(0.250\text{g } X \times \dfrac{1\text{mol } X}{102.2\text{g } X} \times \dfrac{1}{0.01\text{L}}\right)} = F \times \frac{1.00}{\left(0.240\text{g } Y \times \dfrac{1\text{mol } Y}{88.15\text{g } Y} \times \dfrac{1}{0.01\text{L}}\right)}$$

$\therefore F = 1.01$

05 할로젠 화합물, 과산화물, 퀴논 및 나이트로기와 같은 전기음성도가 큰 작용기를 포함하는 분자에 특히 민감하게 반응하는 GC의 검출기를 쓰시오.

정답 전자포획검출기(ECD)

해설 **전자포획검출기(ECD, electron capture detector)**

- 살충제와 polychlorinated biphenyl과 같은 화합물에 함유된 할로젠 원소에 감응 선택성이 크기 때문에 환경 시료에 널리 사용된다.
- X-선을 측정하는 비례계수기와 매우 유사한 방법으로 작동한다.
- ^{63}Ni과 같은 β-선 방사체를 사용하며, 방사체에서 나온 전자는 운반기체(주로 N_2)를 이온화시켜 많은 수의 전자를 생성한다.
- 유기화학종이 없으면 이온화 과정으로 인해 검출기에 일정한 전류가 흐른다. 그러나 전자를 포착하는 성질이 있는 유기분자들이 있으면 검출기에 도달하는 전류는 급격히 감소한다.
- 검출기의 감응은 전자포획원자를 포함하는 화합물에 선택적이며, 할로젠, 과산화물, 퀴논, 나이트로기와 같은 전기음성도가 큰 작용기를 포함하는 분자에 특히 감도가 좋다. 그러나 아민, 알코올, 탄화수소와 같은 작용기에는 감응하지 않는다.
- 장점 : 불꽃이온화검출기에 비해 감도가 매우 좋고, 시료를 크게 변화시키지 않는다.
- 단점 : 선형으로 감응하는 범위가 작다($\sim 10^2$g).

06 주어진 〈자료〉를 보고 다음 물음에 답하시오.

〈자료〉	22.4, 21.4, 23.2, 22.5, 23.5, 21.7

(1) 평균값을 구하시오.

(2) 중앙값을 구하시오.

정답 (1) 22.45
(2) 22.45

해설 • **평균**(mean 또는 average) : 측정한 값들의 합을 전체 수로 나눈 값으로 산술평균이라고도 한다.

$$\bar{x} = \frac{\sum_{i=1}^{n} x_i}{n}$$

여기서, x_i : 개개의 x값을 의미
n : 측정수, 자료수

• **중앙값**(median) : 한 세트의 자료를 오름차순 또는 내림차순으로 나열하였을 때의 중간값을 의미한다.
① 결과들이 홀수 개이면, 중앙값은 순서대로 나열하여 중앙에 위치하는 결과가 된다.
② 결과들이 짝수 개이면, 중간의 두 결과에 대한 평균이 중앙값이 된다.

(1) 평균 $= \frac{22.4+21.4+23.2+22.5+23.5+21.7}{6} = 22.45$

(2) 크기 순서대로 나열하면 21.4, 21.7, 22.4, 22.5, 23.2, 23.5

중앙값 $= \frac{22.4+22.5}{2} = 22.45$

07 물질 A, B, C가 섞여 있는 혼합물을 (1) 역상 분배 크로마토그래피를 사용할 때 크로마토그램을 그리고, (2) 용매의 극성이 감소하면 크로마토그램이 위에 비해 어떻게 되는지 그리시오. (단, 용질 극성은 A>B>C이다.)

정답 (1)

검출기 신호
A B C
시간

(2)

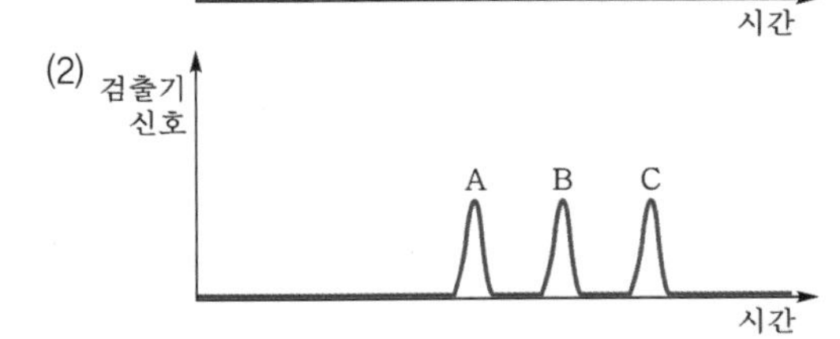

해설 정지상이 비극성이므로 가장 극성인 A가 제일 먼저, 그 다음 B, C가 뒤따라 나온다. 이동상의 극성이 감소하면 (1)에 비해 A는 이동상과 친화력이 작아져서 좀 더 느리게 나오고, B와 C로 갈수록 이동상과 친화력이 더 커져 좀 더 빠르게 나와 (1)에서와 같은 순서로 용리되지만 머무름시간은 훨씬 작은 차이를 갖게 된다.

08 다음 〈보기〉에서 설명하는 분석법을 쓰시오.

- 단백질, 우유, 곡류 및 밀가루에 존재하는 질소를 정량하는 방법이다.
- 유기화합물을 황산으로 가열분해하고 삭혀 질소를 암모니아성 질소로 만든 다음 알칼리를 넣어 유리시켜 수증기 증류법에 따라 포집된 암모니아를 정량하는 방법이다.
- 분해를 촉진하기 위해 셀레늄, 황산수은, 황산구리와 같은 촉매를 첨가하는 방법이다.

정답 켈달(Kjeldahl) 질소분석법

해설 **켈달(Kjeldahl) 질소분석법**

- 유기물질 속에 질소를 정량하는 가장 일반적인 방법인 켈달 질소분석법은 중화 적정에 기반을 두고 있다.
- 켈달법은 시료를 뜨거운 진한 황산용액에서 분해시켜 결합된 질소를 암모늄이온(NH_4^+)으로 전환시킨 다음 이 용액을 냉각시켜 묽히고 염기성으로 만든다. 염기성 용액에서 증류하여 발생되는 암모니아를 과량의 산성 용액으로 모으고, 중화 적정(역적정법)하여 정량한다.
- 분해단계는 종종 켈달법 정량에서 가장 시간이 많이 걸리는 반응이다. 삭임시간을 짧게 하기 위하여 가장 널리 이용되는 방법은 황산포타슘(K_2SO_4)과 같은 중성염을 첨가하여 진한 황산(98wt%)용액의 끓는점(338℃)을 증가시켜 분해온도를 높여 주는 방법이다. 또 다른 방법은 삭임 후 혼합용액에 과산화수소를 첨가하여 대부분의 유기물질을 분해하는 것이다.

09 전기분해 시 농도의 편극을 줄이기 위한 실험적인 방법 3가지를 쓰시오.

정답 ① 반응물의 농도를 증가시킨다.
② 전체 전해질 농도를 감소시킨다.
③ 기계적으로 저어준다.
④ 용액의 온도를 높인다.
⑤ 전극의 표면적을 크게 한다.
이 중 3가지 기술

해설 **농도 편극**

- 반응 화학종이 전극 표면까지 이동하는 속도가 요구되는 전류를 유지시킬 수 있는 정도가 되지 않을 경우 발생한다.
- 반응 화학종이 벌크용액으로부터 전극 표면으로 이동하는 속도가 느려 전극 표면과 벌크용액 사이의 농도 차이에 의해 발생되는 편극이다.
- 반응물의 농도가 낮을 때와 전체 전해질 농도가 높을 때 농도 편극이 더 잘 일어난다.
- 기계적으로 저어줄 때, 용액의 온도가 높을 때, 전극의 크기가 클수록, 전극의 표면적이 클수록 편극 효과는 감소한다.

10 흡수 분광광도계를 구성하는 부분장치의 순서는 다음과 같다. 다음 빈칸에 들어갈 알맞은 용어를 쓰시오.

광원 – 시료용기 – (①) – (②) – 신호처리기

정답 ① 파장선택기, ② 검출기

11 킬레이트 효과에 대하여 쓰시오.

✔ 정답 여러 자리 리간드가 유사한 한 자리 리간드보다 더 안정한 금속 착물을 형성하는 능력이다.

12 다음 물음에 답하시오. (단, Planck 상수는 6.626×10^{-34}J · s이다.)

(1) 515Å의 X선 광자에너지(J)를 구하시오.

(2) 515nm의 가시복사선에너지(J)를 구하시오.

✔ 정답 (1) 3.86×10^{-18}J
(2) 3.86×10^{-19}J

✔ 해설 에너지와 파장과의 관계식

$$E = h\nu = h\frac{c}{\lambda}$$

여기서, h : 플랑크상수(6.626×10^{-34}J · s)
ν : 진동수(s^{-1})
λ : 파장(m)
c : 진공에서 빛의 속도(3.00×10^{8}m/s)

(1) $E = h\frac{c}{\lambda} = \frac{6.626 \times 10^{-34}\text{J} \cdot \text{s} \times 3.00 \times 10^{8}\text{m/s}}{515 \times 10^{-10}\text{m}} = 3.86 \times 10^{-18}\text{J}$

(2) $E = h\frac{c}{\lambda} = \frac{6.626 \times 10^{-34}\text{J} \cdot \text{s} \times 3.00 \times 10^{8}\text{m/s}}{515 \times 10^{-9}\text{m}} = 3.86 \times 10^{-19}\text{J}$

13 파장이 380nm인 복사선 입자 1몰의 에너지(kJ/mol)를 구하시오. (단, Plank 상수는 6.626×10^{-34}J · s 이다.)

✔ 정답 315.01kJ/mol

✔ 해설 에너지와 파장과의 관계식

$$E = h\nu = h\frac{c}{\lambda}$$

여기서, h : 플랑크상수(6.626×10^{-34}J · s)
ν : 진동수(s^{-1})
λ : 파장(m)
c : 진공에서 빛의 속도(3.00×10^{8}m/s)

입자 1개의 에너지 : $E = h\frac{c}{\lambda} = \frac{6.626 \times 10^{-34}\text{J} \cdot \text{s} \times 3.00 \times 10^{8}\text{m/s}}{380 \times 10^{-9}\text{m}} = 5.231 \times 10^{-19}\text{J}$

$\therefore$ 입자 1mol의 에너지 : $E = \frac{5.231 \times 10^{-19}\text{J}}{1\text{개 입자}} \times \frac{6.022 \times 10^{23}\text{개 입자}}{1\text{mol}} \times \frac{1\text{kJ}}{1{,}000\text{J}}$
$= 315.01$kJ/mol

14 **자외선 – 가시광선 분광법에서 유리 큐벳은 350nm 이하의 파장에서는 사용할 수 없다. 다음 물음에 답하시오.**

(1) 유리 큐벳을 350nm 이하의 파장에서는 사용할 수 없는 이유를 쓰시오.

(2) 350nm 이하의 파장에서 사용할 수 있는 큐벳의 재질을 쓰시오.

✔ 정답 (1) 일반유리는 자외선 영역의 복사선을 흡수하므로 자외선 영역에서는 사용할 수 없다.
(2) 석영 또는 용융 실리카 재질

✔ **해설** 방출분광법을 제외한 모든 분광법에서는 측정을 위한 시료용기가 필요하며, 단색화 장치와 마찬가지로 시료를 담는 용기인 셀(cell) 또는 큐벳(cuvette)은 투명한 재질로 되어 이용하는 복사선을 흡수하지 않아야 한다.

- 석영, 용융 실리카 : 자외선 영역(350nm 이하)과 가시광선 영역에 이용한다.
- 규산염 유리, 플라스틱 : 가시광선 영역에 이용한다.
- 결정성 NaCl, KBr 결정, TlI, TlBr : 자외선, 가시광선, 적외선 영역에서 모두 가능하나, 주로 적외선 영역에서 이용한다.

15 **자외선 – 가시광선 분광법에서 금속이온을 분석하고자 할 때 특정 리간드와 착물을 형성하여 분석하는 경우가 많다. 어떤 과정으로 빛의 흡수가 일어나는지를 쓰시오.**

✔ 정답 전이금속이온 또는 리간드가 가지고 있는 전자를 들뜨게 하여 흡수되거나, 전이금속이온과 리간드 사이에서 전자 전이가 일어나는 전하이동 전이로 인해 빛의 흡수가 일어난다.

2011 제1회 필답형 기출복원문제

01 실험기구에 표기되어 있는 TD와 TC에 대한 다음 물음에 답하시오.

(1) TD 20℃에 대하여 설명하시오.

(2) TC 20℃에 대하여 설명하시오.

정답 (1) TD는 '옮기는(to deliver)'이라는 의미로, 20℃에서 피펫이나 뷰렛과 같은 기구를 이용하여 다른 용기로 옮겨진 용액의 부피를 의미한다.

(2) TC는 '담아있는(to contain)'이라는 의미로, 20℃에서 부피플라스크와 같은 용기에 표시된 눈금까지 액체를 채웠을 때의 부피를 의미한다.

02 미지시료 1.50g을 진한 황산에 넣어 완전히 분해하여 모든 질소를 NH_4^+로 만들고, 이 용액에 NaOH를 가해 염기성으로 만들어 모든 NH_4^+를 NH_3로 만든 후 이를 증류하여 0.250M HCl 용액 10.00mL에 모은다. 그 다음 이 용액을 0.300M NaOH 용액으로 적정하였더니 3.50mL가 적가되었다. 이 미지시료에 들어 있는 단백질의 함량(w/w%)을 구하시오. (단, 단백질의 질소 함량은 16.2%이다.)

정답 8.35%

해설
- NH_3와 반응 후 남은 HCl의 mmol = 적정에 사용된 NaOH의 mmol

  $0.300\text{M} \times 3.50\text{mL} = 1.05\text{mmol}$
- NH_3의 mmol = NH_4^+의 mmol = 시료 중 N의 mmol

  $(0.250\text{M} \times 10.00\text{mL}) - 1.05\,\text{mmol} = 1.45\text{mmol N}$

$$\frac{1.45\text{mmol N} \times \dfrac{14\text{mg N}}{1\text{mmol N}} \times \dfrac{1\text{g}}{1{,}000\text{mg}} \times \dfrac{100\text{g 단백질}}{16.2\text{g N}}}{1.50\text{g 미지시료}} \times 100 = 8.35\%$$

03 시료의 질소 함량을 분석하기 위한 시료채취상수가 0.4g일 때, 이 분석에서 0.1% 시료 채취 정밀도를 얻으려면 취해야 하는 시료의 양(g)을 구하시오.

정답 40.00g

해설 시료채취상수
- Ingamells 시료채취상수 K_s는 시료채취 %상대표준편차(R)를 1%로 하는 데 필요한 시료의 양(m)이다.
- %상대표준편차가 1%일 때, 즉 $\sigma_r = 0.01$에서 K_s는 m과 같다.
- $K_s = m \times (\sigma_r \times 100\%)^2 = mR^2$

  여기서, K_s : Ingamells 시료채취상수

  m : 분석시료의 무게(g)

  σ_r : 상대표준편차

  R : %상대표준편차

  $0.4 = mR^2 = x \times (0.1)^2 \quad \therefore x = 40.00\text{g}$

04 0.020M Al^{3+} 용액 30.00mL와 반응하는 데 필요한 0.015M EDTA 용액의 부피(mL)를 구하시오.

정답 40.00mL

해설 Al^{3+}와 EDTA는 1 : 1 반응이므로 몰수가 같다.
$0.020\text{M} \times 30.00\text{mL} = 0.015\text{M} \times V(\text{mL})$ $\therefore V = 40.00\text{mL}$

05 다음은 반복 측정하여 얻은 값이다. 다음 물음에 답하시오. (단, 단위는 ppm이고, 소수점 셋째 자리까지 구하시오.)

〈측정값〉	1.62, 1.58, 1.66, 1.64

(1) 평균을 구하시오.

(2) 표준편차를 구하시오.

(3) 변동계수를 구하시오.

정답 (1) 1.625ppm
(2) 0.034ppm
(3) 2.092%

해설
- **평균(mean 또는 average)** : 측정한 값들의 합을 전체 수로 나눈 값으로 산술평균이라고도 한다.

$$\bar{x} = \frac{\sum_{i=1}^{n} x_i}{n}$$

여기서, x_i : 개개의 x값을 의미
n : 측정수, 자료수

- **표준편차(s)** : $s = \sqrt{\frac{\sum_{i=1}^{n}(x_i - \bar{x})^2}{n-1}}$

여기서, x_i : 각 측정값
$\bar{x}$: 평균
n : 측정수, 자료수

- **변동계수(CV, coefficient of variation)** : $CV = \text{RSD} \times 100\% = \frac{s}{\bar{x}} \times 100\%$

(1) 평균값 $= \frac{1.62 + 1.58 + 1.66 + 1.64}{4} = 1.625\text{ppm}$

(2) 표준편차 $= \sqrt{\frac{(1.62-1.625)^2 + (1.58-1.625)^2 + (1.66-1.625)^2 + (1.64-1.625)^2}{4-1}}$
$= 0.034\text{ppm}$

(3) 변동계수 $= \frac{0.034}{1.625} \times 100 = 2.092\%$

06 EDTA 적정 시 알칼리성 용액에서 보조 착화제를 사용하는 이유를 쓰시오.

✔ 정답 EDTA와 반응하는 금속 양이온이 염기성 용액에서는 수산화물 침전을 만들어 EDTA 적정에 방해를 하게 된다. 이때 보조 착화제를 사용하면 금속 양이온이 보조 착화제와 먼저 결합하므로 수산화물 침전이 생기지 않도록 하여 방해없이 EDTA 적정을 할 수 있게 한다.

✔ 해설 보조 착화제(auxiliary complexing agent)

- pH가 높은 염기성 용액에서 금속을 EDTA로 적정하려면 보조 착화제를 사용해야 한다.
  pH 10에서 $\alpha_{Y^{4-}}$은 0.30의 값을 나타내므로 $\alpha_{Y^{4-}}$을 높이려면 염기성 용액에서 적정한다.
- 보조 착화제의 종류는 암모니아, 타타르산, 시트르산, 트라이에탄올아민 등의 금속과 강하게 결합하는 리간드이다.
- 보조 착화제의 역할은 금속과 강하게 결합하여 수산화물 침전이 생기는 것을 막는다. 그러나 EDTA가 가해질 때는 결합한 금속을 내어줄 정도의 약한 결합이 되어야 한다.
  결합 세기 : 금속 - 수산화물 < 금속 - 보조 착화제 < 금속 - EDTA

07 9.0μg/mL F^- 이온이 들어 있는 수돗물 표준시료를 직접 전위차법으로 측정하였더니 9.1μg/mL, 8.6μg/mL, 9.5μg/mL, 9.3μg/mL, 8.9μg/mL를 얻었다. 측정값들의 평균의 백분율 상대오차를 구하시오.

✔ 정답 0.89%

✔ 해설 상대오차(E_r)

- 절대오차를 참값으로 나눈 값으로 절대오차보다 더 유용하게 이용되는 값이다.
- 백분율 상대오차

$$E_r = \frac{x_i - x_t}{x_t} \times 100\%$$

여기서, x_i : 어떤 양을 갖는 측정값

x_t : 어떤 양에 대한 참값 또는 인정된 값

$$\text{평균값} = \frac{9.1+8.6+9.5+9.3+8.9}{5} = 9.08\mu g/mL$$

$$E_r = \frac{\text{평균값} - \text{참값}}{\text{참값}} \times 100\% = \frac{9.08-9.0}{9.0} \times 100 = 0.89\%$$

08 정량분석 시 재현성을 측정하는 방법을 설명하시오.

✔ 정답 측정 데이터로부터 표본 표준편차, 표본 분산(가변도), 평균의 표준오차, 상대표준편차, 변동계수 등을 계산하여 재현성을 측정한다.

✔ 해설 재현성

- 정확히 똑같은 양을 똑같은 방법으로 측정하여 얻은 측정값들이 일치하는 정도를 말하며, 측정값들이 평균에 얼마나 가까이 모여 있는지의 정도, 즉 측정의 정밀도를 나타낸다.
- 표본 표준편차, 표본 분산(가변도), 평균의 표준오차, 상대표준편차, 변동계수, 퍼짐 또는 구간 등으로 측정한다.

09 데이터 97, 100, 104, 99, 113에서 113을 버릴지 Q – test를 이용하여 95% 신뢰수준에서 결정하시오. (단, $n=5$일 때 $Q(95\%)=0.71$이다.)

정답 113은 버리지 않는다.

해설 Q – test

의심스러운 결과를 버릴 것인지, 보유할 것인지를 판단하는 데 사용되던 통계학적 시험법이다.

- 측정값을 작은 것부터 큰 것으로 나열한다.
- 의심스러운 측정값(x_q)과 이에 가장 가까이 이웃하는 측정값(x_n)과의 차이의 절댓값을 한 무리의 데이터의 퍼짐(w)으로 나누어 $Q_{실험}$값을 구한다.

$$Q_{실험}=\frac{|x_q-x_n|}{w}$$

- 어떤 신뢰수준에서 $Q_{실험} > Q_{기준}$, 그 의심스러운 점은 버려야 한다.
- 어떤 신뢰수준에서 $Q_{실험} < Q_{기준}$, 그 의심스러운 점은 버리지 말아야 한다.

크기 순서대로 나열하면 97, 99, 100, 104, 113이다.

$$Q_{실험}=\frac{|x_q-x_n|}{w}=\frac{|113-104|}{113-97}=0.56$$

∴ 95% 신뢰수준에서 $0.56 < 0.71$($Q_{실험} < Q_{기준}$)이므로 의심스러운 점, 113은 버리지 말아야 한다.

10 액체 크로마토그래피에서 이동상이 극성이고, 이동상의 극성이 증가할수록 분리시간이 증가하는 크로마토그래피의 종류를 쓰시오.

정답 역상 분배 크로마토그래피

해설 역상 분배 크로마토그래피(reversed – phase chromatography)

- 정지상이 비극성인 것으로 종종 탄화수소를 사용하며, 이동상은 물, 메탄올, 아세토나이트릴과 같이 비교적 극성인 용매를 사용한다.
- 역상 분배 크로마토그래피에서는 극성이 가장 큰 성분이 처음에 용리되고, 이동상의 극성을 증가시키면 용리시간도 길어진다.

11 자외선 – 가시광선 분광법에서 용매의 차단점(cut – off – point)은 무엇인지 설명하시오.

정답 물을 기준으로 하여 한 용매의 흡광도를 측정하였을 때 흡광도가 1일 때의 파장을 말한다.

해설

- 차단점 아래의 파장에서는 용매의 흡수 정도가 매우 크기 때문에 분석물의 흡수 파장은 용매의 차단점보다 커야 한다.
- 차단점을 파장 한계라고도 한다.
- 물의 차단점은 200nm이다.

12 미지시료를 적외선 분광법으로 분석할 때, 고체상태 알갱이 시료가 압력이나 grinding에 의해 변성되지 않을 때의 측정방법 2가지를 쓰시오.

정답 ① KBr과 같은 고체 매트릭스를 미지시료에 혼합하여 잘 갈아 균일하게 만든 후 펠렛으로 만들어 측정한다.
② 탄화수소 오일(nujol)과 같은 액체 매트릭스에 미지시료를 혼합하여 잘 갈아서 멀(mull)을 만들어 측정한다.

13 불꽃원자흡수분광법과 전열원자흡수분광법에서 일어나는 두 가지 방해가 있다. 다음 물음에 답하시오.

(1) 스펙트럼 방해에 대하여 설명하시오.

(2) 또 다른 하나는 어떤 방해인지 쓰고, 이에 대하여 설명하시오.

정답 (1) 방해 화학종의 흡수선 또는 방출선이 분석선에 너무 가까이 있거나 겹쳐서 단색화 장치에 의하여 분리가 불가능한 경우에 생긴다.
(2) 화학적 방해
원자화 과정에서 분석물질이 여러 가지 화학적 변화를 받은 결과 흡수 특성이 변화하기 때문에 생긴다. 휘발성이 낮은 화합물을 생성하거나, 해리가 잘 일어나지 않는 금속 산화물이나 금속 수산화물이 생성되어 원자화 효율을 감소시키거나, 이온화가 많이 일어나 원자의 농도를 감소시켜 나타나는 방해이다.

해설
- **스펙트럼 방해**
  ① 방해 화학종의 흡수선 또는 방출선이 분석선에 너무 가까이 있거나 겹쳐서 단색화 장치에 의하여 분리가 불가능한 경우에 생긴다.
  ② 스펙트럼 방해 보정법(매트릭스 방해 보정법)
    ㉠ 연속 광원 보정법
    ㉡ 두 선 보정법
    ㉢ 광원 자체 반전에 의한 바탕보정법
    ㉣ Zeeman 효과에 의한 바탕보정법
- **화학적 방해**
  ① 원자화 과정에서 분석물질이 여러 가지 화학적 변화를 받은 결과 흡수 특성이 변화하기 때문에 생긴다.
  ② 휘발성이 낮은 화합물 생성에 의한 방해 : 분석물이 음이온과 반응하여 휘발성이 작은 화합물을 만들어 분석성분의 원자화 효율을 감소시키는 음이온에 의한 방해이다.
  ③ 해리 평형에 의한 방해 : 원자화 과정에서 생성되는 금속 산화물(MO)이나 금속 수산화물(MOH)의 해리가 잘 일어나지 않아 원자화 효율을 감소시키는 것을 말한다.
  ④ 이온화 평형에 의한 방해 : 이온화가 많이 일어나 원자의 농도를 감소시켜 나타나는 방해이다.

14 미세전극은 지름이 수 μm 이하인 전극이며, 주어진 실험조건하에서 그 크기가 확산층 정도이거나 또는 이보다 작은 전극이다. 미세전극을 전압전류법에서 사용할 때의 장점 4가지를 쓰시오.

정답 ① 생물 세포와 같이 매우 작은 크기의 시료에도 사용할 수 있다.
② IR 손실이 적어 저항이 큰 용액이나 비수용매에도 사용할 수 있다.
③ 전압을 빨리 주사할 수 있으므로 반응 중간체와 같이 수명이 짧은 화학종의 연구에 사용할 수 있다.
④ 전극 크기가 작으므로 충전전류가 작아져서 감도가 수천 배 증가한다.

15 흡수분광계와 형광분광계에 대한 다음 물음에 답하시오. (단, 분광광도계는 광원, 시료용기, 파장선택기, 검출기로 구성된다.)

(1) 흡수분광계의 기기배치를 쓰시오.

(2) 형광분광계의 기기배치를 쓰시오.

정답 (1) ① 분자흡수법 : 광원 – 파장선택기 – 시료용기 – 검출기
② 원자흡수법 : 광원 – 시료용기 – 파장선택기 – 검출기

(2) 시료용기 – 파장선택기 – 검출기
|
파장선택기
|
광원

해설 기기배치

- 흡수법 : 연속 광원을 쓰는 일반적인 흡수분광법에서는 시료가 흡수하는 특정 파장의 흡광도를 측정해서 정량하는 것이므로 파장선택기가 광원 뒤에 놓이나 시료와 같은 금속에서 나오는 선 광원을 쓰는 원자흡수분광법에서는 광원보다 원자화 과정에서 발생되는 방해 복사선을 제거하는 것이 중요하므로 파장선택기가 시료 뒤에 놓인다.
  ① 분자흡수법 : 광원 – 파장선택기 – 시료용기 – 검출기 – 신호처리장치 및 판독장치
  ② 원자흡수법 : 광원 – 시료용기 – 파장선택기 – 검출기 – 신호처리장치 및 판독장치
- 형광 · 인광 및 산란법 : 시료가 방출하는 빛의 파장을 검출해야 하므로 광원에서 나오는 빛의 영향을 최소화하기 위해 광원 방향에 대하여 보통 90°의 각도에서 측정한다. 발광을 측정하는 장치에서는 두 개의 단색화 장치를 사용하여 광원의 들뜸 빛살과 시료가 방출하는 방출 빛살에 대해 모두 파장을 분리한다.
- 방출분광법 및 화학발광분광법 : 시료 그 자체가 발광체로서 광원이 되므로 외부 복사선 광원을 필요로 하지 않는다.
  ① 광원, 시료용기 – 파장선택기 – 검출기 – 신호처리장치 및 판독장치
  ② 방출분광법에서는 시료용기는 플라스마, 스파크 또는 불꽃으로 모두 다 시료를 포함하고 있으며, 특정 복사선을 방출한다.
  ③ 화학발광분광법에서 복사선의 광원은 분석물질과 반응시약의 용액이며 이는 투명한 시료용기에 들어 있다.

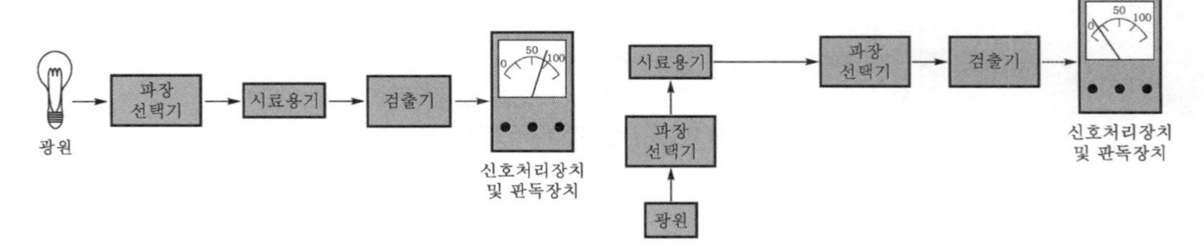

(a) 흡광 측정을 위한 배치 (b) 형광 측정을 위한 배치

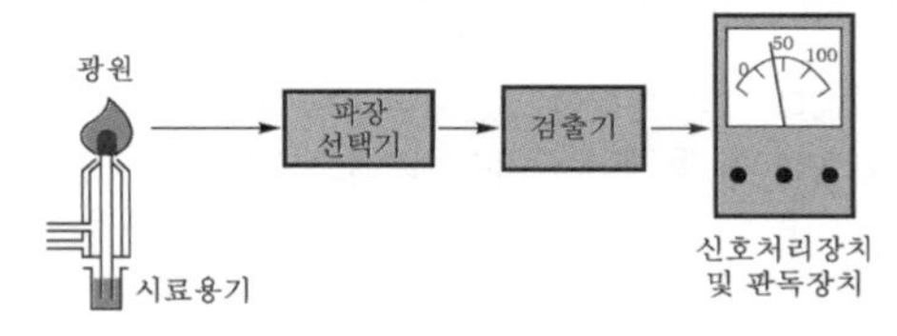

(c) 방출 분광학을 위한 배치

2011 제4회 필답형 기출복원문제

01 산 – 염기 반응에서 종말점을 검출해 내는 방법 2가지를 쓰시오.

정답 ① 산 – 염기 지시약, ② 전기전도법, ③ pH 측정
이 중 2가지 기술

해설 당량점은 가한 적정 시약이 분석물질과 화학량론적 반응을 일으키는데 필요한 정확한 양이 되는 점으로 적정에서 찾는 이상적인 결과이다. 실제로 측정하는 것은 종말점으로 지시약의 색이나 전극전위와 같은 것의 급격한 물리적 변화로 나타난다.

02 $BaCl_2 \cdot 2H_2O$로 0.148M Cl^- 용액 250mL를 만드는 방법을 설명하시오. (단, $BaCl_2 \cdot 2H_2O$의 분자량은 244.3g/mol이다.)

정답 4.52g $BaCl_2 \cdot 2H_2O$를 저울로 정확히 달아 250mL 부피플라스크에 넣고 표선까지 증류수를 채워 흔들어서 균일한 용액을 만든다.

해설 0.148M Cl^- 용액 250mL를 만드는 데 필요한 용질 $BaCl_2 \cdot 2H_2O$의 양(g)

$$\frac{0.148\text{mol } Cl^-}{1L} \times 0.250L \times \frac{1\text{mol } BaCl_2 \cdot 2H_2O}{2\text{mol } Cl^-} \times \frac{244.3g\ BaCl_2 \cdot 2H_2O}{1\text{mol } BaCl_2 \cdot 2H_2O}$$

$= 4.52g\ BaCl_2 \cdot 2H_2O$

03 미지시료의 I^- 25.0mL에 0.300M $AgNO_3$ 용액 50.0mL를 넣었다. 반응하고 남은 Ag^+에 Fe^{3+} 지시약을 넣고 0.100M KSCN으로 적정했을 때 12.5mL 적가되었다면, 미지시료의 I^-의 몰농도(M)를 구하시오.

정답 0.55M

해설 $Ag^+ + I^- \rightarrow AgI$

$Ag^+ + SCN^- \rightarrow AgSCN$

- 미지시료의 I^-과 반응하고 남은 Ag^+의 mmol = 반응한 SCN^-의 mmol
  $0.100M \times 12.5mL = 1.25mmol$
- 미지시료의 I^- mmol = 미지시료의 I^-과 반응한 Ag^+의 mmol
  = (과량으로 넣은 Ag^+의 mmol) − (SCN^-와 반응한 mmol)
  $(0.300M \times 50.0mL) - 1.25mmol = 13.75mmol\ I^-$

∴ 미지시료의 I^- 몰농도(M) : $\dfrac{13.75mmol}{25.0mL} = 0.55M$

04 원자흡수분광법에서 불꽃 원자화 장치 등으로 원자화를 한다. 이때 사용되는 유리관에 네온과 아르곤 등이 1~5torr 압력으로 채워진 텅스텐 양극과 원통 음극으로 이루어진 광원은 무엇인지 쓰시오.

정답 속빈 음극등

05 A물질의 평균 함량이 500.0mg이고 분산이 25일 때, A 함량의 95% 신뢰구간을 구하시오.

신뢰수준	90%	95%	99%
z	1.64	1.96	2.58

정답 500.0 ± 9.8mg

해설 신뢰구간

- Student의 t는 신뢰구간을 나타낼 때와 서로 다른 실험으로부터 얻은 결과를 비교하는데 가장 빈번하게 쓰이는 통계학적 도구이다.
- 모집단 표준편차(σ)가 알려져 있거나 표본 표준편차(s)가 σ의 좋은 근사값일 때의 신뢰구간 계산
  ① 한 번 측정으로 얻은 x의 신뢰구간 $= x \pm z\sigma$
  ② n번 반복하여 얻은 측정값의 평균인 경우의 신뢰구간 $= \bar{x} \pm \dfrac{z\sigma}{\sqrt{n}}$
- 모집단 표준편차(σ)를 알 수 없을 때의 신뢰구간 계산
  n번 반복하여 얻은 측정값의 평균 $\bar{x}$의 신뢰구간 $= \bar{x} \pm \dfrac{ts}{\sqrt{n}}$

  여기서, t : Student의 t
  자유도 : $n-1$
  $\bar{x}$: 시료의 평균
  s : 표준편차

  신뢰구간 $= x \pm z\sigma = 500.0 \pm (1.96 \times 5) = 500.0 \pm 9.8\text{mg}$

06 불꽃원자흡수분광법으로 금속시료를 분석하려고 한다. 다음 물음에 답하시오.

(1) 금속시료를 분석할 때 음이온에 의한 화학적 방해는 무엇인지 쓰시오.

(2) 이를 극복하는 방법을 쓰시오.

정답 (1) 낮은 휘발성 화합물 생성
(2) 가능한 한 높은 온도의 불꽃을 사용하거나 해방제 또는 보호제를 사용한다.

해설 낮은 휘발성 화합물 생성

- 분석물이 음이온과 반응하여 휘발성이 적은 화합물을 만들어 분석성분의 원자화 효율을 감소시키는 음이온에 의한 방해이다.
- 휘발성이 낮은 화합물의 생성에 의한 방해를 줄이는 방법
  ① 가능한 한 높은 온도의 불꽃 사용
  ② 해방제(releasing agent) 사용 : 방해물질과 우선적으로 반응하여 방해물질이 분석물질과 작용하는 것을 막을 수 있는 시약인 해방제를 사용한다.
  예 Ca 정량 시 PO_4^{3-}의 방해를 막기 위해 Sr 또는 La을 과량 사용한다. 또한 Mg 정량 시 Al의 방해를 막기 위해 Sr 또는 La을 해방제로 사용한다.
  ③ 보호제(protective agent) 사용 : 분석물과 반응하여 안정하고 휘발성 있는 화합물을 형성하여 방해물질로부터 분석물을 보호해 주는 시약인 보호제를 사용한다.
  예 EDTA, 8-hydroquinoline, APDC

07 데이터 15.47, 15.53, 15.48, 15.57, 15.54, 15.77 중 90% 신뢰수준에서 버려야 할 데이터가 있다면 (1) 그 데이터가 무엇인지 쓰고, (2) 그 이유를 설명하시오.

데이터수	4	5	6
Q(90% 신뢰도)	0.76	0.64	0.56

정답 (1) 버려야 할 데이터는 15.77이다.
(2) 90% 신뢰수준에서 0.67 > 0.56($Q_{실험} > Q_{기준}$)이기 때문이다.

해설 Q – test : 의심스러운 결과를 버릴 것인지, 보유할 것인지를 판단하는 데 사용되던 통계학적 시험법이다.

- 측정값을 작은 것부터 큰 것으로 나열한다.
- 의심스러운 측정값(x_q)과 이에 가장 가까이 이웃하는 측정값(x_n)과의 차이의 절댓값을 한 무리의 데이터의 퍼짐(w)으로 나누어 $Q_{실험}$값을 구한다.

$$Q_{실험} = \frac{|x_q - x_n|}{w}$$

- 어떤 신뢰수준에서 $Q_{실험} > Q_{기준}$, 그 의심스러운 점은 버려야 한다.
- 어떤 신뢰수준에서 $Q_{실험} < Q_{기준}$, 그 의심스러운 점은 버리지 말아야 한다.

크기 순서대로 나열하면 15.47, 15.48, 15.53, 15.54, 15.57, 15.77이며, 가장 떨어져 있는 데이터는 15.77로 의심스러운 측정값이다.

$$Q_{실험} = \frac{|x_q - x_n|}{w} = \frac{|15.77 - 15.57|}{15.77 - 15.47} = 0.67$$

∴ 90% 신뢰수준에서 0.67 > 0.56($Q_{실험} > Q_{기준}$)이므로 의심스러운 점, 15.77은 버려야 한다.

08 Nernst 식을 이용해 포화 칼로멜 전극이나 은 – 염화은 전극의 전위가 일정하게 유지되는 원리를 설명하시오.

정답 포화 칼로멜 전극과 은–염화은(Ag/AgCl) 전극의 전위 $E = E° - 0.05916\log[Cl^-]$으로 전극의 전위는 Cl^-의 농도에 의존하는데, 포화 KCl에 의해 Cl^-의 농도가 일정하게 유지되어 전극의 전위가 일정하게 유지된다.

해설 Nernst 식 : $E = E° - \frac{0.05916V}{n}\log Q$

- 포화 칼로멜 전극(SCE)
  ① 염화수은(Ⅰ)(Hg_2Cl_2, 칼로멜)으로 포화되어 있고 포화 염화칼륨(KCl) 용액에 수은을 넣어 만든다.
  ② 전극반응 : $Hg_2Cl_2(s) + 2e^- \rightleftarrows 2Hg(l) + 2Cl^-(aq)$
  ③ $E = E° - \frac{0.05916V}{n}\log Q = E° - \frac{0.05916}{2}\log[Cl^-]^2 = E° - 0.05916\log[Cl^-]$
- 은–염화은(Ag/AgCl) 전극
  ① 염화은(AgCl)으로 포화된 염화칼륨 용액 속에 잠긴 은(Ag) 전극으로 이루어져 있다.
  ② 전극반응 : $AgCl(s) + e^- \rightleftarrows Ag(s) + Cl^-(aq)$
  ③ $E = E° - \frac{0.05916V}{n}\log Q = E° - 0.05916\log[Cl^-]$

  포화 칼로멜 전극과 은–염화은(Ag/AgCl) 전극의 전위가 Cl^-의 농도에 의존한다. 포화 KCl에 의해 Cl^-의 농도가 일정하게 유지되어 전극의 전위가 일정하게 유지된다.

09 전압전류법에 대한 다음 물음에 답하시오.

(1) 산소의 환원에 대한 2가지 연속반응식을 쓰시오.

(2) 산소의 방해 방지를 위한 전처리 과정을 쓰시오.

정답 (1) ① $O_2 + 2H^+ + 2e^- \rightarrow H_2O_2$

② $H_2O_2 + 2H^+ + 2e^- \rightarrow 2H_2O$

(2) 비활성 기체(N_2 기체)를 용액에 수 분 동안 불어넣어 O_2를 쫓아내고, 분석하는 동안에는 용액 표면에 N_2를 계속 불어넣어 주어 공기 중의 O_2가 다시 용액에 흡수되지 못하도록 한다.

해설 산소파

- 용해되어 있는 산소는 많은 종류의 작업전극에서 쉽게 환원된다.
- 반응식 : $O_2 + 2H^+ + 2e^- \rightarrow H_2O_2$

  $H_2O_2 + 2H^+ + 2e^- \rightarrow 2H_2O$
- 전압-전류법은 용액에 용해되어 있는 산소를 정량하는데 편리하여 널리 사용된다.
- 산소가 용해되어 있으면 다른 화학종을 정확하게 정량하는데 종종 방해하는 경우도 있다.
- 전압-전류법과 전류법 측정을 시작하기 전에 산소를 제거하는 것이 일반적이다.

  ① 비활성 기체(N_2 기체)를 용액에 수 분 동안 불어넣어 O_2를 쫓아낸다(스파징, sparging).

  ② 분석하는 동안에는 용액 표면에 N_2를 계속 불어넣어 주어 공기 중의 O_2가 다시 용액에 흡수되지 못하도록 한다.

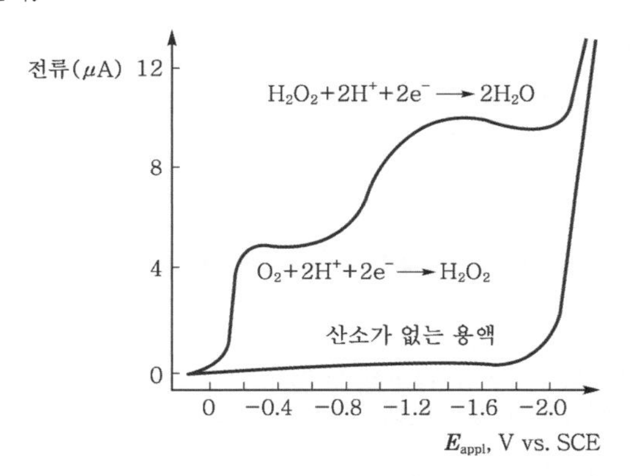

| 공기로 포화된 0.1M KCl 용액 중의 산소 환원 전압 – 전류곡선 |

10 신호 대 잡음비를 정수비로 나타내는 방법을 쓰시오.

정답 신호 대 잡음비는 분석신호(S)를 잡음신호(N)로 나눈 값이다. 분석신호는 측정신호의 평균($\bar{x}$)이고, 잡음신호는 측정신호의 표준편차(s)이므로 신호 대 잡음비는 분석신호의 상대표준편차의 역수가 된다.

$$\frac{\text{신호}(S)}{\text{잡음}(N)} = \frac{\text{신호는 측정의 평균값}(\bar{x})}{\text{잡음은 측정신호의 표준편차}(s)} = \frac{1}{\text{상대표준편차(RSD)}}$$

해설 분석 측정은 두 가지 요소로 구성되어 있다. 하나는 화학자가 관심을 갖는 분석시료의 정보를 갖고 있는 신호(signal)이고, 다른 하나는 잡음(noise)이다. 잡음은 분석의 정확도와 정밀도를 감소시키고, 분석시료의 검출한계에 많은 방해작용을 한다. 일반적으로 분석방법의 특징 또는 분석기기의 성능을 잡음으로만 설명하는 것보다 신호 대 잡음비(S/N)로 나타내는 방법이 더 좋은 계수가 된다.

11 1차 표준물질이 가져야 할 성질 4가지를 쓰시오.

정답 ① 고순도(99.9% 이상)이어야 한다.
② 조해성, 풍해성이 없어야 한다.
③ 흡수, 풍화, 공기 산화 등의 성질이 없어야 한다.
④ 정제하기 쉬워야 한다.
⑤ 반응이 정량적으로 진행되어야 한다.
⑥ 오랫동안 보관하여도 변질되지 않아야 한다.
⑦ 공기 중이나 용액 내에서 안정해야 한다.
⑧ 합리적인 가격으로 구입이 쉬워야 한다.
⑨ 물, 산, 알칼리에 잘 용해되어야 한다.
⑩ 큰 화학식량을 가지거나 또는 당량 중량이 커서 측정오차를 줄일 수 있어야 한다.
이 중 4가지 기술

12 질량분석법의 원리를 쓰시오.

정답 질량분석법은 여러 가지 성분의 시료를 기체상태로 이온화한 다음 자기장 혹은 전기장을 통해 각 이온을 질량 대 전하의 비(m/z)에 따라 분리하여 검출기를 통해 질량 스펙트럼을 얻는다.

해설 질량분석법의 분석단계
① 원자화
② 이온의 흐름으로 원자화에서 형성된 원자의 일부분을 전환
③ 질량 대 전하비(m/z)를 기본으로 형성된 이온의 분리
m : 원자 질량단위의 이온의 질량, z : 전하
④ 각각의 형태의 이온의 수를 세거나 적당한 변환기로 시료로부터 형성된 이온 전류를 측정

13 650nm에서 최대흡수파장(λ_{max})을 나타내는 물질의 몰흡광계수는 $1.27\times10^3 cm^{-1}\cdot M^{-1}$, 셀의 길이는 15.0mm, 농도는 3.26×10^{-4}M일 때 흡광도를 구하시오.

정답 0.62

해설 베르 – 람베르트의 법칙(Beer – Lambert law)
- 베르 법칙(Beer's law ; 흡광도는 농도에 비례함)과 람베르트 법칙(Lambert law ; 흡광도는 매질을 통과하는 거리에 비례함)을 합한 법칙이다.
- 단색 복사선에서 흡광도는 매질을 통과하는 거리와 흡수물질의 농도 c에 직접 비례한다.
- $A = \varepsilon bc$

  여기서, ε : 몰흡광계수($cm^{-1}\cdot M^{-1}$)
  b : 셀의 길이(cm)
  c : 시료의 농도(M)
- 흡광도와 투광도 사이의 관계식
  $A = -\log T = \varepsilon bc$

$\therefore A = 1.27\times10^3 cm^{-1}\cdot M^{-1}\times1.50cm\times3.26\times10^{-4}M = 0.62$

14 X선 분광법에서 이용되는 기체충전변환기 3가지를 쓰시오.

정답 ① Geiger관, ② 비례계수기, ③ 이온화상자

2012 제1회 필답형 기출복원문제

01 시료 전처리 과정에 포함되는 주요 조작 3가지를 차례대로 설명하시오.

정답 ① 시료 취하기 : 시료 취하기 과정으로 벌크시료 취하기, 실험시료 취하기, 반복시료 취하기 과정이 있다. 벌크시료는 화학적 조성이 분석하려고 하는 전체 시료의 것과 같고, 입자의 크기 분포도 전체 시료를 대표할 수 있는 적은 양의 시료를 말하며, 이를 대표 시료라고도 한다.

② 실험시료 만들기 : 벌크시료를 실제로 실험실에서 실험할 수 있을 정도의 양과 형태로 만드는 과정이다. 시료의 크기를 작게 하는 과정, 반복시료 만들기 과정, 용액시료를 만드는 과정 등이 포함된다. 실험시료는 분석하기 적당한 작은 크기로 균일하게 만든 시료이며, 이를 분석시료라고도 한다.

③ 방해물질 제거하기 : 사용하려는 분석방법에서 분석결과에 오차를 일으킬 수 있는 방해물질을 제거하기 위해 가리움제나 매트릭스 변형제 등을 첨가한다.

02 500mg/L의 Fe 표준용액 500mL를 순수한 Fe_2O_3로부터 만들 때 필요한 Fe_2O_3의 양(g)을 구하시오. (단, Fe의 원자량은 55.847g/mol, Fe_2O_3의 분자량은 159.69g/mol이다.)

정답 0.36g

해설 $$\frac{500\text{mg Fe}}{1\text{L}} \times 0.500\text{L} \times \frac{1\text{g}}{1{,}000\text{mg}} \times \frac{1\text{mol Fe}}{55.847\text{g Fe}} \times \frac{1\text{mol Fe}_2\text{O}_3}{2\text{mol Fe}} \times \frac{159.69\text{g Fe}_2\text{O}_3}{1\text{mol Fe}_2\text{O}_3}$$

$= 0.36\text{g Fe}_2\text{O}_3$

03 $BaCl_2 \cdot 2H_2O$로 0.142M Cl^- 용액 250mL를 만드는 방법을 설명하시오. (단, $BaCl_2 \cdot 2H_2O$의 분자량은 244.3g/mol이다.)

정답 4.34g $BaCl_2 \cdot 2H_2O$를 저울로 정확히 달아 250mL 부피플라스크에 넣고 표선까지 증류수를 채워 잘 흔들어 250mL 용액을 만든다.

해설 0.142M Cl^- 용액 250mL를 만드는 데 필요한 용질 $BaCl_2 \cdot 2H_2O$의 양(g)

$$\frac{0.142\text{mol Cl}^-}{1\text{L}} \times 0.250\text{L} \times \frac{1\text{mol BaCl}_2 \cdot 2\text{H}_2\text{O}}{2\text{mol Cl}^-} \times \frac{244.3\text{g BaCl}_2 \cdot 2\text{H}_2\text{O}}{1\text{mol BaCl}_2 \cdot 2\text{H}_2\text{O}}$$

$= 4.34\text{g BaCl}_2 \cdot 2\text{H}_2\text{O}$

04 0.02M Ca^{2+} 용액 25.00mL와 반응하는 데 필요한 0.05M EDTA 용액의 부피(mL)를 구하시오.

정답 10.00mL

해설 Ca^{2+}와 EDTA는 1 : 1 반응이므로 몰수가 같다.

$0.02\text{M} \times 25.00\text{mL} = 0.05\text{M} \times V(\text{mL})$

$\therefore V = 10.00\text{mL}$

05 다음은 화학자들이 주로 쓰는 분석법에 대한 설명이다. 빈칸에 들어갈 알맞은 분석법을 쓰시오.

(1) (　　　　) : 분석물 또는 분석물과 화학적으로 관련 있는 화합물의 질량을 측정하는 방법이다.
(2) (　　　　) : 분석물과 완전히 반응하는 데 필요한 용액의 부피를 측정하는 방법이다.
(3) (　　　　) : 전압, 전류, 저항 및 전기량과 같은 전기적 성질을 측정하여 시료의 상태를 알아내는 방법이다.
(4) (　　　　) : 전자기복사선이 분석물 원자나 분자와 상호작용하는 것을 측정하거나 분석물에 의해 생긴 복사선을 측정하는 것에 기초를 두고 있다.

정답 (1) 무게법
(2) 부피법
(3) 전기분석법
(4) 분광광도법

06 다음 물음에 답하시오.

(1) 정밀도에 대해 설명하시오.
(2) 정확도에 대해 설명하시오.

정답 (1) 정확히 똑같은 양을 똑같은 방법으로 측정하여 얻은 측정값들이 일치하는 정도를 말하며, 측정값들이 평균에 얼마나 가까이 모여 있는지의 정도, 즉 측정의 재현성을 나타낸다.
(2) 측정값 또는 측정값의 평균이 참값에 얼마나 가까이 있는지의 정도를 말한다.

07 시료성분 중 극성이 작은 물질이 먼저 용리되고, 이동상의 극성이 증가할수록 용리시간이 감소되는 액체 크로마토그래피의 종류를 쓰시오.

정답 정상 분배 크로마토그래피(정상 크로마토그래피)

해설 정상 분배 크로마토그래피(normal – phase chromatography)

- 정지상으로 실리카, 알루미나 입자에 도포시킨 물 또는 트리에틸렌글리콜과 같은 극성이 매우 큰 것을 사용하고, 이동상으로는 헥산 또는 아이소프로필에터와 같이 비극성인 용매를 사용한다.
- 정상 크로마토그래피에서는 극성이 가장 작은 성분이 상대적으로 이동상에 가장 잘 녹기 때문에 먼저 용리된다.
- 이동상의 극성을 증가시키면 용리시간이 짧아진다.

08 전열원자흡수분광법에서 사용하는 매트릭스 변형제의 역할에 대해 설명하시오.

정답 전열 원자화 장치에서 분석물이 원자화될 때 매트릭스와 반응하여 매트릭스가 분석물보다 더 잘 휘발하게 하거나 또는 분석물과 반응하여 분석물의 휘발성을 낮추어 비교적 높은 온도의 회화과정에서 매트릭스만 휘발시켜 제거하여 분석물이 손실되는 것을 방지하는 역할을 한다.

09 기체 크로마토그래피에 질량분석검출기(MSD)가 부착되어 있다. 분석물질이 탄화수소 화합물일 때 분석물질의 분자량을 측정할 수 있는 가장 적합한 이온화 방법을 쓰시오.

정답 화학 이온화

해설 화학 이온화(CI)

- 메테인(CH_4)이나 암모니아(NH_3) 등과 같은 시약 기체를 전자충격을 주어 생성된 과량의 시약 기체의 양이온과 시료의 기체분자들이 서로 충돌하여 이온화된다.
- 시료 분자 MH와 CH_5^+ 또는 $C_2H_5^+$ 사이의 충돌에 의해 양성자 전이로 $(MH+1)^+$, 수소화 이온 전이로 $(MH-1)^+$, $C_2H_5^+$ 이온 결합으로 $(MH+29)^+$ 봉우리를 관찰할 수 있다.
- 전자 이온화 스펙트럼에 비해 스펙트럼이 단순하다.
- 기체상 가장 약한 이온화원이므로 기체 분석물질의 분자량을 측정하기에 적합하다.

10 흡수분광법에서 사용하는 두 가지의 빛살형 중에서 바탕시료와 분석시료를 동시에 보정할 수 있는 빛살형은 무엇인지 쓰시오.

정답 겹빛살형

해설

- **홑빛살형** : 필터나 단색화 장치로부터 나온 복사선은 기준용기나 시료용기를 통과하여 광검출기에 부딪힌다.

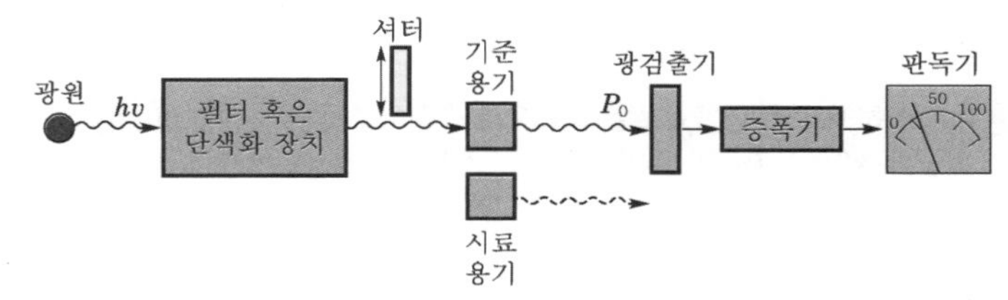

- **공간형 겹빛살형** : 필터나 단색화 장치로부터 나온 복사선은 두 개의 빛살로 분리되어 동시에 기준용기와 시료용기를 통과한 후 두 개의 광검출기에 부딪힌다.

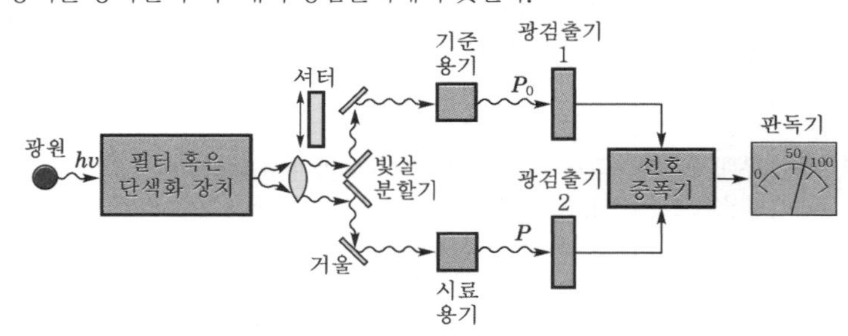

- **시간형 겹빛살형** : 빛살은 기준용기와 시료용기를 번갈아 통과한 후 단일 광검출기에 부딪히며, 두 개의 용기를 통과하면서 단지 밀리초 단위로 빛살을 분리한다.

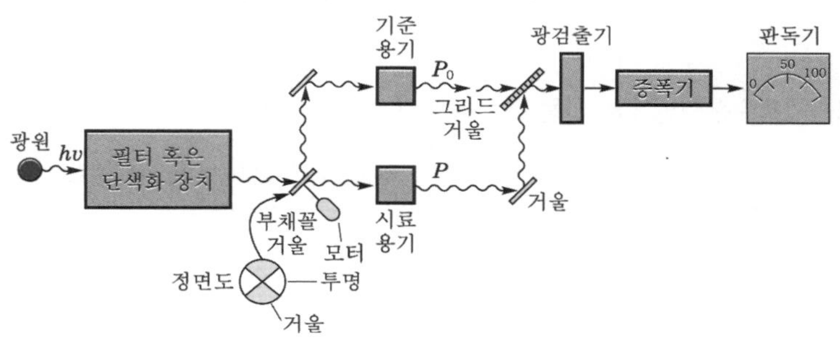

11 아세틸렌 – 공기 불꽃을 사용하는 원자흡수분광법으로 칼슘을 분석할 때 과량의 인산이 존재하면 흡광도가 감소한다. 이에 대한 다음 물음에 답하시오.

(1) 다량의 인산이온이 흡광도를 감소시키는 이유를 쓰시오.

(2) 해결방법 3가지를 쓰시오.

정답 (1) 칼슘(Ca^{2+})이온과 인산(PO_4^{3-})이온이 안전한 화합물을 만들어 기체 중성 칼슘(Ca) 원자로 만들지 못하여 흡광도가 감소한다.

(2) ① 아세틸렌 – 공기 불꽃보다 더 높은 온도를 갖는 아세틸렌 – N_2O 불꽃을 사용한다.
② 방해이온인 인산(PO_4^{3-})이온이 칼슘(Ca^{2+})이온보다 더 안정한 화합물을 만들 수 있는 스트론튬(Sr^{2+})이온 또는 란타넘(La^{3+})이온과 같은 해방제를 사용한다.
③ 칼슘(Ca^{2+})이온이 인산(PO_4^{3-})이온과 반응하지 못하도록 먼저 칼슘(Ca^{2+})이온과 결합하는 EDTA와 같은 보호제를 사용한다.

해설 낮은 휘발성 화합물 생성

- 분석물이 음이온과 반응하여 휘발성이 적은 화합물을 만들어 분석성분의 원자화 효율을 감소시키는 음이온에 의한 방해이다.
- 휘발성이 낮은 화합물의 생성에 의한 방해를 줄이는 방법
  ① 가능한 한 높은 온도의 불꽃 사용
  ② 해방제(releasing agent) 사용 : 방해물질과 우선적으로 반응하여 방해물질이 분석물질과 작용하는 것을 막을 수 있는 시약인 해방제를 사용한다.
  예 Ca 정량 시 PO_4^{3-}의 방해를 막기 위해 Sr 또는 La을 과량 사용한다. 또한 Mg 정량 시 Al의 방해를 막기 위해 Sr 또는 La을 해방제로 사용한다.
  ③ 보호제(protective agent) 사용 : 분석물과 반응하여 안정하고 휘발성 있는 화합물을 형성하여 방해물질로부터 분석물을 보호해 주는 시약인 보호제를 사용한다.
  예 EDTA, 8–hydroquinoline, APDC

12 전기화학을 이용한 분석에 있어 재현성 있는 한계전류를 빠르게 얻기 위해 유체역학 전압전류법을 많이 도입한다. 유체역학 전압전류법을 수행할 수 있는 방법 4가지를 쓰시오.

정답 ① 고정된 작업전극에 접하고 있는 용액을 격렬하게 저어주는 방법
② 용액에서 미소전극을 일정한 속도로 회전시켜 젓기효과를 얻는 방법
③ 미소전극이 설치된 칼럼을 통해 분석물질 용액을 흘려주는 방법
④ LC칼럼에서 흘러나오는 분석물질을 산화나 환원시킴으로써 분석하는 데 사용하는 방법

13 불꽃 원자화 장치는 액체 시료를 미세한 안개 또는 에어로졸을 만들어 불꽃 속으로 공급하는 기체 분무기로 구성되어 있다. 가장 일반적인 분무기는 동심관 형태인데 이때 액체 시료가 모세관 끝에서 고압 기체 흐름에 의해 모세관을 통해 빨려 들어가는 과정을 무엇이라고 하는지 쓰시오.

정답 흡인(aspiration)

해설 액체 시료가 모세관 끝 주위를 흐르는 높은 압력 기체에 의해서 모세관을 통해 빨려 들어가므로(베르누이 효과) 액체가 운반되는 과정이다. 용액이 빨려 들어가는 것은 흡인(aspiration), 용액이 흐트러지는 것은 분무(spray, nebulization)라고 한다.

14 XRF로 첨단 무기재료 중 100ppm의 Pb을 분석하려고 한다. ICP를 이용했을 때와 비교했을 때 XRF의 단점을 1가지 쓰시오.

정답 XRF는 ICP 분석법에 비해 감도가 낮다.

해설 ICP의 측정 농도는 대략 1ppm 이하 정도인데 XRF를 이용하여 측정하려면 100ppm 이상은 되어야 한다. 분석하려는 Pb의 농도가 100ppm으로 XRF의 정량한계에 해당하는 낮은 농도이므로 측정결과의 정확도와 정밀도의 신뢰도가 떨어진다.

필답형 기출복원문제

01 대표 시료는 편리성과 경제성을 따져 볼 때 정확한 무게를 달아 사용하는 것이 바람직하다. 대표 시료의 무게를 결정하는 주요 요인 3가지를 쓰시오.

정답 ① 전체 시료의 불균일도
② 불균일성이 나타나기 시작하는 입자 크기의 수준
③ 전체 시료의 조성과 대표 시료의 조성의 차이가 없다고 인정할 수 있는 불확정도

해설 벌크시료는 화학적 조성이 분석하려고 하는 전체 시료의 것과 같고 입자의 크기 분포도 전체 시료를 대표할 수 있는 적은 양의 시료를 말하며, 대표 시료라고도 한다.

02 고체 시료를 분쇄(grinding)하였을 때 장점 2가지를 쓰시오.

정답 ① 입자의 크기가 작아지면 시료의 균일도가 커져 벌크시료에서 취해야 하는 실험시료의 무게를 줄일 수 있다.
② 입자의 크기가 작아지면 표면적이 증가하여 시약과 반응이 잘 일어날 수 있어 용해 또는 분해가 쉽게 일어난다.

03 분유 중 멜라민 350ppm은 몇 mM인지 구하시오. (단, 멜라민의 분자량은 126.12g/mol, 분유의 밀도는 1g/mL로 가정한다.)

정답 2.78mM

해설 $\frac{350\text{g 멜라민}}{10^6\text{g 분유}} \times \frac{1\text{g 분유}}{1\text{mL 분유}} \times \frac{1{,}000\text{mL}}{1\text{L}} \times \frac{1\text{mol 멜라민}}{126.12\text{g 멜라민}} = 2.78 \times 10^{-3}\text{M} = 2.78\text{mM}$

04 0.02M 약산(HA) 용액 50.0mL에 0.10M NaOH 용액 10.5mL를 가했을 때의 pH를 구하시오.

정답 10.92

해설 적정 알짜반응식 : $HA + OH^- \rightarrow H_2O + A^-$

당량점의 부피는 $0.02\text{M} \times 50.0\text{mL} = 0.1\text{M} \times V(\text{mL})$, $V = 10.0\text{mL}$

가한 NaOH 10.5mL는 당량점 이후이므로 과량의 OH^-를 포함한다.

$$[OH^-] = \frac{(0.10\text{M} \times 10.5\text{mL}) - (0.02\text{M} \times 50.0\text{mL})}{50.0\text{mL} + 10.5\text{mL}} = 8.26 \times 10^{-4}\text{M}$$

$$[H^+] = \frac{1.0 \times 10^{-14}}{8.26 \times 10^{-4}} = 1.21 \times 10^{-11}\text{M}$$

$$\therefore \text{pH} = -\log(1.21 \times 10^{-11}) = 10.92$$

05 철광석 시료 2.0417g 중 철을 정량할 때 시료를 HCl에 넣어 용해시키고 NH_3로 삭여 $Fe_2O_3 \cdot H_2O$로 만든 후 강열하여 Fe_2O_3 0.9725g을 만들었다. 시료 중의 Fe의 무게백분율을 구하시오. (단, Fe_2O_3의 분자량은 159.69g/mol, Fe의 원자량은 55.847g/mol이다.)

정답 33.32%

해설

$$\frac{0.9725\text{g } Fe_2O_3 \times \frac{1\text{mol } Fe_2O_3}{159.69\text{g } Fe_2O_3} \times \frac{2\text{mol Fe}}{1\text{mol } Fe_2O_3} \times \frac{55.847\text{g Fe}}{1\text{mol Fe}}}{2.0417\text{g 철광석 시료}} \times 100 = 33.32\%$$

06 글리세린($C_3H_8O_3$)이 들어 있는 미지시료 용액 200mg에 0.20M Ce^{4+} 용액 50.0mL를 첨가하였다. 글리세린과 반응하고 남아 있는 Ce^{4+}를 0.20M Fe^{2+}로 역적정하였더니 16.0mL가 적가되었다. 미지시료 200mg 중 들어 있는 글리세린의 무게백분율을 구하시오. (단, 글리세린의 분자량은 92g/mol이다.)

$$C_3H_8O_3 + 3H_2O + 8Ce^{4+} \rightarrow 3HCOOH + 8Ce^{3+} + 8H^+$$
$$Ce^{4+} + Fe^{2+} \rightarrow Ce^{3+} + Fe^{3+}$$

정답 39.10%

해설
- 글리세린과 반응하고 남아 있는 Ce^{4+}의 mmol = 역적정에 사용된 Fe^{2+}의 mmol
  $0.20\text{M} \times 16.0\text{mL} = 3.20\text{mmol}$
- 글리세린과 반응한 Ce^{4+}의 mmol = 과량의 Ce^{4+}의 mmol − 역적정에 사용된 Fe^{2+}의 mmol
  $(0.20\text{M} \times 50.0\text{mL}) - 3.20\text{mmol} = 6.80\text{mmol}$
- 미지시료 200mg 중 들어 있는 글리세린의 무게백분율

$$\frac{6.80\text{mmol } Ce^{4+} \times \frac{1\text{mmol } C_3H_8O_3}{8\text{mmol } Ce^{4+}} \times \frac{92\text{mg } C_3H_8O_3}{1\text{mmol } C_3H_8O_3}}{200\text{mg 미지시료}} \times 100 = 39.10\%$$

07 EDTA 적정에서 역적정이 필요한 경우 4가지를 쓰시오.

정답 ① 분석물질이 EDTA를 가하기 전에 침전물을 형성하는 경우
② 적정 조건에서 EDTA와 너무 천천히 반응하는 경우
③ 지시약을 막는 경우
④ 직접 적정에서 종말점을 확실하게 확인할 수 있는 적절한 지시약이 없는 경우

해설 역적정(back titration)
- 일정한 과량의 EDTA를 분석물질에 가한 다음, 과량의 EDTA를 제2의 금속이온 표준용액으로 적정한다.
- 분석물질이 EDTA를 가하기 전에 침전물을 형성하거나, 적정 조건에서 EDTA와 너무 천천히 반응하거나, 혹은 지시약을 막는 경우, 직접 적정에서 종말점을 확실하게 확인할 수 있는 적절한 지시약이 없는 경우에 사용한다.
- 역적정에 사용된 제2의 금속이온은 분석물질의 금속을 EDTA 착물로부터 치환시켜서는 안 된다.

08 분광분석기는 광전증배관 검출기로 한 번에 주사(scanning)한다. 그러나 주사(scanning) 없이 한 번에 스펙트럼을 얻는 검출기는 무엇인지 쓰시오.

정답 다중채널 광자변환기

해설 다중채널 광자변환기의 종류로는 광다이오드 배열, 전하이동장치 등이 있다.

09 기체 크로마토그래피의 시료 주입방법에는 분할주입과 비분할주입이 있다. 비분할주입의 특징 4가지를 쓰시오.

정답 ① 농도가 매우 낮은 희석된 시료 분석이 가능하다.
② 휘발성이 큰 용매에 용해되어 있는 휘발성이 크지 않은 용질을 미량 분석하는 데 유용하다.
③ 감도가 우수하고, 정량적 재현성도 우수하다.
④ 분리도가 높다.

해설
- **분할주입법**
  ① 분할주입에서는 시료가 뜨거운 주입구로 주입되고, 분할 배기구를 이용해 일정한 분할비로 시료의 일부만이 칼럼으로 들어간다.
  ② 주입되는 동안 분할비의 오차가 생길 수 있고 휘발성이 낮은 화합물이 손실될 수 있어 정량분석에는 좋지 않다.
  ③ 고농도 분석물질이나 기체 시료에 적합하며, 분리도가 높고 불순물이 많은 시료를 다룰 수 있다.
  ④ 열적으로 불안정한 시료는 분해될 수 있다.
- **비분할주입법**
  ① 분할주입에서보다 온도가 조금 낮으며, 분할 배기구가 닫힌 상태에서 시료를 분할 없이 천천히 칼럼에 주입한다.
  ② 농도가 매우 낮은 희석된 용액에 적합하다.
  ③ 휘발성이 낮은 화합물은 손실될 수 있으므로 정량분석에는 좋지 않다.
  ④ 감도가 우수하고, 정량적 재현성도 우수하다.
  ⑤ 분리도가 높다.

10 S/N를 향상시키는 방법 중 하드웨어 장치를 이용한 방법 4가지를 쓰시오.

정답 ① 차폐와 접지
② 자동증폭기와 계측증폭기
③ 아날로그 필터
④ 변조
⑤ 동기식 복조
⑥ Lock – in 증폭기
이 중 4가지 기술

해설 잡음 감소를 위한 하드웨어 장치를 이용한 방법과 소프트웨어 장치를 이용하는 방법이 있다.
소프트웨어 장치를 이용하는 방법
① 앙상블 평균, ② 박스카 평균, ③ 디지털 필터링, ④ 상관관계 분석법

11 정량분석의 정확도를 측정하는 방법 4가지를 쓰시오.

정답 ① 표준기준물질(SRM)을 측정하여 SRM의 인증값과 측정값이 허용신뢰수준 내에서 오차가 있는지 t-시험을 통해 확인한다.
② 시료에 일정량의 표준물질을 첨가하여 표준물질이 회수된 회수율을 구하여 확인한다.
③ 시료를 분석 원리가 완전히 다른 두 가지 분석법으로 측정하여 두 측정값이 허용신뢰수준 내에서 오차가 있는지 t-시험을 통해 확인한다.
④ 같은 시료를 각기 다른 실험실과 다른 실험자에 의해 분석결과를 비교하여 확인한다.

12 적외선 분광법에서 사용되는 광원 4가지를 쓰시오.

정답 ① Nernst 백열등
② Globar 광원
③ 백열선 광원
④ 니크롬선
⑤ 수은 아크
⑥ 텅스텐 필라멘트등
⑦ 이산화탄소 레이저 광원
이 중 4가지 기술

해설 **적외선 광원과 변환기**

- 적외선 광원은 1,500~2,200K 사이의 온도까지 전기적으로 가열되는 불활성 고체로 구성되어 있으며, 흑체의 복사선과 비슷한 연속 복사선이 방출된다.
- 광원의 종류로는 Nernst 백열등, Globar 광원, 백열선 광원, 니크롬선, 수은 아크, 텅스텐 필라멘트등, 이산화탄소 레이저 광원 등이 있다.
- 적외선 변환기는 일반적으로 파이로전기변환기, 광전도변환기, 열변환기가 있다. 파이로전기변환기는 광도계, 일부 FTIR 분광기 및 분산형 분광광도계에서 사용되며, 광전도변환기는 많은 FTIR 기기에서 사용된다.

13 파장 범위가 3 ~ 15μm이고 이동거울의 움직이는 속도가 0.3cm/s일 때, 간섭도(interferogram)에서 측정할 수 있는 진동수(Hz)의 범위를 구하시오.

정답 $4.00\times10^2 \sim 2.00\times10^3$Hz

해설 **간섭도(interferogram)의 진동수(f)와 스펙트럼의 파장(λ) 관계식**

$$f = \frac{2v_M}{\lambda}$$

여기서, v_M : 이동거울의 움직이는 속도(cm/s)

- 파장 3μm일 때 진동수(Hz) : $f = \dfrac{2\times0.3\,\text{cm/s}}{3\times10^{-4}\text{cm}} = 2.00\times10^3\text{Hz}$
- 파장 15μm일 때 진동수(Hz) : $f = \dfrac{2\times0.3\,\text{cm/s}}{15\times10^{-4}\text{cm}} = 4.00\times10^2\text{Hz}$

14 $CH_3^{a}CH_2^{b}OH^{c}$ 분자의 고분해능 ^1H-NMR에 대해 다음 물음에 답하시오.

(1) a수소 봉우리의 다중도를 구하시오.

(2) a수소 봉우리의 상대적 면적비를 구하시오.

정답 (1) 3

(2) 1 : 2 : 1

해설 (1) a수소 봉우리의 다중도는 b수소 2개로 인해 $2+1=3$이다.

(2) a수소 봉우리의 상대적 면적비는 1 : 2 : 1이다.

동등하며 인접한 양성자수	다중선(= 다중도)	봉우리의 상대적 면적비(= 세기의 비)
0	단일선	1
1	이중선	1 : 1
2	**삼중선**	**1 : 2 : 1**
3	사중선	1 : 3 : 3 : 1
4	오중선	1 : 4 : 6 : 4 : 1
5	육중선	1 : 5 : 10 : 10 : 5 : 1
6	칠중선	1 : 6 : 15 : 20 : 15 : 6 : 1

2013 제1회 필답형 기출복원문제

01 산업폐수에 있는 Cl^- 이온을 무게분석법으로 분석하는 방법을 설명하시오.

정답 Cl^-가 들어 있는 시료용액에 Ag^+를 일정 과량 가하여 모든 Cl^-가 AgCl 침전으로 되게 한다. 그런 다음 AgCl 침전을 거른 후 세척과 건조 과정 후에 AgCl의 무게를 측정한다.

02 약한 알칼리 용액에서 Ni^{2+}만 침전시킬 때 사용하는 유기물질을 쓰시오.

정답 다이메틸글리옥심(dimethylglyoxime)

해설 **다이메틸글리옥심(dimethylglyoxime)** : $C_4H_8N_2O_2$
니켈과 다이메틸글리옥심이 1 : 2로 반응하여 분홍색 착물을 형성한다.

CH_3
HO–N=C–C=N–OH
CH_3

03 11.428mg의 화합물을 연소시켰을 때 CO_2 28.828mg과 H_2O 5.058mg이 생성되었다. 시료 중에 있는 C와 H의 무게백분율을 구하시오. (단, 소수점 셋째 자리까지 구하시오.)

정답 ① C의 무게백분율 : 68.798%
② H의 무게백분율 : 4.918%

해설 ① 시료 중 C의 무게백분율

$$\frac{28.828\text{mg } CO_2 \times \dfrac{1\text{mmol } CO_2}{44\text{mg } CO_2} \times \dfrac{1\text{mmol C}}{1\text{mmol } CO_2} \times \dfrac{12\text{mg C}}{1\text{mmol C}}}{11.428\text{mg 시료}} \times 100 = 68.798\%$$

② 시료 중 H의 무게백분율

$$\frac{5.058\text{mg } H_2O \times \dfrac{1\text{mmol } H_2O}{18\text{mg } H_2O} \times \dfrac{2\text{mmol H}}{1\text{mmol } H_2O} \times \dfrac{1\text{mg H}}{1\text{mmol H}}}{11.428\text{mg 시료}} \times 100 = 4.918\%$$

04 10℃에서 묽은 용액 100mL를 취하였다. 25℃에서의 이 용액의 부피(mL)를 소수점 셋째 자리까지 구하시오. (단, 묽은 용액에 대한 열팽창계수는 0.025%/℃이다.)

정답 100.375mL

해설
$$V_{25℃} = V_{10℃} + (V_{10℃} \times \text{열팽창계수} \times \Delta t)$$
$$= 100\text{mL} + \left\{100\text{mL} \times \frac{0.025}{100℃} \times (25-10)℃\right\}$$
$$\therefore V_{25℃} = 100.375\text{mL}$$

05 단백질 용액 20.0mL를 진한 황산에 넣어 완전히 분해하여 모든 질소를 NH_4^+로 만든다. 이 용액에 NaOH를 가해 염기성으로 만들어 모은 NH_4^+를 NH_3로 만들고 이를 증류하여 0.5240M HCl 용액 20.0mL에 모은다. 그 다음 이 용액을 0.8960M NaOH 용액으로 적정하였더니 5.0mL가 적가되었다. 이 단백질 중의 질소 함량(w/v%)은 얼마인지 구하시오.

✔ 정답 0.42w/v%

✔ 해설
- NH_3와 반응 후 남은 HCl의 mmol = 적정에 사용된 NaOH의 mmol
  0.8960M × 5.0mL = 4.480mmol
- NH_3의 mmol = NH_4^+의 mmol = 시료 중의 N의 mmol
  (0.5240M × 20.0mL) − 4.480mmol = 6.00mmol

$$\therefore \frac{6.00\text{mmol N} \times \frac{14\text{mg N}}{1\text{mmol N}} \times \frac{1\text{g}}{1{,}000\text{mg}}}{20.0\text{mL 단백질 용액}} \times 100 = 0.42\text{w/v\%}$$

06 수산화나트륨은 공기 중에서 일부 탄산염을 생성한다. 이때 (1) OH^-와, (2) CO_3^{2-}를 정량하는 방법을 쓰시오.

✔ 정답 (1) NaOH와 Na_2CO_3가 들어 있는 고체를 CO_2 기체가 없는 증류수로 일정 부피의 용액으로 만든다. 이 용액을 따로 2개를 취하여 먼저 한 용액에는 $BaCl_2$ 용액 일정 과량을 가하여 모든 CO_3^{2-}를 $BaCO_3$ 침전으로 만들어 여과하여 제거하고 NaOH만 남아 있는 여과용액에 산성 지시약을 가하고 HCl 표준용액으로 적정하며 종말점을 얻는다. 이때는 NaOH와만 반응한 것이므로 OH^-의 양을 알 수 있다.
(2) 또 다른 용액에는 산성 지시약을 넣어 HCl 표준용액으로 적정하면 NaOH와 Na_2CO_3가 모두 반응하여 얻은 종말점이 된다. 이 적가 부피에서 (1)에서의 적가 부피를 빼면 CO_3^{2-}와 반응한 HCl의 적가 부피가 되므로 CO_3^{2-}의 양을 알 수 있다.

07 $Na_2C_2O_4$ 0.3090g을 $KMnO_4$로 적정하는데 63.09mL가 사용되었다. $KMnO_4$의 몰농도(M)를 구하시오. (단, $Na_2C_2O_4$의 분자량은 134g/mol이며, 소수점 넷째 자리까지 구하시오.)

$$5C_2O_4^{2-} + 2MnO_4^- + 16H^+ \rightarrow 10CO_2 + 2Mn^{2+} + 8H_2O$$

✔ 정답 0.0146M

✔ 해설

$$\frac{0.3090\text{g } Na_2C_2O_4 \times \frac{1\text{mol } Na_2C_2O_4}{134\text{g } Na_2C_2O_4} \times \frac{1\text{mol } C_2O_4^{2-}}{1\text{mol } Na_2C_2O_4} \times \frac{2\text{mol } MnO_4^-}{5\text{mol } C_2O_4^{2-}}}{63.09 \times 10^{-3}\text{L}} = 0.0146\text{M}$$

08 검출한계의 정의를 쓰시오.

✔ 정답 주어진 신뢰수준(보통 95%)에서 신호로 검출될 수 있는 최소의 농도이다. 또는 20개 이상의 바탕시료를 측정하여 얻은 바탕신호들의 표준편차의 3배에 해당하는 신호를 나타내는 농도를 의미한다.

09 데이터 14.47, 14.56, 14.53, 14.67, 14.48에서 14.67을 버릴지 90% 신뢰수준에서 Q – test를 이용하여 결정하시오.

데이터수	4	5	6
90% 신뢰수준	0.76	0.64	0.56

정답 데이터 14.67은 버리지 않는다.

해설 Q – test

의심스러운 결과를 버릴 것인지, 보유할 것인지를 판단하는 데 사용되던 통계학적 시험법이다.

- 측정값을 작은 것부터 큰 것으로 나열한다.
- 의심스러운 측정값(x_q)과 이에 가장 가까이 이웃하는 측정값(x_n)과의 차이의 절댓값을 한 무리의 데이터의 퍼짐(w)으로 나누어 $Q_{실험}$값을 구한다.

$$Q_{실험} = \frac{|x_q - x_n|}{w}$$

- 어떤 신뢰수준에서 $Q_{실험} > Q_{기준}$, 그 의심스러운 점은 버려야 한다.
- 어떤 신뢰수준에서 $Q_{실험} < Q_{기준}$, 그 의심스러운 점은 버리지 말아야 한다.

크기 순서대로 나열하면 14.47, 14.48, 14.53, 14.56, 14.67이다.

$$Q_{실험} = \frac{|x_q - x_n|}{w} = \frac{|14.67 - 14.56|}{14.67 - 14.47} = 0.55$$

∴ 90% 신뢰수준에서 0.55 < 0.64 ($Q_{실험} < Q_{기준}$)이므로 데이터 14.67은 버리지 말아야 한다.

10 유리전극으로 pH를 측정할 때 영향을 주는 오차 4가지를 쓰시오.

정답 ① 알칼리 오차, ② 산 오차, ③ 탈수, ④ 낮은 이온 세기의 용액, ⑤ 접촉전위의 변화, ⑥ 표준 완충용액의 불확정성, ⑦ 온도 변화에 따른 오차, ⑧ 전극의 세척 불량
이 중 4가지 기술

해설 **유리전극으로 pH 측정할 때의 오차**

- 알칼리 오차 : 소듐 오차라고도 한다. 유리전극은 수소이온(H^+)에 선택적으로 감응하는데 pH 11~12보다 큰 용액에서는 H^+의 농도가 낮고 알칼리금속(Na^+)이온의 농도가 커서 전극이 알칼리금속(Na^+)이온에 감응하기 때문에 측정된 pH는 실제 pH보다 낮아진다.
- 산 오차 : pH가 0.5보다 낮은 강산 용액에서는 유리 표면이 H^+로 포화되어 H^+이 더 이상 결합할 수 없기 때문에 측정된 pH는 실제 pH보다 높아진다.
- 탈수 : H^+에 올바르게 감응하기 위해 마른 전극은 몇 시간 정도 반드시 담가 두어야 한다.
- 낮은 이온 세기의 용액 : 이온 세기가 너무 낮으면 용액의 전기전도도가 작아 pH 측정이 어려워진다.
- 접촉전위의 변화 : pH를 측정할 때 생기는 근본적인 불확정성으로 분석물질 용액의 이온 조성과 표준 완충용액의 이온 조성이 다르므로 접촉전위가 변하게 되어 약 0.01pH 단위의 오차가 발생한다.
- 표준 완충용액의 불확정성
- 온도 변화에 따른 오차 : pH미터는 pH를 측정하는 온도와 같은 온도에서 교정되어야 한다.
- 전극의 세척 불량 : 전극이 수용액과 다시 평형에 도달하는 동안 수 시간 동안 표류할 수 있다.

11 내부 표준물 Mg을 사용하여 Ca을 정량하려고 한다. 1.0ppm의 Ca과 Mg의 각각 흡광도는 0.625와 0.500이다. 미지시료 20.0mL에 2.0ppm Mg 20.0mL를 가하여 흡광도를 측정하였더니 Ca은 1.2, Mg은 1.6이었다. 시료 내 Ca의 농도(ppm)를 구하시오.

정답 1.20ppm

해설 **내부 표준물법(internal standard)**

- 시료에 이미 알고 있는 농도의 내부 표준물을 첨가하여 시험분석을 수행하는 방법으로서 시험분석 절차, 기기 또는 시스템의 변동에 의해 발생하는 오차를 보정하기 위해 사용한다.
- 분석물질의 신호와 내부 표준의 신호를 비교하여 분석물질이 얼마나 들어 있는지를 알아낸다.
- 표준물질은 분석물질과 다른 화학종의 물질이다.
- 감응인자(F)

$$\frac{A_X}{[X]} = F \times \frac{A_S}{[S]}$$

여기서, $[X]$: 분석물질의 농도(ppm)
$[S]$: 표준물질의 농도(ppm)
A_X : 분석물질 흡광도
A_S : 표준물질 흡광도

$$\frac{0.625}{1} = F \times \frac{0.500}{1},\ F = 1.25$$

미지시료 중 Ca의 농도를 x로 두면, $\dfrac{1.2}{\dfrac{x(\text{ppm}) \times 20\text{mL}}{40\text{mL}}} = 1.25 \times \dfrac{1.6}{\dfrac{2\text{ppm} \times 20\text{mL}}{40\text{mL}}}$

$\therefore\ x = 1.20\text{ppm}$

12 1번 측정했을 때 신호 대 잡음비는 4이다. 25번 측정하여 평균화하였을 때 신호 대 잡음비를 구하시오.

정답 20

해설 신호 대 잡음비(S/N)는 분석물 신호(S)를 잡음 신호(N)로 나눈 값으로 측정횟수(n)의 제곱근에 비례한다.

$$\frac{S}{N} \propto \sqrt{n}$$

$4 : x = \sqrt{1} : \sqrt{25}$

$\therefore\ x = 20$

13 수소-산소 불꽃원자흡수분광법을 이용하여 철(Fe^{2+})이온을 측정하는데 황산(SO_4^{2-})이온이 존재하지 않을 때보다 존재할 때 철의 농도가 낮았다. 그 이유를 설명하시오.

정답 불꽃에서 철(Fe^{2+})이온이 황산(SO_4^{2-})이온과 결합하여 비교적 안정한 화합물($FeSO_4$)을 만들어 기체 상태의 중성 철(Fe)원자를 만들지 못하게 된다. 화학적 방해가 발생했기 때문에 황산(SO_4^{2-})이온이 존재하면 철의 농도가 낮게 측정된다.

14 XRF에서 사용되는 파장은 0.1~25Å이다. 이 파장의 전압에너지(keV)를 구하시오. (단, Planck 상수 $=6.626\times10^{-34}$J · s, 빛의 속도 $=2.998\times10^{8}$m/s, 1Å $=10^{-10}$m, 1eV $=1.602\times10^{-19}$J이다.)

정답 0.50 ~ 124.00keV

해설 $E=h\cdot\nu=h\cdot\dfrac{c}{\lambda}$

- 0.1Å 파장의 전압에너지(eV)

$$E=6.626\times10^{-34}\mathrm{J\cdot s}\times\frac{2.998\times10^{8}\mathrm{m/s}}{0.1\times10^{-10}\mathrm{m}}\times\frac{1\mathrm{eV}}{1.602\times10^{-19}\mathrm{J}}\times\frac{1\mathrm{keV}}{1{,}000\mathrm{eV}}=124.00\mathrm{keV}$$

- 25Å 파장의 전압에너지(eV)

$$E=6.626\times10^{-34}\mathrm{J\cdot s}\times\frac{2.998\times10^{8}\mathrm{m/s}}{25\times10^{-10}\mathrm{m}}\times\frac{1\mathrm{eV}}{1.602\times10^{-19}\mathrm{J}}\times\frac{1\mathrm{keV}}{1{,}000\mathrm{eV}}=0.50\mathrm{keV}$$

2013 제4회 필답형 기출복원문제

01 물의 몰농도를 구하시오. (단, 20℃에서 물의 밀도는 0.998g/mL이다.)

정답 55.44M

해설 $\frac{0.998\text{g } H_2O}{1\text{mL}} \times \frac{1{,}000\text{mL}}{1\text{L}} \times \frac{1\text{mol } H_2O}{18\text{g } H_2O} = 55.44\text{M}$

02 KHP 0.41g를 적정하는 데 NaOH 39.4mL가 사용될 때, NaOH 용액의 몰농도(M)를 구하시오. (단, KHP의 분자량은 204g/mol이다.)

정답 0.05M

해설 KHP와 NaOH는 1 : 1 반응을 하므로

$$\frac{0.41\text{g KHP} \times \frac{1\text{mol KHP}}{204\text{g KHP}} \times \frac{1\text{mol NaOH}}{1\text{mol KHP}}}{39.4 \times 10^{-3}\text{L}} = 0.05\text{M}$$

03 표준용액을 만들 때 1차 표준물질의 당량 무게가 작은 것보다 큰 것을 쓰는 이유를 쓰시오.

정답 1차 표준물질의 무게를 달 때 당량 무게가 큰 것을 쓸수록 상대오차가 작아지게 되므로 더 정확한 농도의 표준용액을 만들 수 있다.

해설 **1차 표준물질이 갖추어야 할 조건**

- 고순도(99.9% 이상)이어야 한다.
- 조해성, 풍해성이 없어야 한다.
- 흡수, 풍화, 공기 산화 등의 성질이 없어야 한다.
- 정제하기 쉬워야 한다.
- 반응이 정량적으로 진행되어야 한다.
- 오랫동안 보관하여도 변질되지 않아야 한다.
- 공기 중이나 용액 내에서 안정해야 한다.
- 합리적인 가격으로 구입이 쉬워야 한다.
- 물, 산, 알칼리에 잘 용해되어야 한다.
- 큰 화학식량을 가지거나 또는 당량 중량이 커서 측정오차를 줄일 수 있어야 한다.

04 한 착물 내의 금속이온과 리간드가 결합하는 몰비율을 몰비법으로 구하는 방법을 설명하시오.

정답 금속이온의 농도를 일정하게 유지하고 리간드의 농도를 연속적으로 변화시키면서 생성되는 착물의 흡광도를 측정한다. 이 흡광도를 리간드 대 금속이온의 몰비로 도시하여 얻은 두 직선이 만나는 지점이 리간드 대 금속이온의 몰비율에 해당된다.

05 0.025M NaOH 용액 40.0mL에 0.033M HCl 용액 15.0mL를 첨가하였을 때의 pH를 구하시오.

정답 11.96

해설 알짜반응식 : $OH^- + H^+ \rightarrow H_2O$

당량점 부피 : $0.025M \times 40.0mL = 0.033 \times V(mL)$, $V = 30.3mL$

가해준 HCl 용액 15.0mL는 당량점 이전의 부피이므로 반응 후 남은 $[OH^-]$를 구하면

$$[OH^-] = \frac{(0.025M \times 40.0mL) - (0.033M \times 15.0mL)}{40.0mL + 15.0mL} = 9.18 \times 10^{-3}M$$

$$[H^+] = \frac{1.0 \times 10^{-14}}{9.18 \times 10^{-3}} = 1.09 \times 10^{-12}M$$

$$\therefore pH = -\log(1.09 \times 10^{-12}) = 11.96$$

06 농도를 모르는 페놀 용액 50.0mL의 흡광도는 0.4이었고, 이 페놀 용액에 0.50M 페놀 표준용액 2.0mL를 첨가한 후의 흡광도는 0.6이었다. 이 페놀의 몰농도(M)를 소수점 넷째 자리까지 구하시오.

정답 0.0357M

해설 표준물 첨가법(standard addition)

- 시료와 동일한 매트릭스에 일정량의 표준물질을 한 번 이상 일정하게 농도를 증가시키며 첨가하고, 이 아는 농도를 통해 곡선을 작성하는 방법이다. 이 방법은 분석물질의 농도에 대한 감응이 직선성을 가져야 한다.
- 매질효과의 영향이 큰 분석방법에서 분석대상 시료와 동일한 매질을 제조할 수 없을 때 매트릭스 효과를 쉽게 보정할 수 있는 방법이다.
- 미지시료에 아는 양의 분석물질을 첨가시킨 다음, 증가된 신호로부터 원래 미지시료 중에 얼마나 많은 양의 분석물질이 함유되어 있는가를 측정한다. 표준물질은 분석물질과 같은 화학종의 물질이다.
- 표준물 첨가식 : 단일 점 방법(single-point method)

$$\frac{[X]_i}{[S]_f + [X]_f} = \frac{I_X}{I_{S+X}}$$

여기서, $[X]_i$: 초기 용액 중의 분석물질의 농도

$[S]_f$: 최종 용액 중의 표준물질의 농도

$[X]_f$: 최종 용액 중의 분석물질의 농도

I_X : 초기 용액의 신호

I_{S+X} : 최종 용액의 신호

페놀 용액의 농도를 x(M)로 두면

$$\frac{x}{\left(0.5 \times \frac{2.0}{52.0}\right) + \left(x \times \frac{50.0}{52.0}\right)} = \frac{0.4}{0.6}$$

$$\therefore x = 0.0357M$$

07 자연수 시료 10.00mL 분취량을 여러 개 취해 50.0mL 부피플라스크에 각각 넣는다. 각 부피플라스크에 12.00ppm의 Fe^{3+}가 함유된 표준용액을 0.00mL, 5.00mL, 10.00mL, 15.00mL, 20.00mL를 가한 후 $Fe(SCN)^{2+}$의 적색 착물을 만들기 위해 과량의 SCN^-을 가한다. 눈금까지 묽힌 후 5개의 용액의 각각의 기기 감응을 흡광도를 측정하였더니 각각 0.244, 0.445, 0.632, 0.824, 1.027이었다. 자연수 시료 중 Fe^{3+}의 농도(ppm)를 구하시오.

✔ 정답 7.57ppm

✔ 해설

구분	x	y	x^2	y^2	xy
ST1	0	0.244	0	0.059536	0
ST2	5	0.445	25	0.198025	2.225
ST3	10	0.632	100	0.399424	6.32
ST4	15	0.824	225	0.678976	12.36
ST5	20	1.027	400	1.054729	20.54
Σ	50	3.172	750	2.39069	41.445

$$\text{기울기}(m) = \frac{n\sum_{i=1}^{n}(x_iy_i) - \sum_{i=1}^{n}x_i\sum_{i=1}^{n}y_i}{n\sum_{i=1}^{n}(x_i^2) - (\sum_{i=1}^{n}x_i)^2}$$

$$= \frac{(5\times41.445)-(50\times3.172)}{(5\times750)-(50)^2} = 0.0389$$

$$y\text{절편}(b) = \frac{\sum_{i=1}^{n}(x_i^2)\sum_{i=1}^{n}y_i - \sum_{i=1}^{n}x_i\sum_{i=1}^{n}(x_iy_i)}{n\sum_{i=1}^{n}(x_i^2) - \left(\sum_{i=1}^{n}x_i\right)^2}$$

$$= \frac{(750\times3.172)-(50\times41.445)}{(5\times750)-(50)^2} = 0.2454$$

$$\text{기울기 } m = kC_S,\ y\text{절편 } b = kV_XC_X,\ \frac{m}{b} = \frac{kC_S}{kV_XC_X}$$

$$\therefore\ C_X = \frac{kC_S}{mV_X}$$

$$\therefore\ \text{미지시료 농도(ppm)} = \frac{0.2454}{0.0389}\times\frac{12}{10} = 7.57\,\text{ppm}$$

08 장탈착 이온화법을 사용하는 이유를 쓰시오.

✔ 정답 질량분석법에서는 분석물이 전하를 띤 기체 이온이어야 하며, 분자량이 큰 화합물들은 끓는점이 높아 기체를 만들기 위해 온도를 올려야 하는데 이때 분자가 분해되거나 변형이 일어난다. 따라서 높은 +전압이 걸려 있는 전극에 액체 시료를 직접 묻히고 탈착시켜 이온화시키면 휘발성이 낮거나 열에 불안정한 분석물도 분석할 수 있게 된다.

09 기체 크로마토그래피를 150℃에서 했을 때 작은 분자량을 갖는 분자는 분리가 잘 안 되고 큰 분자량을 갖는 분자는 느리게 나와 분리가 똑바로 일어나지 않는다. 이때 온도를 어떻게 조절해야 하는지 설명하시오.

정답 온도를 150℃보다 낮은 온도부터 시작하여 150℃보다 높은 온도까지 온도 프로그래밍을 하면 된다. 이렇게 하면 150℃ 이하에서는 낮은 분자량의 분자가 느리게 용리되어 분리가 잘 되고, 150℃ 이상에서는 큰 분자량의 분자가 빨리 용리되어 나와 전체적으로 빠른 시간에 분리가 잘 된다.

해설 온도 프로그램(temperature programming)
분리가 진행되는 동안 칼럼의 온도를 계속적으로 또는 단계적으로 증가시키는 것으로, 끓는점이 넓은 영역에 걸쳐 있는 분석물질에 대하여 시료의 분리 효율을 높이고 분리시간을 단축시키기 위해 사용한다. HPLC에서의 기울기 용리와 같으며, 일반적으로 최적의 분리는 가능한 낮은 온도에서 이루어지도록 한다. 그러나 온도가 낮아지면 용리시간이 길어져서 분석을 완결하는데도 시간이 오래 걸린다.

10 $Y_2(OH)_5Cl \cdot nH_2O$의 화학식을 가진 물질을 TGA 분석 시 150℃에서 감량된 양이 23%일 경우 n을 정수로 구하시오. (단, $Y_2(OH)_5Cl \cdot nH_2O$의 분자량은 388.44g/mol, H_2O의 분자량은 18.00g/mol이다.)

정답 5

해설 TGA 분석 시 150℃에서의 무게 감량은 물에 의한 것이다.

$$\frac{18 \cdot n(g)}{388.44g} = 0.23, \ n = 4.96$$

∴ 정수 $n = 5$

11 전열 원자흡수분광법에서 염화(Cl^-)이온과 같은 할로젠 원소가 존재하면 안 되는 이유를 설명하시오.

정답 염화(Cl^-)이온이 분석물 금속 또는 매트릭스 내의 금속과 결합하여 만들어지는 화합물이 전기 흑연로에서 연기 형태로 증발되어 빛을 산란시켜 흡광도 측정에 오차를 일으키기 때문이다.

12 다음에 해당하는 광원은 무엇인지 쓰시오.

- 3개의 동심형 석영관으로 이루어진 토치를 이용한다.
- Ar 기체를 사용한다.
- 라디오파 전류에 의해 유도 코일에서 자기장이 형성된다.
- Tesla 코일에서 생긴 스파크에 의해 Ar이 이온화된다.
- Ar^+와 전자가 자기장에 붙들어 큰 저항열을 발생하는 플라스마를 얻는다.

정답 유도결합플라스마 광원

13 ICP를 이용하여 정량분석할 때 내부 표준물법을 사용하는 이유 3가지를 쓰시오.

✔ 정답 ① 기기의 표류, 불안정성, 매트릭스 효과를 상쇄시켜 우연오차와 계통오차를 없애기 위해 사용한다.
② 실험자가 조절할 수 없을 정도로 플라스마의 온도가 매 순간 변함에 따라 신호가 변하여 생기는 오차를 상쇄시키기 위해 사용한다.
③ 시료가 분무되는 속도가 매 순간 변함으로 인해 생기는 오차를 없애기 위해 사용한다.

14 ICP 광원의 장점 4가지를 쓰시오.

✔ 정답 ① 플라스마 광원의 온도가 매우 높기 때문에 원자화 효율이 좋고 원소 상호간의 화학적 방해가 거의 없다.
② 아르곤의 이온화로 인한 전자밀도가 높아서 시료의 이온화에 의한 방해가 거의 없다.
③ 플라스마 단면의 온도 분포가 균일하여 자체 흡수나 자체 반전이 없으므로 넓은 선형 측정범위를 갖는다.
④ 높은 온도에서도 잘 분해되지 않는 산화물, 즉 내화성 화합물을 형성하는 텅스텐(W), 우라늄(U), 지르코늄(Zr) 등의 낮은 농도의 원소들도 측정이 가능하다.
⑤ 화학적으로 비활성인 환경에서 원자화가 일어나므로 분석물의 산화물이 형성되지 않아 원자의 수명이 증가한다.
⑥ 광원이 필요 없고, 하나의 들뜸조건에서 동시에 여러 원소들의 스펙트럼을 얻을 수 있으며, 다원소 분석이 가능하다.
⑦ 염소(Cl), 브로민(Br), 아이오딘(I) 및 황(S)과 같은 비금속원소들도 측정이 가능하다.
이 중 4가지 기술

2014 제1회 필답형 기출복원문제

01 산으로 유리기구를 세척한 후 산이 남아 있는지 확인하는 방법을 쓰시오.

정답 만능 pH시험지를 사용하여 유리기구의 pH를 확인한다.

해설 세척한 후 세척액이 남아 있는지 확인하는 방법
- 유기용매 : 극성이 다른 유기용매를 사용하여 두 개의 층이 생기는지 확인한다.
- 산 : 만능 pH시험지를 사용하여 유리기구의 pH를 확인한다.
- 산화제 : 루미놀을 이용하여 색을 확인한다.

02 공동침전의 종류 4가지를 쓰시오.

정답 ① 표면흡착, ② 혼성 결정 형성, ③ 내포, ④ 기계적 포획

해설 공동침전
- 침전물이 만들어지는 동안에 용해되어 있어야 하는 화학종이 함께 침전되는 현상이다.
- 침전은 한 화학종이 용해도곱을 초과했을 때 고체가 형성되어 용액에서 분리되는 과정인 반면, 공동침전은 침전이 형성될 때 용해되어 있어야 하는 화합물이 함께 침전 속으로 들어와 용액으로부터 분리되는 것을 말한다.
- 종류로는 표면흡착, 혼성 결정 형성, 내포, 기계적 포획이 있다.

03 50.0mL Cl^- 용액에 과량의 $AgNO_3$를 가하여 AgCl 침전 1.092g을 얻었다. Cl^-의 몰농도(M)를 구하시오. (단, AgCl의 분자량은 143.321g/mol이며, Cl^-의 농도는 소수점 넷째 자리까지 나타내시오.)

정답 0.1524M

해설 알짜반응식 : $Cl^- + Ag^+ \rightarrow AgCl(s)$

$$Cl^-\text{의 mol} = AgCl\text{의 mol} : 1.092\,g\ AgCl \times \frac{1mol\ AgCl}{143.321g\ AgCl} = 7.62\times10^{-3}mol$$

$$\therefore [Cl^-] = \frac{7.62\times10^{-3}mol}{50.0\times10^{-3}L} = 0.1524M$$

04 0.05M HCl 용액 25.0mL에서 0.025M NaOH 용액 30.0mL를 가했을 때의 pH를 구하시오.

정답 2.04

해설 알짜반응식 : $H^+ + OH^- \rightarrow H_2O(l)$

당량점 부피 : $0.05M\times25.0mL = 0.025\times V(mL)$, $V = 50.0mL$

가해준 NaOH 용액 30.0mL는 당량점 이전의 부피이므로 반응 후 남은 $[H^+]$를 구하면

$$[H^+] = \frac{(0.05M\times25.0mL)-(0.025M\times30.0mL)}{25.0mL + 30.0mL} = 9.09\times10^{-3}M$$

$$\therefore pH = -\log[H^+] = -\log(9.09\times10^{-3}) = 2.04$$

05 약산(HA)을 강염기로 적정했을 때 다음의 적정곡선으로부터 약산의 (1) pK_a값을 구하고, (2) 이 값을 얻게 된 근거를 쓰시오.

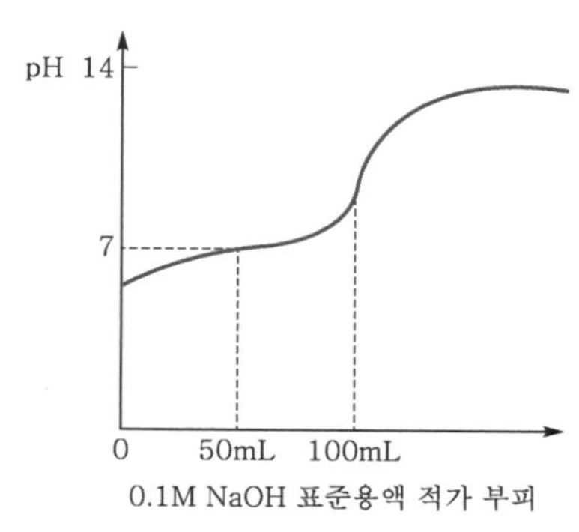

정답 (1) 7.00

(2) 적정곡선의 당량점에서의 부피(V_e)는 100mL이다.

$\frac{1}{2}V_e = 50\text{mL}$에서는 $HA + OH^- \rightleftarrows H_2O + A^-$에서 $[HA] = [A^-]$이고, pH 7.00이므로 헨더슨-하셀바흐 식 $pH = pK_a + \log\frac{[A^-]}{[HA]}$에 의해 $7.00 = pK_a$가 된다.

해설 **강염기에 의한 약산의 적정**

약산을 강염기로 적정하는 경우 적정 계산은 네 가지 유형으로 생각할 수 있다.

- 염기가 가해지기 전, 물에 HA만이 존재한다. 이 경우는 약산의 문제가 되고, pH는 $HA \overset{K_a}{\rightleftarrows} H^+ + A^-$의 평형으로 결정된다.
- NaOH가 가해지기 시작하면서 당량점에 도달하기 직전까지는 생성되는 A^-와 미반응 HA의 완충용액으로 있게 된다. 완충용액의 pH는 헨더슨-하셀바흐 식 $pH = pK_a + \log\frac{[A^-]}{[HA]}$을 이용한다.
- 당량점에서 모든 HA는 A^-로 변화된다. 따라서 물에 단지 A^-만을 녹인 것과 같은 용액이 만들어진다. 이러한 약염기 문제는 $A^- + H_2O \overset{K_b}{\rightleftarrows} HA + OH^-$ 반응에 의해 pH값을 계산할 수 있다.
- 당량점 이후에서는 과량의 NaOH가 A^- 용액에 가해진다. 이 용액의 pH는 강염기에 의해 결정되며, 단순히 과량의 NaOH가 물에 가해지는 것과 같이 pH를 계산한다. 이 경우 A^-의 존재에 의해 나타나는 효과는 매우 작기 때문에 무시한다.

06 HPLC에서 사용되는 검출기의 종류 4가지를 쓰시오.

정답 ① 흡수검출기, ② 형광검출기, ③ 굴절률검출기, ④ 전기화학검출기, ⑤ 증발산란광검출기, ⑥ 질량분석검출기, ⑦ 전도도검출기, ⑧ 광학활성검출기, ⑨ 원소선택성검출기, ⑩ 광이온화검출기

이 중 4가지 기술

07 다음 물음에 답하시오.

(1) 데이터 115, 125, 123, 129, 127에서 115를 버릴지 90% 신뢰수준에서 Q – test를 이용하여 결정하시오.

데이터수	4	5	6
90% 신뢰수준	0.76	0.64	0.56

(2) 95% 신뢰수준에서 참값이 있을 수 있는 신뢰구간을 구하시오.

자유도	3	4	5
Student's t	3.18	2.78	2.57

정답 (1) 115는 버리지 않는다.
(2) 123.8 ± 6.7

해설 (1) Q – test : 의심스러운 결과를 버릴 것인지, 보유할 것인지를 판단하는 데 사용되던 통계학적 시험법이다.

- 측정값을 작은 것부터 큰 것으로 나열한다.
- 의심스러운 측정값(x_q)과 이에 가장 가까이 이웃하는 측정값(x_n)과의 차이의 절댓값을 한 무리의 데이터의 퍼짐(w)으로 나누어 $Q_{실험}$값을 구한다.

$$Q_{실험} = \frac{|x_q - x_n|}{w}$$

- 어떤 신뢰수준에서 $Q_{실험} > Q_{기준}$, 그 의심스러운 점은 버려야 한다.
- 어떤 신뢰수준에서 $Q_{실험} < Q_{기준}$, 그 의심스러운 점은 버리지 말아야 한다.

크기 순서대로 나열하면 115, 123, 125, 127, 129

$$Q_{실험} = \frac{|x_q - x_n|}{w} = \frac{|115 - 123|}{129 - 115} = 0.57$$

∴ 90% 신뢰수준에서 0.57 < 0.64 ($Q_{실험} < Q_{기준}$)이므로, 데이터 115는 버리지 말아야 한다.

(2) **신뢰구간**

- Student의 t는 신뢰구간을 나타낼 때와 서로 다른 실험으로부터 얻은 결과를 비교하는데 가장 빈번하게 쓰이는 통계학적 도구이다.
- 모집단 표준편차(σ)가 알려져 있거나 표본 표준편차(s)가 σ의 좋은 근사값일 때의 신뢰구간 계산
  ① 한 번 측정으로 얻은 x의 신뢰구간 $= x \pm z\sigma$
  ② n번 반복하여 얻은 측정값의 평균인 경우의 신뢰구간 $= \overline{x} \pm \frac{z\sigma}{\sqrt{n}}$
- 모집단 표준편차(σ)를 알 수 없을 때의 신뢰구간 계산

n번 반복하여 얻은 측정값의 평균 $\overline{x}$의 신뢰구간 $= \overline{x} \pm \frac{ts}{\sqrt{n}}$

여기서, t : Student의 t, 자유도 : $n-1$
$\overline{x}$: 시료의 평균, s : 표준편차

$$\overline{x} : 시료의\ 평균 = \frac{115 + 123 + 125 + 127 + 129}{5} = 123.8$$

$$s : 표준편차 = \sqrt{\frac{(115-123.8)^2 + (123-123.8)^2 + (125-123.8)^2 + (127-123.8)^2 + (129-123.8)^2}{5-1}}$$

$$= 5.40$$

$$∴ 신뢰구간 = \overline{x} \pm \frac{ts}{\sqrt{n}} = 123.8 \pm \frac{2.78 \times 5.40}{\sqrt{5}} = 123.8 \pm 6.7$$

08 $Ce^{4+} + Fe^{2+} \rightarrow Ce^{3+} + Fe^{3+}$ 산화 · 환원 반응식에 대해 다음 물음에 답하시오.

(1) 산화반응식과 환원반응식으로 구분하여 쓰시오.

(2) 산화제와 환원제는 어떤 것인지 각각 쓰시오.

정답 (1) ① 산화반응식 : $Fe^{2+} \rightarrow Fe^{3+} + e^-$
② 환원반응식 : $Ce^{4+} + e^- \rightarrow Ce^{3+}$
(2) ① 산화제 : Ce^{4+}
② 환원제 : Fe^{2+}

해설
- 산화반응식 : $Fe^{2+} \rightarrow Fe^{3+} + e^-$
- 환원반응식 : $Ce^{4+} + e^- \rightarrow Ce^{3+}$
- Ce^{4+}는 $+4 \rightarrow +3$으로 산화수가 감소하였으므로 환원반응을 하였고, 산화제로 작용한다.
- Fe^{2+}는 $+2 \rightarrow +3$으로 산화수가 증가하였으므로 산화반응을 하였고, 환원제로 작용한다.

09 액체 크로마토그래피에서 사용되는 등용매 용리를 설명하시오.

정답 시료 혼합물에 들어 있는 모든 화학종을 처음부터 마지막까지 분리하는 동안 용매(이동상)의 조성을 일정하게 유지하면서 용리하는 것을 말한다.

해설 기울기 용리(gradient elution)
- 극성이 다른 2~3가지 용매를 사용하여 용리가 시작된 후에 용매들을 섞는 비율은 이미 프로그램된 비율에 따라 단계적으로 또는 연속적으로 변화시킨다.
- 분리효율을 높이고 분리시간을 단축시키기 위해 사용한다.
- 기체 크로마토그래피에서 온도 변화 프로그램을 이용하여 얻은 효과와 유사한 효과가 있다.
- 일정한 조성의 단일 용매를 사용하는 분리법을 등용매 용리(isocratic elution)라고 한다.

10 적외선 분광계에 빈 시료용기를 넣고 스펙트럼을 얻었을 때 파장 4~17μm에서 16개의 간섭 봉우리가 나타났다. 시료용기의 빛살 통과길이(cm)를 구하시오. (단, 소수점 넷째 자리까지 구하시오.)

정답 0.0042cm

해설
용기의 광로길이(=시료용기의 폭) $b = \dfrac{\Delta N}{2(\bar{\nu}_1 - \bar{\nu}_2)}$

여기서, ΔN : 간섭무늬수
$\bar{\nu}$: 파수

$4\mu m$의 파수 $= \dfrac{1}{4 \times 10^{-4} cm} = 2{,}500\,cm^{-1}$

$17\mu m$의 파수 $= \dfrac{1}{17 \times 10^{-4} cm} = 588\,cm^{-1}$

$\therefore$ 시료용기의 빛살 통과길이 $b = \dfrac{16}{2(2{,}500 - 588)} = 0.0042cm$

11

van Deemter 식 $H = A + \frac{B}{u} + C_S u + C_M u$를 이용하여 액체 크로마토그래피(LC)와 기체 크로마토그래피(GC)의 van Deemter 도시를 비교하시오.

정답

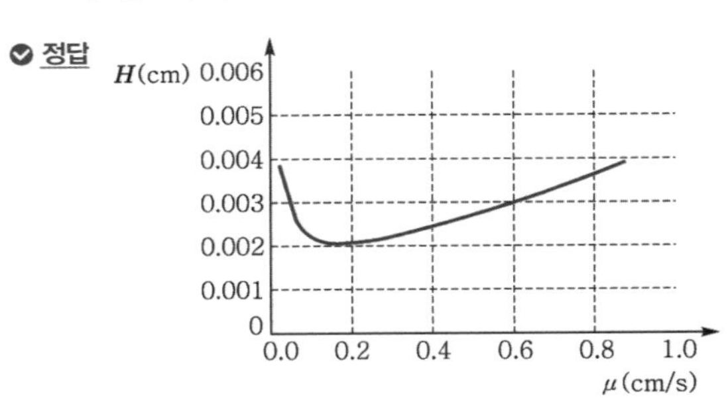

(a) 액체 크로마토그래피

H(cm) 0.12, 0.10, 0.08, 0.06, 0.04, 0.02, 0 / 0, 20, 40, 60, 80, 100 / μ(cm/s)

(b) 기체 크로마토그래피

- 흐름의 속도가 낮을 때 H는 최소값을 갖지만, LC의 최소점은 일반적으로 GC 경우보다 낮은 흐름 속도에서 나타난다.
- LC의 흐름 속도는 GC의 흐름 속도보다 느리며, 이것은 GC 분리가 LC 분리보다 더 짧은 시간에 완결될 수 있다는 것을 의미한다.

해설 van Deemter 식

$$H = A + \frac{B}{u} + C_S u + C_M u$$

여기서, H : 단높이(cm)
u : 이동상의 선형속도(cm/s)
A : 소용돌이 확산계수
B : 세로확산계수
C_S : 정지상과 관련된 질량이동계수
C_M : 이동상과 관련된 질량이동계수

- LC 칼럼의 단높이는 GC 칼럼의 단높이보다 10배 이상 작으나, LC 칼럼이 25cm보다 길어지면 높은 압력강하로 이런 장점이 상쇄된다.
- GC 칼럼은 길이가 50m 이상도 사용할 수 있어 전반적인 칼럼 효율은 GC 칼럼이 더 우수하다. 즉, GC와 LC를 비교하면 GC가 더 빨리, 더 높은 효율로 분리할 수 있다.

12 신호 대 잡음비를 정수비로 나타내는 방법을 쓰시오.

정답 신호 대 잡음비는 분석신호(S)를 잡음신호(N)로 나눈 값이다. 분석신호는 측정신호의 평균($\overline{x}$)이고, 잡음신호는 측정신호의 표준편차(s)이므로 신호 대 잡음비는 분석신호의 상대표준편차의 역수가 된다.

$$\frac{\text{신호}(S)}{\text{잡음}(N)} = \frac{\text{신호는 측정의 평균값}(\overline{x})}{\text{잡음은 측정신호의 표준편차}(s)} = \frac{1}{\text{상대표준편차(RSD)}}$$

해설 분석 측정은 두 가지 요소로 구성되어 있다. 하나는 화학자가 관심을 갖는 분석시료의 정보를 갖고 있는 신호(signal)이고, 다른 하나는 잡음(noise)이다. 잡음은 분석의 정확도와 정밀도를 감소시키고, 분석시료의 검출한계에 많은 방해작용을 한다. 일반적으로 분석방법의 특징 또는 분석기기의 성능을 잡음으로만 설명하는 것보다 신호 대 잡음비(S/N)로 나타내는 방법이 더 좋은 계수가 된다.

13 다음 측정된 흡광도를 이용하여 분석물의 몰농도(M)를 구하시오. (단, 셀의 길이는 1cm이다.)

구분	몰농도(M)	분석물의 흡광도	바탕용액의 흡광도
표준용액	3.09×10^{-6}	0.294	0.012
시료용액	x	0.179	

정답 1.83×10^{-6}M

해설

구분	몰농도(M)	분석물의 흡광도	보정 흡광도 (분석물의 흡광도－바탕용액의 흡광도)
표준용액	3.09×10^{-6}	0.294	$0.294-0.012=0.282$
시료용액	x	0.179	$0.179-0.012=0.167$

$A=\varepsilon bc$

여기서, ε : 몰흡광계수($\text{cm}^{-1}\cdot\text{M}^{-1}$)

b : 셀의 길이(cm)

c : 시료의 농도(M)

표준용액 : $0.282=\varepsilon\times1\times3.09\times10^{-6}$, $\varepsilon=91,262\text{cm}^{-1}\cdot\text{M}^{-1}$

시료용액 : $0.167=91,262\times1\times x$ $\therefore x=1.83\times10^{-6}\text{M}$

14 다음 물음에 답하시오. (단, 동위원소의 상대적 존재비는 다음과 같으며, 소수점 넷째 자리까지 구하시오.)

$^{35}\text{Cl}:100$, $^{37}\text{Cl}:32.5$, $^{79}\text{Br}:100$, $^{81}\text{Br}:98$

(1) C_6H_4BrCl의 질량 스펙트럼에서 M^+, $(M+2)^+$, $(M+4)^+$ 봉우리의 높이비를 구하시오.

(2) $C_6H_4Br_2$의 질량 스펙트럼에서 M^+, $(M+2)^+$, $(M+4)^+$ 봉우리의 높이비를 구하시오.

정답 (1) $M^+:(M+2)^+:(M+4)^+=1.0000:1.3050:0.3185$

(2) $M^+:(M+2)^+:(M+4)^+=1.0000:1.9600:0.9604$

해설 (1) M^+ 봉우리 $C_6H_4{}^{79}Br^{35}Cl$에서 얻어진다. M^+ 세기를 1로 둔다.

$(M+2)^+$ 봉우리 $C_6H_4{}^{79}Br^{37}Cl$, $C_6H_4{}^{81}Br^{35}Cl$에서 얻어진다. $(M+2)^+$ 세기는 $\frac{32.5}{100}+\frac{98}{100}=1.305$ 이다.

$(M+4)^+$ 봉우리 $C_6H_4{}^{81}Br^{37}Cl$에서 얻어진다. $(M+4)^+$ 세기는 $\frac{32.5}{100}\times\frac{98}{100}=0.3185$이다.

(2) M^+ 봉우리 $C_6H_4{}^{79}Br_2$에서 얻어진다. M^+ 세기를 1로 둔다.

$(M+2)^+$ 봉우리 $C_6H_4{}^{79}Br^{81}Br$와 $C_6H_4{}^{81}Br^{79}Br$에서 얻어진다. $(M+2)^+$ 세기는 $\frac{98}{100}+\frac{98}{100}=1.96$ 이다.

$(M+4)^+$ 봉우리 $C_6H_4{}^{81}Br_2$에서 얻어진다. $(M+4)^+$ 세기는 $\frac{98}{100}\times\frac{98}{100}=0.9604$이다.

필답형 기출복원문제

01 1차 표준물질이 가져야 할 5가지 요건을 쓰시오.

정답 ① 고순도(99.9% 이상)이어야 한다.
② 조해성, 풍해성이 없어야 한다.
③ 흡수, 풍화, 공기 산화 등의 성질이 없어야 한다.
④ 정제하기 쉬워야 한다.
⑤ 반응이 정량적으로 진행되어야 한다.
⑥ 오랫동안 보관하여도 변질되지 않아야 한다.
⑦ 공기 중이나 용액 내에서 안정해야 한다.
⑧ 합리적인 가격으로 구입이 쉬워야 한다.
⑨ 물, 산, 알칼리에 잘 용해되어야 한다.
⑩ 큰 화학식량을 가지거나, 또는 당량 중량이 커서 측정오차를 줄일 수 있어야 한다.
이 중 5가지 기술

02 약한 염기(B) 수용액의 염기 해리상수 $K_b = 1.00 \times 10^{-5}$일 때, 수용액으로부터 유기용매로 염기성 물질이 추출될 수 있는 최소 pH를 구하시오. (단, 분배계수 k는 5.00, 분포비 D는 4.984이다.)

정답 11.49

해설
분포비 또는 분포계수는 섞이지 않는 두 용매 사이에서 한 화학종의 분석 몰농도의 비$\left(\dfrac{C_{org}}{C_{aq}}\right)$를 나타내며, $D = k \times \dfrac{K_a}{K_a + [H_3O^+]_{aq}}$으로 구할 수 있다. (여기서, D : 분포비, k : 분배계수)

$K_a \times K_b = K_w$이므로 $K_a = \dfrac{1.00 \times 10^{-14}}{1.00 \times 10^{-5}} = 1.00 \times 10^{-9}$

$4.984 = 5.00 \times \dfrac{1.00 \times 10^{-9}}{1.00 \times 10^{-9} + [H_3O^+]_{aq}}$, $[H_3O^+] = 3.210 \times 10^{-12}M$

$\therefore pH = -\log(3.210 \times 10^{-12}) = 11.49$

03 EDTA 적정법에 사용되는 지시약이며 $pK_{a2} = 6.3$, $pK_{a3} = 11.6$이고, pH에 따라 유리 지시약의 색깔이 붉은색, 파란색, 오렌지색을 나타내는 금속이온 지시약을 쓰시오.

정답 에리오크롬블랙T(EBT)

해설 금속이온 지시약
- EDTA 적정법에서 종말점 검출을 위해 사용한다.
  - 다른 방법으로는 전위차 측정(수은전극, 유리전극, 이온 선택성 전극), 흡광도 측정이 있다.
- 금속이온 지시약은 금속이온과 결합할 때 색이 변한다.
- 지시약으로 사용되려면 EDTA보다는 약하게 금속과 결합해야 한다.
  - 결합세기 : 금속 − 지시약 < 금속 − EDTA

- 금속이 지시약으로부터 자유롭게 유리되지 않는다면 금속이 지시약을 막았다(block)고 한다.
  예 Cu^{2+}, Ni^{2+}, Co^{2+}, Cr^{3+}, Fe^{3+}, Al^{3+}의 금속이 지시약 에리오크롬블랙T를 막는다(block).

〈몇 가지 일반적인 금속이온 지시약〉

이름	구조	pK_a	유리 – 지시약의 색깔	금속이온 착물의 색깔
칼마자이트	(H_2In^-)	$pK_2=8.1$ $pK_3=12.4$	H_2In^- 붉은색 HIn^{2-} 푸른색 In^{3-} 오렌지색	포도주빛 붉은색
에리오크롬 블랙T	(H_2In^-)	$pK_2=6.3$ $pK_3=11.6$	H_2In^- 붉은색 HIn^{2-} 푸른색 In^{3-} 오렌지색	포도주빛 붉은색
뮤렉사이드	(H_4In^-)	$pK_2=9.2$ $pK_3=10.9$	H_4In^- 붉은 보라색 H_3In^{2-} 보라색 H_2In^{3-} 푸른색	노란색(Co^{2+}, Ni^{2+}, Cu^{2+}의 경우), Ca^{2+}는 붉은색
자이레놀 오렌지	(H_3In^{3-})	$pK_2=2.32$ $pK_3=2.85$ $pK_4=6.70$ $pK_5=10.47$ $pK_6=12.23$	H_5In^- 노란색 H_4In^{2-} 노란색 H_3In^{3-} 노란색 H_2In^{4-} 보라색 HIn^{5-} 보라색 In^{6-} 보라색	붉은색
파이로카테콜 바이올렛	(H_3In^-)	$pK_1=0.2$ $pK_2=7.8$ $pK_3=9.8$ $pK_4=11.7$	H_4In 붉은색 H_3In^- 노란색 H_2In^{2-} 보라색 HIn^{3-} 붉은 자주색	푸른색

04 불꽃에서 3가지 영역의 이름을 안쪽부터 순서대로 쓰시오.

정답 1차 연소영역, 내부 불꽃영역, 2차 연소영역

해설

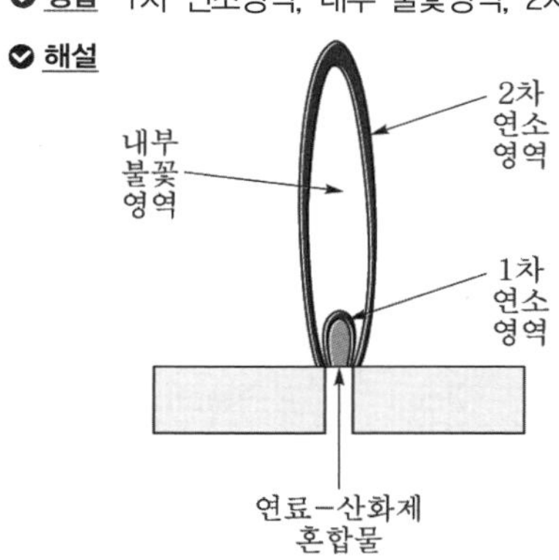

05 $Na_2C_2O_4$ 0.417g을 $KMnO_4$로 적정하는데 92.0mL가 사용되었다. $KMnO_4$의 몰농도(M)를 구하시오. (단, $Na_2C_2O_4$의 분자량은 134g/mol이며, 소수점 넷째 자리까지 구하시오.)

정답 0.0135M

해설 **과망가니즈산포타슘에 의한 산화**

- 과망가니즈산포타슘($KMnO_4$)은 진한 자주색을 띤 강산화제이다.
- 강산성 용액(pH 1)에서 무색의 Mn^{2+}로 환원된다.
- 중성 또는 알칼리 용액에서는 갈색 고체인 MnO_2를 생성한다.
  $MnO_4^- + 4H^+ + 3e^- \rightleftarrows MnO_2(s) + 2H_2O$, $E^\circ = 1.6921$
- 강알칼리 용액(2M NaOH)에서는 초록색의 망가니즈산(VI) 이온을 생성한다.
  $MnO_4^- + e^- \rightleftarrows MnO_4^{2-}$, $E^\circ = 0.56V$
- 순수하지 못해서 일차 표준물질이 아니며, 옥살산소듐으로 표준화하여 사용한다.
- 종말점은 MnO_4^-의 적자색이 묽혀진 연한 분홍색이 지속적으로 나타나는 것으로 정한다.
- 반응식
  ① $2MnO_4^- + 5C_2O_4^{2-} + 16H^+ \rightleftarrows 2Mn^{2+} + 8H_2O + 10CO_2$
  ② $2MnO_4^- + 5H_2O_2 + 6H^+ \rightleftarrows 2Mn^{2+} + 8H_2O + 5O_2$
  ③ $MnO_4^- + 5Fe^{2+} + 8H^+ \rightleftarrows 2Mn^{2+} + 5Fe^{3+} + 8H_2O$
  반응식 : $2MnO_4^- + 5C_2O_4^{2-} + 16H^+ \rightarrow 2Mn^{2+} + 8H_2O + 10CO_2$

$$KMnO_4\text{의 몰농도} : \frac{0.417g\ Na_2C_2O_4 \times \frac{1mol\ Na_2C_2O_4}{134g\ Na_2C_2O_4} \times \frac{2mol\ KMnO_4}{5mol\ Na_2C_2O_4}}{92.0 \times 10^{-3}L} = 0.0135M$$

06 0.121g의 1차 표준물 KIO_3와 과량의 KI가 들어 있는 용액을 이용하여 $Na_2S_2O_3$ 용액을 표준화하였다. $Na_2S_2O_3$ 용액의 적가 부피가 41.6mL일 때 용액의 몰농도(M)를 구하시오. (단, KIO_3의 분자량은 214g/mol이며, 소수점 넷째 자리까지 구하시오.)

정답 0.0816M

해설 **싸이오황산소듐 용액의 표준화**

- 아이오딘산소듐($NaIO_3$)은 싸이오황산소듐($Na_2S_2O_3$) 용액에 대한 우수한 일차 표준물질이다.
- 표준화 과정
  ① 무게를 단 양의 일차 표준급 시약을 과량의 아이오딘화포타슘(KI)을 포함하고 있는 물에 녹인다.
  ② 이 혼합물을 강산으로 산성화시키면 다음 반응이 즉시 일어난다.
  $IO_3^- + 5I^- + 6H^+ \rightleftarrows 3I_2 + 3H_2O$
  ③ 그 다음 유리된 아이오딘(I_2)을 싸이오황산소듐($Na_2S_2O_3$) 용액으로 적정한다.
  $I_2 + 2S_2O_3^{2-} \rightleftarrows 2I^- + S_4O_6^{2-}$
- 과정의 총괄 화학량론은 다음과 같다.
  $1mol\ IO_3^- = 3mol\ I_2 = 6mol\ S_2O_3^{2-}$
  반응식 : $IO_3^- + 5I^- + 6H^+ \rightleftarrows 3I_2 + 3H_2O$, $I_2 + 2S_2O_3^{2-} \rightleftarrows 2I^- + S_4O_6^{2-}$

$$Na_2S_2O_3\text{ 용액 농도} : \frac{0.121g\ KIO_3 \times \frac{1mol\ KIO_3}{214g\ KIO_3} \times \frac{3mol\ I_2}{1mol\ KIO_3} \times \frac{2mol\ Na_2S_2O_3}{1mol\ I_2}}{41.6 \times 10^{-3}L}$$
$$= 0.0816M$$

07 전처리 과정을 모두 한 다음 측정된 미지시료의 흡광도는 0.524이었다. 같은 전처리를 한 다음 측정한 표준물의 흡광도는 표준물의 농도가 0.200ppm일 때 0.215이었고, 0.400ppm일 때 0.423이었으며, 0.600ppm일 때 0.678이었다. Beer 법칙을 따른다고 할 때 미지시료의 농도(ppm)를 구하시오. (단, 소수점 셋째 자리까지 구하시오.)

정답 0.474ppm

해설 최소제곱법(method of least squares)

- 흩어져 있어 한 직선에 놓이지 않는 실험자료 점들을 지나는 '최적' 직선을 그리기 위해 사용한다.
- 어떤 점은 최적 직선의 위 또는 아래에 놓이게 된다.
- 직선의 식 : $y = ax + b$
  여기서, a : 기울기, b : y절편

① 기울기(a) $= \dfrac{n\sum_{i=1}^{n}(x_i\,y_i) - \sum_{i=1}^{n}x_i\sum_{i=1}^{n}y_i}{n\sum_{i=1}^{n}(x_i^2) - \left(\sum_{i=1}^{n}x_i\right)^2}$

② y절편(b) $= \dfrac{\sum_{i=1}^{n}(x_i^2)\sum_{i=1}^{n}y_i - \sum_{i=1}^{n}x_i\sum_{i=1}^{n}(x_iy_i)}{n\sum_{i=1}^{n}(x_i^2) - \left(\sum_{i=1}^{n}x_i\right)^2}$

③ 상관계수(r) $= \dfrac{n\sum_{i=1}^{n}(x_iy_i) - \sum_{i=1}^{n}x_i\sum_{i=1}^{n}y_i}{\sqrt{\left\{n\sum_{i=1}^{n}(x_i^2) - \left(\sum_{i=1}^{n}x_i\right)^2\right\}\left\{n\sum_{i=1}^{n}(y_i^2) - \left(\sum_{i=1}^{n}y_i\right)^2\right\}}}$

- 검정곡선의 작성
  ① 적당한 농도 범위를 갖는 분석물질의 알려진 시료를 준비하여, 이 표준물질에 대한 분석과정의 감응을 측정한다.
  ② 보정 흡광도를 구하기 위하여 측정된 각각의 흡광도로부터 바탕시료의 평균 흡광도를 빼준다(보정 흡광도 = 관찰한 흡광도 − 바탕 흡광도). 바탕시료는 분석물질이 들어 있지 않을 때 분석과정의 감응을 측정한다.
  ③ 농도 대 보정 흡광도의 그래프를 그린다.
  ④ 미지용액을 분석할 때도 바탕시험을 동시에 하여 보정 흡광도를 얻는다.
  ⑤ 미지용액의 보정 흡광도를 검량선의 직선의 식에 대입하여 농도를 계산한다. 이때 미지용액의 농도가 검량선의 구간에서 벗어나면 미지용액을 구간 내에 포함되도록 적절하게 희석 또는 농축하여 흡광도를 다시 측정하여야 한다.
  ⑥ 검정곡선으로 검출한계의 정량한계를 구할 수 있다.
  ⑦ 검정감도는 농도에 따라 변하지 않으나, 분석강도는 농도에 따라 다를 수 있다.
  농도 대 흡광도의 식 : $y = 1.1575x - 0.0243$
  미지시료의 농도 : $0.524 = 1.1575x - 0.0243$ $\therefore x = 0.474$ppm

08 NMR 분광법에서 가능한 한 센 자기장을 갖는 자석을 사용하는 이유를 쓰시오.

정답 자기장의 세기가 증가하면 바닥상태와 들뜬 상태의 차이가 더 커서 감도가 증가하고 $\dfrac{\Delta\nu}{J}$ 비가 증가하므로 스펙트럼을 해석하기가 더 쉬워지기 때문이다.

09 ICP 방출분광법이 높은 감도를 나타내는 이유 4가지를 쓰시오.

정답 ① 높은 온도로 인해 화학적 방해가 거의 없어 감도가 높다.
② 높은 온도로 인해 원자화와 들뜬 상태 효율이 좋아 감도가 높다.
③ 플라스마에서 산화물을 만들지 않으므로 감도가 높다.
④ 플라스마에 전자가 풍부하여 이온화 방해가 거의 없어 감도가 높다.
⑤ 들뜬 원자가 플라스마에 머무는 시간이 비교적 길어 감도가 높다.
이 중 4가지 기술

10 광물에 Fe_2O_3가 20% 존재하며, 광물을 용해할 때 Fe_2O_3가 3mg 손실되었다. 광물 1.0g을 용해할 때 Fe_2O_3의 상대오차(%)를 구하시오.

정답 −1.50%

해설 • **절대오차**(E) : 측정값과 참값과의 차이를 의미한다.
① 절대오차의 부호는 측정값이 작으면 부호는 음이고, 측정값이 크면 부호는 양이다.
② 절대오차 : $E = x_i - x_t$
여기서, x_i : 어떤 양을 갖는 측정값
x_t : 어떤 양에 대한 참값 또는 인정된 값

• **상대오차**(E_r) : 절대오차를 참값으로 나눈 값으로 절대오차보다 더 유용하게 이용되는 값이다.

백분율 상대오차 : $E_r = \dfrac{x_i - x_t}{x_t} \times 100\%$

광물 1g 중 Fe_2O_3의 양 $= 1{,}000\text{mg 광물} \times \dfrac{20}{100} = 200\text{mg}$

$\therefore$ 상대오차 $= \dfrac{197\text{mg} - 200\text{mg}}{200\text{mg}} \times 100 = -1.50\%$

11 GC 검출기인 불꽃이온화검출기(FID)의 장점 4가지를 쓰시오.

정답 ① 감도가 높다.
② 선형 감응범위가 넓다.
③ 바탕 잡음이 적다.
④ 대부분의 이동상과 H_2O에 대한 감도가 매우 낮다.
⑤ 기기 고장이 별로 없고, 사용하기 편하다.
이 중 4가지 기술

해설 **불꽃이온화검출기**(FID, flame ionization detector)
- 기체 크로마토그래피에서 가장 널리 사용되는 검출기로, 버너를 가지고 있으며 칼럼에서 나온 용출물은 수소와 공기와 함께 혼합되고 전기로 점화되어 연소된다.
- 시료를 불꽃에 태워 이온화시켜 생성된 전류를 측정하며, 대부분의 유기화합물들은 수소－공기 불꽃 온도에서 열분해될 때 불꽃을 통해 전기를 운반할 수 있는 전자와 이온들을 만든다.
- 생성된 이온의 수는 불꽃에서 분해된(환원된) 탄소원자의 수에 비례한다.
- 연소하지 않는 기체(H_2O, CO_2, SO_2, NO_x 등)에 대해서는 감응하지 않는다.
- H_2O에 대한 감도를 나타내지 않기 때문에 자연수 시료 중에 들어 있는 물 및 질소(N)와 황(S)의 산화물로 오염된 유기물을 포함한 대부분의 유기시료를 분석하는 데 유용하다.
- 장점 : 감도는 높고(~10^{-13}g/s), 선형 감응범위가 넓으며(~10^7g), 바탕잡음이 적다. 또한 기기 고장이 별로 없고, 사용하기 편하다.
- 단점 : 시료를 파괴한다.

12 GC에서 사용하는 열린 모세관 칼럼의 종류 4가지를 쓰시오.

정답 ① 벽 도포 열린 관 칼럼
② 지지체 도포 열린 관 칼럼
③ 용융 실리카 열린 관 칼럼
④ 다공성 막 열린 관 칼럼

해설 ① 벽 도포 열린 관 칼럼(WCOT, wall-coated open tubular)
㉠ 칼럼 내부를 정지상으로 얇게 입히고 가운데는 비어 있는 칼럼이다.
㉡ 칼럼 재질은 스테인리스 스틸, 알루미늄, 구리, 플라스틱 또는 유리로 되어 있다.
② 지지체 도포 열린 관 칼럼(SCOT, support-coated open tubular)
㉠ 모세관의 안쪽 표면에 규조토와 같은 지지체를 얇은 막(~30μm) 형태로 입히고 그 위에 액체 정지상을 흡착시킨 열린 관 칼럼이다.
㉡ 벽 도포 칼럼보다 정지상의 양이 더 많으므로 시료 용량이 더 크다.
③ 용융 실리카 열린 관 칼럼(FSOT, fused silica open tubular)
㉠ 벽 도포 열린 관 칼럼의 일종으로서 칼럼 재질로 금속 산화물이 포함되지 않은 용융 실리카를 사용한다.
㉡ 유리 칼럼보다 벽의 두께가 매우 얇다.
㉢ 칼럼 외부를 폴리이미드로 입혀서 강도가 높다.
㉣ 칼럼에 주입하는 시료의 양을 줄여야 하므로 시료를 분할 주입하며, 감응속도가 빠르고 감도가 좋은 검출기를 사용해야 한다.
④ 다공성 막 열린 관 칼럼(PLOT, porous layer open tubular)
다공성 중합체의 고체상 입자가 칼럼 내벽에 부착되어 있는 열린 관 칼럼이다.

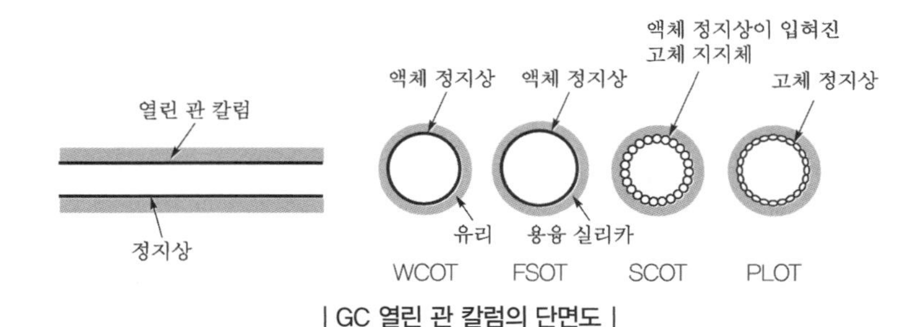

| GC 열린 관 칼럼의 단면도 |

13 다음 물음에 답하시오.

(1) 거울반사를 설명하시오.
(2) 확산반사를 설명하시오.

정답 (1) 빛이 거울과 같이 매끄러운 표면에 입사하여 입사각과 같은 반사각으로 정반대 방향으로 고르게 반사되는 것이다.
(2) 빛이 매끄럽지 않은 표면에 입사하여 반사할 때 반사각이 일정하지 않고 제각기 다른 방향으로 반사하는 것이다.

14 n-pentane과 n-heptane의 조절 머무름시간이 각각 4.10분과 14.08분이고, 미지시료의 조절 머무름시간이 7.34분일 때, 이 미지시료의 머무름지수를 구하시오.

정답 596.30

해설 머무름지수(I, retention index)

- 용질을 확인하는 데 사용되는 파라미터이다.
- 머무름지수 눈금을 결정하는 데는 n-alkane을 기준으로 한다.
- n-alkane의 머무름지수는 화합물에 들어 있는 탄소수의 100배에 해당하는 값으로 정의하며, 칼럼 충전물, 온도, 크로마토그래피의 다른 조건과는 관계없다.
- n-alkane 이외의 화합물 : $\log t_R' = \log(t_R - t_M)$을 이용하여 탄소 원자수를 계산한다. 탄소 원자수에 대한 보정 머무름시간의 log값, 즉 $\log t_R'$을 도시하면 직선이 얻어지므로 기울기를 이용하여 탄소 원자수를 구해서 100을 곱하면 머무름지수(I)를 구할 수 있다.

n-pentane : 탄소수 5개, $\log t_R' = \log 4.10 = 0.61$

n-heptane : 탄소수 7개, $\log t_R' = \log 14.08 = 1.15$

시료 : 탄소수는 x, $\log t_R' = \log 7.34 = 0.87$

탄소 원자수에 대한 $\log t_R'$의 관계에서 기울기 : $\dfrac{1.15-0.61}{7-5} = \dfrac{1.15-0.87}{7-x}$, $x = 5.9630$

∴ 시료의 머무름지수 : 탄소수 $\times 100 = 5.9630 \times 100 = 596.30$

2015 제1회 필답형 기출복원문제

01 산 – 염기 지시약이 산성 용액과 염기성 용액에서 각각 HIn과 In^-가 되는 원리를 설명하시오.

정답 산 – 염기 지시약은 약한 유기산(HIn) 또는 약한 유기염기(In^-)이며, 물에서는 $HIn + H_2O \rightleftarrows In^- + H_3O^+$ 반응으로 평형을 이루고 있다. 또한 산성 용액에서는 평형이 왼쪽으로 진행되어 HIn이 In^-보다 10배 이상 많게 되면 HIn의 색을, 염기성 용액에서는 평형이 오른쪽으로 진행되어 In^-가 HIn보다 10배 이상 많게 되면 In^-의 색을 나타낸다.

해설 산 – 염기 지시약 변색 원리

- 약한 유기산이거나 약한 유기염기이며 그들의 짝염기나 짝산으로부터 해리되지 않은 상태에 따라서 색이 서로 다르다.
- 산 형태 지시약, HIn은 다음과 같은 평형으로 나타낼 수 있다.

  $HIn + H_2O \rightleftarrows In^- + H_3O^+$

  산성 색 염기성 색

  이 반응에서 분자 내 전자배치 구조의 변화는 해리를 동반하므로 색 변화를 나타낸다.
- 염기 형태 지시약, In은 다음과 같은 평형으로 나타낼 수 있다.

  $In + H_2O \rightleftarrows InH^+ + OH^-$

  염기성 색 산성 색
- 산성형 지시약의 해리에 대한 평형상수 $K_a = \frac{[H_3O^+][In^-]}{[HIn]}$에서 용액의 색을 조절하는 $[H_3O^+] = K_a \times \frac{[HIn]}{[In^-]}$는 지시약의 산과 그 짝염기형의 비를 결정한다.
- $\frac{[HIn]}{[In^-]} \geq \frac{10}{1}$일 때 지시약 HIn은 순수한 산성형 색을 나타내고, $\frac{[HIn]}{[In^-]} \leq \frac{1}{10}$일 때 염기성형 색을 나타낸다.
- 지시약의 변색 pH 범위 $= pK_a \pm 1$

  ① 완전히 산성형 색일 경우, $[H_3O^+] = K_a \times \frac{[HIn]}{[In^-]} = K_a \times 10$

  ② 완전히 염기성형 색일 경우, $[H_3O^+] = K_a \times \frac{[HIn]}{[In^-]} = K_a \times 0.1$

  ③ 헨더슨 – 하셀바흐 식 : $pH = pK_a + \log\frac{[In^-]}{[HIn]}$

  이 식에서 $\frac{[In^-]}{[HIn]} \geq 10$이면 염기성 색을 띠고, $\frac{[In^-]}{[HIn]} \leq \frac{1}{10}$이면 산성 색을 띤다.

02 다음 물음에 답하시오.

(1) 반복시료가 무엇인지 쓰시오.

(2) 반복시료를 사용하는 이유를 쓰시오.

정답 (1) 거의 같은 크기를 갖는 같은 실험시료를 여러 개 취하여 같은 시간에 같은 방법으로 행해지는 시료이다.
(2) 반복시료를 이용하여 얻은 분석 데이터는 정확도와 정밀도가 높아지므로 신뢰도도 높아지기 때문이다.

03 다음 물음에 답하시오.

(1) 분석 중 무엇이 들어 있는지를 분석하는 것을 무엇이라고 하는지 쓰시오.

(2) 분석 중 얼마나 들어 있는지를 분석하는 것을 무엇이라고 하는지 쓰시오.

정답 (1) 정성분석
(2) 정량분석

04 묽은 염산으로 녹인 시료 내의 Ni^{2+}의 농도는 pH 5.5에서 Zn^{2+} 표준용액으로 역적정하면 얻을 수 있다. 시료용액 40.0mL를 NaOH 용액으로 중화시킨 다음 아세트산 완충용액으로 pH를 5.5로 완충시키고, 0.06604M의 EDTA−2Na 표준용액 40.0mL를 가하고 자일레놀 오렌지 지시약을 몇 방울 가한 후 0.02269M Zn^{2+} 표준용액을 35.5mL 적가하였을 때 종말점에서 노란색으로 변하였다. Ni^{2+}의 몰농도(M)를 구하시오. (단, 소수점 넷째 자리까지 구하시오.)

정답 0.0459M

해설
- Ni^{2+}과 반응하고 남아 있는 EDTA의 mmol = 역적정에 사용된 Zn^{2+}의 mmol
  $0.02269\text{M} \times 35.5\text{mL} = 0.8055\text{mmol}$
- 시료 중 Ni^{2+}의 mmol = 과량의 EDTA의 mmol − 역적정에 사용된 Zn^{2+}의 mmol
  $(0.06604\text{M} \times 40.0\text{mL}) - 0.8055\text{mmol} = 1.8361\text{mmol}$

$\therefore$ 시료 중 Ni^{2+}의 농도 $= \dfrac{1.8361\text{mmol}}{40.0\text{mL}} = 0.0459\text{M}$

05 표준물 첨가법을 이용하여 정량분석하는 방법을 설명하시오.

정답 복잡한 매트릭스의 조성이 알려지지 않았을 때 사용하며, 미지시료에 알고 있는 양의 분석 표준물질을 첨가시킨 다음, 증가된 신호로부터 원래 미지시료 중에 얼마나 많은 양의 분석물질이 함유되어 있는가를 알아낸다.

해설 **표준물 첨가법(standard addition)**
- 시료와 동일한 매트릭스(matrix)에 일정량의 표준물질을 한 번 이상 일정하게 농도를 증가시키며 첨가하고, 이 아는 농도를 통해 곡선을 작성하는 방법이다. 이 방법은 분석물질의 농도에 대한 감응이 직선성을 가져야 한다.
  매트릭스(matrix)는 분석물질을 제외하고 미지시료 중에 함유되어 있는 모든 화학종을 말하며, 매트릭스 효과란 시료 중에 존재하고 있는 분석물질이 아닌 다른 어떤 물질에 의해서 일으키는 분석신호의 변화로서 정의한다.
- 매질효과의 영향이 큰 분석방법에서 분석대상 시료와 동일한 매질을 제조할 수 없을 때 매트릭스 효과를 쉽게 보정할 수 있는 방법이다.
- 미지시료에 아는 양의 분석물질을 첨가시킨 다음, 증가된 신호로부터 원래 미지시료 중에 얼마나 많은 양의 분석물질이 함유되어 있는가를 측정한다. 표준물질은 분석물질과 같은 화학종의 물질이다.
- 표준물질을 부피가 아닌 질량을 기준으로 첨가하는 경우 높은 정밀도를 얻을 수 있다.
- 표준물 첨가법은 원자흡수법에 주로 사용되고, 시료의 조성이 잘 알려져 있지 않거나 복잡하여 분석신호에 영향을 줄 때, 매트릭스 효과가 있을 가능성이 큰 시료 분석에 유용하다.

06 93개의 탄소로 되어 있는 유기화합물에 대한 다음 물음에 답하시오. (단, $^{12}C = 98.89\%$, $^{13}C = 1.11\%$이다.)

(1) ^{13}C의 원자수 평균을 구하시오.

(2) ^{13}C의 원자수 표준편차를 구하시오.

정답 (1) 1.03개
(2) 1.01개

해설 (1) 평균 $m = Np = 93 \times 0.0111 = 1.03$개
(2) 표준편차 $s = \sqrt{Np(1-p)} = \sqrt{93 \times 0.0111 \times (1-0.0111)} = 1.01$개

07 데이터 11.47, 11.48, 11.53, 11.54, 11.57, 11.77 중에서 버려야 할 데이터가 있다면 (1) 그 데이터가 무엇인지 쓰고, (2) 그 이유를 설명하시오.

데이터수	4	5	6
Q(90% 신뢰수준)	0.76	0.64	0.56

정답 (1) 버려야 할 데이터는 11.77이다.
(2) 90% 신뢰수준에서 0.67 > 0.56($Q_{실험} > Q_{기준}$)이기 때문이다.

정답 Q－test
의심스러운 결과를 버릴 것인지, 보유할 것인지를 판단하는 데 사용되던 통계학적 시험법이다.

- 측정값을 작은 것부터 큰 것으로 나열한다.
- 의심스러운 측정값(x_q)과 이에 가장 가까이 이웃하는 측정값(x_n)과의 차이의 절댓값을 한 무리의 데이터의 퍼짐(w)으로 나누어 $Q_{실험}$값을 구한다.

$$Q_{실험} = \frac{|x_q - x_n|}{w}$$

- 어떤 신뢰수준에서 $Q_{실험} > Q_{기준}$, 그 의심스러운 점은 버려야 한다.
- 어떤 신뢰수준에서 $Q_{실험} < Q_{기준}$, 그 의심스러운 점은 버리지 말아야 한다.

크기 순서대로 나열하면 11.47, 11.48, 11.53, 11.54, 11.57, 11.77이며, 가장 떨어져 있는 데이터는 11.77로 의심스러운 측정값이다.

$$Q_{실험} = \frac{|x_q - x_n|}{w} = \frac{|11.77 - 11.57|}{11.77 - 11.47} = 0.67$$

∴ 90% 신뢰수준에서 0.67 > 0.56($Q_{실험} > Q_{기준}$)이므로 의심스러운 점, 11.77은 버려야 한다.

08 다음 빈칸에 들어갈 알맞은 용어를 쓰시오.

질량분석기는 이온 화학종을 (　　　　)에 따라 분리한다.

정답 질량 대 전하비

해설 질량분석법은 여러 가지 성분의 시료를 기체 상태로 이온화한 다음 자기장 혹은 전기장을 통해 각 이온을 질량 대 전하의 비(m/z)에 따라 분리하여 검출기를 통해 질량 스펙트럼을 얻는 방법이다.

09 HPLC 분배 크로마토그래피에서 보호칼럼을 사용하는 목적 2가지를 쓰시오.

정답 ① 정지상에 잔류되는 화합물 및 입자성 물질과 같은 불순물을 제거하여 분석칼럼이 오염되는 것을 방지한다.
② 이동상에 정지상을 포화시켜 분석칼럼에서 정지상이 손상되는 것을 최소화하면서 분석칼럼을 보호한다.

해설 보호칼럼(guard column)

- 시료주입기와 분석칼럼 사이에 위치하며 분석칼럼과 동일한 정지상으로 충전된 짧은 칼럼이다.
- 정지상에 잔류되는 화합물 및 입자성 물질과 같은 불순물을 제거하여 분석칼럼이 오염되는 것을 방지한다.
- 이동상에 정지상을 포화시켜 분석칼럼에서 정지상이 손상되는 것을 최소화하면서 분석칼럼을 보호한다.
- 정기적으로 교체해 주면 분석칼럼의 수명을 연장시킬 수 있다.

10 산성 용액에서 환원전극으로 아연(Zn)을 석출할 때 수소 기체가 빠르게 발생하는데, 실제로 수소 기체를 발생시키지 않고 아연(Zn)을 석출할 수 있는 방법을 쓰시오.

정답 수은(Hg)이나 구리(Cu) 전극을 사용한다.

해설 산성 용액에서 환원될 때는 아연(Zn)이 석출되기 전에 H_2를 먼저 발생하지만, 전극으로 수은(Hg)이나 구리(Cu) 전극을 사용하면 아연(Zn)을 정량적으로 석출할 수 있다. 이러한 금속들에서 높은 수소 과전압으로 인해 전해되는 동안 기체는 거의 또는 전혀 발생하지 않는다.

11 고전 부피분석법과 비교했을 때 전기량법 적정의 장점 4가지를 쓰시오.

정답 ① 표준용액을 만들고 표준화하고 저장하는 것과 관련된 문제들을 피할 수 있다.
② 적은 양의 시약이 사용되어야 하는 경우에 매우 유용하다.
③ 하나의 일정 전류원을 사용하여 침전법, 착화법, 산화 – 환원법 또는 중화법에 필요한 시약을 생성할 수 있다.
④ 전류를 쉽게 조절할 수 있기 때문에 쉽게 자동화 할 수 있다.

해설 전기량법 적정

- 전기량법 적정과 부피법 적정의 유사점
  ① 모두 관찰할 수 있는 종말점이 필요하며, 적정오차가 생길 수도 있다.
  ② 분석물질의 양은 이것과 반응하는 것의 양을 측정함으로써 결정할 수 있다.
  ③ 반응이 빠르며, 완전히 일어나야 하고, 부반응이 일어나지 않아야 한다.
- 전기량법 적정의 장점
  ① 표준용액을 만들고, 표준화하고, 저장하는 것과 관련된 문제들을 피할 수 있다.
  염소, 브로민, 타이타늄 이온과 같이 쉽게 변하는 시약인 경우, 이 화학종들이 매우 불안정하기 때문에 부피법 분석에서는 적합하지 못하지만 전기량법 분석에서는 이 시약들은 생성되자마자 즉시 분석물질과 반응하기 때문에 유용하다.
  ② 적은 양의 시약이 사용되어야 하는 경우에 매우 유용하다.
  전류를 적당하게 선택하면 마이크로 양의 시약을 쉽고 정확하게 생성할 수 있다.
  ③ 하나의 일정 전류원을 사용하여 침전법, 착화법, 산화 – 환원법 또는 중화법에 필요한 시약을 생성할 수 있다.
  ④ 전류를 쉽게 조절할 수 있기 때문에 쉽게 자동화 할 수 있다.

12 **원자흡수분광법으로 철강 내에 들어 있는 미량의 납(Pb)을 정량하려고 할 때 철(Fe)이 방해한다. 철의 방해를 제거하는 방법을 쓰시오.**

정답 수소화물 생성법을 이용하여 납을 휘발성이 큰 수소화물로 만들어 철강 시료용액으로부터 분리한 다음 원자흡수분광법으로 분석한다.

해설 철강은 거의 대부분이 철(Fe)로 되어 있고 납(Pb)은 매우 미량으로 들어 있으며, 수소화물 생성법을 이용하여 납을 휘발성이 큰 수소화물인 PbH_4로 만든다. 또한 철강을 질산과 염산 혼합용액으로 용해시킨 다음 모든 납(Pb)을 납(Pb^{4+})이온으로 산화시키고 $NaBH_4$ 용액을 넣어 만들어진 휘발성 PbH_4를 비활성 기체를 이용하여 철강 시료용액으로부터 분리한 다음 원자흡수분광법으로 분석한다.

13 **x축을 적가액(t)의 부피(mL), y축을 흡광도로 나타낸 그래프를 그리고, 당량점을 표시하시오. (단, 분석물의 몰흡광계수 ε_A와 생성물의 몰흡광계수 ε_P는 0이고, 적가액의 몰흡광계수는 $\varepsilon_T > 0$이다.)**

정답

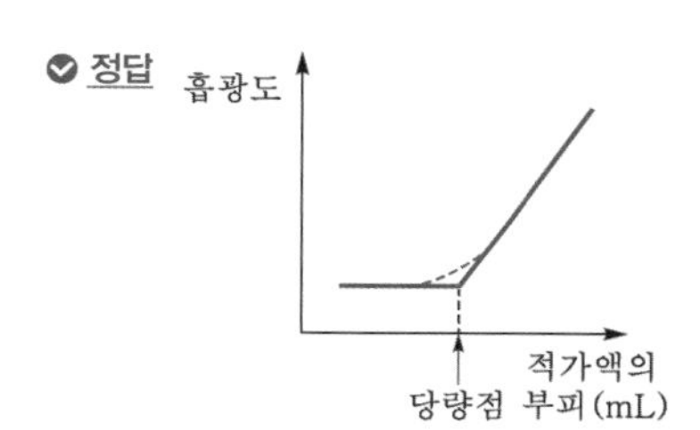

해설 광도법 적정곡선

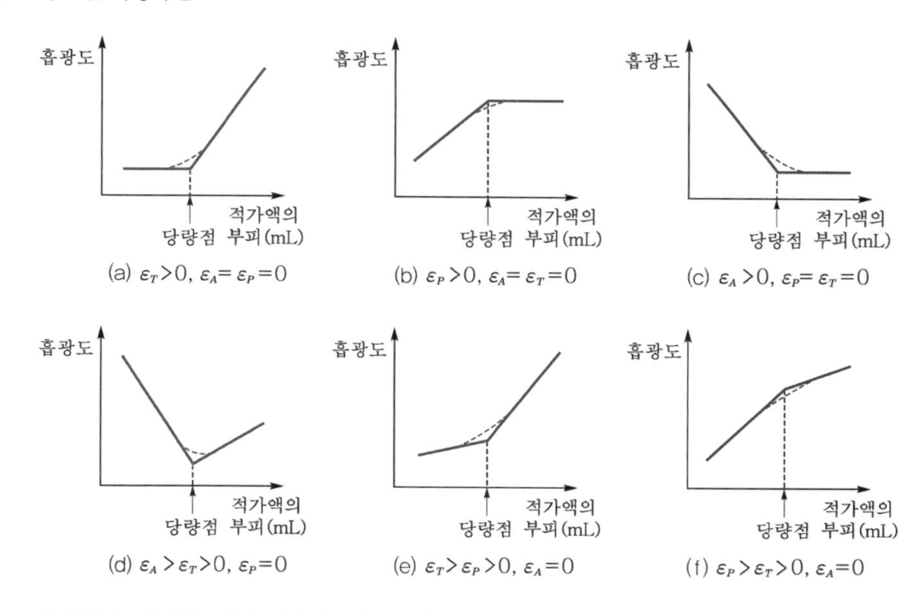

분석성분, 생성물, 적정 시약의 몰흡광계수가 각각 ε_A, ε_P, ε_T로 주어진다.

- (a)는 분석성분과 반응하여 흡광하지 않는 생성물을 만드는 흡광하는 적가용액과 흡광하지 않는 화학종의 적정에 대한 곡선이다.
- (b)는 흡수하지 않는 반응물로부터 흡수 화학종의 형성에 대한 적정곡선이다.

14 분광광도계와 광도계의 구조적 차이를 쓰시오.

정답 분광광도계는 파장을 선택하기 위해 단색화 장치 또는 다색화 장치를 가지고 있어 여러 파장을 선택할 수 있다. 반면에 광도계는 파장을 선택하기 위해 필터를 가지고 있어 하나 또는 몇 개의 파장만을 선택할 수 있다.

2015 제4회 필답형 기출복원문제

01 시료 전처리 과정에 포함되는 주요 조작 3가지를 차례대로 설명하시오.

정답 ① 시료 취하기 : 시료 취하기 과정으로 벌크시료 취하기, 실험시료 취하기, 반복시료 취하기 과정이 있다. 벌크시료는 화학적 조성이 분석하려고 하는 전체 시료의 것과 같고, 입자의 크기 분포도 전체 시료를 대표할 수 있는 작은 양의 시료를 말하며, 이를 대표 시료라고도 한다.

② 실험시료 만들기 : 벌크시료를 실제로 실험실에서 실험할 수 있을 정도의 양과 형태로 만드는 과정이다. 시료의 크기를 작게 하는 과정, 반복시료 만들기 과정, 용액시료를 만드는 과정 등이 포함된다. 실험시료는 분석하기 적당한 작은 크기로 균일하게 만든 시료이며, 이를 분석시료라고도 한다.

③ 방해물질 제거하기 : 사용하려는 분석방법에서 분석결과에 오차를 일으킬 수 있는 방해물질을 제거하기 위해 가리움제나 매트릭스 변형제 등을 첨가한다.

해설 시료 전처리 과정으로는 시료 취하기, 실험시료 만들기, 방해물질 제거하기 과정이 있다.

02 시료를 전처리 할 때 가리움제를 넣어 주는 이유를 쓰시오.

정답 가리움제가 시료 내의 방해 화학종과 먼저 반응하여 착물을 형성하여 방해를 줄이고 분석물이 잘 반응할 수 있도록 도와주기 때문에 시료를 전처리 할 때 가리움제를 넣어 준다.

해설 시료 내의 분석물을 정량할 때 방해 화학종이 분석물과 반응해야 할 물질과 먼저 반응할 수 있으므로 이를 방지하기 위해 가리움제를 넣어 준다. 가리움제가 시료 내의 방해 화학종과 먼저 반응하여 착물을 형성하여 방해를 줄이고, 분석물이 잘 반응할 수 있도록 도와준다. 예를 들어, Mg^{2+}을 EDTA로 정량하려고 할 때 Al^{3+}가 있으면 방해를 한다. 이때 가리움제로 F^-를 넣어 주면 방해 이온인 Al^{3+}와 반응하여 착물을 형성하므로 방해하지 못하게 한다.

03 플루오린화수소산(HF)을 사용하여 규산염을 전처리하는 과정에 대한 다음 물음에 답하시오.

(1) 플루오린화수소산을 사용하는 방법에 대해 쓰시오.

(2) 전처리 후 남아 있는 플루오린화수소산을 제거하는 방법에 대해 쓰시오.

정답 (1) HF는 유리를 부식시키므로 유리 용기를 사용할 수 없고 테플론, 폴리에틸렌, 백금 용기를 사용해야 하며, 피부조직에 침투하는 성질로 인해서 특히 위험하므로 피부 전체는 물론 보호안경까지 착용을 해야 사고로 인한 피해를 막을 수 있다.

(2) 분해가 완료된 후 과량으로 남아 있는 HF는 끓는점이 높은 H_2SO_4, H_3BO_3를 가한 후 가열하여 증발시켜 제거한다. 그러나 시료로부터 이온을 완전히 제거하는 것은 매우 어렵고 시간도 오래 걸린다.

해설 HF는 끓는점이 19.5℃이므로 상온에서 쉽게 기체로 변한다. 그러므로 HF가 액체로 누출이 되더라도 기온이 약 20℃를 넘으면 문제는 더욱 심각해지며, 기화된 HF가 호흡을 통해서 폐로 들어가면 점액질에 포함된 물과 반응하여 플루오린화수소산이 만들어져 폐 조직을 괴사시키게 된다. 또한 약한 경우라 할지라도 폐 내에 물집을 형성하여 호흡이 곤란해지며, 심각한 경우에는 사망에까지 이르게 된다.

04 질산－과염소산을 이용하여 (1) 유기물질을 분해하는 방법과, (2) 과염소산을 사용할 때의 주의사항에 대해 설명하시오.

정답 (1) 가열된 진한 과염소산은 유기물질과 폭발적으로 반응하므로 질산 함량이 더 높은 질산－과염소산 혼산으로 산화를 시작해야 하며, 유기물질과 질산－과염소산 혼산을 끓을 때까지 서서히 가열하면 질산이 쉽게 산화되는 물질과 먼저 반응하여 유기물질을 완전히 산화시키는데, 그 후 새 질산을 가하고 증발시키는 과정을 반복한다.

(2) 과염소산은 유기물질과 폭발적으로 반응하므로 유기물질에 직접 가하지 않고 질산으로 먼저 산화시키며, 특별히 안전하게 설계된 후드에서 행해져야 한다.

05 $BaCl_2 \cdot 2H_2O$로 0.148M Cl^- 용액 250mL를 만드는 방법을 설명하시오. (단, $BaCl_2 \cdot 2H_2O$의 분자량은 244.3g/mol이다.)

정답 4.52g $BaCl_2 \cdot 2H_2O$를 저울로 정확히 달아 250mL 부피플라스크에 넣고 표선까지 증류수를 채워 잘 흔들어 250mL 용액을 만든다.

해설 0.148M Cl^- 용액 250mL를 만드는 데 필요한 용질 $BaCl_2 \cdot 2H_2O$의 양(g)

$$\frac{0.148\text{mol } Cl^-}{1L} \times 0.250L \times \frac{1\text{mol } BaCl_2 \cdot 2H_2O}{2\text{mol } Cl^-} \times \frac{244.3\text{g } BaCl_2 \cdot 2H_2O}{1\text{mol } BaCl_2 \cdot 2H_2O}$$

$$= 4.52\text{g } BaCl_2 \cdot 2H_2O$$

06 다음 〈자료〉를 보고 물음에 답하시오.

〈자료〉	12, 15, 19, 14

(1) 평균값을 구하시오.

(2) 중앙값을 구하시오.

정답 (1) 15.00

(2) 14.50

해설
- **평균**(mean 또는 average) : 측정한 값들의 합을 전체 수로 나눈 값으로 산술평균이라고도 한다.

$$\bar{x} = \frac{\sum_{i=1}^{n} x_i}{n}$$

여기서, x_i : 개개의 x값을 의미, n : 측정수, 자료수

- **중앙값**(median) : 한 세트의 자료를 오름차순 또는 내림차순으로 나열하였을 때의 중간값을 의미한다.
  ① 결과들이 홀수 개이면, 중앙값은 순서대로 나열하여 중앙에 위치하는 결과가 된다.
  ② 결과들이 짝수 개이면, 중간의 두 결과에 대한 평균이 중앙값이 된다.

(1) 평균값 $= \frac{12+19+15+14}{4} = 15.00$

(2) 크기 순서대로 나열하면 12, 14, 15, 19

중앙값 $= \frac{14+15}{2} = 14.50$

07 0.01M Al^{3+} 용액 50.0mL와 반응하는 데 필요한 0.02M EDTA 용액의 부피(mL)를 구하시오.

정답 25.00mL

해설 Al^{3+}와 EDTA는 1 : 1 반응이므로 몰수가 같다.
$0.01M \times 50.0mL = 0.02M \times V(mL)$ $\therefore V = 25.00mL$

08 다음 물음에 답하시오.

(1) 평균이 $\bar{x}$일 때 모집단 평균이 평균 근처에 일정한 확률로 존재하는 한계를 무엇이라고 하는지 쓰시오.

(2) (1)의 구간의 이름을 무엇이라고 하는지 쓰시오.

정답 (1) 신뢰한계
(2) 신뢰구간

09 미지시료 X 10mL를 7.5μg/mL 농도의 내부 표준물질 S 5mL와 섞어서 50mL가 되게 묽혔다. 이때 신호비(신호 X/신호 S)는 1.75이다. 똑같은 농도와 부피를 갖는 X와 S를 가진 시료의 신호비가 0.92일 때, 미지시료의 농도(μg/mL)를 구하시오.

정답 7.13μg/mL

해설 **내부 표준물법(internal standard)**

- 시료에 이미 알고 있는 농도의 내부 표준물을 첨가하여 시험분석을 수행하는 방법으로서 시험분석 절차, 기기 또는 시스템의 변동에 의해 발생하는 오차를 보정하기 위해 사용하는 방법이다.
- 분석물질의 신호와 내부 표준의 신호를 비교하여 분석물질이 얼마나 들어 있는지를 알아낸다.
- 표준물질은 분석물질과 다른 화학종의 물질이다.
- 감응인자(F)

$\frac{A_X}{[X]} = F \times \frac{A_S}{[S]}$이고, 이를 다시 정리하면 $\frac{A_X}{A_S} = F \times \frac{[X]}{[S]}$

여기서, $[X]$: 분석물질의 농도
$[S]$: 표준물질의 농도
A_X : 분석물질 신호의 면적
A_S : 표준물질 신호의 면적

똑같은 농도와 부피를 갖는 X와 S를 가진 시료 즉, $[X]=[S]$이고 신호비가 0.92이므로, 감응인자 $F = 0.92$이다. 미지시료 x의 농도를 $x(\mu g/mL)$로 두고 식을 정리하면 다음과 같다.

$$1.75 = 0.92 \times \frac{\frac{x(\mu g/mL) \times 10mL}{50mL}}{\frac{7.5\mu g/mL \times 5mL}{50mL}}$$

$\therefore x = 7.13\mu g/mL$

10 해수 300mL를 전처리하여 이 중 일부를 100mL 부피플라스크에 취한 후 묽혔다. 이 묽힌 용액에 들어 있는 칼슘을 표준물 첨가법을 이용하여 정량분석하는 방법에 대해 설명하시오. (단, 표준물을 넣었을 때 칼슘의 농도는 0~15μg/mL이었다.)

✔ 정답 농도가 C_x인 칼슘 시료용액을 4개 이상의 같은 분취량 V_x씩 취하여 100mL 부피플라스크에 각각 넣는다. 칼슘 표준용액을 이용하여 칼슘의 농도가 0 ~ 15μg/mL가 되게 하고, 100mL 부피플라스크의 표선까지 증류수로 채운다. 이들 각 용액의 흡광도를 측정하여 흡광도와 표준용액 부피에 대한 그래프를 그리고, 기울기($m = kC_s$)와 y절편($b = kV_xC_x$)을 구하여 분석물의 농도$\left(C_x = \dfrac{bC_s}{mV_x}\right)$를 구한다.

✔ 해설 **표준물 첨가법(standard addition)**

- 시료와 동일한 매트릭스(matrix)에 일정량의 표준물질을 한 번 이상 일정하게 농도를 증가시키며 첨가하고, 이 아는 농도를 통해 곡선을 작성하는 방법이다. 이 방법은 분석물질의 농도에 대한 감응이 직선성을 가져야 한다.
  - 매트릭스(matrix)는 분석물질을 제외하고 미지시료 중에 함유되어 있는 모든 화학종을 말하며, 매트릭스 효과란 시료 중에 존재하고 있는 분석물질이 아닌 다른 어떤 물질에 의해서 일으키는 분석신호의 변화로서 정의한다.
- 매질효과의 영향이 큰 분석방법에서 분석대상 시료와 동일한 매질을 제조할 수 없을 때 매트릭스 효과를 쉽게 보정할 수 있는 방법이다.
- 미지시료에 아는 양의 분석물질을 첨가시킨 다음, 증가된 신호로부터 원래 미지시료 중에 얼마나 많은 양의 분석물질이 함유되어 있는가를 측정한다. 표준물질은 분석물질과 같은 화학종의 물질이다.
- 표준물질을 부피가 아닌 질량을 기준으로 첨가하는 경우 높은 정밀도를 얻을 수 있다.
- 표준물 첨가법은 원자흡수법에 주로 사용되고, 시료의 조성이 잘 알려져 있지 않거나 복잡하여 분석신호에 영향을 줄 때, 매트릭스 효과가 있을 가능성이 큰 시료분석에 유용하다.
- 표준물 첨가식
  - 단일 점 방법(single-point method)

$$\frac{[X]_i}{[S]_f + [X]_f} = \frac{I_X}{I_{S+X}}$$

여기서, $[X]_i$: 초기 용액 중의 분석물질의 농도, $[S]_f$: 최종 용액 중의 표준물질의 농도
$[X]_f$: 최종 용액 중의 분석물질의 농도, I_X : 초기 용액의 신호, I_{S+X} : 최종 용액의 신호

  - 다중 첨가법

① 시료를 같은 크기로 여러 개로 나눈 것들에 하나 이상의 표준용액을 첨가하는 것이다.
② 각각의 용액은 흡광도를 측정하기 전에 고정된 부피로 희석된다.
③ 시료의 양이 한정되어 있을 때는 미지의 용액 한 개에 표준물을 계속 첨가함으로써 표준물 첨가법을 실행한다.
④ Beer 법칙에 따르면 용액의 흡광도는 다음과 같다.

$$A_s = \frac{\varepsilon b V_s C_s}{V_t} + \frac{\varepsilon b V_x C_x}{V_t} = kV_sC_s + kV_xC_x$$

여기서, C_x : 분석물질(미지시료)의 농도, C_s : 표준물질의 농도
V_x : 분석물질(미지시료)의 부피, V_s : 표준물질의 부피
ε : 흡광계수, b : 빛이 지나가는 거리(셀의 폭)
V_t : 최종 용액의 부피

이 식을 A_s를 V_s에 대한 함수로 그리면 $A_s = mV_s + b$의 직선을 얻는다.

기울기 $m = kC_s$, y절편 $b = kV_xC_x$, $\dfrac{m}{b} = \dfrac{C_s}{V_xC_x}$ $\therefore C_x = \dfrac{bC_s}{mV_x}$

11 **고체 흡착제 또는 고분자 물질이 결합되어 있는 용융 실리카 섬유가 주사기 바늘 속에 들어 있다. 주사기 바늘을 시료용기에 꽂은 다음 이 섬유를 바늘로부터 나오게 하여 시료물질 속에 넣고, 분석물이 섬유에 흡착되면 이 섬유를 다시 주사기 속에 들어오게 하며, 이 추출된 분석물을 크로마토그래피에 주입하고 분리 분석을 한다. 보통 미량의 비극성이며 휘발성인 물질을 분리추출하는 데 이용하는 추출방법을 쓰시오.**

정답 고체상 미량 추출법

해설 고체상 미량 추출법(SPME, solid phase microextraction)

- 용매를 사용하지 않으며, 고체 추출제의 흡착 특성을 이용한다.
- 용융 실리카 섬유에 고체 흡착제를 입히거나, 고분자 물질을 결합시키거나 또는 두 가지가 혼합되어 있다.
- SPME 섬유 크기는 보통 1cm×110μm이며, 주사기 바늘 속에 들어 있다.
- 고체, 액체 또는 기체 매트릭스에 들어 있는 분석물은 SPME로 채취할 수 있다.

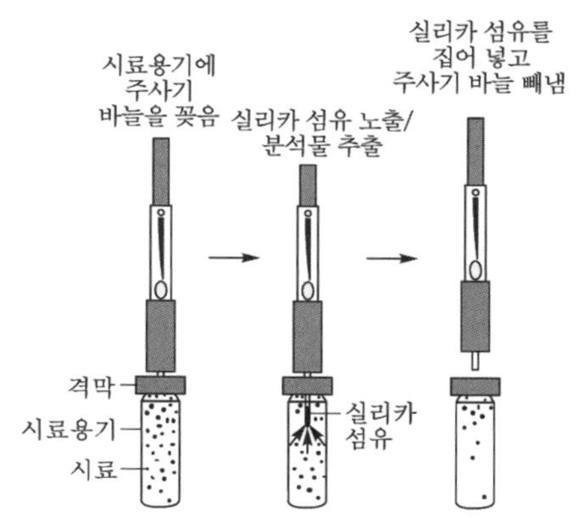

| 고체상 미량 추출의 단계별 과정 |

12 **역상 분배 크로마토그래피에서 일반적으로 사용하는 이동상의 종류 3가지를 쓰시오.**

정답 ① 물, ② 메탄올, ③ 아세토나이트릴

해설 역상 분배 크로마토그래피(reversed – phase chromatography)

- 정지상이 비극성인 것으로 종종 탄화수소를 사용하며, 이동상은 물, 메탄올, 아세토나이트릴과 같이 비교적 극성인 용매를 사용한다.
- 역상 분배 크로마토그래피에서는 극성이 가장 큰 성분이 처음에 용리되고, 이동상의 극성을 증가시키면 용리시간도 길어진다.

13 **자외선 – 가시광선을 흡수하는 불포화 유기 작용기를 무엇이라고 하는지 쓰시오.**

정답 발색단

해설 발색단(chromophores)

- 불포화 작용기를 포함하고 자외선–가시광선을 흡수할 수 있는 분자
- 특징적인 전이에너지나 흡수 파장에 대해 흡광을 하는 원자단
- 유기화합물의 흡수는 대부분 $n \rightarrow \pi^*$와 $\pi \rightarrow \pi^*$ 전이에서 일어나므로, π 오비탈을 제공하는 발색단이 있어야 한다.

14 전자포획검출기를 사용할 때 상대적으로 덜 민감하게 작용하는 것을 보기에서 골라 쓰시오.

〈보기〉 알코올, 과산화물, 아민, 퀴논, 탄화수소, 할로젠, 나이트로기를 가지고 있는 물질

정답 알코올, 아민, 탄화수소

해설 **전자포획검출기**(ECD, electron capture detector)

- 살충제와 polychlorinated biphenyl과 같은 화합물에 함유된 할로젠 원소에 감응 선택성이 크기 때문에 환경 시료에 널리 사용된다.
- X-선을 측정하는 비례계수기와 매우 유사한 방법으로 작동한다.
- ^{63}Ni과 같은 β-선 방사체를 사용하며, 방사체에서 나온 전자는 운반기체(주로 N_2)를 이온화시켜 많은 수의 전자를 생성한다.
- 유기 화학종이 없으면 이온화 과정으로 인해 검출기에 일정한 전류가 흐른다. 그러나 전자를 포착하는 성질이 있는 유기분자들이 있으면 검출기에 도달하는 전류는 급격히 감소한다.
- 검출기의 감응은 전자포획원자를 포함하는 화합물에 선택적이며, 할로젠, 과산화물, 퀴논, 나이트로기와 같은 전기음성도가 큰 작용기를 포함하는 분자에 특히 감도가 좋다. 그러나 아민, 알코올, 탄화수소와 같은 작용기에는 감응하지 않는다.
- 장점 : 불꽃이온화검출기에 비해 감도가 매우 좋고, 시료를 크게 변화시키지 않는다.
- 단점 : 선형으로 감응하는 범위가 작다($\sim 10^2$g).

2016 제1회 필답형 기출복원문제

01 고체 시료를 분쇄(grinding)하였을 때의 장점을 쓰시오.

정답 입자의 크기가 작아지면 시료의 균일도가 커져 벌크시료에서 취해야 하는 실험시료의 무게를 줄일 수 있으며, 또한 표면적이 증가하여 시약과 반응이 잘 일어날 수 있어 용해 또는 분해가 쉽게 일어난다.

02 밀도가 1.42g/mL인 70%(w/w) HNO_3 용액의 몰농도(M)를 구하시오. (단, HNO_3의 분자량은 63.01g/mol이다.)

정답 15.78M

해설 $\dfrac{70\text{g } HNO_3}{100\text{g 용액}} \times \dfrac{1.42\text{g 용액}}{1\text{mL 용액}} \times \dfrac{1{,}000\text{mL}}{1\text{L}} \times \dfrac{1\text{mol } HNO_3}{63.01\text{g } HNO_3} = 15.78\text{M}$

03 정밀도는 우연오차 또는 불가측오차에 의해 나타나는데, 분석법의 정밀도를 나타내는 성능계수 파라미터 4가지를 쓰시오.

정답 ① 표준편차, ② 분산(가변도), ③ 평균의 표준오차, ④ 상대표준편차, ⑤ 변동계수,
⑥ 퍼짐 또는 구간, ⑦ 평균의 신뢰구간
이 중 4가지 기술

해설 정밀도의 척도

- 표준편차(s) $= \sqrt{\dfrac{\sum_{i=1}^{N}(x_i - \bar{x})^2}{N-1}}$

  여기서, x_i : 각 측정값, $\bar{x}$: 평균, N : 측정수, 자료수
  표준편차가 작을수록 정밀도는 더 크다.
- 분산(가변도, s^2) = 표준편차의 제곱으로 나타낸다.
- 평균의 표준오차(s_m) $= \dfrac{s}{\sqrt{N}}$
- 상대표준편차(RSD) $= s_r = \dfrac{s}{\bar{x}}$

  ① $\dfrac{1}{\text{RSD}} = \dfrac{S}{N}$: 신호 대 잡음비로 나타낸다.
  ② 신호 대 잡음비는 측정횟수(n)의 제곱근에 비례한다($S/N \propto \sqrt{n}$).
  ③ 같은 신호 세기에서 바탕 세기가 높으면 신호 대 잡음비는 감소한다.
- 변동계수(CV, coefficient of variation)

  $CV = \text{RSD} \times 100\% = \dfrac{s}{\bar{x}} \times 100\%$
- 퍼짐(spread) 또는 구간(w, range) : 그 무리에서 가장 큰 값과 가장 작은 값 사이의 차이이다.
- 평균의 신뢰구간 : 어느 신뢰수준에서 측정 평균값 주위에 참평균이 존재할 수 있는 구간을 말한다.

04 씻어내기(purge)와 포착장치(trap concentrator)로 시료를 채취하는 방법에 대해 설명하시오.

정답 휘발성 유기화합물 시료를 purging gas(He 또는 Ne)로 흘려서 흡착제가 있는 trap에 모은 후, 온도를 높여 시료를 탈착시켜 농축시킨다.

05 계통오차의 종류 3가지를 쓰고, 각각 설명하시오.

정답 ① 방법오차 : 분석과정에서 비이상적인 화학적 또는 물리적 성질로 인해 생기는 오차이다.
② 기기오차 : 측정 장치 또는 기기의 비이상적 거동, 잘못된 검정 또는 부적절한 조건 등에서 생기는 오차이다.
③ 개인오차 : 실험자의 경솔함, 부주의, 개인적인 한계 등에 의해 생기는 오차이다.

06 C = 12.011(±0.001), H = 1.00794(±0.00007)일 때, $C_{10}H_{20}$에 대한 분자량(±불확정도)을 구하시오.

정답 140.27(±0.01)

해설 계통오차로 인해 생긴 불확정도 = 원자 n개의 질량에 대한 불확정도 = $n\times(\pm$ 불확정도$)$
C 10개에 대한 질량과 불확정도 : $(12.011\times10)\pm(0.001\times10) = 120.11(\pm0.01)$
H 20개에 대한 질량과 불확정도 : $(1.00794\times20)\pm(0.00007\times20) = 20.1588(\pm0.0014)$
C 10개와 H 20개의 질량의 합 = 분자량은 $120.11 + 20.1588 = 140.2688$
C 10개와 H 20개의 질량의 합에 대한 불확정도는 서로 독립적이므로 우연오차 전파를 이용한다.
불확정도 $s_y = \sqrt{s_a^2+s_b^2} = \sqrt{(\pm0.01)^2+(\pm0.0014)^2} = \pm0.01$
∴ $C_{10}H_{20}$에 대한 분자량(±불확정도) : 140.27(±0.01)

07 데이터 192, 195, 202, 204, 216에서 216을 버릴지 Q − test를 이용하여 결정하시오. (단, 90% 신뢰수준에서 5개의 측정값에 대한 Q값은 0.64이다.)

정답 216은 버리지 않는다.

해설 Q − test
의심스러운 결과를 버릴 것인지, 보유할 것인지를 판단하는 데 사용되던 통계학적 시험법이다.

- 측정값을 작은 것부터 큰 것으로 나열한다.
- 의심스러운 측정값(x_q)과 이에 가장 가까이 이웃하는 측정값(x_n)과의 차이의 절댓값을 한 무리의 데이터의 퍼짐(w)으로 나누어 $Q_{실험}$값을 구한다.

$$Q_{실험} = \frac{|x_q - x_n|}{w}$$

- 어떤 신뢰수준에서 $Q_{실험} > Q_{기준}$, 그 의심스러운 점은 버려야 한다.
- 어떤 신뢰수준에서 $Q_{실험} < Q_{기준}$, 그 의심스러운 점은 버리지 말아야 한다.

$$Q_{실험} = \frac{|x_q - x_n|}{w} = \frac{|216-204|}{216-192} = 0.5$$

∴ 90% 신뢰수준에서 $0.5 < 0.64$($Q_{실험} < Q_{기준}$)이므로 데이터 216은 버리지 말아야 한다.

08 자외선 – 가시광선 분광법으로 분석할 때 보통 검정곡선법을 사용하나, 시료 내에 들어 있는 금속이나 토양 등에 의해 방해를 받아서 생기는 오차를 없애기 위해 사용하는 검정방법의 명칭을 쓰시오.

정답 표준물 첨가법

해설 **표준물 첨가법**(standard addition)

- 시료와 동일한 매트릭스(matrix)에 일정량의 표준물질을 한 번 이상 일정하게 농도를 증가시키며 첨가하고, 이 아는 농도를 통해 곡선을 작성하는 방법이다. 이 방법은 분석물질의 농도에 대한 감응이 직선성을 가져야 한다.
  - 매트릭스(matrix)는 분석물질을 제외하고 미지시료 중에 함유되어 있는 모든 화학종을 말하며, 매트릭스 효과란 시료 중에 존재하고 있는 분석물질이 아닌 다른 어떤 물질에 의해서 일으키는 분석신호의 변화로서 정의한다.
- 매질효과의 영향이 큰 분석방법에서 분석대상 시료와 동일한 매질을 제조할 수 없을 때 매트릭스 효과를 쉽게 보정할 수 있는 방법이다.
- 미지시료에 아는 양의 분석물질을 첨가시킨 다음, 증가된 신호로부터 원래 미지시료 중에 얼마나 많은 양의 분석물질이 함유되어 있는가를 측정한다. 표준물질은 분석물질과 같은 화학종의 물질이다.
- 표준물질을 부피가 아닌 질량을 기준으로 첨가하는 경우 높은 정밀도를 얻을 수 있다.
- 표준물 첨가법은 원자흡수법에 주로 사용되고, 시료의 조성이 잘 알려져 있지 않거나 복잡하여 분석신호에 영향을 줄 때, 매트릭스 효과가 있을 가능성이 큰 시료 분석에 유용하다.

09 적외선 분광법에서 분자진동의 신축진동과 굽힘진동 중 굽힘진동의 종류 4가지를 쓰시오.

정답 ① 가위질진동(scissoring), ② 좌우흔듦진동(rocking), ③ 앞뒤흔듦진동(wagging), ④ 꼬임진동(twisting)

해설
- **신축진동** : 두 원자 사이의 결합축을 따라 원자 간의 거리가 연속적으로 변화함을 말한다. 대칭(symmetric) 신축진동과 비대칭(asymmetric) 신축진동이 있다.

- **굽힘진동** : 두 결합 사이의 각도 변화를 말하며, 가위질진동(scissoring), 좌우흔듦진동(rocking), 앞뒤흔듦진동(wagging), 꼬임진동(twisting)이 있다.

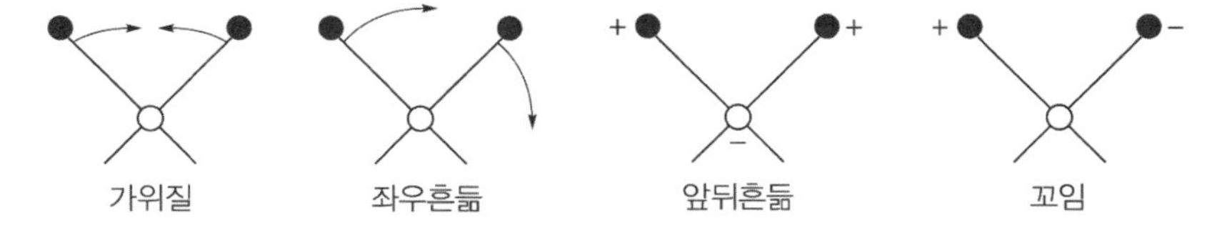

10 크로마토그래피에서 머무름시간(t_R)에 대해 설명하시오.

정답 시료를 주입한 후 분석물 봉우리가 검출기에 도달할 때까지 걸리는 시간

해설 머무름시간(t_R, retention time)

- 시료를 주입한 후 용질이 칼럼에서 용리되어 검출기에 도달할 때까지 걸리는 시간이다.
- 주입한 분석물의 양과는 무관하다.

11 질량분석법의 원리를 쓰시오.

정답 질량분석법은 여러 가지 성분의 시료를 기체상태로 이온화한 다음 자기장 혹은 전기장을 통해 각 이온을 질량 대 전하의 비(m/z)에 따라 분리하여 검출기를 통해 질량 스펙트럼을 얻는다.

해설 **질량분석법의 분석단계**

① 원자화

② 이온의 흐름으로 원자화에서 형성된 원자의 일부분을 전환

③ 질량 대 전하비(m/z)를 기본으로 형성된 이온의 분리

m : 원자 질량 단위의 이온의 질량, z : 전하

④ 각각의 형태의 이온의 수를 세거나 적당한 변환기로 시료로부터 형성된 이온 전류를 측정

12 산성용액에서 다음 산화 · 환원 반응식을 완결하시오.

$$MnO_4^- + NO_2^- \rightarrow Mn^{2+} + NO_3^-$$

정답 $2MnO_4^- + 5NO_2^- + 6H^+ \rightarrow 2Mn^{2+} + 5NO_3^- + 3H_2O$

해설 **산성 용액에서 반쪽반응법을 이용한 산화 · 환원 반응식 균형 맞추기**

① 불균형 알짜이온 반응식을 쓴다.

$MnO_4^- + NO_2^- \rightarrow Mn^{2+} + NO_3^-$

② 산화와 환원되는 원자를 결정하고, 두 개의 불균형 반쪽반응식을 쓴다.

- 산화 : N(+3 → +5, 산화수 증가), $NO_2^- \rightarrow NO_3^-$
- 환원 : Mn(+7 → +2, 산화수 감소), $MnO_4^- \rightarrow Mn^{2+}$

③ O와 H 이외의 모든 원자에 대하여, 두 개의 반쪽반응식의 균형을 맞춘다.

- 산화 : $NO_2^- \rightarrow NO_3^-$
- 환원 : $MnO_4^- \rightarrow Mn^{2+}$

④ O를 적게 갖는 쪽에 H_2O를 더하여 O에 대한 각 반쪽반응식의 균형을 맞추고, H를 적게 갖는 쪽에 H^+를 더하여 H에 대한 균형을 맞춘다.

- 산화 : $NO_2^- + H_2O \rightarrow NO_3^- + 2H^+$
- 환원 : $MnO_4^- + 8H^+ \rightarrow Mn^{2+} + 4H_2O$

⑤ 더 큰 양전하를 갖는 쪽에 전자를 첨가하여, 전하에 대한 각 반쪽반응의 균형을 맞춘다.

- 산화 : $NO_2^- + H_2O \rightarrow NO_3^- + 2H^+ + 2e^-$
- 환원 : $MnO_4^- + 8H^+ + 5e^- \rightarrow Mn^{2+} + 4H_2O$

⑥ 적당한 인자를 곱하여, 두 개의 반쪽반응 양쪽이 같은 전자수를 갖게 한다.

- 산화 : $5NO_2^- + 5H_2O \rightarrow 5NO_3^- + 10H^+ + 10e^-$
- 환원 : $2MnO_4^- + 16H^+ + 10e^- \rightarrow 2Mn^{2+} + 8H_2O$

⑦ 두 개의 균형 반쪽반응식을 더하여, 반응식 양쪽에 나타나는 전자들과 기타 화학종을 삭제하고, 반응식이 원자와 전하의 균형이 맞는지 확인한다.

$2MnO_4^- + 5NO_2^- + 6H^+ \rightarrow 2Mn^{2+} + 5NO_3^- + 3H_2O$

13 전류법 적정을 할 때 적가 부피에 따른 전류의 변화를 나타내는 그래프를 그리시오.

정답 ① 분석물은 반응하고, 시약은 반응하지 않는 경우

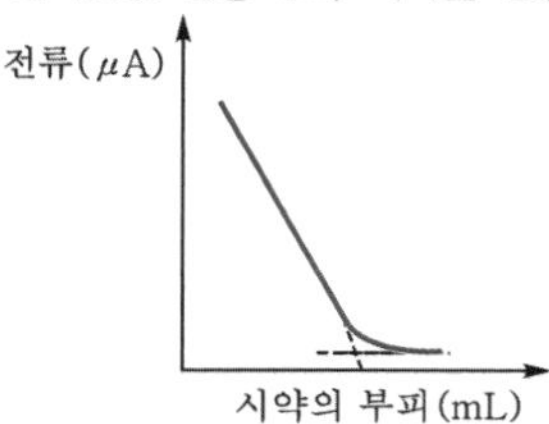

② 시약은 반응하고, 분석물은 반응하지 않는 경우

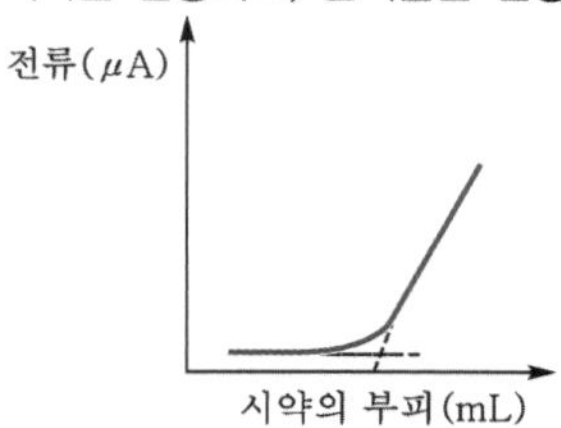

③ 시약과 분석물 모두 반응하는 경우

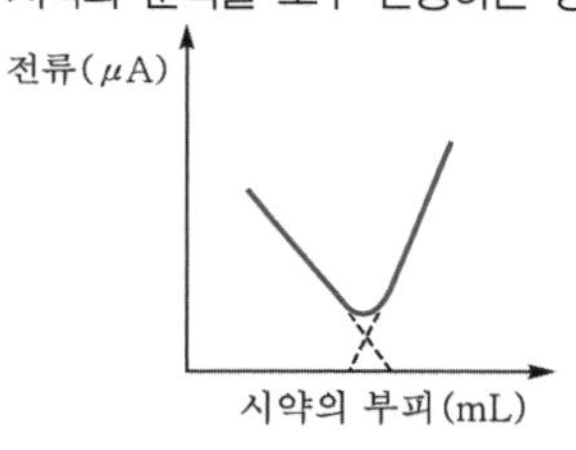

해설 전류법 적정

- 적정 반응에 참여하는 반응물 또는 생성물 중 적어도 하나가 미소전극에서 산화 또는 환원 반응을 한다면 유체역학 전압전류법을 이용하여 적정의 당량점을 결정할 수 있다.
- 한계전류 영역의 한 일정 전위에서의 전류를 적정 시약의 부피(또는 적정 시약이 일정 전류 전기량법에 의해 생성된다면 시간)의 함수로서 측정한다.
- 당량점 양쪽의 데이터를 도시하면 기울기가 다른 두 직선을 얻게 된다.
- 종말점은 두 직선을 외연장하여 만나는 지점이다.
- 전류법 적정곡선은 다음 중 한 가지이다.
  ① 분석물은 미소전극에서 환원되지만 적정 시약은 환원되지 않는 적정에서 나타난다.
  ② 미소전극에서 적정 시약은 반응하지만 분석물은 반응하지 않는 적정에서 나타난다.
  ③ 분석물과 적정 시약 모두 미소전극에서 반응하는 적정에서 나타난다.

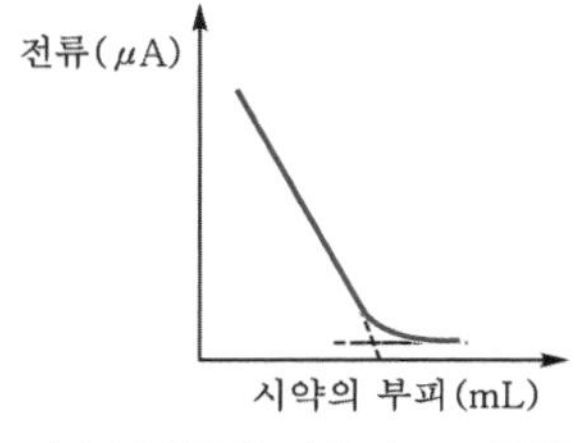

(a) 분석물은 반응하고, 시약은 반응하지 않는 경우

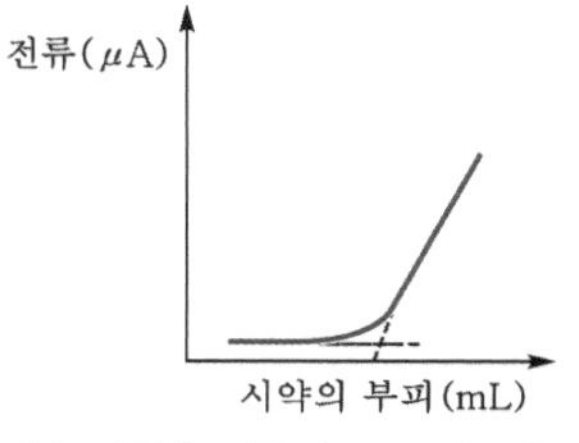

(b) 시약은 반응하고, 분석물은 반응하지 않는 경우

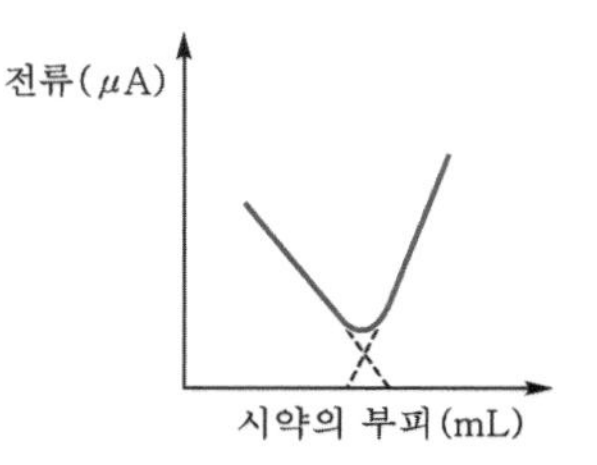

(c) 시약과 분석물 모두 반응하는 경우

14 **시료 내의 유기물을 분해할 때 질산과 황산을 이용한다. 다음 물음에 답하시오.**

(1) 질산과 황산의 어떠한 특성을 이용하는지 쓰시오.

(2) 분해가 완결된 시점을 확인하는 방법을 쓰시오.

정답 (1) 질산은 유기물을 산화 · 분해시키는 산화제로서의 역할을 하고, 황산은 생성된 물을 흡수하는 탈수제(건조제) 역할을 하면서 유기물을 잘 분해시키는 특성을 이용한다.

(2) 적갈색 기체 NO_2가 더 이상 발생하지 않는 것으로 유기물의 분해가 완결된 지점을 확인한다.

해설 유기물을 질산과 황산으로 이루어진 혼합산을 이용하여 분해하면 CO_2, H_2O, NO_x 또는 SO_x 등의 물질을 만들어낸다. 이때 질산은 유기물을 산화 · 분해시키는 산화제로서 역할을 하고, 황산은 생성된 물을 흡수하는 건조제(탈수제) 역할을 하면서 유기물을 잘 분해시킨다. 질산은 유기물을 산화, 분해시키면서 자신은 적갈색을 띠는 NO_2 기체로 환원된다. 따라서 유기물을 분해할 때는 적갈색 기체 NO_2가 생성되지만 모든 유기물이 완전히 분해된 후에는 더 이상 HNO_3가 반응하지 않으므로 적갈색 기체 NO_2가 발생하지 않는다.

2016 제4회 필답형 기출복원문제

01 산 – 염기 지시약인 메틸오렌지에 대해 다음 물음에 답하시오.

(1) 변색범위를 쓰시오.

(2) ① 산성일 때의 색과, ② 염기성일 때의 색을 각각 쓰시오.

정답 (1) 3.1 ~ 4.4
(2) ① 붉은색, ② 노란색

해설 적정에 따른 산 · 염기 지시약의 선택

지시약	변색범위	산성 색	염기성 색	적정 형태
메틸오렌지	3.1 ~ 4.4	붉은색	노란색	• 산성에서 변색 • 약염기를 강산으로 적정하는 경우 약염기의 짝산이 약산으로 작용 • 당량점에서 pH < 7.00
브로모크레졸그린	3.8 ~ 5.4	노란색	푸른색	
메틸레드	4.8 ~ 6.0	붉은색	노란색	
브로모티몰블루	6.0 ~ 7.6	노란색	푸른색	• 중성에서 변색 • 강산을 강염기로 또는 강염기를 강산으로 적정하는 경우 짝산, 짝염기가 산 · 염기로 작용하지 못함 • 당량점에서 pH = 7.00
페놀레드	6.4 ~ 8.0	노란색	붉은색	
크레졸퍼플	7.6 ~ 9.2	노란색	자주색	• 염기성에서 변색 • 약산을 강염기로 적정하는 경우 약산의 짝염기가 약염기로 작용 • 당량점에서 pH > 7.00
페놀프탈레인	8.0 ~ 9.6	무색	붉은색	
알리자린옐로	10.1 ~ 12.0	노란색	오렌지색 – 붉은색	

02 10℃에서 묽은 용액 100mL를 취하였다. 25℃에서의 이 용액의 부피(mL)를 구하시오. (단, 묽은 용액에 대한 열팽창계수는 0.025%/℃이고, 소수점 셋째 자리까지 구하시오.)

정답 100.375mL

해설

$$V_{25℃} = V_{10℃} + (V_{10℃} \times \text{열팽창계수} \times \Delta t)$$

$$= 100\text{mL} + \left\{100\text{mL} \times \frac{0.025}{100℃} \times (25-10)℃\right\} \quad \therefore V_{25℃} = 100.375\text{mL}$$

03 철광석 시료 2.0417g 중 철을 정량할 때 시료를 HCl에 넣어 용해시키고 NH_3로 삭여 $Fe_2O_3 \cdot H_2O$로 만든 후, 강열하여 Fe_2O_3 0.9725g을 만들었다. 시료 중의 Fe의 무게백분율을 구하시오. (단, Fe_2O_3의 분자량은 159.69g/mol, Fe의 원자량은 55.847g/mol이다.)

정답 33.32%

해설

$$\frac{0.9725\text{g } Fe_2O_3 \times \dfrac{1\text{mol } Fe_2O_3}{159.69\text{g } Fe_2O_3} \times \dfrac{2\text{mol Fe}}{1\text{mol } Fe_2O_3} \times \dfrac{55.847\text{g Fe}}{1\text{mol Fe}}}{2.0417\text{g 철광석 시료}} \times 100 = 33.32\%$$

04 몰랄농도의 정의를 쓰시오.

정답 용매 1kg 속에 녹아 있는 용질의 몰수를 나타낸 농도로, 단위는 mol/kg 또는 m으로 나타낸다.

해설 몰랄농도(molarity concentration)

- 용매 1kg 속에 녹아 있는 용질의 몰수를 나타낸 농도로, 단위는 mol/kg 또는 m으로 나타낸다.
- 몰랄농도(m) $= \dfrac{\text{용질의 몰수(mol)}}{\text{용매의 질량(kg)}} = \dfrac{\text{용질의 질량(g)}}{\text{용질의 몰질량(g/mol)}} \times \dfrac{1}{\text{용매의 질량(kg)}}$
- 용액의 질량을 기준으로 농도를 표시하므로 온도가 변해도 농도가 변하지 않는다. 따라서 용액의 끓는점 오름이나 어는점 내림을 정량적으로 계산할 때 이용한다.

05 산화제인 Ce^{4+}를 적가하여 철의 함량을 측정하려고 한다. 철을 1M $HClO_4$로 전처리하여 Fe^{2+} 이온으로 용해시키고, 표준 수소기준전극과 백금전극을 사용하여 전압을 측정한다. 당량점에서 측정되는 전압(V)을 구하시오. (단, 소수점 셋째 자리까지 구하시오.)

$$Fe^{3+} + e^- \rightarrow Fe^{2+},\ E^\circ = 0.767V$$
$$Ce^{4+} + e^- \rightarrow Ce^{3+},\ E^\circ = 1.70V$$

정답 1.234V

해설 Pt 전극과 표준 수소기준전극(E_-=0.00V)을 이용한 전위차법으로

- 적정 반응 : $Ce^{4+} + Fe^{2+} \rightarrow Ce^{3+} + Fe^{3+}$
- Pt 지시전극에서의 두 가지 평형(지시전극의 반쪽반응)
  ① $Fe^{3+} + e^- \rightleftarrows Fe^{2+},\ E^\circ = 0.767V$
  ② $Ce^{4+} + e^- \rightleftarrows Ce^{3+},\ E^\circ = 1.70V$
- 당량점에서
  ① 모든 Fe^{2+} 이온과 반응하는 데 필요한 정확한 양의 Ce^{4+} 이온이 가해졌다.
  ② 모든 세륨은 Ce^{3+} 형태로, 모든 철은 Fe^{3+} 형태로 존재한다.
  ③ 평형에서 Ce^{4+}와 Fe^{2+}는 극미량만이 존재하게 된다.
  ④ $[Ce^{3+}]=[Fe^{3+}]$, $[Ce^{4+}]=[Fe^{2+}]$
  ⑤ 당량점에서의 전지전압을 나타내기 위하여 두 반응 모두 이용하면 편하다.
  두 반응에 대한 Nernst 식은 다음과 같다.

  $$E_+ = 0.767 - 0.05916\log\frac{[Fe^{2+}]}{[Fe^{3+}]}$$

  $$E_+ = 1.70 - 0.05916\log\frac{[Ce^{3+}]}{[Ce^{4+}]}$$

  두 식을 합하면

  $$2E_+ = (0.767 + 1.70) - 0.05916\log\left(\frac{[Fe^{2+}][Ce^{3+}]}{[Fe^{3+}][Ce^{4+}]}\right)$$

  당량점에서 $[Ce^{3+}] = [Fe^{3+}]$, $[Ce^{4+}] = [Fe^{2+}]$이므로, $\log 1 = 0$

  $2E_+ = 2.467V$, $E_+ = 1.234V$

∴ 전지전압 $E = E_+ - E_- = 1.234 - 0 = 1.234V$

06 플루오린화수소산(HF)을 사용하여 규산염을 전처리하는 과정에 대한 다음 물음에 답하시오.

(1) 플루오린화수소산을 사용하는 방법을 설명하시오.

(2) 전처리 후 남아 있는 플루오린화수소산을 제거하는 방법을 설명하시오.

정답 (1) HF은 유리를 부식시키므로 유리 용기를 사용할 수 없고, 테플론, 폴리에틸렌, 백금 용기를 사용해야 한다. HF은 피부조직에 침투하는 성질로 인해서 특히 위험하므로 피부 전체는 물론 보호안경까지 착용을 해야 사고로 인한 피해를 막을 수 있다.

(2) 분해가 완료된 후 과량으로 남아 있는 HF는 끓는점이 높은 H_2SO_4, H_3BO_3를 가한 후 가열하여 증발시켜 제거한다. 그러나 시료로부터 이온을 완전히 제거하는 것은 매우 어렵고 시간도 오래 걸린다.

해설 HF는 끓는점이 19.5℃이므로 상온에서 쉽게 기체로 변한다. 그러므로 HF가 액체로 누출이 되더라도 기온이 약 20℃를 넘으면 문제는 더욱 심각해진다. 기화된 HF가 호흡을 통해서 폐로 들어가면 점액질에 포함된 물과 반응하여 플루오린화수소산이 만들어져 폐 조직을 괴사시키게 된다. 또한 약한 경우라 할지라도 폐 내에 물집을 형성하여 호흡이 곤란해지며, 심각한 경우에는 사망까지 이르게 된다.

07 다음은 혈액시료에 들어 있는 중금속의 함량을 반복 측정하여 얻은 값이다. 다음 물음에 답하시오. (단, 소수점 넷째 자리까지 구하시오.)

〈측정값〉	0.575, 0.576, 0.571, 0.570, 0.572 (단위 : ppm)

(1) 측정값에 대한 평균을 구하시오.

(2) 측정값에 대한 표준편차를 구하시오.

정답 (1) 0.5728ppm

(2) 0.0026ppm

해설

• **평균(mean 또는 average)**

측정한 값들의 합을 전체 수로 나눈 값으로 산술평균이라고도 한다.

$$\bar{x} = \frac{\sum_{i=1}^{n} x_i}{n}$$

여기서, x_i : 개개의 x값을 의미

n : 측정수, 자료수

• **표준편차(s)**

$$s = \sqrt{\frac{\sum_{i=1}^{n}(x_i - \bar{x})^2}{n-1}}$$

여기서, x_i : 각 측정값, $\bar{x}$: 평균, n : 측정수, 자료수

(1) 평균값 $= \frac{0.575 + 0.576 + 0.571 + 0.570 + 0.572}{5} = 0.5728\text{ppm}$

(2) 표준편차 $= \sqrt{\frac{(0.575 - 0.5728)^2 + (0.576 - 0.5728)^2 + (0.571 - 0.5728)^2 + (0.570 - 0.5728)^2 + (0.572 - 0.5728)^2}{5-1}}$

$= 0.0026\text{ppm}$

08 시판되고 있는 많은 기체 크로마토그래피 기기에서 일반적으로 사용하는 검출기 2가지를 쓰시오.

정답 ① 불꽃이온화검출기
② 열전도도검출기

해설 기체 크로마토크래피 검출기

- 불꽃이온화검출기(FID, flame ionization detector) : 유기화합물과 같은 탄화수소 화합물을 검출
- 열전도도검출기(TCD, thermal conductivity detector) : 모든 물질에 감응
- 황화학발광검출기(SCD, sulfur chemiluminescene detector)
- 전자포획검출기(ECD, electron capture detector)
- 열이온검출기(TID, thermionic detector)=질소인검출기(NPD, nitrogen phosphorous detector)
- 불꽃광도검출기(FPD, flame photometric detector)
- 그 밖에 원자방출검출기(AED, atomic emission detector), 광이온화검출기(photoionization detector), 질량분석검출기, 전해질전도도검출기 등이 있다.

09 다음 무리의 화합물을 가장 잘 분리할 수 있는 액체 크로마토그래피의 종류를 쓰고, 그 방법으로 분리할 때 가장 먼저 용리되는 이온 또는 분자를 쓰시오.

(1) Ca^{2+}, Sr^{2+}, Fe^{3+}

(2) C_4H_9COOH, $C_5H_{11}COOH$, $C_6H_{13}COOH$

(3) $C_{20}H_{41}COOH$, $C_{22}H_{45}COOH$, $C_{24}H_{49}COOH$

(4) 1,2 – 다이브로모벤젠, 1,3 – 다이브로모벤젠

정답 (1) 이온 교환 크로마토그래피, Ca^{2+}
(2) 정상 분배 크로마토그래피, $C_6H_{13}COOH$
(3) 크기 배제 크로마토그래피, $C_{24}H_{49}COOH$
(4) 흡착 크로마토그래피, 1,2 – 다이브로모벤젠

해설 (1) 이온 교환 크로마토그래피, 전하가 작을수록 더 빨리 용리되고(Ca^{2+}, Sr^{2+}), 전하가 같은 경우 수화된 지름이 클수록($Ca^{2+} > Sr^{2+}$) 더 빨리 용리된다. 빨리 용리되는 순서로 쓰면 Ca^{2+}, Sr^{2+}, Fe^{3+}이다.

(2) 정상 분배 크로마토그래피, 카복실산의 극성으로 극성이 작을수록 먼저 용리된다. 극성의 크기는 $C_4H_9COOH > C_5H_{11}COOH > C_6H_{13}COOH$이다.

(3) 크기 배제 크로마토그래피, 동족계열의 분자를 분리하며, 분자량이 큰 것이 먼저 용리된다. 분자량의 크기는 $C_{20}H_{41}COOH < C_{22}H_{45}COOH < C_{24}H_{49}COOH$이다.

(4) 흡착 크로마토그래피, 벤젠 고리에 같은 작용기 2개가 치환되었을 때 상대적으로 극성이 클수록 더 빨리 용리된다. 극성의 크기는 ortho– > meta– > para–이므로 빨리 용리되는 순서로 보면 ortho–, meta–, para– 이다. 따라서 빨리 용리되는 순서로 쓰면 1,2 – 다이브로모벤젠(ortho), 1,3 – 다이브로모벤젠(meta)이다.

10 미세전극은 지름이 수 μm 이하인 전극이며, 주어진 실험조건하에서 그 크기가 확산층 정도이거나 또는 이보다 작은 전극이다. 미세전극을 전압전류법에서 사용할 때 장점 3가지를 쓰시오.

정답 ① 생물 세포와 같이 매우 작은 크기의 시료에도 사용할 수 있다.
② IR 손실이 적어 저항이 큰 용액이나 비수용매에도 사용할 수 있다.
③ 전압을 빨리 주사할 수 있으므로 반응 중간체와 같이 수명이 짧은 화학종의 연구에 사용할 수 있다.
④ 전극 크기가 작으므로 충전전류가 작아져서 감도가 수천 배 증가한다.
이 중 3가지 기술

11 불꽃원자흡수분광법으로 금속시료를 분석하려고 한다. 다음 물음에 답하시오.

(1) 금속시료를 분석할 때의 화학적 방해는 무엇인지 쓰시오.

(2) 이를 극복하는 방법을 쓰시오.

정답 (1) 낮은 휘발성 화합물 생성
(2) 가능한 한 높은 온도의 불꽃을 사용하거나 해방제 또는 보호제를 사용한다.

해설 **낮은 휘발성 화합물 생성**

- 분석물이 음이온과 반응하여 휘발성이 적은 화합물을 만들어 분석성분의 원자화 효율을 감소시키는 음이온에 의한 방해이다.
- 휘발성이 낮은 화합물의 생성에 의한 방해를 줄이는 방법

① 가능한 한 높은 온도의 불꽃 사용

② 해방제(releasing agent) 사용 : 방해물질과 우선적으로 반응하여 방해물질이 분석물질과 작용하는 것을 막을 수 있는 시약인 해방제를 사용한다.

예 Ca 정량 시 PO_4^{3-}의 방해를 막기 위해 Sr 또는 La을 과량 사용한다. 또한 Mg 정량 시 Al의 방해를 막기 위해 Sr 또는 La을 해방제로 사용한다.

③ 보호제(protective agent) 사용 : 분석물과 반응하여 안정하고 휘발성 있는 화합물을 형성하여 방해물질로부터 분석물을 보호해 주는 시약인 보호제를 사용한다.

예 EDTA, 8-hydroquinoline, APDC

12 유도결합플라스마 원자방출분광법이 원자흡수분광법보다 좋은 점 3가지를 쓰시오.

정답 ① 플라스마 광원의 온도가 매우 높기 때문에 원자화 효율이 좋고, 원소 상호간의 화학적 방해가 거의 없다.

② 아르곤의 이온화로 인한 전자밀도가 높아서 시료의 이온화에 의한 방해가 거의 없다.

③ 플라스마 단면의 온도 분포가 균일하여 자체 흡수나 자체 반전이 없으므로 넓은 선형 측정범위를 갖는다.

④ 높은 온도에서도 잘 분해되지 않는 산화물, 즉 내화성 화합물을 형성하는 텅스텐(W), 우라늄(U), 지르코늄(Zr) 등 낮은 농도의 원소들도 측정이 가능하다.

⑤ 화학적으로 비활성인 환경에서 원자화가 일어나므로 분석물의 산화물이 형성되지 않아 원자의 수명이 증가한다.

⑥ 광원이 필요 없고 하나의 들뜸조건에서 동시에 여러 원소들의 스펙트럼을 얻을 수 있으며, 다원소 분석이 가능하다.

⑦ 염소(Cl), 브로민(Br), 아이오딘(I) 및 황(S)과 같은 비금속원소들도 측정이 가능하다.

이 중 3가지 기술

13 메탄올의 C－O 신축진동 피크가 1,034cm^{-1}에서 나타난다. 이 피크의 파수를 파장(μm)으로 나타내시오.

정답 9.67μm

해설

$$\text{파수}(\text{cm}^{-1}) = \frac{1}{\text{파장}(\mu\text{m})} \times 10^4$$

$$1{,}034 = \frac{1}{\text{파장}(\mu\text{m})} \times 10^4$$

$$\therefore \text{파장}(\mu\text{m}) = 9.67\mu\text{m}$$

14 다음의 각 분석을 수행하는데 가장 적합한 방법을 〈보기〉에서 1가지를 선택하여 쓰시오.

〈보기〉 - 적외선 투과분광법 - 적외선 반사분광법 - 근적외선 반사분광법
- NMR - UV-VIS 분광법 - Raman 분광법
- 형광분광법

(1) 수용액 중 소량의 벤젠 불순물의 정량

(2) 대기시료 중의 낮은 농도의 CO_2

(3) 1,2 - dichlorobenzene, 1,3 - dichlorobenzene 정량

(4) 수용액 중에 들어 있는 Fe^{3+} 정량

정답 (1) 형광분광법
(2) 적외선 투과분광법
(3) 적외선 투과분광법
(4) UV - VIS 분광법

해설 (1) 벤젠은 자외선-가시광선 영역에서 형광을 잘 발하는 방향족 물질이며, 형광분광법은 UV-VIS 분광법보다 감도가 높아 소량의 벤젠도 정량할 수 있다.
(2) 낮은 농도의 CO_2 기체는 비분산형 적외선 투과분광법으로 정량분석한다.
(3) 적외선 투과분광법으로 1,2-dichlorobenzene, 1,3-dichlorobenzene의 이성질체를 명확히 구분할 수 있다. NMR로도 ortho-, meta-, para- 위치의 이성질체를 구분할 수 있으나, 더 편리한 것은 적외선 투과분광법이다.
(4) Fe^{3+}는 착물을 형성하거나 Fe^{2+}로 환원시킨 다음 발색시켜 UV-VIS 분광법으로 정량할 수 있다.

2017 제1회 필답형 기출복원문제

01 다음 원인에 의해 생기는 계통오차의 종류를 각각 쓰시오.

(1) 분석물의 비정상적인 화학적 또는 물리적 성질에 의한 영향

(2) 분석장비의 불완전성, 잘못된 검정, 분석장비 전력 공급방법의 잘못

(3) 실험 부주의, 무관심, 개인적인 잘못

정답 (1) 방법오차
(2) 기기오차
(3) 개인오차

해설 (1) **방법오차** : 분석과정에서 비이상적인 화학적 또는 물리적 성질로 인해 생기는 오차이다.
(2) **기기오차** : 측정 장치 또는 기기의 비이상적 거동, 잘못된 검정 또는 부적절한 조건 등에서 생기는 오차이다.
(3) **개인오차** : 실험자의 경솔함, 부주의, 개인적인 한계 등에 의해 생기는 오차이다.

02 다음 (1)~(4)의 빈칸에 들어갈 알맞은 용어를 쓰시오.

(1) 시료의 양이 0.1g 이상인 경우 분석하는 방법을 (　　　) 분석이라고 한다.

(2) 시료의 양이 0.01g 이상 ~ 0.1g 미만인 경우 분석하는 방법을 (　　　) 분석이라고 한다.

(3) 시료의 양이 0.001g 초과 ~ 0.01g 미만인 경우 분석하는 방법을 (　　　) 분석이라고 한다.

(4) 시료의 양이 0.001g 이하인 경우 분석하는 방법을 (　　　) 분석이라고 한다.

정답 (1) 보통량(macro)
(2) 준미량(semi – micro)
(3) 미량(micro)
(4) 초미량(ultramicro)

03 시료의 질소 함량을 분석하기 위한 시료채취상수가 0.5g일 때, 이 분석에서 0.2% 시료채취 정밀도를 얻으려면 취해야 하는 시료의 양(g)을 구하시오.

정답 12.50g

해설 시료채취상수

- Ingamells 시료채취상수 K_s는 시료채취 %상대표준편차(R)를 1%로 하는 데 필요한 시료의 양(m)이다.
- %상대표준편차가 1%일 때, 즉 $\sigma_r=0.01$에서 K_s는 m과 같다.
- $K_s = m \times (\sigma_r \times 100\%)^2 = mR^2$

여기서, K_s : Ingamells 시료채취상수, m : 분석시료의 무게(g)
σ_r : 상대표준편차, R : %상대표준편차

$0.5 = mR^2 = x \times (0.2)^2 \quad \therefore x = 12.50\text{g}$

04 1,000mg/L 표준시약으로 (1) 100mg/L, (2) 10mg/L, (3) 1mg/L 표준시약 1L를 만드는 방법을 쓰시오.

정답 (1) 1,000mg/L 표준시약 100mL를 1L 부피플라스크에 취해서 표선까지 증류수로 채워 잘 흔들어 1L용액을 만든다.
(2) 1,000mg/L 표준시약 10mL를 1L 부피플라스크에 취해서 표선까지 증류수로 채워 잘 흔들어 1L용액을 만든다.
(3) 1,000mg/L 표준시약 1mL를 1L 부피플라스크에 취해서 표선까지 증류수로 채워 잘 흔들어 1L 용액을 만든다.

해설 $M_{진한} \times V_{진한} = M_{묽은} \times V_{묽은}$ 식을 이용하여 표준시약을 각각 1L 만든다.
(1) $1{,}000\,\text{mg/L} \times x(\text{mL}) = 100\text{mg/L} \times 1{,}000\text{mL} \quad \therefore\ x = 100\text{mL}$
즉 1,000mg/L 표준시약 100mL를 1L 부피플라스크에 취해서 표선까지 증류수로 채워 잘 흔들어 1L 용액을 만든다.
(2) $1{,}000\,\text{mg/L} \times x(\text{mL}) = 10\text{mg/L} \times 1{,}000\text{mL} \quad \therefore\ x = 10\text{mL}$
즉 1,000mg/L 표준시약 10mL를 1L 부피플라스크에 취해서 표선까지 증류수로 채워 잘 흔들어 1L 용액을 만든다.
(3) $1{,}000\,\text{mg/L} \times x(\text{mL}) = 1\text{mg/L} \times 1{,}000\text{mL} \quad \therefore\ x = 1\text{mL}$
즉 1,000mg/L 표준시약 1mL를 1L 부피플라스크에 취해서 표선까지 증류수로 채워 잘 흔들어 1L 용액을 만든다.

05 5℃에서 수용액 100mL를 취하였다. 15℃에서의 부피(mL)를 구하시오. (단, 묽은 수용액에 대한 팽창계수는 0.025%/℃이며, 소수점 둘째 자리까지 구하시오.)

정답 100.25mL

해설 $V_{15℃} = V_{5℃} + (V_{5℃} \times \text{열팽창계수} \times \Delta t)$

$$= 100\text{mL} + \left\{100\text{mL} \times \frac{0.025}{100℃} \times (15-5)℃\right\}$$

$\therefore\ V_{15℃} = 100.25\text{mL}$

06 황산납(Ⅱ)($PbSO_4$) 229.8mg 속에 들어 있는 납(Pb)의 질량(mg)을 구하시오. (단, $PbSO_4$의 분자량은 303.3g/mol, Pb의 원자량은 207.2g/mol이다.)

정답 156.99mg

해설

$$229.8 \times 10^{-3}\text{g PbSO}_4 \times \frac{1\text{mol PbSO}_4}{303.3\text{g PbSO}_4} \times \frac{1\text{mol Pb}}{1\text{mol PbSO}_4} \times \frac{207.2\text{g Pb}}{1\text{mol Pb}} \times \frac{1{,}000\text{mg}}{1\text{g}}$$

$= 156.99\text{mg Pb}$

07 분광광도법에서 사용되는 시료 셀의 재료를 파장에 따라 서로 다른 재질로 사용하는 이유를 쓰시오.

정답 시료용기는 사용하는 영역의 복사선을 흡수하지 않아야 하기 때문

해설 방출분광법을 제외한 모든 분광법에서는 측정을 위한 시료용기가 필요하며, 단색화 장치와 마찬가지로 시료를 담는 용기(cell) 또는 큐벳(cuvette)은 투명한 재질로 되어 이용하는 복사선을 흡수하지 않아야 한다.

- 석영, 용융 실리카 : 자외선 영역(350nm 이하)과 가시광선 영역에 이용한다.
- 규산염 유리, 플라스틱 : 가시광선 영역에 이용한다.
- 결정성 NaCl, KBr 결정, TlI, TlBr : 자외선, 가시광선, 적외선 영역에서 모두 가능하나, 주로 적외선 영역에서 이용한다.

08 흡광도 A를 측정하여 농도를 구할 수 있는 식을 쓰고, 이 식에 있는 각 변수들에 대해 설명하시오.

정답 $A = \varepsilon bc$

여기서, ε : 몰흡광계수($cm^{-1} \cdot M^{-1}$)

b : 셀의 길이(cm)

c : 시료의 농도(M)

해설

- **베르–람베르트 법칙(Beer–Lambert law)**

  단색 복사선에서 흡광도는 매질을 통과하는 거리와 흡수물질의 농도 c에 직접 비례한다.

  ① 베르의 법칙(Beer's law) : 흡광도는 농도에 비례함

  ② 람베르트 법칙(Lambert law) : 흡광도는 매질을 통과하는 거리에 비례함

- **흡광도와 투광도 사이의 관계식**

  $A = -\log T = \varepsilon bc$

09 코발트(Co)와 니켈(Ni)을 동시에 정량하고자 한다. 365nm에서 Co는 3,529, Ni은 3,228의 최대몰흡광계수를 갖고, 700nm에서 Co는 428.9, Ni은 10.2의 최대몰흡광계수를 갖는다. 용액 중의 (1) 니켈과, (2) 코발트의 몰농도(M)를 구하시오. (단, 이 혼합물의 흡광도는 365nm에서 0.598이고, 700nm에서 0.039이다.)

정답 (1) 8.81×10^{-5}M

(2) 8.88×10^{-5}M

해설 $A = \varepsilon_{Co} bc_{Co} + \varepsilon_{Ni} bc_{Ni}$

여기서, ε : 몰흡광계수($cm^{-1} \cdot M^{-1}$)

b : 셀의 길이(cm)

c : 시료의 농도(M)

$0.598 = (3{,}529 \times 1 \times c_{Co}) + (3{,}228 \times 1 \times c_{Ni})$

$0.039 = (428.9 \times 1 \times c_{Co}) + (10.2 \times 1 \times c_{Ni})$

두 식을 연립하여 풀이하면

$c_{Ni} = 8.81 \times 10^{-5}M$, $c_{Co} = 8.88 \times 10^{-5}M$

10 전열 원자흡수분광법에서 사용하는 매트릭스 변형제의 역할에 대해 설명하시오.

정답 그 자체가 방해 화학종이 아닌 것으로 분석신호가 방해 화학종의 농도와 상관없이 얻어지도록 추가하는 화학종으로 전열 원자화 장치에서 분석물이 원자화될 때 매트릭스와 반응하여 매트릭스가 분석물보다 더 잘 휘발되게 하거나 또는 분석물과 반응하여 분석물의 휘발성을 낮추어 비교적 높은 온도의 회화과정에서 매트릭스만 휘발시켜 제거하여 분석물이 손실되는 것을 방지하는 역할을 한다.

11 다음 빈칸에 들어갈 알맞은 용어를 쓰시오.

푸리에 변환 분광기의 장점은 대부분의 중간 정도의 파장 범위에서 타 실험기기와 비교했을 때 한 자릿수 이상의 (　　　　　　)을/를 갖는다.

정답 신호 대 잡음비

해설 Fourier 변환 분광기는 복사선의 세기를 감소시키는 광학 부분장치와 슬릿을 거의 가지고 있지 않기 때문에 검출기에 도달하는 복사선의 세기는 분산기기에서 오는 것보다 더 크게 되므로 신호 대 잡음비가 커진다.

12 다음에 해당하는 광원을 무엇이라고 하는지 쓰시오.

- 3개의 동심형 석영관으로 이루어진 토치를 이용한다.
- Ar 기체를 사용한다.
- 라디오파 전류에 의해 유도 코일에서 자기장이 형성된다.
- Tesla 코일에서 생긴 스파크에 의해 Ar이 이온화된다.
- Ar^+와 전자가 자기장에 붙들어 큰 저항열을 발생하는 플라스마를 얻는다.

정답 유도결합 플라스마(ICP) 광원

13 이론단수(N)와 단높이(H), 칼럼의 길이(L)의 관계식을 쓰시오.

정답 $H = \frac{L}{N}$

해설 단높이(H, plate height)

- $H = \frac{L}{N}$, $N = 16\left(\frac{t_R}{W}\right)^2$

  여기서, L : 칼럼의 충전길이, N : 이론단의 개수(이론단수)

  W : 봉우리 밑변의 너비, t_R : 머무름시간
- 단높이(H)가 낮을수록, 이론단수(N)가 클수록, 칼럼의 길이(L)가 길수록 분배 평형이 더 많은 단에서 이루어지게 되므로 칼럼 효율은 증가한다.
- 칼럼의 길이(L)가 일정할 때, 단의 높이(H)가 감소하면 단의 개수(이론단수, N)는 증가한다.

14 $Y_2(OH)_5Cl \cdot nH_2O$의 화학식을 가진 물질을 TGA 분석 시 150℃에서 감량된 양이 23%일 경우 n을 정수로 구하시오. (단, $Y_2(OH)_5Cl \cdot nH_2O$ = 388.44g/mol, H_2O = 18.00g/mol이다.)

정답 5

해설 TGA 분석 시 150℃에서의 무게 감량은 물에 의한 것이다.

$$\frac{18 \cdot n}{388.44} = 0.23, \quad n = 4.96$$

$\therefore$ 정수 $n = 5$

2017 제4회 필답형 기출복원문제

01 표준용액을 만들 때 1차 표준물질의 당량 무게가 작은 것보다 큰 것을 쓰는 이유를 쓰시오.

정답 1차 표준물질의 무게를 달 때 당량 무게가 큰 것을 쓸수록 상대오차가 작아지게 되므로 더 정확한 농도의 표준용액을 만들 수 있다.

해설 1차 표준물질이 갖추어야 할 조건

- 고순도(99.9% 이상)이어야 한다.
- 조해성, 풍해성이 없어야 한다.
- 흡수, 풍화, 공기 산화 등의 성질이 없어야 한다.
- 정제하기 쉬워야 한다.
- 반응이 정량적으로 진행되어야 한다.
- 오랫동안 보관하여도 변질되지 않아야 한다.
- 공기 중이나 용액 내에서 안정해야 한다.
- 합리적인 가격으로 구입이 쉬워야 한다.
- 물, 산, 알칼리에 잘 용해되어야 한다.
- 큰 화학식량을 가지거나 또는 당량 중량이 커서 측정오차를 줄일 수 있어야 한다.

02 약한 알칼리 용액에서 Ni^{2+}만 침전시킬 때 사용하는 유기물질을 쓰시오.

정답 다이메틸글리옥심(dimethylglyoxime)

해설 다이메틸글리옥심(dimethylglyoxime) $C_4H_8N_2O_2$

니켈과 다이메틸글리옥심이 1 : 2로 반응하여 분홍색 착물을 형성한다.

CH₃ / HO—N=C—C=N—OH / CH₃

03 50.0mL Cl^- 용액에 과량의 $AgNO_3$를 가하여 AgCl 침전 1.092g을 얻었다. 이때 Cl^-의 몰농도(M)를 구하시오. (단, AgCl의 몰질량은 143.321g/mol이고, Cl^-의 농도는 소수점 넷째 자리까지 나타내시오.)

정답 0.1524M

해설 알짜반응식 : $Cl^- + Ag^+ \rightarrow AgCl(s)$

Cl^-의 mol = AgCl의 mol

$$1.092\text{g AgCl} \times \frac{1\text{mol AgCl}}{143.321\text{g AgCl}} = 7.619\times10^{-3}\text{mol}$$

$$[Cl^-] = \frac{7.619\times10^{-3}\text{mol}}{50.0\times10^{-3}\text{L}} = 0.1524\text{M}$$

04 대표 시료는 편리성과 경제성을 따져 볼 때 정확한 무게를 달아 사용하는 것이 바람직하다. 대표 시료의 무게를 결정하는 주요 요인 3가지를 쓰시오.

정답 ① 전체 시료의 불균일도
② 불균일성이 나타나기 시작하는 입자 크기의 수준
③ 전체 시료의 조성과 대표 시료의 조성의 차이가 없다고 인정할 수 있는 불확정도

05 HCl 시료용액에 0.164M NaOH 용액 5.64mL를 가했을 때 반응이 완결되었다면, 이 시료에 들어 있는 HCl의 무게(mg)를 구하시오. (단, HCl의 몰질량은 36.46g/mol이다.)

정답 33.72mg

해설 $$(0.164 \times 5.64)\text{mmol NaOH} \times \frac{1\text{mmol HCl}}{1\text{mmol NaOH}} \times \frac{36.46\text{mg HCl}}{1\text{mmol HCl}} = 33.72\text{mg HCl}$$

06 다음 물음에 답하시오.

(1) 정밀도에 대해 설명하시오.

(2) 정확도에 대해 설명하시오.

정답 (1) 정확히 똑같은 양을 똑같은 방법으로 측정하여 얻은 측정값들이 일치하는 정도를 말하며, 측정값들이 평균에 얼마나 가까이 모여 있는지의 정도, 즉 측정의 재현성을 나타낸다.
(2) 측정값 또는 측정값의 평균이 참값에 얼마나 가까이 있는지의 정도를 말한다.

07 유체역학 전압전류법에서 용액을 세게 저어주었을 때 작업전극(미세전극) 주위에서의 용액의 흐름 3가지를 그림으로 나타내고 설명하시오.

정답

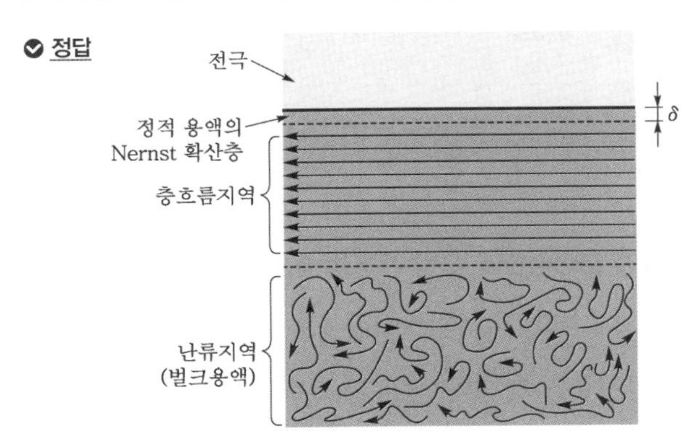

① 난류지역 : 액체의 움직임에 아무런 규칙이 없고, 전극에서 떨어진 본체 용액 중에서 일어난다.
② 층(Laminar) 흐름지역 : 전극 표면에 접근함에 따라 Laminar 흐름으로 바뀐다. Laminar 흐름에서는 액체의 층이 전극 표면과 평행되는 방향으로 미끄러져 나란히 된다.
③ Nernst 확산층 : 전극 표면에서 δ(cm) 떨어진 점에서는 액체와 전극 사이의 직접적인 마찰로 인해 층류의 속도가 거의 0이 되는 정체된 얇은 용액 층이 형성된다. 이를 Nernst 확산층이라 한다.

08 정상 분배 크로마토그래피와 역상 분배 크로마토그래피의 특징을 <보기>에서 골라 표에 적어 넣으시오.

〈보기〉 크다, 작다, 비극성이 먼저 용리, 극성이 먼저 용리, 용리시간 증가, 용리시간 감소

구분	정상 분배 크로마토그래피	역상 분배 크로마토그래피
이동상의 극성	①	②
정지상의 극성	③	④
용리 순서	⑤	⑥
이동상의 극성이 증가하는 경우	⑦	⑧

정답 ① 작다, ② 크다
③ 크다, ④ 작다
⑤ 비극성이 먼저 용리, ⑥ 극성이 먼저 용리
⑦ 용리시간 감소, ⑧ 용리시간 증가

해설

구분	정상 분배 크로마토그래피	역상 분배 크로마토그래피
이동상의 극성	작다	크다
정지상의 극성	크다	작다
용리 순서	비극성이 먼저 용리	극성이 먼저 용리
이동상의 극성이 증가하는 경우	용리시간 감소	용리시간 증가

09 적외선, 자외선, 마이크로파, X선 중 스펙트럼의 파장이 큰 것부터 작아지는 순서대로 나열하시오.

정답 마이크로파, 적외선, 자외선, X선

해설 전자기복사선의 분류

γ-선	X-선	자외선	가시광선	적외선	마이크로파	라디오파
γ-ray	X-ray	Ultraviolet (UV)	Visible (VIS)	Infrared (IR)	Microwave	Radiowave

← 에너지 증가, 파장 감소 　　　　 파장 증가, 에너지 감소 →

10 원자흡수분광법에서 Sr을 정량하기 위하여 검정곡선을 그릴 때 K을 넣어 주는 이유를 쓰시오.

정답 K은 분석물질 Sr보다 이온화가 더 잘 되어 분석물질이 이온화되는 것을 막아 준다.

해설 **이온화 평형**

이온화가 많이 일어나 원자의 농도를 감소시켜 나타나는 방해이다. 분석물질보다 이온화가 더 잘 되어 불꽃에 높은 농도의 전자를 제공하는 이온화 억제제(ionization suppressor)를 사용함으로써 이온화 평형의 이동을 막고 시료의 이온화를 억제할 수 있다. 이온화 억제제로는 주로 K, Rb, Cs과 같은 알칼리금속이 사용된다.

11 흡수 분광광도계를 구성하는 부분장치의 순서는 다음과 같다. 빈칸에 들어갈 알맞은 용어를 쓰시오.

(1) UV–VIS, IR : 광원 → (①) → (②) → (③) → 신호처리장치 및 판독장치

(2) AAS : 광원 → (①) → (②) → (③) → 신호처리장치 및 판독장치

정답 (1) ① 파장선택기, ② 시료용기, ③ 검출기
(2) ① 시료용기, ② 파장선택기, ③ 검출기

해설 **흡수법**

연속 광원을 쓰는 일반적인 흡수 분광법에서는 시료가 흡수하는 특정 파장의 흡광도를 측정해서 정량하는 것이므로 파장선택기가 광원 뒤에 놓이나, 시료와 같은 금속에서 나오는 선 광원을 쓰는 원자흡수분광법에서는 광원보다 원자화 과정에서 발생되는 방해 복사선을 제거하는 것이 중요하므로 파장선택기가 시료 뒤에 놓인다.

- 분자 흡수법 : 광원 – 파장선택기 – 시료용기 – 검출기 – 신호처리장치 및 판독장치
- 원자 흡수법 : 광원 – 시료용기 – 파장선택기 – 검출기 – 신호처리장치 및 판독장치

12 유도결합플라스마 광원을 쓸 때 불꽃방출법보다 이온화 방해가 적게 일어나는 이유를 쓰시오.

정답 아르곤의 이온화로 인해 전자밀도가 높아서 시료의 이온화에 의한 방해가 거의 없기 때문이다.

해설 **ICP 광원의 장점**

- 플라스마 광원의 온도가 매우 높기 때문에 원자화 효율이 좋고, 원소 상호간의 화학적 방해가 거의 없다.
- 아르곤의 이온화로 인한 전자밀도가 높아서 시료의 이온화에 의한 방해가 거의 없다.
- 플라스마 단면의 온도 분포가 균일하여 자체 흡수나 자체 반전이 없으므로 넓은 선형 측정범위를 갖는다.
- 높은 온도에서도 잘 분해되지 않는 산화물, 즉 내화성 화합물을 형성하는 텅스텐(W), 우라늄(U), 지르코늄(Zr) 등의 원자화가 용이하다.
- 화학적으로 비활성인 환경에서 원자화가 일어나므로 분석물의 산화물이 형성되지 않아 원자의 수명이 증가한다.
- 광원이 필요 없고, 하나의 들뜸조건에서 동시에 여러 원소들의 스펙트럼을 얻을 수 있으며, 다원소 분석이 가능하다.

13 파장범위가 3 ~ 15μm이고 이동거울의 움직이는 속도가 0.3cm/s일 때, 간섭도(interferogram)에서 측정할 수 있는 진동수(Hz)의 범위를 구하시오.

정답 $4.00\times10^2 \sim 2.00\times10^3$Hz

해설 **간섭도(interferogram)의 진동수(f)와 스펙트럼의 파장(λ) 관계식**

$$f = \frac{2v_M}{\lambda}$$

여기서, v_M : 이동거울의 움직이는 속도(cm/s)

파장 3μm일 때 진동수(Hz) : $f = \dfrac{2\times0.3\,\text{cm/s}}{3\times10^{-4}\text{cm}} = 2.00\times10^3\text{Hz}$

파장 15μm일 때 진동수(Hz) : $f = \dfrac{2\times0.3\,\text{cm/s}}{15\times10^{-4}\text{cm}} = 4.00\times10^2\text{Hz}$

14 적외선 분광법에서 사용되는 광원 4가지를 쓰시오.

정답 ① Nernst 백열등, ② Globar 광원, ③ 백열선 광원, ④ 니크롬선, ⑤ 수은 아크,
⑥ 텅스텐 필라멘트등, ⑦ 이산화탄소 레이저 광원
이 중 4가지 기술

해설 **적외선 광원과 변환기**

- 적외선 광원은 1,500~2,200K 사이의 온도까지 전기적으로 가열되는 불활성 고체로 구성되어 있다. 흑체의 복사선과 비슷한 연속 복사선이 방출된다.
- 광원의 종류로는 Nernst 백열등, Globar 광원, 백열선 광원, 니크롬선, 수은 아크, 텅스텐 필라멘트등, 이산화탄소 레이저 광원 등이 있다.
- 적외선 변환기는 일반적으로 파이로전기변환기, 광전도변환기, 열변환기가 있다. 파이로전기변환기는 광도계, 일부 FTIR 분광기 및 분산형 분광광도계에서 사용되며, 광전도변환기는 많은 FTIR 기기에서 사용된다.

15 NMR 분광계를 구성하고 있는 대표적인 부분장치 4가지를 쓰시오.

정답 ① 균일하고 센 자기장을 갖는 자석
② 대단히 작은 범위의 자기장을 연속적으로 변화시킬 수 있는 장치
③ 라디오파(RF) 발신기
④ 검출기 및 증폭기

2018 제1회 필답형 기출복원문제

01 검출한계란 무엇인지 쓰시오.

정답 주어진 신뢰수준(보통 95%)에서 신호로 검출될 수 있는 최소의 농도이다. 또는 20개 이상의 바탕시료를 측정하여 얻은 바탕신호들의 표준편차의 3배에 해당하는 신호를 나타내는 농도를 의미한다.

02 (1) 정밀도와, (2) 정확도에 대해 각각 설명하시오.

정답 (1) 결과에 대한 재현성, 둘 또는 그 이상 반복 측정하여 얻은 측정값 사이의 일치 정도를 나타내며, 표준편차, 변동계수, 상대표준편차, 분산, 범위 등으로 나타낸다.
(2) 측정값이 참값에 얼마나 가까운가를 나타내며. 절대오차, 상대오차, 회수율, 상대 정확도, t – 시험 등으로 나타낸다.

03 S/N를 정수비로 나타내는 방법을 쓰시오.

정답 신호 대 잡음비는 분석신호(S)를 잡음신호(N)로 나눈 값이다. 분석신호는 측정신호의 평균($\overline{x}$)이고, 잡음신호는 측정신호의 표준편차(s)이므로 신호 대 잡음비는 분석신호의 상대표준편차의 역수가 된다.

$$\frac{\text{신호}(S)}{\text{잡음}(N)} = \frac{\text{신호는 측정의 평균값}(\overline{x})}{\text{잡음은 측정신호의 표준편차}(s)} = \frac{1}{\text{상대표준편차(RSD)}}$$

해설 분석 측정은 두 가지 요소로 구성되어 있다. 하나는 화학자가 관심을 갖는 분석시료의 정보를 갖고 있는 신호(signal)이고, 다른 하나는 잡음(noise)이다. 잡음은 분석의 정확도와 정밀도를 감소시키고, 분석시료의 검출한계에 많은 방해작용을 한다. 일반적으로 분석방법의 특징 또는 분석기기의 성능을 잡음으로만 설명하는 것보다 신호 대 잡음비(S/N)로 나타내는 방법이 더 좋은 계수가 된다.

04 다음 분석과정들을 순서대로 나열하시오.

검정곡선 작성, 농도 측정, 결과 계산, 분석법 선택, 시료 취하기, 시료 처리

정답 분석법 선택 → 시료 취하기 → 시료 처리 → 농도 측정 → 검정곡선 작성 → 결과 계산

해설 **정량분석 시 계획하는 실험과정**

① 분석문제 파악하기
② 분석방법 선택하기
③ 시료 취하기
④ 실험시료 만들기
⑤ 반복시료 만들기
⑥ 용액시료 만들기
⑦ 방해물질 제거하기
⑧ 분석물 신호 측정하기
⑨ 결과 계산하기
⑩ 결과에 대한 신뢰도 평가하기

05 비중이 1.18인 35%(w/w) HCl 용액의 몰농도(M)를 구하시오. (단, HCl의 분자량은 36.5g/mol이다.)

정답 11.32M

해설 $\frac{35\text{g HCl}}{100\text{g 용액}} \times \frac{1.18\text{g 용액}}{1\text{mL 용액}} \times \frac{1{,}000\text{mL 용액}}{1\text{L 용액}} \times \frac{1\text{mol HCl}}{36.5\text{g HCl}} = 11.32\text{M}$

06 M^{3+} 미지시료 50.0mL가 옥살산($H_2C_2O_4$)과 반응하여 $M_2(C_2O_4)_3$으로 된다고 할 때, M^{3+} 미지시료를 전처리하여 0.0064M $KMnO_4$ 18.0mL로 적정하였더니 종말점이 나타났다. 이때 미지시료 내 M^{3+}의 농도(mM)를 구하시오.

정답 3.84mM

해설 $2M^{3+} + 3H_2C_2O_4 \rightarrow M_2(C_2O_4)_3 + 3H_2$

환원반응식 : $MnO_4^- + 8H^+ + 5e^- \rightarrow Mn^{2+} + 4H_2O$ … ㉠

산화반응식 : $C_2O_4^{2-} \rightarrow 2CO_2 + 2e^-$ … ㉡

(㉠×2) + (㉡×5) : $2MnO_4^- + 16H^+ + 5C_2O_4^{2-} \rightarrow 2Mn^{2+} + 8H_2O + 20CO_2$

$$\frac{(0.0064 \times 18.0 \times 10^{-3})\text{mol} \times \frac{5\text{mol } C_2O_4^{2-}}{2\text{mol } MnO_4^-} \times \frac{2\text{mol } M^{3+}}{3\text{mol } C_2O_4^{2-}}}{50.0 \times 10^{-3}\text{L}} = 3.84 \times 10^{-3}\text{M} = 3.84\text{mM}$$

07 Fe^{2+}와 Ce^{4+} 사이의 산화 · 환원 반응식을 (1) 산화반응식과 환원반응식으로 구분하여 쓰고, (2) 산화제와 환원제는 어떤 물질인지 쓰시오.

정답 (1) 산화반응식 : $Fe^{2+} \rightarrow Fe^{3+} + e^-$
환원반응식 : $Ce^{4+} + e^- \rightarrow Ce^{3+}$
(2) 산화제 : Ce^{4+}
환원제 : Fe^{2+}

해설 (1) 산화반응식 : $Fe^{2+} \rightarrow Fe^{3+} + e^-$
환원반응식 : $Ce^{4+} + e^- \rightarrow Ce^{3+}$
산화 · 환원반응식 : $Fe^{2+} + Ce^{4+} \rightarrow Fe^{3+} + Ce^{3+}$
(2) 산화제 : Ce^{4+}, $Ce^{4+} \rightarrow Ce^{3+}$ 산화수 감소, 환원됨
환원제 : Fe^{2+}, $Fe^{2+} \rightarrow Fe^{3+}$ 산화수 증가, 산화됨

08 원자흡수분광법에서 불꽃 원자화 장치 등으로 원자화를 한다. 이때 사용되는 유리관에 네온과 아르곤 등이 1~5torr 압력으로 채워진 텅스텐 양극과 원통 음극으로 이루어진 광원을 무엇이라고 하는지 쓰시오.

정답 속빈 음극등

09 0.5M Sn^{2+} 10.0mL를 1.0M Ce^{4+}로 적정하고자 한다. 다음 물음에 답하시오. (단, 기준전극은 S.H.E이다.)

$$Ce^{4+} + e^- \rightleftarrows Ce^{3+},\ E^\circ = 1.61V$$
$$Sn^{4+} + 2e^- \rightleftarrows Sn^{2+},\ E^\circ = 0.15V$$

(1) 당량점에서의 전위차를 구하시오.

(2) 당량점에서의 Ce^{4+}, Ce^{3+} 농도를 구하시오.

정답 (1) 0.64V

(2) $[Ce^{3+}] = 0.50M$, $[Ce^{4+}] = 1.79\times10^{-17}M$

해설 (1) 산화 · 환원 적정

$Sn^{2+} + 2Ce^{4+} \rightleftarrows Sn^{4+} + 2Ce^{3+}$ 당량점 부피는 $0.5M\times10.0mL = 1.0M\times V(mL)\times\frac{1}{2}$, $V=$ 10.0mL 이다. 당량점에서는 모든 Sn^{2+} 이온과 반응하는 데 필요한 정확한 양의 Ce^{4+} 이온이 가해졌다.

모든 Sn^{2+}은 Sn^{4+} 형태로, 모든 Ce^{4+}은 Ce^{3+} 형태로 존재한다.

평형에서 Sn^{2+}와 Ce^{4+}는 극미량만이 존재하게 된다.

$[Sn^{4+}] = x$, $[Ce^{3+}] = 2x$, $[Sn^{2+}] = y$, $[Ce^{4+}] = 2y$

당량점에서의 전지전압을 나타내기 위하여 두 반응 모두 이용한다.

두 반응에 대한 Nernst 식은 다음과 같다.

$$E_+ = 1.61 - 0.05916\log\frac{[Ce^{3+}]}{[Ce^{4+}]} \cdots ㉠$$

$$E_+ = 0.15 - \frac{0.05916}{2}\log\frac{[Sn^{2+}]}{[Sn^{4+}]} \cdots ㉡$$

㉠ + 2 × ㉡을 하면

$$3E_+ = (1.61 + 0.15\times2) - 0.05916\log\left(\frac{[Ce^{3+}][Sn^{2+}]}{[Ce^{4+}][Sn^{4+}]}\right)$$

$[Sn^{4+}] = x$, $[Ce^{3+}] = 2x$, $[Sn^{2+}] = y$, $[Ce^{4+}] = 2y$이므로, $\log 1 = 0$

$3E_+ = 1.91V$, $E_+ = 0.637V$

$\therefore E_{전지} = E_+ - E_- = 0.637 - 0 = 0.637V \rightarrow 0.64V$

(2) $[Sn^{4+}] = x = \frac{(0.5\times10.0)mmol}{(10.0+10.0)mL} = 0.25M$

$\therefore [Ce^{3+}] = 2x = 0.50M$

$$E_+ = 0.637 = 1.61 - 0.05916\log\frac{0.5-[Ce^{4+}]}{[Ce^{4+}]}$$

$0.5 - [Ce^{4+}] \simeq 0.5$로 근사하여 계산하면

$$\log\frac{0.5}{[Ce^{4+}]} = 16.4469,\ \frac{0.5}{[Ce^{4+}]} = 10^{16.4469}$$

$\therefore [Ce^{4+}] = 1.79\times10^{-17}M$

10 GC에서 전처리로써 시료를 유도체화(derivatization)하는 이유 2가지를 쓰시오.

정답 ① 분리를 빠르게 해 준다.
② 감도를 높여 준다.

11 일반적으로 쓰는 단색화 장치 2가지를 쓰시오.

정답 ① 회절발 단색화 장치
② 프리즘 단색화 장치

해설

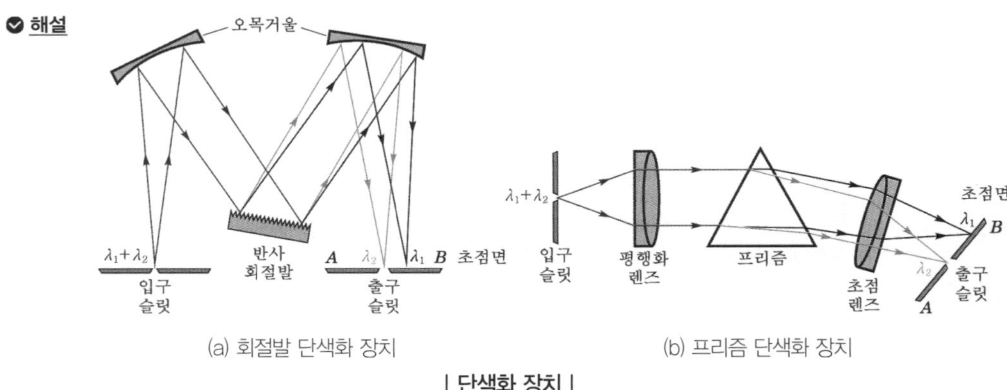

(a) 회절발 단색화 장치 (b) 프리즘 단색화 장치

| 단색화 장치 |

12 회절발에 1mm당 1,450개의 홈이 있다고 한다. 법선에 대한 입사각이 48°이고, 20°에서 1차 회절복사선이 관찰되었을 때 해당 회절복사선의 파장(nm)을 구하시오.

정답 748.39nm

해설 $n\lambda = d(\sin A + \sin B)$

여기서, n : 회절차수, λ : 회절되는 파장, d : 홈 사이의 거리
A : 입사각, B : 반사각

$$\lambda = \frac{1\times10^{-3}\text{m}}{1{,}450\text{개}}\times(\sin 48° + \sin 20°)$$

$$= 7.4839\times10^{-7}\text{m}\times\frac{1\text{nm}}{10^{-9}\text{m}} = 748.39\,\text{nm}$$

13 이산화탄소의 (1) 진동수를 계산하고, (2) 그 근거는 무엇인지 답하시오.

정답 (1) 4
(2) 이산화탄소(CO_2) 분자는 직선형의 대칭구조이므로 IR 진동방식 수는 $3N-5$이다.
여기서, N은 원자수이다.
$\therefore\ (3\times3)-5=4$

14 원자흡수분광기에서 일반적으로 사용하는 원자화 방법 4가지를 쓰시오.

정답 ① 불꽃 원자화, ② 전열 원자화, ③ 수소화물 생성 원자화, ④ 찬 증기 원자화

해설 원자화 방법

- 불꽃 원자화 : 시료용액을 기체 연료와 혼합된 산화제 기체의 흐름에 의해 분무시켜 불꽃 속으로 도입시켜 원자화한다.
- 전열 원자화 : 시료를 양 끝이 열려 있고 중앙에 구멍이 있는 원통형 흑연관의 시료 주입구를 통해 마이크로 피펫으로 주입하고 전기로의 온도를 높여 원자화한다.
- 수소화물 생성 원자화 : 비소(As), 안티모니(Sb), 주석(Sn), 셀레늄(Se), 비스무트(Bi) 및 납(Pb)을 포함하는 시료를 원자화 장치에 도입하기 위하여 수소화붕소소듐($NaBH_4$) 수용액을 가하여 휘발성 수소화물(MH_n)을 생성시키는 방법이다.
- 찬 증기 원자화 : 찬 증기 원자화법은 오직 수은(Hg) 정량에만 이용하는 방법이다.
- 그 외 글로우 방전 원자화, 유도결합 아르곤 플라스마 원자화, 직류 아르곤 플라스마 원자화, 마이크로 유도 아르곤 플라스마 원자화, 전기 아크 원자화, 스파크 원자화 등

15 매트릭스 변형제의 역할을 설명하시오.

정답 그 자체가 방해 화학종이 아닌 것으로 분석신호가 방해 화학종의 농도와 상관없이 얻어지도록 추가하는 화학종으로 전열 원자화 장치에서 분석물이 원자화될 때 매트릭스와 반응하여 매트릭스가 분석물보다 더 잘 휘발되게 하거나 또는 분석물과 반응하여 분석물의 휘발성을 낮추어 비교적 높은 온도의 회화과정에서 매트릭스만 휘발시켜 제거하여 분석물이 손실되는 것을 방지하는 역할을 한다.

필답형 기출복원문제

01 (1) 유기용매, (2) 산, (3) 산화제로 유리기구를 세척한 후 세척액이 남아 있는지 확인하는 방법을 각각 쓰시오.

정답 (1) 극성이 다른 유기용매를 사용하여 두 개의 층이 생기는지 확인한다.
(2) 만능 pH시험지를 사용하여 유리기구의 pH를 확인한다.
(3) 루미놀을 이용하여 색을 확인한다.

02 4.571mg의 화합물이 연소하여 CO_2 11.539mg과 H_2O 2.023mg이 생성되었을 때 이 화합물 중에 있는 C와 H의 무게백분율(%)을 구하시오.

정답 C : 68.85%, H : 4.92%

해설

• C : $$\frac{11.539\text{mg } CO_2 \times \frac{1\text{mmol } CO_2}{44\text{mg } CO_2} \times \frac{1\text{mmol C}}{1\text{mmol } CO_2} \times \frac{12\text{mg C}}{1\text{mmol C}}}{4.571\text{mg}} \times 100 = 68.85\%$$

• H : $$\frac{2.023\text{mg } H_2O \times \frac{1\text{mmol } H_2O}{18\text{mg } H_2O} \times \frac{2\text{mmol H}}{1\text{mmol } H_2O} \times \frac{1\text{mg H}}{1\text{mmol H}}}{4.571\text{mg}} \times 100 = 4.92\%$$

03 매우 약한 염기 B를 과염소산($HClO_4$)으로 적정하려고 한다. 다음 물음에 답하시오.

(1) 아세트산(CH_3COOH)과 피리딘(C_5H_5N) 중 어느 것을 용매로 하였을 때 적정의 종말점을 관찰하기가 쉬운지 쓰시오.

(2) (1)에 해당하는 물질을 용매로 해야 하는 이유를 쓰시오.

정답 (1) 아세트산(CH_3COOH)
(2) 아세트산(CH_3COOH)을 용매로 사용할 경우 과염소산($HClO_4$)이 아세트산 용매에서 존재할 수 있는 가장 강한 산이 되며, 과염소산과 약한 염기(B)의 적정 반응은 평형상수가 커서 뚜렷한 종말점을 확인하기 쉬워지기 때문이다.

해설
• H_2O 용매에서의 $HClO_4$: $HClO_4 + H_2O \rightarrow H_3O^+ + ClO_4^-$
물속에서 존재할 수 있는 가장 강한 산은 H_3O^+이다(평준화 효과).
• H_2O 중에서 $HClO_4$로 약한 염기(B)를 적정 : $B + H_3O^+ \rightleftarrows BH^+ + H_2O$
매우 약한 염기 B와 H_3O^+와의 적정 반응에 대한 평형상수가 충분히 크지 않아 종말점을 인식할 수 없게 되므로 더 강한 산으로 적정해야 한다.
• H_2O보다 염기성이 약한 CH_3COOH 용매에서의 $HClO_4$: $HClO_4 + CH_3COOH \rightleftarrows CH_3COOH_2^+ + ClO_4^-$
• CH_3COOH 중에서 $HClO_4$로 약한 염기(B)를 적정 : $B + HClO_4 \rightleftarrows BH^+ClO_4^-$
이 반응은 $HClO_4$가 H_3O^+보다 강한 산이기 때문에 적정 반응에서 평형상수는 충분히 크게 되어 뚜렷한 종말점을 나타낸다.

04 약한 염기(B) 수용액의 염기 해리상수 $K_b = 1.00 \times 10^{-5}$일 때, 수용액으로부터 유기용매로 염기성 물질이 추출될 수 있는 최소 pH를 구하시오. (단, 분배계수 k는 5.0, 분포비 D는 4.984이다.)

정답 11.49

해설 분포비 또는 분포계수는 섞이지 않는 두 용매 사이에서 한 화학종의 분석 몰농도의 비$\left(\dfrac{C_{org}}{C_{aq}}\right)$를 나타내며, $D = k \times \dfrac{K_a}{K_a + [H_3O^+]_{aq}}$으로 구할 수 있다(여기서, D : 분포비, k : 분배계수).

$K_a \times K_b = K_w$이므로 $K_a = \dfrac{1.00 \times 10^{-14}}{1.00 \times 10^{-5}} = 1.00 \times 10^{-9}$

$4.984 = 5.0 \times \dfrac{1.00 \times 10^{-9}}{1.00 \times 10^{-9} + [H_3O^+]_{aq}}$, $[H_3O^+] = 3.210 \times 10^{-12}M$

$\therefore pH = -\log(3.210 \times 10^{-12}) = 11.49$

05 pH가 10으로 완충되어 있는 0.05M Mg^{2+} 용액 50.0mL에 0.04M EDTA 용액 10.0mL를 가하였을 때 pMg = (−log[Mg^{2+}])를 구하시오. (단, $K_f(MgY^{2-}) = 4.9 \times 10^8$, $\alpha_{Y^{4-}} = 0.35$이다.)

정답 1.46

해설 금속을 EDTA로 적정하는 동안에 변화하는 유리 Mg^{2+} 농도의 계산이다.

적정 반응은 $Mg^{2+} + EDTA \rightleftarrows MgY^{2-}$, $K_f' = \alpha_{Y^{4-}} K_f = \dfrac{[MgY^{2-}]}{[Mg^{2+}][EDTA]}$이다.

K_f' 값이 크면 적정의 각 점에서 반응은 완전히 진행된다.

$K_f' = 0.35 \times 4.9 \times 10^8 = 1.715 \times 10^8$이므로 반응은 완전히 진행되며, 0.04M EDTA 용액 10.0mL를 가하였을 때는 당량점의 부피 62.5mL 이전이다. 이 영역에서는 EDTA가 모두 소모되고, 용액에는 과량의 Mg^{2+}가 남게 된다. 또한 유리금속 이온의 농도는 반응하지 않은 과량의 Mg^{2+}의 농도와 같으며, MgY^{2-}의 해리는 무시한다.

$[Mg^{2+}] = \dfrac{(0.05 \times 50.0) - (0.04 \times 10.0)}{50.0 + 10.0} = 0.035M$

$\therefore pMg = -\log(0.035) = 1.46$

06 유효숫자 계산법에 따라 다음을 계산하시오.

3.9 + 0.417 + 11.27

정답 15.6

해설 계산에 이용되는 가장 낮은 정밀도의 측정값과 같은 소수 자리를 갖는다.

$3.9(\pm 0.1) + 0.417(\pm 0.001) + 11.27(\pm 0.01) = 15.6(\pm 0.1)$

07 피로카테콜 바이올렛은 EDTA 적정 시 사용하는 지시약이다. 적정 과정이 아래와 같을 때, 다음 물음에 답하시오.

1. 금속용액에 완충용액과 지시약을 넣는다.
2. EDTA를 과량 넣어 금속과 반응시킨 후 Al^{3+}로 역적정한다.
3. 완충용액(유리 지시약)의 pH별 색깔은 다음과 같다.
   pH 6~7 적색, pH 7~8 노란색, pH 8~9 적색, pH 9~10 적자색
4. 지시약과 금속이온의 착물 색깔은 파란색이다.

(1) 완충용액의 pH를 쓰시오.

(2) 적정 전과 후의 색깔을 쓰시오.

정답 (1) pH 7～8
(2) ① 적정 전 : 노란색, ② 적정 후 : 파란색

해설 (1) 노란색 → 파란색의 변화가 적(자)색 → 파란색 변화보다 관찰하기 쉽다.
따라서 완충용액의 pH는 7~8이다.
(2) 적정 전 : 유리 지시약의 색인 노란색
- 당량점 이전 : 가한 Al^{3+}과 EDTA 착물을 형성하며, 용액은 유리 지시약에 의해 노란색이다.
- 당량점 부근 : 과량의 Al^{3+}이 지시약과 착물을 형성하여 파란색으로 용액의 색이 변하는 순간을 종말점으로 확인한다.

08 다음 〈자료〉의 표준편차를 구하시오.

〈자료〉	764, 776, 815, 836

정답 33.53

해설
- 평균($\bar{x}$) : 측정한 값들의 합을 전체 수로 나눈 값

$$\bar{x} = \frac{\sum_{i=1}^{n} x_i}{n}$$

여기서, x_i : 개개의 x값을 의미
n : 측정수, 자료수

- 표준편차(s) : $s = \sqrt{\frac{\sum_{i=1}^{n}(x_i - \bar{x})^2}{n-1}}$

여기서, x_i : 각 측정값, $\bar{x}$: 평균, n : 측정수, 자료수

$$\bar{x} = \frac{(764+776+815+836)}{4} = 797.75$$

$$\therefore s = \sqrt{\frac{(764-797.75)^2+(776-797.75)^2+(815-797.75)^2+(836-797.75)^2}{3}} = 33.53$$

09 일반적인 크로마토그래피에서 칼럼의 길이가 4배 증가했을 때 분리능은 어떻게 변하는지 쓰시오.

정답 분리능은 2배 증가된다.

해설 분리능 $\propto \sqrt{N} \propto \sqrt{L}$

여기서, N : 이론단수

L : 칼럼길이

분리능 $\propto \sqrt{4L}$

∴ 분리능은 2배 증가된다.

10 매트릭스 효과에 대해 쓰시오.

정답 시료 중에 존재하고 있는 분석물질이 아닌 다른 어떤 물질에 의해서 나타나는 분석신호의 변화이다.

해설 매트릭스(matrix)는 분석물질을 제외하고 미지시료 중에 함유되어 있는 모든 화학종을 말한다.

11 원자흡수분광법에서 선 넓힘이 일어나는 원인 4가지를 쓰시오.

정답 ① 불확정성 효과

② 도플러 효과

③ 압력 효과

④ 전기장과 자기장 효과

해설 선 넓힘이 일어나는 원인

- 불확정성 효과 : 하이젠베르크(Heisenberg)의 불확정성 원리에 의해 생기는 선 넓힘으로, 자연선 너비라고도 한다.
- 도플러 효과 : 검출기로부터 멀어지거나 가까워지는 원자의 움직임에 의해 생기는 선 넓힘으로, 원자가 검출기로부터 멀어지면 원자에 의해 흡수되거나 방출되는 복사선의 파장이 증가하고 가까워지면 감소한다.
- 압력 효과 : 원자들 간의 충돌로 바닥상태의 에너지준위의 작은 변화로 인해 흡수하거나 방출하는 파장이 어떤 범위를 가지게 되어 생기는 선 넓힘이다.
- 전기장과 자기장 효과 : 센 자기장이나 전기장 하에서 에너지준위가 분리되는 현상에 의해 생기는 선 넓힘으로, 원자분광법에서는 선 넓힘의 원인이 아닌 스펙트럼 방해를 보정하는 바탕보정 시 이용하므로 바탕보정 방법으로 분류되기도 한다.

12 다음은 전열 원자화 장치에서 일어나는 원자화 단계이다. 빈칸에 들어갈 알맞은 용어를 쓰시오.

시료를 낮은 온도에서 증발시켜 (①)시키고 전기적으로 가열된 흑연관 또는 흑연컵의 약간 높은 온도에서 (②)한 후, 전류를 수백 A까지 빠르게 증가시켜 온도를 2,000~3,000℃로 한다.

정답 ① 건조, ② 회화

13 불꽃전열원자흡수법에서 일어나는 방해는 크게 2가지이다. 스펙트럼 방해는 방해물질의 흡수선이 분석원소의 흡수선과 겹치거나 너무 가까워 단색화 장치로 분리할 수 없을 때 생긴다. 다음 물음에 답하시오.

(1) 다른 한 종류의 방해는 무엇인지 쓰시오.

(2) 다른 한 종류의 방해를 일으키는 원인을 쓰시오.

정답 (1) 화학적 방해
(2) 낮은 휘발성 화합물 생성, 해리 평형, 이온화 평형

해설 (1) **화학적 방해** : 원자화 과정에서 분석물질이 여러 가지 화학적 변화를 받은 결과 흡수 특성이 변화하기 때문에 생긴다.

(2) **화학적 방해를 일으키는 원인**

- 낮은 휘발성 화합물 생성 : 분석물이 음이온과 반응하여 휘발성이 적은 화합물을 만들어 분석성분의 원자화 효율을 감소시키는 음이온에 의한 방해이다.

  휘발성이 낮은 화합물의 생성에 의한 방해를 줄이는 방법
  1. 가능한 한 높은 온도의 불꽃을 사용한다.
  2. 해방제(releasing agent) 사용 : 방해물질과 우선적으로 반응하여 방해물질이 분석물질과 작용하는 것을 막을 수 있는 시약인 해방제를 사용한다.
  3. 보호제(protective agent) 사용 : 분석물과 반응하여 안정하고 휘발성 있는 화합물을 형성하여 방해물질로부터 분석물을 보호해 주는 시약인 보호제를 사용한다.
- 해리 평형 : 원자화 과정에서 생성되는 금속 산화물(MO)이나 금속 수산화물(MOH)의 해리가 잘 일어나지 않아 원자화 효율을 감소시키는 해리 평형에 의한 방해이다. 산화제로 산화이질소(N_2O)를 사용하여 높은 온도의 불꽃을 사용하면 줄일 수 있다.
- 이온화 평형 : 이온화가 많이 일어나 원자의 농도를 감소시켜 나타나는 방해이다. 분석물질보다 이온화가 더 잘 되어 불꽃에 높은 농도의 전자를 제공하는 이온화 억제제(ionization suppressor)를 사용함으로써 이온화 평형의 이동을 막고 시료의 이온화를 억제할 수 있다. 이온화 억제제로는 주로 K, Rb, Cs과 같은 알칼리금속이 사용된다.

14 다음 빈칸에 들어갈 알맞은 용어를 쓰시오.

분자분광법에서 분자가 흡수하는 파장의 빛을 분자에 쬐었을 때 분자는 이 빛을 흡수하여 일부 방출하게 된다. 하지만 이러한 빛을 흡수하고 재방출하는 과정에서 흡수하는 빛의 파장은 짧아지게 되는데, 이는 분자 내 에너지 전이과정에서 (①)과 (②)에 기여하기 때문이다.

정답 ① 회전, ② 진동

2019 제1회 필답형 기출복원문제

01 기기바탕시료와 방법바탕시료 중 검출한계가 더 낮은 시료는 무엇인지 쓰시오.

정답 방법바탕시료

해설
- **기기바탕시료** : 기기의 오염 여부를 평가하기 위하여 준비하는 바탕시료로, 시료와 함께 분석한다. 시험방법에 따라 또는 분석자의 판단에 따라 기기바탕시료를 준비한다.
- **방법바탕시료** : 측정하고자 하는 물질이 전혀 포함되어 있지 않은 것이 증명된 시료로 시험, 검사 매질에 시료의 시험방법과 동일하게 같은 용량, 같은 비율의 시약을 사용하고 시료의 시험, 검사와 동일한 전처리와 시험절차로 준비하는 바탕시료를 말한다. 방법바탕시료는 분석시료의 시험, 검사 시행, 수행절차, 오염을 확인하며, 방법검출한계보다 반드시 낮은 농도여야 한다.

02 건조무게달기 과정 중 ( ) 안에 알맞은 내용을 쓰시오.

시료용액 – (①) – 삭임 – (②) – 씻음 – 건조 또는 강열 – (③) – 계산

정답 ① 침전, ② 거르기, ③ 무게달기

해설
- **침전무게법** : 분석물을 거의 녹지 않는 침전물로 바꾼 다음 이 침전물을 거르고 불순물이 없도록 씻고 적절한 열처리에 의해 조성이 잘 알려진 생성물로 바꾼 후 무게를 측정한다.
- **삭임(digestion)** : 침전물이 생성된 용액에서 약하게 결합되어 있는 물이 침전물로부터 떨어져 나와, 그 결과 거르기 쉬운 조밀한 침전물이 된다.

03 0.020M NaOH 용액 50.0mL에 0.10M HCl 용액 5.0mL를 첨가하였을 때, pH는 얼마인지 구하시오.

정답 11.96

해설 0.020M, 50.0mL NaOH를 0.1M HCl이 첨가되는 경우 당량점 부피를 구하면, 1mmol NaOH = mmol HCl 즉, $0.020\times50.0 = 0.1\times x$, $x = 10.0$mL이므로 첨가한 HCl 5.0mL는 당량점 이전, 용액의 pH를 구하는 문제가 된다.

	NaOH(aq)	+	HCl(aq)	⇄	$H_2O(l)$	+	NaCl(aq)
초기(mmol)	1		0.5				
변화(mmol)	−0.5		−0.5		+0.5		+0.5
최종(mmol)	0.5		0		0.5		0.5

과량의 강염기 NaOH의 $[OH^-]$를 구하면 용액의 pH를 구할 수 있다.

$$[OH^-] = \frac{(0.020\times50.0)-(0.10\times5.0)\text{mmol OH}^-}{50.0+5.0\text{mL}} = 9.09\times10^{-3}\text{M}$$

$$[H^+] = \frac{K_w}{[OH^-]} = \frac{1.0\times10^{-14}}{9.09\times10^{-3}} = 1.10\times10^{-12}\text{M}$$

$$\therefore \text{pH} = -\log(1.10\times10^{-12}) = 11.96$$

04 물(H_2O)의 몰농도를 구하시오. (단, 4℃ 물의 밀도는 1g/mL이다.)

정답 55.56M

해설 4℃ 물(H_2O)의 밀도 1g/mL

$$\frac{1g\ H_2O}{1mL} \times \frac{1{,}000mL}{1L} \times \frac{1mol}{18g\ H_2O} = 55.56M$$

05 산 · 염기 지시약(HIn, In)의 변색 원리를 설명하시오.

정답 산 – 염기 지시약은 약한 유기산(HIn) 또는 약한 유기염기(In^-)이며, 물에서는 $HIn + H_2O \rightleftarrows In^- + H_3O^+$ 반응으로 평형을 이루고 있다. 또한 산성 용액에서는 평형이 왼쪽으로 진행되어 HIn이 In^-보다 10배 이상 많게 되면 HIn의 색을, 염기성 용액에서는 평형이 오른쪽으로 진행되어 In^-가 HIn보다 10배 이상 많게 되면 In^-의 색을 나타낸다.

해설 **산 – 염기 지시약 변색 원리**

- 약한 유기산이거나 약한 유기염기이며, 그들의 짝염기나 짝산으로부터 해리되지 않은 상태에 따라서 색이 서로 다르다.
- 산 형태 지시약, HIn은 다음과 같은 평형으로 나타낼 수 있다.

  $HIn + H_2O \rightleftarrows In^- + H_3O^+$

  산성 색　　　　　염기성 색

  이 반응에서 분자 내 전자배치 구조의 변화는 해리를 동반하므로 색 변화를 나타낸다.
- 염기 형태 지시약, In은 다음과 같은 평형으로 나타낼 수 있다.

  $In + H_2O \rightleftarrows InH^+ + OH^-$

  염기성 색　　　　산성 색
- 산성형 지시약의 해리에 대한 평형상수 $K_a = \frac{[H_3O^+][In^-]}{[HIn]}$에서 용액의 색을 조절하는 $[H_3O^+] = K_a \times \frac{[HIn]}{[In^-]}$는 지시약의 산과 그 짝염기형의 비를 결정한다.
- $\frac{[HIn]}{[In^-]} \geq \frac{10}{1}$일 때 지시약 HIn은 순수한 산성형 색을 나타내고, $\frac{[HIn]}{[In^-]} \leq \frac{1}{10}$일 때 염기성형 색을 나타낸다.
- 지시약의 변색 pH 범위 $= pK_a \pm 1$

  ① 완전히 산성형 색일 경우, $[H_3O^+] = K_a \times \frac{[HIn]}{[In^-]} = K_a \times 10$

  ② 완전히 염기성형 색일 경우, $[H_3O^+] = K_a \times \frac{[HIn]}{[In^-]} = K_a \times 0.1$

  ③ 헨더슨 – 하셀바흐 식 : $pH = pK_a + \log\frac{[In^-]}{[HIn]}$

  이 식에서 $\frac{[In^-]}{[HIn]} \geq 10$이면 염기성 색을 띠고, $\frac{[In^-]}{[HIn]} \leq \frac{1}{10}$이면 산성 색을 띤다.

06 $BaCl_2 \cdot 2H_2O$로 $BaCl_2$ 0.150M 3.00L 생성 시 필요한 양은 몇 g인지 구하시오. (단, $BaCl_2 \cdot 2H_2O$의 몰질량은 244g/mol이다.)

정답 109.80g

해설 $\frac{0.150\text{mol BaCl}_2}{1\text{L}} \times 3.00\text{L} \times \frac{1\text{mol BaCl}_2 \cdot 2\text{H}_2\text{O}}{1\text{mol BaCl}_2} \times \frac{244\text{g BaCl}_2 \cdot 2\text{H}_2\text{O}}{1\text{mol BaCl}_2 \cdot 2\text{H}_2\text{O}}$
$= 109.80\text{g BaCl}_2 \cdot 2\text{H}_2\text{O}$

07 광학적 분광계 방법은 크게 여섯 가지 현상을 기초로 이루어진다. 다음 ( ) 안에 알맞은 용어를 써 넣으시오.
흡광(absorption), 형광(fluorescene), 인광(phosphorescence),
(①), (②), 화학발광(chemiluminescence)

정답 ① 산란(scattering), ② 방출(emission)

08 파장 5.2μm는 파수(cm^{-1})로 얼마인지 쓰시오.

정답 1923.08cm^{-1}

해설 $\text{파수}(cm^{-1}) = \frac{1}{\text{파장}(\mu m)} \times 10^4$
$= \frac{1}{5.2\mu m} \times 10^4 = 1923.08cm^{-1}$

09 $KMnO_4$ 농도는 7.50×10^{-5}M, 셀의 길이는 1.00cm, 투광도는 36.4%일 때 다음 물음에 답하시오.
(1) 흡광도를 구하시오.
(2) 몰흡광계수를 구하시오.

정답 (1) 0.44
(2) 5866.67$cm^{-1} \cdot M^{-1}$

해설 (1) $\text{흡광도}(A) = -\log T$, $\%T = T \times 100$ $\therefore A = -\log(0.364) = 0.44$
(2) $\text{흡광도}(A) = \varepsilon bc$, $A = 0.44$, $0.44 = \varepsilon \times 1 \times 7.50 \times 10^{-5}$ $\therefore \varepsilon = 5866.67cm^{-1} \cdot M^{-1}$

10 불꽃 원자화 장치는 액체 시료를 미세한 안개 또는 에어로졸로 만들어 불꽃 속으로 공급하는 기체 분무기로 구성되어 있다. 가장 일반적인 분무기는 동심관 형태인데, 이때 액체 시료가 모세관 끝에서 고압 기체 흐름에 의해 모세관을 통해 빨려 들어가는 과정을 무엇이라고 하는지 쓰시오.

정답 흡인(aspiration)

해설 액체 시료가 모세관 끝 주위를 흐르는 높은 압력 기체에 의해서 모세관을 통해 빨려 들어감으로(베르누이 효과) 액체가 운반되는 과정이다. 용액이 빨려 들어가는 것은 흡인(aspiration), 용액이 흐트러지는 것은 분무(spray, nebulization)라고 한다.

11 불꽃이온화검출기의 특성 4가지를 쓰시오.

정답 ① 탄화수소류에 대한 높은 감도를 나타낸다.
② 선형 감응범위가 넓다.
③ 잡음이 적다.
④ 고장이 별로 없고, 사용하기 편리하다.

해설 **불꽃이온화검출기(FID, flame ionization detector)**

- 기체 크로마토그래피에서 가장 널리 사용되는 검출기로, 버너를 가지고 있으며 칼럼에서 나온 용출물은 수소와 공기와 함께 혼합되고 전기로 점화되어 연소된다.
- 시료를 불꽃에 태워 이온화시켜 생성된 전류를 측정하며, 대부분의 유기화합물들은 수소 – 공기 불꽃 온도에서 열분해될 때 불꽃을 통해 전기를 운반할 수 있는 전자와 이온들을 만든다.
- 생성된 이온의 수는 불꽃에서 분해된(환원된) 탄소 원자의 수에 비례한다.
- 연소하지 않는 기체(H_2O, CO_2, SO_2, NO_x 등)에 대해서는 감응하지 않는다.
- H_2O에 대한 감도를 나타내지 않기 때문에 자연수 시료 중에 들어 있는 오염물질을 검출하는데 특히 유용하다.
- 장점 : 감도가 높고($\sim 10^{-13}$g/s), 선형 감응범위가 넓으며($\sim 10^{7}$g), 바탕잡음이 적다. 또한 기기 고장이 별로 없고, 사용하기 편하다.
- 단점 : 시료를 파괴한다.

12 전해전지의 저항이 15Ω일 때, 2mA의 전류를 흐르게 하기 위한 전위를 구하시오. (단, 소수점 셋째 자리까지 구하시오.)

$$AgCl(s) \mid Ag,\ Cl^-(0.2000M),\ Cd^{2+}(0.0050M) \mid Cd(s)$$
$$AgCl(s) + e^- \rightleftarrows Ag(s) + Cl^-(aq),\ E^\circ = 0.222V$$
$$Cd^{2+} + 2e^- \rightleftarrows Cd(s),\ E^\circ = -0.403V$$

정답 −0.764V

해설
- $E_{applied} = E_{cell} - E_{IR}$
- $E_{cell} = E_{right} - E_{left}$

$$E_{right} = -0.403 - \frac{0.05916}{2}\log\frac{1}{[Cd^{2+}]} = -0.403 - \frac{0.05916}{2}\log\frac{1}{0.0050} = -0.471\,V$$
$$E_{left} = 0.222 - 0.05916\log[Cl^-] = 0.222 - 0.05916\log(0.2000) = 0.263\,V$$
$$E_{cell} = E_{right} - E_{left} = -0.471 - (0.263) = -0.734V$$
$$E_{applied} = E_{cell} - E_{IR} = -0.734 - (2\times10^{-3}\times15) = -0.764V$$

13 카드뮴 – 니켈 벗김분석을 예상하는 (1) 식을 쓰고, (2) 그래프로 나타내시오.

$Cd^{2+} + 2e^- \rightleftarrows Cd(s),\ E^\circ = -0.403V$
$Ni^{2+} + 2e^- \rightleftarrows Ni(s),\ E^\circ = -0.250V$

정답 (1) $Cd + Ni^{2+} \rightarrow Cd^{2+} + Ni$

(2)

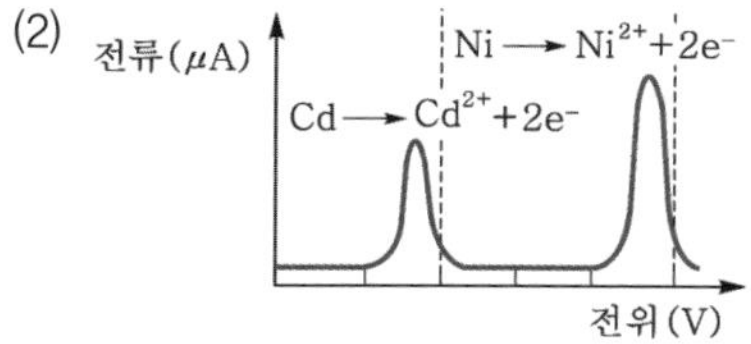

| 전압 – 전류 곡선 |

해설 **카드뮴 – 니켈 벗김 분석**

- 들뜸신호
  처음에 −1.0V의 일정한 환원전위를 미소전극에 걸어 카드뮴과 니켈이온을 환원시켜 금속으로 석출시키고 두 금속이 전극에 상당량 석출될 때까지 몇 분간 주어진 전위를 유지한다. 전극 전위를 −1.0V로 유지시키고 30초간 저어주는 것을 멈춘다. 그리고 전극의 전위를 양의 방향으로 증가시킨다.
- 전지의 전류를 전위에 대한 함수로 기록한 전압 – 전류 곡선
  −0.6V보다 다소 큰 음의 전위에서 카드뮴이 산화되어 전류가 갑자기 증가하게 된다. 석출된 카드뮴이 산화됨에 따라 전류 봉우리가 감소하여 원래 수준으로 되돌아간다. 전위가 좀더 양의 방향으로 증가하면 니켈이 산화되는 두 번째 봉우리가 나타난다.
- 반응식
  $Cd + Ni^{2+} \rightarrow Cd^{2+} + Ni^-$
  $Cd^{2+} + 2e^- \rightleftarrows Cd(s),\ E^\circ = -0.403V$
  $Ni^{2+} + 2e^- \rightleftarrows Ni(s),\ E^\circ = -0.250V$

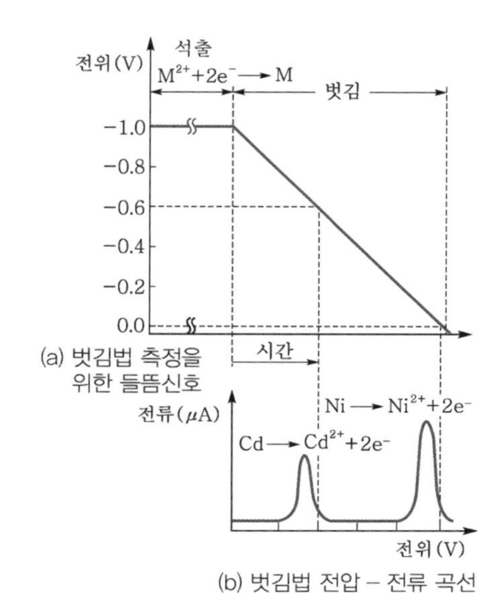

(a) 벗김법 측정을 위한 들뜸신호

(b) 벗김법 전압 – 전류 곡선

14 GC – MS 사용 시 매트릭스에 의하여 감도가 좋지 않을 때 획기적으로 정성 · 정량하는 방법을 쓰시오.

정답 선택 이온 모니터링(SIM)

해설 선택 이온 모니터링(SIM)은 분석물이 독특한 머무름시간의 범위에서 용리된다고 한다면 이 기간 동안 가장 특징적이고 주로 있는 이온들만 모니터하도록 MS 분석을 설정하여 보다 더 높은 감도를 얻는 방법이다. 또한 원하는 질량들에 대해서 더 많은 숫자를 수집하여 감도를 향상시키고 그것이 GC–MS에서 피크를 정의하며 더 많은 점들을 적분함으로써 정량적인 정밀성을 향상시킨다.

2019 제2회 필답형 기출복원문제

01 다음을 SI 단위를 사용하여 나타내시오.

구분	기본 단위	SI 단위
진동수	Hz	s^{-1}
힘	N	①
압력	Pa	②
에너지	J	③
일률	W	④

정답 ① $kg \cdot m \cdot s^{-2}$
② $kg \cdot m^{-1} \cdot s^{-2}$
③ $kg \cdot m^{2} \cdot s^{-2}$
④ $kg \cdot m^{2} \cdot s^{-3}$

해설 ① 힘(F) = 질량(m) × 가속도(a) $= \mathrm{kg \cdot m \cdot s^{-2}}$

② $\text{압력}(P) = \dfrac{\text{힘}(F)}{\text{면적}(A)} = \dfrac{\mathrm{kg \times m/s^2}}{\mathrm{m^2}} = \mathrm{kg \cdot m^{-1} \cdot s^{-2}}$

③ 에너지(E) = 힘(F) × 거리(l) $= \mathrm{kg \times m/s^2 \times m = kg \cdot m^2 \cdot s^{-2}}$

④ $\text{일률}(P) = \dfrac{\text{에너지}(E)}{\text{시간}(t)} = \dfrac{\mathrm{kg \times m^2/s^2}}{\mathrm{s}} = \mathrm{kg \cdot m^2 \cdot s^{-3}}$

02 12.67, 12.56, 12.53, 12.48, 12.47의 값에서 12.67을 버릴지 말지를 결정하시오. (단, 90% 신뢰수준에서 5개의 측정값에 대한 Q값은 0.64이다.)

정답 12.67은 버리지 않는다.

해설 Q – test

의심스러운 결과를 버릴 것인지, 보유할 것인지를 판단하는 데 사용되던 통계학적 시험법이다.

- 측정값을 작은 것부터 큰 것으로 나열한다.
- 의심스러운 측정값(x_q)과 이에 가장 가까이 이웃하는 측정값(x_n)과의 차이의 절댓값을 한 무리의 데이터의 퍼짐(w)으로 나누어 $Q_{\text{실험}}$값을 구한다.

$$Q_{\text{실험}} = \frac{|x_q - x_n|}{w}$$

- 어떤 신뢰수준에서 $Q_{\text{실험}} > Q_{\text{기준}}$, 그 의심스러운 점은 버려야 한다.
- 어떤 신뢰수준에서 $Q_{\text{실험}} < Q_{\text{기준}}$, 그 의심스러운 점은 버리지 말아야 한다.

크기 순서대로 나열하면 12.47, 12.48, 12.53, 12.56, 12.67이다.

$$Q_{\text{실험}} = \frac{|12.67 - 12.56|}{12.67 - 12.47} = 0.55 < 0.64\,(Q_{\text{기준}})$$ 이므로

∴ 12.67은 버리지 않는다.

03 37%의 진한 염산 8.0mL(밀도 : 1.18g/mL)를 증류수 1.0L에 녹인 용액의 몰농도(M)를 구하시오. (단, HCl의 분자량은 36.5g/mol이고, 소수점 셋째 자리까지 구하시오.)

정답 0.096M

해설

$$\frac{\dfrac{37\text{g HCl}}{100\text{g HCl 용액}} \times \dfrac{1.18\text{g HCl 용액}}{1\text{mL HCl 용액}} \times 8.0\text{mL HCl 용액} \times \dfrac{1\text{mol HCl}}{36.5\text{g HCl}}}{1.0\text{L}} = 0.096\text{M}$$

04 다음 빈칸에 알맞은 용어를 쓰시오.

분석 중 무엇이 들어 있는지 분석하는 것을 (①)이라고 하며, 얼마나 들어 있는지를 분석하는 것을 (②)이라고 한다.

정답 ① 정성분석, ② 정량분석

05 부피플라스크나 눈금피펫에는 "A"가 기재된 것도 있고, 기재되지 않은 것도 있다. "A"자가 기재된 피펫은 기재되지 않은 피펫과 어떠한 차이가 있는지 쓰시오.

정답 A 표시가 있는 유리기구는 미국표준기술연구소(NIST, National Institute of Standards and Technology)에서 정한 허용오차 내에 들어오는 유리기구임을 의미하며, A 표시가 없는 유리기구는 허용오차가 2배 이상 더 크다. 따라서 A 표시가 있는 부피플라스크와 눈금피펫 등의 유리기구를 사용하면 더 정확하고 정밀한 부피 측정이 가능하다.

06 1.0%의 오차를 0.01%로 줄이려면 몇 번의 측정이 필요한지 쓰시오.

정답 10,000번

해설

$$\text{오차} \propto \frac{1}{\sqrt{n}}$$

여기서, n : 측정횟수

1.0% → 0.01%로 오차를 줄이려면 $\frac{1}{100} \propto \frac{1}{\sqrt{n}}$ $\quad \therefore n = 10,000$번

07 약산(HA) 0.2438g을 0.1078M NaOH로 적정 시 32.86mL가 소비되었다. 이때 약산의 당량 무게를 구하시오.

정답 68.83g/eq

해설

약산 1당량의 무게를 x(g/eq)으로 두면 $0.2438\text{g} \times \frac{1\text{eq}}{x(\text{g})} = 0.1078 \times 32.86 \times 10^{-3}$이다.

$\therefore x = 68.83\text{g/eq}$

중화반응에 참여한 물질의 1당량 무게는 반응에서 H^+ 1mol과 반응하거나 내어놓는 물질의 양이다.
몰질량과 당량 무게 사이의 관계는 한 개의 수소와 수산화이온을 가진 산과 염기에서는 몰질량과 동일하다.

08 계통오차의 종류 3가지를 쓰고 설명하시오.

정답 ① 방법오차 : 분석과정에서 비이상적인 화학적 또는 물리적 성질로 인해 생기는 오차이다.
② 기기오차 : 측정 장치 또는 기기의 비이상적 거동, 잘못된 검정 또는 부적절한 조건 등에서 생기는 오차이다.
③ 개인오차 : 실험자의 경솔함, 부주의, 개인적인 한계 등에 의해 생기는 오차이다.

09 미지 혼합물 농도가 A = 1.05mg/mL, B = 1.15mg/mL일 때, 피크 면적은 A = 10.90cm^2, B = 4.40cm^{2}이다. 미지시료 A 10.0mL에 B 12.5mg을 넣어 총 부피 25.0mL로 묽힌 결과의 면적이 A : 6.00, B : 6.40일 때, 미지시료 내 A의 농도를 구하시오.

정답 0.43mg/mL

해설 **내부 표준물법(internal standard)**

- 시료에 이미 알고 있는 농도의 내부 표준물을 첨가하여 시험분석을 수행하는 방법으로서 시험분석 절차, 기기 또는 시스템의 변동에 의해 발생하는 오차를 보정하기 위해 사용한다.
- 분석물질의 신호와 내부 표준의 신호를 비교하여 분석물질이 얼마나 들어 있는지를 알아낸다. 표준물질은 분석물질과 다른 화학종의 물질이다.
- 감응인자(F)

$$\frac{A_X}{[X]} = F \times \frac{A_S}{[S]}$$

여기서, $[X]$: 분석물질의 농도, $[S]$: 표준물질의 농도
A_X : 분석물질 신호의 면적, A_S : 표준물질 신호의 면적

표준혼합시료의 결과 : $\frac{\text{A의 피크 면적}(\text{cm}^2)}{\text{A의 농도}(\text{mg/mL})} = F \times \frac{\text{B의 피크 면적}(\text{cm}^2)}{\text{B의 농도}(\text{mg/mL})}$

$$\frac{10.90}{1.05} = F \times \frac{4.40}{1.15},\ F = 2.71$$

미지시료 내 A의 농도를 x(mg/mL)로 두면,

$$\frac{6.00}{x(\text{mg/mL}) \times \frac{10.0\text{mL}}{25.0\text{mL}}} = 2.71 \times \frac{6.40}{12.5\text{mg} \times \frac{1}{25.0\text{mL}}} \qquad \therefore\ x = 0.43\text{mg/mL}$$

10 주어진 값을 이용하여 (1) 흡광도와, (2) 투광도(%)를 구하시오.

몰흡광계수 : 313.2cm^{-1} · M^{-1}, b : 2cm, c : 0.0024M

정답 (1) 1.50 (2) 3.14%

해설
- $A = \varepsilon bc$

여기서, ε : 몰흡광계수(cm^{-1} · M^{-1}), b : 셀의 길이(cm), c : 시료의 농도(M)

- 흡광도와 투광도 사이의 관계식

$A = -\log T = \varepsilon bc$

흡광도 $A = \varepsilon bc = 313.2 \times 2 \times 0.0024 = 1.50$

$A = 1.50336 = -\log T,\ T = 10^{(-1.50336)} = 3.14 \times 10^{-2}$

투광도 $T(\%) = T \times 100 = 3.14 \times 10^{-2} \times 100 = 3.14\%$

11 원자흡수법의 가장 일반적인 광원으로, 1~5torr의 압력의 네온 또는 아르곤이 채워진 원통형 유리관에 들어 있는 광원은 무엇인지 쓰시오.

정답 속빈 음극등

12 원자흡수분광법에서 Zeeman 효과, Smith–Hieftje법 등을 이용하여 불특정 방해를 감소시키는 방법은 무엇인지 쓰시오.

정답 스펙트럼 방해보정법

해설
- **연속 광원 보정법** : 중수소(D_2)램프의 연속 광원과 속빈 음극등이 번갈아 시료를 통과하게 하여 중수소램프에서 나오는 연속 광원의 세기의 감소를 매트릭스에 의한 흡수로 보아 연속 광원의 흡광도를 시료 빛살의 흡광도에서 빼주어 보정하는 방법
- **두 선 보정법** : 광원에서 나오는 방출선 중 시료가 흡수하지 않는 방출선 하나를 기준선으로 선택해서 시료를 통과하고 나온 기준선의 세기 감소를 매트릭스 방해로 보아 기준선의 흡광도를 시료 빛살의 흡광도에서 빼주어 보정하는 방법
- **광원 자체 반전에 의한 바탕보정법** : 속빈 음극등이 번갈아 먼저 작은 전류에서 그 다음에는 큰 전류에서 작동하도록 프로그램하여 큰 전류로 작동할 때 속빈 음극등에서 방출하는 복사선의 자체 반전이나 자체 흡수 현상을 이용해 바탕 흡광도를 측정하여 보정하는 방법
- **Zeeman 효과에 의한 바탕보정법** : 원자 증기에 센 자기장을 걸어 전자전이 준위에 분리를 일으키고 각 전이에 대한 편광된 복사선의 흡수 정도의 차이를 이용해 보정하는 방법

13 크로마토그래피에서 띠 넓힘 현상에 영향을 주는 변수 4가지를 쓰시오.

정답
① 이동상의 선형속도
② 이동상의 확산계수
③ 정지상에서의 확산계수
④ 머무름 인자
⑤ 충전물의 입자지름
⑥ 정지상 표면에 입힌 액체 막 두께
이 중 4가지 기술

14 기체 크로마토그래피를 150℃에서 작동했을 때 낮은 분자량을 갖는 분자는 분리가 잘 안 되고, 큰 분자량을 갖는 분자는 느리게 나와 분리가 똑바로 일어나지 않았다. 온도를 어떻게 조절해야 하는지 쓰시오.

정답 온도를 150℃보다 낮은 온도부터 시작하여 150℃보다 높은 온도까지 온도 프로그래밍을 하면 된다. 이렇게 하면 150℃ 이하에서는 낮은 분자량의 분자가 느리게 용리되어 분리가 잘 되고, 150℃ 이상에서는 큰 분자량의 분자가 빨리 용리되어 나와 전체적으로 빠른 시간에 분리가 잘 된다.

해설 온도 프로그래밍(temperature programming)
분리가 진행되는 동안 칼럼의 온도를 계속적으로 또는 단계적으로 증가시키는 것으로, 끓는점이 넓은 영역에 걸쳐 있는 분석물질에 대하여 시료의 분리 효율을 높이고 분리시간을 단축시키기 위해 사용한다. HPLC에서의 기울기 용리와 같으며, 일반적으로 최적의 분리는 가능한 낮은 온도에서 이루어지도록 한다. 그러나 온도가 낮아지면 용리시간이 길어져서 분석을 완결하는데도 시간이 오래 걸린다.

15 전류법 적정에서 분석물만 환원될 때, 적가 부피에 따른 흡광도 그래프를 그리고 당량점을 표시하시오.

정답

전류(μA)

당량점 시약의 부피(mL)

해설 전류법 적정곡선

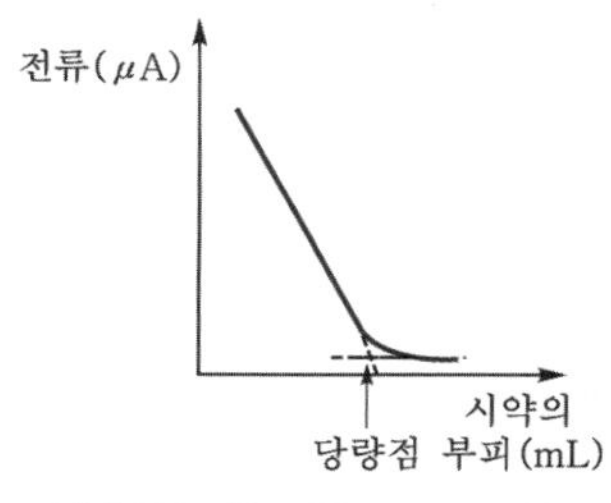

(a) 분석물은 반응하고, 시약은 반응하지 않는 경우

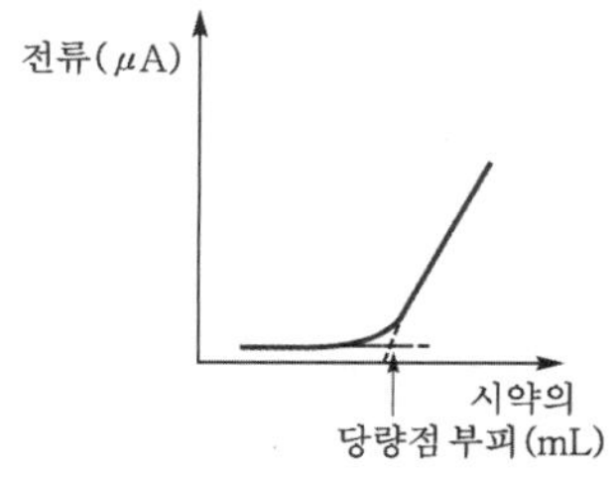

(b) 시약은 반응하고, 분석물은 반응하지 않는 경우

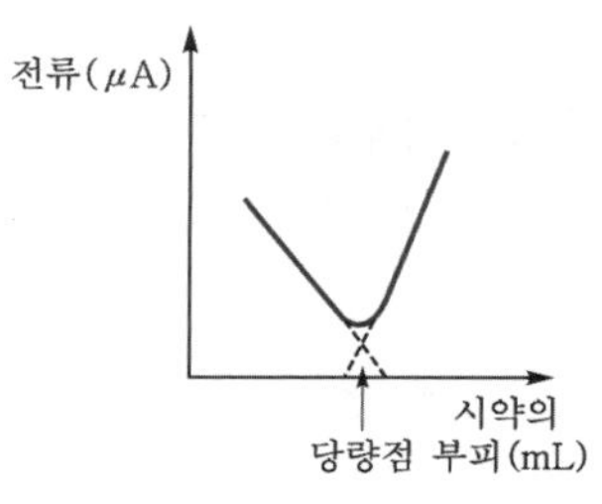

(c) 시약과 분석물 모두 반응하는 경우

2019 제4회 필답형 기출복원문제

01 0.039M Na^+ 표준물질 250mL를 만들 때 필요한 Na_2CO_3의 질량(g)을 구하시오. (단, Na_2CO_3의 분자량은 105.99g/mol이다.)

정답 0.52g

해설 $\frac{0.039\text{mol Na}^+}{1\text{L 용액}} \times 0.250\text{L 용액} \times \frac{1\text{mol Na}_2\text{CO}_3}{2\text{mol Na}^+} \times \frac{105.99\text{g Na}_2\text{CO}_3}{1\text{mol Na}_2\text{CO}_3} = 0.52\text{g Na}_2\text{CO}_3$

02 비중이 1.18이고, 37wt%인 HCl로 4.0M HCl 250mL를 만들 때 필요한 HCl의 부피(mL)를 구하시오. (단, HCl의 분자량은 36.5g/mol이다.)

정답 83.60mL

해설 $\frac{4.0\text{mol HCl}}{1\text{L 용액}} \times 0.250\text{L 용액} \times \frac{36.5\text{g HCl}}{1\text{mol HCl}} \times \frac{100\text{g HCl 용액}}{37\text{g HCl}} \times \frac{1\text{mL HCl 용액}}{1.18\text{g HCl 용액}}$
$= 83.60\text{mL}$

03 127ppm의 Cu^{2+} 500mL를 만들 때 필요한 $CuSO_4 \cdot 5H_2O$의 양(g)을 구하시오. (단, Cu의 원자량은 63.55g/mol, $CuSO_4 \cdot 5H_2O$의 몰질량은 249.55g/mol, 용액의 밀도는 1g/mL이다.)

정답 0.25g

해설 $\frac{127\text{g Cu}^{2+}}{10^6\text{g 용액}} \times \frac{1\text{g 용액}}{1\text{mL 용액}} \times 500\text{mL 용액} \times \frac{1\text{mol Cu}^{2+}}{63.55\text{g Cu}^{2+}} \times \frac{1\text{mol CuSO}_4 \cdot 5\text{H}_2\text{O}}{1\text{mol Cu}^{2+}}$
$\times \frac{249.55\text{g CuSO}_4 \cdot 5\text{H}_2\text{O}}{1\text{mol CuSO}_4 \cdot 5\text{H}_2\text{O}} = 0.25\text{g CuSO}_4 \cdot 5\text{H}_2\text{O}$

04 원자흡수분광법과 원자방출분광법에서 쓰이는 원자화 방법 4가지를 쓰시오.

정답 ① 불꽃 원자화, ② 전열 원자화, ③ 수소화물 생성 원자화, ④ 찬 증기 원자화

해설 원자화 방법
- 불꽃 원자화 : 시료용액을 기체 연료와 혼합된 산화제 기체의 흐름에 의해 분무시켜 불꽃 속으로 도입시켜 원자화한다.
- 전열 원자화 : 시료를 양 끝이 열려 있고 중앙에 구멍이 있는 원통형 흑연관의 시료 주입구를 통해 마이크로 피펫으로 주입하고 전기로의 온도를 높여 원자화한다.
- 수소화물 생성 원자화 : 비소(As), 안티모니(Sb), 주석(Sn), 셀레늄(Se), 비스무트(Bi) 및 납(Pb)을 포함하는 시료를 원자화 장치에 도입하기 위하여 수소화붕소소듐($NaBH_4$) 수용액을 가하여 휘발성 수소화물(MH_n)을 생성시키는 방법이다.
- 찬 증기 원자화 : 찬 증기 원자화법은 오직 수은(Hg) 정량에만 이용하는 방법이다.
- 그 외 글로우방전 원자화, 유도결합 아르곤 플라스마 원자화, 직류 아르곤 플라스마 원자화, 마이크로 유도 아르곤 플라스마 원자화, 전기 아크 원자화, 스파크 원자화 등

05 메틸오렌지 지시약을 사용하여 0.1M H_2SO_4 표정에 사용되는 (1) 일차 표준물질과, (2) 화학량론비를 명시하여 표정방법을 쓰시오.

정답 (1) 탄산소듐(Na_2CO_3)

(2) $Na_2CO_3 + H_2SO_4 \rightarrow H_2CO_3 + Na_2SO_4$ pH 3.8 부근에서 관찰된다. 농도를 아는 탄산나트륨(Na_2CO_3) 용액을 삼각플라스크에 지시약과 함께 넣고, 약 0.1M H_2SO_4를 용액으로 메틸오렌지 지시약의 산성형의 색이 처음으로 나타날 때까지 시료를 적정한다. 용액을 잠시 끓여 반응과정에서 생성된 탄산(H_2CO_3)과 이산화탄소(CO_2)를 제거하면 더 크고 선명한 종말점을 찾을 수 있다.

해설 탄산소듐의 적정에서는 두 개의 종말점이 관찰된다. 첫 번째는 탄산이온이 탄산수소이온으로 전환되는 것으로 pH 8.3 정도에서 일어나고, 두 번째는 탄산으로부터 물과 이산화탄소가 발생되는 것($H_2CO_3 \rightarrow H_2O + CO_2$)으로 pH 3.8 부근에서 관찰된다. 항상 제2종말점을 표준화에 이용하는데 이는 제1종말점보다 pH 변화가 더 크기 때문이다. 또한, 용액을 잠시 끓여 반응과정에서 생성된 탄산(H_2CO_3)과 이산화탄소(CO_2)를 제거하면 더 크고 선명한 종말점을 찾을 수 있다. 메틸오렌지 지시약의 산성형의 색이 처음으로 나타나는 지점에서 용액은 많은 양의 용해된 이산화탄소와 적은 양의 탄산 및 반응하지 않은 탄산수소이온(HCO_3^-) 등을 포함하고 있는데 탄산을 제거하기 위해 이 용액을 잠시 끓이면 이러한 완충현상을 효율적으로 제거할 수 있다. 또한 가열한 용액은 남아 있는 탄산수소이온 때문에 다시 염기성이 되며, 용액을 냉각한 다음에 다시 적정을 완결시키기 위해 산을 마지막으로 첨가하면 실제로 pH가 더 크게 감소하므로 색 변화가 뚜렷해진다.

06 0.42M의 OH^-를 만들려면 0.68M NaOH 100mL에 추가해야 하는 0.15M $Ba(OH)_2$의 양(L)을 구하시오. (단, 물에서 강염기는 100% 해리된다.)

정답 0.22L

해설

$$\frac{0.42\text{mol OH}^-}{1\text{L}} = \frac{\left(\frac{0.68\text{mol NaOH}}{1\text{L}} \times \frac{1\text{mol OH}^-}{1\text{mol NaOH}} \times 0.100\text{L}\right) + \left(\frac{0.15\text{mol Ba(OH)}_2}{1\text{L}} \times \frac{2\text{mol OH}^-}{1\text{mol Ba(OH)}_2} \times x(\text{L})\right)}{0.100\text{L} + x(\text{L})}$$

$\therefore x = 0.22\text{L Ba(OH)}_2$

07 측정 농도의 평균이 26.9ppm이고 표준편차가 0.93ppm인 시료를 취할 때, 표준편차가 2.1ppm일 때 전체 분산값을 구하시오.

정답 5.27

해설 우연오차

- 전체 분석과정에서 나타나는 우연오차인 전체 표준편차 S_o는 시료를 취하는 과정에서 생기는 표준편차 S_s와 분석하는 과정에서 생기는 표준편차 S_a에 따라 달라진다.
- 전체 분산(S_o^2)은 시료 취하기의 분산(S_s^2)과 분석과정의 분산(S_a^2)의 합으로 나타난다.
- $S_o^2 = S_s^2 + S_a^2 = (0.93)^2 + (2.1)^2 = 5.27$

08 데이터 15.47, 15.53, 15.48, 15.57, 15.54, 15.77 중 90% 신뢰수준에서 버려야 할 데이터가 있다면 (1) 그 데이터가 무엇인지 쓰고, (2) 그 이유를 설명하시오.

데이터수	4	5	6
Q (90% 신뢰수준)	0.76	0.64	0.56

정답 (1) 버려야 할 데이터는 15.77이다.
(2) 90% 신뢰수준에서 0.67 > 0.56 ($Q_{실험}$ > $Q_{기준}$)이기 때문이다.

해설 $Q-$test
의심스러운 결과를 버릴 것인지, 보유할 것인지를 판단하는 데 사용되던 통계학적 시험법이다.

- 측정값을 작은 것부터 큰 것으로 나열한다.
- 의심스러운 측정값(x_q)과 이에 가장 가까이 이웃하는 측정값(x_n)과의 차이의 절댓값을 한 무리의 데이터의 퍼짐(w)으로 나누어 $Q_{실험}$값을 구한다.

$$Q_{실험} = \frac{|x_q - x_n|}{w}$$

- 어떤 신뢰수준에서 $Q_{실험} > Q_{기준}$, 그 의심스러운 점은 버려야 한다.
- 어떤 신뢰수준에서 $Q_{실험} < Q_{기준}$, 그 의심스러운 점은 버리지 말아야 한다.

크기 순서대로 나열하면 15.47, 15.48, 15.53, 15.54, 15.57, 15.77이며, 가장 떨어져 있는 데이터는 15.77로 의심스러운 측정값이다.

$$Q_{실험} = \frac{|x_q - x_n|}{w} = \frac{|15.77 - 15.57|}{15.77 - 15.47} = 0.67$$

∴ 90% 신뢰수준에서 0.67 > 0.56($Q_{실험}$ > $Q_{기준}$)이므로 의심스러운 점, 15.77은 버려야 한다.

09 계통오차의 종류 3가지를 쓰고, 각각 설명하시오.

정답 ① 방법오차 : 분석과정에서 비이상적인 화학적 또는 물리적 성질로 인해 생기는 오차이다.
② 기기오차 : 측정 장치 또는 기기의 비이상적 거동, 잘못된 검정 또는 부적절한 조건 등에서 생기는 오차이다.
③ 개인오차 : 실험자의 경솔함, 부주의, 개인적인 한계 등에 의해 생기는 오차이다.

10 해수 중의 유기금속을 정량분석하려고 한다. 용매 추출법으로 해수 중의 매트릭스의 방해를 억제하는 방법을 쓰시오.

정답 적당한 pH로 조절한 해수 시료에 MIBK와 같은 유기용매를 가하여 세게 흔든 후 시간이 지나면 무거운 금속 성분은 염 등의 다른 매트릭스 성분으로부터 분리되어 유기용매 층으로 추출된다. 그러면 정제된 시료를 얻게 될 뿐만 아니라 더 적은 부피의 용매에 녹아 있으므로 분석물을 농축시킨 효과가 있으며, 유기용매를 사용하기 때문에 불꽃원자흡수분광법에 대한 감도가 증가하는 효과도 있다.

해설 용매 추출은 한 분석물이 섞이지 않는 두 상에서의 용해도 차이를 이용하는 것이다. 극성의 용매는 극성의 화합물을 잘 녹이고, 비극성 용매는 비극성 화합물을 잘 녹이며, 추출에 사용되는 일반적인 용매로는 헥세인, 염화 메틸렌, xylene, MIBK(methyl isobutyl ketone) 등이 있다.

11 역상 분배 크로마토그래피에서 사용하는 이동상의 종류 2가지를 쓰시오. (단, 물은 제외한다.)

정답 ① 메탄올(CH_3OH), ② 아세토나이트릴(CH_3CN)

해설 역상 분배 크로마토그래피(reversed – phase chromatography)

- 정지상이 비극성인 것으로 종종 탄화수소를 사용하며, 이동상은 물, 메탄올, 아세토나이트릴과 같이 비교적 극성인 용매를 사용한다.
- 역상 분배 크로마토그래피에서는 극성이 가장 큰 성분이 처음에 용리되고, 이동상의 극성을 증가시키면 용리시간도 길어진다.

12 질량분석법의 측정원리(방법)에 대하여 설명하시오.

정답 질량분석법은 여러 가지 성분의 시료를 기체상태로 이온화한 다음 자기장 혹은 전기장을 통해 각 이온을 질량 대 전하 비(m/z)에 따라 분리하여 검출기를 통해 질량 스펙트럼을 얻는다.

해설 질량분석법의 분석단계

① 원자화

② 이온의 흐름으로 원자화에서 형성된 원자의 일부분을 전환

③ 질량 대 전하비(m/z)를 기본으로 형성된 이온의 분리

m : 원자 질량단위의 이온의 질량, z : 전하

④ 각각의 형태의 이온의 수를 세거나 적당한 변환기로 시료로부터 형성된 이온 전류를 측정

13 음용수 중의 중금속을 분석하기 위한 분석법 4가지를 쓰시오.

정답 ① 불꽃원자흡수분광계(AAS)

② ICP 원자방출분광계

③ ICP – MS 원자질량분석계

④ 이온 크로마토그래피

⑤ 이온 선택성 전극을 이용한 전위차계

⑥ 발색시약을 이용한 UV – VIS 흡수분광광도계

이 중 4가지 기술

14 X선을 이용한 분석법 4가지를 쓰시오.

정답 ① X선 형광법, ② X선 흡수법, ③ X선 회절법, ④ X선 방출법

2020 제1회 필답형 기출복원문제

01 다음에 해당하는 광원은 무엇인지 쓰시오.

- 3개의 동심원 석영관으로 이루어진 토치를 이용한다.
- Ar 기체를 사용한다.
- 라디오파 전류에 의해 유도 코일에서 자기장이 형성된다.
- Tesla 코일에서 생긴 스파크에 의해 Ar이 이온화된다.
- Ar^+와 전자가 자기장에 붙들려 큰 저항열을 발생하는 플라스마를 만든다.

정답 유도결합 플라스마(ICP) 광원

02 표준물 첨가법의 (1) 방법과, (2) 장점에 대해 설명하시오.

정답 (1) 미지시료에 아는 양의 분석물질을 첨가시킨 다음, 증가된 신호로부터 원래 미지시료 중에 얼마나 많은 분석물질이 함유되어 있는가를 측정한다.

(2) 시료의 조성이 잘 알려져 있지 않거나 복잡하여 분석신호에 영향을 줄 때, 매트릭스 효과가 있을 가능성이 큰 시료 분석에 유용하다. 매질효과의 영향이 큰 분석방법에서 분석대상 시료와 동일한 매질을 제조할 수 없을 때 매트릭스 효과를 쉽게 보정할 수 있다.

해설 매트릭스는 분석물질을 제외하고 미지시료 중에 함유되어 있는 모든 화학종을 말한다. 매트릭스 효과란 시료 중에 존재하고 있는 분석물질이 아닌 다른 어떤 물질에 의해서 일으키는 분석신호의 변화로 정의한다.

03 원자흡수분광법에서 사용하는 원자화 방법 4가지를 쓰시오.

정답 ① 불꽃 원자화, ② 전열 원자화, ③ 수소화물 생성 원자화, ④ 찬 증기 원자화

해설 원자화 방법

- 불꽃 원자화 : 시료용액을 기체 연료와 혼합된 산화제 기체의 흐름에 의해 분무시켜 불꽃 속으로 도입시켜 원자화한다.
- 전열 원자화 : 시료를 양 끝이 열려 있고 중앙에 구멍이 있는 원통형 흑연관의 시료 주입구를 통해 마이크로 피펫으로 주입하고 전기로의 온도를 높여 원자화한다.
- 수소화물 생성 원자화 : 비소(As), 안티모니(Sb), 주석(Sn), 셀레늄(Se), 비스무트(Bi) 및 납(Pb)을 포함하는 시료를 원자화 장치에 도입하기 위하여 수소화붕소소듐($NaBH_4$) 수용액을 가하여 휘발성 수소화물(MH_n)을 생성시키는 방법이다.
- 찬 증기 원자화 : 찬 증기 원자화법은 오직 수은(Hg) 정량에만 이용하는 방법이다.
- 그 외 글로우방전 원자화, 유도결합 아르곤 플라스마 원자화, 직류 아르곤 플라스마 원자화, 마이크로 유도 아르곤 플라스마 원자화, 전기 아크 원자화, 스파크 원자화 등

04 **표면에 있는 원소를 분석하기 위해 X-선 광자를 쪼이면 K각에 있는 전자가 튕겨 나가고 L각에 있는 전자가 빈 K각으로 전이가 일어나면서 또 다른 L각 전자가 방출되는 전이(KLL 전이)에너지를 측정하는 표면분석법을 무엇이라고 하는지 쓰시오.**

정답 오제(Auger) 전자 스펙트럼법

05 **〈보기〉의 내용을 보고 다음 물음에 답하시오.**

- 측정수 5, Q(90% 신뢰수준) : 0.642
- 자유도 3, Student's t : 3.18
- 자유도 4, Student's t : 2.78

(1) 데이터 205, 222, 223, 226, 229 중에서 205를 버려야 하는가, 말아야 하는가를 Q 시험으로 결정하시오.

(2) 95% 신뢰도 수준에서 참값이 있을 수 있는 신뢰구간은 얼마인지 구하시오.

정답 (1) 205는 버린다.
(2) 225 ± 5

해설 (1) Q − test
의심스러운 결과를 버릴 것인지, 보유할 것인지를 판단하는 데 사용되던 통계학적 시험법이다.
- 측정값을 작은 것부터 큰 것으로 나열한다.
- 의심스러운 측정값(x_q)과 이에 가장 가까이 이웃하는 측정값(x_n)과의 차이의 절댓값을 한 무리의 데이터의 퍼짐(w)으로 나누어 $Q_{실험}$값을 구한다.

$$Q_{실험} = \frac{|x_q - x_n|}{w}$$

- 어떤 신뢰수준에서 $Q_{실험} > Q_{기준}$, 그 의심스러운 점은 버려야 한다.
- 어떤 신뢰수준에서 $Q_{실험} < Q_{기준}$, 그 의심스러운 점은 버리지 말아야 한다.

$$Q_{실험} = \frac{|205 - 222|}{229 - 205} = 0.708 > 0.642\,(Q_{기준})$$

∴ 205는 버린다.

(2) 205를 버리면 $n = 4$, 자유도 $= n-1 = 3$

$$신뢰구간(\mu) = \bar{x} \pm \frac{ts}{\sqrt{n}}$$

여기서, t : Student의 t, $\bar{x}$: 시료의 평균, s : 표준편차

평균($\bar{x}$) = 225, 표준편차(s) = 3.16

$$\therefore 신뢰구간(\mu) = 225 \pm \frac{3.18 \times 3.16}{\sqrt{4}} = 225 \pm 5$$

06 구리이온(Cu^{2+})을 전기분해하여 석출하려고 한다. 다른 산화 · 환원 반응은 없으며, 0.17A의 일정한 전류를 16분간 흘렸을 때 환원 전극에서 증가한 질량은 몇 g인지 구하시오. (단, 1F = 96,485C/mol, Cu의 원자량은 63.5g/mol이고, 소수점 넷째 자리까지 구하시오.)

정답 0.0537g

해설 구리이온의 환원반응식은 $Cu^{2+} + 2e^- \rightarrow Cu$이고,
전하량(C) = 전류(A) × 시간(s)이다.

$$\therefore \left(0.17\,A \times 16분 \times \frac{60초}{1분}\right)C \times \frac{1mol\ e^-}{96,485\,C} \times \frac{1mol\ Cu}{2mol\ e^-} \times \frac{63.5g\ Cu}{1mol\ Cu} = 0.0537g\ Cu$$

07 지하수의 총 경도를 0.01M EDTA 표준용액으로 적정하려고 한다. (1) 경도 측정방법을 간단히 쓰고, (2) 계산식을 쓰시오. (단, 지하수 100mL 기준으로 소모된 0.01M EDTA 표준용액은 T(mL)이며, Ca = 40g/mol, 경도의 단위는 mg/L이다.)

정답 (1) 경도 측정은 다음과 같은 순서로 한다.
① 삼각플라스크에 지하수 100mL를 넣고 NH_3 완충용액을 첨가하여 pH 10.00으로 맞춘다.
② 에리오크롬블랙T(EBT) 지시약 2~3방울을 삼각플라스크에 첨가한다.
③ 0.01M EDTA 표준용액을 뷰렛에 넣어 적정한다.
④ 푸른색을 띠면 종말점으로 판단하여 뷰렛의 눈금을 읽어 적정에 사용된 표준용액의 부피를 구한다.
(2) 10 · T(mg/L)

해설 (1) **물의 경도**
물속에 들어 있는 모든 알칼리토금속 이온의 전체 농도를 나타낸다. 보통 Ca^{2+}와 Mg^{2+}으로 나타내며, 물 1L에 들어 있는 $CaCO_3$의 mg수로 표시한다. 단위는 mg $CaCO_3$/L이다.

(2) $$\frac{(0.01 \times T \times 10^{-3})mol\ CaCO_3 \times \frac{100g\ CaCO_3}{1mol\ CaCO_3} \times \frac{1,000mg}{1g}}{0.100L} = 10 \cdot T(mg/L)$$

08 C_3H_8이 다음과 같이 완전연소할 때 몰연소 엔탈피를 구하시오. (단, ΔH_f (C_3H_8(g)) = −104kJ/mol, ΔH_f (CO_2(g)) = −393.5kJ/mol, ΔH_f (H_2O(g)) = −285.9kJ/mol이다.)

$$C_3H_8(g) + 5O_2(g) \rightarrow 3CO_2(g) + 4H_2O(g)$$

정답 −2220.10kJ/mol

해설 **몰연소 엔탈피** : 물질 1mol이 완전연소하여 안정한 생성물이 될 때 방출하는 에너지

$$\Delta H°_{표준반응\ 엔탈피} = \underset{\substack{생성물\\생성\ 엔탈피}}{\sum nH_f°} - \underset{\substack{반응물\\생성\ 엔탈피}}{\sum mH_f°}$$

$$= [\{3 \times (-393.5)\} + \{4 \times (-285.9)\}] - (-104)$$
$$= -2220.10kJ/mol$$

09 2차원 얇은층 크로마토그래피를 그림을 사용하여 설명하시오.

정답

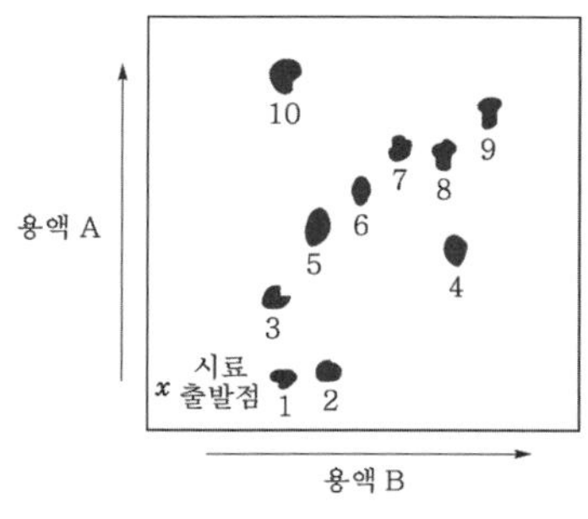

2차원 얇은층 크로마토그래피는 R_f값이 비슷한 시료(예 아미노산)의 분리를 개선시키는 방법으로 한 쪽 방향으로 전개시켜서 분리하여 건조시킨 후 90° 돌려서 극성이 다른 이동상을 분리시킨다.

10 다음 어느 고분자화합물의 열분석도의 (1) 각 봉우리에 해당하는 과정과, (2) 이 열분석도를 얻는 분석법의 이름을 쓰시오.

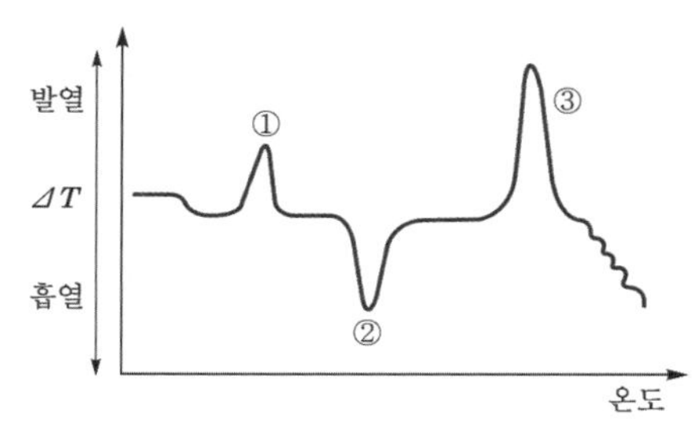

정답 (1) ① 결정화, ② 녹음, ③ 산화
(2) 시차열분석법

해설 (1)

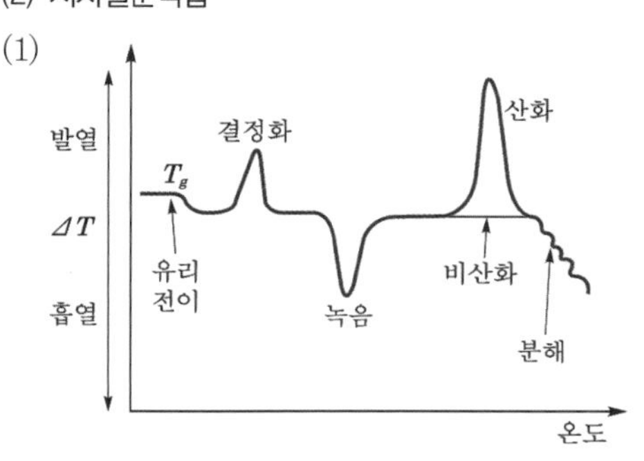

(2) 시차열분석법 : 시료물질과 기준물질의 조절된 온도 프로그램으로 가열하면서 두 물질의 온도 차이를 측정하는 방법

11 **흡수분광계와 형광분광계에 대해 다음 물음에 답하시오. (단, 분광광도계는 광원, 시료용기, 파장선택기, 검출기로 구성된다.)**

(1) 흡수분광계의 기기배치를 쓰시오.

(2) 형광분광계의 기기배치를 쓰시오.

정답 (1) ① 분자흡수법 : 광원 – 파장선택기 – 시료용기 – 검출기
② 원자흡수법 : 광원 – 시료용기 – 파장선택기 – 검출기

(2) 시료용기 – 파장선택기 – 검출기
|
파장선택기
|
광원

해설 기기배치

- 흡수법 : 연속 광원을 쓰는 일반적인 흡수분광법에서는 시료가 흡수하는 특정 파장의 흡광도를 측정해서 정량하는 것이므로 파장선택기가 광원 뒤에 놓이나 시료와 같은 금속에서 나오는 선 광원을 쓰는 원자흡수분광법에서는 광원보다 원자화 과정에서 발생되는 방해 복사선을 제거하는 것이 중요하므로 파장선택기가 시료 뒤에 놓인다.
  ① 분자흡수법 : 광원 – 파장선택기 – 시료용기 – 검출기 – 신호처리장치 및 판독장치
  ② 원자흡수법 : 광원 – 시료용기 – 파장선택기 – 검출기 – 신호처리장치 및 판독장치
- 형광 · 인광 및 산란법 : 시료가 방출하는 빛의 파장을 검출해야 하므로 광원에서 나오는 빛의 영향을 최소화하기 위해 광원 방향에 대하여 보통 90°의 각도에서 측정한다. 발광을 측정하는 장치에서는 두 개의 단색화 장치를 사용하여 광원의 들뜸 빛살과 시료가 방출하는 방출 빛살에 대해 모두 파장을 분리한다.
- 방출분광법 및 화학발광분광법 : 시료 그 자체가 발광체로서 광원이 되므로 외부 복사선 광원을 필요로 하지 않는다.
  ① 광원, 시료용기 – 파장선택기 – 검출기 – 신호처리장치 및 판독장치
  ② 방출분광법에서 시료용기는 플라스마, 스파크 또는 불꽃으로 모두 다 시료를 포함하고 있으며, 특정 복사선을 방출한다. 분석물이 직접 또는 간접적으로 참여하는 화학반응에 의해 이루어진다.
  ③ 화학발광분광법에서 복사선의 광원은 분석물질과 반응시약의 용액이며, 이는 투명한 시료용기에 들어 있다.

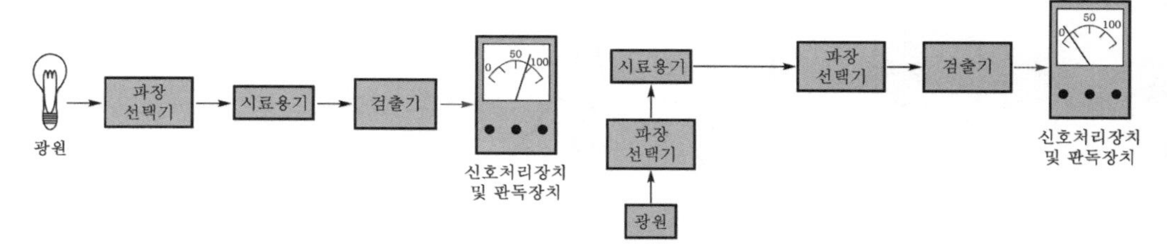

(a) 흡광 측정을 위한 배치　　(b) 형광 측정을 위한 배치

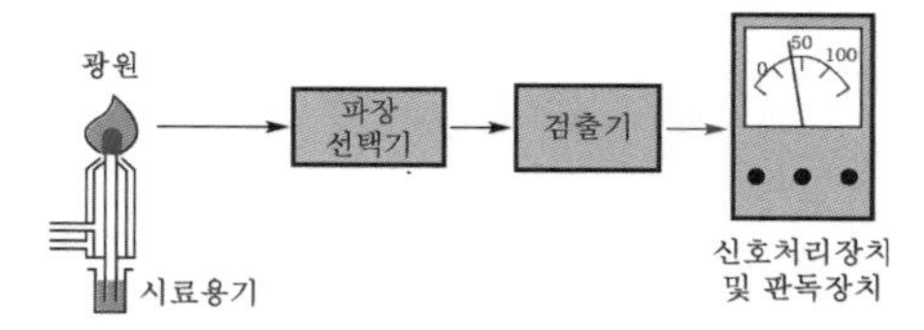

(c) 방출 분광학을 위한 배치

12 화학식 $C_7H_{14}O_2$의 NMR 스펙트럼이 다음과 같을 때 이 화합물의 구조식을 그리시오.

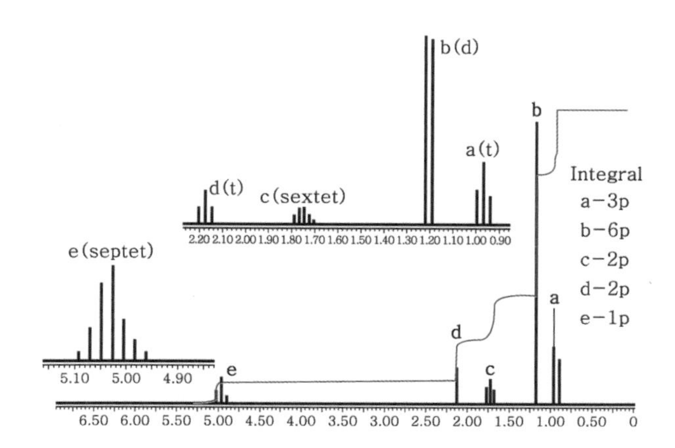

✔ 정답

$CH_3-CH_2-CH_2-C(=O)-O-CH(CH_3)_2$

✔ 해설

$$불포화도 = \frac{(2\times 탄소수+2)-수소수}{2} = \frac{(2\times 7+2)-14}{2} = 1$$

이중결합 1개

면적비 a : b : c : d : e = 3 : 6 : 2 : 2 : 1, 수소수 14와 일치

구분	δ (ppm)	H수 (면적비)		다중도 (n + 1)	
a	0.9	3	CH_3	3 (2+1)	CH_3-CH_2
b	1.2	6	$<^{CH_3}_{CH_3}$	2 (1+1)	CH_3-CH
c	1.6	2	CH_2	6 (5+1)	$CH_3-CH_2-CH_2$
d	2.2	2	CH_2	3 (2+1)	$-CH_2-CH_2$
e	5.0	1	CH	7 (6+1)	(CH) $<^{CH_3}_{CH_3}$

- 수소수 4 이상은 $<^{CH_3}_{CH_3}$의 동일한 수소
- δ 0.9, 1.2의 H 피크는 말단기의 수소
- δ 4~5의 H 피크는 에스터의 수소
- 예상되는 구조식은 $\underset{a}{CH_3}-\underset{c}{CH_2}-\underset{d}{CH_2}-C(=O)-O-\underset{e}{CH}(\underset{b}{CH_3})_2$ 이다.

13 분자식이 $C_8H_{14}O_4$인 어떤 화합물의 H－NMR 스펙트럼이 다음과 같다. 이 화합물의 구조식을 그리시오. (단, 각 봉우리의 면적비는 a : b : c＝1 : 1 : 1.5이다.)

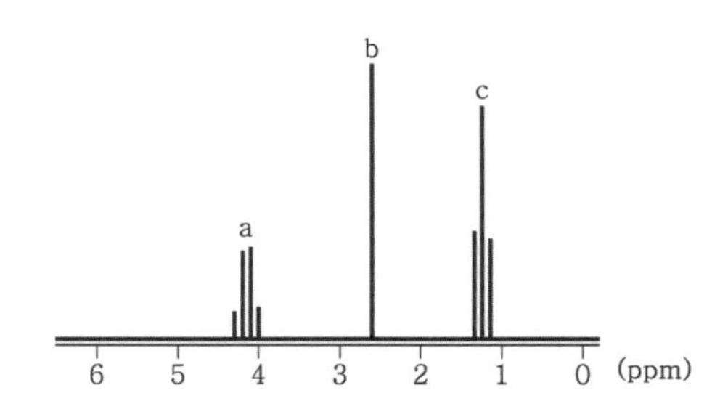

정답

$CH_3-CH_2-O-C(=O)-CH_2-CH_2-C(=O)-O-CH_2-CH_3$

해설

$$불포화도 = \frac{(2\times 탄소수+2)-수소수}{2} = \frac{(2\times 8+2)-14}{2} = 2$$

이중결합 2개 또는 삼중결합 1개

면적비 a : b : c＝2 : 2 : 3, 수소수는 7개 분자식의 수소는 14개 ∴ 대칭구조

구분	δ(ppm)	H수(면적비)		다중도(n+1)	
a	4.10	2	CH_2	4(3+1)	$-C(=O)-O-$(CH_2)$-CH_3$
b	2.6	2	CH_2	1(0+1)	$-CH_2-$
c	1.2	3	CH_3	3(2+1)	CH_3-CH_2

- δ 1.2의 H 피크는 말단기의 수소
- δ 4~5의 H 피크는 에스터의 수소
- 예상되는 구조식은 $\underset{c}{CH_3}-\underset{a}{CH_2}-O-C(=O)-\underset{b}{CH_2}-\underset{b}{CH_2}-C(=O)-O-\underset{a}{CH_2}-\underset{c}{CH_3}$ 이다.

2020 제2회 필답형 기출복원문제

01 (1) 몰농도와, (2) 몰랄농도의 정의를 쓰시오.

정답 (1) 용액 1L 속에 녹아 있는 용질의 몰수를 나타낸 농도, 단위는 mol/L 또는 M으로 나타낸다.
(2) 용매 1kg 속에 녹아 있는 용질의 몰수를 나타낸 농도, 단위는 mol/kg 또는 m으로 나타낸다.

해설
- $\text{몰농도(M)} = \dfrac{\text{용질의 몰수(mol)}}{\text{용액의 부피(L)}} = \dfrac{\text{용질의 질량(g)}}{\text{용질의 몰질량(g/mol)}} \times \dfrac{1}{\text{용액의 부피(L)}}$
- $\text{몰랄농도(m)} = \dfrac{\text{용질의 몰수(mol)}}{\text{용매의 질량(kg)}} = \dfrac{\text{용질의 질량(g)}}{\text{용질의 몰질량(g/mol)}} \times \dfrac{1}{\text{용매의 질량(kg)}}$

02 다음 조건을 참고하여 약산에서 강산 순서대로 나열하시오.

> 산소산은 중심 원자 주위에 산소가 포함된 산을 말하는데, 중심 원소의 전기음성도가 클수록, 산화수가 증가할수록 산성의 세기 또한 커진다.

(1) HClO, HBrO, HIO

(2) HClO, $HClO_2$, $HClO_3$, $HClO_4$

정답 (1) HIO < HBrO < HClO
(2) HClO < $HClO_2$ < $HClO_3$ < $HClO_4$

해설 산소산의 세기
- 산소산의 일반식은 H_nYO_m이며, Y는 비금속 원자, n과 m은 정수이다.
  예 H_2CO_3, HNO_3, HClO, H_2SO_4 등
- 산소산이 해리하려면 O−H 결합이 끊어져야 한다. 따라서 결합을 약하게 하거나 극성을 증가시키는 요인이 산의 세기를 증가시킨다.
- Y만 다른 경우, 산의 세기는 Y의 전기음성도가 증가함에 따라 증가한다.
  예 HClO > HBrO > HIO
- 산소 원자의 수만 다른 경우, 산소 원자의 수가 증가함에 따라 Y의 산화수가 증가하여 산의 세기는 증가한다.
  예 $HClO_4$ > $HClO_3$ > $HClO_2$ > HClO

03 이온성 화합물을 생성하는 반응에 근거하는 은 적정법에 일반적으로 사용되는 표준용액을 쓰시오.

정답 싸이오시안산(SCN^-) 표준용액

해설 Volhard법은 은이온을 싸이오시안산 표준용액으로 적정하는 법으로 알짜반응식은 $Ag^+ + SCN^- \rightarrow AgSCN(s)$이다. Fe^{3+}이 지시약으로 작용하여 과량의 싸이오시안산이온이 첨가되면 $Fe(SCN)^{2+}$이 형성되어 붉은색으로 변한다.

04 0.05M HCl 용액 25.0mL에 0.025M NaOH 용액 30.0mL를 가했을 때의 pH를 구하시오.

정답 2.04

해설
- 알짜반응식 : $H^+ + OH^- \rightarrow H_2O(l)$
- 당량점 부피 : $0.05M \times 25.0mL = 0.025 \times V(mL)$, $V = 50.0mL$
- 가해준 NaOH 용액 30.0mL는 당량점 이전의 부피이므로 반응 후 남은 $[H^+]$를 구하면

$$[H^+] = \frac{(0.05M \times 25.0mL) - (0.025M \times 30.0mL)}{25.0mL + 30.0mL} = 9.09 \times 10^{-3}M$$

$$\therefore pH = -\log[H^+] = -\log(9.09 \times 10^{-3}) = 2.04$$

05 통계학적으로, 실험적으로 얻은 평균($\bar{x}$) 주위에 참 모집단 평균(μ)이 주어진 확률로 분포하는 것을 신뢰구간이라고 한다. 다음 물음에 답하시오.

(1) 신뢰구간의 계산식을 쓰시오.

(2) 각 항이 나타내는 것을 설명하시오.

정답

(1) n번 반복하여 얻은 측정값의 평균 $\bar{x}$의 신뢰구간 $= \bar{x} \pm \dfrac{t \cdot s}{\sqrt{n}}$

(2) $\bar{x}$: 시료의 평균, t : Student의 t, s : 표준편차, n : 측정횟수

해설 신뢰구간
- Student의 t는 신뢰구간을 나타낼 때와 서로 다른 실험으로부터 얻은 결과를 비교하는 데 가장 빈번하게 쓰이는 통계학적 도구이다.
- 모집단 표준편차(σ)가 알려져 있거나 표본 표준편차(s)가 σ의 좋은 근사값일 때의 신뢰구간 계산
  ① 한 번 측정으로 얻은 x값의 신뢰구간 $= x \pm z\sigma$
  ② n번 반복하여 얻은 측정값의 평균인 경우의 신뢰구간 $= \bar{x} \pm \dfrac{z \cdot \sigma}{\sqrt{n}}$
- 모집단 표준편차(σ)를 알 수 없을 때의 신뢰구간 계산

  n번 반복하여 얻은 측정값의 평균 $\bar{x}$의 신뢰구간 $= \bar{x} \pm \dfrac{t \cdot s}{\sqrt{n}}$

  여기서, t : Student의 t
  자유도 : $n-1$
  $\bar{x}$: 시료의 평균
  s : 표준편차

06 GC에서 사용하는 검출기 4가지를 쓰시오.

정답 ① 불꽃이온화검출기(FID), ② 열전도도검출기(TCD),
③ 황화학발광검출기(SCD), ④ 전자포획검출기(ECD),
⑤ 열이온검출기(TID) = 질소인검출기(NPD), ⑥ 불꽃광도검출기(FPD),
⑦ 원자방출검출기(AED), ⑧ 광이온화검출기,
⑨ 질량분석검출기, ⑩ 전해질전도도검출기
이 중 4가지 기술

07 다음 갈바니전지에서 $E = 0.503$V이고, Ag/AgCl 전극에서 Cl^-의 농도가 0.1M이다. 이때, H^+의 몰농도(M)를 구하시오.

> Pt(s) | H_2(g, 1atm) | H^+(aq, x(M)) || Cl^-(aq, 0.1M) | AgCl(s) | Ag(s)
> AgCl(s) + e^- → Ag(s) + Cl^-(aq), $E^\circ = 0.222$V

정답 1.78×10^{-4}M

해설 $E_{전지} = E_+ - E_- = E_{환원} - E_{산화}$

- 환원전극 반쪽반응식
  AgCl(s) + e^- → Ag(s) + Cl^-(aq, 0.1M), $E^\circ_{환원} = 0.222$V
- 산화전극 반쪽반응식
  $2H^+$(aq, x(M)) + $2e^-$ → H_2(g, 1atm), $E^\circ_{산화} = 0.00$V

$$E_{전지} = E_{환원} - E = (0.222 - 0.05916 \times \log[Cl^-]) - \left(0 - \frac{0.05916}{2} \times \log\frac{P_{H_2}}{[H^+]^2}\right)$$

$$0.503 = (0.222 - 0.05916 \times \log 0.1) - \left(0 - \frac{0.05916}{2} \times \log\frac{1}{x^2}\right)$$

$$\therefore x = 1.78 \times 10^{-4}\text{M}$$

08 다음 빈칸에 들어갈 알맞은 용어를 쓰시오.

HPLC에서 이동상을 1가지 조성의 용매만을 사용하는 방법을 (①) 용리, 2가지 이상의 조성을 사용하는 방법을 (②) 용리라고 한다.

정답 ① 등용매, ② 기울기

해설 기울기 용리(gradient elution)

- 극성이 다른 2~3가지 용매를 사용하여, 용리가 시작된 후에 용매들을 섞는 비율은 이미 프로그램된 비율에 따라 단계적으로 또는 연속적으로 변화시킨다.
- 분리효율을 높이고 분리시간을 단축시키기 위해 사용한다.
- 기체 크로마토그래피에서 온도 변화 프로그램을 이용하여 얻은 효과와 유사한 효과가 있다.
- 일정한 조성의 단일 용매를 사용하는 분리법을 등용매 용리(isocratic elution)라고 한다.

09 이온교환수지를 전해질 용액에 넣으면 전해질의 농도는 수지의 안쪽보다 수지의 바깥쪽이 더 크다. 이때 용액 내 이온과 수지 내 이온 사이의 평형을 무엇이라고 하는지 쓰시오.

정답 Donnan 평형

해설 Donnan 평형

이온교환수지를 전해질 용액에 넣으면 전해질의 농도가 수지의 안쪽보다 바깥쪽에서 더 크게 되는 평형을 말한다. 예를 들어, $R-SO_3^-Na^+$로 되어 있는 양이온 교환수지를 NaCl 수용액에 넣었을 때 수지 안쪽에서는 $R-SO_3^-$가 움직이지 않으므로 Na^+는 전하 균형을 이루며 함께 존재하며, 수지 바깥쪽에 있는 NaCl 중 Cl^-는 수지 안쪽에 없으므로 확산에 의해 수지 안쪽으로 이동한다. 이때 전하 균형을 이루기 위해 Na^+도 함께 수지 안쪽으로 이동한다. 그러나 수지 안쪽에는 이동하지 않는 이온 $R-SO_3^-$ 가 많이 있으므로 바깥쪽에 있는 Na^+Cl^- 중 적은 양만이 수지 안쪽으로 이동하여 평형을 이룬다. 따라서 Na^+Cl^-이 수지 안쪽보다 바깥쪽에 더 많이 존재하게 된다.

10 XRF로 첨단 무기 재료 중 100ppm의 Pb을 분석하려고 한다. ICP－AES를 이용했을 때와 비교했을 때 XRF의 단점을 1가지만 쓰시오.

정답 XRF는 ICP-AES 분석법에 비해 감도가 낮다.

해설 ICP의 측정 농도는 대략 1ppm 이하 정도인데 XRF를 이용하여 측정하려면 100ppm 이상은 되어야 한다. 분석하려는 Pb의 농도가 100ppm으로 XRF의 정량한계에 해당하는 낮은 농도이므로 측정결과의 정확도와 정밀도의 신뢰도가 떨어진다.

11 그림은 $CaC_2O_4 \cdot nH_2O$의 TGA 열분석도이다. 다음 물음에 답하시오. (단, Ca의 원자량은 40g/mol이다.)

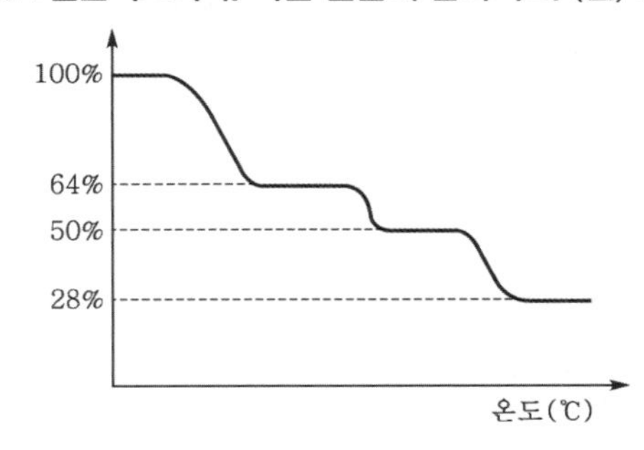

(1) n을 구하시오.

(2) $CaC_2O_4 \cdot nH_2O$의 분자량(g/mol)을 구하시오.

정답 (1) 4

(2) 200.00g/mol

해설 $CaC_2O_4 \cdot nH_2O$ 분자량은 $128+18n$이다.

첫 구간의 질량 감소 36%는 H_2O에 의한 것이므로 $\dfrac{18n}{128+18n}=0.36 \;\therefore\; n=4$

$CaC_2O_4 \cdot nH_2O$의 분자량은 $128+(18\times 4)=200.00$g/mol

12 미지시료 A, B에 들어 있는 L-ascorbic acid를 정량하고자 한다. L-ascorbic acid의 농도가 50mg/L인 미지시료 A를 265nm에서 1.00cm의 측정 셀로 5번 측정한 결과 평균 흡광도는 0.3182였다. 그리고 미지시료 B를 측정할 때 측정 셀이 부족하여 1.50cm의 측정 셀로 측정한 결과 흡광도는 0.4017이었다. L-ascorbic acid의 분자량이 196.12g/mol일 때, 다음 물음에 답하시오.

(1) L-ascorbic acid의 몰흡광계수를 구하시오.

(2) 미지시료 B의 L-ascorbic acid의 농도(mg/L)를 구하시오.

정답 (1) $1248.09cm^{-1} \cdot M^{-1}$
(2) 42.08mg/L

해설 흡광도 $A = \varepsilon bc$

여기서, ε : 몰흡광계수($cm^{-1} \cdot M^{-1}$)

b : 셀의 길이(cm)

c : 시료의 농도(M)

(1) 미지시료 A의 L-ascorbic acid 몰농도(M)

$$\frac{50mg\,L-ascorbic\ acid}{1L} \times \frac{1g}{1,000mg} \times \frac{1mol\,L-ascorbic\ acid}{196.12g\,L-ascorbic\ acid} = 2.5495 \times 10^{-4}M$$

흡광도 $0.3182 = \varepsilon \times 1.00 \times 2.5495 \times 10^{-4}$

$\therefore \varepsilon = 1248.09cm^{-1} \cdot M^{-1}$

(2) 미지시료 B의 L-ascorbic acid 농도(mg/L)

흡광도 $0.4017 = 1248.09 \times 1.50 \times x$, $x = 2.1457 \times 10^{-4}M$

$$\therefore \frac{2.1457 \times 10^{-4}mol\,L-ascorbic\ acid}{1L} \times \frac{196.12g\,L-ascorbic\ acid}{1mol\,L-ascorbic\ acid} \times \frac{1,000mg}{1g}$$

$= 42.08mg/L$

13 ^1H-NMR로 1-chloro-2-methylpropene을 분석했을 때 나오는 (1) 피크의 수와, (2) 각 피크의 다중도를 구하시오.

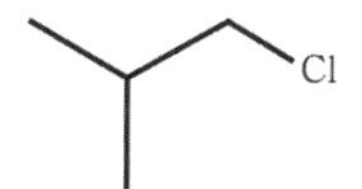

정답 (1) 3개
(2) 2 : 21 : 2

해설 (1) H 영역은 a, b, c로 피크 수는 3개이다.

```
 a              c
CH3\   b    /CH2\
      CH            Cl
      |
      CH3
      a
```

(2) 각 피크의 다중도는 a : b : c = 2 : 21 : 2이다.

aH는 bH 1개에 의해 다중도는 1 + 1 = 2

bH는 aH 6개와 cH 2개에 의해 다중도는 $(6+1) \times (2+1) = 21$

cH는 bH 1개에 의해 다중도는 1 + 1 = 2

∴ 각 피크의 다중도는 a : b : c = 2 : 21 : 2

14 다음 ¹H-NMR spectrum 및 IR spectrum을 보고 분자식 $C_5H_{10}O$의 구조식을 그리시오. (단, 3,400cm^{-1}에서 강한 피크가 넓게 나타나고, 1,650cm^{-1}에서 약한 피크가 나타난다. 또한 각 봉우리의 면적비는 a : b : c : d = 2 : 1 : 1 : 6이다.)

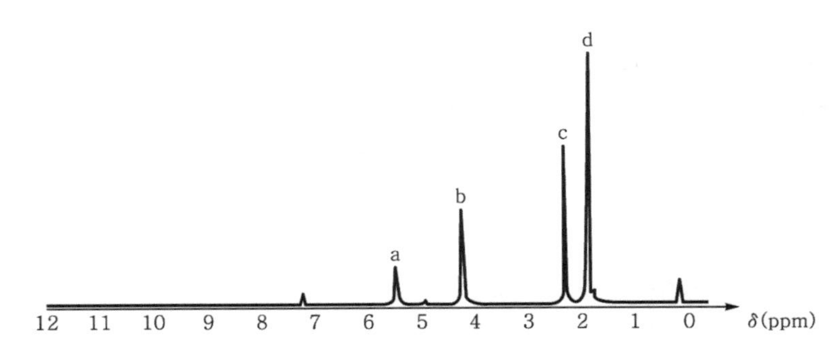

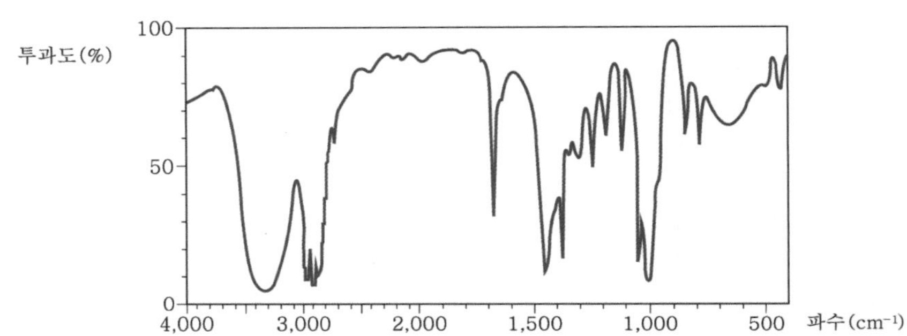

정답

$$CH_3-C(CH_3)=CH-CH_2-OH$$

해설 IR에서 3,400cm^{-1} 넓은 피크 : O－H, 1,650cm^{-1}에서 약한 피크 : C＝C

$$\text{불포화도} = \frac{(2\times \text{탄소수}+2)-\text{수소수}}{2} = \frac{(2\times 5+2)-10}{2} = 1$$

이중결합 1개

H-NMR에서 피크가 5개이므로 5개의 H 영역이 나타날 것이다.

δ (ppm)	H수 (면적비)	
～1.8	6 (1 : 1)	CH_3, CH_3
～2.2	1	CH 또는 OH
～4.2	1	CH 또는 OH
～5.5	2	CH_2

예상되는 구조식은 $CH_3-C(CH_3)=CH-CH_2-OH$ 이다.

15 카보닐기 C=O의 신축진동에 해당하는 기본 흡수 봉우리의 파수(cm^{-1})를 구하시오. (단, 이중결합 힘 상수는 1×10^3N/m이다.)

정답 $1572.15cm^{-1}$

해설

분자진동의 파수 $\bar{\nu} = \dfrac{1}{2\pi c}\sqrt{\dfrac{\kappa}{\mu}}$

여기서, $\bar{\nu}$: cm^{-1} 단위의 흡수 봉우리의 파수

c : cm/s 단위의 빛의 속도(3×10^{10}cm/s)

μ : kg 단위의 환산질량(reduced mass) $\left[\mu = \dfrac{m_1 m_2}{m_1 + m_2}\right]$

κ : N/m 단위의 화학결합의 강도를 나타내는 힘 상수

- kg 단위의 탄소 원자 1개의 질량(m_1)

$$m_1 = \frac{12\text{g C}}{1\text{mol C}} \times \frac{1\text{mol C}}{6.022\times10^{23}\text{개 C}} \times \frac{1\text{kg}}{1{,}000\text{g}} = 1.9927\times10^{-26}\text{kg}$$

- kg 단위의 산소 원자 1개의 질량(m_2)

$$m_2 = \frac{16\text{g O}}{1\text{mol O}} \times \frac{1\text{mol O}}{6.022\times10^{23}\text{개 O}} \times \frac{1\text{kg}}{1{,}000\text{g}} = 2.6569\times10^{-26}\text{kg}$$

- 환산질량(μ)

$$\mu = \frac{m_1 m_2}{m_1 + m_2} = \frac{(1.9927\times10^{-26})\times(2.6569\times10^{-26})}{(1.9927\times10^{-26})+(2.6569\times10^{-26})} = 1.1387\times10^{-26}\text{kg}$$

$$\therefore\ \bar{\nu} = \frac{1}{2\pi\times(3.00\times10^{10})}\sqrt{\frac{1\times10^3}{1.1387\times10^{-26}}} = 1572.15\text{cm}^{-1}$$

필답형 기출복원문제

01 자외선 – 가시광선 분광법에서 유리 큐벳은 350nm 이하의 파장에서는 사용할 수 없다. (1) 그 이유와, (2) 350nm 이하의 파장에서 사용할 수 있는 큐벳의 재질은 무엇인지 쓰시오.

정답 (1) 시료용기는 이용하는 스펙트럼 영역의 복사선을 흡수하지 않아야 한다. 350nm 이하의 파장은 자외선 영역인데 유리큐벳은 자외선을 흡수하므로 350nm 이하의 파장에서는 사용할 수 없다.
(2) 석영 또는 용융 실리카

해설 시료용기
방출분광법을 제외한 모든 분광법에서는 측정을 위한 시료용기가 필요하며, 단색화 장치와 마찬가지로 시료를 담는 용기인 셀(cell)과 큐벳(cuvette)은 투명한 재질로 되어 있고 이용하는 복사선을 흡수하지 않아야 한다.

- 석영, 용융 실리카 : 자외선 영역(350nm 이하)과 가시광선 영역에 이용한다.
- 규산염 유리, 플라스틱 : 가시광선 영역에 이용한다.
- 결정성 NaCl, KBr 결정 TlI, TlBr : 자외선, 가시광선, 적외선 영역에서 모두 가능하나, 주로 적외선 영역에서 이용한다.

02 킬레이트 적정에서 사용하는 EDTA와 1,2 – diamino ethane이 제공하는 결합 자릿수의 합을 구하시오.

정답 8

해설 EDTA : 6자리 리간드, 1,2–diamino ethane : 2자리 리간드

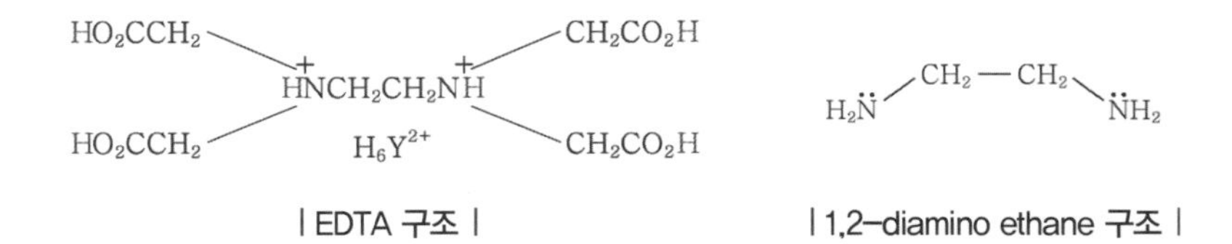

| EDTA 구조 |　　| 1,2–diamino ethane 구조 |

03 일차 표준물질이 가져야 할 4가지 성질을 쓰시오.

정답 ① 고순도(99.9% 이상)이어야 한다.
② 조해성, 풍해성이 없어야 한다.
③ 흡수, 풍화, 공기 산화 등의 성질이 없어야 한다.
④ 정제하기 쉬워야 한다.
⑤ 반응이 정량적으로 진행되어야 한다.
⑥ 오랫동안 보관하여도 변질되지 않아야 한다.
⑦ 공기 중이나 용액 내에서 안정해야 한다.
⑧ 합리적인 가격으로 구입이 쉬워야 한다.
⑨ 물, 산, 알칼리에 잘 용해되어야 한다.
⑩ 큰 화학식량을 가지거나, 또는 당량 중량이 커서 측정오차를 줄일 수 있어야 한다.
이 중 4가지 기술

04 다음에 알맞은 GC 검출기는 무엇인지 쓰시오.

(1) (   ) : 비파괴적 방법이며, 감도가 낮다.

(2) (   ) : 비파괴적 방법이며, 방사선 이온을 사용한다.

(3) (   ) : 시료를 파괴시키는 방법이며, 루비듐 비즈를 사용한다.

정답 (1) 열전도도검출기
(2) 전자포획(포착)검출기
(3) 열이온검출기

해설 GC 검출기 종류
- 불꽃이온화검출기(FID, flame ionization detector)
- 열전도도검출기(TCD, thermal conductivity detector)
- 황화학발광검출기(SCD, sulfur chemiluminescene detector)
- 전자포착검출기(ECD, electron capture detector)
- 원자방출검출기(AED, atomic emission detector)
- 열이온검출기(TID, thermionic detector)
- 불꽃광도검출기(FPD, flame photometric detector)
- 광이온화검출기(photoionization detector)

05 크로마토그래피의 정량적 효율을 나타낼 때 사용하는 이론단수(N)를 구하는 식을 쓰고, 각 기호의 의미를 쓰시오.

정답 $H=\frac{L}{N}$, $N=16\left(\frac{t_R}{W}\right)^2$

L은 칼럼의 길이, N은 이론단의 개수(이론단수), W는 봉우리 밑변의 너비, t_R은 머무름시간이다.

해설
- 단높이(H)가 낮을수록, 이론단수(N)가 클수록, 칼럼의 길이(L)가 길수록 분배 평형이 더 많은 단에서 이루어지게 되므로 칼럼의 효율은 증가한다.
- 칼럼의 길이(L)가 일정할 때, 단의 높이(H)가 감소하면 단의 개수(이론단수, N)는 증가한다.

06 28.0wt% 수산화암모늄 용액으로 0.500M 수산화암모늄 용액 500mL를 만들기 위해 필요한 수산화암모늄 용액의 부피(L)를 구하시오. (단, 수산화암모늄 용액의 밀도는 0.899g/mL이고, 소수점 넷째 자리까지 구하시오.)

정답 0.0169L

해설 수산화암모늄 용액은 암모니아 기체를 물에 녹인 것으로 암모니아수라고 한다.
28wt%의 암모니아를 함유하고 있을 때 수산화암모늄 용액의 농도는 28wt%이다.

$$\frac{0.500\text{mol NH}_3}{1\text{L 용액}}\times 0.500\text{L 용액}\times\frac{17\text{g NH}_3}{1\text{mol NH}_3}\times\frac{100\text{g 수산화암모늄 용액}}{28.0\text{g NH}_3}$$
$$\times\frac{1\text{mL 수산화암모늄 용액}}{0.899\text{g 수산화암모늄 용액}}\times\frac{1\text{L}}{1{,}000\text{mL}}=0.0169\text{L}$$

07 54개의 탄소로 되어 있는 유기화합물에서의 ^{13}C의 원자수 평균과 표준편차를 구하시오. (단, 이때 ^{12}C 100개당 ^{13}C은 1.1225개가 발견된다.)

정답 평균 : 0.60, 표준편차 : 0.77

해설
$$n=54,\ p=\frac{1.1225}{100+1.1225}=0.0111$$
$$\text{평균}=np=54\times0.0111=0.60$$
$$\text{표준편차}=\sqrt{np(1-p)}=\sqrt{54\times0.0111\times(1-0.0111)}=0.77$$

08 $Y_2(OH)_5Cl \cdot nH_2O$를 150℃에서 수분을 증발시키고 난 후 23%의 질량 손실이 있었다. 계속 온도를 800℃까지 증가시키면서 두 번 더 질량 손실이 일어난 후, 안정한 물질로 유지되는 것을 확인하였다. 처음 물질 대비 최종 물질의 질량비(%)를 구하시오. (단, Y의 원자량은 89, 추가 두 번의 질량 감소는 물과 염화수소가 증발하여 생성물이 생성되었기 때문이다.)

정답 58.17%

해설
$$Y_2(OH)_5Cl \cdot nH_2O \xrightarrow[nH_2O]{} Y_2(OH)_5Cl \xrightarrow[2H_2O,\ HCl]{} Y_2O_3$$
$Y_2(OH)_5Cl \cdot nH_2O$ 화학식량 : $(89\times2)+(17\times5)+35.5+(n\times18)=298.5+18\times n$
$$\frac{18n}{298.5+18n}=0.23\quad \therefore\ n=5$$
$Y_2(OH)_5Cl \cdot 5H_2O$ 화학식량 : $298.5+(18\times5)=388.5$
Y_2O_3 화학식량 : $(89\times2)+(16\times3)=226$
$$\therefore\ \frac{226}{388.5}\times100=58.17\%$$

09 $C_3H_8O_3$가 포함된 미지시료 100mg과 0.080M Ce^{4+} 50.0mL를 넣고 온도를 높여서 2시간 동안 완전히 반응시켰다. 이후 0.050M Fe^{2+} 12.0mL와 지시약을 넣었을 때 색깔의 변화가 생겼다. 미지시료 중 $C_3H_8O_3$의 함량은 얼마인지 구하시오.

$$C_3H_8O_3 + 8Ce^{4+} + 3H_2O \rightarrow 3HCOOH + 8Ce^{3+} + 8H^+$$

정답 39.10%

해설 $C_3H_8O_3$과 반응하고 남은 Ce^{4+}을 Fe^{2+}로 적정(역적정)
처음 넣어준 Ce^{4+} 양 − Fe^{2+}과 반응한 Ce^{4+} 양 = $C_3H_8O_3$과 반응한 Ce^{4+} 양
$$(0.08\times50.0\times10^{-3})-(0.05\times12.0\times10^{-3})=3.4\times10^{-3}\text{mol } Ce^{4+}$$
$$\frac{3.4\times10^{-3}\text{mol } Ce^{4+}\times\frac{1\text{mol } C_3H_8O_3}{8\text{mol } Ce^{4+}}\times\frac{92\text{g } C_3H_8O_3}{1\text{mol } C_3H_8O_3}}{100\times10^{-3}\text{g 미지시료}}\times100=39.10\%$$

10 0.02M 약산 HA(pK_a = 6.72) 용액 50.0mL를 0.1M NaOH 용액으로 적정한다. 당량점에서의 pH는 얼마인지 구하시오.

정답 9.47

해설 당량점 부피 : $0.02 \times 50.0 = 0.1 \times V_e$, $V_e = 10.0\text{mL}$

당량점에서는 모두 A^- 형태로 존재하므로 A^-의 가수분해를 고려해야 한다.

$$[A^-] = \frac{(0.1 \times 10.0)\text{mmol}}{50.0 + 10.0\text{mL}} = 0.01667\text{M}$$

$$K_a = 10^{-6.72} = 1.905 \times 10^{-7},\ K_b = \frac{K_w}{K_a} = \frac{1.00 \times 10^{-14}}{1.905 \times 10^{-7}} = 5.25 \times 10^{-8}$$

	A^-	+	H_2O	→	HA	+	OH^-
초기(M)	0.01667						
변화(M)	$-x$				$+x$		$+x$
최종(M)	$0.01667-x$				x		x

$$K_b = \frac{[HA][OH^-]}{[A^-]} = \frac{x^2}{0.01667 - x} \simeq \frac{x^2}{0.01667} = 5.25 \times 10^{-8}$$

$$x = [OH^-] = 2.96 \times 10^{-5}\text{M},\ [H^+] = \frac{1.00 \times 10^{-14}}{2.96 \times 10^{-5}} = 3.38 \times 10^{-10}\text{M}$$

$$\therefore \text{pH} = -\log(3.38 \times 10^{-10}) = 9.47$$

11 질량분석기인 TOF에서 m/z를 구하는 공식을 유도하고, 필요한 변수를 설명하시오.

정답

$$E = zeV = \frac{1}{2}mv^2$$

여기서, z : 입자 전하, e : 전하량, V : 걸어준 전기장의 세기

$$v = \frac{L}{t}$$

여기서, L : 비행거리, t : 비행시간

$$zeV = \frac{1}{2}m\left(\frac{L}{t}\right)^2$$

$$\therefore \frac{m}{z} = \frac{2 \cdot e \cdot V \cdot t^2}{L^2}$$

해설 비행시간 질량분석계(TOF, time of flight)

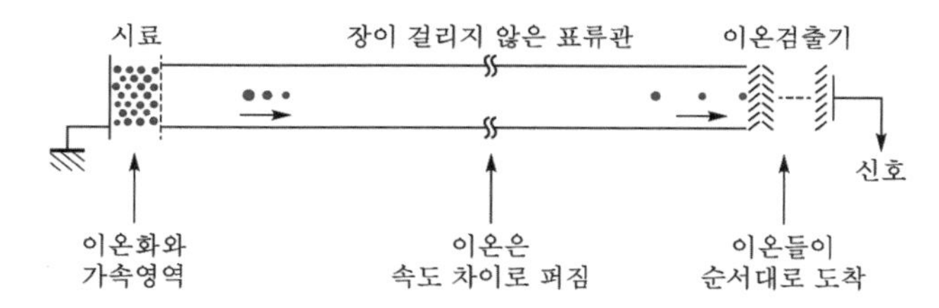

12 다음은 에텐(C_2H_4)의 두 가지 진동모드를 보여주고 있다. 각각의 진동모드가 IR 활성인지 IR 불활성인지, 활성이면 어떤 진동인지 쓰시오.

(1) 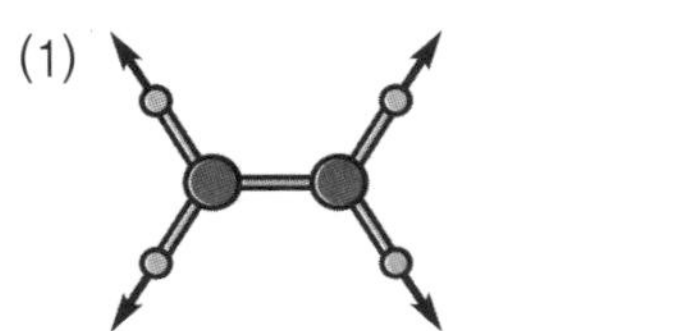

(2) 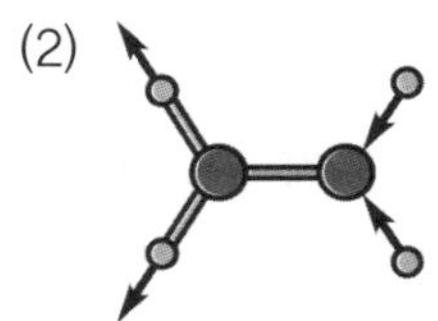

정답 (1) IR 불활성
(2) IR 활성, 비대칭 신축진동

해설 적외선을 흡수하기 위하여 분자는 진동이나 회전운동의 결과로 쌍극자모멘트의 알짜변화($\mu \neq 0$)를 일으켜야 한다.
(1) 대칭 신축진동 모드, $\mu = 0$이므로 IR 불활성
(2) 비대칭 신축진동 모드, $\mu \neq 0$이므로 IR 활성

13 개미산 분해반응의 (1) 엔탈피를 구하고, (2) 촉매 유무에 따른 에너지 도표를 그리시오.

- 개미산 분해반응 : $HCOOH \rightarrow CO_2 + H_2$
- 개미산 표준 생성 엔탈피 : −379kJ/mol
- 이산화탄소 표준 생성 엔탈피 : −393.5kJ/mol
- 활성화에너지 : 184kJ/mol(촉매×), 100kJ/mol(촉매○)

정답 (1) $\Delta H°_{표준 반응 엔탈피} = -145$kJ/mol
(2)

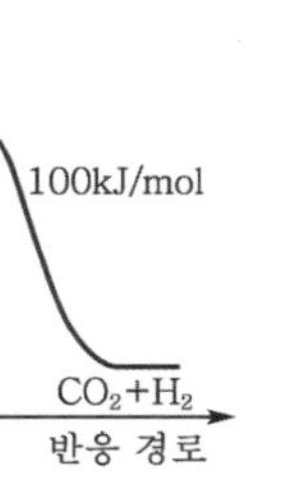

(a) 촉매 사용

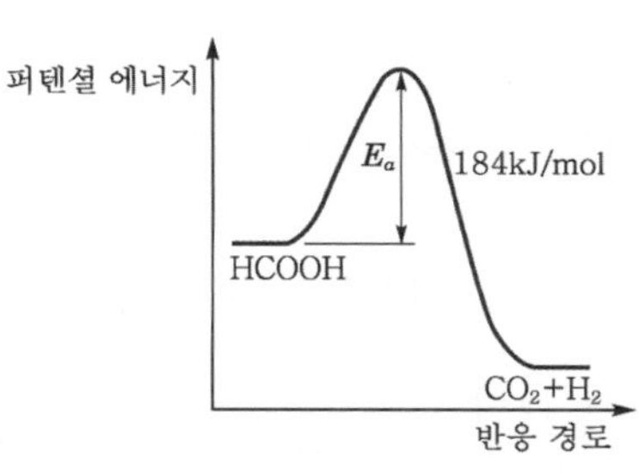

(b) 촉매 사용 안함

해설 $\Delta H°_{표준 반응 엔탈피} = \sum nH_f° - \sum mH_f°$ (생성물 생성 엔탈피 − 반응물 생성 엔탈피)

$$= \Delta H_f°(CO_2) - \Delta H_f°(HCOOH)$$
$$= (-393.5) - (-379)$$
$$= -14.5\ \text{kJ/mol}\ (발열)$$

14 $ClCH_2CH_2CH_2Cl$의 H – NMR 분석에서 각 봉우리의 다중도와 면적비를 Cl에 가까운 순서대로 쓰시오.

(1) 다중도

(2) 면적비

정답 (1) 3 : 5 : 3
(2) 1 : 1 : 1

해설 $Cl—CH_2$ $CH_2—Cl$
a \ / a
CH_2
b

(1) 2종류의 수소(a, b)에서 a수소는 이웃 양성자(b)에 의해 2+1개의 다중선으로 분리되고, b수소는 4개의 동등한 이웃 양성자(a)에 의해 4+1개의 다중선으로 분리된다.
다중도 a : b : a = 3 : 5 : 3

(2) 면적비 a : b : a = 2 : 2 : 2 = 1 : 1 : 1

15 다음과 같이 음의 신호가 나타나서 구조이성질체를 확인할 수 있는 분석장치를 쓰시오.

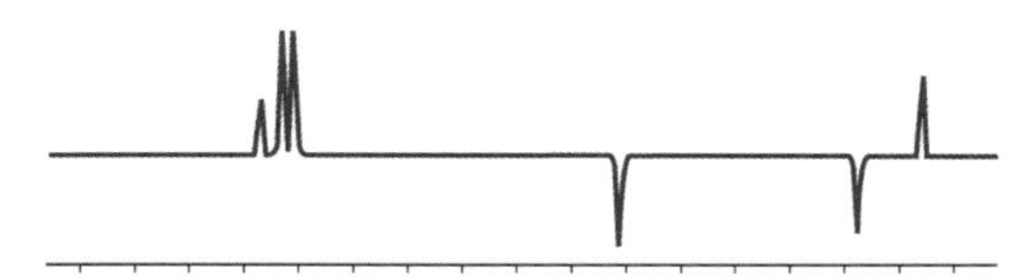

정답 DEPT ^{13}C NMR

해설 **DEPT ^{13}C NMR 분광법**

- 최근 개발된 새로운 기술들로 인해 ^{13}C NMR 스펙트럼으로부터 엄청나게 많은 정보를 얻을 수 있으며, DEPT – NMR(Distortionless Enhancement by Polarization Transfer)로 분자 내 각 탄소에 결합된 수소의 수를 결정할 수 있다.
- DEPT – NMR 실험은 세 단계로 진행된다.
  ① 모든 탄소의 화학적 이동을 알기 위해 넓은 띠 – 짝풀림이라는 보통 스펙트럼을 얻는다.
  ② CH 탄소에 의한 신호만을 얻기 위해 특수한 조건하에서 DEPT – 90이라는 두 번째의 스펙트럼을 얻는다. CH_3, CH_2 및 사차탄소에 의한 신호는 나타나지 않는다.
  ③ DEPT – 135라고 하는 세 번째 스펙트럼에서는 CH_3와 CH 공명신호는 정상의 양(positive)의 신호로 나타나고, CH_2 신호는 바탕선 아래로 봉우리가 나타나는 음(negative)의 신호가 되도록 하며, 사차탄소는 나타나지 않는다.

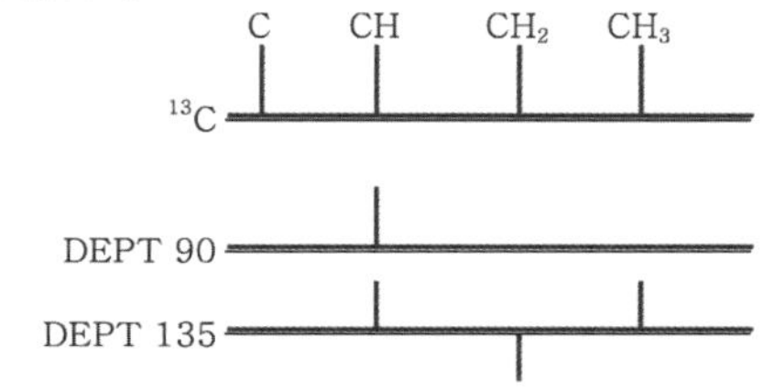

C 사차탄소 : 넓은 띠 – 짝풀림 스펙트럼에서 DEPT–135 신호 제거
CH : DEPT – 90
CH_2 : 음의 DEPT – 135
CH_3 : 양의 DEPT – 135 신호에서 DEPT – 90 신호 제거

2020 제4회 필답형 기출복원문제

01 TC 20℃와 TD 20℃에 대해 설명하시오.

정답 (1) TC는 '담아있는(to contain)'이라는 의미로, 20℃에서 부피플라스크와 같은 용기에 표시된 눈금까지 액체를 채웠을 때의 부피를 의미한다.
(2) TD는 '옮기는(to deliver)'이라는 의미로, 20℃에서 피펫이나 뷰렛과 같은 기구를 이용하여 다른 용기로 옮겨진 용액의 부피를 의미한다.

해설 부피 측정기구에 제조업자가 검정하는 방식으로 TC '담아 있는(to contain)', TD '옮기는(to deliver)'과 검정 시의 온도가 표시되어 있다. 피펫과 뷰렛은 일정 부피를 옮겨서 검정하고, 부피플라스크는 담겨 있는 상태로 검정한다.

02 원자 X-선 분광법에서 사용하는 X-선 발생방법 3가지를 쓰시오.

정답 ① 고에너지의 전자살을 금속 과녁에 충돌시켜서 전자의 감속으로 광대역의 연속 X-선 방출과 금속원자 과녁으로부터 내부 핵전자 방출에 의한 원소의 특정 X-선을 방출하는 방법
② 시료의 내부 핵전자 방출인 이차 X-선 방출을 위해 일차 X-선 빛살을 사용하는 방법
③ 붕괴과정에서 고에너지 X-선을 방출하는 방사선 동위원소를 광원으로 사용하는 방법

03 역상 크로마토그래피에서 n - pentanol, 3 - pentanone, n - pentane의 retention time(머무름시간)이 짧은 순서에서 긴 순서로 쓰시오.

정답 n - pentanol < 3 - pentanone < n - pentane

해설
- 역상 크로마토그래피는 정지상이 비극성, 이동상이 극성이다.
- 극성이 클수록 먼저 용리되어 나와 머무름시간이 짧게 나타난다.
- 극성이 증가하는 순서는 n - pentane < 3 - pentanone < n - pentanol이다.

04 네모파 전압전류법의 (1) 들뜸신호 그래프를 그리고, (2) 선형 전압전류법보다 감도가 좋은 이유를 쓰시오.

정답 (1)

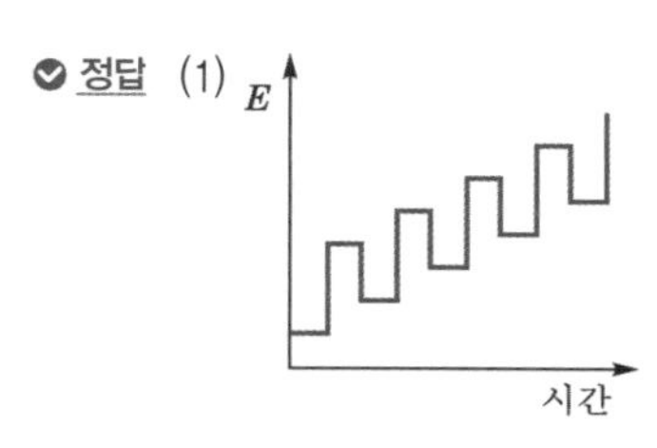

(2) 산화 · 환원에 의한 전류를 측정하므로 패러데이 전류가 증가하고 산화 · 환원과 관계없는 비패러데이 충전전류는 감소하므로, 네모파 전압전류법의 감도는 선형 전압전류법의 감도보다 1,000배 증가한다.

05 $Ce^{4+} + Fe^{2+} \rightarrow Ce^{3+} + Fe^{3+}$ 산화 · 환원 반응식을 (1) 산화반응식과 환원반응식으로 구분하여 각각 쓰고, (2) 어느 것이 산화제와 환원제인지 밝히시오.

정답 (1) ① 산화반응 : $Fe^{2+} \rightarrow Fe^{3+} + e^-$
② 환원반응 : $Ce^{4+} + e^- \rightarrow Ce^{3+}$
(2) ① 산화제 : Ce^{4+}
② 환원제 : Fe^{2+}

해설
- 산화제 : Ce^{4+}, 자신은 환원, 산화수 감소 ($Ce^{4+} \rightarrow Ce^{3+}$)
- 환원제 : Fe^{2+}, 자신은 산화, 산화수 증가 ($Fe^{2+} \rightarrow Fe^{3+}$)

06 단백질 0.5000g을 진한 황산에 넣어 완전히 분해하여 모든 질소를 NH_4^+로 만든다. 이 용액에 NaOH를 가하여 염기성을 만들어 모든 NH_4^+를 NH_3로 만들고 이를 증류하여 0.02140M HCl 용액 10.00mL에 모은다. 그 다음 이 용액을 0.0198M NaOH 용액으로 적정하였더니 3.28mL가 적가되었다. 이 단백질 중 질소의 질량(mg)을 구하시오. (단, 질소의 원자량은 14.0067이고, 소수점 넷째 자리까지 구하시오.)

정답 2.0878mg

해설 **켈달(Kjeldahl) 분석법** : 유기질소를 정량하는 가장 일반적인 방법
$N \rightarrow NH_4^+ \rightarrow NH_3$를 과량의 HCl을 사용하여 남은 HCl을 NaOH로 적정(역적정)
처음 넣어준 HCl 양 −NaOH과 반응한 HCl 양 = NH_3과 반응한 HCl 양

$$(0.02140 \times 10.00 \times 10^{-3}) - (0.0198 \times 3.28 \times 10^{-3}) = 1.49056 \times 10^{-4}\,\text{mol HCl}$$

$$1.49056 \times 10^{-4}\,\text{mol HCl} \times \frac{1\text{mol NH}_3}{1\text{mol HCl}} \times \frac{1\text{mol N}}{1\text{mol NH}_3} \times \frac{14.0067\text{g N}}{1\text{mol N}} \times \frac{1{,}000\,\text{mg}}{1\text{g}}$$

$= 2.08778\text{mg N}$

07 다음 작용기 중 C=O 적외선 흡수 파장이 긴 것부터 짧아지는 순으로 나열하시오.

Anhydride, Aldehyde, Ketone, Ester

정답 Ketone > Aldehyde > Ester > Anhydride

해설 C = O는 $1{,}700\text{cm}^{-1}$ 부근에서 흡수가 일어난다.

$\bar{\nu} = \frac{1}{\lambda} = \frac{1}{2\pi c}\sqrt{\frac{k}{\mu}}$ (여기서, $\bar{\nu}$: 파수, λ : 파장, c : 진공에서의 빛의 속도, μ : 환산질량, k : 힘 상수)

환산질량이 같으므로 힘 상수, 즉 결합세기가 클수록 파수는 증가하고 파장은 감소한다.
C = O 사이의 전자밀도가 풍부할수록 결합세기가 증가한다.

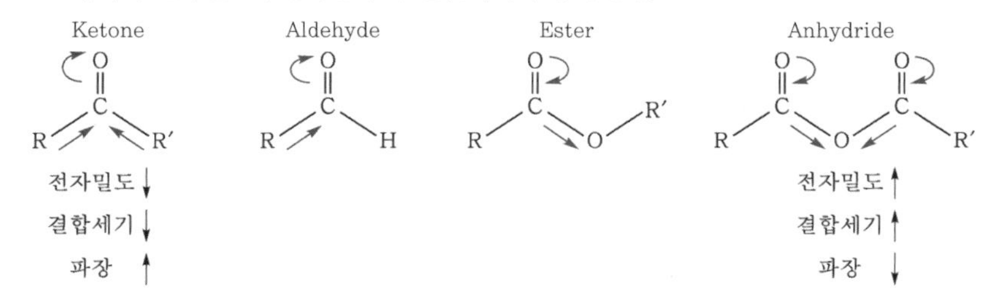

08 UV-VIS 분광법에서 셀의 길이가 1.5cm일 때 화합물 A의 투과도가 23.8%라고 한다. 이때 화합물 A의 흡광도를 구하시오. (단, 소수점 셋째 자리까지 구하시오.)

정답 0.623

해설 흡광도(A)와 투과도(T) 관계식 : $A = -\log T$

$$A = -\log\left(\frac{23.8}{100}\right) = 0.623$$

09 충치 예방을 위하여 1.6mg F^-/kg 농도의 음료수 1톤을 만들 때 NaF는 몇 mg이 필요한지 구하시오. (단, Na의 원자량은 22.9898, F의 원자량은 18.9984이다.)

정답 3536.15mg

해설

$$\frac{1.6\times10^{-3}\text{g F}^-}{1\text{kg 음료}}\times\left(1\text{ton}\times\frac{1{,}000\text{kg 음료}}{1\text{ton}}\right)\times\frac{1\text{mol F}^-}{18.9984\text{g F}^-}\times\frac{1\text{mol NaF}}{1\text{mol F}^-}$$
$$\times\frac{41.9882\text{g NaF}}{1\text{mol NaF}}\times\frac{1{,}000\text{mg}}{1\text{g}}=3536.15\text{mg NaF}$$

10 다음 표를 참고하여 데이터 12.57, 12.47, 12.53, 12.48, 12.56, 12.77에서 (1) 버려야 할 데이터가 있으면 그 데이터가 무엇인지 쓰고, (2) 그 이유를 설명하시오.

관측수	3	4	5	6	7
Q(90%신뢰수준)	0.94	0.76	0.64	0.56	0.51

정답 (1) 12.77은 버려야 할 데이터이다.
(2) 90% 신뢰수준에서 $Q_{실험}(0.67) > Q_{기준}(0.56)$이므로 의심스러운 점 12.77은 버려야 한다.

해설 Q-test : 의심스러운 결과를 버릴 것인지, 보유할 것인지를 판단하는 데 사용되던 통계학적 시험법이다.

- 측정값을 작은 것부터 큰 것으로 나열한다.
- 의심스러운 측정값(x_q)과 이에 가장 가까이 이웃하는 측정값(x_n)과의 차이의 절댓값을 한 무리의 데이터의 퍼짐(w)으로 나누어 $Q_{실험}$값을 구한다.

$$Q_{실험} = \frac{|x_q - x_n|}{w}$$

- 어떤 신뢰수준에서 $Q_{실험} > Q_{기준}$, 그 의심스러운 점은 버려야 한다.
- 어떤 신뢰수준에서 $Q_{실험} < Q_{기준}$, 그 의심스러운 점은 버리지 말아야 한다.

크기 순서대로 자료를 나열하면 12.47, 12.48, 12.53, 12.56, 12.57, 12.77이며, 가장 떨어져 있는 데이터는 12.77로 의심스러운 측정값이다.

$Q_{실험} = \dfrac{|12.77-12.57|}{12.77-12.47} = 0.67 > 0.56\,(Q_{기준},\ n=6)$이므로 90% 신뢰수준에서는 의심스러운 점 12.77은 버려야 한다.

∴ 12.77은 버린다.

11 sp, sp^2, sp^3 혼성 궤도함수에 해당하는 대표적인 화합물의 구조를 그리고, 결합각을 표시하시오.

정답 ① sp 아세틸렌(C_2H_2) : H—C≡CH (180°)

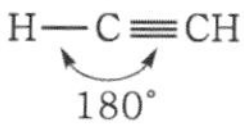

② sp^2 에틸렌(C_2H_4) : $H_2C=CH_2$ (120°)

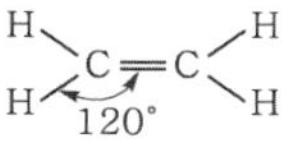

③ sp^3 메테인(CH_4) : (109.5°)

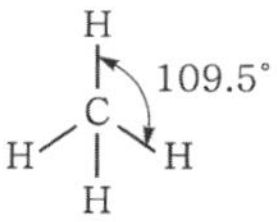

12 $CH_2=CH-CH=CH_2$와 $CH_2=CH-CH=CH-CH=CH_2$ 중 어느 것의 λ_{max}(최대흡수파장)이 더 긴지 (1) 부등호($<$, $=$, $>$)로 나타내고, (2) 그 이유를 쓰시오.

정답 (1) $CH_2=CH-CH=CH_2$ $<$ $CH_2=CH-CH=CH-CH=CH_2$

(2) 분자 궤도함수의 HOMO와 LUMO 사이의 ΔE가 클수록 최대흡수파장은 짧아진다. 이중결합이 많을수록 HOMO와 LUMO 사이의 ΔE는 작아지므로 이중결합이 3개인 $CH_2=CH-CH=CH-CH=CH_2$의 최대흡수파장이 더 길다.

13 고리의 파라 위치에 2개의 서로 다른 치환체가 있는 1-bromo-4-chlorobenze의 화학적으로 동등한 H의 수와 ^{1}H-NMR에 나타나는 peak의 수의 합을 구하시오.

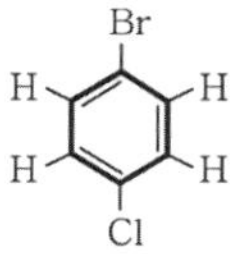

(구조: Br, H, H, H, H, Cl 치환 벤젠)

정답 6

해설 (구조: Br, H^a, H^a, H^b, H^b, Cl)

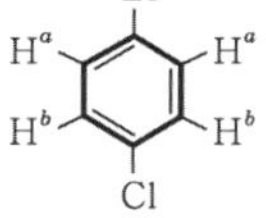

화학적으로 동등한 H는 H^a, H^b이고 ^{1}H-NMR에서 각각 이중선의 4개의 peak를 나타낸다.
따라서 2+4 = 6이다.

14 산소를 충분히 공급한 autoclave에서 어떤 화합물을 연소시켰더니 이산화탄소와 수증기의 몰비가 8 : 7이었다. 다음의 H – NMR 스펙트럼을 보고 이 화합물의 구조식을 그리고, a, b, c가 구조식 어디에 해당하는지 밝히시오. (단, 각 봉우리의 면적비는 a : b : c = 1.5 : 1 : 1이다.)

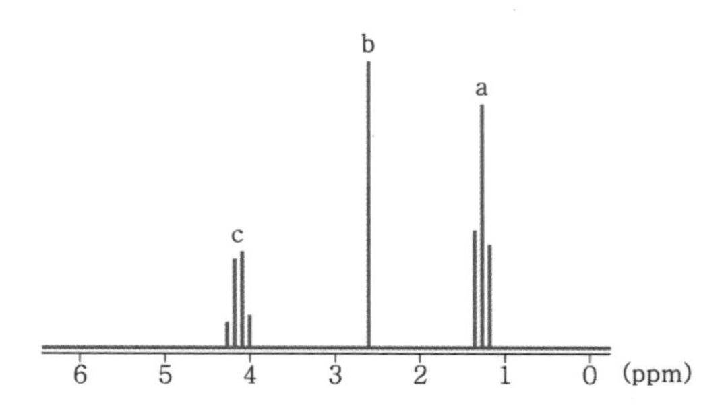

정답 $\underset{a}{CH_3}-\underset{c}{CH_2}-O-\overset{O}{\overset{\|}{C}}-\underset{b}{CH_2}-\underset{b}{CH_2}-\underset{\underset{O}{\|}}{C}-O-\underset{c}{CH_2}-\underset{a}{CH_3}$

해설 $CO_2 : H_2O = 8 : 7$, $C_8H_{14}O_x \rightarrow 8CO_2 + 7H_2O$ (산소 충분)

$$불포화도 = \frac{(2\times 탄소수 + 2) - 수소수}{2}$$
$$= \frac{(2\times 8 + 2) - 14}{2} = 2$$
$$= 2$$

이중결합 2개 또는 삼중결합 1개

면적비 a : b : c = 1.5 : 1 : 1 = 3 : 2 : 2, 수소수 14개이므로 대칭구조

구분	δ (ppm)	H수(면적비)		다중도(n + 1)	
a	1.1	3	CH_3	3 (2 + 1)	$CH_3 - CH_2$
b	2.7	2	CH_2	1 (0 + 1)	$-CH_2-$
c	4.1	2	CH_2	4 (3 + 1)	$-\overset{O}{\overset{\|}{C}}-O-(CH_2)-CH_3$

- δ1.1의 H 피크는 말단기의 수소
- δ4~5의 H 피크는 에스터의 수소
- 예상되는 구조식은 $\underset{a}{CH_3}-\underset{c}{CH_2}-O-\overset{O}{\overset{\|}{C}}-\underset{b}{CH_2}-\underset{b}{CH_2}-\underset{\underset{O}{\|}}{C}-O-\underset{c}{CH_2}-\underset{a}{CH_3}$ 이다.

15 **적외선 스펙트럼에서 1,688cm^{-1}의 흡수띠가 관찰되는 어떤 화합물의 EI – MS 스펙트럼이 다음과 같다. (1) 분석과정을 쓰고, (2) 구조식을 그리시오.**

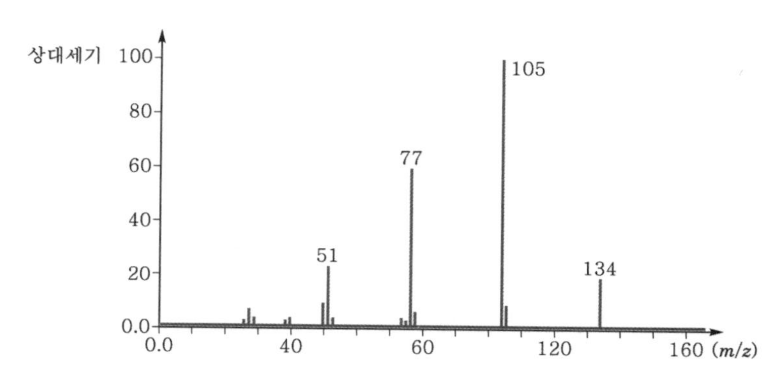

✔ 정답 (1) IR 1,688cm^{-1} 흡수 : C = O 또는 C = N의 이중결합에서의 흡수

분자량 차이에서 134 − 105 = 29로 C_2H_5, 105 − 77 = 28로 C = O를 예상

$\frac{134}{13} = 10 + \frac{4}{13}$: $C_{10}H_{14} \rightarrow C_9H_{10}O$

$\text{불포화도} = \frac{(2\times\text{탄소수}+2)-\text{수소수}}{2} = \frac{(2\times9+2)-10}{2} = 5$

벤젠고리 1개와 이중결합 1개

$C_9H_{10}O \rightarrow C_6H_5COC_2H_5$

예상되는 구조식은 $C_6H_5-C(=O)-CH_2-CH_3$ 이다.

(2) $C_6H_5-C(=O)-CH_2-CH_3$

2021 제1회 필답형 기출복원문제

01 콜로이드는 1nm ~ 1μm 크기의 불용성 물질이 분산된 상태로 다음 물질과 섞여 있는 혼합물을 일컫는다. 다음 물음에 답하시오.

(1) 다음 표를 완성하시오.

콜로이드상	분산 용매	분산 용질	콜로이드 형태
기체	기체	액체	①
액체	액체	액체	②
액체	액체	고체	③

(2) 콜로이드에 의해 빛의 산란이 일어나는 현상을 무엇이라고 하는지 쓰시오.

정답 (1) ① 에어로졸(aerosol), ② 에멀션(emulsion), ③ 졸(sol)
(2) 틴들(tyndall) 현상

해설 콜로이드는 1nm ~ 1μm 크기의 입자가 용매에 퍼져 있는 것으로, 가시광선을 산란시키므로 콜로이드 용액을 통해 지나가는 빛의 진로를 눈으로 볼 수 있다. 이러한 현상을 틴들(tyndall) 효과라고 한다.

분산질 / 분산매	고체	액체	기체
고체	(고체)졸(sol) : 보석류	젤(gel) : 곤약, 한천	(고체)거품 : 스티로폼
액체	졸(sol) : 먹물	에멀션(emulsion) : 우유	거품 : 면도크림
기체	(고체)에어로졸 : 연기, 미세먼지, 스모그	(액체)에어로졸 : 안개, 구름	–

02 PVC에서 염화이온(Cl^-)을 정량하기 위한 전처리 방법을 쓰시오.

정답 폴리염화비닐(PVC)은 염화비닐을 첨가중합으로 생성한 고분자 물질로, 염화이온(Cl^-) 정량을 위해 먼저 C, H를 제거해야 한다. 산화제(NH_4NO_3)를 넣고 연소하면 PVC → CO_2 + H_2O + NH_4Cl, 생성된 NH_4Cl은 $(NH_4)_2CO_3$에 용해되므로 Cl^- 정량분석이 가능하다.

03 원자흡수분광법에서 선 넓힘이 일어나는 원인 4가지를 쓰시오.

정답 ① 불확정성 효과, ② 도플러 효과, ③ 압력 효과, ④ 전기장과 자기장 효과

해설 **선 넓힘이 일어나는 원인**

- 불확정성 효과 : 하이젠베르크(Heisenberg)의 불확정성 원리에 의해 생기는 선 넓힘으로 자연선 너비라고도 한다.
- 도플러 효과 : 검출기로부터 멀어지거나 가까워지는 원자의 움직임에 의해 생기는 선 넓힘으로 원자가 검출기로부터 멀어지면 원자에 의해 흡수되거나 방출되는 복사선의 파장이 증가하고 가까워지면 감소한다.
- 압력 효과 : 원자들 간의 충돌로 바닥상태의 에너지준위의 작은 변화로 인해 흡수하거나 방출하는 파장이 어떤 범위를 가지게 되어 생기는 선 넓힘이다.
- 전기장과 자기장 효과 : 센 자기장이나 전기장 하에서 에너지준위가 분리되는 현상에 의해 생기는 선 넓힘이다.

04 **4.60M H_2SO_4 용액 500mL를 제조하기 위해 필요한 (1) 98.0% 진한 H_2SO_4 용액의 부피(mL)를 구하고, (2) 제조방법을 쓰시오. (단, 98.0% H_2SO_4 용액의 밀도는 1.84g/mL이다.)**

정답 (1) 125.00mL

(2) 125.00mL 진한 황산 용액을 증류수로 반 정도 채워진 500mL 부피플라스크에 천천히 가하고 충분히 식힌 후, 증류수로 최종 부피가 500mL가 되도록 표선을 맞춘다.

해설

$$(4.60 \times 0.500)\text{mol } H_2SO_4 \times \frac{98\text{g } H_2SO_4}{1\text{mol } H_2SO_4} \times \frac{100\text{g } H_2SO_4 \text{ 용액}}{98\text{g } H_2SO_4} \times \frac{1\text{mL } H_2SO_4 \text{ 용액}}{1.84\text{g } H_2SO_4 \text{ 용액}}$$

$$= 125.00\text{mL}$$

05 **$Na_2C_2O_4$ 0.2121g을 $KMnO_4$로 적정하는 데 43.31mL가 사용되었다. $KMnO_4$의 농도(M)를 구하시오. (단, $Na_2C_2O_4$의 분자량은 134.00g/mol이고, 소수점 넷째 자리까지 구하시오.)**

$$2MnO_4^- + 5C_2O_4^{2-} + 16H^+ \rightarrow 10CO_2 + 2Mn^{2+} + 8H_2O$$

정답 0.0146M

해설

$$\frac{0.2121\text{g } Na_2C_2O_4 \times \frac{1\text{mol } Na_2C_2O_4}{134\text{g } Na_2C_2O_4} \times \frac{2\text{mol } KMnO_4}{5\text{mol } Na_2C_2O_4}}{43.31 \times 10^{-3}\text{L}} = 0.0146\text{M}$$

06 **X-선은 10^{-5} ~ 100Å의 파장을 갖는 전자기파이며, 분광법에서는 주로 0.1 ~ 25Å의 X-선을 사용한다. 이 파장의 전압에너지(eV)를 계산하시오. (단, Planck 상수 = 6.626×10^{-34}J · s, 1Å = 10^{-10}m, 1eV = 1.602×10^{-19}J, $c = 2.998 \times 10^8$m/s이다.)**

정답 $4.96 \times 10^2 \sim 1.24 \times 10^5$eV

해설 $E = h \cdot \nu = h \cdot \frac{c}{\lambda}$

- 0.1Å 파장의 전압에너지(eV)

$$E = 6.626 \times 10^{-34}\text{J} \cdot \text{s} \times \frac{2.998 \times 10^8\text{m/s}}{0.1 \times 10^{-10}\text{m}} \times \frac{1\text{eV}}{1.602 \times 10^{-19}\text{J}} = 1.24 \times 10^5\text{eV}$$

- 25Å 파장의 전압에너지(eV)

$$E = 6.626 \times 10^{-34}\text{J} \cdot \text{s} \times \frac{2.998 \times 10^8\text{m/s}}{25 \times 10^{-10}\text{m}} \times \frac{1\text{eV}}{1.602 \times 10^{-19}\text{J}} = 4.96 \times 10^2\text{eV}$$

07 **농도가 0.23mM인 용액의 흡광도가 0.195일 때, 몰흡광계수를 구하시오. (단, 셀의 길이는 1.0cm이다.)**

정답 $847.83\text{cm}^{-1} \cdot \text{M}^{-1}$

해설 $A = \varepsilon bc = \varepsilon \times 1.0\text{cm} \times (0.23 \times 10^{-3})\text{M}$

$\therefore \varepsilon = 847.83\text{cm}^{-1} \cdot \text{M}^{-1}$

08 실험실에서 사용하는 초순수에는 증류수와 탈이온수가 있다. 이 중 탈이온수의 제조방법에 대해 설명하시오.

정답 탈이온수 제조방법은 이온교환수지를 이용한다. 특수이온교환수지는 하이드로늄이온(H_3O^+)과 수산화이온(OH^-)을 사용하여 물에 존재하는 음이온과 양이온을 제거해 탈이온수를 만든다.

① 양이온 교환수지는 양이온(Mg^{2+}, Ca^{2+}, Na^+ 등)을 유지하고 하이드로늄이온(H_3O^+)을 방출하므로 물에 존재하는 금속 양이온을 H^+으로 바꾼다.

② 음이온 교환수지는 음이온(SO_4^{2-}, Cl^- 등)을 유지하고 수산화이온(OH^-)을 방출하므로 물에 존재하는 음이온을 OH^-으로 바꾼다.

해설 초순수

- 증류수(distilled water) : 물을 끓여 수증기를 냉각시켜 얻은 물로서 비휘발성 유기물질이나 끓는점이 높은 양이온 등은 남아 있다.
- 탈이온수(deionized water) : 증류수의 이온들이 제거된 물이다.

09 분광기기 중 시료 측정과 동시에 바탕선 보정이 수행되는 빛살형은 무엇인지 쓰시오.

정답 겹빛살형

해설

- **홑빛살형 기기** : 필터 혹은 단색화 장치에서 오는 복사선은 광검출기에 다다르기 전에 기준용기 또는 시료용기를 통과한다.

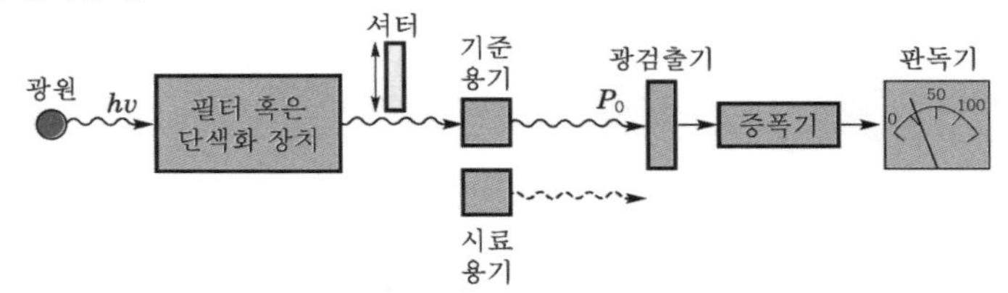

- **공간형 겹빛살형 기기** : 필터 혹은 단색화 장치에서 오는 복사선은 두 개의 빛살로 나누어져서 두 개의 광검출기에 다다르기 전에 기준용기와 시료용기를 동시에 통과한다.

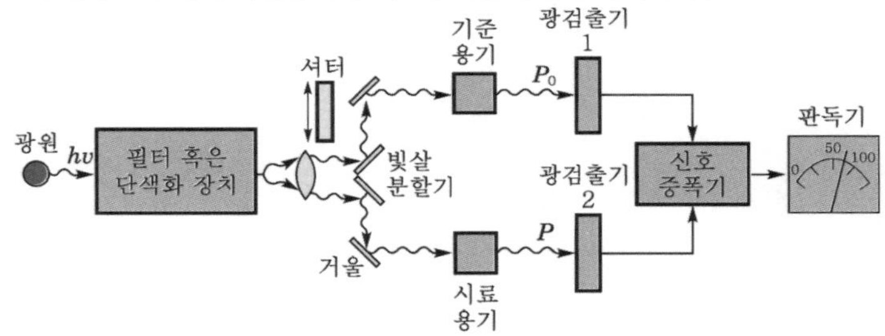

- **시간형 겹빛살형 기기** : 빛살은 광검출기에 다다르기 전에 교대로 기준용기와 시료용기로 보내진다. 단지 수 밀리 초의 시간차를 가지고 두 개의 빛살은 기준용기와 시료용기를 통과한다.

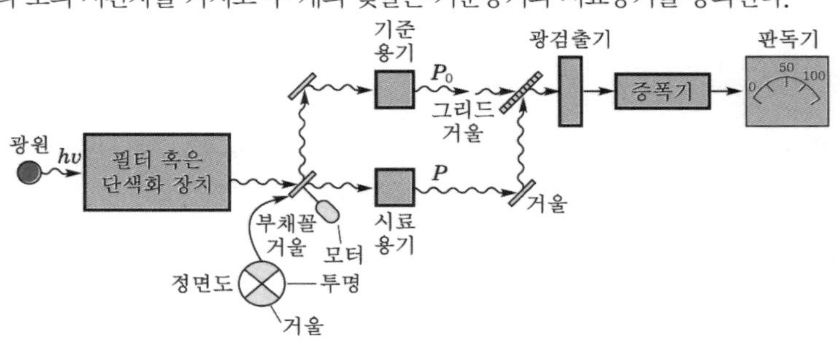

10 적외선 분광법에서 분자진동의 신축진동과 굽힘진동 중 굽힘진동의 종류 4가지를 쓰시오.

정답 ① 가위질진동(scissoring), ② 좌우흔듦진동(rocking), ③ 앞뒤흔듦진동(wagging), ④ 꼬임진동(twisting)

해설
- **굽힘진동** : 두 결합 사이의 각도 변화를 말하며, 가위질진동(scissoring), 좌우흔듦진동(rocking), 앞뒤흔듦진동(wagging), 꼬임진동(twisting)이 있다.

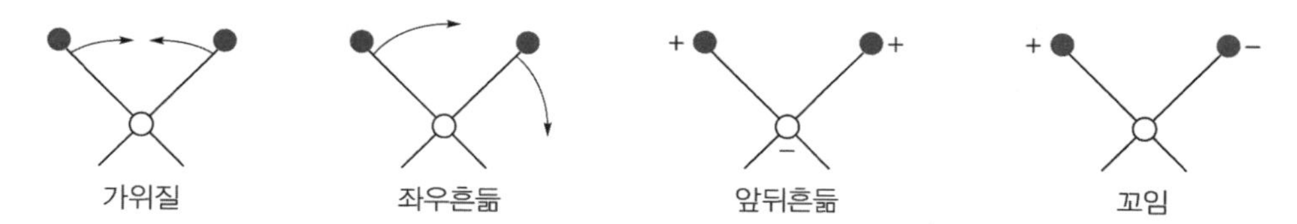

- **신축진동** : 두 원자 사이의 결합축을 따라 원자간의 거리가 연속적으로 변화함을 말한다. 대칭(symmetric) 신축진동과 비대칭(asymmetric) 신축진동이 있다.

11 미지시료 X 10.0mL를 8.5mg/mL 농도의 내부 표준물 S 5.0mL와 섞어서 50.0mL가 되도록 묽혔다. 이때 신호비(신호 X/신호 S)는 1.70이었다. 동일한 농도와 부피를 갖는 X와 S를 가진 시료의 신호비가 0.930일 때, 미지시료 X의 농도를 구하시오.

정답 7.77mg/mL

해설 $\frac{A_X}{C_X} = F \times \frac{A_S}{C_S}$ 또는 $\frac{A_X}{A_S} = F \times \frac{C_X}{C_S}$

여기서, A_X : 미지시료의 신호
C_X : 미지시료의 농도
A_S : 표준물질의 신호
C_S : 표준물질의 농도
F : 감응인자

$C_X = C_S$일 때, $\frac{A_X}{A_S} = 0.930 = F \times 1$

감응인자 $F = 0.930$이고, 미지시료 X의 농도를 X(mg/mL)라고 하면

$$1.70 = 0.930 \times \frac{X(\text{mg/mL}) \times \frac{10.0\text{mL}}{50.0\text{mL}}}{8.5\text{mg/mL} \times \frac{5.0\text{mL}}{50.0\text{mL}}}$$

$\therefore X = 7.77\text{mg/mL}$

12 AAS에서 매트릭스로 인해 생기는 스펙트럼 방해로 인한 바탕보정하는 방법 4가지를 쓰시오.

정답 ① 연속 광원 보정법, ② 두 선 보정법, ③ 광원 자체 반전에 의한 바탕보정법,
④ Zeeman 효과에 의한 바탕보정법

해설
- **연속 광원 보정법** : 중수소(D_2)램프의 연속 광원과 속빈 음극등이 번갈아 시료를 통과하게 하여 중수소램프에서 나오는 연속 광원의 세기의 감소를 매트릭스에 의한 흡수로 보아 연속 광원의 흡광도를 시료 빛살의 흡광도에서 빼주어 보정하는 방법
- **두 선 보정법** : 광원에서 나오는 방출선 중 시료가 흡수하지 않는 방출선 하나를 기준선으로 선택해서 시료를 통과하고 나온 기준선의 세기 감소를 매트릭스 방해로 보아 기준선의 흡광도를 시료 빛살의 흡광도에서 빼주어 보정하는 방법
- **광원 자체 반전에 의한 바탕보정법** : 속빈 음극등이 번갈아 먼저 작은 전류에서 그 다음에는 큰 전류에서 작동하도록 프로그램하여 큰 전류로 작동할 때 속빈 음극등에서 방출하는 복사선의 자체 반전이나 자체 흡수 현상을 이용해 바탕 흡광도를 측정하여 보정하는 방법
- **Zeeman 효과에 의한 바탕보정법** : 원자 증기에 센 자기장을 걸어 전자전이 준위에 분리를 일으키고 (Zeeman 효과) 각 전이에 대한 편광된 복사선의 흡수 정도의 차이를 이용해 보정하는 방법

13 헵테인(C_7H_{16})과 데케인($C_{10}H_{22}$)의 조절 머무름시간(t_R')이 각각 12.6분과 22.9분이고 미지시료 X의 조절 머무름시간(t_R')이 20.0분일 때, 미지시료 X의 머무름지수(I)를 구하시오.

정답 932.01

해설 n−alkane 탄소수(n)에 대한 $\log t_R'$는 비례관계 (t_R' : 조절 머무름시간)
머무름지수(I) = 탄소수(n)×100
헵테인(C_7H_{16})의 $\log t_R' = \log 12.6$, 데케인($C_{10}H_{22}$)의 $\log t_R' = \log 22.9$
미지시료의 $\log t_R' = \log 20$
n−alkane 탄소수(n)에 대한 $\log t_R'$ 관계식의 직선의 기울기를 이용하면

$$\frac{\log 22.9 - \log 12.6}{10-7} = \frac{\log 22.9 - \log 20.0}{10-X}, \quad X = 9.3201$$

∴ 머무름지수(I) = 탄소수(n)×100 = 9.3201×100 = 932.01

14 GC에서 사용하는 열린 모세관 칼럼의 종류 4가지를 쓰시오.

정답 ① 벽도포 열린 관 칼럼(WCOT), ② 지지체 도포 열린 관 칼럼(SCOT),
③ 용융 실리카 열린 관 칼럼(FSOT), ④ 다공성층 열린 관 칼럼(PLOT)

해설 기체 크로마토그래피에서는 충전 칼럼과 열린 모세관 칼럼의 두 종류가 있으나 열린 관이 고분리도, 짧은 분석시간, 높은 감도를 제공하므로 많은 분석에서 내경이 0.1~0.5mm이고, 길이가 15~100m인 양끝이 열린 모세관 칼럼을 사용한다.
- 벽도포 열린 관 칼럼(WCOT) : 스테인리스 스틸, 플라스틱 또는 유리로 칼럼을 만들고, 칼럼 내부를 정지상으로 얇게 도포한 열린 관 칼럼
- 지지체 도포 열린 관 칼럼(SCOT) : 모세관의 내부 표면을 규조토와 같은 고체 입자의 정지상으로 얇게 도포하고 그 위에 액체 정지상을 흡착시킨 열린 관 칼럼
- 용융 실리카 열린 관 칼럼(FSOT) : 용융 실리카로 칼럼을 만들고 외벽을 폴리이미드로 코팅하여 강도를 높이고 액체 정지상을 내벽에 얇게 도포한 열린 관 칼럼
- 다공성층 열린 관 칼럼(PLOT) : 다공성 중합체의 고체상 입자가 칼럼 내벽에 부착되어 있는 열린 관 칼럼

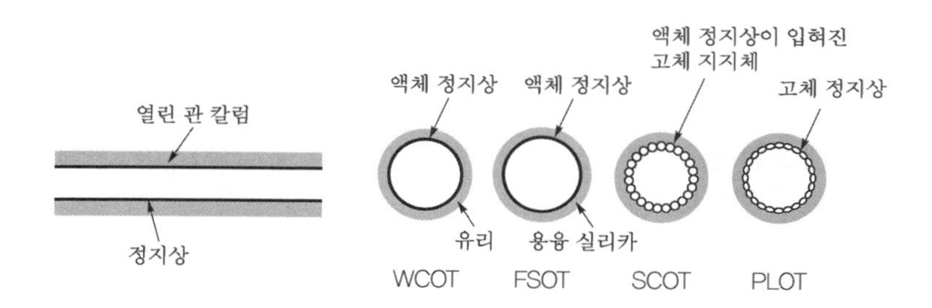

15 $C_4H_8O_2$ 화학식을 갖는 물질이 1,700cm^{-1}에서 강한 적외선 흡수 피크를 보이며 H-NMR 스펙트럼 peak(ppm)는 a – 1.2, b – 2.2, c – 4.1이고, 각 봉우리의 면적비는 a : b : c = 3 : 3 : 2이다. 이 화합물의 구조식을 그리고, 각 H에 해당하는 봉우리를 나타내시오.

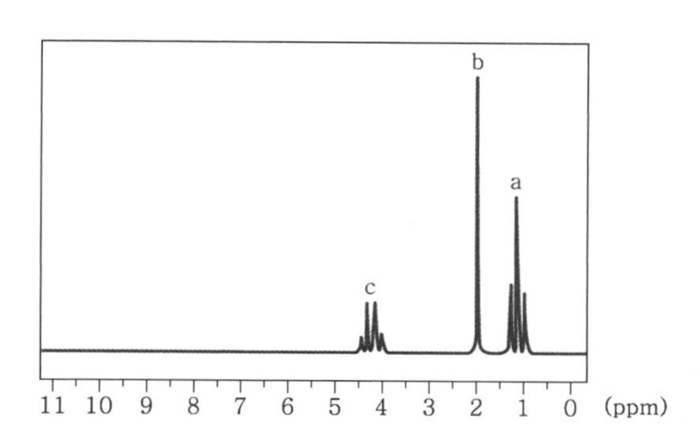

정답

CH_3(b) – C(=O) – O – CH_2(c) – CH_3(a)

해설

$$\text{불포화도} = \frac{(2\times \text{탄소수}+2)-\text{수소수}}{2} = \frac{(2\times 4+2)-8}{2} = 1$$

이중결합 1개, IR 측정결과 1,735cm^{-1}에서 강한 피크 C = O

구분	δ (ppm)	H수 (면적비)		다중선	구조도
a	~1.2	3	CH_3	삼중선	$-CH_3$
b	~2.2	3	CH_3	단일선	CH_3–C(=O)–
c	~4.1	2	CH_2	사중선	–C(=O)–O–CH_2–

예상되는 구조식은 CH_3(b) – C(=O) – O – CH_2(c) – CH_3(a) 이다.

2021 제2회 필답형 기출복원문제

01 니켈 20%를 포함하는 광물 0.5g을 용해할 때 계통오차로 니켈 2mg의 손실이 항상 발생한다. 니켈의 상대오차(%)를 구하시오.

정답 –2.00%

해설
- 절대오차(E)
  ① 측정값과 참값과의 차이를 의미한다.
  ② 절대오차의 부호는 측정값이 작으면 음(−)이고, 측정값이 크면 양(+)이다.
  $E = x_i - x_t$
  여기서, x_i : 어떤 양을 갖는 측정값
  x_t : 어떤 양에 대한 참값 또는 인정된 값
- 상대오차(E_r) : 절대오차를 참값으로 나눈 값으로 절대오차보다 더 유용하게 이용되는 값이다.
- 백분율 상대오차% : $E_r = \frac{x_i - x_t}{x_t} \times 100\%$

광물 0.5g 중 Ni의 양 = $500\text{mg 광물} \times \frac{20}{100} = 100\text{mg Ni}$

$\therefore$ 상대오차 $= \frac{98\text{mg} - 100\text{mg}}{100\text{mg}} \times 100 = -2.00\%$

02 비중이 1.42이고, 함량이 70wt%인 질산의 몰농도(M)를 구하시오. (단, 질산의 분자량은 63.0g/mol이다.)

정답 15.78M

해설 $\frac{70\text{g } HNO_3}{100\text{g 용액}} \times \frac{1.42\text{g 용액}}{1\text{mL 용액}} \times \frac{1{,}000\text{mL}}{1\text{L}} \times \frac{1\text{mol } HNO_3}{63.0\text{g } HNO_3} = 15.78\text{M}$

03 Volhard법으로 I^-을 역적정하였다. 미지시료의 I^- 20.0mL에 0.400M $AgNO_3$ 용액 50.0mL를 넣었다. 반응하고 남은 Ag^+에 Fe^{3+} 지시약을 넣고 0.250M KSCN으로 적정했을 때 36.0mL가 필요하였다. 미지시료 중 I^-의 농도는 얼마인지 구하시오.

정답 0.55M

해설
- 반응하고 남은 Ag^+의 mmol = 적정에 사용된 KSCN의 mmol
  $0.250\text{M} \times 36.0\text{mL} = 9\text{mmol}$
- 미지시료 중 I^-의 mmol = 과량으로 넣은 $AgNO_3$ mmol − 반응하고 남은 Ag^+의 mmol
  $(0.400\text{M} \times 50.0\text{mL}) - 9\text{mmol} = 11\text{mmol}$

$\therefore$ 미지시료 중 I^-의 농도 : $\frac{11\text{mmol}}{20.0\text{mL}} = 0.55\text{M}$

04 다음 물음에 답하시오.

(1) 물 50.0mL에 pH 10으로 완충하고 0.01M EDTA 10.0mL로 적정하였다. 물의 총 경도(total hardness)를 구하시오. (단, $CaCO_3$의 분자량은 100.0g/mol이며, 물에 Mg^{2+} 이온은 없다.)

(2) Ca^{2+} 경도와 Mg^{2+} 경도를 구하는 방법에 대해 쓰시오.

정답 (1) 200.00mg $CaCO_3$/L
(2) ① pH 10에서 총 경도를 구한다.
② pH 13에서 Ca^{2+} 경도를 구한다(pH 13에서 Mg^{2+}은 OH^-와 반응하여 $Mg(OH)_2$ 침전물을 형성한다).
③ 총 경도 − Ca^{2+} 경도 = Mg^{2+} 경도이다.

해설 물의 경도
물속에 들어 있는 모든 알칼리토금속 이온의 전체 농도를 나타낸다. 보통 Ca^{2+}와 Mg^{2+}으로 나타내며, 물 1L에 들어 있는 $CaCO_3$의 mg수로 표시한다. 단위는 mg $CaCO_3$/L이다.

$$\frac{(0.01\times10.0)\text{mmol Ca}^{2+}\times\dfrac{1\text{mmol CaCO}_3}{1\text{mmol Ca}^{2+}}\times\dfrac{100\text{mg CaCO}_3}{1\text{mmol CaCO}_3}}{50.0\times10^{-3}\text{L}}=200.00\text{mg CaCO}_3/\text{L}$$

05 다음 물음에 답하시오.

(1) 포화 칼로멜 전극을 | 와 ‖로 표시해서 나타내시오.

(2) 은/염화은 전극을 | 와 ‖로 표시해서 나타내시오.

(3) Nernst 식을 쓰고, 각 항이 무엇인지 나타내시오.

(4) 포화 칼로멜 전극이나 은/염화은 전극의 전위가 일정하게 유지되는 원리를 Nernst 식을 이용해서 설명하시오.

정답 (1) $Hg(l)$ | Hg_2Cl_2(포화), KCl(포화) ‖
(2) Ag(s) | AgCl(포화), KCl(포화) ‖
(3) $E=E^\circ-\dfrac{0.05916}{n}\log Q$
여기서, E : 전위
E° : 표준 환원전위
n : 반응에 참여한 전자의 몰수
Q : 반응지수 $=\dfrac{[\text{환원된 화학종}]}{[\text{산화된 화학종}]}$
(4) $E=E^\circ-0.05916\log[Cl^-]$, 포화 KCl 용액을 사용하면 Cl^-의 농도를 일정하게 유지시킬 수 있으므로 E가 일정하게 된다.

06 원자흡수분광법에서 사용되는 매트릭스 변형제의 (1) 사용 목적과, (2) 작용 기작 3가지를 적으시오.

정답 (1) 원자화 과정에서 분석물질이 손실되는 것을 감소시키기 위해 첨가한다.
(2) ① 매트릭스의 휘발성을 증가시켜 분석물질의 손실을 막는다.
② 분석물질의 휘발성을 감소시켜 분석물질의 손실을 막는다.
③ 분석물질의 원자화 온도를 높게 올려 분석물질 손실없이 매트릭스를 제거한다.

07 72홈/mm, 0.5m 초점거리의 적외선 분광법에서 입사각 30°, 반사각 0°일 때, 다음 물음에 답하시오.

(1) 1차 회절발 스펙트럼의 파장(nm)과 파수(cm^{-1})를 구하시오.

(2) 1차 역선 분산능(nm/mm)을 구하시오.

정답 (1) ① 파장 : 6.94×10^3nm, ② 파수 : $1.44\times10^3cm^{-1}$
(2) 27.78nm/mm

해설 (1) $n\lambda = d(\sin A + \sin B)$

여기서, n : 회절차수
λ : 회절되는 파장
d : 홈 사이의 거리
A : 입사각
B : 반사각

$$1\times\lambda = \frac{1\text{mm}}{72\text{홈}}(\sin30° + \sin0°),\ \lambda = 6.94\times10^{-3}\text{mm}$$

$$\therefore \text{파장(nm)} = 6.94\times10^{-3}\text{mm}\times\frac{10^6\text{nm}}{1\text{mm}} = 6.94\times10^3\text{nm}$$

$$\text{파수}(\text{cm}^{-1}) = \frac{1}{6.94\times10^3\text{nm}}\times\frac{10^7\text{nm}}{1\text{cm}} = 1.44\times10^3\text{cm}^{-1}$$

(2) 역선 분산능$(D^{-1}) = \frac{d}{nf}$, 단위는 nm/mm 또는 Å/nm이다.

여기서, n : 회절차수
f : 초점거리
d : 홈 사이의 거리

$$\therefore D^{-1} = \frac{\frac{1\text{mm}}{72\text{홈}}}{1\times0.5\text{m}} = 2.778\times10^{-2}\text{mm/m}$$

$$\frac{2.778\times10^{-2}\text{mm}}{1\text{m}}\times\frac{10^6\text{nm}}{1\text{mm}}\times\frac{1\text{m}}{10^3\text{mm}} = 27.78\text{nm/mm}$$

08 원자분광법 중 다음과 같은 장단점을 갖는 분광법은 무엇인지 쓰시오.

〈장점〉 - 비파괴적이다.
- 적은 시료로 분석이 가능하다.
- 스펙트럼이 단순하여 분석하기 쉽다.

〈단점〉 - 감도가 비교적 낮다.
- 가격이 비싸다.
- 가벼운 원소에 대한 분석이 어렵다.

정답 X선 형광법(XRF)

09 다음 물음에 답하시오.

(1) 옥테인(C_8H_{18}) 1몰을 연소시키는 데 필요한 공기의 양(Sm^3)을 구하시오.

(2) 옥테인의 머무름지수를 구하시오.

정답 (1) $1.33Sm^3$
(2) 800.00

해설 옥테인의 연소반응식

$2C_8H_{18} + 25O_2 \rightarrow 16CO_2 + 18H_2O$

(1) Sm^3는 표준상태에서의 부피를 나타내며, 표준상태에서 기체 1mol의 부피는 22.4L이다. 공기 중 산소는 21%를 차지하고 있고, 1,000L = $1m^3$이다.

$$\therefore 1\,mol\,C_8H_{18} \times \frac{25mol\ O_2}{2mol\ C_8H_{18}} \times \frac{22.4L\ O_2}{1mol\ O_2} \times \frac{100L\ 공기}{21L\ O_2} \times \frac{1m^3}{1,000L} = 1.33m^3\ 공기$$

(2) 포화탄화수소의 머무름지수 = 탄소수×100

∴ 옥테인(C_8H_{18})의 머무름지수 = 8×100 = 800.00

10 다음 물음에 답하시오.

〈보기〉	cyclohexene, cyclopentene, cyclobutene, cyclopropene

(1) 〈보기〉의 화합물 중 C = C 이중결합의 흡수 진동수가 작은 것부터 커지는 순서로 쓰시오. (단, ① < ② < ③ < ④와 같은 형태로 답하시오.)

(2) ①의 탄소수 + ②의 수소수 + (③의 탄소수×5) + (④의 수소수× 2)를 구하시오.

정답 (1) cyclobutene < cyclopentene < cyclohexene < cyclopropene
(2) 50

해설 (1)

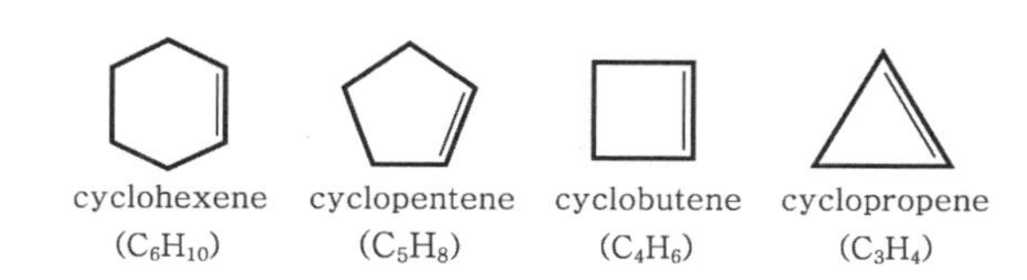

고리화합물(C_nH_{2n-2})의 C = C 결합의 신축진동은 이웃하는 C − C 결합의 신축진동에 영향을 받는다. 육각형–오각형–사각형으로 갈수록 흡수 진동수가 감소한다. 예외적으로 삼각형 고리화합물의 흡수 진동수는 육각형 고리화합물보다 더 크다.

(2) ① cyclobutene 탄소수 4, ② cyclopentene 수소수 8, ③ cyclohexene 탄소수 6, ④ cyclopropene 수소수 4

$\therefore 4+8+(6\times5)+(4\times2)=50$

11 다음은 2-브로모-2-메틸프로판과 물의 S_N1 치환반응의 1단계이다. 다음 단계를 화살표를 포함하여 구조식을 그리고, 결합위치를 표시하시오.

〈1단계〉 $(CH_3)_3C-Br \rightleftharpoons (CH_3)_3C^{\oplus} + Br^{\ominus}$

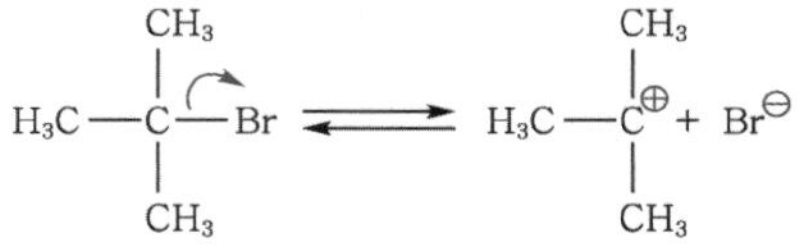

정답

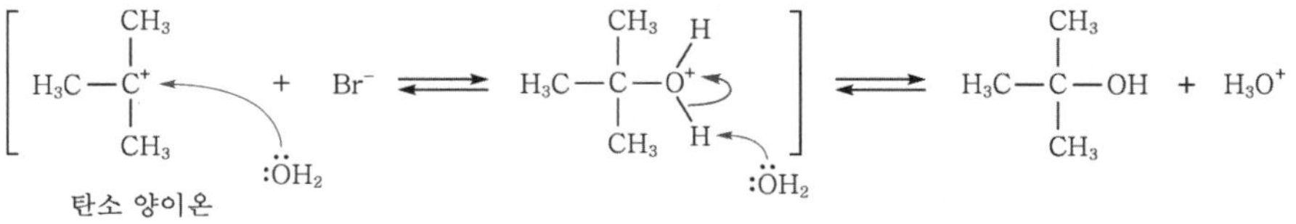

$[(CH_3)_3C^+ + Br^- \rightleftharpoons (CH_3)_3C-OH_2^+] \rightleftharpoons (CH_3)_3C-OH + H_3O^+$

(탄소 양이온 + $:\ddot{O}H_2$ → $(CH_3)_3C-O^+H_2$, $:\ddot{O}H_2$가 H를 떼어냄)

탄소 양이온

해설

$(CH_3)_3C-Br$

① 반응속도 제한단계 $\rightleftharpoons$

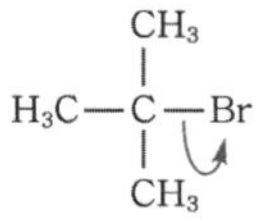

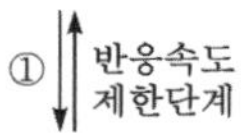

① 브로민화 알킬의 자발적 해리는 느린 반응속도 제한단계에서 일어나며, 탄소 양이온 중간체와 브로민화 이온을 생성한다.

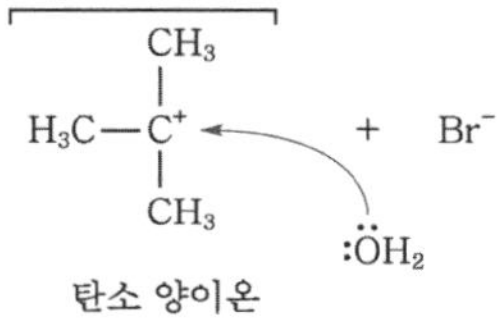

$(CH_3)_3C^+ + Br^-$ ($:\ddot{O}H_2$)

탄소 양이온

② 빠른 단계 $\rightleftharpoons$

② 탄소 양이온 중간체는 빠른 단계에서 친핵체인 물과 반응하여 생성물로 양성자가 첨가된 알코올을 만든다.

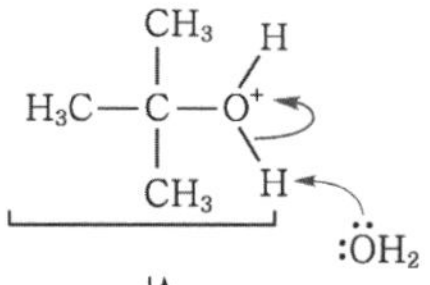

$(CH_3)_3C-O^+H_2$ ($:\ddot{O}H_2$)

③ $\rightleftharpoons$

③ 양성자가 첨가된 알코올 중간체로부터 양성자가 떨어져나가 중성인 알코올 생성물이 된다.

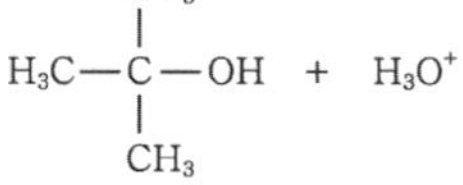

$(CH_3)_3C-OH + H_3O^+$

12 GC에 대한 다음 물음에 답하시오.

(1) 분석하기에 적합한 시료성분의 성질 2가지를 쓰시오.

(2) 정지상에서 블리딩(bleeding)을 설명하고, 블리딩이 측정결과에 미치는 영향 2가지를 쓰시오.

정답 (1) ① 휘발성이 커야 한다.
② 열안정성이 커야 한다.
③ 분자량이 작아야 한다.
이 중 2가지 기술

(2) ① 설명 : 칼럼에 붙어 있는 정지상이 높은 온도, 반응성이 높은 시료 이동상에 포함되어 있는 산소에 의해 용리되는 동안 떨어져 나오는 현상이다.
② 영향 : • 크로마토그램의 베이스라인이 계속 올라가서 정량분석을 어렵게 한다.
• 검출기에 달라붙어 검출기의 성능을 떨어뜨린다.

13 MgC_2O_4와 MgO 혼합물의 초기 질량이 50.0mg일 때 TGA 실험결과 41.6%로 질량이 감소하였다. 두 물질의 질량 조성비를 구하시오. (단, Mg의 원자량은 24이다.)

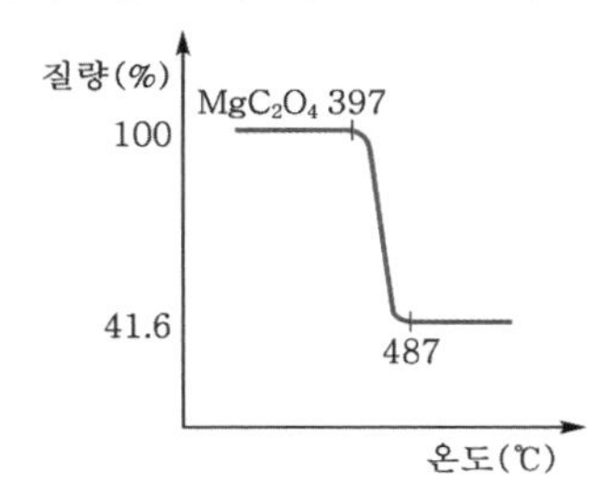

정답 MgC_2O_4 : MgO = 90.84% : 9.16%

해설 MgC_2O_4와 MgO의 혼합시료 50mg에서 MgC_2O_4의 질량을 x(mg)로 두면, MgO는 $(50-x)$mg이고 줄어든 질량은 $100-41.6=58.4\%$, $50\text{mg}\times\frac{58.4}{100}=29.2\text{mg}$은 C_2O_3에 의한 질량 감소이다.

MgC_2O_4의 몰질량은 112g/mol, C_2O_3의 몰질량은 72g/mol, 1mol을 기준으로 112g의 MgC_2O_4에 72g의 C_2O_3가 포함되므로 29.2mg은 x(mg)의 MgC_2O_4에 포함된 C_2O_3 양이다.

112g/mol : 72g/mol = x(mg) : 29.2mg, $x=45.42$mg MgC_2O_4이고, 따라서 MgO의 양은 $50-45.42=4.58$mg이다.

• MgC_2O_4의 질량 조성비 : $\frac{45.42\text{mg}}{50\text{mg}}\times 100=90.84\%$

• MgO의 질량 조성비 : $\frac{4.58\text{mg}}{50\text{mg}}\times 100=9.16\%$

14 $C_6H_5NCl_2$의 IR 흡수 spectrum과 H－NMR, C－NMR spectrum의 결과는 다음과 같다. 이 화합물의 구조식을 그리시오.

> － IR peak(cm^{-1}) : 3,400~3,300, 1,600~1,400
> － H-NMR peak(ppm) : 7.2(이중선, 면적비 1.96), 6.6(삼중선, 면적비 0.99),
> 4.4(단일선, 면적비 2.01)

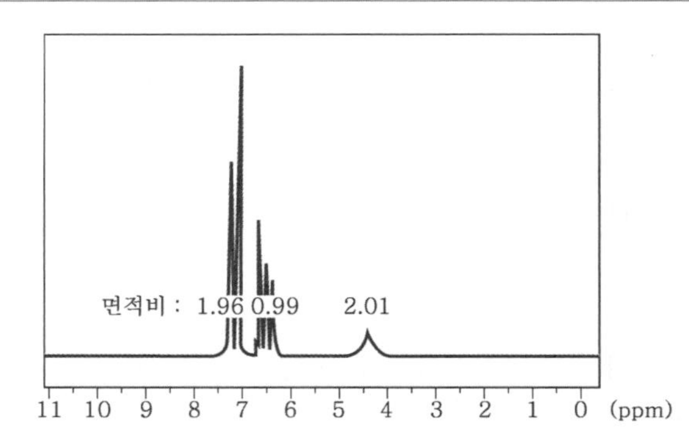

^{13}C(ppm)	DEPT 90	DEPT 135
118	양의 피크	양의 피크
119.5	피크 없음	피크 없음
128	양의 피크	양의 피크
140	피크 없음	피크 없음

정답

NH_2
Cl Cl
H H
H

해설 IR peak(cm^{-1}) : 3,400~3,300cm^{-1}는 아민($-NH_2$)기에 의한 것으로 1,600~1,400cm^{-1}는 벤젠고리에 의한 것으로 예상된다.

H－NMR 면적비 1.96 : 0.99 : 2.01로부터 2H : H : 2H, DEPT 135 및 DEPT 90 C－NMR 결과로 2종류의 CH를 확인할 수 있다.

δ(ppm)	H수(면적비)			다중도
4.4	2.01	2	CH_2	1
6.6	0.99	1	CH	3
7.2	1.96	2	CH_2	2

$C_6H_5NCl_2$ 예측 가능한 구조는 (1) [NH_2, H, H, Cl, Cl, H], (2) [NH_2, Cl, Cl, H, H, H] 이다.

(1)구조라면 H－NMR peak는 모두 단일선으로, (2)구조라면 H－NMR peak는 이중선과 삼중선으로 나타나야 한다. H－NMR peak는 7.2에서 이중선을, 6.6에서 삼중선을 나타낸다. 따라서 $C_6H_5NCl_2$의 구조는 (2)이다.

15 다음은 어떤 알코올의 2가지 구조이성질체의 질량 스펙트럼이다. 각 스펙트럼에 해당하는 알코올의 구조식을 그리시오.

(1)

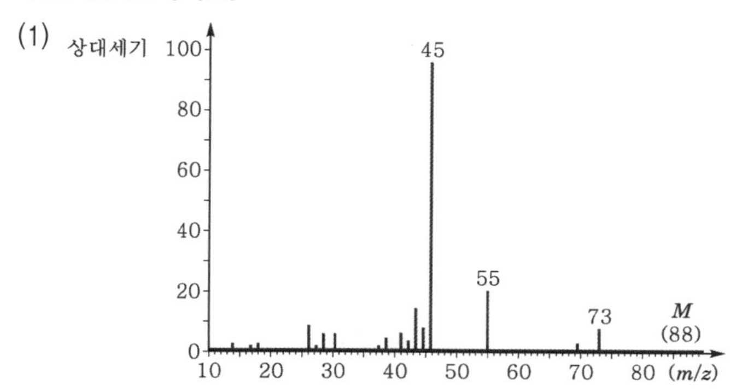

(2)

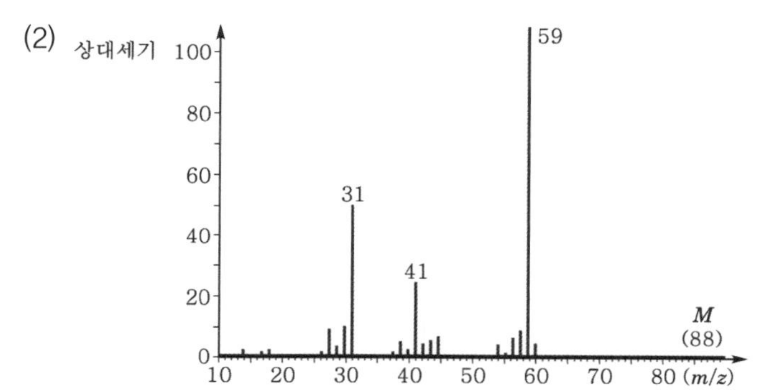

정답 (1)

```
        OH
        |
      CH      CH2
CH3      CH2      CH3
```

(2)

```
           OH
           |
CH3       CH       CH3
     CH2      CH2
```

해설 분자량이 88인 알코올이다. 88 − 17(OH) = 71이고, $C_5 = 5\times12 = 60$, $C_6 = 6\times12 = 72$이므로 알코올은 pentanol이며, 분자식은 $C_5H_{11}OH$으로 예상된다.

(1) 88 − 73 = 15 CH_3, 73 − 55 = 18 H_2O, 88 − 45 = 43 C_3H_7(CH_3−CH_2−CH_2−)을 예상할 수 있다.

따라서, 예상되는 구조식은 $CH_3-CH(OH)-CH_2-CH_2-CH_3$, 2-pentanol이다.

(2) 88 − 59 = 29 C_2H_5(CH_3−CH_2−), 59 − 41 = 18 H_2O를 예상할 수 있다.

따라서, 예상되는 구조식은 $CH_3-CH_2-CH(OH)-CH_2-CH_3$, 3-pentanol이다.

2021 제4회 필답형 기출복원문제

01 **다음 빈칸에 들어갈 알맞은 용어를 쓰시오.**

분석 중 무엇이 들어 있는지를 분석하는 것을 (①)이라고 하고, 얼마나 들어있는지를 분석하는 것을 (②)이라고 한다.

✔ 정답 ① 정성분석, ② 정량분석

02 **11.428mg의 화합물을 완전연소시켜 28.828mg CO_2와 5.058mg H_2O를 얻었다. 시료 중에 있는 (1) C와, (2) H의 무게 백분율을 구하시오. (단, 소수점 첫째 자리까지 구하시오.)**

✔ 정답 (1) 68.8%
(2) 4.9%

✔ 해설 (1) 시료 중의 C의 무게 백분율

$$\frac{28.828\text{mg } CO_2 \times \frac{1\text{mmol } CO_2}{44\text{mg } CO_2} \times \frac{1\text{mmol C}}{1\text{mmol } CO_2} \times \frac{12\text{mg C}}{1\text{mmol C}}}{11.428\text{mg 시료}} \times 100 = 68.80\%$$

(2) 시료 중의 H의 무게 백분율

$$\frac{5.058\text{mg } H_2O \times \frac{1\text{mmol } H_2O}{18\text{mg } H_2O} \times \frac{2\text{mmol H}}{1\text{mmol } H_2O} \times \frac{1\text{mg H}}{1\text{mmol H}}}{11.428\text{mg 시료}} \times 100 = 4.92\%$$

03 **0.02M 약산(HA) 용액 50.0mL를 0.10M NaOH 용액으로 적정한다. NaOH 용액을 10.5mL 적가했을 때 pH는 얼마인지 구하시오.**

✔ 정답 10.92

✔ 해설 적정 알짜반응식 : $HA + OH^- \rightarrow H_2O + A^-$
당량점의 부피는 $0.02\text{M} \times 50\text{mL} = 0.1\text{M} \times V(\text{mL})$, $V = 10.0\text{mL}$
가한 NaOH 10.5mL는 당량점 이후이므로 과량의 OH^-를 포함한다.

$$[OH^-] = \frac{(0.10\text{M} \times 10.5\text{mL}) - (0.02\text{M} \times 50.0\text{mL})}{50.0\text{mL} + 10.5\text{mL}} = 8.26 \times 10^{-4}\text{M}$$

$pOH = -\log(8.26 \times 10^{-4}) = 3.08$

$\therefore pH = 14.00 - pOH = 14.00 - 3.08 = 10.92$

04 **킬레이트 효과란 무엇인지 쓰시오.**

✔ 정답 여러 자리 리간드가 유사한 한 자리 리간드보다 더 안정한 금속 착물을 형성하는 능력이다.

05 **EDTA 적정법에서 사용되는 지시약의 $pK_{a2}=6.3$이고, $pK_{a3}=11.6$이다. 색은 pH에 따라 붉은색, 푸른색, 오렌지색으로 되어 있다. 이 지시약은 무엇인지 쓰시오.**

✔ 정답 에리오크롬블랙T(= EBT)

✔ **해설** 금속이온 지시약

- EDTA 적정법에서 종말점 검출을 위해 사용한다. 다른 방법으로는 전위차 측정(수은전극, 유리전극, 이온 선택성 전극), 흡광도 측정이 있다.
- 금속이온 지시약은 금속이온과 결합할 때 색이 변하는 화합물이다.
- 지시약으로 사용되려면 EDTA보다는 약하게 금속과 결합해야 한다.

  결합세기 : 금속 – 지시약 < 금속 – EDTA
- 금속이 지시약으로부터 자유롭게 유리되지 않는다면 금속이 지시약을 막았다(block)고 한다.

  예 Cu^{2+}, Ni^{2+}, Co^{2+}, Cr^{3+}, Fe^{3+}, Al^{3+}의 금속이 지시약 에리오크롬블랙T를 막는다(block).

〈몇 가지 일반적인 금속이온 지시약〉

이름	구조	pK_a	유리 지시약의 색깔	금속이온 착물의 색깔
칼마자이트	(H_2In^-)	$pK_2=8.1$ $pK_3=12.4$	H_2In^- 붉은색 HIn^{2-} 푸른색 In^{3-} 오렌지색	포도주빛 붉은색
에리오크롬 블랙T	(H_2In^-)	$pK_2=6.3$ $pK_3=11.6$	H_2In^- 붉은색 HIn^{2-} 푸른색 In^{3-} 오렌지색	포도주빛 붉은색
뮤렉사이드	(H_4In^-)	$pK_2=9.2$ $pK_3=10.9$	H_4In^- 붉은 보라색 H_3In^{2-} 보라색 H_2In^{3-} 푸른색	노란색(Co^{2+}, Ni^{2+}, Cu^{2+}의 경우), Ca^{2+}는 붉은색
자이레놀 오렌지	(H_3In^{3-})	$pK_2=2.32$ $pK_3=2.85$ $pK_4=6.70$ $pK_5=10.47$ $pK_6=12.23$	H_5In^- 노란색 H_4In^{2-} 노란색 H_3In^{3-} 노란색 H_2In^{4-} 보라색 HIn^{5-} 보라색 In^{6-} 보라색	붉은색
파이로카테콜 바이올렛	(H_3In^-)	$pK_1=0.2$ $pK_2=7.8$ $pK_3=9.8$ $pK_4=11.7$	H_4In 붉은색 H_3In^- 노란색 H_2In^{2-} 보라색 HIn^{3-} 붉은 자주색	푸른색

06 A 물질의 평균 함량이 500.0mg이고 분산이 25일 때, A 함량의 95% 신뢰구간을 구하시오.

신뢰수준	90%	95%	99%
z	1.64	1.96	2.58

정답 500.0 ± 9.8mg

해설 신뢰구간

- Student의 t는 신뢰구간을 나타낼 때와 서로 다른 실험으로부터 얻은 결과를 비교하는 데 가장 빈번하게 쓰이는 통계학적 도구이다.
- 모집단 표준편차(σ)가 알려져 있거나 표본 표준편차(s)가 σ의 좋은 근사값일 때의 신뢰구간 계산
  ① 한 번 측정으로 얻은 x의 신뢰구간 $= x \pm z\sigma$
  ② n번 반복하여 얻은 측정값의 평균인 경우의 신뢰구간 $= \bar{x} \pm \dfrac{z\sigma}{\sqrt{n}}$
- 모집단 표준편차(σ)를 알 수 없을 때의 신뢰구간 계산
  n번 반복하여 얻은 측정값의 평균 $\bar{x}$의 신뢰구간 $= \bar{x} \pm \dfrac{ts}{\sqrt{n}}$
  여기서, t : Student의 t
  자유도 : $n-1$
  $\bar{x}$: 시료의 평균
  s : 표준편차

∴ 신뢰구간 $= x \pm z\sigma = 500.0 \pm (1.96 \times 5) = 500.0 \pm 9.8$mg

07 GC의 열린 관 칼럼에 대한 다음 물음에 답하시오.

(1) ① 열린 관 칼럼과 ② 충전 칼럼의 입자가 충전되어 있는 단면구조를 그리시오.

(2) 열린 관 칼럼의 특성을 설명하시오.

정답 (1) ① ②

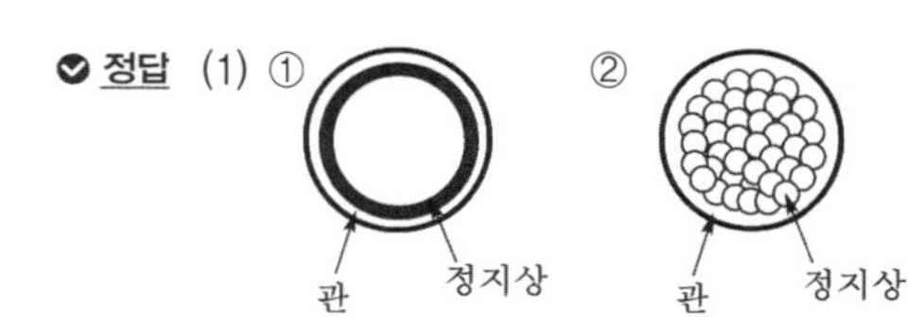

(2) 열린 관 칼럼은 충전관 칼럼에 비해 길이가 10배 이상 길고, 이동상의 속도가 빨라 분리능이 좋으며, 분석시간도 단축된다. 그러나 정지상의 양이 적으므로 많은 양의 시료를 처리하지 못한다는 단점이 있다.

해설 열린 관 칼럼의 종류

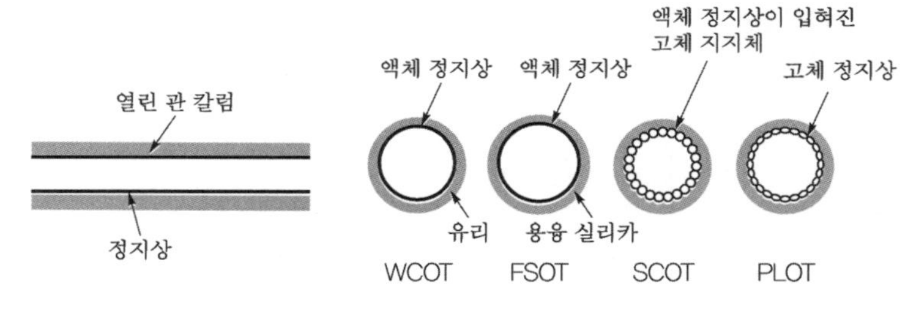

08 주어진 TGA 열분석도를 보고 $CaC_2O_4 \cdot H_2O$, $SrC_2O_4 \cdot H_2O$, $BaC_2O_4 \cdot H_2O$ 화합물 속에서 각 금속 원소의 질량 조성비를 구하시오. (단, 450℃일 때 피크를 제외하고 개별반응이 일어났으며, 각 피크는 H_2O, CO, CO_2가 빠져나간 것이고, $BaCO_3$은 고온에서도 안정하다. 또한 원자량은 Ca 40, Sr 88, Ba 137이다.)

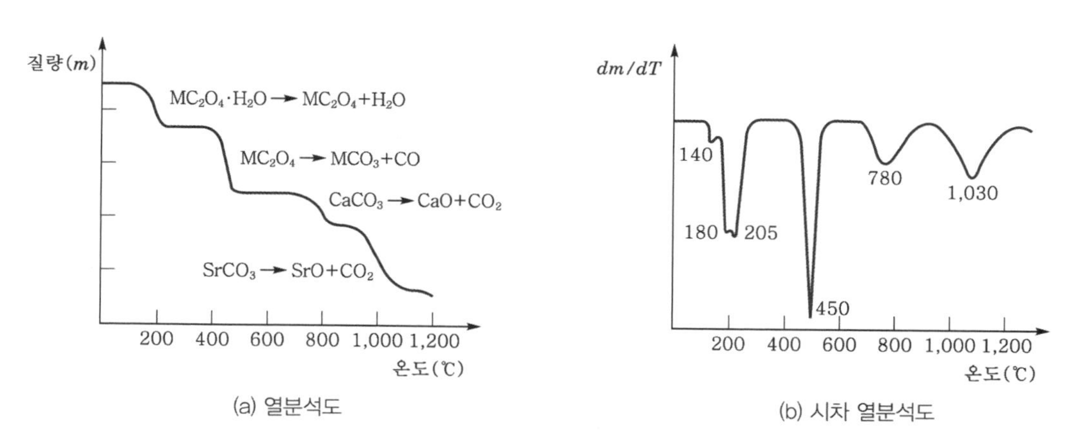

(a) 열분석도　　　(b) 시차 열분석도

140℃	96.77%	180℃	91.92%
205℃	90.33%	450℃	75.22%
780℃	67.32%	1,030℃	55.48%

정답 Ca : Sr : Ba = 7.18% : 23.68% : 12.45%

해설 $CaC_2O_4 \cdot H_2O$, $SrC_2O_4 \cdot H_2O$, $BaC_2O_4 \cdot H_2O$의 전체의 양을 100g으로 가정한다.

- 780℃에서 반응 : $CaCO_3 \rightarrow CaO + CO_2$

$$(75.22-67.32)\text{g } CO_2 \times \frac{1\text{mol } CO_2}{44\text{g } CO_2} \times \frac{1\text{mol } CaCO_3}{1\text{mol } CO_2} \times \frac{1\text{mol Ca}}{1\text{mol } CaCO_3} \times \frac{40\text{g Ca}}{1\text{mol Ca}}$$

$= 7.182\text{g Ca}$

- 1030℃에서 반응 : $SrCO_3 \rightarrow SrO + CO_2$

$$(67.32-55.48)\text{g } CO_2 \times \frac{1\text{mol } CO_2}{44\text{g } CO_2} \times \frac{1\text{mol } SrCO_3}{1\text{mol } CO_2} \times \frac{1\text{mol Sr}}{1\text{mol } SrCO_3} \times \frac{88\text{g Sr}}{1\text{mol Sr}}$$

$= 23.68\text{g Sr}$

- 450℃에서 반응 : $xCaC_2O_4 + ySrC_2O_4 + zBaC_2O_4 \rightarrow xCaCO_3 + ySrCO_3 + zBaCO_3 + (x+y+z)CO$

$$(90.33-75.22)\text{g CO} \times \frac{1\text{mol CO}}{28\text{g CO}} = 0.5396\text{mol CO}$$

$$7.182\text{g Ca} : 7.182\text{g Ca} \times \frac{1\text{mol Ca}}{40\text{g Ca}} = 0.1796\text{mol Ca},\ x = 0.1796$$

$$23.68\text{g Sr} : 23.68\text{g Sr} \times \frac{1\text{mol Sr}}{88\text{g Sr}} = 0.2691\text{mol Sr},\ y = 0.2691$$

$$z = 0.5396 - (0.1796 + 0.2691) = 0.0909\text{mol Ba}$$

$$0.0909\text{mol Ba} \times \frac{137\text{g Ba}}{1\text{mol Ba}} = 12.45\text{g Ba}$$

$\therefore$ Ca : Sr : Ba = 7.18g : 23.68g : 12.45g = 7.18% : 23.68% : 12.45%

09 용해되어 있는 산소는 많은 종류의 작업전극에서 쉽게 환원된다. 그러나 산소가 용해되어 있으면 다른 화학종을 정확하게 정량하는 데 종종 방해하는 경우가 있다. 따라서 전압전류법과 전류법 측정을 시작하기 전에 산소를 제거하는 것이 보통이다. 다음 그림은 공기로 포화된 산소 환원 전압－전류곡선이다. 다음 물음에 답하시오.

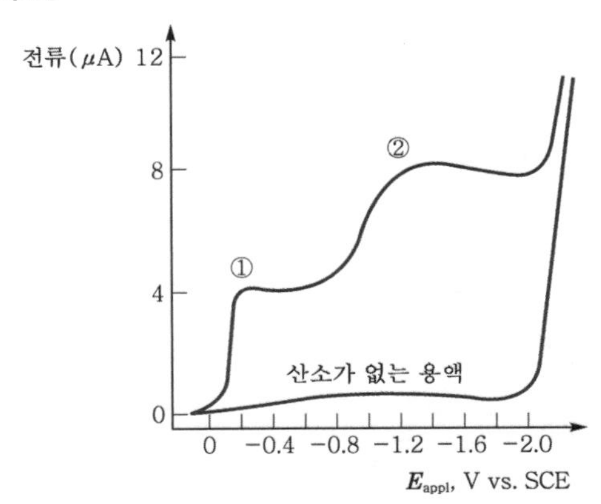

(1) 피크 ①과 ②에 대한 산소의 환원반응식을 쓰시오.

(2) 이를 방지하기 위한 과정과 그 과정명을 쓰시오.

정답 (1) ① $O_2 + 2H^+ + 2e^- \rightarrow H_2O_2$, ② $H_2O_2 + 2H^+ + 2e^- \rightarrow 2H_2O$

(2) N_2 기체를 용액에 수 분 동안 불어넣어 O_2를 쫓아내고, 분석하는 동안에는 용액 표면에 N_2를 계속 불어넣어 주어 공기 중의 O_2가 다시 용액에 흡수되지 못하도록 한다. 이를 스파징(sparging)이라고 한다.

해설 산소파

- 용해되어 있는 산소는 많은 종류의 작업전극에서 쉽게 환원된다.
- 반응식 : $O_2 + 2H^+ + 2e^- \rightarrow H_2O_2$

  $H_2O_2 + 2H^+ + 2e^- \rightarrow 2H_2O$
- 전압－전류법은 용액에 용해되어 있는 산소를 정량하는 데 편리하여 널리 사용된다.
- 산소가 용해되어 있으면 다른 화학종을 정확하게 정량하는 데 종종 방해하는 경우도 있다.
- 전압－전류법과 전류법 측정을 시작하기 전에 산소를 제거하는 것이 일반적이다.
  ① N_2 기체를 용액에 수 분 동안 불어넣어 O_2를 쫓아낸다(스파징, sparging).
  ② 분석하는 동안에는 용액 표면에 N_2를 계속 불어넣어 주어 공기 중의 O_2가 다시 용액에 흡수되지 못하도록 한다.

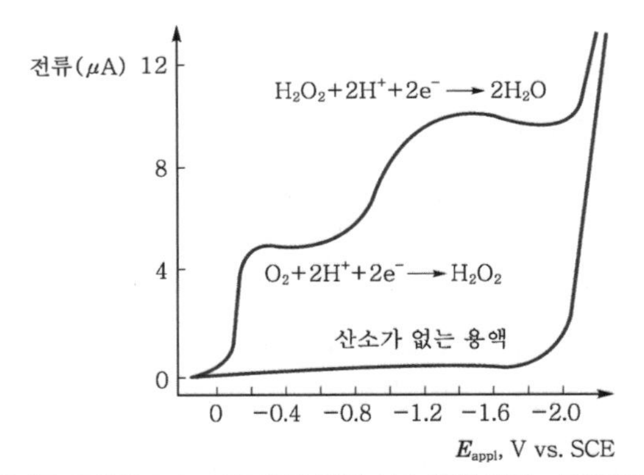

| 공기로 포화된 0.1M KCl 용액 중의 산소 환원 전압－전류곡선 |

10 다음 무리의 화합물들을 가장 잘 분리할 수 있는 액체 크로마토그래피의 종류를 선택하고, 그 방법으로 분리할 때 가장 먼저 용리되는 이온 또는 분자를 쓰시오.

– 이온 크로마토그래피	– 정상 분배 크로마토그래피
– 역상 분배 크로마토그래피	– 흡착 크로마토그래피
– 크기 배제 크로마토그래피	– 친화 크로마토그래피

(1) Ca^{2+}, Sr^{2+}, Fe^{3+}

(2) C_4H_9COOH, $C_5H_{11}COOH$, $C_6H_{13}COOH$

(3) $C_{20}H_{41}COOH$, $C_{22}H_{45}COOH$, $C_{24}H_{49}COOH$

(4) 1,2 – 다이브로모벤젠, 1,3 – 다이브로모벤젠

정답 (1) 이온 교환 크로마토그래피, Ca^{2+}
(2) 정상 분배 크로마토그래피, $C_6H_{13}COOH$
(3) 크기 배제 크로마토그래피, $C_{24}H_{49}COOH$
(4) 흡착 크로마토그래피, 1,2 – 다이브로모벤젠

해설 (1) 이온 교환 크로마토그래피, 전하가 작을수록 더 빨리 용리되고(Ca^{2+}, Sr^{2+}), 전하가 같은 경우 수화된 지름이 클수록($Ca^{2+} > Sr^{2+}$) 더 빨리 용리된다. 빨리 용리되는 순서로 쓰면 Ca^{2+}, Sr^{2+}, Fe^{3+}이다.
(2) 정상 분배 크로마토그래피, 카복실산의 극성으로 극성이 작을수록 먼저 용리된다. 극성의 크기는 $C_4H_9COOH > C_5H_{11}COOH > C_6H_{13}COOH$이다.
(3) 크기 배제 크로마토그래피, 동족계열의 분자를 분리하며, 분자량이 큰 것이 먼저 용리된다. 분자량의 크기는 $C_{20}H_{41}COOH < C_{22}H_{45}COOH < C_{24}H_{49}COOH$이다.
(4) 흡착 크로마토그래피, 벤젠고리에 같은 작용기 2개가 치환되었을 때 상대적으로 극성이 클수록 더 빨리 용리된다. 빨리 용리되는 순서로 보면 ortho–, meta–, para– 이다. 따라서 빨리 용리되는 순서로 쓰면 1,2 – 다이브로벤젠(ortho), 1,3 – 다이브로벤젠(meta)이다.

11 가시광선, 라디오파, 마이크로파, 자외선, 적외선, γ–선, X–선을 파장이 짧은 것부터 긴 것으로 나열하시오.

정답 γ–선 < X–선 < 자외선 < 가시광선 < 적외선 < 마이크로파 < 라디오파

해설 전자기복사선의 분류

γ–선	X–선	자외선	가시광선	적외선	마이크로파	라디오파
γ – ray	X – ray	Ultraviolet (UV)	Visible (VIS)	Infrared (IR)	Microwave	Radiowave

←—— 에너지 증가, 파장 감소　　　　파장 증가, 에너지 감소 ——→

12 UV－VIS 분광법에서 빗금 친 전이금속이 결합한 착물은 란타넘족, 악티늄족의 이온보다 더 넓은 스펙트럼이 나타나고, 란타넘족, 악티늄족의 이온은 좁은 스펙트럼 영역이 나타난다. 그 이유를 궤도함수를 이용하여 설명하시오.

표 준 주 기 율 표

Periodic Table of the Elements

표기법: 원자 번호 / 기호 / 원소명(국문) / 원소명(영문) / 일반 원자량 / 표준 원자량

1	2	3	4	5	6	7	8	9	10	11	12	13	14	15	16	17	18
1 **H** 수소 hydrogen 1.008 [1.0078, 1.0082]																	2 **He** 헬륨 helium 4.0026
3 **Li** 리튬 lithium 6.94 [6.938, 6.997]	4 **Be** 베릴륨 beryllium 9.0122											5 **B** 붕소 boron 10.81 [10.806, 10.821]	6 **C** 탄소 carbon 12.011 [12.009, 12.012]	7 **N** 질소 nitrogen 14.007 [14.006, 14.008]	8 **O** 산소 oxygen 15.999 [15.999, 16.000]	9 **F** 플루오린 fluorine 18.998	10 **Ne** 네온 neon 20.180
11 **Na** 소듐 sodium 22.990	12 **Mg** 마그네슘 magnesium 24.305 [24.304, 24.307]											13 **Al** 알루미늄 aluminium 26.982	14 **Si** 규소 silicon 28.085 [28.084, 28.086]	15 **P** 인 phosphorus 30.974	16 **S** 황 sulfur 32.06 [32.059, 32.076]	17 **Cl** 염소 chlorine 35.45 [35.446, 35.457]	18 **Ar** 아르곤 argon 39.95 [39.792, 39.963]
19 **K** 포타슘 potassium 39.098	20 **Ca** 칼슘 calcium 40.078(4)	21 **Sc** 스칸듐 scandium 44.956	22 **Ti** 타이타늄 titanium 47.867	23 **V** 바나듐 vanadium 50.942	24 **Cr** 크로뮴 chromium 51.996	25 **Mn** 망가니즈 manganese 54.938	26 **Fe** 철 iron 55.845(2)	27 **Co** 코발트 cobalt 58.933	28 **Ni** 니켈 nickel 58.693	29 **Cu** 구리 copper 63.546(3)	30 **Zn** 아연 zinc 65.38(2)	31 **Ga** 갈륨 gallium 69.723	32 **Ge** 저마늄 germanium 72.630(8)	33 **As** 비소 arsenic 74.922	34 **Se** 셀레늄 selenium 78.971(8)	35 **Br** 브로민 bromine 79.904 [79.901, 79.907]	36 **Kr** 크립톤 krypton 83.798(2)
37 **Rb** 루비듐 rubidium 85.468	38 **Sr** 스트론튬 strontium 87.62	39 **Y** 이트륨 yttrium 88.906	40 **Zr** 지르코늄 zirconium 91.224(2)	41 **Nb** 나이오븀 niobium 92.906	42 **Mo** 몰리브데넘 molybdenum 95.95	43 **Tc** 테크네튬 technetium	44 **Ru** 루테늄 ruthenium 101.07(2)	45 **Rh** 로듐 rhodium 102.91	46 **Pd** 팔라듐 palladium 106.42	47 **Ag** 은 silver 107.87	48 **Cd** 카드뮴 cadmium 112.41	49 **In** 인듐 indium 114.82	50 **Sn** 주석 tin 118.71	51 **Sb** 안티모니 antimony 121.76	52 **Te** 텔루륨 tellurium 127.60(3)	53 **I** 아이오딘 iodine 126.90	54 **Xe** 제논 xenon 131.29
55 **Cs** 세슘 caesium 132.91	56 **Ba** 바륨 barium 137.33	57-71 란타넘족 lanthanoids	72 **Hf** 하프늄 hafnium 178.49(2)	73 **Ta** 탄탈럼 tantalum 180.95	74 **W** 텅스텐 tungsten 183.84	75 **Re** 레늄 rhenium 186.21	76 **Os** 오스뮴 osmium 190.23(3)	77 **Ir** 이리듐 iridium 192.22	78 **Pt** 백금 platinum 195.08	79 **Au** 금 gold 196.97	80 **Hg** 수은 mercury 200.59	81 **Tl** 탈륨 thallium 204.38 [204.38, 204.39]	82 **Pb** 납 lead 207.2	83 **Bi** 비스무트 bismuth 208.98	84 **Po** 폴로늄 polonium	85 **At** 아스타틴 astatine	86 **Rn** 라돈 radon
87 **Fr** 프랑슘 francium	88 **Ra** 라듐 radium	89-103 악티늄족 actinoids	104 **Rf** 러더포듐 rutherfordium	105 **Db** 두브늄 dubnium	106 **Sg** 시보귬 seaborgium	107 **Bh** 보륨 bohrium	108 **Hs** 하슘 hassium	109 **Mt** 마이트너륨 meitnerium	110 **Ds** 다름슈타튬 darmstadtium	111 **Rg** 뢴트게늄 roentgenium	112 **Cn** 코페르니슘 copernicium	113 **Nh** 니호늄 nihonium	114 **Fl** 플레로븀 flerovium	115 **Mc** 모스코븀 moscovium	116 **Lv** 리버모륨 livermorium	117 **Ts** 테네신 tennessine	118 **Og** 오가네손 oganesson

57 **La** 란타넘 lanthanum 138.91	58 **Ce** 세륨 cerium 140.12	59 **Pr** 프라세오디뮴 praseodymium 140.91	60 **Nd** 네오디뮴 neodymium 144.24	61 **Pm** 프로메튬 promethium	62 **Sm** 사마륨 samarium 150.36(2)	63 **Eu** 유로퓸 europium 151.96	64 **Gd** 가돌리늄 gadolinium 157.25(3)	65 **Tb** 터븀 terbium 158.93	66 **Dy** 디스프로슘 dysprosium 162.50	67 **Ho** 홀뮴 holmium 164.93	68 **Er** 어븀 erbium 167.26	69 **Tm** 툴륨 thulium 168.93	70 **Yb** 이터븀 ytterbium 173.05	71 **Lu** 루테튬 lutetium 174.97
89 **Ac** 악티늄 actinium	90 **Th** 토륨 thorium 232.04	91 **Pa** 프로트악티늄 protactinium 231.04	92 **U** 우라늄 uranium 238.03	93 **Np** 넵투늄 neptunium	94 **Pu** 플루토늄 plutonium	95 **Am** 아메리슘 americium	96 **Cm** 퀴륨 curium	97 **Bk** 버클륨 berkelium	98 **Cf** 캘리포늄 californium	99 **Es** 아인슈타이늄 einsteinium	100 **Fm** 페르뮴 fermium	101 **Md** 멘델레븀 mendelevium	102 **No** 노벨륨 nobelium	103 **Lr** 로렌슘 lawrencium

정답 란타넘족, 악티늄족의 f 궤도함수는 외각의 닫힌 s, p 궤도함수에 의해 가로막혀 있어서 리간드와의 상호작용이 거의 없기 때문에 좁은 스펙트럼 영역이 나타난다.

해설 **4주기/5주기 전이금속**

- 원소 바닥상태 전자배치 : [Ne] $3s^2 3p^6 4s^2 3d^n$ / [Ar] $4s^2 4p^6 5s^2 4d^n$
- 이온 바닥상태 전자배치 : [Ne] $3s^2 3p^6 3d^{n-m}$ / [Ar] $4s^2 4p^6 4d^{n-m}$
- $d-d$ 전이 가능, 리간드 → 금속 전이 가능, 금속 → 리간드 전이 가능

란타넘족/악티늄족 원소

- 원소 바닥상태 전자배치 : [Kr] $5s^2 4d^{10} 5p^6 6s^2 4f^n$ / [Xe] $6s^2 5d^{10} 6p^6 7s^2 5f^n$
- 이온 바닥상태 전자배치 : [Kr] $5s^2 4d^{10} 5p^6 4f^{n-m}$ / [Xe] $6s^2 5d^{10} 6p^6 5f^{n-m}$
- $f-f$ 전이 가능, 리간드 → 금속 전이 ×, 금속 → 리간드 전이 ×

13 다음은 $C_8H_6O_3$의 IR 흡수 spectrum과 H－NMR, mass spectrum이다. mass spectrum $m/z=121$인 구조를 예측하시오.

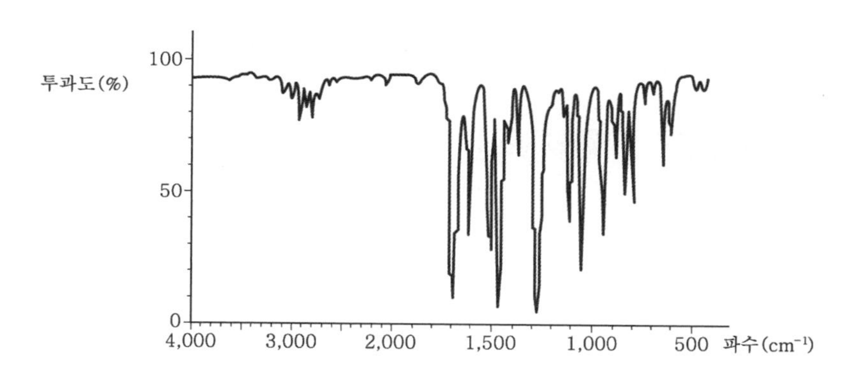

- IR peak(cm^{-1}) : 1,687, 1,602, 1,449, 1,264, 1,038, 929, 815
- H－NMR peak(ppm) : 6.1(단일선, 2H), 6.9(이중선, 1H), 7.3(단일선, 1H), 7.4(이중선, 1H), 9.8(단일선, 1H)

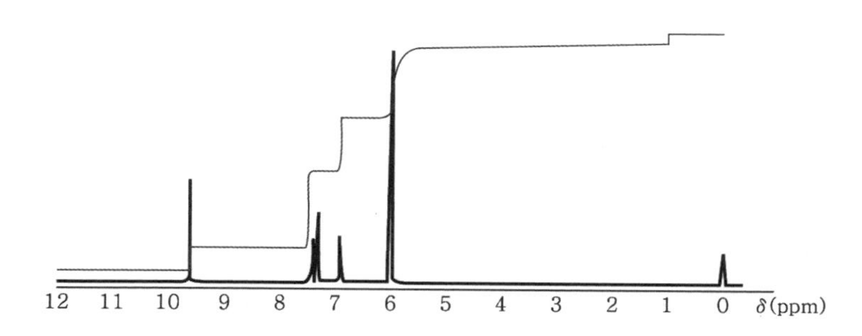

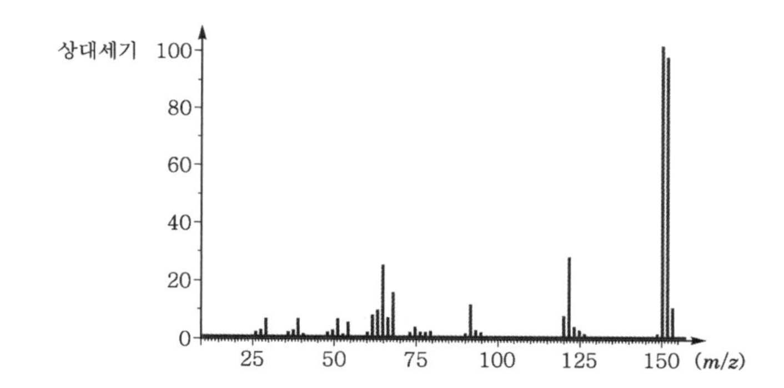

✔ 정답

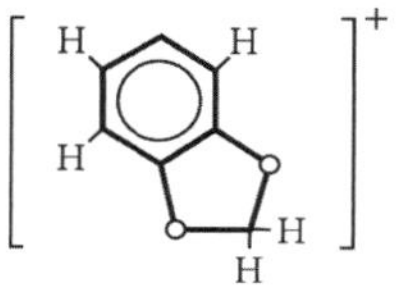

해설
$$불포화도 = \frac{(2\times 탄소수+2)-수소수}{2} = \frac{(2\times 8+2)-6}{2} = 6$$

벤젠고리 1개, 이중결합 2개 또는 벤젠고리 1개, 이중결합 1개, 고리 1개

IR 결과 1,687cm^{-1}에서 강한 피크 C = O, 1,602, 1,449cm^{-1}의 피크 벤젠고리의 이중결합, 1,264, 1,038cm^{-1}의 피크 C − O 단일결합, 929, 815cm^{-1} 피크는 벤젠고리 평면에 대한 위, 아래 굽힘진동으로 예상

δ (ppm)	H수(면적비)		다중도		
6.1	2	CH_2	1	0+1	$-CH_2-$
6.9	1	CH	2	1+1	벤젠고리
7.3	1	CH	1	0+1	벤젠고리
7.4	1	CH	2	1+1	벤젠고리
9.8	1	CH	1	0+1	O = CH

예상되는 $C_8H_6O_3$의 구조는 다음과 같다.

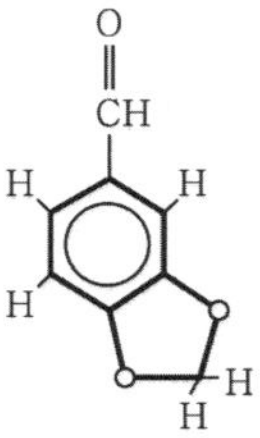

질량 스펙트럼에서 $m/z = 121$의 구조는 $C_8H_6O_3$의 분자량 150에서 150 − 121 = 29, CHO가 떨어진 구조가 예상된다.

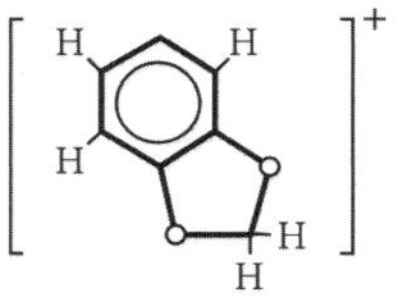

14 $C_8H_{14}O$의 H − NMR과 IR 흡수 spectrum을 통해 해당하는 (1) 구조를 보기에서 고르고, (2) 그 이유를 쓰시오.

① 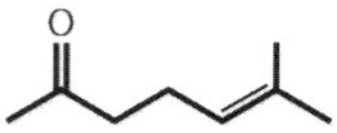 ② 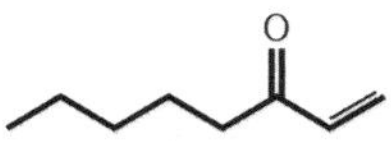 ③

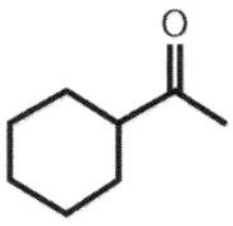

④ 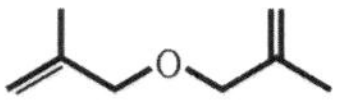 ⑤ 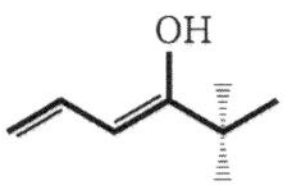 ⑥

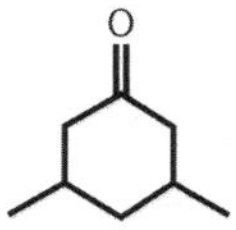

δ (ppm)	H수(면적비)
~1.6	21%
~1.6	21%
~2.0	21%
~2.2	14%
~2.4	14%
~5.0	7%

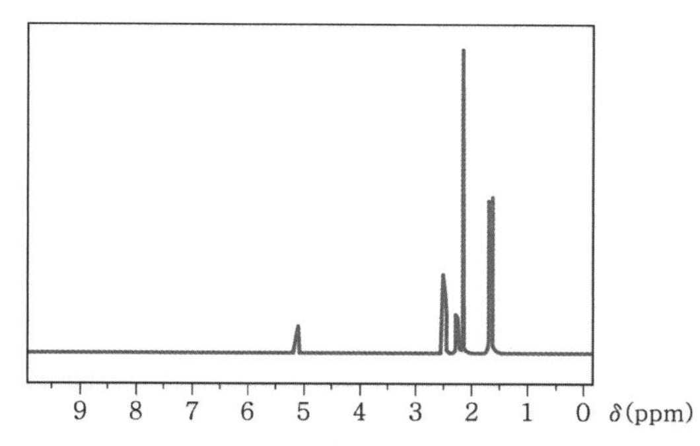

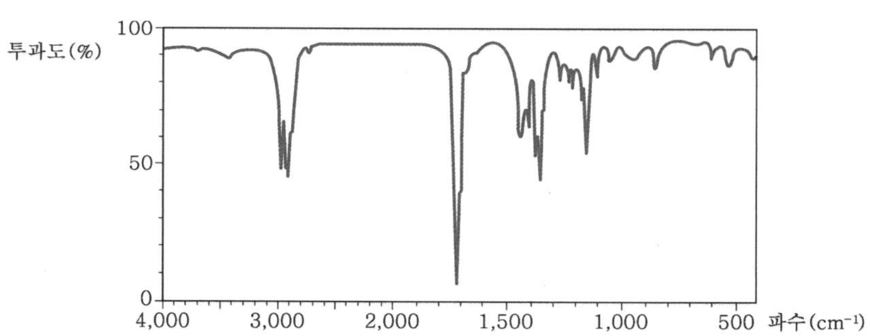

정답 (1) ①

(2) 면적비 7% = 전체 수소수 14 × 0.07 = 0.098 ≃ 1

불포화도 $= \dfrac{(2\times \text{탄소수}+2)-\text{수소수}}{2} = \dfrac{(2\times 8+2)-14}{2} = 2$

이중결합 2개 또는 이중결합 1개, 고리 1개

IR 결과 1,700cm^{-1} 부근 피크 C=O

δ (ppm)	H수(면적비)		
~1.6	21%	3	CH_3
~1.6	21%	3	CH_3
~2.0	21%	3	CH_3
~2.2	14%	2	CH_2
~2.4	14%	2	CH_2
~5.0	7%	1	CH

예상되는 $C_8H_{14}O$의 구조는 C=O 결합을 포함하고, 이중결합 1개 또는 고리구조를 가지고 있으며, 3개의 CH_3와 2개의 CH_2, 1개의 CH를 포함하는 구조인 ① 이다.

15 $C_9H_8O_4$를 분석하였더니 아스피린(아세틸살리실산)이라는 것을 확인하였다. 다음 IR spectrum을 보고 해당하는 영역을 아래 구조식에 표시한 후, 그 진동방식을 쓰고, 화살표로 나타내시오. (단, 해당 영역의 진동방식을 표시하기 힘든 경우 ○로 표시하시오.)

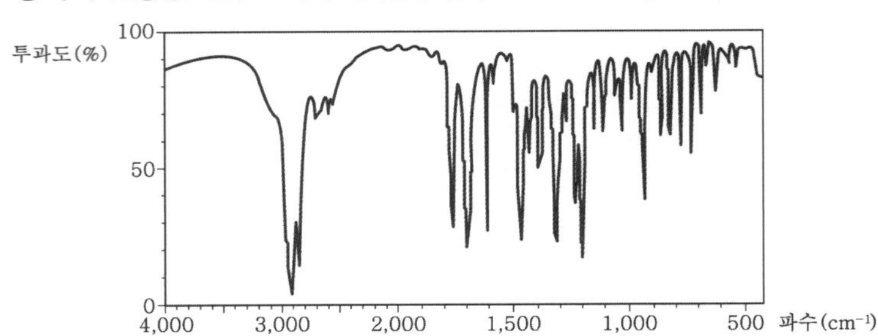

기호	파수 (cm^{-1})
A	2,800~3,000
B	1,700
C	1,600
D	1,100~1,300
E	800

✔ 정답

✔ 해설

기호	파수 (cm^{-1})	작용기
A	2,800~3,000	O−H 신축진동
B	1,700	C=O 신축진동
C	1,600	C=C 벤젠고리
D	1,100 ~ 1,300	C−O 신축진동
E	800	굽힘진동

C−C 피크는 잘 나타나지 않고, 굽힘진동은 같은 평면에서 위, 아래 진동방식을 표시하기 힘든 경우이므로 ○로 표시하면 다음과 같다.

2022 제1회 필답형 기출복원문제

01 당뇨 환자의 혈당 측정결과가 다음의 표와 같다. 초기 1개월간의 측정값을 95% 신뢰수준에서 1100.3±5.0mg 범위로 나타내려면 측정횟수는 얼마나 추가로 해야 하는지 쓰시오. (단, 95% 신뢰수준에서 $z=1.96$이다.)

시간	횟수	혈당 측정값
첫 번째 달	7회	1108, 1121, 1075, 1099, 1116, 1083, 1100
두 번째 달	5회	992, 975, 1023, 1001, 992

정답 34번

해설 표준편차(s)의 신뢰도를 향상시키기 위한 데이터 총합

- 여러 무리의 데이터로부터 합동 표준편차(s_{pooled})를 계산하기 위한 식

$$s_{pooled}=\sqrt{\frac{\sum_{i=1}^{N_1}(x_i-\overline{x_1})^2+\sum_{j=1}^{N_2}(x_j-\overline{x_2})^2+\cdots}{N_1+N_2+\cdots-N_t}}$$

여기서, N_1 : 작은 무리 1의 데이터수

N_2 : 작은 무리 2의 데이터수

N_t : 합동을 한 데이터의 작은 무리들의 총수

시간	평균	$\sum_{i=1}^{N}(x_i-\overline{x})^2$
첫 번째 달	1100.29	1428.62
두 번째 달	996.6	1225.2

① 첫 번째 달의 평균으로부터 편차 제곱의 합

$$\sum_{i=1}^{N_1}(x_i-\overline{x_1})^2$$

$$=(1108-1100.29)^2+(1121-1100.29)^2+(1075-1100.29)^2+(1099-1100.29)^2+(1116-1100.29)^2+(1083-1100.29)^2+(1100-1100.29)^2$$

$$=1428.62$$

② 두 번째 달의 평균으로부터 편차 제곱의 합

$$\sum_{i=1}^{N_2}(x_i-\overline{x_2})^2$$

$$=(992-996.6)^2+(975-996.6)^2+(1023-996.6)^2+(1001-996.6)^2+(992-996.6)^2$$

$$=1225.2$$

$$s_{pooled}=\sqrt{\frac{1428.62+1225.2}{7+5-2}}=16.29$$

$$\frac{z\times s}{\sqrt{n}}=5=\frac{1.96\times 16.29}{\sqrt{n}},\ n=40.78$$

$\therefore$ $41-7=34$번 추가실험을 해야 한다.

02 EDTA 역적정이 필요한 4가지 경우에 대해 쓰시오.

정답 ① 분석물질이 EDTA를 가하기 전에 침전물을 형성하는 경우
② 적정 조건에서 EDTA와 너무 천천히 반응하는 경우
③ 분석물이 지시약을 막는 경우
④ 직접 적정에서 종말점을 확실하게 확인할 수 있는 적절한 지시약이 없는 경우

해설 역적정(back titration)

- 일정한 과량의 EDTA를 분석물질에 가한 다음, 과량의 EDTA를 제2의 금속이온 표준용액으로 적정한다.
- 분석물질이 EDTA를 가하기 전에 침전물을 형성하거나, 적정 조건에서 EDTA와 너무 천천히 반응하거나, 분석물이 지시약을 막는 경우, 직접 적정에서 종말점을 확실하게 확인할 수 있는 적절한 지시약이 없는 경우에 사용한다.
- 역적정에 사용된 제2의 금속이온은 분석물질의 금속을 EDTA 착물로부터 치환시켜서는 안 된다.

03 3개 이상 치환된 알켄의 입체 이성질체를 표시하는 시스템의 명칭을 쓰고, 이 방법을 2－chloro－2－butene의 예를 들어 설명하시오.

(1) 시스템 명칭

(2) 설명

정답 (1) E, Z체계

(2)

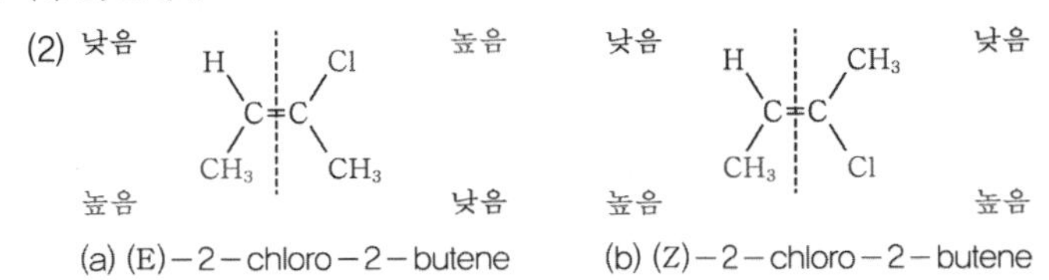

(a) (E)－2－chloro－2－butene (b) (Z)－2－chloro－2－butene

해설 cis-trans 명명 체계는 이중결합의 수소 대신 두 개의 치환기를 가진 화합물이 이치환 알켄에만 적용된다. 삼치환 및 사치환 이중결합에서는 이중결합 기하구조를 기술하기 위해 사용되는 방법은 E, Z체계라고 부른다. 카이랄성 중심의 배열을 결정하는 사용한 Cahn-Ingold-Prelog 순차 결정규칙이 적용된다. 이중결합 탄소 각각을 분리하여 고려하고, 탄소에 직접 결합된 두 원자를 찾아서 원자번호에 따라 순위를 정한다. 높은 원자번호를 가진 원자는 낮은 원자번호를 가진 원자에 비해 높은 우선순위를 가진다. 만일 각각의 탄소에 우선순위가 높은 치환기가 이중결합의 같은 쪽에 있다면, 그 알켄은 독일어의 zusammen(함께, together)의 Z 기하구조를 가졌다고 한다. 만일 우선순위가 높은 치환기가 반대쪽에 있다면, 알켄은 독일어의 entgegen(반대쪽, opposite)의 E 기하구조를 가진다.

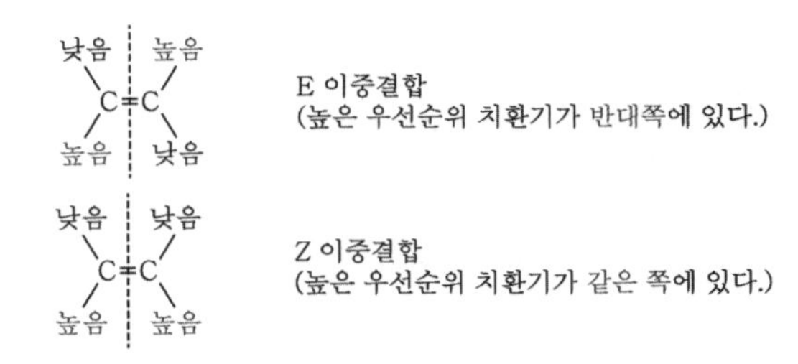

04 pH 10으로 완충되어 있는 0.056(±0.005)M Mg^{2+} 용액 50.00(±0.05)mL에 0.052(±0.002)M EDTA 5.03(±0.05)mL를 가했을 때 pMg(= −log[Mg^{2+}])를 구하시오. (단, 불확정도 전파와 유효숫자를 함께 고려하시오.)

정답 1.35(±0.05)

해설 산술계산에서의 오차 전파

계산 종류	예시	불확정도(표준편차)
덧셈 또는 뺄셈	$y=a+b$	$s_y = \sqrt{s_a^2+s_b^2}$
곱셈 또는 나눗셈	$y=a\times b$	$\frac{s_y}{y} = \sqrt{\left(\frac{s_a}{a}\right)^2+\left(\frac{s_b}{b}\right)^2}$
지수식	$y=a^x$	$\frac{s_y}{y} = x\left(\frac{s_a}{a}\right)$
log	$y=\log_{10}a$	$s_y = \frac{1}{\ln 10}\times\frac{s_a}{a}$
antilog	$y=\text{antilog}_{10}a$	$\frac{s_y}{y} = \ln 10\times s_a$

여기서, a, b는 불확정도(표준편차)가 각각 s_a, s_b인 실험변수이다.

당량점의 부피는 0.056M × 50.00mL = 0.052M × V_e(mL), V_e = 53.85mL
가한 EDTA는 당량점 이전이므로 Mg^{2+}이 과량으로 들어 있다.

- 0.056(±0.005)M Mg^{2+} 용액 50.00(±0.05)mL의 양(mmol)
  $0.056(\pm 0.005)\times 50.00(\pm 0.05) = 2.8(\pm s_y) = 2.8(\pm 0.3)$
  $\frac{s_y}{y} = \sqrt{\left(\frac{s_a}{a}\right)^2+\left(\frac{s_b}{b}\right)^2}$ 에서 $\frac{s_y}{2.8} = \sqrt{\left(\frac{0.005}{0.056}\right)^2+\left(\frac{0.05}{50.00}\right)^2}$, $s_y = 0.25$
- 0.052(±0.002)M EDTA 5.03(±0.05)mL의 양(mmol)
  $0.052(\pm 0.002)\times 5.03(\pm 0.05) = 0.26(\pm s_y) = 0.26(\pm 0.01)$
  $\frac{s_y}{y} = \sqrt{\left(\frac{s_a}{a}\right)^2+\left(\frac{s_b}{b}\right)^2}$ 에서 $\frac{s_y}{0.26} = \sqrt{\left(\frac{0.002}{0.052}\right)^2+\left(\frac{0.05}{5.03}\right)^2}$, $s_y = 0.01$
- 반응 후 남은 Mg^{2+}의 양(mmol)
  $2.8(\pm 0.3) - 0.26(\pm 0.01) = 2.5(\pm s_y) = 2.5(\pm 0.3)$
  $s_y = \sqrt{s_a^2+s_b^2}$ 에서 $s_y = \sqrt{(0.3)^2+(0.01)^2} = 0.30$
- 전체 부피(mL)
  $50.00(\pm 0.05) + 5.03(\pm 0.05) = 55.03(\pm s_y) = 55.03(\pm 0.07)$
  $s_y = \sqrt{s_a^2+s_b^2}$ 에서 $s_y = \sqrt{(0.05)^2+(0.05)^2} = 0.07$
- 반응 후 Mg^{2+}의 몰농도(M)
  $2.5(\pm 0.3) \div 55.03(\pm 0.07) = 0.045(\pm s_y) = 0.045(\pm 0.005)$
  $\frac{s_y}{y} = \sqrt{\left(\frac{s_a}{a}\right)^2+\left(\frac{s_b}{b}\right)^2}$ 에서 $\frac{s_y}{0.045} = \sqrt{\left(\frac{0.3}{2.5}\right)^2+\left(\frac{0.07}{55.03}\right)^2}$, $s_y = 0.005$
- pMg = −log [Mg^{2+}]
  $-\log[0.045(\pm 0.005)] = 1.35(\pm s_y) = 1.35(\pm 0.05)$
  $s_y = \frac{1}{\ln 10}\times\frac{s_a}{a}$ 에서 $s_y = \frac{1}{\ln 10}\times\frac{0.005}{0.045} = 0.048$

05 S/N를 향상시키는 하드웨어적 방법 4가지를 쓰시오.

정답 ① 접지와 차폐
② 차동증폭기와 계측증폭기
③ 아날로그 필터
④ 변조
⑤ 동기식 복조
⑥ Lock-in 증폭기
이 중 4가지 기술

해설
- **잡음 감소를 위한 하드웨어 장치**
  ① 접지(grounding)와 차폐(shielding)
  ② 차동증폭기와 계측증폭기
  ③ 아날로그 필터
  ④ 변조
  ⑤ 동기식 복조
  ⑥ Lock-in 증폭기
- **잡음 감소를 위한 소프트웨어 방법**
  ① 앙상블 평균
  ② 박스카(boxcar) 평균
  ③ 디지털 필터링
  ④ 상관관계 분석법

06 ICP-AES에서 사용하는 분무장치(nebulizer) 2가지를 쓰시오.

정답 ① 동심관 기압식 분무기
② 교차-흐름 분무기(가로-흐름 분무기)

해설 분무장치
- 동심관 기압식 분무기 : 액체 시료가 관 끝 주위를 흐르는 높은 압력 기체에 의해서 모세관을 통해 빨려 들어간다(베르누이 효과). 이러한 액체의 운반과정을 흡인(aspiration)이라 한다.
- 교차-흐름 분무기(가로-흐름 분무기) : 높은 압력의 기체가 직각으로 모세관 끝을 가로질러 흐른다.

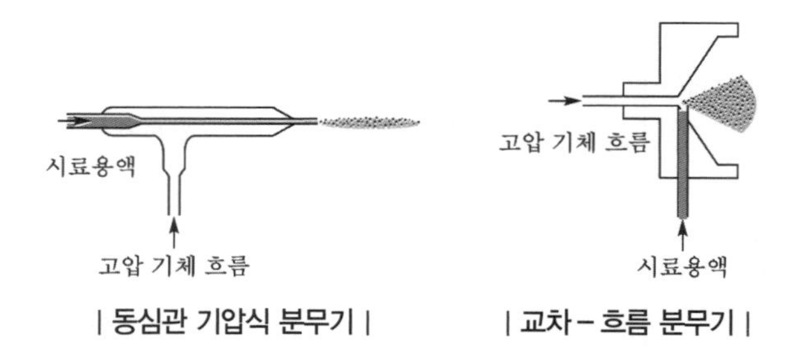

| 동심관 기압식 분무기 | | 교차-흐름 분무기 |

07 LC에서 사용하는 검출기의 종류 4가지를 쓰시오.

정답 ① 흡수검출기, ② 형광검출기, ③ 굴절률검출기, ④ 전기화학검출기,
⑤ 증발산란광검출기, ⑥ 질량분석검출기, ⑦ 전도도검출기, ⑧ 광학활성검출기,
⑨ 원소선택성검출기, ⑩ 광이온화검출기
이 중 4가지 기술

08 카페인, 폴리페놀, 클로로겐산이 포함된 커피시료에서 카페인만을 추출하였다. IR spectroscopy를 통해 카페인만 추출되었다는 것을 확인하기 위한 (1) 작용기와, (2) 이 작용기의 IR 영역을 나타내시오. (단, 다음은 카페인과 클로로겐산의 구조식이며, 폴리페놀은 2개 이상의 페놀이 에스터기로 연결되어 있다.)

| 카페인 |

| 클로로겐산 |

정답 (1) C=O, −OH
(2) 1,700cm^{-1}, 3,300 ~ 3,400cm^{-1}

해설 (1) 카페인의 인접한 2개의 C = O의 대칭 신축진동과 비대칭 신축진동으로 약 1,700cm^{-1} 부근에서 예리한 피크 2개가 나타나야 한다.

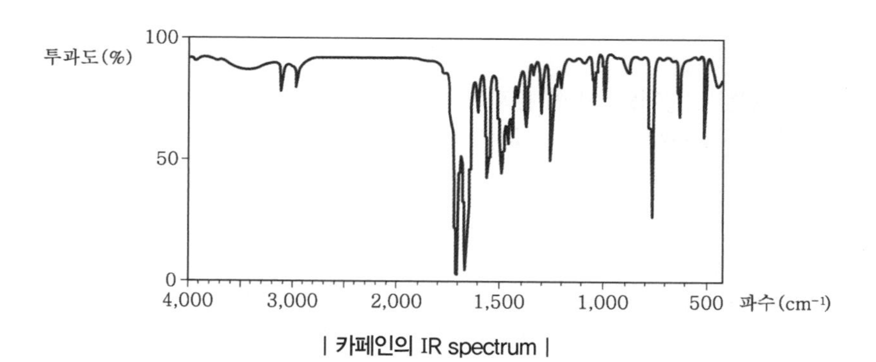

| 카페인의 IR spectrum |

- 3,000cm^{-1} 부근 : −C(sp^3) − H
- 1,700cm^{-1} 부근 : C = O
- 3,300 ~ 3,400cm^{-1} 영역 : −OH 피크가 나타나지 않는다.

(2) 폴리페놀과 클로로겐산과는 달리 −OH를 가지고 있지 않아 카페인은 3,300 ~ 3,400cm^{-1} 영역의 −OH 피크가 나타나지 않는다.

09 다음은 어떤 분석기기를 나타내는 핵심어이다. 다음 물음에 답하시오.

젤(gel), 고분자, 실리카, 크로마토그래피

(1) 이 분석기기에 대한 설명 중 빈칸에 알맞은 용어를 쓰시오.
이 크로마토그래피 충전물은 작은 실리카 또는 용질 및 용매 분자가 (①)해 들어갈 수 있는 균일한 구멍의 그물구조를 갖는 중합체 입자로 구성되어 있다. 분자가 구멍 속에 있는 동안에는 효과적으로 붙잡히게 되어 이동상의 흐름에서 제거된다. 구멍에 머무르는 평균시간은 분석물질 분자의 유효 크기에 따라 달라진다. 다른 크로마토그래피와는 다르게 분석물질과 정지상 사이에 (②) 또는 (③) 상호작용이 일어나지 않는다고 간주한다. 실제로 이러한 상호작용은 칼럼 효율을 떨어뜨리기 때문에 일어나지 않도록 해야 한다.

(2) 어떤 분석기기인지를 쓰시오.

정답 (1) ① 확산, ② 화학적, ③ 물리적
(2) 크기 배제 크로마토그래피(젤(gel) 크로마토그래피)

해설 **크기 배제 크로마토그래피**(size exclusion chromatography)
- 젤 투과 크로마토그래피, 젤 거르기 크로마토그래피라고도 한다.
- 충전물은 균일한 미세 구멍의 그물구조를 가지고 있는 작은 실리카 또는 중합체 입자로 되어 있다.
- 분자가 구멍에 들어가 있는 동안 효과적으로 붙잡히며 이동상의 흐름에서 제거된다. 구멍에 머무르는 평균시간은 분석물 분자의 유효 크기에 따라 달라진다. 충전물의 평균 구멍 크기보다 큰 분자는 배제되므로 머무름이 사실상 없어진다.
- 구멍보다 상당히 작은 지름을 가진 분자는 구멍 미로를 통해 침투 또는 투과할 수 있으므로 오랜 시간 동안 붙잡혀 있게 된다.
- 여러 크로마토그래피 방법들과는 달리 분석물과 정지상 사이에 화학적, 물리적 상호작용이 일어나지 않는다.

10 (1) 이산화탄소 분자와 (2) 물 분자의 ① 기본 진동방식을 나타내는 식을 쓰고, ② 각 분자의 기본 진동방식의 수를 구하시오. (단, 식에서 나타난 문자가 무엇을 의미하는지도 나타내시오.)

정답 (1) ① $3N-5$, N : 분자를 구성하는 원자의 수, ② $(3\times3)-5=4$
(2) ① $3N-6$, N : 분자를 구성하는 원자의 수, ② $(3\times3)-6=3$

해설 **진동방식**
- N개의 원자를 포함하는 분자는 $3N$의 자유도를 갖는다.
- 분자운동은 공간에서 전체 분자의 운동(무게중심의 병진운동), 무게중심으로 전체 분자의 회전운동, 원자 각 개의 다른 원자에 상대적인 운동(개별적 진동)을 고려한다.
- 비선형 분자의 진동수 : $3N-6$ (예 H_2O)
병진운동에 3개의 자유도를 사용하고, 전체 분자의 회전을 기술하는 데 또 다른 3개의 자유도가 필요하다. 전체 자유도 $3N$에서 6개의 자유도를 빼면, 즉 $3N-6$의 자유도가 원자 간 운동에 따라서 분자 내에서 일어나는 가능한 진동의 수를 나타낸다.
- 선형 분자의 진동수 : $3N-5$ (예 CO_2)
모든 원자가 단일 직선상에 나열되기 때문에 결합축에 관한 회전은 가능하지 않고, 회전운동을 기술하기 위하여 2개의 자유도가 사용된다.

11 다음 주어진 IR spectrum을 보고 〈보기〉의 예상된 구조 중에서 맞는 것을 선택하고, 그 이유를 쓰시오.

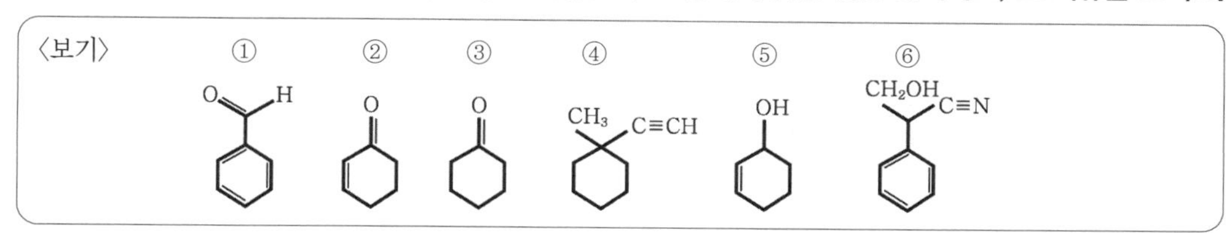

(1)

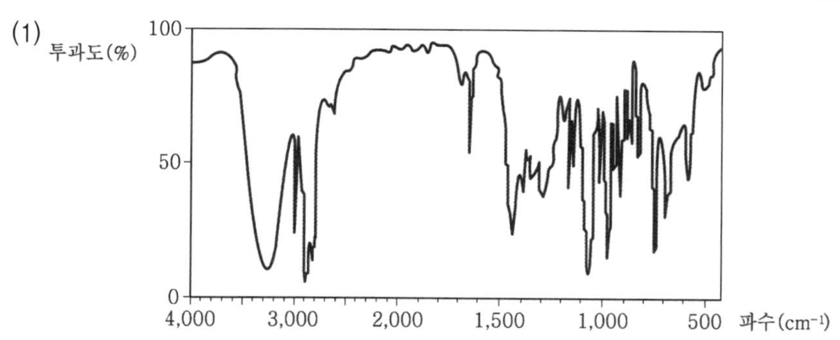

(2)

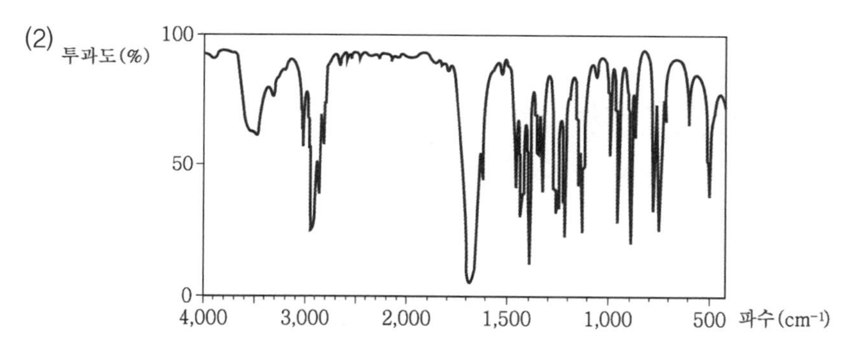

정답 (1) ⑤, 이유 : 3,350cm^{-1} 넓은 피크로부터 −OH를 확인할 수 있으므로 가능한 구조는 ⑤와 ⑥ 구조이다. ⑥구조는 −C ≡ N 삼중결합을 가지고 있어 2,200cm^{-1} 부근에 피크가 있어야 하지만 2,200cm^{-1} 부근에 피크가 나타나지 않았으므로 예상되는 구조는 ⑤구조이다.

(2) ②, 이유 : 1,670cm^{-1} 강한 피크로부터 C = O를 확인할 수 있으므로 가능한 구조는 ①과 ②와 ③ 구조이다. 3,050cm^{-1}에서 관찰되는 피크는 =C(sp^2) − H에 의한 것으로 C = C 결합이 없는 ③구조는 제외된다. ①구조는 알데하이드기를 가지고 있는데 알데하이드기의 C − H는 2,700~2,750cm^{-1} 부근에서 피크가 관찰되어야 한다. 하지만 2,700~2,750cm^{-1} 부근에서 피크가 관찰되지 않으므로 ①도 제외된다. 따라서 예상되는 구조는 ②구조이다.

12 물의 몰농도(M)를 구하시오. (단, 물의 밀도는 1g/mL이다.)

정답 55.56M

해설 4℃ 물(H_2O)의 밀도 1g/mL

$$\frac{1\text{g H}_2\text{O}}{1\text{mL}} \times \frac{1{,}000\text{mL}}{1\text{L}} \times \frac{1\text{mol}}{18\text{g H}_2\text{O}} = 55.56\text{M}$$

13 어느 화합물의 mass spectrum이 다음과 같을 때 (1) 예상되는 화합물의 구조식을 그리고, (2) 분석 과정을 쓰시오. (단, IR 측정결과 C－H 신축, 굽힘진동 외의 다른 진동은 관찰되지 않았다.)

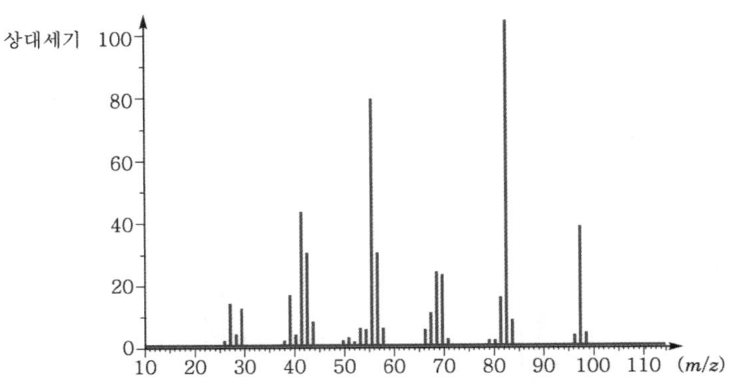

정답 (1) CH_3

(2) 화합물의 분자량은 98이고, 13법칙에 의해 $\frac{98}{13} = 7 + \frac{7}{13}$, C_7H_{14}

$불포화도 = \frac{(2 \times 탄소수 + 2) - 수소수}{2} = \frac{(2 \times 7 + 2) - 1}{2} = 1$에서 한 개의 이중결합 또는 한 개의 고리구조가 가능하다. 그러나 IR 측정결과 다른 진동은 관찰되지 않았으므로 C－H로만 구성되므로 고리구조로 예상한다.

$98 - 83 = 15CH_3$, $C_7H_{14} - CH_3 = C_6H_{11}$

예상되는 구조식은 CH_3 이다.

14 원자흡수분광법에서 낮은 분자량의 알코올이나 에스터, 케톤과 같은 유기용매가 포함된 시료용액을 사용하였더니 흡광도가 증가하였다. 다음 물음에 답하시오.

(1) 관련된 간섭 종류를 쓰시오.

(2) 그 이유를 설명하시오.

정답 (1) 물리적 간섭

(2) 알코올, 에스터 또는 케톤과 같은 유기용매는 분무효율을 증가시키는 역할을 하여 흡광도가 증가한다. 이러한 용액은 표면장력이 약하기에 더 작은 방울로 되게 하여 결과적으로 불꽃에 도달하는 시료의 양을 증가시킨다. 또한 유기용매가 물보다 더 빨리 증발하여 원자화가 잘 되는 효과도 있고, 용액의 점도를 감소시켜 분무기가 빨아올리는 효율을 증가시킨다.

해설 **유기용매의 효과**

- 원자흡수분광법에서 낮은 분자량의 알코올, 에스터 또는 케톤이 포함된 시료용액을 사용하는 경우 흡광도를 높일 수 있다.
- 유기용매의 효과는 주로 분무효율을 증가시키는 역할에 기인한다. 이러한 용액은 표면장력이 약하기에 더 작은 방울로 되게 하여 결과적으로 불꽃에 도달하는 시료의 양을 증가시킨다.
- 유기용매가 물보다 더 빨리 증발하여 원자화가 잘 되는 효과도 얻을 수 있다.
- 용액의 점도를 감소시켜 분무기가 빨아올리는 효율을 증가시킨다.

15 **단백질의 열적 안정성을 분석하기 위해 다음과 같은 DSC의 열분석도를 얻었다. 이 그래프에서 열전이 중간점(T_m), 열용량 변화(ΔC_p), 열변성 엔탈피(ΔH)를 나타내시오.**

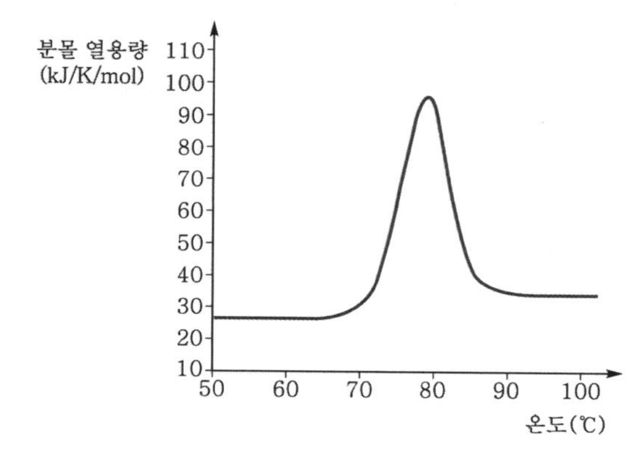

✔ **정답**

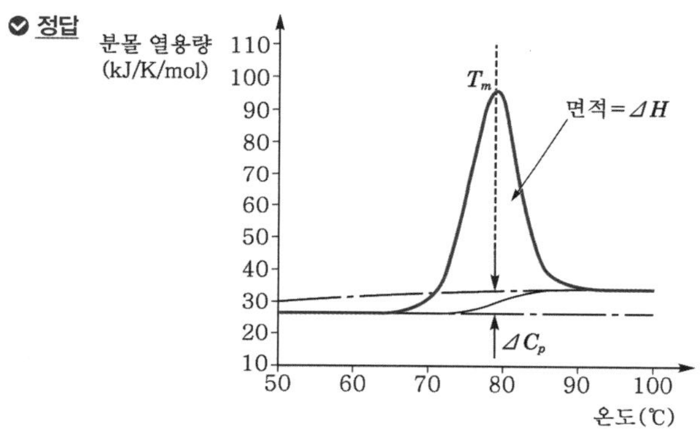

✔ **해설** 단백질 용액을 가열하면 처음에는 바탕선만 약간 증가하지만 계속 가열하면 단백질이 열을 흡수하여 특정 온도 범위에서 변성이 일어난다. 생성된 흡열 피크의 중간 온도를 열전이 중간점(T_m)이라고 하는데 이 온도에서 단백질의 반은 접힌 상태로, 나머지 반은 펼쳐진 상태로 존재한다. 변성이 완결되면 열흡수가 감소하고 다시 바탕선과 만나게 된다. 두 바탕선에 접선을 그어 두 접선의 차이로 열용량의 변화(ΔC_p), 그래프의 면적으로 열변성 엔탈피(ΔH)의 정보를 얻을 수 있다.

필답형 기출복원문제

01 다음 표의 빈칸에 알맞은 SI 단위를 쓰시오.

구분	기본단위	SI 단위
진동수	Hz	s^{-1}
힘	N	①
압력	Pa	②
에너지	J	③
일률	W	④

정답 ① $kg \cdot m \cdot s^{-2}$
② $kg \cdot m^{-1} \cdot s^{-2}$
③ $kg \cdot m^2 \cdot s^{-2}$
④ $kg \cdot m^2 \cdot s^{-3}$

해설 ① 힘(F) = 질량(m) × 가속도(a) $= kg \cdot m \cdot s^{-2}$

② 압력$(P) = \dfrac{\text{힘}(F)}{\text{면적}(A)} = \dfrac{kg \times m/s^2}{m^2} = kg \cdot m^{-1} \cdot s^{-2}$

③ 에너지(E) = 힘(F) × 거리(l) $= kg \times m/s^2 \times m = kg \cdot m^2 \cdot s^{-2}$

④ 일률$(P) = \dfrac{\text{에너지}(E)}{\text{시간}(t)} = \dfrac{kg \times m^2/s^2}{s} = kg \cdot m^2 \cdot s^{-3}$

02 LC에서 사용하는 (1) 기울기 용리법(gradient elution)과, (2) 등용매 용리법(isocratic elution)을 설명하시오.

정답 (1) 용리하는 동안 두 가지 이상의 조성을 갖는 이동상을 사용하는 방법
(2) 용리하는 동안 한 가지 조성의 이동상을 사용하는 방법

03 전기화학을 이용한 분석에 있어 재현성 있는 한계전류를 빠르게 얻기 위해서 유체역학 전압전류법을 많이 도입한다. 다음 물음에 답하시오.

(1) 유체역학 전압전류법에 대해 설명하시오.

(2) 유체역학 전압전류법을 수행할 수 있는 방법 4가지를 쓰시오.

정답 (1) 용액이나 전극을 계속 움직이면서 측정하는 선형주사 전압전류법을 유체역학 전압전류법이라고 한다.
(2) ① 고정된 작업 전극에 접하고 있는 용액을 격렬하게 저어주는 방법
② 용액에서 미소전극을 일정한 속도로 회전시켜 젓기효과를 나타내는 방법
③ 미소전극이 설치된 칼럼을 통해 분석물질 용액을 흘려주는 방법
④ LC칼럼에서 흘러나오는 분석물질을 산화나 환원시킴으로써 분석하는 데 사용하는 방법

04 C, H, O, N으로 구성된 생체 화합물을 공기를 가하여 연소 분석한 결과가 다음과 같을 때 생체 화합물의 실험식을 구하시오. (단, 화합물은 완전연소되고, 공기 중 N_2는 연소 분석 시 반응하지 않으며, 공기의 조성은 부피비로 $N_2 : O_2 = 79 : 21$이다.)

생성 가스	생성물 질량백분율(wt%)
CO_2	17.2459
NO_2	9.0149
H_2O	4.5858
N_2	69.1534

✔ **정답** $C_{10}H_{13}O_3N_5$

✔ **해설** C, H, O, N + 공기(N_2, O_2) → $CO_2 + H_2O + NO_2 + N_2$

전체 100g으로 가정하면 생성물의 양은 17.2459g의 CO_2, 9.0149g의 NO_2, 4.5858g의 H_2O, 69.1534g의 N_2이다.

$$17.2459\text{g } CO_2 \times \frac{1\text{mol } CO_2}{44\text{g } CO_2} \times \frac{1\text{mol C}}{1\text{mol } CO_2} = 0.392\text{mol C}$$

$$9.0149\text{g } NO_2 \times \frac{1\text{mol } NO_2}{46\text{g } NO_2} \times \frac{1\text{mol N}}{1\text{mol } NO_2} = 0.196\text{mol N}$$

$$4.5858\text{g } H_2O \times \frac{1\text{mol } H_2O}{18\text{g } H_2O} \times \frac{2\text{mol H}}{1\text{mol } H_2O} = 0.510\text{mol H}$$

$$69.1534\text{g } N_2 \times \frac{1\text{mol } N_2}{28\text{g } N_2} = 2.470\text{mol } N_2$$

N_2의 양(mol)으로부터 공기 중의 산소의 양(mol)을 확인할 수 있다.

$$2.470\text{mol } N_2 \times \frac{21\text{mol } O_2}{79\text{mol } N_2} \times \frac{2\text{mol O}}{1\text{mol } O_2} = 1.313\text{mol O}$$

생체 화합물에 포함된 산소와 공기 중의 산소의 양(mol)을 합하여 전체 반응에 참여한 산소의 양(mol)이 된다. 전체 반응에 참여한 산소의 양(mol)은 다음과 같다.

$$\left(0.392\text{mol C} \times \frac{1\text{mol } CO_2}{1\text{mol C}} \times \frac{2\text{mol O}}{1\text{mol } CO_2}\right) + \left(0.196\text{mol N} \times \frac{1\text{mol } NO_2}{1\text{mol N}} \times \frac{2\text{mol O}}{1\text{mol } NO_2}\right)$$
$$+ \left(0.510\text{mol H} \times \frac{1\text{mol } H_2O}{2\text{mol H}} \times \frac{1\text{mol O}}{1\text{mol } H_2O}\right)$$
$$= 1.431\text{mol O}$$

생체 화합물에 포함된 산소의 양(mol) = 1.431 − 1.313 = 0.118mol O

C : H : O : N = 0.392 : 0.510 : 0.118 : 0.196

정수비를 구하기 위해 가장 작은 수인 0.118로 나누면

C : H : O : N = 3.32 : 4.32 : 1 : 1.66 ≃ 10 : 13 : 3 : 5

∴ 실험식은 $C_{10}H_{13}O_3N_5$이다.

05 파이로카테콜 바이올렛(PV)은 EDTA 적정에서 사용하는 금속이온 지시약이다. 실험과정과 파이로카테콜 바이올렛의 특성을 참고하여 다음 물음에 답하시오.

〈실험과정〉 ① 미지 금속 용액에 일정한 과량의 EDTA를 넣는다.
② 적절한 완충용액으로 pH를 조절한다.
③ 여분의 킬레이트제를 Al^{3+} 표준용액으로 역적정한다.

pK_a	유리 지시약의 색깔	금속이온 착물의 색깔
$pK_{a1}=0.2$	H_4In 붉은색	푸른색
$pK_{a2}=7.8$	H_3In^- 노란색	푸른색
$pK_{a3}=9.8$	H_2In^{2-} 보라색	푸른색
$pK_{a4}=11.7$	HIn^{3-} 붉은 자주색	푸른색

(1) EDTA 적정의 과정 ②에서 완충용액의 pH로 적당한 것을 아래에서 선택하고, 그 이유를 쓰시오.

ⓐ pH 6 ~ 7, ⓑ pH 7 ~ 8, ⓒ pH 8 ~ 9, ⓓ pH 9 ~ 10

(2) 완충용액의 pH 범위에서 PV 주화학종의 농도가 비교 화학종의 몇 배인지 Henderson – Hasselbalch 식을 이용하여 구하시오. (단, pH는 중간값을 사용하고, [주화학종] = n[비교화학종]이며 n = 정수이다.)

정답 (1) ⓐ pH 6 ~ 7, 노란색에서 푸른색의 색 변화가 가장 뚜렷하게 나타난다.
(2) 20배

해설 (1) 붉은색 ⟶ 노란색 ⟶ 보라색 ⟶ 붉은 자주색
(전이점: pH 0.2, pH 7.8, pH 9.8)

ⓐ pH 6~7 : 노란색 → 파란색
ⓑ pH 7~8 : 초록색 → 파란색
ⓒ pH 8~9 : 보라색 → 파란색
ⓓ pH 9~10 : 붉은 자주색 → 파란색

(2) Henderson–Hasselbalch 식

$$pH = pK_a + \log\frac{[A^-]}{[HA]}$$

pH 6.5에서 $H_3In^- \rightleftarrows H_2In^{2-} + H^+$, $pK_{a2} = 7.8$이다.

$$6.5 = 7.8 + \log\frac{[H_2In^{2-}]}{[H_3In^-]} = 7.8 + \log\frac{[H_2In^{2-}]}{n[H_2In^{2-}]},\ n = 20\text{배}$$

06 **FID를 통해 낮은 농도의 분석물을 분석하였더니 검출한계가 낮은 nA 수준으로 추측되었다. 검출한계의 3배 가량의 농도를 갖는 10개의 반복시료의 신호와 시약 바탕의 신호, 더 진한 농도에 대한 검정곡선의 기울기는 아래와 같다. 다음 물음에 답하시오.**

구분	1회	2회	3회	4회	5회	6회	7회	8회	9회	10회
분석신호 (nA)	5.01	5.00	5.21	4.28	4.65	6.00	4.91	5.22	4.88	5.12
시약 바탕신호 (nA)	1.40	2.21	1.75	0.95	0.41	1.50	0.71	0.85	1.55	0.92
기울기 (nA/μM)	0.241									

(1) 신호 검출한계를 구하시오.

(2) 최소 검출가능 농도를 구하시오.

정답 (1) 2.55nA
(2) 5.51μM

해설
- 바탕신호의 평균($y_{바탕의\ 평균}$)

$$\frac{1.40+2.21+1.75+0.95+0.41+1.50+0.71+0.85+1.55+0.92}{10}=1.225$$

- 분석신호의 평균

$$\frac{5.01+5.00+5.21+4.28+4.65+6.00+4.91+5.22+4.88+5.12}{10}=5.028$$

- 분석신호의 표준편차(s)

$$\sqrt{\frac{(5.01-5.028)^2+(5.00-5.028)^2+(5.21-5.028)^2+(4.28-5.028)^2+(4.65-5.028)^2 +(6.00-5.028)^2+(4.91-5.028)^2+(5.22-5.028)^2+(4.88-5.028)^2+(5.12-5.028)^2}{10-1}}$$

$=0.443$

∴ 신호 검출한계 $= y_{바탕의\ 평균}+3s = 1.225+(3\times 0.443)=2.55\mu A$

∴ 최소 검출가능 농도, 검출한계 $= 3\times\frac{s}{m}=3\times\frac{0.443}{0.241}=5.51\mu M$

(여기서, s : 분석신호의 표준편차, m : 검정곡선의 기울기)

07 **크로마토그래피 칼럼의 효율에 영향을 주는 속도론적 요소 4가지를 쓰시오.**

정답 ① 이동상의 선형속도
② 이동상의 확산계수
③ 정지상에서의 확산계수
④ 머무름 인자
⑤ 충전물의 입자지름
⑥ 정지상 표면에 입힌 액체 막 두께
이 중 4가지 기술

08 247mg의 3 – 메틸펜탄올(X)과 240mg의 펜탄올(Y)을 함유한 용액 10mL를 GC로 분리하여 얻은 봉우리 높이 비는 $X : Y = 1.00 : 0.92$이다. 펜탄올을 내부 표준물(Y)로 할 때, 감응인자(F)를 구하시오. (단, 3 – 메틸펜탄올의 분자량은 102.2g/mol, 펜탄올의 분자량은 88.15g/mol이다.)

정답 1.22

해설 내부 표준물법(internal standard)

- 시료에 이미 알고 있는 농도의 내부 표준물을 첨가하여 시험분석을 수행하는 방법으로서 시험분석 절차, 기기 또는 시스템의 변동에 의해 발생하는 오차를 보정하기 위해 사용한다.
- 분석물질의 신호와 내부 표준의 신호를 비교하여 분석물질이 얼마나 들어 있는지를 알아낸다.
- 표준물질은 분석물질과 다른 화학종의 물질이다.
- 감응인자(F)

$$\frac{A_X}{[X]} = F \times \frac{A_S}{[S]}$$

여기서, $[X]$: 분석물질의 농도
$[S]$: 표준물질의 농도
A_X : 분석물질 신호의 면적
A_S : 표준물질 신호의 면적

$$\frac{1.00}{\left(0.247\text{g } X \times \frac{1\text{mol } X}{102.2\text{g } X} \times \frac{1}{0.01\text{L}}\right)} = F \times \frac{0.92}{\left(0.240\text{g } Y \times \frac{1\text{mol } Y}{88.15\text{g } Y} \times \frac{1}{0.01\text{L}}\right)}$$

$\therefore F = 1.22$

09 암모니아를 함유한 유리 세정제 10.00g에 물 40.00g을 넣어 희석시켰다. 이 용액 4.00g에 브로모크레솔 그린을 지시약으로 사용하여 0.100M HCl로 적정하였더니 14.22mL가 사용되었다. 세정제에 포함된 암모니아의 질량백분율(wt%)을 계산하시오.

정답 3.02%

해설 $NH_3 + HCl \rightarrow NH_4^+ + Cl^-$의 1 : 1반응

4.00g 용액 중에 들어 있는 암모니아의 양(g)은 적정에 사용된 HCl의 양으로 구할 수 있고, 세정제 10.00g에 물 40.00g을 넣어 50.00g의 용액으로 희석하였으므로 50.00g의 용액 중에 세정액은 10.00g 들어 있다.

$$\frac{(0.100 \times 14.22 \times 10^{-3})\text{ mol HCl} \times \frac{1\text{mol NH}_3}{1\text{mol HCl}} \times \frac{17\text{g NH}_3}{1\text{mol NH}_3}}{4.00\text{g 용액}} \times \frac{50.00\text{g 용액}}{10.00\text{g 유리 세정제}} \times 100$$

$= 3.02\%$

10 광학적 분광법은 크게 여섯 가지 현상을 기초로 하여 이루어진다. 다음 빈칸에 알맞은 용어를 쓰시오.

형광(fluorescence), 산란(scattering), (①),
(②), (③), (④)

정답 ① 흡수(absorption)
② 인광(phoshorescence)
③ 방출(emission)
④ 화학발광(chemiluminescence)

11 원자흡수분광법을 사용하여 다음 조건으로 Sr을 정량분석하였다. 다음 물음에 답하시오.

– 연료 : 아세틸렌	– 산화제 : N_2O	– 첨가제 : K 1,000mg/mL

(1) 산화제로 공기 대신 아산화질소를 사용하는 이유를 Boltzmann 식을 이용하여 설명하시오. (단, Boltzmann 식 : $\frac{N_j}{N_o} = \exp\left(\frac{-\Delta E}{kT}\right)$)

(2) Sr 정량 시 첨가제로 K을 넣는 이유를 설명하시오.

정답 (1) Sr은 알칼리토금속으로 반응성이 매우 커서 쉽게 산화된다. 따라서 O와의 결합을 끊고 원자화시키기 위해 높은 온도가 필요하다. 그래서 높은 불꽃 온도를 얻기 위해서 공기 대신 산소 함량이 높은 아산화질소를 사용한다.
Boltzmann 식$\left(\frac{N_j}{N_o} = \exp\left(\frac{-\Delta E}{kT}\right)\right)$에 따르면 낮은 온도에서 에너지가 낮은 SrO 입자수가 지배적이지만 온도가 높아지면서 에너지가 높은 Sr의 입자수가 많아지는 것을 볼 수 있다.
(2) K은 분석물질 Sr보다 이온화가 더 잘 되어 분석물질이 이온화되는 것을 막아 준다.

해설 (1) Boltzmann 식

$$\frac{N_j}{N_o} = \exp\left(\frac{-\Delta E}{kT}\right)$$

여기서, N_j : 높은 에너지 상태의 입자수
N_o : 낮은 에너지 상태의 입자수
ΔE : 두 상태 사이의 에너지 차이
k : Boltzmann 상수(1.38×10^{-23}J · K^{-1})
T : 절대온도(K)

N_o는 SrO의 입자수이고, N_j는 Sr의 입자수이다. 온도가 증가하면 $\frac{N_j}{N_o}$가 증가하므로 Sr의 입자수가 많아지게 된다.

(2) **이온화 평형**
이온화가 많이 일어나 원자의 농도를 감소시켜 나타나는 방해이다. 분석물질보다 이온화가 더 잘 되어 불꽃에 높은 농도의 전자를 제공하는 이온화 억제제(ionization suppressor)를 사용함으로써 이온화 평형의 이동을 막고 시료의 이온화를 억제할 수 있다. 이온화 억제제로는 주로 K, Rb, Cs과 같은 알칼리금속이 사용된다.

12 어느 화합물의 IR spectrum과 mass spectrum을 보고 이 화합물의 구조식을 그리시오.

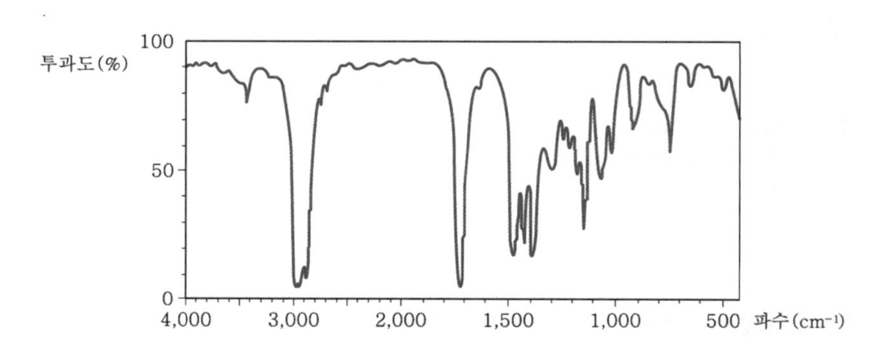

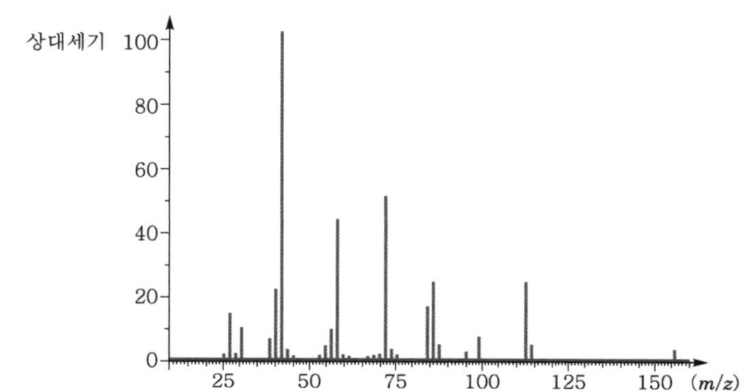

정답

$CH_3-CH_2-CH_2-C(=O)-CH_2-CH_2-CH_2-CH_2-CH_2-CH_3$

해설 IR spectrum 결과 $1,700cm^{-1}$ 부근의 강한 피크로부터 C = O 카보닐기, $156 - 113 = 43(C_3H_7)$, $156 - 71 = 85(C_6H_{13})$으로 예상된다.

예상되는 구조식은 $CH_3-CH_2-CH_2-C(=O)-CH_2-CH_2-CH_2-CH_2-CH_2-CH_3$ 이다.

13 매트릭스 효과란 무엇인지 쓰시오.

정답 시료 중에 존재하고 있는 분석물질이 아닌 다른 어떤 물질, 즉 매트릭스가 분석과정을 방해하여 분석신호의 변화가 있는 것을 매트릭스 효과라고 한다.

해설
- **매트릭스(matrix)** : 분석물질을 제외하고 미지시료 중에 함유되어 있는 모든 화학종을 말한다.
- **매트릭스 효과** : 시료 중에 존재하고 있는 분석물질이 아닌 다른 어떤 물질에 의해서 일으키는 분석신호의 변화로서 정의한다.

14 화학식 C_4H_7N의 IR spectrum과 H – NMR spectrum이 다음과 같다. 이 화합물의 (1) 구조 분석과정을 쓰고, (2) 구조식을 그리시오.

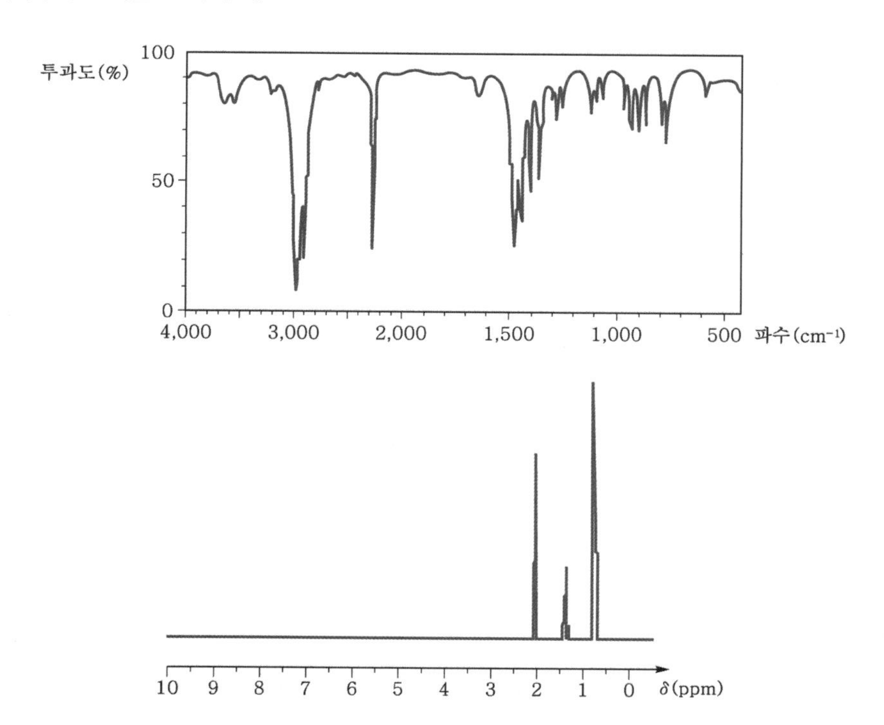

화학적 이동(ppm)	면적비	다중도
0.81	1.5	3
1.40	1	6
2.07	1	3

정답 (1) IR spectrum 2,250cm^{-1} 부근 피크로부터 삼중결합 $C \equiv C$, $C \equiv N$의 가능한 구조에서 N를 포함하고 있는 $C \equiv N$ 예상

δ(ppm)	H수(면적비)			다중도		
0.81	1.5	3	CH_3	3	2+1	CH_3-CH_2-
1.40	1	2	CH_2	6	5+1	$CH_3-CH_2-CH_2-$
2.07	1	2	CH_2	3	2+1	$-CH_2-CH_2-$

예상되는 구조식은 $N \equiv C-CH_2-CH_2-CH_3$ 이다.

(2) $N \equiv C-CH_2-CH_2-CH_3$

15 다음의 H − NMR을 통하여 $C_5H_{10}O_2$의 구조식을 그리시오.

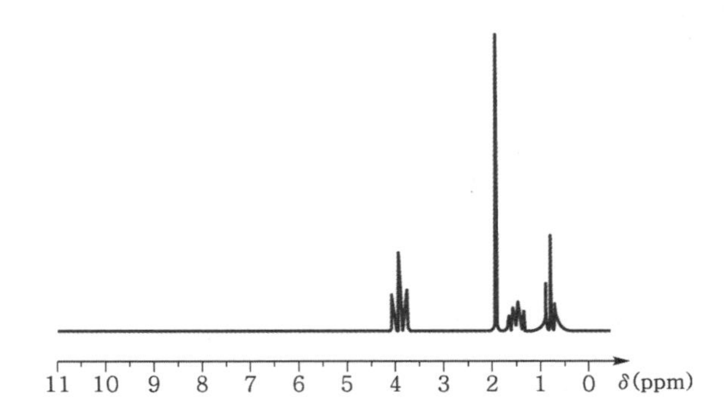

화학적 이동(ppm)	면적비	다중도
0.95	2.59	3
1.65	1.78	6
2.05	2.64	1
4.02	1.76	3

정답 $CH_3-C(=O)-O-CH_2-CH_2-CH_3$

해설

δ(ppm)	H수(면적비)			다중도		
0.95	2.59	3	CH_3	3	2+1	CH_3-CH_2-
1.65	1.78	2	CH_2	6	5+1	$CH_3-CH_2-CH_2-$
2.05	2.64	3	CH_3	1	0+1	CH_3-
4.02	1.76	2	CH_2	3	2+1	$-CO-O-CH_2-CH_2-$

예상되는 구조식은 $CH_3-C(=O)-O-CH_2-CH_2-CH_3$이다.

2022 제4회 필답형 기출복원문제

01 산 · 염기 지시약인 메틸오렌지의 (1) 변색 범위와, (2) 산성형과 염기성형일 때의 색은 무엇인지 쓰시오.

정답 (1) 3.1 ~ 4.4
(2) ① 산성형 색 : 붉은색, ② 염기성형 색 : 노란색

해설 산 · 염기 지시약은 약한 유기산이거나 약한 유기염기이며, 그들의 짝염기나 짝산으로부터 해리되지 않은 상태에 따라서 색이 서로 다르다.

HIn(산성형 색) + $H_2O \rightleftarrows In^-$(염기성형 색) + H_3O^+

용매의 pH에 따라 H^+와 결합하거나 또는 해리하면서 분자 내 전자배치 구조가 변하게 되어 다른 가시광선을 흡수하므로 색 변화가 일어난다.

〈적정에 따른 산 · 염기 지시약의 선택〉

<table>
<tr><th>지시약</th><th>변색 범위</th><th>산성 색</th><th>염기성 색</th><th>적정 형태</th></tr>
<tr><td>메틸오렌지</td><td>3.1 ~ 4.4</td><td>붉은색</td><td>노란색</td><td rowspan="3">• 산성에서 변색
• 약염기를 강산으로 적정하는 경우, 약염기의 짝산이 약산으로 작용
• 당량점에서 pH < 7.00</td></tr>
<tr><td>브로모크레졸그린</td><td>3.8 ~ 5.4</td><td>노란색</td><td>푸른색</td></tr>
<tr><td>메틸레드</td><td>4.8 ~ 6.0</td><td>붉은색</td><td>노란색</td></tr>
<tr><td>브로모티몰블루</td><td>6.0 ~ 7.6</td><td>노란색</td><td>푸른색</td><td rowspan="2">• 중성에서 변색
• 강산을 강염기로 또는 강염기를 강산으로 적정하는 경우, 짝산, 짝염기가 산 · 염기로 작용하지 못함
• 당량점에서 pH = 7.00</td></tr>
<tr><td>페놀레드</td><td>6.4 ~ 8.0</td><td>노란색</td><td>붉은색</td></tr>
<tr><td>크레졸퍼플</td><td>7.6 ~ 9.2</td><td>노란색</td><td>자주색</td><td rowspan="3">• 염기성에서 변색
• 약산을 강염기로 적정하는 경우, 약산의 짝염기가 약염기로 작용
• 당량점에서 pH > 7.00</td></tr>
<tr><td>페놀프탈레인</td><td>8.0 ~ 9.6</td><td>무색</td><td>붉은색</td></tr>
<tr><td>알리자린옐로</td><td>10.1 ~ 12.0</td><td>노란색</td><td>오렌지색–붉은색</td></tr>
</table>

02 특정 온도에서 기체 시료의 분해속도 측정실험에서 첫 번째 실험 측정값은 463이고, 400분 후 수행한 두 번째 실험 측정값은 272로 나타났을 때, 기체 시료의 반감기(분)를 구하시오. (단, 기체 시료의 분해는 일차 반응속도식으로 나타낼 수 있다고 가정한다.)

정답 521.16분

해설 일차 반응속도 식 : $\ln[C]_t - \ln[C]_0 = -kt$이고, 반감기 $t_{1/2} = \frac{\ln 2}{k}$이다.

$\ln 272 - \ln 463 = -k \times 400 \quad \therefore k = 1.330 \times 10^{-3}$ 1/분

$t_{1/2} = \frac{\ln 2}{1.330 \times 10^{-3}} = 521.16$분

∴ 반감기는 521.16분이다.

03 Hexadecanol을 정지상으로 사용하는 크로마토그래피에서 ethyl propyl ether, n－pentane, n－pentanol을 분석할 때, 용리되는 순서대로 쓰시오.

정답 n－pentane, ethyl propyl ether, n－pentanol

해설
- 정지상이 극성 물질이므로 이동상의 분석물은 극성이 작은 것이 먼저 용리된다.
- 여러 분석물 작용기들의 극성이 증가하는 순서
  탄화수소(CH) < 에터(ROR′) < 에스터(RCOOR′) < 케톤 < 알데하이드(RCHO) < 아미드 < 아민(RNH_2) < 알코올 < 물
- 물은 제시된 작용기를 포함하는 화합물보다 극성이 크다.

∴ 극성의 크기를 비교하면 n－pentane < ethyl propyl ether < n－pentanol이다.

04 산성 용액 조건에서 아래와 같은 산화 · 환원 반응식이 있다. 다음 물음에 답하시오.

$$MnO_4^- + NO_2^- \rightarrow Mn^{2+} + NO_3^-$$

(1) 산화 반쪽반응식을 쓰시오.

(2) 환원 반쪽반응식을 쓰시오.

(3) 전체 산화 · 환원 반응식을 쓰시오.

정답 (1) $NO_2^- + H_2O \rightarrow NO_3^- + 2H^+ + 2e^-$
(2) $MnO_4^- + 8H^+ + 5e^- \rightarrow Mn^{2+} + 4H_2O$
(3) $2MnO_4^- + 5NO_2^- + 6H^+ \rightarrow 2Mn^{2+} + 5NO_3^- + 3H_2O$

해설 **산성 용액에서 반쪽반응법을 이용한 산화 · 환원 반응식 균형 맞추기**

① 불균형 알짜이온반응식을 쓴다.
$MnO_4^- + NO_2^- \rightarrow Mn^{2+} + NO_3^-$

② 산화와 환원되는 원자를 결정하고, 두 개의 불균형 반쪽반응식을 쓴다.
산화 : N(+3 → +5, 산화수 증가), $NO_2^- \rightarrow NO_3^-$
환원 : Mn(+7 → +2, 산화수 감소), $MnO_4^- \rightarrow Mn^{2+}$

③ O와 H 이외의 모든 원자에 대하여 두 개의 반쪽반응식의 균형을 맞춘다.
산화 : $NO_2^- \rightarrow NO_3^-$
환원 : $MnO_4^- \rightarrow Mn^{2+}$

④ O를 적게 갖는 쪽에 H_2O를 더하여 O에 대한 각 반쪽반응식의 균형을 맞추고, H를 적게 갖는 쪽에 H^+를 더하여 H에 대한 균형을 맞춘다.
산화 : $NO_2^- + H_2O \rightarrow NO_3^- + 2H^+$
환원 : $MnO_4^- + 8H^+ \rightarrow Mn^{2+} + 4H_2O$

⑤ 더 큰 양전하를 갖는 쪽에 전자를 첨가하여 전하에 대한 각 반쪽반응의 균형을 맞춘다.
산화 : $NO_2^- + H_2O \rightarrow NO_3^- + 2H^+ + 2e^-$
환원 : $MnO_4^- + 8H^+ + 5e^- \rightarrow Mn^{2+} + 4H_2O$

⑥ 적당한 인자를 곱하여 두 개의 반쪽반응 양쪽이 같은 전자수를 갖게 한다.
산화 : $5NO_2^- + 5H_2O \rightarrow 5NO_3^- + 10H^+ + 10e^-$
환원 : $2MnO_4^- + 16H^+ + 10e^- \rightarrow 2Mn^{2+} + 8H_2O$

⑦ 두 개의 균형 반쪽반응식을 더하여 반응식 양쪽에 나타나는 전자들과 기타 화학종을 삭제하고, 반응식이 원자와 전하의 균형이 맞는지 확인한다.
$2MnO_4^- + 5NO_2^- + 6H^+ \rightarrow 2Mn^{2+} + 5NO_3^- + 3H_2O$

05 어떤 식품에 들어 있는 영양소의 함량 측정값이 다음과 같다. 영양소 함량에 대한 90% 신뢰구간을 구하시오.

12.7 11.9 13.0 12.5 12.6

자유도	3	4	5
Student의 t	2.353	2.132	2.015

정답 12.54 ± 0.39

해설 **모집단 표준편차(σ)를 알 수 없을 때의 신뢰구간 계산**

n번 반복하여 얻은 측정값의 평균 $\bar{x}$의 신뢰구간 $= \bar{x} \pm \dfrac{ts}{\sqrt{n}}$

여기서, t : Student의 t

자유도 : $n-1$

$\bar{x}$: 시료의 평균

s : 표준편차

$$\bar{x}(\text{평균}) = \frac{12.7+11.9+13.0+12.5+12.6}{5} = 12.54$$

s(표준편차)

$$= \sqrt{\frac{(12.7-12.54)^2+(11.9-12.54)^2+(13.0-12.54)^2+(12.5-12.54)^2+(12.6-12.54)^2}{5-1}}$$

$= 0.404$

자유도 $= 5-1=4$, Student의 t : 2.132

$$\therefore \text{90\% 신뢰구간} = 12.54 \pm \frac{2.132 \times 0.404}{\sqrt{5}} = 12.54 \pm 0.39$$

06 단백질 시료 1.00g을 진한 황산에 넣어 완전히 분해하여 모든 질소를 NH_4^+로 만든다. 이 용액에 NaOH를 가하여 염기성을 만들어 모든 NH_4^+를 NH_3로 만들고 이를 증류하여 0.202M HCl 용액 10.0mL에 모은다. 이 용액을 0.309M NaOH 용액으로 적정하였더니 4.17mL가 적가되었다. 이 미지 시료에 들어 있는 단백질의 함량을 구하시오. (단, 이 단백질의 질소(N) 함량은 16.2%, 질소의 원자량은 14.0067이다.)

정답 6.32%

해설 **켈달(kjeldahl) 질소분석법** : 유기질소를 정량하는 가장 일반적인 방법

N → NH_4^+ → NH_3를 과량의 HCl을 사용하여 남은 HCl을 NaOH로 적정(역적정)

처음 넣어준 HCl 양 −NaOH과 반응한 HCl 양 = NH_3와 반응한 HCl 양

$(0.202 \times 10.0 \times 10^{-3}) - (0.309 \times 4.17 \times 10^{-3}) = 7.3147 \times 10^{-4}\text{mol HCl}$

$$\frac{7.3147 \times 10^{-4}\text{mol HCl} \times \dfrac{1\text{mol } NH_3}{1\text{mol HCl}} \times \dfrac{1\text{mol N}}{1\text{mol } NH_3} \times \dfrac{14.0067\text{g N}}{1\text{mol N}} \times \dfrac{100\text{g 단백질}}{16.2\text{g N}}}{1.00\text{g 시료}} \times 100$$

$= 6.32\%$

07 어떤 화합물의 IR spectrum에서 2,250cm^{-1}에서 중간 크기의 피크가 관찰되었다. 이 화합물의 MS spectrum은 다음과 같다. 이 화합물의 구조 (1) 분석과정을 쓰고, (2) 구조식을 그리시오.

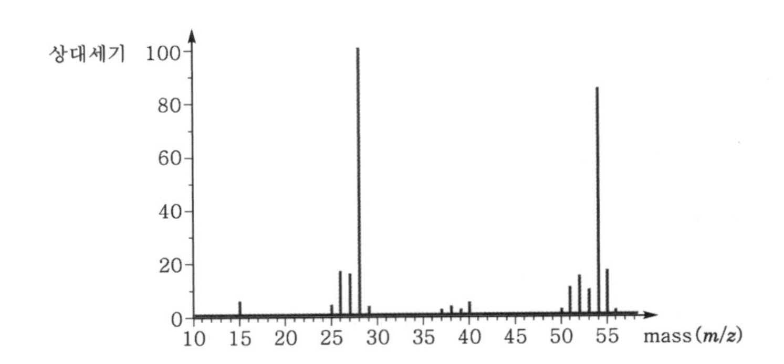

정답 (1) IR 피크 : 2,250cm^{-1} 중간 크기는 삼중결합의 C ≡ N로 예상
분자량은 55로 55 − N(14) = 41, C(12), H(1)로부터 C_3H_5N의 분자식을 예상, 55−28=27(HCN)
예상되는 구조식은 $CH_3-CH_2-C\equiv N$ 이다.
(2) $CH_3-CH_2-C\equiv N$

08 원자흡수분광법에서 Smith – Hieftje 보정의 원리를 설명하시오.

정답 속빈 음극등에 작은 전류와 큰 전류를 교대로 작동하도록 프로그램하여 큰 전류로 작동할 때 속빈 음극등에서 방출하는 복사선의 자체 반전이나 자체 흡수 현상을 이용해 흡광도의 차이로부터 보정하는 방법으로 광원 자체 반전에 의한 바탕보정법이다.

해설 **스펙트럼 방해 보정법**
방해 화학종의 흡수선 또는 방출선이 분석선에 너무 가까이 있거나 겹쳐서 단색화 장치에 의하여 분리가 불가능한 경우에 생긴다.
- 연속 광원 보정법 : 중수소(D_2)램프의 연속 광원과 속빈 음극등이 번갈아 시료를 통과하게 하여 중수소램프에서 나오는 연속 광원의 세기의 감소를 매트릭스에 의한 흡수로 보아 연속 광원의 흡광도를 시료 빛살의 흡광도에서 빼주어 보정하는 방법
- 두 선 보정법 : 광원에서 나오는 방출선 중 시료가 흡수하지 않는 방출선 하나를 기준선으로 선택해서 시료를 통과하고 나온 기준선의 세기 감소를 매트릭스 방해로 보아 기준선의 흡광도를 시료 빛살의 흡광도에서 빼주어 보정하는 방법
- 광원 자체 반전에 의한 바탕보정법(=Smith−Hieftje 바탕보정법) : 속빈 음극등이 번갈아 먼저 작은 전류에서 그 다음에는 큰 전류에서 작동하도록 프로그램하여 큰 전류로 작동할 때 속빈 음극등에서 방출하는 복사선의 자체 반전이나 자체 흡수 현상을 이용해 바탕 흡광도를 측정하여 보정하는 방법
- Zeeman 효과에 의한 바탕보정법 : 원자 증기에 센 자기장을 걸어 전자전이 준위에 분리를 일으키고 (Zeeman 효과) 각 전이에 대한 편광된 복사선의 흡수 정도의 차이를 이용해 보정하는 방법

09 **분석물의 검출한계가 10^{-9} 정도로 매우 낮은 전기분석법으로 카드뮴과 구리를 포함한 물질을 분석하였다. 다음 그림을 보고 물음에 답하시오.**

$$Cd^{2+} + 2e^- \rightleftarrows Cd(s),\ E^\circ = -0.403V$$
$$Cu^{2+} + 2e^- \rightleftarrows Cu(s),\ E^\circ = 0.337V$$

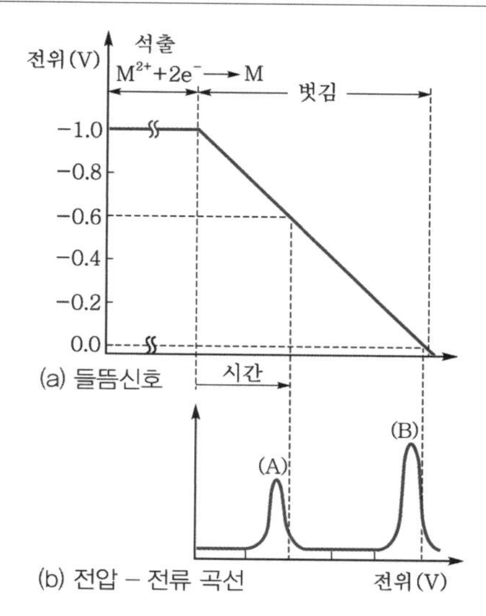

(1) 전기분석법의 명칭을 쓰시오.

(2) 그림 (b)에서 y축은 무엇을 나타내는지 쓰시오.

(3) 각 피크에 해당하는 물질의 반응식을 쓰시오.

정답 (1) 산화 벗김 분석법(= 양극 벗김법)

(2) 전류

(3) (A) $Cd \rightarrow Cd^{2+} + 2e^-$

(B) $Cu \rightarrow Cu^{2+} + 2e^-$

해설
- 벗김법 : 저어주는 용액에서 분석물을 미소전극에 석출시키고 정확히 일정시간 후에 전기분해를 중지하고, 저어주는 것을 멈추고 석출된 분석물을 전압전류법 중 한 가지 방법으로 분석한다. 분석과정에서 분석물은 다시 용해되어 미소전극에서부터 다시 벗겨져 나온다.
- 양극 벗김법 : 미소전극이 석출과정에서는 음극으로 작용하고 분석물이 산화되어 원래 형태의 용액으로 돌아가는 벗김과정에서는 양극으로 작용한다.
- 석출단계는 분석물질을 전기화학적으로 예비농축시키는 단계이다. 즉 미소전극 표면의 분석물 농도는 본체 용액의 농도보다 훨씬 진하다.

카드뮴과 구리 수용액 중에서 카드뮴과 구리를 정량하는 양극 벗김법의 들뜸전위, 선형주사 전압전류법을 분석에 사용하여 나타내었다.

(a) 들뜸신호

처음에 −1.0V의 일정한 환원전위를 미소전극에 걸어 카드뮴과 구리이온을 환원시켜 금속으로 석출시키고 두 금속이 전극에 상당량 석출될 때까지 몇 분간 주어진 전위를 유지한다. 전극전위를 −1.0V로 유지시키고 30초간 저어주는 것을 멈춘다. 그리고 전극의 전위를 양의 방향으로 증가시킨다.

(b) 전지의 전류를 전위에 대한 함수로 기록한 전압 – 전류 곡선

−0.6V보다 다소 큰 음의 전위에서 카드뮴이 산화되어 전류가 갑자기 증가하게 된다. 석출된 카드뮴이 산화됨에 따라 전류 봉우리가 감소하여 원래 수준으로 되돌아간다. 전위가 좀더 양의 방향으로 증가하면 구리가 산화되는 두 번째 봉우리가 나타난다.

10 전류법 적정에서 적가 부피에 따른 전류의 변화에 대한 다음 물음에 답하시오.

(1) 분석물만 반응할 때의 그래프를 그리시오.

(2) 시약만 반응할 때의 그래프를 그리시오.

(3) 분석물과 시약이 모두 반응할 때의 그래프를 그리시오.

정답 (1) 분석물은 반응하고 시약은 반응하지 않는 경우

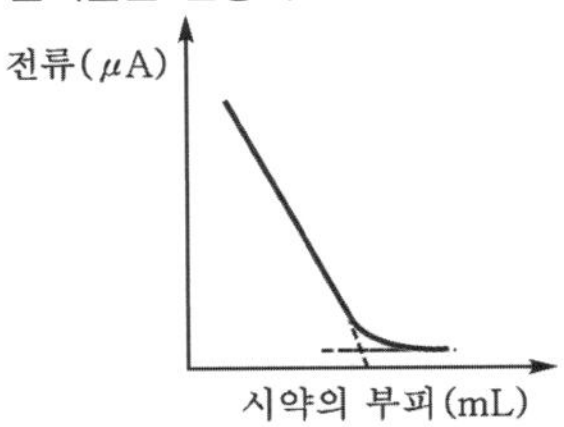

(2) 시약은 반응하고 분석물은 반응하지 않는 경우

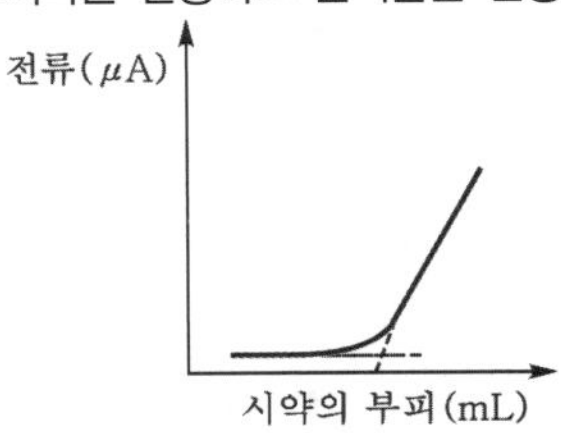

(3) 분석물과 시약이 모두 반응하는 경우

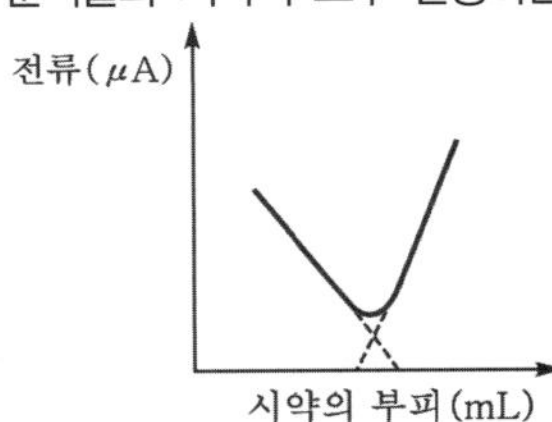

11 $3s$ 오비탈과 $3p$ 오비탈의 에너지 차이가 2.107eV일 때, $3s$ 오비탈에 있는 전자를 $3p$ 오비탈로 들뜨게 하는 데 필요한 복사선 파장(nm)은 얼마인지 구하시오. (단, Plank 상수 = 6.63×10^{-34}J · s, c = 3.00×10^{8}m/s, 1eV = 1.60×10^{-19}J이다.)

정답 590.00nm

해설 $\Delta E = h\nu = h\dfrac{c}{\lambda}$

여기서, h : 플랑크상수, ν : 진동수(s^{-1})

λ : 파장(m), c : 진공에서 빛의 속도(3.00×10^{8} m/s)

$$2.107\text{eV} = 6.63\times10^{-34}\text{J}\cdot\text{s}\times\frac{3.00\times10^{8}\text{m/s}}{\lambda\text{m}}\times\frac{1\text{eV}}{1.60\times10^{-19}\text{J}}$$

$$\lambda = 5.899976\times10^{-7}\text{m}\times\frac{10^{9}\text{nm}}{1\text{m}} = 589.9976\text{nm} \quad \therefore 590.00\text{nm}$$

12 화학식이 $C_8H_6O_3$인 화합물의 IR 스펙트럼 결과와 ^1H-NMR, $^{13}C-NMR$ 측정결과는 다음과 같다. 이 화합물의 구조를 (1) 분석하는 과정을 쓰고, (2) 구조식을 그리시오. (단, 각 봉우리의 면적비는 δ(ppm) 6.1 : 6.9 : 7.3 : 7.4 : 9.8 = 2 : 1 : 1 : 1 : 1이고, δ(ppm) 6.9, 7.4에서 이중선을 6.1, 7.3, 9.8에서 단일선을 나타낸다.)

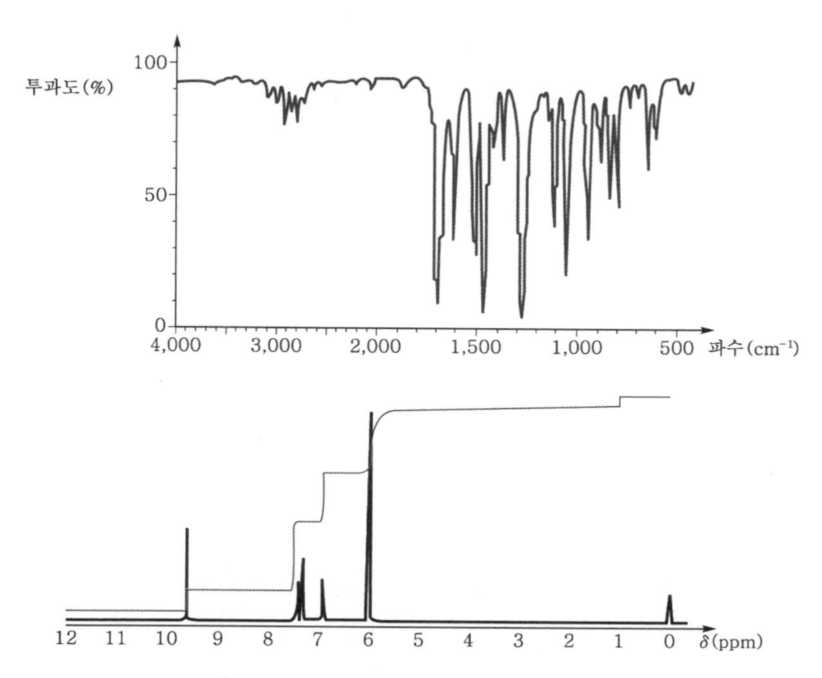

정답 (1) IR spectrum 1,700cm^{-1} 부근의 피크로부터 이중결합 C = O
1,250cm^{-1} 부근의 피크로부터 단일결합 C − O, 3,100 ~ 3,000, 1,600, 1,450cm^{-1} 부근의 피크로부터 벤젠고리를 예상

δ(ppm)	H수(면적비)		예상구조
6.1	2	CH_2	$O-CH_2-O$
6.9	1	CH	벤젠고리의 H
7.3	1	CH	
7.4	1	CH	
9.8	1	CHO	CHO −

(2)

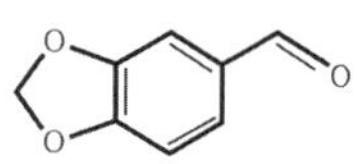

해설

$$불포화도 = \frac{(2\times 탄소수+2)-수소수}{2} = \frac{(2\times 8+2)-6}{2} = 6$$

불포화도 6은 벤젠고리(3 + 1) 4, C = O 이중결합 1, 나머지 1은 이중결합 또는 고리구조에 의한 것이다. IR 결과에서 C − O의 단일결합과 H−NMR의 결과 6.1ppm의 결과로부터 이중결합보다는 고리구조를 예상할 수 있다.

예상되는 구조식은 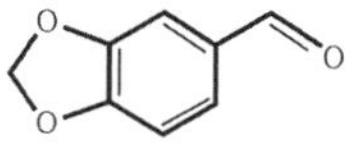 이다.

13 분자량이 72이고 C, H, O로 구성된 어떤 유기화합물의 IR 스펙트럼 결과와 H－NMR 결과는 다음과 같다. 이 화합물의 구조를 (1) 분석하는 과정을 쓰고, (2) 구조식을 그리시오.

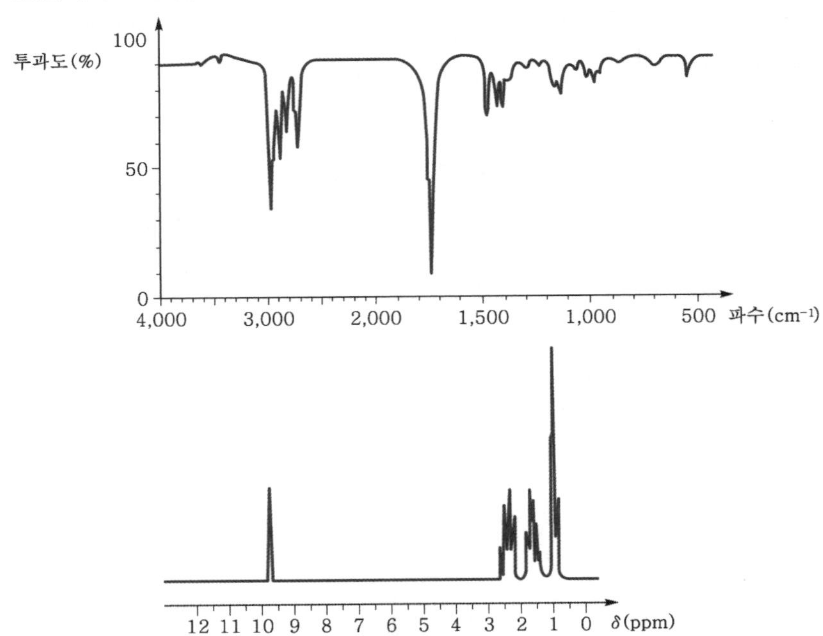

δ(ppm)	면적비	다중도
0.93	3	3
1.72	2	6
2.41	2	6
9.86	1	3

✔ 정답 (1) IR spectrum 1,700cm^{-1} 부근의 강한 피크로부터 이중결합 C＝O를 예상

δ(ppm)	H수(면적비)		다중도		
0.93	3	CH_3	3	2＋1	CH_3-CH_2-
1.72	2	CH_2	6	5＋1	$CH_3-CH_2-CH_2-$
2.41	2	CH_2	6	(2＋1)＊(1＋1)	$-CH_2-CH_2-CHO$
9.86	1	CHO	3	2＋1	$CHO-CH_2-$

분자량 72에서 알데하이드(CHO, 29)를 빼면 72－29＝43이므로, $\frac{43}{13}=3+\frac{4}{13}$ 이다.

CH 3, H 4인 C_3H_7CHO 구조를 예상할 수 있다.

예상되는 구조식은 $CH_3-CH_2-CH_2-CH(=O)$ 이다.

(2) $CH_3-CH_2-CH_2-CH(=O)$

14 GC에서 사용하는 purge and trap 장치에 대한 다음 물음에 답하시오.

(1) purge and trap 장치를 사용하여 GC에 주입하는 분석물질

(2) purge and trap 장치의 사용 목적

(3) purge and trap 장치의 작동 원리

정답 (1) 휘발성 유기화합물
(2) 휘발성 유기화합물을 포집하여 농축시키기 위해
(3) 흡착제에 의한 휘발성 유기화합물의 흡착과 가열에 의한 탈착

해설 purge and trap 장치는 휘발성 유기화합물 시료를 purging gas(He 또는 Ne)로 흘려서 흡착제가 있는 trap에 모은 후, 온도를 높여 시료를 탈착시켜 GC로 보내는 장치이다.

15 용액 100.0mL 속의 Ca을 CaC_2O_4로 침전시켜 여과시킨 후 도가니에 강열하였다. 도가니와 CaO의 무게가 27.23g일 때, 용액 mL당 Ca의 농도(g/mL)를 구하시오. (단, 빈 도가니의 무게는 27.13g, Ca의 원자량은 40.08이다.)

정답 7.15×10^{-4}g/mL

해설

$$\frac{(27.23-27.13)\text{g CaO} \times \frac{1\text{mol CaO}}{56.08\text{g CaO}} \times \frac{1\text{mol Ca}}{1\text{mol CaO}} \times \frac{40.08\text{g Ca}}{1\text{mol Ca}}}{100.0\text{mL 용액}} = 7.15 \times 10^{-4}\text{g/mL}$$

2023 제1회 필답형 기출복원문제

01 다음은 반복측정하여 얻은 값이다. 다음 물음에 답하시오. (단, 유효숫자가 4개가 되도록 답하시오.)

〈측정값〉	0.105, 0.121, 0.112, 0.118, 0.120

(1) 평균을 구하시오.

(2) 표준편차를 구하시오.

(3) 분산을 구하시오.

(4) 변동계수를 구하시오.

정답 (1) 0.1152
(2) 6.686×10^{-3}
(3) 4.470×10^{-5}
(4) 5.804%

해설
- **평균($\overline{x}$)**
측정한 값들의 합을 전체 수로 나눈 값으로 산술평균이라고도 한다.

$$\overline{x} = \frac{\sum_{i=1}^{n} x_i}{n}$$

여기서, x_i : 개개의 x값을 의미
n : 측정수, 자료수

- **표준편차(s)**

$$s = \sqrt{\frac{\sum_{i=1}^{n}(x_i - \overline{x})^2}{n-1}}$$

여기서, x_i : 각 측정값
$\overline{x}$: 평균
n : 측정수, 자료수

- **분산(s^2)** : 표준편차의 제곱
- **변동계수(CV)** : $\frac{s}{\overline{x}} \times 100\%$

(1) 평균 $= \frac{0.105 + 0.121 + 0.112 + 0.118 + 0.120}{5} = 0.1152$

(2) 표준편차 $= \sqrt{\frac{(0.105-0.1152)^2 + (0.121-0.1152)^2 + (0.112-0.1152)^2 + (0.118-0.1152)^2 + (0.120-0.1152)^2}{5-1}} = 6.686 \times 10^{-3}$

(3) 분산 $= (6.686 \times 10^{-3})^2 = 4.470 \times 10^{-5}$

(4) 변동계수 $= \frac{6.686 \times 10^{-3}}{0.1152} \times 100 = 5.804\%$

02 분석물 A에 적가액 T를 첨가할 때 생성물 P가 생성된다. 분석물의 몰흡광계수 ε_A = 생성물의 몰흡광계수 $\varepsilon_P = 0$이고, 적가액의 몰흡광계수 $\varepsilon_T > 0$일 때, 적가부피에 따른 흡광도의 그래프를 그리고 종말점을 표시하시오.

정답

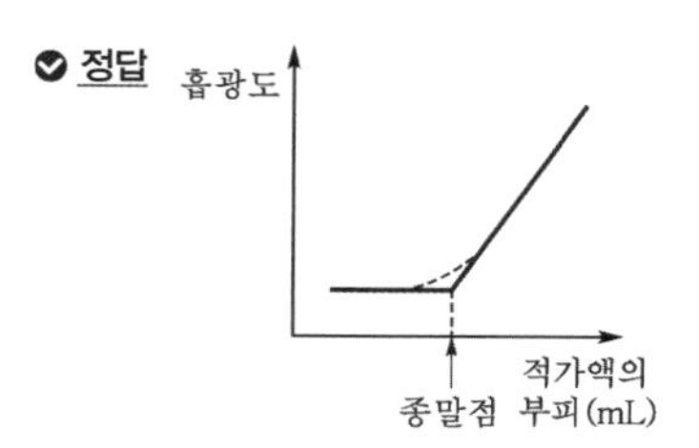

해설 광도법 적정곡선

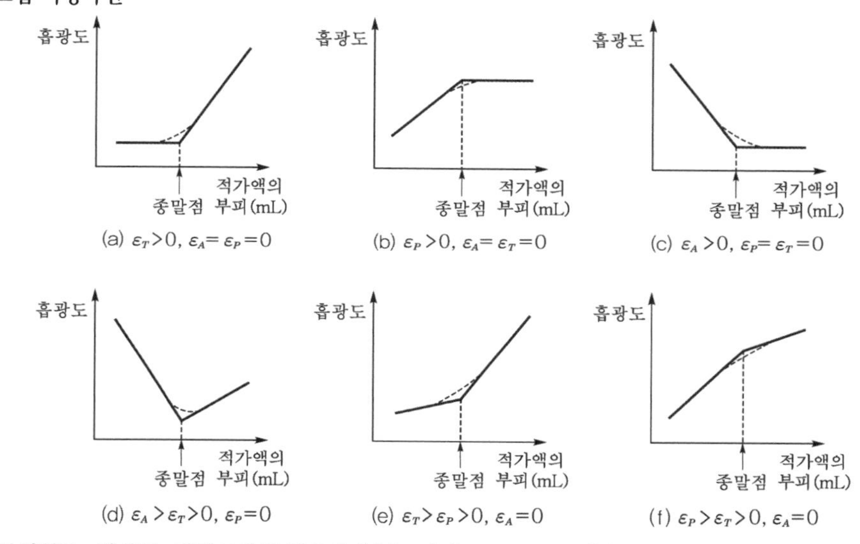

※ 분석성분, 생성물, 적정시약의 몰흡광계수는 각각 ε_A, ε_P, ε_T이다.

03 기체 크로마토그래피 – 질량분석기(GC – MS)로 미지시료를 분석하려고 한다. 다음 물음에 답하시오.

(1) MS의 이온화 장치를 시료가 이온화되는 정도에 따라 2가지로 분류할 때 그 분류명을 쓰시오.

(2) 표준물질이 없을 때 질량 스펙트럼의 library를 사용하기에 적합한 이온화 장치의 분류를 (1)의 2가지 중 하나로 쓰고, 적합한 방법 1가지를 쓰시오.

정답 (1) 하드 이온화 장치, 소프트 이온화 장치
(2) 하드 이온화 장치, 전자충격 이온화 방법

해설
- **하드(hard) 이온화 장치** : 생성된 이온은 큰 에너지를 넘겨받아 높은 에너지 상태로 들뜨게 되는데, 이 경우 많은 토막이 생기면서 이완되고 이 과정에서 분자 이온의 질량 대 전하의 비보다 작은 조각이 된다. 전자충격 이온화 방법 등이 해당된다.
- **소프트(soft) 이온화 장치** : 비교적 작은 에너지로 이온화시킴으로써 적은 조각을 만들므로 토막이 적게 일어나고 스펙트럼이 간단하다. 화학 이온화 방법, 탈착식 이온화 방법 등이 해당된다.

04 자연수 중의 철 이온(Fe^{3+})의 농도를 분석하기 위해 100mL 부피플라스크에 10mL 시료와 12.1ppm의 철 이온(Fe^{3+}) 표준용액을 각각 0mL, 5mL, 10mL, 20mL를 넣어 UV/VIS 분석을 위해 발색시약을 넣은 후 증류수로 표선까지 채워 주었고 측정된 흡광도는 아래 표와 같을 때, 다음 물음에 답하시오.

표준용액(mL)	0	5	10	20
흡광도	0.240	0.437	0.621	1.009

(1) 상관계수(r)를 소수점 아래 다섯째 자리에서 반올림하여 소수점 아래 넷째 자리까지 구하고, 직선성을 확인하시오. (단, $r > 0.990$이면 "직선성 적합"으로, $r \le 0.990$이면 "직선성 부적합"으로 답하고, 반올림하여 1.0000이 되면 0.9999로 답하시오.)

(2) 자연수 중의 철 이온(Fe^{3+})의 농도(ppm)를 구하시오.

정답 (1) 0.9999, 직선성 적합
(2) 7.62ppm

해설 • **최소제곱법**

$y = mx + b$

여기서, m : 기울기, b : y절편

㉠ 기울기(m) $= \dfrac{n\sum_{i=1}^{n}(x_i y_i) - \sum_{i=1}^{n}x_i \sum_{i=1}^{n}y_i}{n\sum_{i=1}^{n}(x_i^2) - (\sum_{i=1}^{n}x_i)^2}$

㉡ y절편(b) $= \dfrac{\sum_{i=1}^{n}(x_i^2)\sum_{i=1}^{n}y_i - \sum_{i=1}^{n}x_i \sum_{i=1}^{n}(x_i y_i)}{n\sum_{i=1}^{n}(x_i^2) - (\sum_{i=1}^{n}x_i)^2}$

㉢ 상관계수(r) $= \dfrac{n\sum_{i=1}^{n}(x_i y_i) - \sum_{i=1}^{n}x_i \sum_{i=1}^{n}y_i}{\sqrt{\{n\sum_{i=1}^{n}(x_i^2) - (\sum_{i=1}^{n}x_i)^2\}\{n\sum_{i=1}^{n}(y_i^2) - (\sum_{i=1}^{n}y_i)^2\}}}$

• **표준물 첨가법** : 다중 첨가법

• **흡광도** : Beer 법칙에 따르면 용액의 흡광도는 다음과 같다.

$$A_S = \frac{\varepsilon b V_S C_S}{V_t} + \frac{\varepsilon b V_X C_X}{V_t} = k V_S C_S + k V_X C_X$$

여기서, ε : 흡광계수, b : 빛이 지나가는 거리(셀의 폭)
V_S : 표준물질의 부피, C_S : 표준물질의 농도
V_t : 최종 용액의 부피, V_X : 분석물질(미지시료)의 부피
C_X : 분석물질(미지시료)의 농도

k는 $\dfrac{\varepsilon b}{V_t}$의 상수이다.

이 식을 A_S를 V_S에 대한 함수로 그리면 $A_S = m V_S + b$의 직선을 얻는다.

기울기 $m = kC_S$, y절편 $b = kV_X C_X$, $\dfrac{m}{b} = \dfrac{C_S}{V_X C_X}$

$$\therefore C_X = \frac{bC_S}{mV_X}$$

(1)

구분	x	y	x^2	y^2	xy
ST1	0	0.240	0	0.0576	0
ST2	5	0.437	25	0.190969	2.185
ST3	10	0.621	100	0.385641	6.21
ST4	20	1.009	400	1.018081	20.18
$\sum$	35	2.307	525	1.652291	28.575

$$\text{상관계수}(r) = \frac{n\sum_{i=1}^{n}(x_i y_i) - \sum_{i=1}^{n}x_i \sum_{i=1}^{n}y_i}{\sqrt{\{n\sum_{i=1}^{n}(x_i^2) - (\sum_{i=1}^{n}x_i)^2\}\{n\sum_{i=1}^{n}(y_i^2) - (\sum_{i=1}^{n}y_i)^2\}}}$$

$$= \frac{(4\times 28.575) - (35\times 2.307)}{\sqrt{\{(4\times 525) - (35)^2\}\times\{(4\times 1.652291) - (2.307)^2\}}} = 0.99998$$

0.99998의 반올림 처리결과는 1.0000이므로 $r = 0.9999$

$r > 0.99$이므로 직선성 적합

(2) $$\text{기울기}(m) = \frac{n\sum_{i=1}^{n}(x_i y_i) - \sum_{i=1}^{n}x_i \sum_{i=1}^{n}y_i}{n\sum_{i=1}^{n}(x_i^2) - (\sum_{i=1}^{n}x_i)^2}$$

$$\text{기울기 } m = \frac{(4\times 28.575) - (35\times 2.307)}{(4\times 525) - (35)^2} = 0.0383$$

$$y\text{절편}(b) = \frac{\sum_{i=1}^{n}(x_i^2)\sum_{i=1}^{n}y_i - \sum_{i=1}^{n}x_i \sum_{i=1}^{n}(x_i y_i)}{n\sum_{i=1}^{n}(x_i^2) - (\sum_{i=1}^{n}x_i)^2}$$

$$y\text{절편 } b = \frac{(525\times 2.307) - (35\times 28.575)}{(4\times 525) - (35)^2} = 0.2412$$

$$\text{기울기 } m = kC_S,\ y\text{절편 } b = kV_X C_X,\ \frac{m}{b} = \frac{C_S}{V_X C_X} \quad \therefore C_X = \frac{bC_S}{mV_X}$$

$$\therefore \text{미지시료 농도(ppm)} = \frac{0.2412}{0.0383} \times \frac{12.1}{10} = 7.62\text{ppm}$$

05 〈보기〉는 Friedel – Craft 알킬화 반응과 Friedel – Craft 아실화 반응이다. 다음 물음에 답하시오.

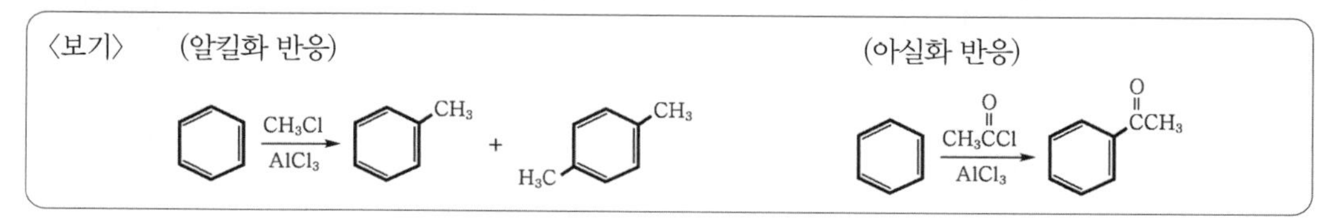

(1) Friedel – Craft 알킬화 반응의 생성물 일부는 다중치환체를 가지고 있지만 Friedel – Craft 아실화 반응은 다중치환체를 가지지 않는다. 이에 대한 이론은 무엇인지 쓰시오.

(2) Friedel – Craft 아실화 반응이 다중치환체를 가지지 않는 현상에 대해 설명하시오.

정답 (1) 치환체 효과

(2) Friedel – Craft 반응은 친전자 치환반응으로 알킬기와 같은 전자주개 치환체는 벤젠고리의 전자밀도를 증가시켜 벤젠고리가 활성화되어 다중치환이 가능하다. 그러나 아실기와 같은 전자받개 치환체는 벤젠고리의 전자밀도를 감소시켜 벤젠고리가 불활성화되어 다중치환이 일어나지 않는다.

06 분자식이 $C_7H_8N_2O_3$인 화합물의 IR 스펙트럼과 ^{1}H–NMR 측정결과가 다음과 같다. 이 화합물의 구조를 (1) 분석하는 과정을 쓰고, (2) 구조식을 그리시오.

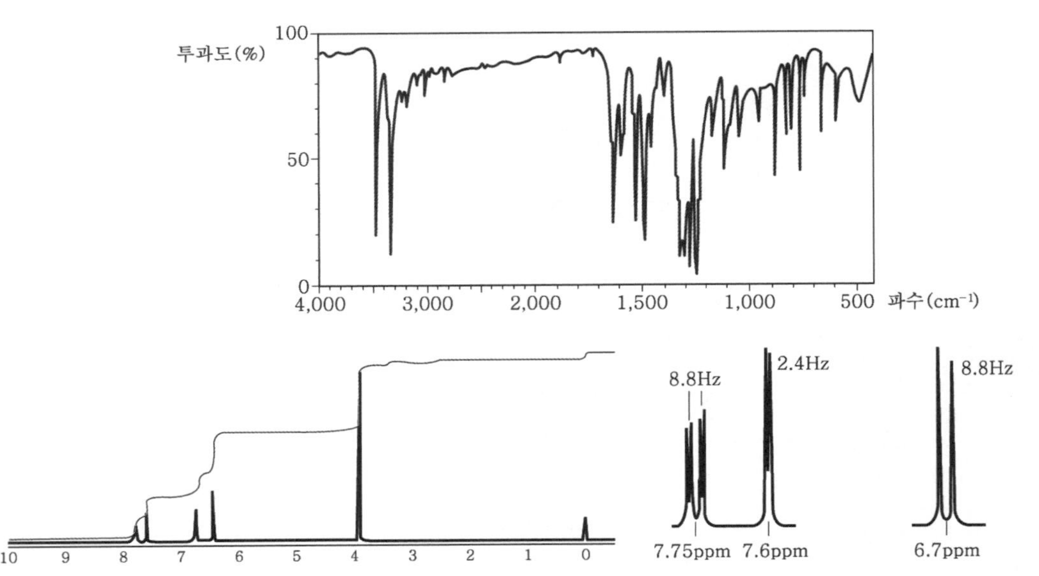

정답 (1) IR spectrum : 1,470～1,600cm^{-1} 영역의 피크로부터 벤젠고리를 예상, 3,300～3,500cm^{-1} 영역에서 2개의 피크로부터 $-NH_2$를 예상할 수 있다.

^{1}H – NMR spectrum

δ(ppm)	적분비(H수)		예상 구조
3.9	3	CH_3	$-O-CH_3$
6.45	2	CH_2	$-NH_2$
6.7	1	CH	벤젠고리(C_6H_3)
7.6	1	CH	벤젠고리(C_6H_3)
7.75	1	CH	벤젠고리(C_6H_3)

3.9ppm 피크는 화학적 이동이 크므로 전기음성도가 큰 O에 결합된 CH_3로 예상되고,
6.7ppm, 7.6ppm, 7.75ppm 피크는 삼중치환 벤젠고리의 C_6H_3로 예상된다.
$C_7H_8N_2O_3 - C_6H_3 - OCH_3 - NH_2 = NO_2$가 예상된다.

δ(ppm)	다중도	짝지음 상수 J(Hz)	H의 예상 구조
6.7	이중선	8.8	ortho
7.6	이중선	2.4	meta
7.75	이중선 – 이중선	8.8, 2.4	ortho, meta

따라서, 예상되는 구조식은 (NH_2, OCH_3, NO_2 치환 벤젠고리) 이다.

(2) NH_2, OCH_3, NO_2 (구조식)

07 미지시료의 IR 스펙트럼, ^{13}C – NMR 스펙트럼, 질량 스펙트럼은 다음과 같다. 이 미지시료의 구조를 (1) 분석하는 과정을 쓰고, (2) 구조식을 그리시오.

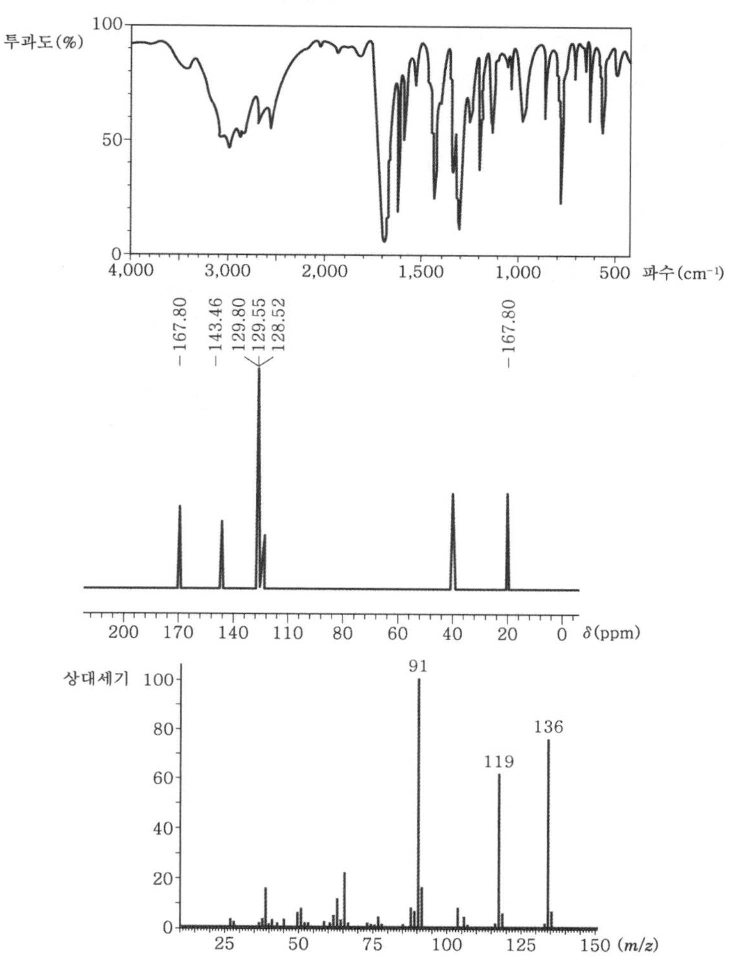

정답 (1) • IR 스펙트럼 : 약 1,680cm^{-1}에서 강한 피크로부터 이중결합 C=O, 2,500~3,500cm^{-1} 범위에서 매우 강하고 넓은 피크로부터 –OH, 특히 –COOH를 예상할 수 있다.

• ^{13}C – NMR 스펙트럼 : 125~145ppm에서 4개의 피크는 서로 다른 치환기를 para 형태로 갖는 이중 치환된 벤젠 구조를 예상할 수 있다.

• 질량 스펙트럼 : 분자량 136에서 13법칙으로 $\frac{136}{13} = 10 + \frac{6}{13}$으로 CH 10, H 6인 $C_{10}H_{16}$에서 $C_{10}H_{16}$ – 32(산소 2개) = $C_8H_8O_2$ 화학식을 예상할 수 있다.
$C_8H_8O_2$ – COOH – C_6H_4 = CH_3에서 벤젠고리에 COOH와 CH_3가 para 위치에 치환되었을 것으로 예상할 수 있다.

따라서, 예상되는 구조식은 (O, HO, CH_3 : 4-메틸벤조산 구조식) 이다.

(2) (O, HO, CH_3 : 4-메틸벤조산 구조식)

08 결정성 고체로 된 시료를 X－선 회절법(XRF)으로 분석하였다. 다음 물음에 답하시오.

(1) 체심입방체의 단위세포에 포함된 원자의 수를 구하시오.

(2) 분석에 사용된 X－선 파장은 1.53Å, 입사각은 19.2°이다. 원자로 이루어진 면과 면 사이의 거리(pm)를 구하시오.

정답 (1) 2개
(2) 232.62pm

해설 (1) **단위세포(unit cell)**

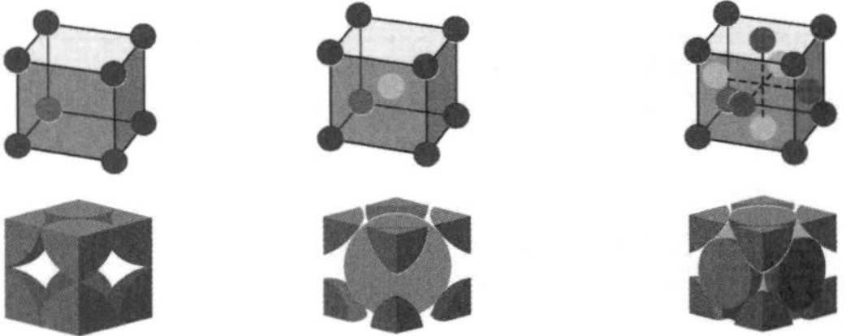

원시입방 단위세포　　체심입방 단위세포　　면심입방 단위세포

단위세포당 원자의 수

$\frac{1}{8}\times 8=1$개　　$\left(\frac{1}{8}\times 8\right)+1=2$개　　$\left(\frac{1}{8}\times 8\right)+\left(\frac{1}{2}\times 6\right)=4$개

(2) **브래그 식(Bragg equation)**

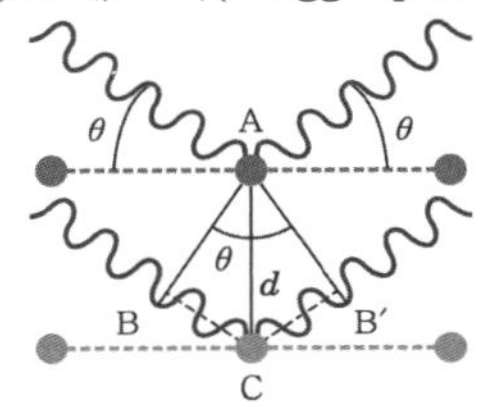

Bragg 식 : $d=\frac{n\lambda}{2\sin\theta}$

λ는 알려진 값이고, $\sin\theta$는 측정 가능하며, 일반적으로 $n=1$이므로 입자 사이의 거리(d)를 계산할 수 있다.

$$\therefore\ d=\frac{1.53\times 10^{-10}\text{m}}{2\times\sin 19.2°}\times\frac{10^{12}\text{pm}}{1\text{m}}=232.62\text{pm}$$

09 유도결합플라스마 원자방출법(ICP－AES)에서 사용되는 ICP 광원의 장점 4가지를 쓰시오.

정답 ① 플라스마 광원의 온도가 매우 높기 때문에 원자화 효율이 좋고, 원소 상호간의 화학적 방해가 거의 없다.
② 아르곤의 이온화로 인한 전자밀도가 높아서 시료의 이온화에 의한 방해가 거의 없다.
③ 플라스마 단면의 온도 분포가 균일하여 자체 흡수나 자체 반전이 없으므로 넓은 선형 측정범위를 갖는다.
④ 높은 온도에서도 잘 분해되지 않는 산화물, 즉 내화성 화합물을 형성하는 텅스텐(W), 우라늄(U), 지르코늄(Zr) 등의 낮은 농도의 원소들도 측정이 가능하다.
⑤ 화학적으로 비활성인 환경에서 원자화가 일어나므로 분석물의 산화물이 형성되지 않아 원자의 수명이 증가한다.
⑥ 광원이 필요 없고, 하나의 들뜸조건에서 동시에 여러 원소들의 스펙트럼을 얻을 수 있으며, 다원소 분석이 가능하다.
⑦ 염소(Cl), 브로민(Br), 아이오딘(I) 및 황(S)과 같은 비금속원소들도 측정이 가능하다.
이 중 4가지 기술

10 **탄소 – 탄소 삼중결합(C≡C)의 신축진동에 해당하는 진동수가 2,140cm^{-1}일 때, 힘 상수(dyne/cm)를 구하시오. (단, 탄소의 원자량은 12.01017이고, 빛의 속도는 3.00×10^{10}cm/s이며, 유효숫자 2개가 되도록 답하시오.)**

정답 1.6×10^6dyne/cm

해설
분자진동의 파수 $\bar{\nu} = \dfrac{1}{2\pi c}\sqrt{\dfrac{\kappa}{\mu}}$

여기서, $\bar{\nu}$: cm^{-1}단위의 흡수 봉우리의 파수
c : cm/s단위의 빛의 속도(3.00×10^{10}cm/s)
μ : kg단위의 환산질량(reduced mass)$\left(\mu = \dfrac{m_1 m_2}{m_1 + m_2}\right)$
κ : N/m단위의 화학결합의 강도를 나타내는 힘상수를 kg → g, m → cm 단위로 바꾸면 dyne/cm단위의 힘상수이다.

$$\text{탄소원자 한 개의 질량(g)} = \frac{12.01017\,\text{g}}{1\,\text{mol}} \times \frac{1\,\text{mol}}{6.022 \times 10^{23}\text{개}} = 1.9944 \times 10^{-23}\text{g}$$

$$\mu = \frac{(1.9944 \times 10^{-23})^2}{1.9944 \times 10^{-23} + 1.9944 \times 10^{-23}} = 9.972 \times 10^{-24}\text{g}$$

$$\therefore \kappa = (\bar{\nu} \times 2\pi c)^2 \times \mu = (2{,}140 \times 2\pi \times 3.00 \times 10^{10})^2 \times 9.972 \times 10^{-24} = 1.6 \times 10^6\text{dyne/cm}$$

11 **HF(Hydrofluoric acid)를 사용하여 규산질(silicate) 시료를 전처리하려고 한다. 다음 물음에 답하시오.**

(1) 산을 산화성과 비산화성으로 구분할 때, HF가 해당하는 산을 쓰시오.
(2) (1)에 해당하는 산이 금속(M)을 녹일 때 화학반응식을 쓰시오. (단, 금속이온의 산화수는 n이다.)
(3) HF 사용 시 주의사항을 쓰시오.
(4) 전처리 후 남아 있는 HF를 제거할 때의 화학반응식을 쓰시오.

정답 (1) 비산화성 산
(2) $M + nH^+ \rightarrow M^{n+} + \dfrac{n}{2}H_2$
(3) HF는 유리를 부식시키므로 유리용기를 사용할 수 없고, 테플론, 폴리에틸렌, 백금 용기를 사용한다.
(4) $4HF + H_3BO_3 \rightarrow HBF_4 + 3H_2O$

해설 (1) • 산화성 산 : 산소를 포함하는 산
예 HNO_3, $HClO_4$, H_2SO_4 등
• 비산화성 산 : 산소를 포함하지 않는 산
예 HF, HCl, HBr 등

(3) HF는 끓는점이 19.5℃이므로 상온에서 쉽게 기체로 변한다. 그러므로 HF가 액체로 누출이 되더라도 기온이 약 20℃를 넘으면 문제는 더욱 심각해지며, 기화된 HF가 호흡을 통해서 폐로 들어가면 점액질에 포함된 물과 반응하여 플루오린화수소산이 만들어져 폐 조직을 괴사시키게 된다. 또한 약한 경우라 할지라도 폐 내에 물집을 형성하여 호흡이 곤란해지며, 심각한 경우에는 사망에까지 이르게 된다.

(4) 과량으로 남아 있는 HF는 끓는점이 높은 붕산을 가한 후 가열하여 증발시켜 제거한다.

12 0.02M 약산(HA, $pK_a = 6.72$) 용액 50mL를 0.1M NaOH 용액으로 적정한다. 당량점에서의 pH를 구하시오.

정답 9.47

해설 당량점 부피 : $0.02 \times 50.0 = 0.1 \times V_e$, $V_e = 10.0\text{mL}$

당량점에서는 모두 A^- 형태로 존재하므로 A^-의 가수분해를 고려해야 한다.

$$[A^-] = \frac{(0.1 \times 10.0)\,\text{mmol}}{50.0 + 10.0\text{mL}} = 0.01667\,\text{M}$$

$$K_a = 10^{-6.72} = 1.905 \times 10^{-7}$$

$$K_b = \frac{K_w}{K_a} = \frac{1.00 \times 10^{-14}}{1.905 \times 10^{-7}} = 5.25 \times 10^{-8}$$

	A^-	+	H_2O	→	HA	+	OH^-
초기(M)	0.01667						
변화(M)	$-x$				$+x$		$+x$
최종(M)	$0.01667-x$				x		x

$$K_b = \frac{[HA][OH^-]}{[A^-]} = \frac{x^2}{0.01667 - x} \simeq \frac{x^2}{0.01667} = 5.25 \times 10^{-8}$$

$$x = [OH^-] = 2.96 \times 10^{-5}\,\text{M},\ [H^+] = \frac{1.00 \times 10^{-14}}{2.96 \times 10^{-5}} = 3.38 \times 10^{-10}\,\text{M}$$

$$\therefore \text{pH} = -\log(3.38 \times 10^{-10}) = 9.47$$

13 Citric acid 수화물($C_6H_8O_7 \cdot nH_2O$) 20.19mg을 열분석한 결과가 다음과 같을 때, 수화물에 포함된 물의 몰수(n)를 구하시오. (단, n은 정수이다.)

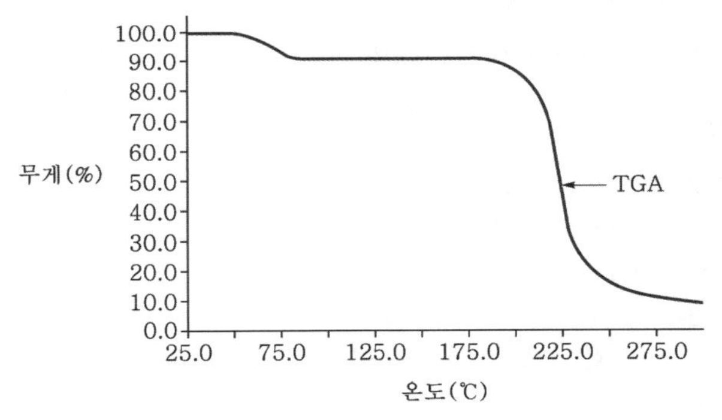

정답 1

해설 탈수 과정에 의한 질량 감소는 약 75℃ 부근에서 9% 정도로 나타난다.

$C_6H_8O_7 \cdot nH_2O$의 분자량은 $(12 \times 6) + (1 \times 8) + (16 \times 7) + (18 \times n) = 192 + 18n$이고, 전체 분자량의 9%가 H_2O의 질량이므로 $\frac{18n}{192 + 18n} = 0.09$, 따라서 $n = 1.05$, 정수로 나타내면 1이다.

14 다음 표를 참고하여 물음에 답하시오.

구분	용매(공기) t_M	A	B
t_R(시간, 분)	1.55	10.40	12.54
W(피크 폭)	–	1.05	1.13

(1) 분리능(R_s)을 구하시오.

(2) 평균단수(N)를 구하시오.

정답 (1) 1.96
(2) 1771.71

해설 • **분리능(R_s, resolution)**

두 가지 분석물질을 분리할 수 있는 칼럼의 능력을 정량적으로 나타내는 척도

$$R_s = \frac{(t_R)_B - (t_R)_A}{\frac{W_A + W_B}{2}} = \frac{2[(t_R)_B - (t_R)_A]}{W_A + W_B}$$

여기서, W_A, W_B : 봉우리 A, B의 너비

$(t_R)_A$, $(t_R)_B$: 봉우리 A, B의 머무름시간

• **단높이**

크로마토그래피 칼럼 효율을 정량적으로 표시하는 척도로, 두 가지 연관 있는 항(단높이(H)와 이론단수(N))이 널리 사용된다.

$$H = \frac{L}{N},\ N = 16\left(\frac{t_R}{W}\right)^2$$

여기서, L : 칼럼의 충전길이

N : 이론단의 개수(이론단수)

W : 봉우리 밑변의 너비

t_R : 머무름시간

(1) 분리능(R_s) $= \frac{(t_R)_B - (t_R)_A}{\frac{W_A + W_B}{2}} = \frac{12.54 - 10.40}{\frac{1.05 + 1.13}{2}} = 1.96$

(2) 평균(t_R) $= \frac{10.40 + 12.54}{2} = 11.47$

평균(W) $= \frac{1.05 + 1.13}{2} = 1.09$

∴ 평균 단수(N) $= 16 \times \left(\frac{\text{평균}(t_R)}{\text{평균}(W)}\right)^2 = 16 \times \left(\frac{11.47}{1.09}\right)^2 = 1771.71$

15 $[Fe(CN)_6]^{4-}$의 산화 · 환원 반응에 대한 다음 물음에 답하시오.

(1) 0.1M Na_2SO_4 용액에 포함된 10mM $K_3Fe(CN)_6$와 20mM $K_4Fe(CN)_6$ 혼합물의 전압 · 전류곡선이 다음과 같을 때, (a)와 (b)에서 일어나는 분석물질의 반쪽반응을 쓰시오.

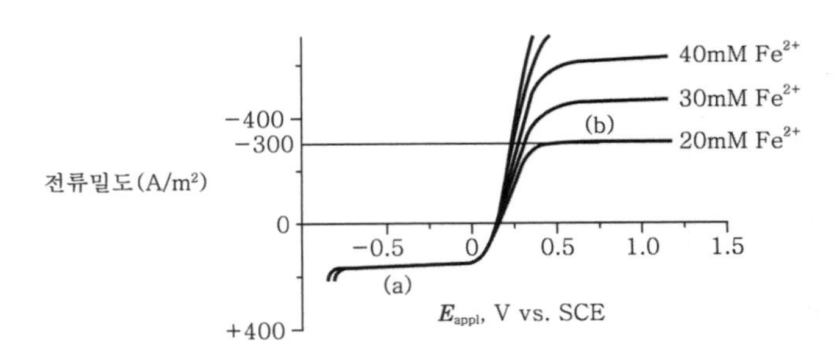

(2) 원반형 미세전극 전압전류법의 한계전류(I_{limit})가 〈보기〉와 같을 때, 미세전극의 반지름(μm)을 구하시오. (단, 전류밀도는 300A/m^{2}이고, 유효숫자 4개가 되도록 답하시오.)

> 〈보기〉 $I_{limit} = 4nFDCR$
>
> 여기서, n : 반쪽반응에 관여한 전자의 몰수(mol)
> F : 패러데이 상수(96,485C/mol)
> D : 확산계수(9.2×10^{-10}m^2/s)
> C : 분석물질의 벌크 몰농도(mol/m^3)
> R : 원반모양의 전극 반지름(m)

정답 (1) (a) $[Fe(CN)_6]^{3-} + e^- \rightarrow [Fe(CN)_6]^{4-}$
(b) $[Fe(CN)_6]^{4-} \rightarrow [Fe(CN)_6]^{3-} + e^-$
(2) 7.535μm

해설 (1) 음전위에서는 환원반응이, 양전위에서는 산화반응이 일어난다.
(2) 한계전류(I_{limit}) $= 4nFDCR =$ 전류밀도 × 전극면적
전류밀도는 300A/m^{2}이고, 전극면적은 πR^2이므로
$4nFDCR = 300 \times \pi R^2$

분석물질의 농도 $C = \dfrac{20 \times 10^{-3}\text{mol}}{1\text{L}} \times \dfrac{10^3\text{L}}{1\text{m}^3} = 20\text{mol/m}^3$

$$R = \frac{4 \times 1 \times 96{,}485 \times 9.2 \times 10^{-10} \times 20}{300 \times \pi} = 7.535 \times 10^{-6}\text{m}$$

$$\therefore\ 7.535 \times 10^{-6}\text{m} \times \frac{10^6\mu\text{m}}{1\text{m}} = 7.535\mu\text{m}$$

2023 제2회 필답형 기출복원문제

01 다음 조건을 참고하여 2%의 KCl과 98%의 KNO_3로 이루어진 혼합물로부터 시료 채취 불확정도를 1.0%로 줄이기 위해 필요한 혼합물 입자 시료의 질량(g)을 구하시오. (단, 유효숫자 4개가 되도록 답하시오.)

〈조건〉
① KCl, KNO_3 입자 모두 완전한 구형이다.
② KCl과 KNO_3의 밀도는 1.984g/mL, 2.109g/mL이다.
③ 입자의 평균직경은 0.0825mm이다.
④ 시료 채취 불확정도는 입자를 취했을 때 예상되는 KCl 입자 수의 퍼센트 상대표준편차이다.

정답 0.3035g

해설 입자 A와 B만 들어 있는 전체 시료에서 입자 A의 개수의 평균 $\bar{x}=Np$, 절대표준편차 $\sigma_A=\sqrt{Npq}$, 입자 A의 개수의 상대표준편차 $\sigma_r=\dfrac{\text{절대표준편차}}{\text{평균}}=\dfrac{\sigma_A}{Np}$이다. 이 식에서 N은 전체 입자 수, p는 KCl의 존재 확률, q는 KNO_3의 존재 확률이다. 상대표준편차 σ_r은 0.01이고 이를 식에 대입하면 N을 구할 수 있다.

$\sigma_r=\dfrac{\sigma_A}{Np}=\dfrac{\sqrt{Npq}}{Np}$ 식의 양변을 제곱하여 정리하면 $(\sigma_r)^2=\dfrac{Npg}{N^2p^2}=\dfrac{q}{Np}$, $N=\dfrac{q}{p(\sigma_r)^2}$이므로

$N=\dfrac{0.98}{0.02\times(0.01)^2}=4.90\times10^5$개이다.

입자는 완전한 구형이므로 구의 부피 $V=\dfrac{4}{3}\pi r^3$을 이용하여 입자 1개의 부피를 구할 수 있다.

입자 1개의 부피는 $V=\dfrac{4}{3}\pi\left(\dfrac{0.0825\times10^{-3}}{2}\right)^3=2.940\times10^{-13}\text{m}^3$이고, $1\text{m}^3=10^6\text{mL}$이므로

$\dfrac{2.940\times10^{-13}\text{m}^3}{1\text{개 입자}}\times\dfrac{10^6\text{mL}}{1\text{m}^3}=2.940\times10^{-7}\text{mL}/\text{개}$이다.

문제에서 주어진 조건으로 혼합물 입자의 평균밀도를 구하면, 평균밀도는 $\left(1.984\text{g/mL}\times\dfrac{2}{100}\right)+\left(2.109\text{g/mL}\times\dfrac{98}{100}\right)=2.1065\text{g/mL}$이다.

입자 1개의 부피와 입자의 평균밀도를 이용하면 혼합물 입자시료의 질량을 구할 수 있다.

$\therefore 4.90\times10^5\text{개}\times\dfrac{2.940\times10^{-7}\text{mL}}{1\text{개}}\times\dfrac{2.1065\text{g}}{1\text{mL}}=0.3035\text{g}$

02 유체역학 전압전류법에서 용액을 세게 저어주었을 때 (1) 작업전극 주위에서의 용액의 흐름 A, B, C의 명칭을 쓰고, (2) 전극으로부터 거리에 따른 생성물의 농도 변화 그래프를 그리시오.

(1)

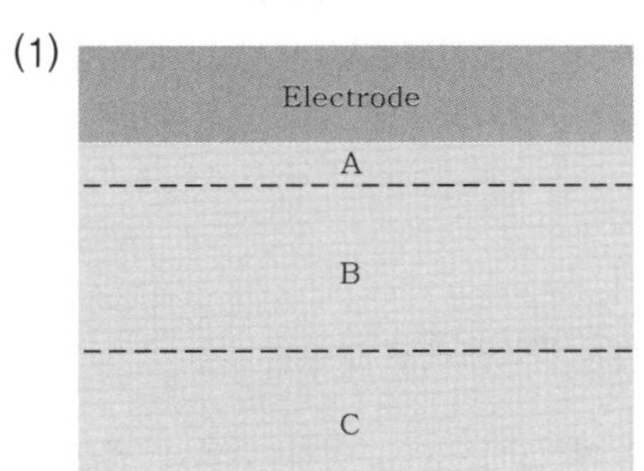

(2)

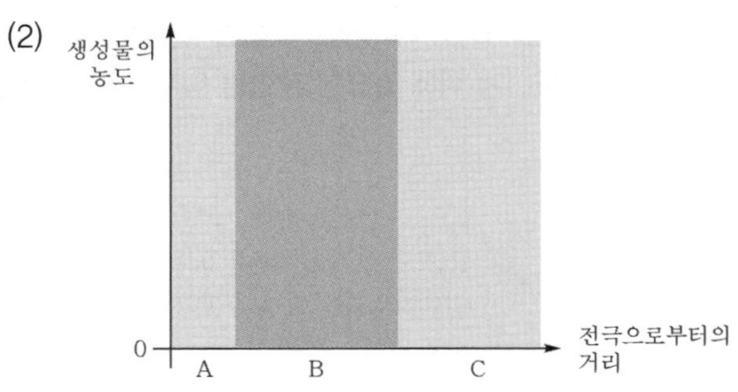

정답 (1) A : Nernst 확산층
B : 층류(층흐름)
C : 난류

(2)

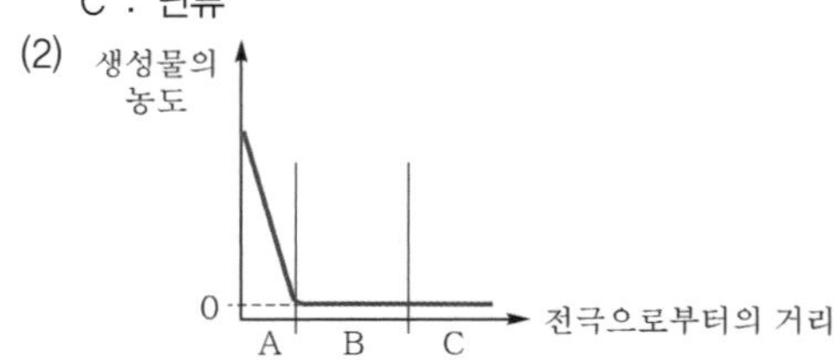

해설 (1)

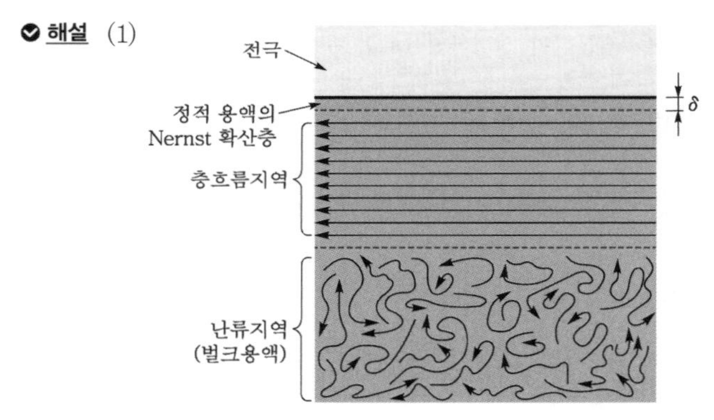

① Nernst 확산층 : 전극 표면에서 δ(cm) 떨어진 점에서는 액체와 전극 사이의 직접적인 마찰로 인해 층류의 속도가 거의 0이 되는 정체된 얇은 용액 층이 형성된다. 이를 Nernst 확산층이라 한다.

② 층(Laminar) 흐름지역 : 전극 표면에 접근함에 따라 Laminar 흐름으로 바뀐다. Laminar 흐름에서는 액체의 층이 전극 표면과 평행되는 방향으로 미끄러져 나란히 된다.

③ 난류지역 : 액체의 움직임에 아무런 규칙이 없고, 전극에서 떨어진 본체 용액 중에서 일어난다.

(2) 반응은 전극표면에서 일어나므로 전극표면에서 생성물의 농도는 최대이고, 반응물의 농도는 최소이다. 그리고 확산층에서만 농도기울기가 나타난다.

03 결정형 고체를 구성하는 세포 중 입방 단위세포에 대한 다음 물음에 답하시오.

(1) 입방 단위세포의 종류 3가지를 쓰시오.

(2) 각 입방 단위세포의 단위세포당 원자 수를 쓰시오.

(3) 각 입방 단위세포의 배위 수를 쓰시오.

정답 (1) 원시입방 단위세포, 면심입방 단위세포, 체심입방 단위세포
(2) 원시입방 단위세포 : 1개, 면심입방 단위세포 : 2개, 체심입방 단위세포 : 4개
(3) 원시입방 단위세포 : 6개, 면심입방 단위세포 : 8개, 체심입방 단위세포 : 12개

해설 단위세포(unit cell)

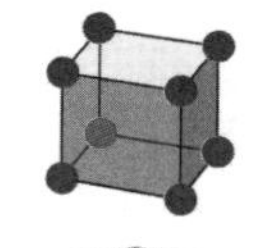
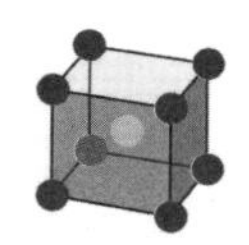
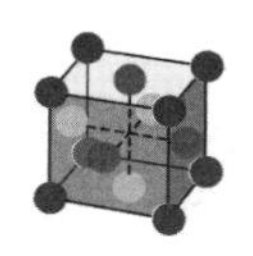

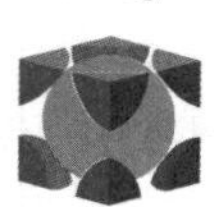

원시입방 단위세포 체심입방 단위세포 면심입방 단위세포

- 단위세포당 원자 수

$\frac{1}{8}\times 8 = 1$개 $\left(\frac{1}{8}\times 8\right)+1=2$개 $\left(\frac{1}{8}\times 8\right)+\left(\frac{1}{2}\times 6\right)=4$개

- 배위 수

6개 8개 12개

04 GC의 열전도도검출기에서 쓰이는 (1) 운반기체 2가지와 (2) 그 이유를 쓰시오.

정답 (1) He, H_2
(2) 열전도도가 다른 물질보다 크기 때문에

해설 열전도도검출기(TCD, thermal conductivity detector)

- 분석물 입자의 존재로 인하여 생기는 운반기체와 시료의 열전도도 차이에 감응하여 변하는 전위를 측정한다.
- 이동상인 운반기체로 N_2를 사용하지 않고 He과 H_2와 같이 분자량이 매우 작은 기체를 사용하는데, 이들의 열전도도가 다른 물질보다 6배 정도 더 크기 때문에 사용한다.
- 장점 : 간단하고, 선형 감응범위가 넓으며($\sim 10^5$g), 유기 및 무기 화학종 모두에 감응한다. 또한 검출 후에도 용질이 파괴되지 않아 용질을 회수할 수 있다.
- 단점 : 감도가 낮으며, 모세 분리관을 사용할 때는 관으로부터 용출되는 시료의 양이 매우 적어 사용하지 못한다.

05 Zn | $ZnSO_4$ || $CuSO_4$ | Cu 전지에서 0.17A의 일정한 전류를 15분간 흘렸을 때 환원전극에서 증가한 질량은 몇 g인지 구하시오. (단, 1F=96,485C/mol, Cu의 원자량은 63.5, Zn의 원자량은 65.4이며, 소수점 넷째 자리까지 구하시오.)

✔ 정답 0.0503g

✔ 해설 구리이온의 환원반응식은 $Cu^{2+} + 2e^- \rightarrow Cu$이고,
전하량(C) = 전류(A) × 시간(s)이다.

$$\therefore \left(0.17\,A \times 15분 \times \frac{60초}{1분}\right)C \times \frac{1mol\ e^-}{96,485\,C} \times \frac{1mol\ Cu}{2mol\ e^-} \times \frac{63.5g\ Cu}{1mol\ Cu} = 0.0503g\ Cu$$

06 Ca^{2+}와 Ba^{2+} 이온들이 용해되어 있는 시료 0.650g을 염기성 조건에서 여러 처리를 하여 $CaC_2O_4 \cdot H_2O$와 $BaC_2O_4 \cdot H_2O$로 침전시킨 후 TGA로 분석하였다. 그 결과 320~400℃에서 안정화된 시료의 무게는 0.5128g, 580~620℃에서 안정화된 시료의 무게는 0.4363g이었다. 시료에 들어 있던 이온의 농도(wt%)를 각각 구하시오. (단, Ca의 원자량은 40, Ba의 원자량은 137, 유효숫자 4개가 되도록 답하시오.)

✔ 정답
- 시료 중의 Ca의 함량(%) : 6.468%
- 시료 중의 Ba의 함량(%) : 35.43%

✔ 해설
- 320~400℃에서 반응 : $CaC_2O_4 \cdot H_2O + BaC_2O_4 \cdot H_2O \rightarrow CaC_2O_4 + BaC_2O_4 + H_2O$
  안정화된 시료의 무게 0.5128g은 $CaC_2O_4 + BaC_2O_4$의 양이다.
- 580~620℃에서 반응 : $CaC_2O_4 + BaC_2O_4 \rightarrow CaCO_3 + BaCO_3 + CO$
  안정화된 시료의 무게 0.4363g은 $CaCO_3 + BaCO_3$의 양이다.

320~400℃에서 시료의 양−580~620℃에서 시료의 양=제거된 CO의 양이다.

$$(0.5218 - 0.4363)g\ CO \times \frac{1\,mol\ CO}{28g\ CO} = 2.732 \times 10^{-3} mol\ CO$$

제거된 CO의 mol은 $(CaCO_3 + BaCO_3)$mol이므로 $CaCO_3$mol을 x(mol)로 두면 $BaCO_3$mol은 $(2.732 \times 10^{-3} - x)$ mol이다. 그러므로 $CaCO_3$의 몰질량은 40(Ca)+12(C)+16×3(O)=100g/mol이고, $BaCO_3$의 몰질량은 137(Ca)+12(C)+16×3(O)=197g/mol이다.

$$\left(x mol\ CaCO_3 \times \frac{100g\ CaCO_3}{1mol\ CaCO_3}\right) + (2.732 \times 10^{-3} - x) mol\ BaCO_3 \times \frac{197g\ BaCO_3}{1mol\ BaCO_3} = 0.4363g$$

$$\therefore x = 1.051 \times 10^{-3} mol$$

- 시료 중의 Ca의 함량(%)

$$\frac{1.051 \times 10^{-3} mol\ CaCO_3 \times \frac{1mol\ Ca}{1mol\ CaCO_3} \times \frac{40g\ Ca}{1mol\ Ca}}{0.650g\ 시료} \times 100 = 6.468\%$$

- 시료 중의 Ba의 함량(%)

$$\frac{(2.732 \times 10^{-3} - 1.051 \times 10^{-3}) mol\ BaCO_3 \times \frac{1mol\ Ba}{1mol\ BaCO_3} \times \frac{137g\ Ba}{1mol\ Ba}}{0.650g\ 시료} \times 100 = 35.43\%$$

07 전열원자화장치를 이용한 원자흡수분광법으로 시료에 포함된 납의 함량을 분석하고자 한다. 다음 물음에 답하시오.

(1) 표준물을 이용하여 흡광도를 농도로 변경한 다음 그래프에서 20s, 40s, 60s에 측정되는 peak의 원인을 쓰시오.

(2) 이 시료에 포함된 납의 농도를 그래프에서 찾아 소수점 둘째 자리까지 구하시오.

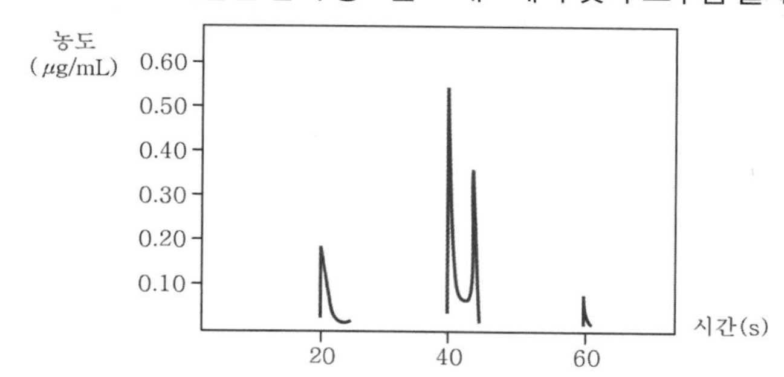

정답 (1) 20s : 건조단계에서 용매 제거, 증발된 생성물에 의한 peak
40s : 회화단계에서 유기물 분해, 생성된 연소 생성물에 의한 peak
60s : 시료의 원자화 단계에서 생성된 분석원소에 의한 peak
(2) 0.10μg/mL

해설 **전열원자화장치의 가열순서** : 건조 → 회화 → 원자화
- 건조 : 용매를 제거하기 위해 낮은 온도(수백℃)로 가열하여 증발시킨다.
- 회화(=탄화, 열분해) : 유기물을 분해시키기 위해 약간 높은 온도(약 1,000~2,000℃)에서 가열한다.
- 원자화 : 전류를 빠르게 증가시켜 2,000~3,000℃로 가열하여 원자화시킨다.

전열원자화의 장점
- 원자가 빛 진로에 머무는 시간이 1s 이상으로 원자화 효율이 우수하다.
- 감도가 높아 작은 부피의 시료도 측정 가능하다.
- 직접 원자화가 가능하다. ➜ 고체, 액체 시료를 용액으로 만들지 않고 직접 도입

08 크로마토그래피의 정량적 효율을 나타낼 때 사용하는 이론단수(N)를 구하는 식을 쓰고, 각 기호의 의미를 쓰시오.

정답
$$N=\frac{L}{H},\ N=16\left(\frac{t_R}{W}\right)^2$$
H는 단높이, L은 칼럼의 길이, W는 봉우리 밑변의 너비, t_R은 머무름시간이다.

해설
- 단높이(H)가 낮을수록, 이론단수(N)가 클수록, 칼럼의 길이(L)가 길수록 분배 평형이 더 많은 단에서 이루어지게 되므로 칼럼의 효율은 증가한다.
- 칼럼의 길이(L)가 일정할 때, 단의 높이(H)가 감소하면 단의 개수(이론단수, N)는 증가한다.

09 이중치환 벤젠의 치환기를 구분할 수 있는 방법을 작성하시오. (단, 치환기는 서로 다른 X, Y이다.)

(1) IR 스펙트럼(피크의 파수와 세기)

(2) ^1H-NMR 스펙트럼(다중선 비)

정답 (1) IR 스펙트럼의 피크의 파수와 세기

치환기 위치	파수 (cm^{-1})	세기
ortho-	750	강함
meta-	690, 780 880	강함 중간
para-	800~850	강함

(2) ^1H-NMR 스펙트럼의 다중선 비

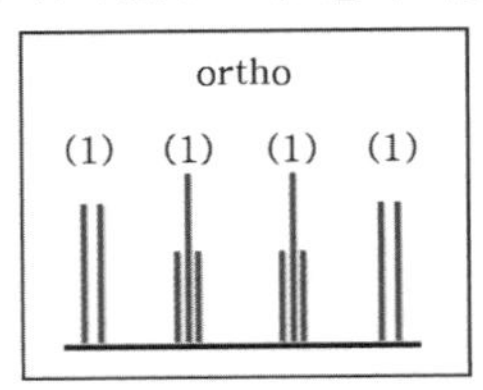

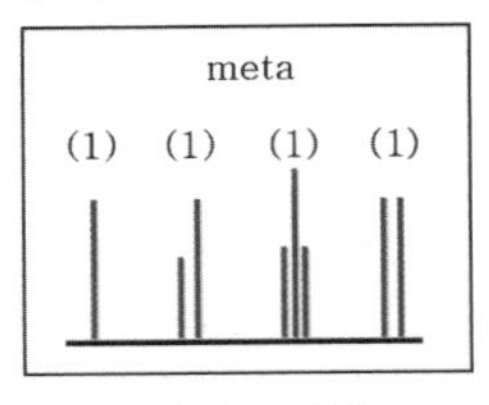

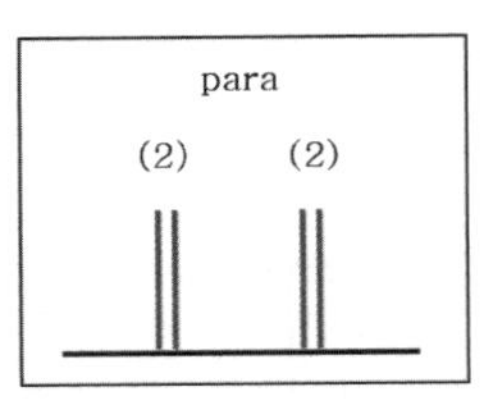

- ortho- : 피크 4개가 2 : 3 : 3 : 2로 갈라진다.
- meta- : 피크 4개가 1 : 2 : 3 : 2로 갈라진다.
- para- : 피크 2개가 2 : 2로 갈라진다.

해설

ortho-	meta-	para-
X, Y, H_a, H_b, H_c, H_d	X, Y, H_a, H_b, H_c, H_d	X, Y, H_a, H_a', H_b, H_b'

ortho-		다중선		다중선의 수
		이론상	실제	
	H_a	$d(^3J)\ d(^4J)\ d(^5J)$	$d(^3J)\ d(^4J)$	2
	H_b	$d(^3J)\ d(^3J)\ d(^4J)$	$t(^3J)\ d(^4J)$	3
	H_c	$d(^3J)\ d(^3J)\ d(^4J)$	$t(^3J)\ d(^4J)$	3
	H_d	$d(^3J)\ d(^4J)\ d(^5J)$	$d(^3J)\ d(^4J)$	2

meta-		다중선		다중선의 수
		이론상	실제	
	H_a	$d(^4J)\ d(^4J)\ d(^5J)$	$d(^4J)\ d(^4J) \rightarrow t(^4J) \rightarrow s$	1
	H_b	$d(^3J)\ d(^4J)\ d(^4J)$	$d(^3J)\ t(^4J)$	2
	H_c	$d(^3J)\ d(^3J)\ d(^5J)$	$d(^3J)\ d(^3J) \rightarrow t(^3J)$	3
	H_d	$d(^3J)\ d(^4J)\ d(^4J)$	$d(^3J)\ t(^4J)$	2

para−		다중선		다중선의 수
		이론상	실제	
X, H_a', H_a, H_b', H_b, Y (para- 치환 벤젠)	H_a, H_a'	d(^{3}J) d(^{4}J) d(^{5}J)	d(^{3}J) d(^{4}J)	2
	H_b, H_b'	d(^{3}J) d(^{4}J) d(^{5}J)	d(^{3}J) d(^{4}J)	2

10 화학식이 $C_8H_{14}O_4$인 화합물의 ^{1}H−NMR 스펙트럼이 다음과 같을 때 (1) 예상되는 화합물의 구조식을 그리고, (2) 분석과정을 쓰시오.

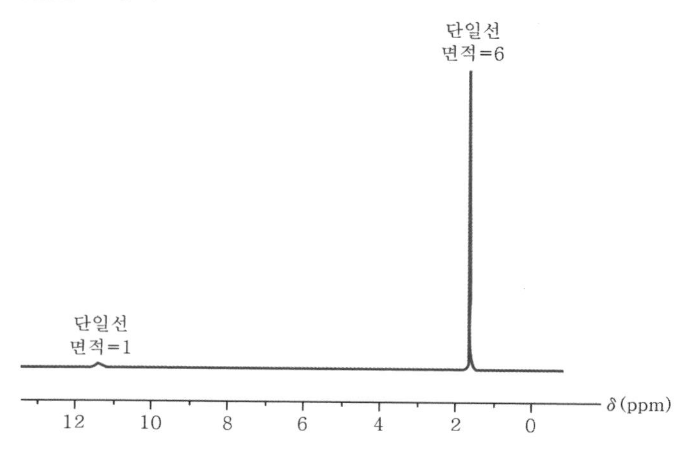

정답 (1) HO−C(=O)−C(CH_3)(CH_3)−C(CH_3)(CH_3)−C(=O)−OH

(2) ① 불포화도$=\dfrac{(2\times8+2)-14}{2}=2$에서 이중결합 또는 고리구조를 예상할 수 있다.

② 면적비의 합 7이고 화학식의 수소수는 14이므로 대칭구조를 예상할 수 있다.

구분	화학적 이동(ppm)	면적비	수소수		다중도		예상구조
a	1.6	6	6	CH_3×2	1	0+1	$(CH_3)_2$−
b	11.2	1	1	CH	1	0+1	COO−CH−

예상되는 구조는 HO(b)−C(=O)−C(CH_3(a))(CH_3(a))−C(CH_3(a))(CH_3(a))−C(=O)−OH(b) 이다.

11 $C_3H_8O_3$가 포함된 미지시료 150mg과 0.080M Ce^{4+} 50.0mL를 넣고 온도를 높여서 완전히 반응시켰다. 이후 0.050M Fe^{2+} 12mL와 지시약을 넣었을 때 색깔의 변화가 생겼다. 미지시료 중 $C_3H_8O_3$의 함량은 얼마인지 구하시오.

$$C_3H_8O_3 + 8Ce^{4+} + 3H_2O \rightarrow 3H_2CO_2 + 8Ce^{3+} + 8H^+$$
$$Ce^{4+} + Fe^{2+} \rightarrow Ce^{3+} + Fe^{3+}$$

정답 26.07%

해설 $C_3H_8O_3$과 반응하고 남은 Ce^{4+}을 Fe^{2+}로 적정(역적정)

처음 넣어준 Ce^{4+} 양 − Fe^{2+}과 반응한 Ce^{4+} 양 = $C_3H_8O_3$과 반응한 Ce^{4+} 양

$(0.08 \times 50.0 \times 10^{-3}) - (0.05 \times 12.0 \times 10^{-3}) = 3.4 \times 10^{-3}\text{mol Ce}^{4+}$

$$\frac{3.4 \times 10^{-3}\text{mol Ce}^{4+} \times \dfrac{1\text{mol } C_3H_8O_3}{8\text{mol Ce}^{4+}} \times \dfrac{92\text{g } C_3H_8O_3}{1\text{mol } C_3H_8O_3}}{150 \times 10^{-3}\text{g 미지시료}} \times 100 = 26.07\%$$

12 화학식이 $C_5H_{12}O$인 화합물의 질량분석 스펙트럼이 다음과 같을 때 (1) 예상되는 화합물의 구조식을 그리고, (2) 분석과정을 쓰시오.

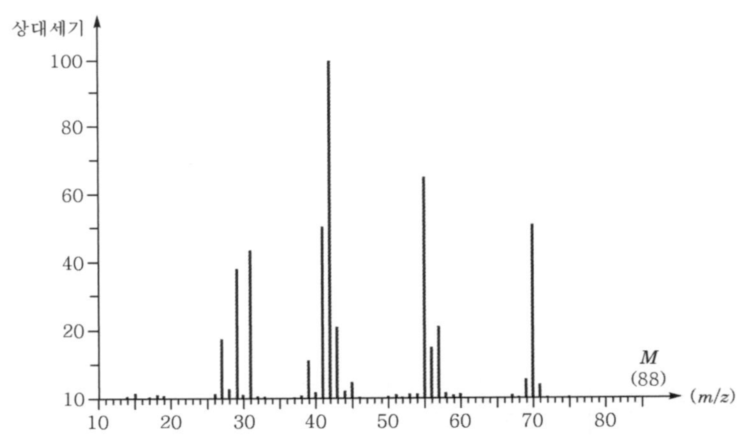

정답 (1) $CH_3-CH_2-CH_2-CH_2-CH_2-OH$

(2) ① 분자량 88 피크와 가장 가까우면서 큰 세기를 나타내는 70 피크를 이용한다. 88−70=18이므로 H_2O를 예상할 수 있다.

② 화합물의 화학식은 $C_5H_{12}O$이므로, 불포화도$=\dfrac{(2\times5+2)-12}{2}=0$에서 단일결합으로 이루어진 지방족 알코올 구조를 예상할 수 있다.

③ m/z 31 피크에서 88−31=57(C_4H_9)를 예상할 수 있고 따라서, 예상되는 구조식은 $CH_3-CH_2-CH_2-CH_2-CH_2-OH$ 이다.

13 Ethyl-(S)-3-hydroxybutyrate에 대한 다음 물음에 답하시오.

(1) 입체구조를 다음 예시를 참고하여 그리시오. (단, 화학적 및 자기적으로 동등한 수소를 표시하고, 카이랄 중심원자가 있을 경우 중심원자에 "*" 표시를 하시오.)

〈예시〉

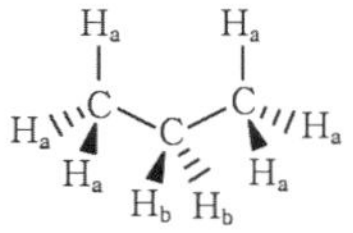

(2) ^{1}H-NMR 스펙트럼에서 화학적 이동(δ)과 이론상 나타날 수 있는 다중선의 수를 구하시오.

정답 (1)

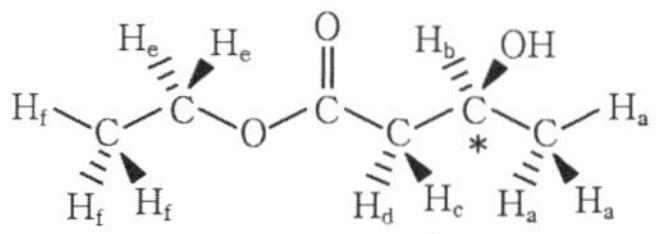

(2)

H	화학적 이동 δ(ppm)	다중선의 수
H_a	0~2	2
H_b	3~5	16
H_c	2~3	4
H_d	2~3	4
H_e	3~5	4
H_f	0~2	3

해설

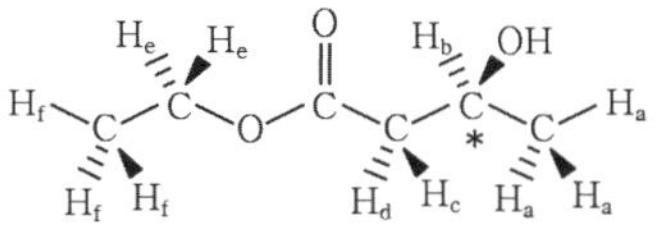

H	화학적 이동 δ(ppm)	다중선	다중선의 수
H_a	0~2	d(^{3}J)	2
H_b	3~5	d(^{3}J) d(^{3}J) q(^{3}J)	2×2×4=16
H_c	2~3	d(^{2}J) d(^{3}J)	2×2=4
H_d	2~3	d(^{2}J) d(^{3}J)	2×2=4
H_e	3~5	q(^{3}J)	4
H_f	0~2	t(^{3}J)	3

H_a와 H_b의 화학적 이동은 말단기 CH_3의 H이므로 0~2ppm, H_b와 H_e의 화학적 이동은 O에 의해 크게 나타나므로 3~5ppm, H_c와 H_d의 화학적 이동은 C=O 이중결합에 의해 2~3ppm으로 예상할 수 있다.

14 다음 물음에 답하시오. (단, 유효숫자 4개가 되도록 답하시오.)

(1) 약산(HA) 용액 100.00mL에 당량점까지 0.09483M NaOH 29.65mL가 소모되었을 때 약산(HA)의 몰농도(M)를 구하시오.

(2) 약산(HA) 용액 100.00mL에 0.09483M NaOH 18.45mL를 가했을 때, 혼합용액의 pH를 구하시오. (단, HA의 $pK_a = 4.76$이다.)

정답 (1) 2.812×10^{-2}M
(2) 4.977

해설 (1) 당량점에서 약산(HA) mol=NaOH mol이므로, $M_{HA} \times V_{HA} = M_{NaOH} \times V_{NaOH}$에서 약산 HA의 몰농도를 구할 수 있다.
약산 HA의 몰농도를 x로 두면
$x(\mathrm{M}) \times 100\mathrm{mL} = 0.09483\mathrm{M} \times 29.65\mathrm{mL}$
$\therefore x = 2.812 \times 10^{-2}\mathrm{M}$

(2) 당량점의 부피는 29.65mL이므로 문제에서 가한 NaOH는 당량점보다 적은 양이다. 당량점 이전에서는 적정 후 과량의 약산(HA)이 남고 가한 NaOH에 해당하는 양만큼의 A^-가 생성되어 용액은 약산과 그 짝염기로 이루어진 완충용액이 된다. 완충용액의 $pH = pK_a + \log\frac{[A^-]}{[HA]}$로 구할 수 있다.

알짜반응식 :	HA	+	OH^-	→	H_2O	+	A^-
반응 전 mmol :	$2.812 \times 10^{-2} \times 100.00$		0.09483×18.45				
반응 mmol :	−1.7496		−1.7496				+1.7496
반응 후 mmol :	1.0624		0				1.7496

$$\therefore pH = pK_a + \log\frac{[A^-]}{[HA]} = 4.76 + \log\frac{1.7496}{1.0624} = 4.977$$

15 **방사능 연대 측정에서 ^{14}C β 붕괴는 1차 반응이며, 반감기는 5,700년이다. 분석시료 ^{12}C 1g당 1.05×10^{-13}g의 ^{14}C를 포함하는 시료는 몇 년 전에 생성되었는지 쓰시오. (단, 대기 중에 존재하는 ^{12}C와 ^{14}C의 비는 $^{12}C : ^{14}C = 1 : 1.20\times10^{-12}$이다.)**

정답 20,034년

해설
- **반감기($t_{1/2}$)**
  반응물의 농도가 처음 값의 1/2로 되는 데 필요한 시간
- **'A → 생성물' 형태 0차, 1차, 2차 반응의 특징**

구분	0차 반응	1차 반응	2차 반응
속도법칙	$\frac{-\Delta[A]}{\Delta t}=k$	$\frac{-\Delta[A]}{\Delta t}=k[A]$	$\frac{-\Delta[A]}{\Delta t}=k[A]^2$
적분속도법칙	$[A]_t=-kt+[A]_0$	$\ln[A]_t=-kt+\ln[A]_0$	$\frac{1}{[A]_t}=kt+\frac{1}{[A]_0}$
반감기($t_{1/2}$)	$t_{1/2}=\frac{[A]_0}{2k}$	$t_{1/2}=\frac{\ln2}{k}$	$t_{1/2}=\frac{1}{k[A]_0}$

여기서, $[A]_t$: t초에서의 A의 농도, $[A]_0$: A의 초기농도, k : 속도상수

반감기($t_{1/2}$)를 이용하여 속도상수 k를 구하면 $5,700년=\frac{\ln2}{k}$, $k=1.216\times10^{-4}$이며, ^{14}C의 초기양(C_0)은 1.20×10^{-12}g이고 t년이 지난 후 ^{14}C의 양(C_t)은 1.05×10^{-13}g이다. 적분속도법칙의 ^{14}C 농도 대신 ^{14}C의 양으로 대입하면 $\ln(1.05\times10^{-13})=-(1.216\times10^{-4})t+\ln(1.20\times10^{-12})$이고, $t=20,034$년이다.

2023 제4회 필답형 기출복원문제

01 아래의 측정값은 반복 측정하여 얻은 값이다. 다음 물음에 답하시오. (단, 유효숫자가 4개가 되도록 답하시오.)

〈측정값〉	12.6, 13.7, 14.5, 11.4, 13.4, 12.2 (단위 : min)

(1) 평균을 구하시오.

(2) 표준편차를 구하시오.

(3) 분산을 구하시오.

(4) 변동계수를 구하시오.

정답 (1) 12.97min
(2) 1.118min
(3) 1.250min^2
(4) 8.620%

해설
- **평균($\bar{x}$)**
측정한 값들의 합을 전체 수로 나눈 값으로 산술평균이라고도 한다.
$$\bar{x} = \frac{\sum_{i=1}^{n} x_i}{n}$$
여기서, x_i : 개개의 x값을 의미
n : 측정수, 자료수
- **표준편차(s)**
$$s = \sqrt{\frac{\sum_{i=1}^{n}(x_i - \bar{x})^2}{n-1}}$$
여기서, x_i : 각 측정값
$\bar{x}$: 평균
n : 측정수, 자료수
- **분산(s^2)** : 표준편차의 제곱
- **변동계수(CV, %)** : $\frac{s}{\bar{x}} \times 100$

(1) 평균 $= \frac{12.6+13.7+14.5+11.4+13.4+12.2}{6} = 12.97\text{min}$

(2) 표준편차 $= \sqrt{\frac{(12.6-12.97)^2+(13.7-12.97)^2+(14.5-12.97)^2+(11.4-12.97)^2+(13.4-12.97)^2+(12.2-12.97)^2}{6-1}} = 1.118\text{min}$

(3) 분산 $= (1.118)^2 = 1.250\text{min}^2$

(4) 변동계수 $= \frac{1.118}{12.97} \times 100 = 8.620\%$

02 (1) 몰농도와, (2) 몰랄농도의 정의를 쓰시오.

정답 (1) 용액 1L 속에 녹아 있는 용질의 몰수를 나타낸 농도, 단위는 mol/L 또는 M으로 나타낸다.
(2) 용매 1kg 속에 녹아 있는 용질의 몰수를 나타낸 농도, 단위는 mol/kg 또는 m으로 나타낸다.

해설
- 몰농도(M) $= \frac{\text{용질의 몰수(mol)}}{\text{용액의 부피(L)}}$
  $= \frac{\text{용질의 질량(g)}}{\text{용질의 몰질량(g/mol)}} \times \frac{1}{\text{용액의 부피(L)}}$
- 몰랄농도(m) $= \frac{\text{용질의 몰수(mol)}}{\text{용매의 질량(kg)}}$
  $= \frac{\text{용질의 질량(g)}}{\text{용질의 몰질량(g/mol)}} \times \frac{1}{\text{용매의 질량(kg)}}$

03 자외선–가시광선 분광법에서 유리큐벳은 350nm 이하의 파장에서는 사용할 수 없다. (1) 그 이유와, (2) 350nm 이하의 파장에서 사용할 수 있는 큐벳의 재질은 무엇인지 쓰시오.

정답 (1) 시료용기는 이용하는 스펙트럼 영역의 복사선을 흡수하지 않아야 한다. 그런데 350nm 이하의 파장은 자외선 영역인데 유리큐벳은 자외선을 흡수하므로 350nm 이하의 파장에서는 사용할 수 없다.
(2) 석영 또는 용융 실리카

해설 **시료용기** : 방출분광법을 제외한 모든 분광법에서는 측정을 위한 시료용기가 필요하며, 단색화 장치와 마찬가지로 시료를 담는 용기인 셀(cell)과 큐벳(cuvette)은 투명한 재질로 되어 있고 이용하는 복사선을 흡수하지 않아야 한다.
- 석영, 용융 실리카 : 자외선 영역(350nm 이하)과 가시광선 영역에서 이용한다.
- 규산염 유리, 플라스틱 : 가시광선 영역에서 이용한다.
- 결정성 NaCl, KBr 결정, TlI, TlBr : 자외선, 가시광선, 적외선 영역에서 모두 가능하나, 주로 적외선 영역에서 이용한다.

04 역상 크로마토그래피에서 n – pentanol, 3 – pentanone, n – pentane의 retention time(머무름 시간)이 짧은 순서에서 긴 순서로 쓰시오.

정답 n – pentanol, 3 – pentanone, n – pentane

해설
- 역상 크로마토그래피는 정지상이 비극성, 이동상이 극성이다.
- 극성이 클수록 먼저 용리되어 나와 머무름 시간이 짧게 나타난다.
- 여러 분석물 작용기들의 극성이 증가하는 순서
  탄화수소(CH) < 에터(ROR′) < 에스터(RCOOR′) < 케톤 < 알데하이드(RCHO) < 아미드 < 아민(RNH_2) < 알코올 < 물
- 극성이 증가하는 순서는 n – pentane < 3 – pentanone < n – pentanol이다.

따라서, 머무름 시간이 짧은 순서에서 긴 순서로 나열하면 n – pentanol, 3 – pentanone, n – pentane이다.

05 화학식이 $C_{10}H_{10}O_2$인 화합물의 IR 스펙트럼, ^{1}H−NMR 스펙트럼, ^{13}C−NMR 스펙트럼은 다음과 같다. 이 화합물의 (1) 구조를 분석하는 과정을 쓰고, (2) 구조식을 그리시오.

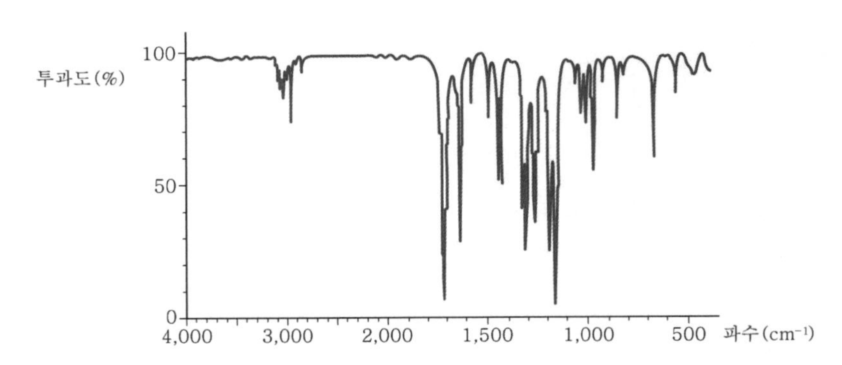

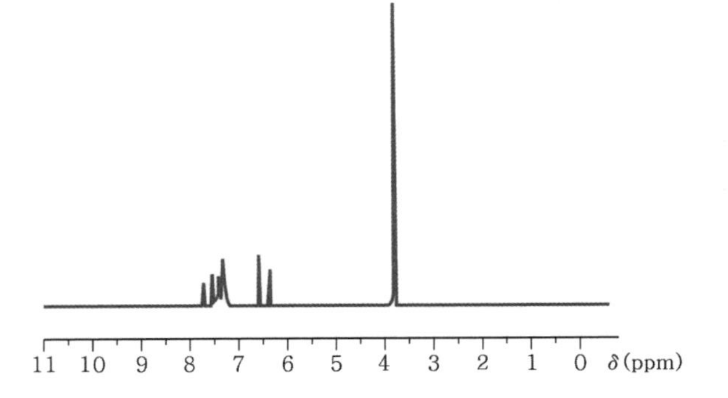

구분	화학적 이동(ppm)	면적비
a	~3.8	3.06
b	~6.4	0.95
c	~7.3, ~7.6	5.17
d	~7.7	1.00

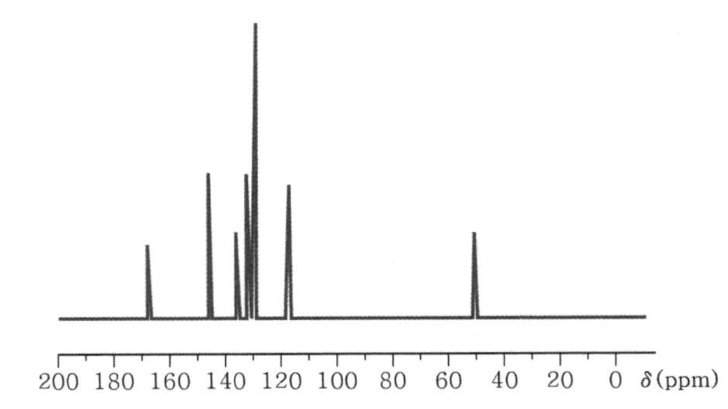

정답 (1) ① IR 스펙트럼에서 1,700cm^{-1} 부근에서 나타나는 피크는 C=O 작용기에 의한 것으로 예상할 수 있다.

② 불포화도 $= \dfrac{(2 \times 10 + 2) - 10}{2} = 6$에서 벤젠고리 1개, 이중결합 2개를 예상할 수 있다.

③ ^{13}C−NMR 스펙트럼에서 50ppm 부근에서 나타나는 피크는 O−CH_3, 100~150ppm에서 나타나는 피크는 벤젠고리의 C, C=C, 170ppm 부근에서 나타나는 피크는 C=O의 탄소에 의한 것으로 예상할 수 있다.

④ ^{1}H−NMR 스펙트럼에서 면적비의 합이 화학식의 수소수와 일치한다.

구분	화학적 이동(ppm)	면적비	수소수		예상구조
a	~3.8	3.06	3H	CH_3	$-O-CH_3$
b	~6.4	0.95	1H	CH	−CH−
c	~7.3	5.17	5H	CH×5	−CH− (벤젠고리의 H)
d	~7.7	1.00	1H	CH	−CH−

예상되는 구조는 (구조식: 벤젠고리(5개의 H^c)−CH^b=CH^d−C(=O)−O−CH_3^a) 이다.

(2) (구조식: C_6H_5−CH=CH−C(=O)−O−CH_3)

06 **72홈/mm, 0.5m 초점거리의 적외선 분광법에서 입사각 30°, 반사각 0°일 때, 다음 물음에 답하시오.**

(1) 1차 회절발 스펙트럼의 파장(nm)과 파수(cm^{-1})를 구하시오.

(2) 1차 역선 분산능(nm/mm)을 구하시오.

정답 (1) ① 파장 : 6.94×10^3nm, ② 파수 : $1.44\times10^3cm^{-1}$

(2) 27.78nm/mm

해설 (1) $n\lambda=d(\sin A+\sin B)$

여기서, n : 회절차수, λ : 회절되는 파장, d : 홈 사이의 거리

A : 입사각, B : 반사각

$$1\times\lambda=\frac{1\text{mm}}{72\text{홈}}(\sin30°+\sin0°),\ \lambda=6.94\times10^{-3}\text{mm}$$

$$\therefore \text{파장(nm)}=6.94\times10^{-3}\text{mm}\times\frac{10^6\text{nm}}{1\text{mm}}=6.94\times10^3\text{nm}$$

$$\text{파수}(\text{cm}^{-1})=\frac{1}{6.94\times10^3\text{nm}}\times\frac{10^7\text{nm}}{1\text{cm}}=1.44\times10^3\text{cm}^{-1}$$

(2) 역선 분산능(D^{-1}) $=\dfrac{d}{nf}$, 단위는 nm/mm 또는 Å/nm이다.

여기서, n : 회절차수, f : 초점거리, d : 홈 사이의 거리

$$\therefore D^{-1}=\frac{\frac{1\text{mm}}{72\text{홈}}}{1\times0.5\text{m}}=2.778\times10^{-2}\text{mm/m}$$

mm/m를 nm/mm로 바꾸면

$$\frac{2.778\times10^{-2}\text{mm}}{1\text{m}}\times\frac{10^6\text{nm}}{1\text{mm}}\times\frac{1\text{m}}{10^3\text{mm}}=27.78\text{nm/mm}$$

07 HPLC에서 사용되는 검출기의 종류 4가지를 쓰시오.

정답 ① 흡수검출기, ② 형광검출기, ③ 굴절률검출기, ④ 전기화학검출기, ⑤ 증발산란광검출기, ⑥ 질량분석검출기, ⑦ 전도도검출기, ⑧ 광학활성검출기, ⑨ 원소선택성검출기, ⑩ 광이온화검출기
이 중 4가지 기술

08 단백질 0.5000g을 진한 황산에 넣어 완전히 분해하여 모든 질소를 NH_4^+로 만든다. 이 용액에 NaOH를 가하여 염기성을 만들어 NH_4^+를 NH_3로 만들고 이를 증류하여 0.02140M HCl 용액 10.0mL에 모은다. 그 다음 이 용액을 0.0198M NaOH 용액으로 적정하였더니 3.28mL가 적가되었다. 이 단백질 중 질소의 질량(mg)을 구하시오. (단, 질소의 원자량은 14.0067이고, 소수점 넷째 자리까지 구하시오.)

정답 2.0878mg

해설 **켈달(Kjeldahl) 분석법** : 유기질소를 정량하는 가장 일반적인 방법
N → NH_4^+ → NH_3를 과량의 HCl을 사용하여 남은 HCl을 NaOH로 적정(역적정)
처음 넣어준 HCl 양 − NaOH과 반응한 HCl 양 = NH_3과 반응한 HCl 양

$$(0.02140\times10.00\times10^{-3})-(0.0198\times3.28\times10^{-3})=1.49056\times10^{-4}\,\text{mol HCl}$$

$$\therefore 1.49056\times10^{-4}\,\text{mol HCl}\times\frac{1\text{mol } NH_3}{1\text{mol HCl}}\times\frac{1\text{mol N}}{1\text{mol } NH_3}\times\frac{14.0067\text{g N}}{1\text{mol N}}\times\frac{1{,}000\text{mg}}{1\text{g}}$$

$$=2.0878\text{mg N}$$

09 원자력발전소에서 배출되는 방사성 폐기물에 포함되어 있는 ^{137}Cs이 초기량의 10%로 감소되는 데 필요한 시간(개월)을 구하시오. (단, ^{137}Cs은 1차 반응으로 β붕괴를 통해 ^{137}Ba로 바뀌며, 반감기는 30.17년이다. 유효숫자가 4개가 되도록 답하시오.)

정답 1,203개월

해설 1차 반응속도식

$\ln[C]_t-\ln[C]_0=\ln\frac{[C]_t}{[C]_0}=-kt$이고, 반감기 $t_{1/2}=\frac{\ln2}{k}$이다.

여기서, $[C]_t$: t시간 후의 농도
$[C]_0$: 초기 농도
k : 속도상수

$$k=\frac{\ln2}{t_{1/2}}=\frac{\ln2}{30.17}=2.2975\times10^{-2}\text{년}^{-1}$$

$$\ln\frac{10}{100}=-(2.2975\times10^{-2})\times t$$

$t=1.0022\times10^2$년을 개월로 바꾸면

$$1.0022\times10^2\text{년}\times\frac{12\text{개월}}{1\text{년}}=1{,}203\text{개월}$$

10 Ca^{2+}와 Ba^{2+} 이온들이 용해되어 있는 시료 0.6010g을 염기성 조건에서 여러 처리를 하여 $CaC_2O_4 \cdot H_2O$와 $BaC_2O_4 \cdot H_2O$로 침전시킨 후 TGA로 분석하였다. 그 결과 320~400℃에서 안정화된 시료의 무게는 0.5128g이고, 580~620℃에서 안정화된 시료의 무게는 0.4363g이었다. 다음 물음에 답하시오. (단, Ca의 원자량은 40, Ba의 원자량은 137이고, 소수점 둘째 자리까지 구하시오.)

(1) 시료 중에 들어 있는 이온($Ca^{2+}+Ba^{2+}$)의 농도(%)를 구하시오.

(2) Ca^{2+} : Ba^{2+}의 몰비를 구하시오.

정답 (1) 45.31%
(2) 1.00 : 1.60

해설 (1) • 320~400℃에서 반응 : $CaC_2O_4 \cdot H_2O + BaC_2O_4 \cdot H_2O \rightarrow CaC_2O_4 + BaC_2O_4 + H_2O$
안정화된 시료의 무게 0.5128g은 $CaC_2O_4 + BaC_2O_4$의 양이다.
• 580~620℃에서 반응 : $CaC_2O_4 + BaC_2O_4 \rightarrow CaCO_3 + BaCO_3 + CO$
안정화된 시료의 무게 0.4363g은 $CaCO_3 + BaCO_3$의 양이다.
320~400℃에서 시료의 양 −580~620℃에서 시료의 양 = 제거된 CO의 양이다.

$$(0.5128-0.4363)\text{g CO}\times\frac{1\text{mol CO}}{28\text{g CO}}=2.732\times10^{-3}\text{mol CO}$$

제거된 CO의 mol은 ($CaCO_3+BaCO_3$)mol이므로 $CaCO_3$mol을 x(mol)로 두면 $BaCO_3$mol은 $(2.732\times10^{-3}-x)$mol이며, $CaCO_3$의 몰질량은 40(Ca)+12(C)+16×3(O)=100g/mol이고 $BaCO_3$의 몰질량은 137(Ca)+12(C)+16×3(O)=197g/mol이다.

$$\left(x(\text{mol})\,CaCO_3\times\frac{100\text{g }CaCO_3}{1\text{mol }CaCO_3}\right)+(2.732\times10^{-3}-x)\text{mol }BaCO_3\times\frac{197\text{g }BaCO_3}{1\text{mol }BaCO_3}$$
$$=0.4363\text{g}$$

$x=1.051\times10^{-3}$mol이다.

$$\text{Ca의 질량(g)}=1.051\times10^{-3}\text{mol }CaCO_3\times\frac{1\text{mol Ca}}{1\text{mol }CaCO_3}\times\frac{40\text{g Ca}}{1\text{mol Ca}}$$
$$=4.204\times10^{-2}\text{g}$$

$$\text{Ba의 질량(g)}=(2.732\times10^{-3}-1.051\times10^{-3})\text{mol }BaCO_3\times\frac{1\text{mol Ba}}{1\text{mol }BaCO_3}\times\frac{137\text{g Ba}}{1\text{mol Ba}}$$
$$=2.303\times10^{-1}\text{g}$$

∴ 시료 중에 들어 있는 이온($Ca^{2+}+Ba^{2+}$)의 농도(%)

$$=\frac{(4.204\times10^{-2})\text{g Ca}+(2.303\times10^{-1})\text{g Ba}}{0.6010\text{g 시료}}\times100=45.31\%$$

(2) Ca^{2+}(mol) : Ba^{2+}(mol) $=1.051\times10^{-3} : 1.681\times10^{-3}$

$$=\frac{1.051\times10^{-3}}{1.051\times10^{-3}}:\frac{1.681\times10^{-3}}{1.051\times10^{-3}}$$
$$=1.00:1.60$$

11 **다음 열역학적 자료를 이용하여 물음에 답하시오. (단, $\Delta H_f°$: 표준생성엔탈피 변화, $\Delta G_f°$: 표준생성자유에너지 변화, $S_m°$: 표준엔트로피이다.)**

물질	$\Delta H_f°$(kJ/mol)	$\Delta G_f°$(kJ/mol)	$S_m°$(J/K · mol)
AgCl(s)	−127.07	−109.79	96.2
Ag^+(aq)	105.58	77.11	72.68
Cl^-(aq)	−167.16	−131.23	56.5

(1) 다음 반응의 표준자유에너지 변화를 구하시오. (단, 유효숫자가 4개가 되도록 답하시오.)

$$AgCl(s) \rightarrow Ag^+(aq) + Cl^-(aq)$$

(2) 25℃에서 AgCl(s)의 용해도곱 상수(K_{sp})를 계산하시오. (단, 유효숫자가 4개가 되도록 답하시오.)

(3) AgCl(s)은 불용성염이라고 함이 타당한지 판단하시오. (단, AgCl의 몰질량은 143.3g/mol이다.)

정답 (1) 55.67kJ/mol
(2) 1.764×10^{-10}
(3) 타당하다.

해설 (1) $\Delta G° = \Sigma \Delta G_f°(\text{생성물}) - \Sigma \Delta G_f°(\text{반응물})$
$= (77.11) + (-131.23) - (-109.79)$
$= 55.67\text{kJ/mol}$

(2) 평형에서는 더 이상 반응이 일어나지 않으므로 $\Delta G = 0$이고 반응지수(Q)=평형상수(K), 해리반응의 평형상수(K)=용해도곱 상수(K_{sp})이므로 $\Delta G = \Delta G° + RT\ln Q$ 식은 $\Delta G° = -RT\ln K_{sp}$이 된다. 그리고 기체상수 $R = 8.314\text{J/K} \cdot \text{mol}$, $T = 273.15 + 25 = 298.15\text{K}$이므로 용해도곱 상수 $K_{sp} = e^{\left(-\frac{\Delta G°}{RT}\right)} = e^{\left(-\frac{55.67 \times 10^3}{8.314 \times 298.15}\right)} = 1.764 \times 10^{-10}$이다.

(3) 물에 대한 이온 결합 화합물의 용해도가 0.1g/L 이하인 경우 불용성, 용해도가 10g/L 이상일 때 가용성, 0.1~10g/L인 경우 난용성이라 한다.
AgCl(s)의 $K_{sp} = [Ag^+][Cl^-] = 1.764 \times 10^{-10}$값으로 용해된 $[Ag^+] = [Cl^-] = 1.328 \times 10^{-5}$M을 구할 수 있고, 이를 이용하여 용해도를 구하면 AgCl(s)의 용해도는
$\frac{1.328 \times 10^{-5}\text{mol AgCl}}{1\text{L}} \times \frac{143.3\text{g AgCl}}{1\text{mol AgCl}} = 1.903 \times 10^{-3}\text{g AgCl/L}$이다.
∴ AgCl(s)의 용해도가 0.1g/L 이하이므로 AgCl(s)을 불용성 염이라고 함은 타당하다.

12 **As_2O_3가 포함된 시료의 정량분석에 대한 다음 물음에 답하시오.**

(1) 시료에 포함된 As_2O_3를 적절히 처리하여 $HAsO_3^{2-}$로 바꾼 시료는 I_2를 포함하는 $NaHCO_3$ 용액에서 아래의 반응이 일어난다. 다음 반응식을 균형화학반응식으로 쓰시오.

$$(\ )HAsO_3^{2-} + (\ )I_2 + (\ )HCO_3^- \rightarrow (\ )HAsO_4^{2-} + (\ )I^- + (\ )CO + (\ )H_2O$$

(2) 시료 5.50g을 전하량 적정법으로 분석하였더니 10분간 전류 100mA를 흘려 (1)의 반응이 완결되었다. 시료에 포함된 As_2O_3의 무게백분율(%)을 구하시오. (단, As의 원자량은 74.922이고, 패러데이 상수는 96,485C/mol이다. 소수점 넷째 자리까지 구하시오.)

정답 (1) $3HAsO_3^{2-} + I_2 + 2HCO_3^- \rightarrow 3HAsO_4^{2-} + 2I^- + 2CO + H_2O$
(2) 1.6776%

해설 (1) 반쪽반응법을 이용한 산화 · 환원 반응식 균형 맞추기

① 불균형 알짜이온 반응식을 쓴다.
$HAsO_3^{2-} + I_2 + HCO_3^- \rightarrow HAsO_4^{2-} + I^- + CO + H_2O$

② 산화와 환원되는 원자를 결정하고 불균형 반쪽반응식을 쓴다.
- 산화 : As ($+3 \rightarrow +5$, 산화수 증가), $HAsO_3^{2-} \rightarrow HAsO_4^{2-}$
- 환원1 : C ($+4 \rightarrow +2$, 산화수 감소), $HCO_3^- \rightarrow CO$
- 환원2 : I ($0 \rightarrow -1$, 산화수 감소), $I_2 \rightarrow I^-$

③ O와 H 이외의 모든 원자에 대하여 반쪽반응식의 균형을 맞춘다.
- 산화 : $HAsO_3^{2-} \rightarrow HAsO_4^{2-}$
- 환원1 : $HCO_3^- \rightarrow CO$
- 환원2 : $I_2 \rightarrow 2I^-$

④ O를 적게 갖는 쪽에 H_2O를 더하여 O에 대한 각 반쪽반응식의 균형을 맞추고, H를 적게 갖는 쪽에 H^+를 더하여 H에 대한 균형을 맞춘다.
- 산화 : $HAsO_3^{2-} + H_2O \rightarrow HAsO_4^{2-} + 2H^+$
- 환원1 : $HCO_3^- + 3H^+ \rightarrow CO + 2H_2O$
- 환원2 : $I_2 \rightarrow 2I^-$

⑤ 더 큰 양전하를 갖는 쪽에 전자(e^-)를 첨가하여 전하에 대한 각 반쪽반응의 균형을 맞춘다.
- 산화 : $HAsO_3^{2-} + H_2O \rightarrow HAsO_4^{2-} + 2H^+ + 2e^-$
- 환원1 : $HCO_3^- + 3H^+ + 2e^- \rightarrow CO + 2H_2O$
- 환원2 : $I_2 + 2e^- \rightarrow 2I^-$

⑥ 적당한 인자를 곱하여 반쪽반응이 같은 전자(e^-)수와 수소(H^+)수를 갖게 한다(산화×3, 환원1×2).
- 산화 : $3HAsO_3^{2-} + 3H_2O \rightarrow 3HAsO_4^{2-} + 6H^+ + 6e^-$
- 환원1 : $2HCO_3^- + 6H^+ + 4e^- \rightarrow 2CO + 4H_2O$
- 환원2 : $I_2 + 2e^- \rightarrow 2I^-$

⑦ 반쪽반응식을 더하여 반응식 양쪽에 나타나는 전자들과 기타 화학종을 삭제하고, 반응식이 원자와 전하의 균형이 맞는지 확인한다.
$3HAsO_3^{2-} + I_2 + 2HCO_3^- \rightarrow 3HAsO_4^{2-} + 2I^- + 2CO + H_2O$

(2) 전하량(Q) = 전류의 세기(I) × 전류를 공급한 시간(t), 단위는 C(쿨롬)이다. 즉 1C은 1A의 전류가 1s 동안 흘렀을 때의 전하량이다. As_2O_3의 몰질량은 $(74.922 \times 2) + (16 \times 3) = 197.844$g/mol이고, 1mol의 As_2O_3는 2mol의 $HAsO_3^{2-}$이다. I_2mol = 2mol e^-이고 I_2mol = 3mol $HAsO_3^{2-}$을 이용하여 시료에 포함된 As_2O_3의 무게백분율(%)을 구하면 다음과 같다.

$$(100 \times 10^{-3} \times 10 \times 60)\text{C} \times \frac{1\text{mol } e^-}{96{,}485\text{C}} \times \frac{3\text{mol HAsO}_3^{2-}}{2\text{mol } e^-} \times \frac{1\text{mol As}_2\text{O}_3}{2\text{mol HAsO}_3^{2-}}$$

$$\times \frac{197.844\text{g As}_2\text{O}_3}{1\text{mol As}_2\text{O}_3} = 9.227 \times 10^{-2}\text{g As}_2\text{O}_3$$

∴ 시료에 포함된 As_2O_3의 무게백분율(%) $= \dfrac{9.227 \times 10^{-2}\text{g As}_2\text{O}_3}{5.50\text{g 시료}} \times 100 = 1.6776\%$

13 아래는 할로젠 원소가 들어 있는 화합물의 질량분석 스펙트럼과 ^{1}H－NMR 스펙트럼이다. 다음 물음에 답하시오.

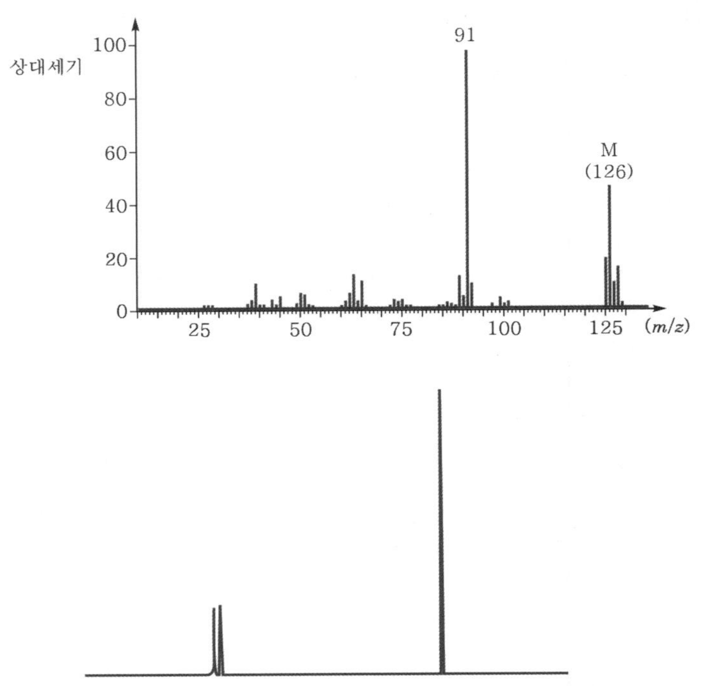

(1) 이 화합물의 (가) 구조를 분석하는 과정을 쓰고, (나) 구조식을 그리시오.

(2) 동위원소 존재비를 참고하여 M^{+} : $[M+2]^{+}$ 피크의 높이 비를 정수로 나타내시오.

동위원소	M	M+2
Cl	100	32.5
Br	100	98

구분	화학적 이동(ppm)	면적비
a	2.29	1.00
b	7.01	1.34
c	7.14	

정답 (1) (가) ① 분자량 126 피크와 가장 가까우면서 큰 세기를 나타내는 91피크를 이용한다. 126−91=35이므로 할로젠 원자는 Cl임을 예상할 수 있다.

② 13법칙을 이용하여 $\frac{91}{13}=7$, C_7H_7이므로, 화합물의 화학식은 C_7H_7Cl로 예상할 수 있다.

③ 불포화도 $=\frac{(2\times7+2)-8}{2}=4$에서 벤젠고리 1개인 구조를 예상할 수 있다.

④ ^{1}H−NMR 스펙트럼의 면적비로 화학식의 수소수를 구하면, 면적비 1.00의 수소수는 $7\times\frac{1.00}{2.34}=3$이고, 면적비 1.34의 수소수는 $7\times\frac{1.34}{2.34}=4$이다. −Cl, $-CH_3$로 이중치환 벤젠고리(C_6H_4) 구조임을 예상할 수 있다.

구분	화학적 이동(ppm)	면적비	수소수		예상구조
a	2.29	1.00	3H	CH_3	$-CH_3$
b	7.01	1.34	4H	CH	−CH− (벤젠고리의 H)
c	7.14				

⑤ 화학식 $C_6H_4ClCH_3$의 가능한 구조식은 CH_3, Cl, CH_3, Cl, CH_3, Cl 3가지이다.

이 중 CH_3^a, $H^{b'}$, H^b, $H^{c'}$, H^c, Cl 구조에서 H^b와 $H^{b'}$는 화학적으로 동등한 H이고, H^c와 $H^{c'}$는 화학적으로 동등한 H이므로 화학적으로 동등한 H의 수는 2개이다.

구분	다중선		
	이론	실제	
H^b, $H^{b'}$	d(^{3}J)d(^{4}J)d(^{5}J)	d(^{3}J)d(^{4}J)	2
H^c, $H^{c'}$	d(^{3}J)d(^{4}J)d(^{5}J)	d(^{3}J)d(^{4}J)	2

(나)

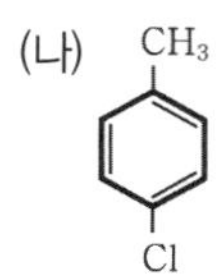

(2) 3 : 1

해설
(2) M^+ : $[M+2]^+$ 피크의 높이 비$=^{35}Cl:^{37}Cl=100:32.5=\frac{100}{32.5}:\frac{32.5}{32.5}=3:1$

14 묽은 염산으로 녹인 시료 내의 Ni^{2+}의 농도는 pH 5.5에서 Zn^{2+} 표준용액으로 역적정하면 얻을 수 있다. 시료용액 40.0mL를 NaOH로 중화시킨 다음 아세트산 완충용액으로 pH 5.5로 완충시킨다. 이 용액에 0.06604M의 EDTA−2Na 표준용액 40.0mL를 가하고 지시약 몇 방울을 가한 후 0.02269M Zn^{2+} 표준용액을 35.5mL 적가하였을 때 용액은 노란색에서 붉은색으로 변하며 종말점에 도달하였다. 다음 물음에 답하시오.

(1) 사용된 지시약이 무엇인지 쓰시오.

(2) 시료용액 내의 Ni^{2+}의 몰농도를 구하시오. (단, 소수점 넷째 자리까지 구하시오.)

정답 (1) 자이레놀오렌지
(2) 0.0459M

해설
- Ni^{2+}과 반응하고 남아 있는 EDTA의 mmol = 역적정에 사용된 Zn^{2+}의 mmol
  $0.02269\text{M} \times 35.5\text{mL} = 0.8055\text{mmol}$
- 시료 중 Ni^{2+}의 mmol = 과량의 EDTA의 mmol − 역적정에 사용된 Zn^{2+}의 mmol
  $(0.06604\text{M} \times 40.0\text{mL}) - 0.8055\text{mmol} = 1.8361\text{mmol}$

∴ 시료 중 Ni^{2+}의 농도 $= \dfrac{1.8361\text{mmol}}{40.0\text{mL}} = 0.0459\text{M}$

15 화학식이 C_8H_7NO인 화합물의 IR 스펙트럼과 ^1H−NMR 스펙트럼은 다음과 같다. 이 화합물의 (1) 구조식을 그리고, (2) 구조식을 구하는 데 사용한 IR 스펙트럼 피크에 ○ 표시하여 어떤 진동을 하는지 쓰시오.

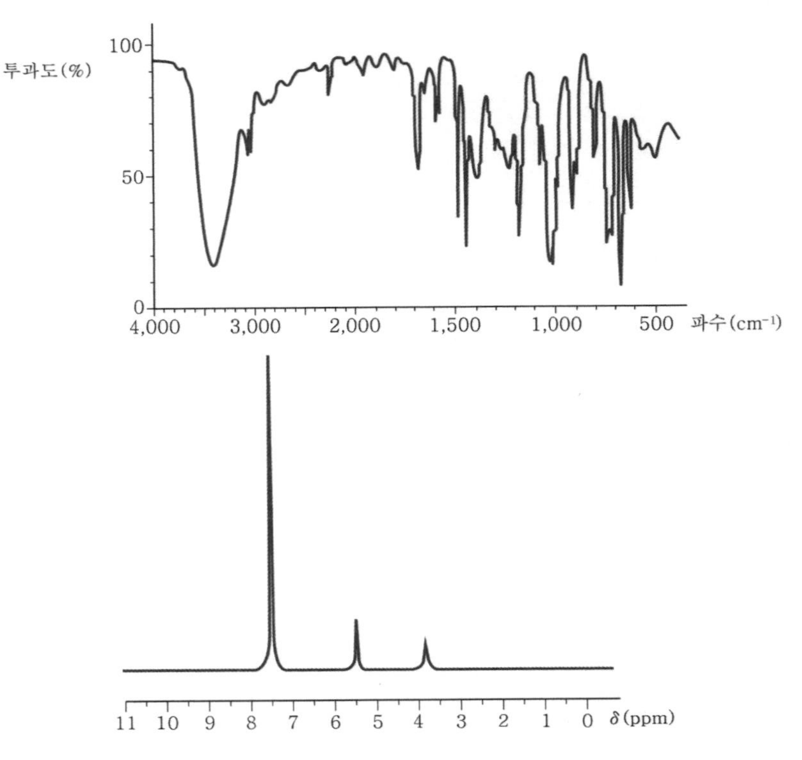

정답 (1)

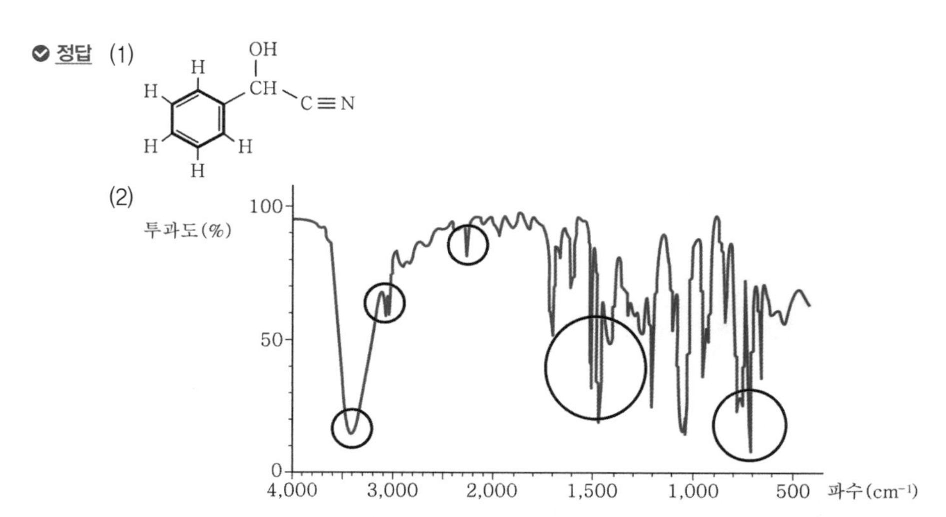

파수	진동 형태
약 3,400cm^{-1}	−OH 신축진동
약 3,000cm^{-1}	−C(sp^3)H 신축진동
약 2,200cm^{-1}	−C≡N 신축진동
약 1,600~1,450cm^{-1}	벤젠고리 C=C−C의 신축진동
약 750~700cm^{-1}	벤젠고리 −CH의 굽힘진동

해설 (1) ① ^{1}H−NMR 스펙트럼에서 3가지의 서로 다른 환경의 수소가 있음을 예상할 수 있다.

② IR 스펙트럼에서 3,400cm^{-1} 부근에서 나타나는 피크는 −OH 신축진동, 3,000cm^{-1} 부근에서 나타나는 피크는 −C(sp^3)H 신축진동, 2,200cm^{-1}에서 나타나는 피크는 C≡N의 삼중결합에 의한 신축진동, 1,600~1,450cm^{-1} 부근에서 나타나는 피크는 벤젠고리 C=C−C의 신축진동, 750~700cm^{-1} 부근에서 나타나는 피크는 벤젠고리 −CH의 굽힘진동에 의한 것으로 예상된다.

③ 따라서, 예상되는 구조는 (H, H, H, H, H 치환 벤젠고리 − CH(OH) − C≡N) 이다.

2024 제 1 회 필답형 기출복원문제

01 **다음 표를 참고하여 측정값 12.57, 12.47, 12.53, 12.48, 12.67에서 (1) 버려야 할 측정값이 있으면 그 측정값이 무엇인지 쓰고, (2) 그 이유를 설명하시오. (단, 버려야 할 측정값이 없으면 "없음"이라고 쓰시오.)**

관측수	3	4	5	6	7
Q(90% 신뢰수준)	0.94	0.76	0.64	0.56	0.51

정답 (1) 없음
(2) 90% 신뢰수준에서 $Q_{실험}(0.50) < Q_{기준}(0.64)$이므로 의심스러운 측정값 12.67은 버리지 말아야 한다.

해설 Q-test : 의심스러운 결과를 버릴 것인지, 보유할 것인지를 판단하는 데 사용되던 통계학적 시험법이다.

- 측정값을 작은 것부터 큰 것으로 나열한다.
- 평균에서 가장 멀리 떨어진 의심스러운 측정값(x_q)과 이에 가장 가까이 이웃하는 측정값(x_n)과의 차이의 절댓값을 한 무리의 데이터의 퍼짐(w)으로 나누어 $Q_{실험}$값을 구한다.

$$Q_{실험} = \frac{|x_q - x_n|}{w}$$

- 어떤 신뢰수준에서 $Q_{실험} > Q_{기준}$, 그 의심스러운 점은 버려야 한다.
- 어떤 신뢰수준에서 $Q_{실험} < Q_{기준}$, 그 의심스러운 점은 버리지 말아야 한다.

크기 순서대로 측정값을 나열하면 12.47, 12.48, 12.53, 12.57, 12.67이며,

$\text{평균} = \frac{12.47 + 12.48 + 12.53 + 12.57 + 12.67}{5} = 12.54$와 가장 멀리 떨어진 측정값은 12.67이다.

따라서 12.67이 의심스러운 측정값이다.

$Q_{실험} = \frac{|12.67 - 12.57|}{12.67 - 12.47} = 0.50$이고, $Q_{실험}(0.50) < Q_{기준}(0.64)$이므로 90% 신뢰수준에서는 의심스러운 측정값 12.67은 버리지 말아야 한다.

02 **파장 범위가 3~15μm이고 이동거울의 움직이는 속도가 0.3cm/s일 때, 간섭도(interferogram)에서 측정할 수 있는 진동수(Hz)의 범위를 구하시오.**

정답 $4.00 \times 10^2 \sim 2.00 \times 10^3$Hz

해설 간섭도(interferogram)의 진동수(f)와 스펙트럼의 파장(λ) 관계식

$$f = \frac{2v_M}{\lambda}$$

여기서, v_M : 이동거울의 움직이는 속도(cm/s)

- 파장 3μm일 때 진동수(Hz) : $f = \frac{2 \times 0.3\,\text{cm/s}}{3 \times 10^{-4}\text{cm}} = 2.00 \times 10^3\text{Hz}$
- 파장 15μm일 때 진동수(Hz) : $f = \frac{2 \times 0.3\,\text{cm/s}}{15 \times 10^{-4}\text{cm}} = 4.00 \times 10^2\text{Hz}$

03 0.1210g의 1차 표준물 KIO_3와 과량의 KI가 들어 있는 용액을 이용하여 싸이오황산소듐($Na_2S_2O_3$) 용액을 표준화하였다. 싸이오황산소듐($Na_2S_2O_3$) 용액의 적가부피가 41.60mL일 때 용액의 몰농도(M)를 구하시오. (단, K의 원자량은 39, I의 원자량은 127amu이며, 유효숫자 4개까지 구하시오.)

정답 8.155×10^{-2}M

해설 • **싸이오황산소듐(Na2S2O3) 용액의 표준화 과정**

① 무게를 단 양의 일차 표준급 시약을 과량의 아이오딘화포타슘(KI)을 포함하고 있는 물에 녹인다.

② 이 혼합물을 강산으로 산성화시키면 다음 반응이 즉시 일어난다.

$IO_3^- + 5I^- + 6H^+ \rightleftarrows 3I_2 + 3H_2O$

③ 그 다음 유리된 아이오딘(I_2)을 싸이오황산소듐($Na_2S_2O_3$) 용액으로 적정한다.

$I_2 + 2S_2O_3^{2-} \rightleftarrows 2I^- + S_4O_6^{2-}$

• **표준화 과정의 총괄 화학량론**

$1mol\ IO_3^- = 3mol\ I_2 = 6mol\ S_2O_3^{2-}$

반응식 : $IO_3^- + 5I^- + 6H^+ \rightleftarrows 3I_2 + 3H_2O$, $I_2 + 2S_2O_3^{2-} \rightleftarrows 2I^- + S_4O_6^{2-}$

싸이오황산소듐($Na_2S_2O_3$) 용액 농도 :

$$\frac{0.1210g\ KIO_3 \times \frac{1mol\ KIO_3}{214g\ KIO_3} \times \frac{3mol\ I_2}{1mol\ KIO_3} \times \frac{2mol\ Na_2S_2O_3}{1mol\ I_2}}{41.60\times10^{-3}L} = 8.155\times10^{-2}M$$

04 미지시료(X) 10.0mL를 8.5mg/mL 농도의 내부 표준물(S) 5.0mL와 섞어서 50.0mL가 되도록 묽혔다. 이때 신호비(신호 X/신호 S)는 1.70이었다. 동일한 농도와 부피를 갖는 미지시료(X)와 내부 표준물(S)을 가진 시료의 신호비가 0.930일 때, 미지시료(X)의 농도를 구하시오.

정답 7.77mg/mL

해설 **내부 표준물법** : 분석물질의 신호와 내부 표준물질의 신호를 비교하여 분석물질이 얼마나 들어 있는지를 알아낸다.

$$\frac{A_X}{C_X} = F\times\frac{A_S}{C_S} \quad \text{또는} \quad \frac{A_X}{A_S} = F\times\frac{C_X}{C_S}$$

여기서, A_X : 미지시료의 신호

C_X : 미지시료의 농도

A_S : 표준물질의 신호

C_S : 표준물질의 농도

F : 감응인자

$C_X = C_S$일 때, $\frac{A_X}{A_S} = 0.930 = F\times1$

감응인자 $F=0.930$이고, 미지시료(X)의 농도를 X(mg/mL)라고 하면

$$1.70 = 0.930\times\frac{X(mg/mL)\times\frac{10.0mL}{50.0mL}}{8.5mg/mL\times\frac{5.0mL}{50.0mL}}$$

$\therefore X = 7.77mg/mL$

05 미세전극은 지름이 수 μm 이하인 전극이며, 주어진 실험조건하에서 전극의 크기가 확산층(δ) 정도이거나 또는 이보다 작은 전극이다. 미세전극을 전압전류법에서 사용할 때의 장점 3가지를 쓰시오.

정답 ① 생물 세포와 같이 매우 작은 크기의 시료에도 사용할 수 있다.
② IR 손실이 적어 저항이 큰 용액이나 비수용매에도 사용할 수 있다.
③ 전압을 빨리 주사할 수 있으므로 반응 중간체와 같이 수명이 짧은 화학종의 연구에 사용할 수 있다.
④ 전극 크기가 작으므로 충전전류가 작아져서 감도가 수천 배 증가한다.
이 중 3가지 기술

06 산화제인 Ce^{4+}를 적가하여 철의 함량을 측정하려고 한다. 철을 1M $HClO_4$로 전처리하여 Fe^{2+}이온으로 용해시키고, 표준수소기준전극과 백금전극을 사용하여 전압을 측정한다. 당량점에서 측정되는 전압(V)을 구하시오. (단, 소수점 셋째 자리까지 구하시오.)

$$Fe^{3+} + e^- \rightarrow Fe^{2+},\ E^\circ = 0.767V$$
$$Ce^{4+} + e^- \rightarrow Ce^{3+},\ E^\circ = 1.70V$$

정답 1.234V

해설 Pt 전극과 표준수소기준전극($E_- = 0.00V$)을 이용한 전위차법으로

- 적정 반응 : $Ce^{4+} + Fe^{2+} \rightarrow Ce^{3+} + Fe^{3+}$
- Pt 지시전극에서의 두 가지 평형(지시전극의 반쪽반응)
  ① $Fe^{3+} + e^- \rightleftarrows Fe^{2+},\ E^\circ = 0.767V$
  ② $Ce^{4+} + e^- \rightleftarrows Ce^{3+},\ E^\circ = 1.70V$
- 당량점에서
  ① 모든 Fe^{2+} 이온과 반응하는 데 필요한 정확한 양의 Ce^{4+} 이온이 가해졌다.
  ② 모든 세륨은 Ce^{3+} 형태로, 모든 철은 Fe^{3+} 형태로 존재한다.
  ③ 평형에서 Ce^{4+}와 Fe^{2+}는 극미량만이 존재하게 된다.
  ④ $[Ce^{3+}] = [Fe^{3+}]$, $[Ce^{4+}] = [Fe^{2+}]$
  ⑤ 당량점에서의 전지전압을 나타내기 위하여 두 반응 모두 이용하면 편하다.
  두 반응에 대한 Nernst 식은 다음과 같다.

$$E_+ = 0.767 - 0.05916\log\frac{[Fe^{2+}]}{[Fe^{3+}]}$$

$$E_+ = 1.70 - 0.05916\log\frac{[Ce^{3+}]}{[Ce^{4+}]}$$

두 식을 합하면

$$2E_+ = (0.767 + 1.70) - 0.05916\log\left(\frac{[Fe^{2+}][Ce^{3+}]}{[Fe^{3+}][Ce^{4+}]}\right)$$

당량점에서 $[Ce^{3+}] = [Fe^{3+}]$, $[Ce^{4+}] = [Fe^{2+}]$이므로, $\log 1 = 0$

$2E_+ = 2.467V$, $E_+ = 1.234V$

$\therefore$ 전지전압 $E = E_+ - E_- = 1.234 - 0 = 1.234V$

07 주사전자현미경(SEM)에서 전자살을 분석물질의 표면에 주사하였을 때 (1) 탄성산란과 (2) 비탄성산란을 설명하시오.

정답 (1) 탄성산란은 조사된 전자가 분석물질과의 충돌 전·후 에너지 변화가 없는 산란이다.
(2) 비탄성산란은 조사된 전자가 분석물질과의 충돌 전·후 에너지 변화가 있는 산란이다.

해설
- **탄성산란** : 조사된 전자가 분석물질과의 충돌 전·후 에너지 변화가 없는 산란으로, 후방 산란은 탄성 산란에 속한다. 무거운 원자에 충돌될수록 후방 산란된 전자들이 많아져서 밝은 영상을 제공한다.
- **비탄성산란** : 조사된 전자가 분석물질과의 충돌 전·후 에너지 변화가 있는 산란으로, 원자 내의 이차 전자 산란은 비탄성산란에 속한다. 조성과 표면 성질 등 지형적인 정보를 제공한다.

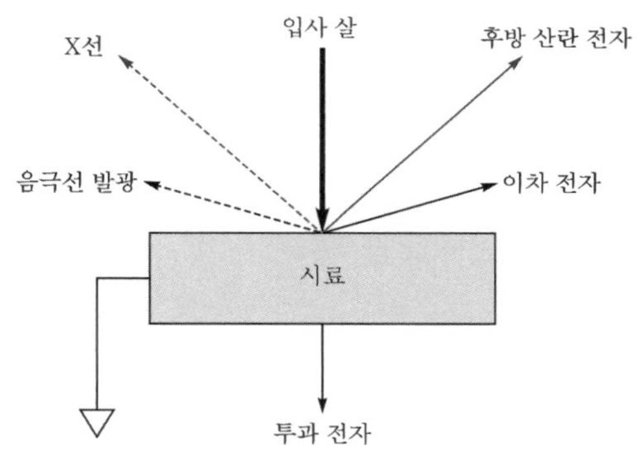

| SEM에서 발생되는 신호들 |

08 다음은 남극 상공 성층권의 오존 농도를 고도에 따라 측정한 그래프이다. 남극 성층권에 있는 오존의 최대압력은 19mPa이다. 온도가 −70℃일 때 오존의 몰농도(nM)를 구하시오.

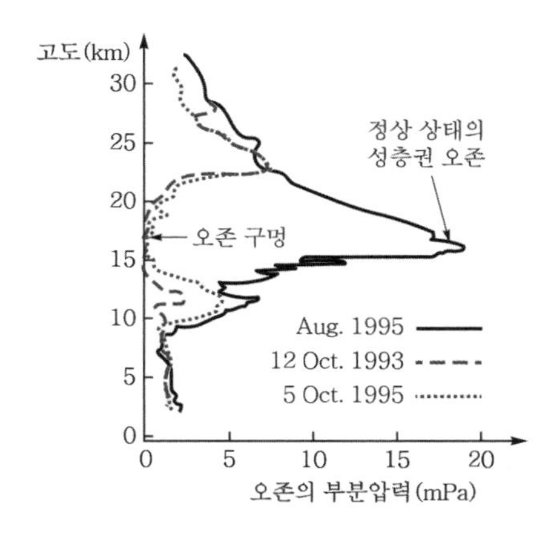

정답 11.26nM

해설 이상기체법칙($PV=nRT$)에 따르면, 기체의 농도는 압력과 다음과 같은 관계를 나타낸다.

$$\text{몰농도}\left(\frac{\text{mol}}{\text{L}}\right)=\frac{n}{V}=\frac{P}{RT},\ R=\text{기체상수}=0.082\text{atm}\cdot\text{L/mol}\cdot\text{K}$$

여기서, n은 몰수, V는 부피(L), P는 압력(atm), T는 온도(K)이다.

101,325Pa = 1atm, $T = 273.15 + (-70) = 203.15\text{K}$이므로

$$\text{몰농도}\left(\frac{\text{mol}}{\text{L}}\right) = \frac{19 \times 10^{-3}\text{Pa} \times \dfrac{1\text{atm}}{101{,}325\text{Pa}}}{0.082\dfrac{\text{atm}\cdot\text{L}}{\text{mol}\cdot\text{K}} \times 203.15\text{K}} = 1.126 \times 10^{-8}\text{M}$$

$$\therefore\ 1.126 \times 10^{-8}\text{M} \times \frac{1\text{nM}}{10^{-9}\text{M}} = 11.26\text{nM}$$

09 GC에서 사용하는 검출기 4가지를 쓰시오.

정답 ① 불꽃이온화검출기(FID), ② 열전도도검출기(TCD)
③ 황화학발광검출기(SCD), ④ 전자포획검출기(ECD)
⑤ 열이온검출기(TID) = 질소인검출기(NPD), ⑥ 불꽃광도검출기(FPD)
⑦ 원자방출검출기(AED), ⑧ 광이온화검출기
⑨ 질량분석검출기, ⑩ 전해질전도도검출기
이 중 4가지 기술

10 A급 부피플라스크와 B급 부피플라스크 중 (1) 더 정밀한 등급을 쓰고, (2) 두 등급의 차이를 쓰시오.

정답 (1) A급 부피플라스크
(2) B급 유리기구의 허용오차는 A급 유리기구의 2배이다.

해설

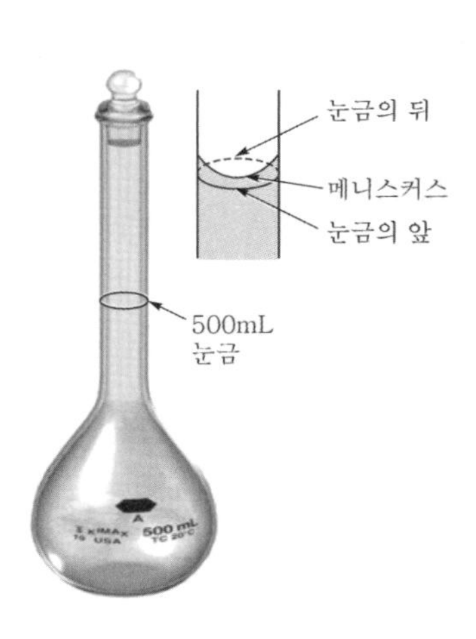

〈A급 플라스크의 허용오차〉

플라스크 용량(mL)	허용오차(mL)
1	±0.02
2	±0.02
5	±0.02
10	±0.02
25	±0.03
50	±0.05
100	±0.08
200	±0.10
250	±0.12
500	±0.20
1,000	±0.30
2,000	±0.50

그림은 위 또는 아래에서 볼 때, 앞과 뒤의 눈금에 의하여 만들어지는 타원이 있고, 이 타원의 중심에 올바르게 위치한 메니스커스를 보여 주는 A급 부피플라스크이다. 부피플라스크는 이 위치가 정확한 부피를 나타내도록 교정되어 있다.
표는 A급 플라스크 용량에 따른 허용오차이며, B급 유리기구의 허용오차는 A급 유리기구의 2배이다.

11 화학식이 $C_8H_{14}O_2$인 화합물의 ^1H－NMR 스펙트럼과 DEPT 실험 결과는 다음과 같다. IR 스펙트럼에서 3,055cm^{-1}, 2,960cm^{-1}, 2,875cm^{-1}와 1,660cm^{-1}에서 중간 크기의 흡수띠가 나타난다. 이 화합물의 구조를 (1) 분석하는 과정을 쓰고, (2) 구조식을 그리시오.

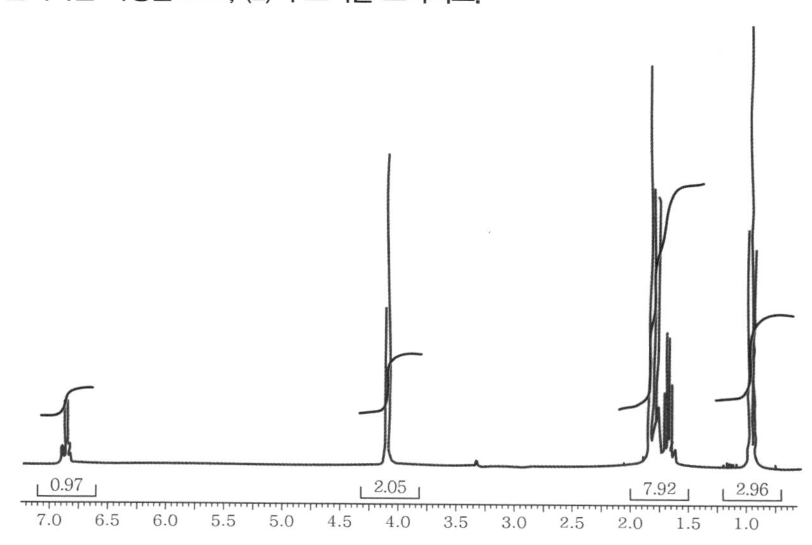

정상 ^{13}C	DEPT－135	DEPT－90
10.53 ppm	양의 피크	피크 없음
12.03 ppm	양의 피크	피크 없음
14.30 ppm	양의 피크	피크 없음
22.14 ppm	음의 피크	피크 없음
65.98 ppm	음의 피크	피크 없음
128.83 ppm	피크 없음	피크 없음
136.73 ppm	양의 피크	양의 피크
168.16 ppm	피크 없음	피크 없음 (C=O)

구분	화학적 이동 (ppm)	면적비	다중선
a	~1.0	2.96	삼중선
b	~1.7	7.92	–
c	~4.0	2.05	삼중선
d	~6.8	0.97	사중선

✔ 정답 (1) ① IR 스펙트럼에서 3,055cm^{-1} 부근에서 나타나는 피크는 $=C(sp^2)-H$ 신축진동, 2,960cm^{-1}와 2,875cm^{-1} 부근에서 나타나는 피크는 $-C(sp^3)-H$ 신축진동, 1,660cm^{-1}에서 중간 크기의 흡수띠는 C=C 신축진동에 의한 것임을 예상할 수 있다.

② $불포화지수 = \frac{(2\times 탄소수+2)-수소수}{2} = \frac{(2\times 8+2)-14}{2} = 2$에서 이중결합 2개를 예상할 수 있다.

③ DEPT−135 양의 신호는 CH, CH_3, 음의 신호는 CH_2의 탄소를, DEPT−90 양의 신호는 CH의 탄소를 예상할 수 있다. ^{13}C 화학적 이동(ppm)은 0~50ppm은 C, 50~100ppm은 C−O, 100~150ppm은 C=C 또는 벤젠고리, 150~200ppm은 C=O의 탄소를 예상할 수 있다. 따라서 10.53ppm, 12.03ppm, 14.30ppm은 CH_3, 22.14ppm은 CH_2, 65.98ppm은 $O-CH_2$, 128.38ppm은 C=C, 136.73ppm은 C=CH, 168.16ppm은 C=O의 탄소를 예상할 수 있다.

④ ^1H−NMR 스펙트럼에서 면적비의 합이 화학식의 수소수와 일치한다.

구분	화학적 이동(ppm)	면적비	수소수		다중선	예상구조
a	~1.0	2.96	3H	CH_3	삼중선	$CH_2-\mathbf{CH_3}$
b	~1.7	7.92	8H	$CH_3\times 2$, CH_2	−	$-\mathbf{CH_3}$, $-\mathbf{CH_2}-$
c	~4.0	2.05	2H	CH_2	삼중선	$COO-\mathbf{CH_2}-CH_2$
d	~6.8	0.97	1H	CH	사중선	$C=\mathbf{CH}-CH_3$

예상되는 구조는 CH_3(b) − CH(d)=C(CH_3(b)) − C(=O) − O − CH_2(c) − CH_2(b) − CH_3(a) 이다.

(2) $CH_3-CH=C(CH_3)-C(=O)-O-CH_2-CH_2-CH_3$

12 **다음의 바닥상태에서 이원자 분자의 결합길이 표준편차(σ_x)를 구하는 식을 참고하여 바닥상태에서 $^{12}C^{16}O$의 결합길이 표준편차를 구하고, 평형 결합길이와의 백분율(%)을 구하시오.**

$$\sigma_x = \frac{\hbar^{1/2}}{(4\mu\kappa)^{1/4}}$$

여기서, $\hbar = 1.051\times 10^{-34}$J · s, κ는 힘상수, μ는 환산질량이다.
또한 CO의 파수는 2,170cm^{-1}이고, 평형 결합길이는 113pm이다.

(1) $^{12}C^{16}O$의 결합길이 표준편차(pm)

(2) $^{12}C^{16}O$의 결합길이 표준편차와 평형 결합길이와의 백분율(%)

✔ 정답 (1) 3.36ppm
(2) 2.97%

해설 (1) $\mu=\dfrac{\mu_1\mu_2}{\mu_1+\mu_2}$과 $\bar{\nu}=\dfrac{1}{2\pi c}\sqrt{\dfrac{\kappa}{\mu}}$를 이용하여 환산질량($\mu$)과 힘상수($\kappa$)를 구하면 다음과 같다.

환산질량(μ)은 $\dfrac{12\times16}{12+16}=6.857\text{g/mol}$이므로

$\dfrac{6.857\text{g}}{1\text{mol}}\times\dfrac{1\text{mol}}{6.02\times10^{23}\text{개}}=1.139\times10^{-23}\text{g/개}=1.139\times10^{-26}\text{kg/개}$이다.

힘상수(κ) $=(\bar{\nu}2\pi c)^2\times\mu$

$=(2{,}170\,\text{cm}^{-1}\times2\pi\times3\times10^{10}\text{cm/s})^2\times1.139\times10^{-26}\text{kg}$

$=1.906\times10^3\text{kg/s}^2$

$1\text{J}=1\text{kg}\cdot\text{m}^2/\text{s}^2$이므로 $1\text{J}\cdot\text{s}=1\text{kg}\cdot\text{m}^2/\text{s}$이다.

$\therefore$ $^{12}C^{16}O$의 결합길이 표준편차(σ_x) $=\dfrac{(1.051\times10^{-34}\text{kg}\cdot\text{m}^2/\text{s})^{1/2}}{(4\times1.139\times10^{-26}\text{kg}\times1.906\times10^3\text{kg/s}^2)^{1/4}}$

$=3.36\times10^{-12}\text{m}=3.36\text{pm}$

(2) $^{12}C^{16}O$의 결합길이 표준편차 3.36pm와 평형 결합길이 113pm의 백분율(%) $=\dfrac{3.36\text{pm}}{113\text{pm}}\times100$ $=2.97\%$

13 미지시료의 IR 스펙트럼은 다른 흡수와 함께 3,087cm^{-1}, 1,612cm^{-1}에서 날카로운 피크를 보여준다. 미지시료는 Cl 원자를 포함하고 있으나 몇 개의 동위원소 피크($M+n$)는 너무 작아 보이지 않는다. 이 미지시료의 구조를 (1) 분석하는 과정을 쓰고, (2) 구조식을 그리시오.

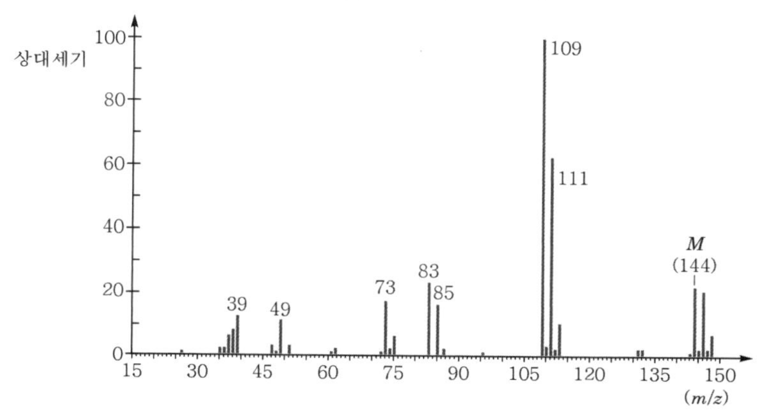

정답 (1) ① IR 스펙트럼에서 3,087cm^{-1} 부근에서 나타나는 피크는 $=$C(sp^2)$-$H 신축진동, 1,612cm^{-1} 부근에서 나타나는 피크는 C=C 신축진동에 의한 것임을 예상할 수 있다.

② m/z 144와 109의 차이, 144−109=35로 Cl을 확인할 수 있고, M : M+2의 피크의 세기가 1 : 1로 거의 비슷함을 보고 미지시료는 3개의 Cl을 포함하고 있음을 예상할 수 있다.

③ m/z 144−(35×3)=39에서 13법칙 $\dfrac{39}{13}=3$을 이용하면, 미지시료의 화학식은 $C_3H_3Cl_3$이고,

불포화지수 $=\dfrac{(2\times\text{탄소수}+2)-\text{염소수}-\text{수소수}}{2}=\dfrac{(2\times3+2)-3-3}{2}=1$에서 이중결합 1개를 예상할 수 있다.

④ m/z 109, 73, 39에서 피크의 세기가 작아지는 것으로 각각의 C에 Cl이 1개씩 결합되어 있는 구조를 예상할 수 있다.

예상되는 구조는 $CH_2Cl-CCl=CHCl$ 이다.

(2) $CH_2Cl-CCl=CHCl$

알아두기

브로민(Br)과 염소(Cl)의 여러 가지 조합에 따른 동위원소 피크의 상대적 세기와 질량 스펙트럼

Halogen	상대적 세기			
	M	M+2	M+4	M+6
Br	100	97.7		
Br_2	100	195.0	95.4	
Br_3	100	293.0	286.0	93.4
Cl	100	32.6		
Cl_2	100	65.3	10.6	
Cl_3	100	97.8	31.9	3.47
BrCl	100	130.0	31.9	31.2
Br_2Cl	100	228.0	159.0	10.4
Cl_2Br	100	163.0	74.4	

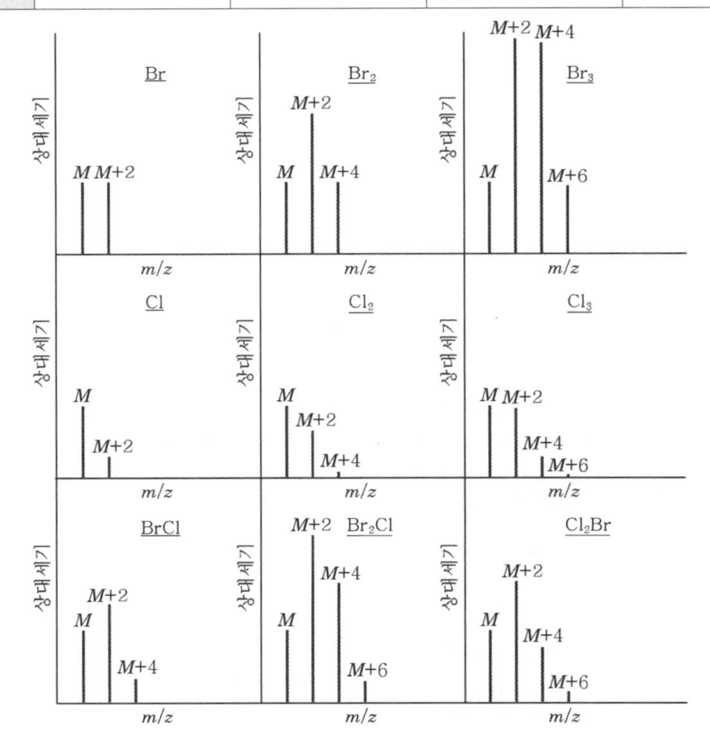

14 다음은 수은 미소전극에서 분석화학종 A가 환원되어 생성물 P로 될 때의 전형적인 선형주사 전압전류그램을 나타낸 것이다. 다음 물음에 답하시오.

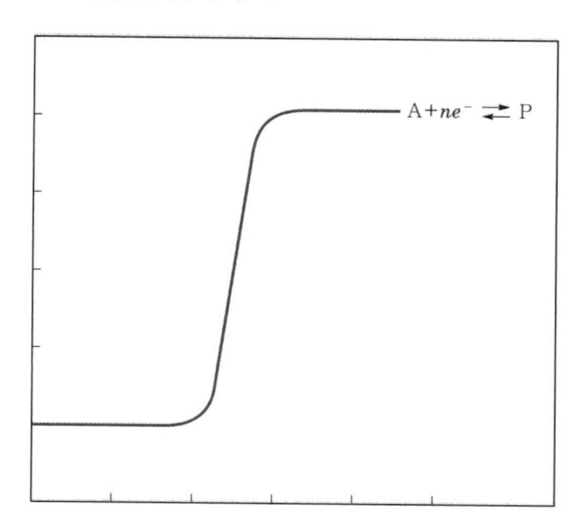

(1) x축, y축, 한계전류, 반파전위를 그래프에 표시하고 정의를 쓰시오.

① x축

② y축

③ 한계전류(i_l)

④ 반파전위($E_{1/2}$)

(2) 전압전류법으로 정성분석과 정량분석 하는 방법을 쓰시오.

① 정성분석

② 정량분석

정답 (1) ① x축 : 전압(V)

② y축 : 전류(A)

③ 한계전류(i_l) : 급상승한 다음에 나타나는 일정한 전류

④ 반파전위($E_{1/2}$) : 전류가 한계전류의 반이 되는 지점에서의 전위

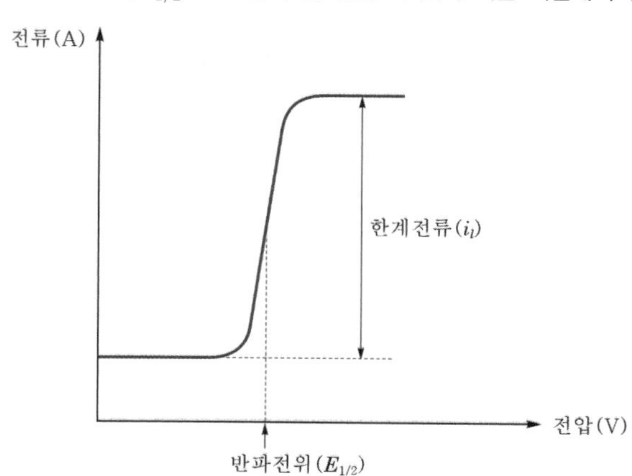

(2) ① 정성분석 : 반파전위는 기준전극 전위로 보정하면 그 반쪽반응의 표준전위와 밀접한 관계를 가지고 있어 반파전위를 이용하면 용액 중의 성분물질을 확인하는 데 유용하게 사용할 수 있다.
② 정량분석 : 한계전류는 반응물의 농도에 정비례한다.

해설

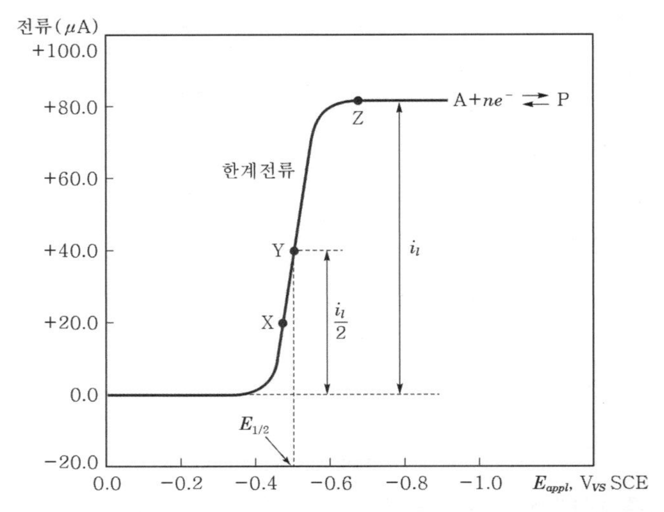

전압전류그램에서 x축은 전압(V)을, y축은 전류(A)를 나타낸다. 곡선의 급상승한 다음에 나타나는 일정한 전류를 확산한계전류 또는 한계전류(i_l)라고 한다. 이는 반응물이 질량이동과정에 의해 전극표면으로 이동하는 속도에 한계가 있기 때문이다. 한계전류는 반응물의 농도에 정비례하므로 정량분석에 사용할 수 있다. 반파전위($E_{1/2}$)는 전류가 한계전류의 반이 되는 지점에서의 전위이다. 반파전위는 기준전극 전위로 보정하면 그 반쪽반응의 표준전위와 밀접한 관계를 가지고 있어 반파전위를 이용하면 용액 중의 성분물질을 확인하는 데 유용하게 사용할 수 있다.

15 XRF로 첨단 무기재료 중 100ppm의 Pb를 분석하려고 한다. ICP를 이용하는 경우와 비교했을 때 XRF의 단점을 1가지 쓰시오.

정답 XRF는 ICP 분석법에 비해 감도가 낮다.

해설 ICP의 측정 농도는 대략 1ppm 이하 정도인데 XRF를 이용하여 측정하려면 100ppm 이상은 되어야 한다. 분석하려는 Pb의 농도가 100ppm으로 XRF의 정량한계에 해당하는 낮은 농도이므로 측정결과의 정확도와 정밀도의 신뢰도가 떨어진다.

2024 제2회 필답형 기출복원문제

01 콜로이드는 1nm ~ 1μm 크기의 불용성 물질이 분산된 상태로 아래의 물질과 섞여 있는 혼합물을 일컫는다. 다음 물음에 답하시오.

(1) 다음 표를 완성하시오.

콜로이드상	분산 용매	분산 용질	콜로이드 형태
기체	기체	액체	①
액체	액체	액체	②
액체	액체	고체	③

(2) 콜로이드에 의해 빛의 산란이 일어나는 현상을 무엇이라고 하는지 쓰시오.

정답 (1) ① 에어로졸(aerosol), ② 에멀션(emulsion), ③ 졸(sol)
(2) 틴들(tyndall) 현상

해설 콜로이드는 1nm ~ 1μm 크기의 입자가 용매에 퍼져 있는 것으로, 가시광선을 산란시키므로 콜로이드 용액을 통해 지나가는 빛의 진로를 눈으로 볼 수 있다. 이러한 현상을 틴들(tyndall) 효과라고 한다.

분산매 \ 분산질	고체	액체	기체
고체	(고체)졸(sol) : 보석류	젤(gel) : 곤약, 한천	(고체)거품 : 스티로폼
액체	졸(sol) : 먹물	에멀션(emulsion) : 우유	거품 : 면도크림
기체	(고체)에어로졸 : 연기, 미세먼지, 스모그	(액체)에어로졸 : 안개, 구름	–

02 폼산(HCOOH) 분해반응의 (1) 엔탈피를 구하고, (2) 촉매 유무에 따른 에너지 도표를 그리시오.

- 폼산 분해반응 : HCOOH → $CO_2 + H_2$
- 폼산 표준 생성 엔탈피 : −379kJ/mol
- 이산화탄소 표준 생성 엔탈피 : −393.5kJ/mol
- 활성화에너지 : 184kJ/mol(촉매×), 100kJ/mol(촉매○)

정답 (1) $\Delta H°_{표준\ 반응\ 엔탈피} = -14.5$kJ/mol
(2)

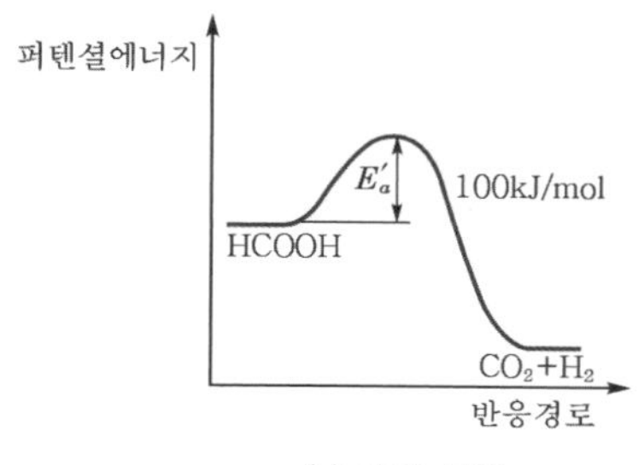

(a) 촉매 사용

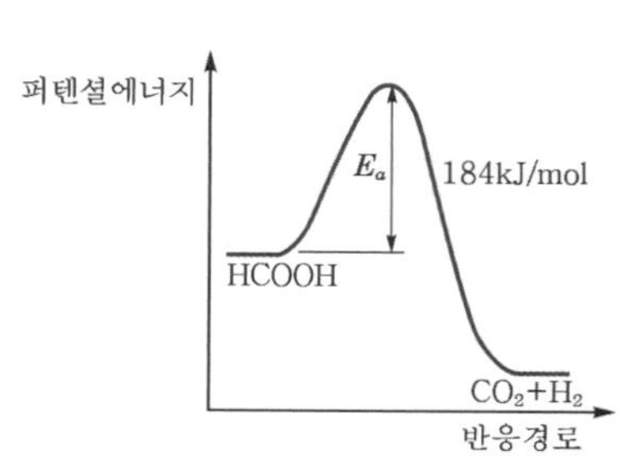

(b) 촉매 사용 안함

해설 $\Delta H^\circ_{\text{표준 반응 엔탈피}} = \underset{\substack{\text{생성물}\\\text{생성 엔탈피}}}{\Sigma nH_f^\circ} - \underset{\substack{\text{반응물}\\\text{생성 엔탈피}}}{\Sigma mH_f^\circ}$

$= \Delta H_f^\circ(CO_2) - \Delta H_f^\circ(HCOOH)$

$= (-393.5) - (-379)$

$= -14.5\ \text{kJ/mol}$ (발열)

03 다음 반응에 대해 1단계 형성상수(K_1)와 총괄형성상수(β_2)를 이용하여 2단계 형성상수(K_2)를 구하시오.

$$Cu^{2+} + CH_3COO^- \rightleftarrows CuCH_3COO^+,\ K_1 = 10^{2.23}$$
$$Cu^{2+} + 2CH_3COO^- \rightleftarrows Cu(CH_3COO)_2,\ \beta_2 = 10^{3.63}$$

정답 25.12

해설
- $Cu^{2+} + CH_3COO^- \rightleftarrows CuCH_3COO^+$

  $K_1 = \beta_1 = \dfrac{[CuCH_3COO^+]}{[Cu^{2+}][CH_3COO^-]} = 10^{2.23} = 1.698 \times 10^2$
- $Cu^{2+} + 2CH_3COO^- \rightleftarrows Cu(CH_3COO)_2$

  $\beta_2 = \dfrac{[Cu(CH_3COO)_2]}{[Cu^{2+}][CH_3COO^-]^2} = 10^{3.63} = 4.266 \times 10^3$
- $CuCH_3COO^+ + CH_3COO^- \rightleftarrows Cu(CH_3COO)_2$

  $K_2 = \dfrac{[Cu(CH_3COO)_2]}{[CuCH_3COO^+][CH_3COO^-]} = \dfrac{\beta_2}{\beta_1} = \dfrac{4.266 \times 10^3}{1.698 \times 10^2} = 25.12$

보충

형성상수는 착이온 형성에 대한 평형상수이다. K_i로 표시한 단계적 형성상수(stepwise formation constant)는 다음과 같이 정의한다.

$M + X \overset{K_1}{\rightleftarrows} MX,\ K_1 = \dfrac{[MX]}{[M][X]}$

$MX + X \overset{K_2}{\rightleftarrows} MX_2,\ K_2 = \dfrac{[MX_2]}{[MX][X]}$

$MX_{n-1} + X \overset{K_n}{\rightleftarrows} MX_n,\ K_n = \dfrac{[MX_n]}{[MX_{n-1}][X]}$

총괄형성상수(overall formation constant) 또는 누적형성상수(cumulative formation constant)는 β_i로 나타낸다.

$M + 2X \overset{\beta_2}{\rightleftarrows} MX_2,\ \beta_2 = \dfrac{[MX_2]}{[M][X]^2}$

$M + nX \overset{\beta_n}{\rightleftarrows} MX_n,\ \beta_n = \dfrac{[MX_n]}{[M][X]^n},\ \beta_n = K_1K_2 \cdots K_n$

04 다음 어느 고분자화합물의 열분석도의 (1) 각 봉우리에 해당하는 과정과, (2) 이 열분석도를 얻는 분석법의 이름을 쓰시오.

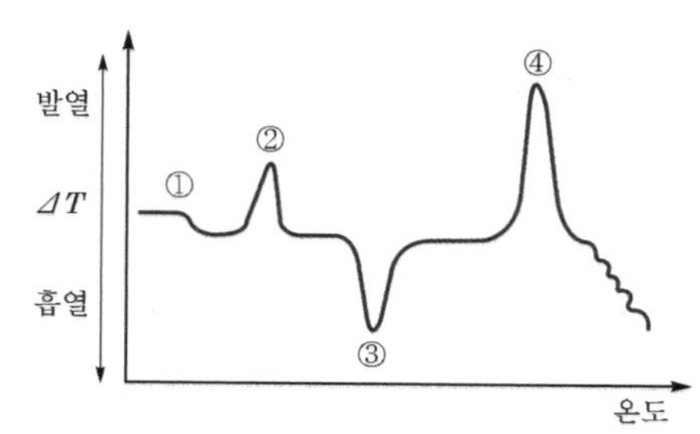

정답 (1) ① 유리전이, ② 결정화, ③ 녹음, ④ 산화
(2) 시차열분석법

해설 (1)

발열
ΔT
흡열
T_g
유리전이
결정화
녹음
산화
비산화
분해
온도

(2) 시차열분석법은 시료물질과 기준물질의 조절된 온도 프로그램으로 가열하면서 두 물질의 온도 차이를 측정하는 방법이다.

05 다음 갈바니전지에서 $E = 0.503\text{V}$이고, Ag/AgCl 전극에서 Cl^-의 농도가 0.1M이다. 이때, H^+의 몰농도(M)를 구하시오.

> $Pt(s) \mid H_2(g,\ 1atm) \mid H^+(aq,\ x(M)) \parallel Cl^-(aq,\ 0.1M) \mid AgCl(s) \mid Ag(s)$
> $AgCl(s) + e^- \rightarrow Ag(s) + Cl^-(aq), \quad E^\circ = 0.222V$

정답 1.78×10^{-4}M

해설 $E_{전지} = E_+ - E_- = E_{환원} - E_{산화}$

- **환원전극 반쪽반응식**
  $AgCl(s) + e^- \rightarrow Ag(s) + Cl^-(aq,\ 0.1M),\ E^\circ_{환원} = 0.222V$
- **산화전극 반쪽반응식**
  $2H^+(aq,\ x(M)) + 2e^- \rightarrow H_2(g,\ 1atm),\ E^\circ_{산화} = 0.00V$

$$E_{전지} = E_{환원} - E_{산화} = (0.222 - 0.05916 \times \log[Cl^-]) - \left(0 - \frac{0.05916}{2} \times \log\frac{P_{H_2}}{[H^+]^2}\right)$$

$$0.503 = (0.222 - 0.05916 \times \log 0.1) - \left(0 - \frac{0.05916}{2} \times \log\frac{1}{x^2}\right)$$

$$\therefore x = 1.78 \times 10^{-4}M$$

06 **탄산이 제거된 0.05118M의 NaOH 용액을 즉시 제조하였다. 정확히 1.000L인 이 용액이 공기 중에 여러 시간 노출되어 0.1962g의 CO_2를 흡수하였다. 페놀프탈레인 지시약을 사용하여 오염된 이 용액으로 아세트산을 정량할 때 다음 물음에 답하시오.**

(1) CO_2 흡수에 대한 탄산오차 화학식 2가지를 쓰고 설명하시오.

(2) 아세트산을 정량할 때 일어날 수 있는 탄산의 상대오차를 계산하시오.

정답 (1) ① $CO_2(g)+2OH^- \rightarrow CO_3^{2-}+H_2O$

NaOH은 고체 상태에서 뿐만 아니라 용액 상태에서도 대기 중의 이산화탄소와 빠르게 반응하여 탄산염을 생성한다.

② $CO_3^{2-}+H_3O^+ \rightarrow HCO_3^-+H_2O$

염기성 변색 범위를 갖는 페놀프탈레인 지시약의 색 변화는 각 탄산 이온이 한 개의 하이드로늄 이온과 반응할 때이다. 이 반응에서 소비된 하이드로늄 이온의 양은 탄산 이온이 생성되는 동안 잃은 수산화 이온의 양보다 적으므로 오차가 생기게 된다. 즉 이산화탄소를 흡수함으로써 염기의 유효농도가 감소하게 되므로 탄산오차가 생긴다.

(2) −8.71%

해설 (1) 염기 표준용액에 대한 CO_2의 영향

① $CO_2(g)+2OH^- \rightarrow CO_3^{2-}+H_2O$

수산화나트륨은 고체 상태에서 뿐만 아니라 용액 상태에서도 대기 중의 이산화탄소와 빠르게 반응하여 탄산염을 생성한다.

② $CO_3^{2-}+H_3O^+ \rightarrow HCO_3^-+H_2O$

염기성 변색 범위를 갖는 페놀프탈레인 지시약의 색 변화는 각 탄산 이온이 한 개의 하이드로늄 이온과 반응할 때이다. 이 반응에서 소비된 하이드로늄 이온의 양은 탄산 이온이 생성되는 동안 잃은 수산화 이온의 양보다 적으므로 오차가 생기게 된다. 즉 이산화탄소를 흡수함으로써 염기의 유효농도가 감소하게 되므로 탄산오차가 생긴다.

③ $CO_3^{2-}+2H_3O^+ \rightarrow H_2CO_3+2H_2O$

산성 영역의 지시약(예 브로모크레졸 그린)이 사용되는 적정의 종말점에서는 수산화나트륨으로 인해 생긴 탄산 이온은 두 개의 하이드로늄 이온과 반응하게 된다. 이 반응에서 소비된 하이드로늄 이온의 양은 탄산이온이 생성되는 동안에 잃은 수산화이온의 양과 같으므로 오차는 생기지 않는다.

(2) $2NaOH+CO_2 \rightarrow Na_2CO_3+H_2O$

$$C_{Na_2CO_3}=\frac{0.1962\text{g } CO_2}{1.000\text{L}}\times\frac{1\text{mol } CO_2}{44.01\text{g } CO_2}\times\frac{1\text{mol } Na_2CO_3}{1\text{mol } CO_2}$$

$$=4.458\times10^{-3}\text{M}$$

아세트산(CH_3COOH)에 대한 NaOH의 유효농도(C_{NaOH})

$$C_{NaOH}=\frac{0.05118\text{mol NaOH}}{1.000\text{L}}-\left(\frac{4.458\times10^{-3}\text{mol } Na_2CO_3}{1.000\text{L}}\times\frac{1\text{mol NaOH}}{1\text{mol } Na_2CO_3}\right)$$

$$=0.04672\text{M}$$

$$\therefore \text{상대오차}=\frac{0.04672-0.05118}{0.05118}\times100=-8.71\%$$

07 아래의 조건에서 기체 크로마토그래피 칼럼을 이용하였다. 다음 물음에 답하시오.

- 압력 : 실내 압력보다 26.1psi 높은 주입구 압력(실내 압력 748torr)
- 출구 흐름속도 측정값 : 25.3mL/min
- 온도 : 실내 21.2℃, 칼럼 102.0℃
- 머무름 시간 : methyl acetate 1.98min, methyl propionate 4.16min, methyl n-butrate 7.93min

(1) 칼럼에서의 평균흐름속도(mL/min)를 구하시오. (단, 21.2℃에서 $P_{H_2O}=18.88$torr이다.)

(2) methyl propionate에 대한 보정 머무름 부피(mL)를 구하시오. (단, 1psi = 5.17torr이다.)

정답 (1) 31.43mL/min
(2) 119.64mL

해설 (1) 칼럼에서의 평균흐름속도 F는 다음의 관계를 가진다.

$$F = F_m \times \frac{T_c}{T} \times \frac{P - P_{H_2O}}{P}$$

여기서, F_m : 측정된 흐름속도
T_c : 칼럼 온도(K)
T : 실내 온도(K)
P : 실내 압력
P_{H_2O} : 물의 증기압

$F_m = 25.3$mL/분, $T_c = 273.15+102 = 375.15$K, $T = 273.15+21.2 = 294.35$K, $P = 748$torr, $P_{H_2O} = 18.88$torr를 이용하면 평균흐름속도 F는 다음과 같다.

$$F = 25.3\text{mL/min} \times \frac{375.15\text{K}}{294.35\text{K}} \times \frac{748\text{torr} - 18.88\text{torr}}{748\text{torr}} = 31.43\text{mL/min}$$

(2) 보정 머무름 부피 V_R^0는 칼럼의 평균압력에서의 부피에 해당하며, 다음 관계식으로부터 얻는다.

$$V_R^0 = jt_RF$$

여기서, j : 압력강하 보정인자(=압축인자)
t_R : 머무름 시간
F : 평균흐름속도

압력강하 보정인자 j는 다음 식으로부터 계산할 수 있다.

$$j = \frac{3[(P_i/P)^2 - 1]}{2[(P_i/P)^3 - 1]}$$

여기서, P_i : 칼럼 입구 압력
P : 출구 압력(실내 압력)

$$P_i = 748\text{torr} + \left(26.1\text{psi} \times \frac{5.17\text{torr}}{1\text{psi}}\right) = 883\text{torr},\ j = \frac{3[(883/748)^2 - 1]}{2[(883/748)^3 - 1]} = 0.915,$$

$t_R = 4.16$min, $F = 31.43$mL/min을 이용하면 methyl propionate에 대한 보정 머무름 부피 V_R^0는 다음과 같다.

$$V_R^0 = 0.915 \times 4.16\text{min} \times 31.43\text{mL/min} = 119.64\text{mL}$$

08 킬레이트 효과란 무엇인지 쓰시오.

정답 여러 자리 리간드가 유사한 한 자리 리간드보다 더 안정한 금속착물을 형성하는 능력이다.

09 당뇨 환자의 혈당 측정결과가 아래의 표와 같다. 다음 물음에 답하시오.

시간	혈당 농도(mg/L)	평균혈당(mg/L)	평균으로부터의 편차제곱의 합	표준편차
첫 번째 달	1,108, 1,122, 1,075, 1,099, 1,115, 1,083, 1,100	1100.3	1687.43	16.8
두 번째 달	992, 975, 1,022, 1,001, 991	996.2	1182.80	17.2
세 번째 달	788, 805, 779, 822, 800	798.8	1086.80	16.5
네 번째 달	799, 745, 750, 774, 777, 800, 758	771.9	2950.86	22.2

(1) 첫 번째 값(1,108mg/L)에 대한 80% 신뢰수준에서의 신뢰구간을 구하시오. (단, 80% 신뢰수준에서 $z=1.28$이다.)

(2) 첫 번째 달의 평균값(1100.3mg/L)에 대한 95% 신뢰수준에서의 신뢰구간을 구하시오. (단, 95% 신뢰수준에서 $z=1.96$이다.)

정답 (1) 1108±24.3mg/L
(2) 1100.3±14.1mg/L

해설 여러 무리의 데이터로부터 표준편차의 통합 값(s_{pooled})을 계산하기 위한 식은 다음과 같다.

$$s_{pooled}=\sqrt{\frac{\sum_{i=1}^{N_1}(x_i-\overline{x_1})^2+\sum_{j=1}^{N_2}(x_j-\overline{x_1})^2+\sum_{k=1}^{N_3}(x_k-\overline{x_1})^2+\cdots}{N_1+N_2+\cdots-N_t}}$$

여기서, N_1 : 작은 무리 1의 데이터 수
N_2 : 작은 무리 2의 데이터 수
N_t : 합동을 한 데이터의 작은 무리들의 총 수

$$\therefore\ s_{pooled}=\sqrt{\frac{1687.43+1182.80+1086.80+2950.86}{7+5+5+7-4}}=18.58\approx 19\text{mg/L}$$

각 계산에서 $s_{pooled}=19$가 σ에 대한 가장 좋은 근사값으로 가정한다.

(1) 하나의 측정에 기초한 평균의 참값(μ)의 신뢰구간을 구하는 식은 다음과 같다.

μ의 신뢰구간 $=x\pm z\sigma$

1,108mg/L에 대한 80% 신뢰수준에서의 신뢰구간 $=1108\pm(1.28\times19)$
$=1108\pm24.3$mg/L

(2) N번 측정한 값에 대한 평균의 참값(μ)의 신뢰구간을 구하는 식은 다음과 같다.

μ의 신뢰구간 $=\overline{x}\pm\dfrac{z\sigma}{\sqrt{N}}$

1100.3mg/L에 대한 95% 신뢰수준에서의 신뢰구간 $=1100.3\pm\dfrac{1.96\times19}{\sqrt{7}}$
$=1100.3\pm14.1$mg/L

10 물질 A, B, C가 섞여 있는 혼합물을 (1) 역상 분배 크로마토그래피를 사용할 때 크로마토그램을 그리고, (2) 용매의 극성이 감소하면 크로마토그램이 위에 비해 어떻게 되는지 그리시오. (단, 용질 극성은 A>B>C이다.)

정답 (1)

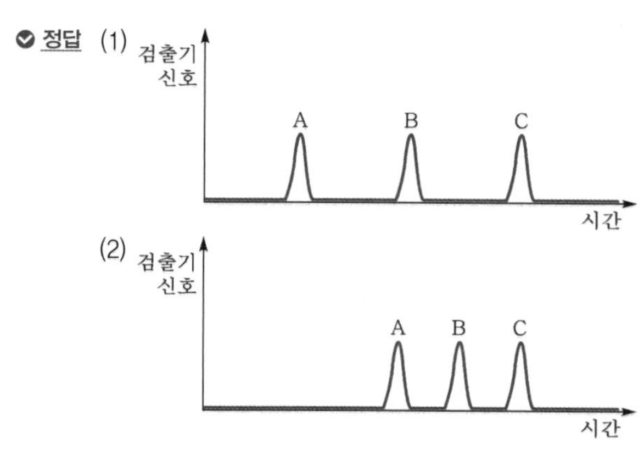

해설 정지상이 비극성이므로 가장 극성인 A가 제일 먼저, 그 다음 B, C가 뒤따라 나온다. 이동상의 극성이 감소하면 (1)에 비해 A는 이동상과 친화력이 작아져서 좀 더 느리게 나오고, B와 C로 갈수록 이동상과 친화력이 더 커져 좀 더 빠르게 나와 (1)에서와 같은 순서로 용리되지만 머무름시간은 훨씬 작은 차이를 갖게 된다.

11 분자식이 $C_8H_{14}O_4$인 어떤 화합물의 ^1H－NMR 스펙트럼이 다음과 같다. 이 화합물의 구조식을 그리시오. (단, 각 봉우리의 면적비는 c : b : a = 1 : 1 : 1.5이다.)

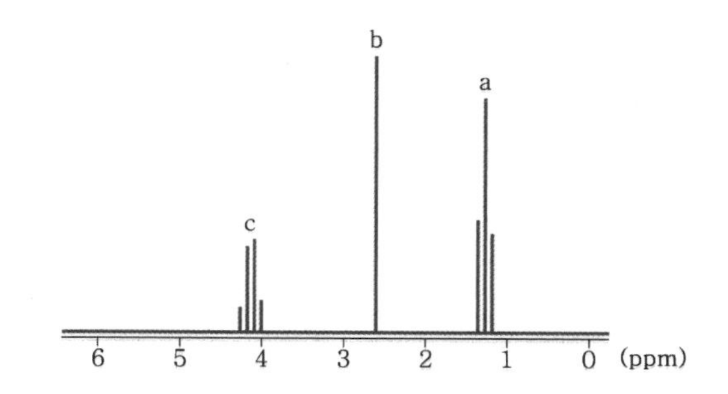

정답

$CH_3-CH_2-O-C(=O)-CH_2-CH_2-C(=O)-O-CH_2-CH_3$

해설 불포화지수 $= \dfrac{(2\times 탄소수+2)-수소수}{2} = \dfrac{(2\times 8+2)-14}{2} = 2$에서 이중결합 2개 또는 삼중결합 1개를 예상할 수 있다.

면적비 a : b : c=1.5 : 1 : 1=3 : 2 : 2, 수소수는 7개 분자식의 수소는 14개로 대칭구조를 예상할 수 있다.

구분	화학적 이동(ppm)	면적비	수소수		다중선	예상구조
a	~1.2	1.5	3H	CH_3	삼중선	$CH_2-\mathbf{CH_3}$
b	~2.6	1	2H	CH_2	단일선	$-\mathbf{CH_2}-$
c	~4.1	1	2H	CH_2	사중선	$COO-\mathbf{CH_2}-CH_3$

예상되는 구조식은 $CH_3(a)-CH_2(c)-O-C(=O)-CH_2(b)-CH_2(b)-C(=O)-O-CH_2(c)-CH_3(a)$ 이다.

12 화학식이 $C_4H_7BrO_2$인 어떤 화합물의 ¹H−NMR 측정 결과와 질량 스펙트럼은 다음과 같다. 이 화합물의 가능한 구조를 (1) 분석하는 과정을 쓰고, (2) 구조식을 그리시오.

> ¹H−NMR 측정 결과 : 2.9ppm(삼중선, 2H), 3.6ppm(삼중선, 2H), 3.8ppm(단일선, 3H)

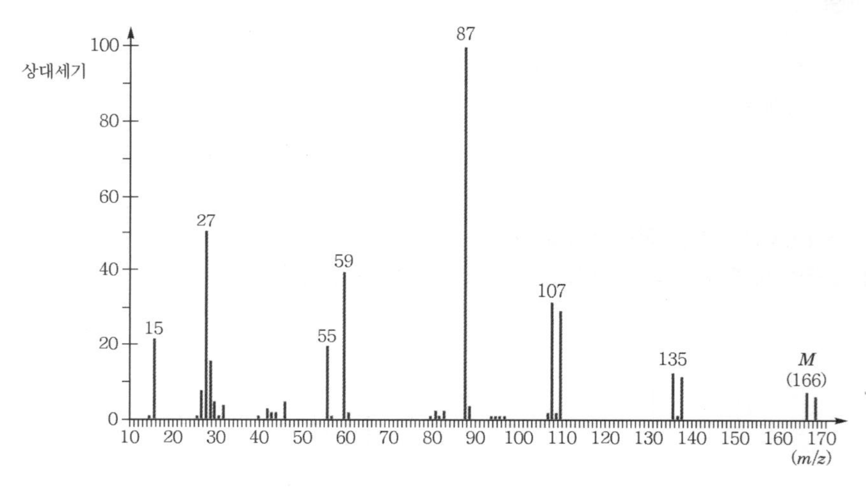

정답

(1) ① 불포화지수 $= \dfrac{(2\times \text{탄소수}+2)-\text{브로민수}-\text{수소수}}{2} = \dfrac{(2\times4+2)-1-7}{2} = 1$에서 이중결합 1개를 예상할 수 있다.

② m/z 166−87=79(Br)을 예상할 수 있다.

③

구분	화학적 이동(ppm)	수소수		다중선	예상구조
a	2.9	2H	CH_2	삼중선	$CO-CH_2-\mathbf{CH_2}-$
b	3.6	2H	CH_2	삼중선	$CO-\mathbf{CH_2}-CH_2-$
c	3.8	3H	CH_3	단일선	$COO-\mathbf{CH_3}$

예상되는 구조는 $CH_3(c)-O-C(=O)-CH_2(b)-CH_2(a)-Br$ 이다.

(2) $CH_3-O-C(=O)-CH_2-CH_2-Br$

13 분자식이 $C_{11}H_{14}O$인 어떤 화합물의 IR 스펙트럼, ^{13}C-NMR 측정 결과와 ^{1}H-NMR 스펙트럼이 다음과 같다. 이 화합물의 가능한 구조를 (1) 분석하는 과정을 쓰고, (2) 구조식을 그리시오.

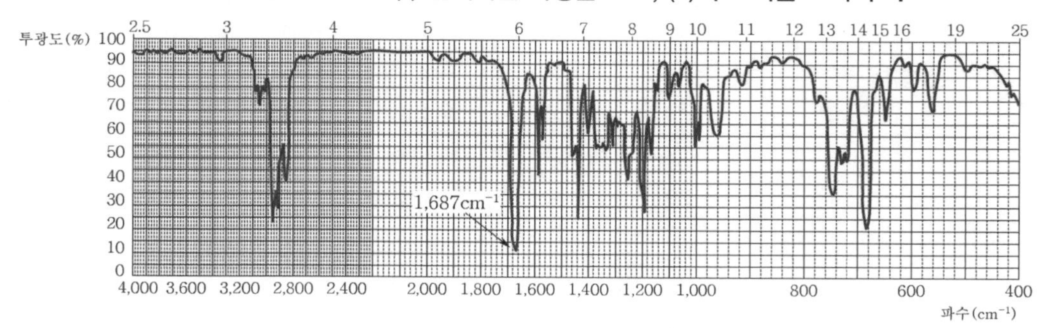

정상 ^{13}C	DEPT-135	DEPT-90
14 ppm	양의 피크	피크 없음
22 ppm	음의 피크	피크 없음
26 ppm	음의 피크	피크 없음
38 ppm	음의 피크	피크 없음
128 ppm	양의 피크	양의 피크
129 ppm	양의 피크	양의 피크
133 ppm	양의 피크	양의 피크
137 ppm	피크 없음	피크 없음
200 ppm	피크 없음	피크 없음

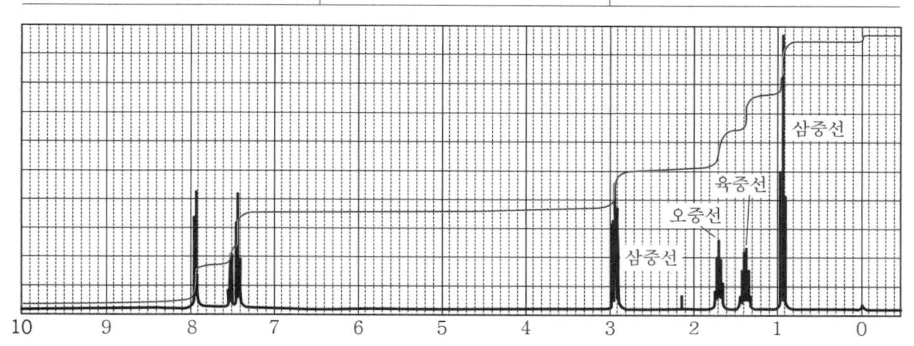

정답

① 불포화지수 $= \dfrac{(2\times \text{탄소수}+2)-\text{수소수}}{2} = \dfrac{(2\times 11+2)-14}{2} = 5$에서 벤젠고리 1개와 이중결합 1개를 예상할 수 있다.

② IR 스펙트럼에서 1,687cm^{-1} 부근에서 나타나는 강한 세기의 피크는 C=O 신축진동에 의한 것임을 예상할 수 있다.

③ DEPT-135 양의 신호는 CH, CH_3, 음의 신호는 CH_2의 탄소를, DEPT-90 양의 신호는 CH의 탄소를 예상할 수 있다. ^{13}C 화학적 이동(ppm)은 0~50ppm은 C, 50~100ppm은 C-O, 100~150ppm은 C=C 또는 벤젠고리, 150~200ppm은 C=O의 탄소를 예상할 수 있다. 따라서 14ppm은 CH_3, 22ppm, 26ppm, 38ppm은 CH_2, 128ppm, 129ppm, 133ppm은 벤젠고리의 CH, 137ppm은 벤젠고리의 C, 200ppm은 C=O의 탄소를 예상할 수 있다.

④

구분	화학적 이동(ppm)	수소수		다중선	예상구조
a	~1.0	3H	CH_3	삼중선	$-CH_2-\mathbf{CH_3}$
b	~1.4	2H	CH_2	육중선	$-CH_2-\mathbf{CH_2}-CH_3$
c	~1.7	2H	CH_2	오중선	$-CH_2-\mathbf{CH_2}-CH_2-$
d	~2.9	2H	CH_2	삼중선	$CO-\mathbf{CH_2}-CH_2-$
e	~7.5	3H	CH_3/CH	–	벤젠고리의 수소
f	~7.9	2H	CH_2/CH	–	벤젠고리의 수소

예상되는 구조는 (벤젠고리)–C(=O)–CH_2(d)–CH_2(c)–CH_2(b)–CH_3(a) 이다.

(2) (벤젠고리)–C(=O)–CH_2–CH_2–CH_2–CH_3

14 화학식이 $C_5H_{10}N_2$인 어떤 화합물의 IR 스펙트럼이 다음과 같다. 이 화합물의 가능한 구조를 그리시오.

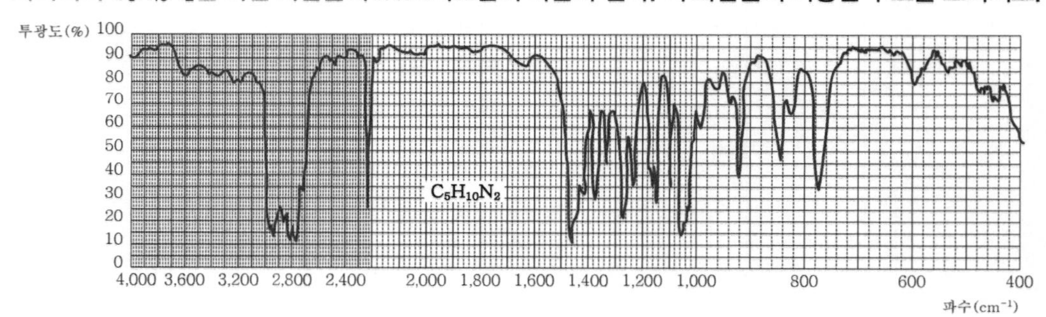

✔ **정답**

$(CH_3)_2N$–CH_2–CH_2–C≡N

✔ **해설**

$$\text{불포화지수} = \frac{(2\times\text{탄소수}+2)+\text{질소수}-\text{수소수}}{2} = \frac{(2\times5+2)+2-10}{2} = 2$$
에서 이중결합 2개 또는 삼중결합 1개를 예상할 수 있다. IR 스펙트럼에서 $2{,}250\text{cm}^{-1}$ 부근에서 나타나는 피크는 C≡N 신축진동에 의한 것임을 예상할 수 있다. 남은 질소 원자는 아민으로 예상되는데, $3{,}600\sim3{,}200\text{cm}^{-1}$ 부근에서 1차 아민(RNH_2)은 두드러진 이중선을 나타내고, 2차 아민(R_2NH)은 단일선을 나타낸다. $3{,}600\sim3{,}200\text{cm}^{-1}$ 부근의 범위에서 두드러지는 흡수띠가 나타나지 않으므로 이 화합물은 결합된 3차 아미노 그룹(R_3N)을 갖는 C≡N로 결론지을 수 있다.

예상되는 구조는 $(CH_3)_2N$–CH_2–CH_2–C≡N 이다.

15 원자흡수분광법에서 사용되는 매트릭스 변형제의 (1) 사용 목적과, (2) 작용 기작 3가지를 적으시오.

정답 (1) 원자화 과정에서 분석물질이 손실되는 것을 감소시키기 위해 첨가한다.
(2) ① 매트릭스의 휘발성을 증가시켜 분석물질의 손실을 막는다.
② 분석물질의 휘발성을 감소시켜 분석물질의 손실을 막는다.
③ 분석물질의 원자화 온도를 높게 올려 분석물질 손실없이 매트릭스를 제거한다.

2024 제3회 필답형 기출복원문제

01 적외선 스펙트럼에서 1,725cm^{-1}에서 강한 흡수와 1,300~1,200cm^{-1}에서 여러 개의 강한 흡수를 나타내는 화학식이 $C_9H_9BrO_2$인 어떤 화합물의 ^{1}H−NMR 스펙트럼이 다음과 같다. 이 화합물의 가능한 구조를 (1) 분석하는 과정을 쓰고, (2) 구조식을 그리시오.

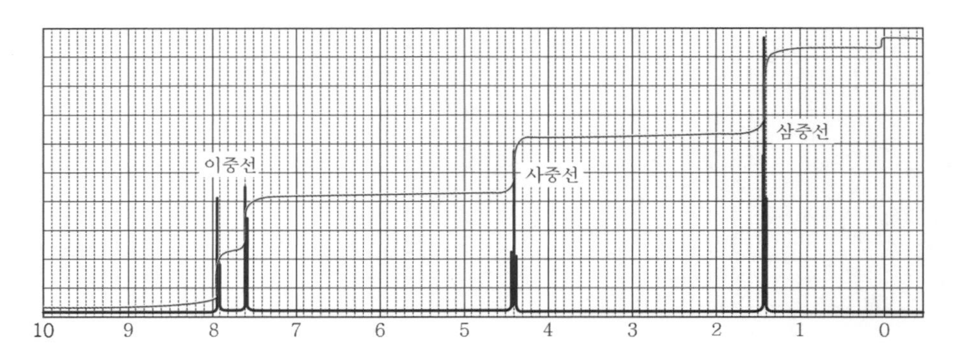

정답 (1) ① IR 스펙트럼에서 1,725cm^{-1}에서 나타나는 피크는 C=O 작용기를, 1,300~1,200cm^{-1}에서 나타나는 피크는 벤젠고리의 C=C에 의한 것으로 예상할 수 있다.

② 불포화지수 $= \dfrac{(2\times \text{탄소수}+2)-\text{브로민수}-\text{수소수}}{2} = \dfrac{(2\times 9+2)-1-9}{2} = 5$에서 벤젠고리 1개, 이중결합 1개를 예상할 수 있다.

③ 면적비로부터 수소수를 예상하면 화학식의 수소수와 일치한다.

구분	화학적 이동(ppm)	면적비	수소수		다중도		예상구조	
a	~1.4	1.4	3H	CH_3	3	2+1	$-CH_2-\mathbf{CH_3}$	
b	~4.3	1	2H	CH_2	4	3+1	$COO-\mathbf{CH_2}-CH_3$	
c	~7.5	0.9	2H	CH, CH	2	1+1	−CH−CH−	벤젠고리
d	~7.9	0.9	2H	CH, CH	2	1+1	−CH−CH−	

벤젠고리에 치환기 2개가 para 위치에 있는 구조를 예상할 수 있다.

예상되는 구조는 Br–(벤젠고리)–C(=O)–O–CH_2(b)–CH_3(a) 이다.

(2) Br–(벤젠고리)–C(=O)–O–CH_2–CH_3

02 표면에 있는 원소를 분석하기 위해 시료 표면에 전자 또는 X-선을 조사하여 광전자 방출과정의 외곽전자 이탈현상에 의한 전이(KLL전이, LMM전이)에너지를 측정하는 표면분석법을 무엇이라고 하는지 쓰시오.

정답 오제(Auger)전자 스펙트럼법

03 $pK_b = 14.79$인 염기성 물질(B) 6.95mg에 당량 부피의 산을 첨가하여 최종 100mL로 묽힌 용액을 만들었다. 1cm 셀로 385nm에서 측정한 흡광도는 0.350이고, 이때 몰흡광계수는 $\varepsilon_B = 937M^{-1} \cdot cm^{-1}$, $\varepsilon_{BH^+} = 2{,}850M^{-1} \cdot cm^{-1}$이다. 이 용액의 pH를 구하시오. (단, 반응식은 $B + H^+ \rightleftarrows BH^+$이다.)

정답 3.43

해설 반응식 $B+H^+ \rightleftarrows BH^+$에서 염기성 물질(B)의 양 F만큼 BH^+가 생성되고, BH^+의 일부가 해리되어 $BH^+ \rightleftarrows B+H^+$의 반응을 생각할 수 있다. 평형에서의 농도(M)는 $[BH^+]=F-[B]$, $[B]=[H^+]=x$이고 혼합물의 흡광도 $A = \varepsilon_B \times 1 \times [B] + \varepsilon_{BH^+} \times 1 \times [BH^+]$임을 이용하면 $[H^+]=x$를 구할 수 있다.

$BH^+ \rightleftarrows B + H^+$

$F-x \quad x \quad x$

평형상수 $K = K_a = \dfrac{K_w}{K_b} = \dfrac{1.0\times10^{-14}}{1.0\times10^{-14.79}} = 6.166$이고,

$K = \dfrac{x^2}{F-x} = 6.166$, $F-x = \dfrac{x^2}{6.166} = 0.16218x^2$이며,

385nm에서의 흡광도 $0.350 = (937\times1\times x) + [2{,}850\times1\times(0.16218\times x^2)]$이므로,

$x = 3.7346\times10^{-4}$M이다.

$\therefore pH = -\log(3.7346\times10^{-4}) = 3.43$

04 스트론튬(Sr) 90 1g이 2년 뒤 0.953g이 되었다. 다음 물음에 답하시오. (단, 반응은 스트론튬(Sr) 90에 대해 1차이다.)

(1) 반감기를 구하시오.

(2) 5년 뒤 스트론튬 90의 질량을 구하시오.

정답 (1) 28.80년

(2) 0.89g

해설

1차 반응의 적분속도법칙 $\ln\dfrac{[A]_t}{[A]_o} = -kt$이고, 반감기($t_{1/2}$)는 $t_{1/2} = \dfrac{\ln2}{k}$이다.

여기서, k는 속도상수이다.

(1) 문제에서 제시된 스트론튬 90의 질량을 농도 대신 대입하고 시간의 단위를 년(year)으로 대입하여, 1차 반응에 대한 속도상수(k)를 1/년 단위로 구하면 다음과 같다.

$\ln\dfrac{0.953g}{1g} = -k\times 2$년, $k = 0.02407$(1/년)

구한 속도상수(k)를 이용하면 스트론튬 90의 반감기($t_{1/2}$)를 구할 수 있다.

$\therefore$ 반감기$(t_{1/2}) = \dfrac{\ln2}{0.02407\,(1/\text{년})} = 28.80$년

(2) 5년 뒤 스트론튬 90의 질량($[Sr]_5$ g)은 다음과 같다.

$\therefore \ln\dfrac{[Sr]_5}{1g} = -0.02407(1/\text{년})\times5\text{년}$, $[Sr]_5 = 0.89g$

05 페로브스카이트 $LaCoO_{3+x}$ 41.87mg을 5%의 H_2를 포함한 Ar 분위기에서 측정한 열분석 그래프를 보고, 다음 물음에 답하시오. (단, La의 원자량은 138.91이고, Co의 원자량은 58.93이다.)

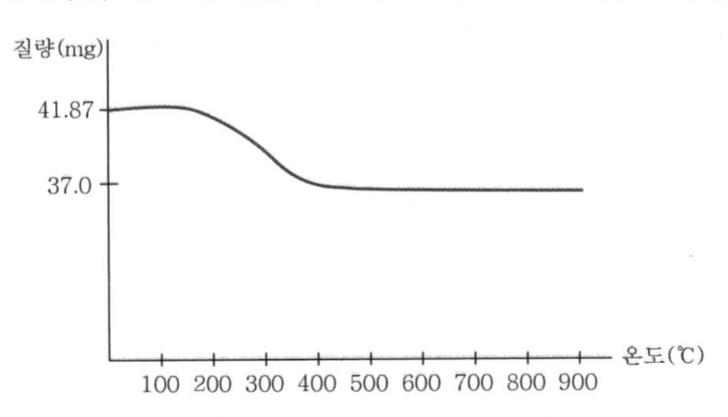

(1) 이상적인 산소를 가진 화합물 $LaCoO_3$와 수소가 완전히 반응하면 La_2O_3, Co, H_2O가 생성된다. 41.87mg의 $LaCoO_{3+x}$이 반응하였을 때, 물을 제외한 생성된 물질의 질량(mg)을 구하시오.

(2) 700℃에서 생성된 질량을 이용하여 x값을 구하시오. (단, x는 1보다 작은 수이며, x의 유효숫자는 6개로 답하시오.)

정답 (1) 37.0mg
(2) 0.122164

해설 $2LaCoO_{3+x} + (2x+3)H_2 \rightarrow La_2O_3 + 2Co + (2x+3)H_2O$

(1) 열분석 그래프에서 41.87mg에서 37.0mg으로의 감소는 탈수화에 의한 것으로 볼 수 있다. 따라서 물(H_2O)을 제외한 생성물의 양은 37.0mg이다.

(2) 700℃에서 생성물의 양 37.0mg으로부터 x를 구하면 다음과 같다.
La_2O_3의 분자량은 $(138.91\times2)+(16\times3)=325.82$이고, 41.87mg−37.0mg=4.87mg은 물의 질량이므로 41.87mg의 $LaCoO_{3+x}$에 포함된 La_2O_3의 양은

$$4.87\text{mg } H_2O \times \frac{1\text{mmol } H_2O}{18\text{mg } H_2O} \times \frac{1\text{mmol } La_2O_3}{(2x+3)\text{mmol } H_2O} \times \frac{325.82\text{mg } La_2O_3}{1\text{mmol } La_2O_3}$$ 이고,

41.87mg의 $LaCoO_{3+x}$에 포함된 Co의 양은

$$4.87\text{mg } H_2O \times \frac{1\text{mmol } H_2O}{18\text{mg } H_2O} \times \frac{2\text{mmol Co}}{(2x+3)\text{mmol } H_2O} \times \frac{58.93\text{mg Co}}{1\text{mmol Co}}$$ 이다.

$2x+3=y$로 두면 생성물의 양(La_2O_3+Co)$=\frac{88.1524}{y}+\frac{31.8877}{y}=37.0$mg이고,

$y=3.244327$이므로, $x=0.122164$이다.

06 54개의 탄소로 되어 있는 유기화합물에서의 ^{13}C의 원자수 (1) 평균과 (2) 표준편차를 구하시오. (단, 이때 ^{12}C가 100개일 때 ^{13}C는 1.1225개가 존재한다.)

정답 (1) 0.60
(2) 0.77

해설 $n=54,\ p=\frac{1.1225}{100+1.1225}=0.0111$

(1) 평균 $=np=54\times0.0111=0.60$

(2) 표준편차 $=\sqrt{np(1-P)}=\sqrt{54\times0.0111\times(1-0.0111)}=0.77$

07 $Pb(CH_3CHOHCO_2)_2$ (젖산납, FM 385.3)과 비활성 물질이 포함된 미지시료 0.327g을 전기분해하여 PbO_2(FM 239.2) 0.111g을 만들었다. 다음 물음에 답하시오.

(1) 백금전극을 사용한 전기분해 반응식을 적으시오.

(2) 미지시료에 들어 있는 $Pb(CH_3CHOHCO_2)_2$의 무게백분율(%)을 구하시오.

정답 (1) $Pb(CH_3CHOHCO_2)_2 + 2H_2O \rightarrow PbO_2(s) + 2CH_3CHOHCO_2^- + 4H^+ + 2e^-$

(2) 54.74%

해설 젖산납의 전기분해 반응식 $Pb(CH_3CHOHCO_2)_2 + 2H_2O \rightarrow PbO_2(s) + 2CH_3CHOHCO_2^- + 4H^+ + 2e^-$ 로부터 PbO_2 0.111g이 생성되기 위해 반응해야 하는 젖산납[$Pb(CH_3CHOHCO_2)_2$]의 질량(g)을 구하면 다음과 같다.

$$0.111\text{g } PbO_2 \times \frac{1\text{mol } PbO_2}{239.2\text{g } PbO_2} \times \frac{1\text{mol 젖산납}}{1\text{mol } PbO_2} \times \frac{385.3\text{g 젖산납}}{1\text{mol 젖산납}} = 0.179\text{g 젖산납}$$

미지시료 0.327g에 들어 있는 젖산납[$Pb(CH_3CHOHCO_2)_2$]의 무게백분율(%)은 다음과 같다.

$$\frac{0.179\text{g 젖산납}}{0.327\text{g 미지시료}} \times 100 = 54.74\%$$

08 화학식이 $C_{10}H_{12}O_2$인 어떤 화합물의 ^1H-NMR 스펙트럼과 ^{13}C-NMR, DEPT-135, DEPT-90 측정 결과가 다음과 같다. 이 화합물의 가능한 구조를 (1) 분석하는 과정을 쓰고, (2) 구조식을 그리시오.

정상 ^{13}C	DEPT-135	DEPT-90
22 ppm	양의 피크	피크 없음
36 ppm	양의 피크	양의 피크
43 ppm	음의 피크	피크 없음
126.4 ppm	양의 피크	양의 피크
126.6 ppm	양의 피크	양의 피크
128 ppm	양의 피크	양의 피크
145 ppm	피크 없음	피크 없음
179 ppm	피크 없음	피크 없음

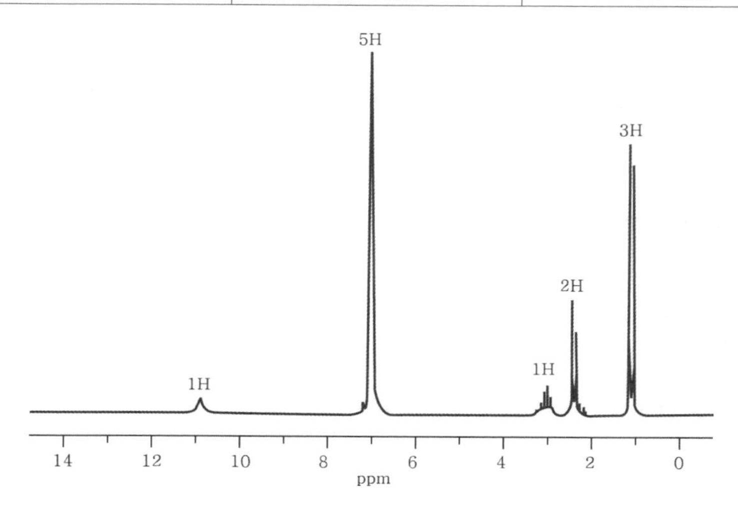

정답

(1) ① 불포화지수 $= \dfrac{(2\times \text{탄소수}+2)-\text{수소수}}{2} = \dfrac{(2\times 10+2)-12}{2} = 5$에서 벤젠고리 1개, 이중결합 1개를 예상할 수 있다.

② ^{13}C DEPT−135, DEPT−90 결과로 $-CH_3$, $-CH-$, $-CH_2-$, 벤젠고리의 C, C=O를 예상할 수 있다.

정상 ^{13}C	DEPT−135		DEPT−90		예상구조
22ppm	양의 피크	CH / CH_3	피크 없음	CH_2 / CH_3 / C	CH_3
36ppm	양의 피크	CH / CH_3	양의 피크	CH	CH
43ppm	음의 피크	CH_2	피크 없음	CH_2 / CH_3 / C	CH_2
126.4ppm	양의 피크	CH / CH_3	양의 피크	CH	벤젠고리의 CH, C
126.6ppm	양의 피크	CH / CH_3	양의 피크	CH	
128ppm	양의 피크	CH / CH_3	양의 피크	CH	
145ppm	피크 없음	C	피크 없음	CH_2 / CH_3 / C	
179ppm	피크 없음	C	피크 없음	CH_2 / CH_3 / C	C=O

③ 면적비로부터 수소수를 예상하면 화학식의 수소수와 일치한다.

구분	화학적 이동(ppm)	수소수		다중도		예상구조
a	~1.1	3H	CH_3	2	1+1	$-CH-CH_3$
b	~2.4	2H	CH_2	−		$-CH_2-$
c	~3.1	1H	CH	−		$-CH-$
d	~7.0	5H	CH	−		$-CH-$ (벤젠고리)
e	~11.0	1H	CH	1	0+1	COOH

벤젠고리에 치환기 1개가 있는 구조를 예상할 수 있다.

예상되는 구조는 HO(e)−C(=O)−CH_2(b)−CH(c)(CH_3(a))−C_6H_5(d) 이다.

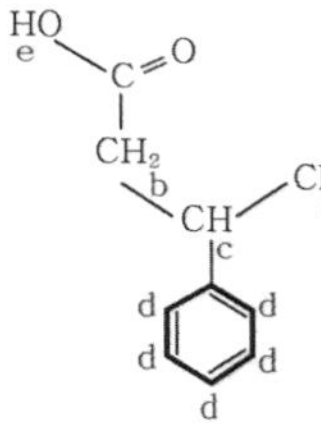

(2) 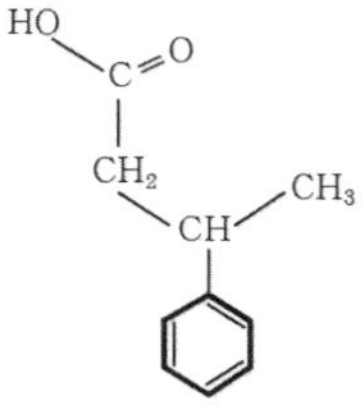 HO−C(=O)−CH_2−CH(CH_3)−C_6H_5

09 원자분광법 중 다음과 같은 특징을 갖는 분광법은 무엇인지 쓰시오.

- 시료가 비파괴적이다.
- 적은 시료로 분석이 가능하고, 한 번에 여러 분석이 가능하다.
- 스펙트럼이 단순하여 분석하기 쉽다.
- 감도가 낮다.
- 원자량이 작은 원소에 대한 분석이 불가능하다.

정답 X선-형광법(XRF)

10 전기분해 시 농도의 편극을 줄이기 위한 실험적인 방법 4가지를 쓰시오.

정답 ① 반응물의 농도를 증가시킨다.
② 전체 전해질 농도를 감소시킨다.
③ 기계적으로 저어준다.
④ 용액의 온도를 높인다.
⑤ 전극의 표면적을 크게 한다.
이 중 4가지 기술

해설 농도 편극

- 반응 화학종이 전극 표면까지 이동하는 속도가 요구되는 전류를 유지시킬 수 있는 정도가 되지 않을 경우 발생한다.
- 반응 화학종이 벌크용액으로부터 전극 표면으로 이동하는 속도가 느려 전극 표면과 벌크용액 사이의 농도 차이에 의해 발생되는 편극이다.
- 반응물의 농도가 낮을 때와 전체 전해질의 농도가 높을 때 농도 편극이 더 잘 일어난다.
- 기계적으로 저어줄 때, 용액의 온도가 높을 때, 전극의 크기가 클수록, 전극의 표면적이 클수록 편극 효과는 감소한다.

11 KCl 입자와 KNO_3 입자가 각각 1%와 99%로 혼합되어 있다. 이 혼합물 10,000개의 질량이 11g이다. 11×10^2g에 있는 KCl 예상 입자수 (1) 평균과 (2) 표준편차를 구하시오.

정답 (1) 1.0×10^4개
(2) 99.50

해설 시료 전체에서 n개의 혼합물을 취했다면 KCl 입자의 개수의 평균은 np가 되고 KCl 입자의 개수의 (절대)표준편차는 $\sigma = \sqrt{np(1-p)}$ 이다.

$$n = 11\times10^2\text{g 혼합물}\times\frac{10{,}000\text{개 혼합물}}{11\text{g 혼합물}} = 1.0\times10^6\text{개 혼합물}$$

KCl 입자의 개수의 평균은 $1.0\times10^6\times0.01 = 1.0\times10^4$개이고,

표준편차 $= \sqrt{np(1-P)} = \sqrt{(1.0\times10^6)\times0.01\times(1-0.01)} = 99.50$이다.

12 기체 크로마토그래피(GC)에 의해 분석된 시료의 상대 봉우리 넓이와 검출기의 상대 감응 수치가 다음과 같을 때 물음에 답하시오.

화합물	상대 봉우리 넓이	상대 감응 수치
Butane	16.4	0.60
Heptane	45.2	0.78
Octane	30.2	0.88

(1) 기체 크로마토그래피(GC)의 검출기는 질량감응성검출기과 농도감응성검출기로 구분되는데, ① 불꽃이온화검출기(FID)는 질량감응성인지 농도감응성인지 선택하고, ② 불꽃이온화검출기와 다른 방법으로 구분되는 검출기 종류 2가지를 쓰시오.

(2) 혼합물에 들어 있는 각 성분의 백분율(%)을 구하시오.

• Butane :　　• Heptane :　　• Octane :

정답 (1) ① 질량감응성검출기
② 열전도도검출기, 전자포획검출기
(2) Butane : 22.85%, Heptane : 48.45%, Octane : 28.70%

해설 (1) ① 질량감응성검출기는 분자나 이온의 수에 감응하며, 이동상의 흐름속도가 변화되더라도 검출기 감응에 거의 영향을 주지 않는 장점이 있다. 종류로는 불꽃이온화검출기, 원자방출검출기, 열이온검출기, 불꽃광도검출기 등이 있다.
② 농도감응성검출기는 이동상에 있는 분석물질의 농도에 감응하며 이동상의 흐름속도가 감소되면 검출기와 분석물질이 오랜 시간 접촉하므로 봉우리 넓이는 증가한다. 종류로는 열전도도검출기, 전자포획검출기 등이 있다.
(2) 기체 크로마토그래피(GC)에 의해 분석된 시료의 구성성분들의 농도를 정량하는 데 사용하는 한 가지 방법은 면적 표준화법이다. 봉우리의 넓이를 측정하고, 각 용질에 대한 검출기의 감응 차이를 보정한다. 보정 과정은 봉우리 면적을 상대 검출기 감응(보정인자)으로 나누어 보정 넓이를 구한 다음 분석물질의 농도는 보정된 넓이-대-모든 봉우리의 총 보정 넓이의 비에서 알 수 있다.

화합물	상대 봉우리 넓이	상대 감응 수치	보정 넓이	성분 백분율(%)
Butane	16.4	0.60	$\frac{16.4}{0.60}=27.33$	$\frac{27.33}{119.60}\times100=22.85\%$
Heptane	45.2	0.78	$\frac{45.2}{0.78}=57.95$	$\frac{57.95}{119.60}\times100=48.45\%$
Octane	30.2	0.88	$\frac{30.2}{0.88}=34.32$	$\frac{34.32}{119.60}\times100=28.70\%$

모든 봉우리의 총 보정 넓이는 27.33+57.95+34.32=119.60이다.

13 다음 작용기 중 C=O 적외선 흡수 진동수가 긴 것부터 짧아지는 순으로 나열하시오.

Aldehyde, Anhydride, Ketone, Ester

정답 Anhydride – Ester – Aldehyde – Ketone

해설 C=O는 1,700cm^{-1} 부근에서 흡수가 일어난다.

$\bar{\nu}=\frac{1}{\lambda}=\frac{1}{2\pi c}\sqrt{\frac{k}{\mu}}$ (여기서, $\bar{\nu}$: 파수, λ : 파장, c : 진공에서의 빛의 속도, μ : 환산질량, k : 힘 상수)

환산질량이 같으므로 힘 상수, 즉 결합세기가 클수록 파수는 증가하고 파장은 감소한다.
C=O 사이의 전자밀도가 풍부할수록 결합세기가 증가한다.

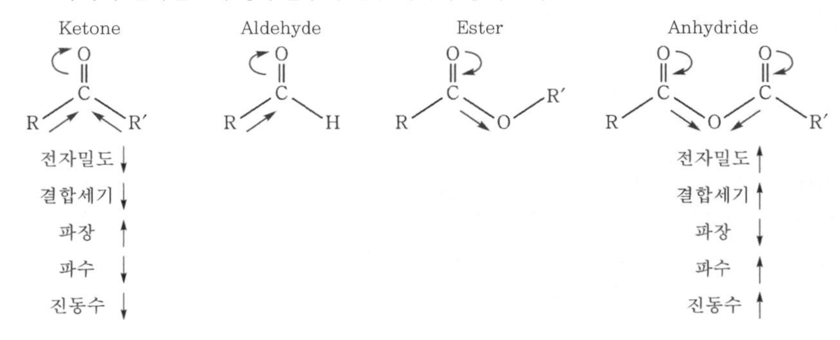

14 화학식이 $C_4H_7ClO_2$인 어떤 화합물의 질량 스펙트럼과 ^{1}H－NMR 스펙트럼이 다음과 같다. 이 화합물의 가능한 구조를 (1) 분석하는 과정을 쓰고, (2) 구조식을 그리시오.

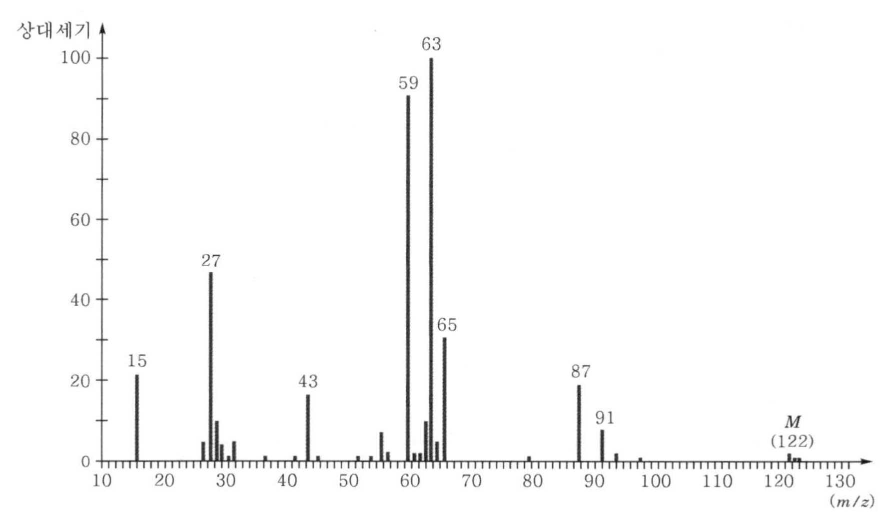

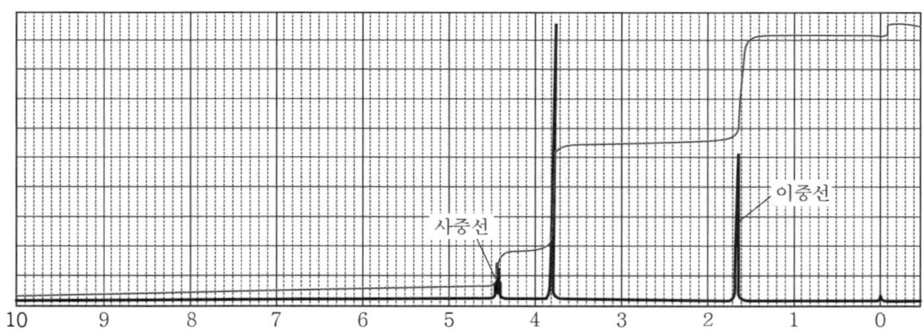

정답

(1) ① 불포화지수 $= \dfrac{(2\times 탄소수+2)-염소수-수소수}{2} = \dfrac{(2\times4+2)-1-7}{2} = 1$에서 이중결합 1개를 예상할 수 있다.

② 면적비로부터 수소수를 예상하면 화학식의 수소수와 일치한다.

구분	화학적 이동(ppm)	면적비	수소수		다중도		예상구조
a	~1.4	2.1	3H	CH_3	2	1+1	$-CH-CH_3$
b	~3.8	2.1	3H	CH_3	1	0+1	$COO-CH_3$
c	~4.4	0.7	1H	CH	4	3+1	$-CHCl-CH_3$

③ 질량 스펙트럼에서 M(122)－87＝35는 Cl^-와 122－63＝59는 CH_3COO^-를 예상할 수 있다.

예상되는 구조는 $\underset{a}{CH_3}-\underset{\underset{Cl}{|}}{\overset{c}{CH}}-\overset{\overset{O}{\|}}{C}-O-\underset{b}{CH_3}$ 이다.

(2) $CH_3-\underset{\underset{Cl}{|}}{CH}-\overset{\overset{O}{\|}}{C}-O-CH_3$

15 UV－VIS 분광법에서 빗금 친 전이금속이 결합한 착물은 란타넘족, 악티늄족의 이온보다 더 넓은 스펙트럼이 나타나고, 란타넘족, 악티늄족의 이온은 좁은 스펙트럼 영역이 나타난다. 그 이유를 궤도함수를 이용하여 설명하시오.

표 준 주 기 율 표

Periodic Table of the Elements

표기법: 원자 번호 / 기호 / 원소명(국문) / 원소명(영문) / 일반 원자량 / 표준 원자량

1	2	3	4	5	6	7	8	9	10	11	12	13	14	15	16	17	18
1 H 수소 hydrogen 1.008 [1.0078, 1.0082]																	2 He 헬륨 helium 4.0026
3 Li 리튬 lithium 6.94 [6.938, 6.997]	4 Be 베릴륨 beryllium 9.0122											5 B 붕소 boron 10.81 [10.806, 10.821]	6 C 탄소 carbon 12.011 [12.009, 12.012]	7 N 질소 nitrogen 14.007 [14.006, 14.008]	8 O 산소 oxygen 15.999 [15.999, 16.000]	9 F 플루오린 fluorine 18.998	10 Ne 네온 neon 20.180
11 Na 소듐 sodium 22.990	12 Mg 마그네슘 magnesium 24.305 [24.304, 24.307]											13 Al 알루미늄 aluminium 26.982	14 Si 규소 silicon 28.085 [28.084, 28.086]	15 P 인 phosphorus 30.974	16 S 황 sulfur 32.06 [32.059, 32.076]	17 Cl 염소 chlorine 35.45 [35.446, 35.457]	18 Ar 아르곤 argon 39.95 [39.792, 39.963]
19 K 포타슘 potassium 39.098	20 Ca 칼슘 calcium 40.078(4)	21 Sc 스칸듐 scandium 44.956	22 Ti 타이타늄 titanium 47.867	23 V 바나듐 vanadium 50.942	24 Cr 크로뮴 chromium 51.996	25 Mn 망가니즈 manganese 54.938	26 Fe 철 iron 55.845(2)	27 Co 코발트 cobalt 58.933	28 Ni 니켈 nickel 58.693	29 Cu 구리 copper 63.546(3)	30 Zn 아연 zinc 65.38(2)	31 Ga 갈륨 gallium 69.723	32 Ge 저마늄 germanium 72.630(8)	33 As 비소 arsenic 74.922	34 Se 셀레늄 selenium 78.971(8)	35 Br 브로민 bromine 79.904 [79.901, 79.907]	36 Kr 크립톤 krypton 83.798(2)
37 Rb 루비듐 rubidium 85.468	38 Sr 스트론튬 strontium 87.62	39 Y 이트륨 yttrium 88.906	40 Zr 지르코늄 zirconium 91.224(2)	41 Nb 나이오븀 niobium 92.906	42 Mo 몰리브데넘 molybdenum 95.95	43 Tc 테크네튬 technetium	44 Ru 루테늄 ruthenium 101.07(2)	45 Rh 로듐 rhodium 102.91	46 Pd 팔라듐 palladium 106.42	47 Ag 은 silver 107.87	48 Cd 카드뮴 cadmium 112.41	49 In 인듐 indium 114.82	50 Sn 주석 tin 118.71	51 Sb 안티모니 antimony 121.76	52 Te 텔루륨 tellurium 127.60(3)	53 I 아이오딘 iodine 126.90	54 Xe 제논 xenon 131.29
55 Cs 세슘 caesium 132.91	56 Ba 바륨 barium 137.33	57-71 란타넘족 lanthanoids	72 Hf 하프늄 hafnium 178.49(2)	73 Ta 탄탈럼 tantalum 180.95	74 W 텅스텐 tungsten 183.84	75 Re 레늄 rhenium 186.21	76 Os 오스뮴 osmium 190.23(3)	77 Ir 이리듐 iridium 192.22	78 Pt 백금 platinum 195.08	79 Au 금 gold 196.97	80 Hg 수은 mercury 200.59	81 Tl 탈륨 thallium 204.38 [204.38, 204.39]	82 Pb 납 lead 207.2	83 Bi 비스무트 bismuth 208.98	84 Po 폴로늄 polonium	85 At 아스타틴 astatine	86 Rn 라돈 radon
87 Fr 프랑슘 francium	88 Ra 라듐 radium	89-103 악티늄족 actinoids	104 Rf 러더포듐 rutherfordium	105 Db 두브늄 dubnium	106 Sg 시보귬 seaborgium	107 Bh 보륨 bohrium	108 Hs 하슘 hassium	109 Mt 마이트너륨 meitnerium	110 Ds 다름슈타튬 darmstadtium	111 Rg 뢴트게늄 roentgenium	112 Cn 코페르니슘 copernicium	113 Nh 니호늄 nihonium	114 Fl 플레로븀 flerovium	115 Mc 모스코븀 moscovium	116 Lv 리버모륨 livermorium	117 Ts 테네신 tennessine	118 Og 오가네손 oganesson
		57 La 란타넘 lanthanum 138.91	58 Ce 세륨 cerium 140.12	59 Pr 프라세오디뮴 praseodymium 140.91	60 Nd 네오디뮴 neodymium 144.24	61 Pm 프로메튬 promethium	62 Sm 사마륨 samarium 150.36(2)	63 Eu 유로퓸 europium 151.96	64 Gd 가돌리늄 gadolinium 157.25(3)	65 Tb 터븀 terbium 158.93	66 Dy 디스프로슘 dysprosium 162.50	67 Ho 홀뮴 holmium 164.93	68 Er 어븀 erbium 167.26	69 Tm 툴륨 thulium 168.93	70 Yb 이터븀 ytterbium 173.05	71 Lu 루테튬 lutetium 174.97	
		89 Ac 악티늄 actinium	90 Th 토륨 thorium 232.04	91 Pa 프로트악티늄 protactinium 231.04	92 U 우라늄 uranium 238.03	93 Np 넵투늄 neptunium	94 Pu 플루토늄 plutonium	95 Am 아메리슘 americium	96 Cm 퀴륨 curium	97 Bk 버클륨 berkelium	98 Cf 캘리포늄 californium	99 Es 아인슈타이늄 einsteinium	100 Fm 페르뮴 fermium	101 Md 멘델레븀 mendelevium	102 No 노벨륨 nobelium	103 Lr 로렌슘 lawrencium	

정답 란타넘족, 악티늄족의 f 궤도함수는 외각의 닫힌 s, p 궤도함수에 의해 가로막혀 있어서 리간드와의 상호작용이 거의 없기 때문에 좁은 스펙트럼 영역이 나타난다.

해설 **4주기/5주기 전이금속**

- 원소 바닥상태 전자배치 : [Ne] $3s^2 3p^6 4s^2 3d^n$ / [Ar] $4s^2 4p^6 5s^2 4d^n$
- 이온 바닥상태 전자배치 : [Ne] $3s^2 3p^6 3d^{n-m}$ / [Ar] $4s^2 4p^6 4d^{n-m}$
- $d-d$ 전이 가능, 리간드 → 금속 전이 가능, 금속 → 리간드 전이 가능

란타넘족/악티늄족 원소

- 원소 바닥상태 전자배치 : [Kr] $5s^2 4d^{10} 5p^6 6s^2 4f^n$ / [Xe] $6s^2 5d^{10} 6p^6 7s^2 5f^n$
- 이온 바닥상태 전자배치 : [Kr] $5s^2 4d^{10} 5p^6 4f^{n-m}$ / [Xe] $6s^2 5d^{10} 6p^6 5f^{n-m}$
- $f-f$ 전이 가능, 리간드 → 금속 전이 ×, 금속 → 리간드 전이 ×

※ 다시 한 번 안내드립니다. 필답형 문제 중 계산문제의 답안 작성 시에는 “해설”에 있는 **풀이과정(계산식)**까지 써야 각 문제에 배정된 점수를 모두 받을 수 있습니다. 계산식이 미비하거나 계산 결과만 쓸 경우 감점이 되어 부분점수만 받을 수 있음에 유의하시기 바랍니다!

PART 3

작업형

흡광광도법에 의한 인산전량 정량분석

이 편에는 화학분석기사 실기 작업형 시험에 관한 모든 내용을
빠짐없이 알기 쉽게 정리하여 수록하였습니다.

Engineer Chemical Analysis

PART 3

작업형

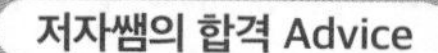

저자쌤의 합격 Advice

작업형 시험에서는 실험복을 꼭 착용하고, 그래프 작성 시 꺾은선은 절대 안되며, 시료 채취값은 오차범위 내에 있어야 하는 등 실험 시 주의사항을 반드시 숙지해 감점요인에 해당되지 않도록 하여 30~35점 정도의 점수를 받아야 필답형 시험에서 부담감이 줄어듭니다.

1. 작업형 공개문제

① 요구사항

※ 지급된 재료 및 시설을 사용하여 아래 작업을 완성해야 한다.

흡광광도법에 의한 인산전량 정량분석 방법

분석방법을 참고하여 정량분석 작업을 한다.

→ 바나드몰리브덴산암모늄법에 의한 인산전량 정량분석 방법(" **② 분석방법** : 비색법(바나드몰리브덴산암모늄법" 참조)

(1) 시료 칭량

주어진 시료를 성분시험 분석조건에 맞게 적정량을 칭량한다.

(2) 시료 전처리 및 시료 조제

인산 정량분석에 맞는 표준시료, 미지시료 및 발색시약을 조제하고, 조제방법 및 계산을 답안지 "1. 표준용액 조제", "2. 미지시료 농도"에 작성한다.

(3) 희석 및 발색

조제된 표준시료 및 미지시료를 기기조건에 맞게 희석하고 발색시약으로 발색시키고, 답안지 "3. 희석 및 발색"에 작성한다.

(4) 흡광도 측정

분광광도계를 이용하여 시료의 흡광도를 측정하여 답안지 "4. 흡광도 측정"에 작성한다.

(5) 분석 그래프 작성

다음의 조건에 모두 부합하는 그래프를 답안지 "5. 분석 그래프 작성"에 완성한다.

① 측정된 데이터를 모두 활용하여 회귀방정식(일차방정식) 및 상관계수를 구한다.

※ Blank 처리는 실험의 정확도 향상을 위하여 수험자 개인에 맞게 가장 적합한 방법대로 할 수 있다.

② 그래프의 가로축은 농도, 세로축은 흡광도로 하고, 세로축에 흡광도 측정값을 모두 포함하는 범위로 눈금 단위(scale)를 기록한다.

③ 표준물질의 각 농도에 해당하는 흡광도 값을 그래프에 점(•)으로 모두 정확하게 표시하고, 각 점에 해당하는 값을 (농도, 흡광도)의 양식으로 기록하고, 회귀방정식을 이용하여 계산된 일차방정식을 반드시 자 등을 이용하여 일직선이 되게 검량선을 그린다.

④ 미지시료의 흡광도 측정값을 세로축에 화살표(→)로 표시하고 그 값을 그래프 용지 좌측에 기록하고, 가로축과 평행한 점선을 검량선과 접하게 그리고, 회귀방정식으로 얻은 직선의 방정식을 이용해 계산한 미지시료 농도에 세로축과 평행한 점선을 그려 가로축 하단에 화살표(↑)로 표시하고 그 값을 소수점 둘째 자리까지 계산하여 기록한다.

(6) 성적 계산서 작성

시료 칭량 무게, 희석배수, 흡광도 및 농도를 근거로 인산(P_2O_5)의 함량(%)과 오차를 구하여 답안지 "6. 성적 계산"에 작성한다.

② 분석방법 : 비색법(바나드몰리브덴산암모늄법)

1 시약 조제

(1) 발색시약(A)

메타바나드산암모늄(NH_4VO_3) 0.56g을 약 150mL의 물에 완전히 녹이고 잘 녹지 않을 경우에는 Hot plate 등에서 조금 가열시켜 준 다음 부피플라스크를 이용하여 질산 125mL를 가한다. 이 액에 몰리브덴산암모늄[$(NH_4)_6Mo_7O_{24} \cdot 4H_2O$] 13.50g을 물에 녹여 부어주고 물을 가해 500mL로 한다.

(2) 표준인산액

특급 인산제1칼륨으로 액 1mL 중에 P_2O_5로서 1mg이 함유되도록 표준인산용액 1L를 조제한다(단, 특급 인산제1칼륨의 순도는 시약병에 명기된 내용을 감안하여 계산하되, 순도가 명기되지 않은 경우에는 99.99%를 기준으로 하며, KH_2PO_4의 분자량은 136.08934, 원자량은 각각 K : 39.102, P : 30.9738, O : 15.9994, N : 14.0097, H : 1.00797이다).

2 미지시료 조제

감독위원이 제시한 공시품($NH_4H_2PO_4$)을 정확하게 저울로 취하고, 적당량의 물을 이용하여 완전히 녹인 후 염산 약 30mL 및 질산 약 10mL를 가한 다음 공시품이 완전히 녹은 것을 확인한 후 물을 가하여 정확하게 1L를 조제한다(단, 제시한 공시품 채취량이 예를 들어 0.2340g이고 저울로 단 무게가 0.2335~0.2345g 범위일 경우 저울의 시료량을 채취량으로 할 수 있으며, 이 값을 벗어나는 값을 취한 경우나 다른 값으로 취한 경우에는 실격됨을 유의한다).

3 정량 및 측정

(1) 표준인산액

표준인산액을 정확하게 100mL의 부피플라스크에 미지시료 중의 인(인산)의 양이 0~15mg/L (0ppm, 5ppm, 10ppm, 15ppm)가 되도록 수단계로 하여 표준액 사이의 인산(P_2O_5)으로써 취해 발색시약(A) 20mL를 넣고 눈금까지 증류수를 가하여 흔들어 10~20분간 놓아 둔 후 파장 415nm에서 흡광도를 측정한다.

(2) 미지시료

미지시료의 일정량을 100mL 부피플라스크에 취하고, 표준인산액과 마찬가지로 흡광도를 측정한다. 측정한 흡광도가 정량범위를 벗어난 경우에는 반드시 5~15ppm 내에 들도록 미지시료를 적당히 희석한 후 다시 미지시료의 흡광도를 측정한 다음 인산(P_2O_5)의 함량(%)을 구한다.

③ 수험자 유의사항

※ 다음 유의사항을 고려하여 요구사항을 완성해야 한다.

① 수험자 인적사항 및 계산식을 포함한 답안 작성은 **검은색 필기구**만 사용해야 하며, 그 외 연필류, 유색 필기구, 지워지는 펜 등을 사용한 답안은 채점하지 않으며, **"0점" 처리**된다.

② 답안 정정 시 정정하고자 하는 단어에 **두 줄(=)을 긋거나 수정 테이프를 사용**한다(단, 감독위원의 확인 날인이 있는 값을 수정할 경우, 임의 수정이 아님을 증명하는 감독의 확인 날인이 있어야 하며, 없을 시 임의 수정으로 간주하여 **실격됨을 유의**한다).

③ 원칙적으로 지급된 시설, 기구와 재료 및 수험자 지참 준비물에 한하여 사용이 가능하다.

④ 수험자 간에 대화나 시험에 불필요한 행위는 금지되며, 이를 위반하게 되면 **실격 조치**되니 주의해야 한다.

⑤ 실험복은 반드시 착용하여야 하며, 미착용 시 "10점"(실험복 단추가 열려 있거나, 슬리퍼 착용 등 실험복을 착용하였더라도 실험에 부적합하다고 감독위원이 판단될 시 "10점")이 **감점**된다.

⑥ 지급재료는 **1회 지급이 원칙**이며, 지급 기준은 아래와 같다.

㉠ 초자류 : 준비된 초자류의 이상 유무를 시험 전 수험자가 확인한 시점

㉡ 시약류 : 시험 중 시약을 시약병에서 칭량하여 소분한 시점

⑦ 파손 및 결손 등으로 인해 지급 재료의 재지급이 필요할 경우 매 파손 및 결손 또는 재지급(개당)마다 **초자류는 10점, 시약류는 "5점"이 감점**된다(단, 재지급의 사유가 수험자의 과오가 아니라는 감독위원의 전원 합의가 있을 경우 감점 없이 추가 지급할 수 있으며, 초자의 파손으로 인한 시약 재지급은 중복 감점하지 않는다).

⑧ 시약 취급 시 저울이나, 바닥 등에 시약을 과도하게 흘렸을 경우 **"5점"이 감점**되며, 폐시약은 감독위원의 안내에 따라 처리한다.

⑨ 시험이 종료되면 답안지 및 지급 받은 재료 일체를 반납해야 한다.

⑩ 시험에 사용한 시설 및 기구는 답안지 제출 후 세척 및 정리정돈하고 감독위원의 안내에 따라 퇴장하며, 세척 및 정리정돈 미흡 시 **"5점"이 감점** 처리된다(단, **세척 및 정리정돈 시간은 시험시간에 포함되지 않는다**).

⑪ 본인의 실수로 인하여 발생하는 안전사고는 본인에게 귀책사유가 있음을 특히 유의하여야 하며, 실험도구 및 약품을 다룰 때에는 항상 주의해야 한다.

⑫ 실험 중 기기파손 등으로 인하여 상처 등을 입었을 때나 지급된 재료 및 약품 중 인체에 위험하거나 유해한 것을 취급 시 항상 주의하여야 하며, 특히 유독물이 눈에 들어갔을 경우 및 사고 발생 시 즉시 감독위원에게 알리고 조치를 받아야 한다.

⑬ 요구사항을 만족하는 답안지 작성은 다음의 기준에 따른다.

㉠ 계산문제는 반드시 "계산과정"과 "답" 란에 계산과정과 답을 정확하게 기재하여야 하며, 계산과정이 틀리거나 없는 경우 **"0점" 처리**된다.

㉡ 계산문제는 최종 결과 값(답)에서 **소수점 셋째 자리에서 반올림하여 둘째 자리까지 구해** 그 값을 모두 표기해야 하나, 개별문제에서 소수처리에 대한 요구사항이 있을 경우 그 요구사항에 따라야 하며, **반올림을 잘못 수행하였을 시 "5점"을 감점**한다(단, 문제의 특수한 성격에 따라 정수로 표기하는 문제도 있으며, 반올림한 값이 0이 되는 경우는 첫 유효숫자까지 기재하되 반올림하여 기재하여야 한다(예 0.235 → 0.24, 0.0042 → 0.004)).

㉢ **답에 단위가 없으면 "0점" 처리**된다(단, 문제의 요구사항에 단위가 주어졌을 경우 생략해도 무방하다).

㉣ "1. 표준용액 조제", "2. 미지시료 농도" 및 "3. 희석 및 발색"의 조제방법 작성은 상세하게 기재하여야 하며, 답안 작성 시 사용되는 값은 **실제 시료 채취량을 기준으로 작성**하여야 한다. 계산값 또는 공지값을 사용하여 답안을 작성하였을 경우 해당 문항은 **"0점" 처리**된다.

ⓜ 답안지의 모든 값은 문항 간 일치하여야 하며, 일치하지 않는 경우 일치하지 않는 문항부터 이후 문항은 "0점" 처리된다.

- 예시 1 : "2. 미지시료 농도"와 "3. 희석 및 발색"의 모든 값이 일치하지 않는 경우 문항 2, 3, 4, 5, 6이 "0점" 처리된다.
- 예시 2 : "4. 흡광도 측정"과 "5. 분석 그래프 작성"의 모든 값이 일치하지 않는 경우 문항 4, 5, 6이 "0점" 처리된다.
- 예시 3 : "3. 희석 및 발색"과 "6. 성적 계산"의 모든 값이 일치하지 않는 경우 문항 3, 4, 5, 6이 "0점" 처리된다.

ⓑ "4. 흡광도 측정"의 **흡광도 측정은 표준용액은 각 농도별 2회, 미지시료는 3회까지 허용**된다. 흡광도의 재측정이 있을 경우 이후 과정을 진행하기 전 답안 작성에 사용할 값을 제외한 모든 흡광도값에 **두 줄(=)을 그어 표시**해야 한다.

ⓢ "5. 분석 그래프 작성"의 **회귀방정식 및 상관계수**는 반드시 계산하여야 하며, **계산기의 회귀방정식 기능을 이용하여 도출하는 등 계산과정이 누락되어 있는 경우** 해당 문항부터 이후 문항까지 "0점" 처리된다.

⑭ 다음 사항은 실격에 해당하여 채점대상에서 제외된다.

ⓖ 복합형(작업형+필답형)으로 구성된 시험에서 전 과정을 응시하지 아니한 경우

ⓝ 수험자 본인이 수험 도중 시험에 대한 의사를 표시하고 포기하는 경우

ⓓ **시료채취 시 목표값의 오차범위(±0.0005g)를 벗어난 값을 사용할 경우**

ⓡ **최종 미지시료 흡광도값이 표준용액의 흡광도 범위를 벗어났을 경우**

ⓜ **감독위원의 확인 날인이 있는 문제(1, 2, 3, 4번 문항)의 확인 날인이 누락되었거나, 해당 문제의 값을 임의로 고친 경우**

ⓑ 작업과정이 적절치 못하고 숙련성이 없다고 감독위원의 전원 합의가 있는 경우

ⓢ 시료채취량과 검량선의 미지시료의 흡광도값과 농도값으로부터 성적 계산까지 중 근거 없는 값을 의도적으로 기재하였다는 감독위원의 전원 합의가 있는 경우

ⓞ 실험방법 및 결과값의 도출을 정상적인 방법에 따르지 않는다고 감독위원의 전원 합의가 있는 경우(**예** **검량선 작도 시 직선이 아닌 꺾은선 또는 곡선 등으로 작도 등**)

ⓙ 답안지의 인적사항 기재란 외의 부분에 답안과 관련 없는 특수한 표시를 하거나 특정인임을 암시하는 경우

ⓒ 표준시험 시간 내에 실험결과값(인산의 함량)을 제출하지 못한 경우

④ 지급재료 목록

No.	재료명	규격	수량 및 용량	비고
1	인산제1칼륨 (Potassium dihydrogen phosphate) (KH_2PO_4)	특급	5g	표준용액 제조용
2	제1인산암모늄 (Ammonium dihydrogen phosphate) ($NH_4H_2PO_4$)	특급	1g	미지시료 제조용
3	몰리브덴산암모늄 (Ammonium molybdate tetrahydrate) [$(NH_4)_6Mo_7O_{24}$ · $4H_2O$]	1급	20g	1인당
4	메타바나드산암모늄 (Ammonium metavanadate) (NH_4VO_3)	1급	2g	1인당
5	질산 (Nitric acid) (HNO_3)	1급	200mL	1인당
6	염산 (Hydrochloric acid) (HCl)	1급	50mL	1인당
7	부피플라스크	100mL	6개	1인당
8	부피플라스크	250mL	2개	1인당
9	부피플라스크	500mL	2개	1인당
10	부피플라스크	1,000mL	2개	1인당
11	눈금피펫	10mL	1개	1인당
12	눈금피펫	20mL	1개	1인당
13	홀피펫	5mL	1개	1인당
14	홀피펫	10mL	1개	1인당
15	비커	300mL	2개	1인당
16	비커	500mL	1개	1인당
17	시약스푼	실험용	1개	5인 공용
18	증류수	실험실용	3L	1인당
19	유리막대	실험용	1개	5인 공용
20	유산지(기름종이)	7cm × 7cm	2장	5인당
21	물비누	유리기구 세척용	1L	15인 공용
22	휴지(킴와이프스)	실험기구 세척용	1통	15인 공용
23	고무장갑(나이트릴장갑)	실험용	1개	1인당

※ 시험 시 지급재료는 시험종료 후 반납해야 한다.

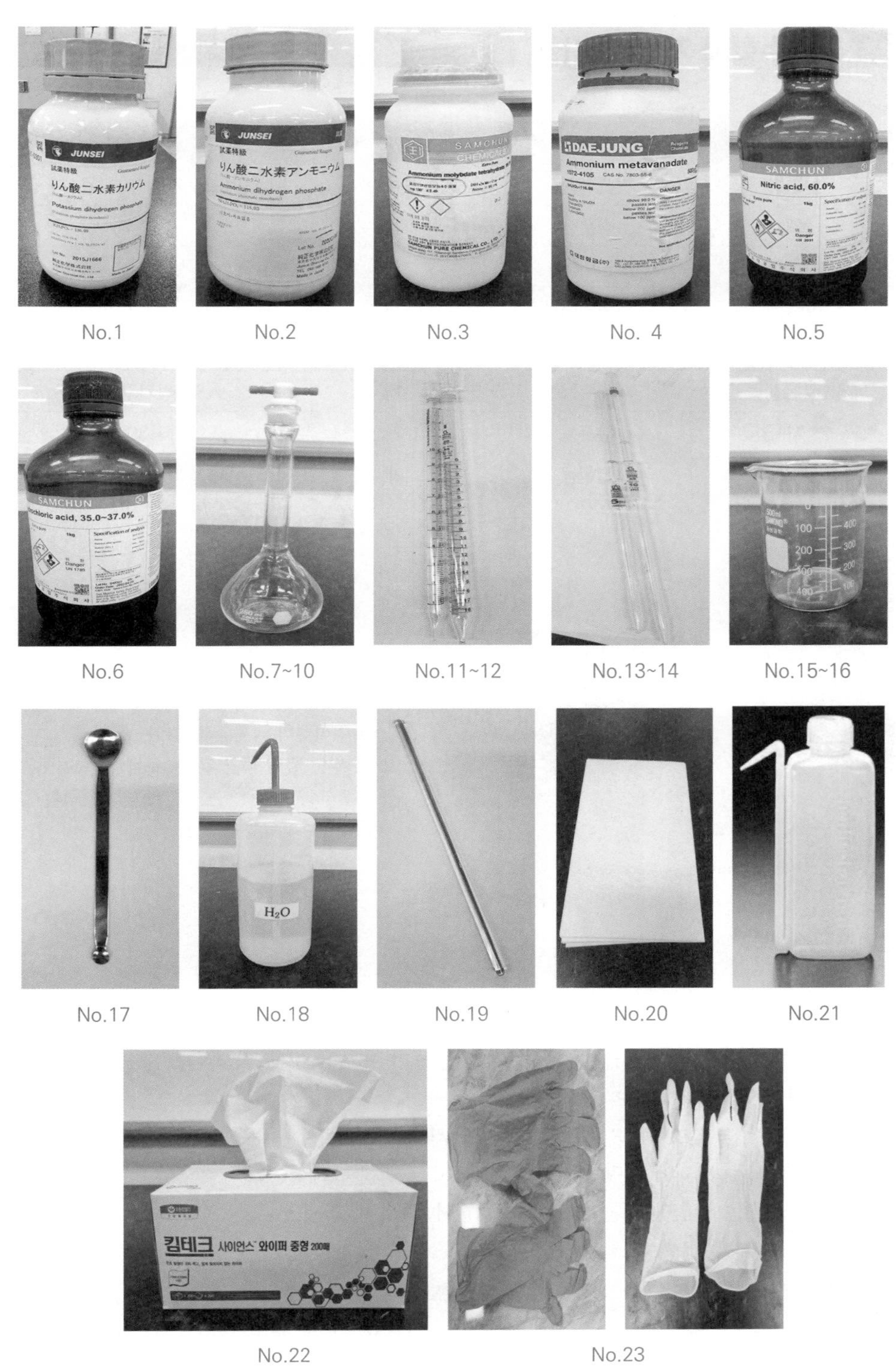

No.1 No.2 No.3 No. 4 No.5

No.6 No.7~10 No.11~12 No.13~14 No.15~16

No.17 No.18 No.19 No.20 No.21

No.22 No.23

※ 각 사진 번호(No.)에 따른 재료명은 좌측 "지급재료 목록"을 참조하기 바람!

| 작업형 실험 지급재료 |

⑤ 수험자 지참 준비물

No.	재료명	규격	수량	비고
1	실험복	실험실용	1벌	반드시 지참(미착용 시 감점)
2	볼펜	검은색	1자루	–
3	계산기	공학용	1개	–
4	마스크	실험용	1개	필요 판단 시
5	보안경	분석용	1개	필요 판단 시
6	네임펜(유성볼펜)	사무용	1개	유리기구 기재용
7	자	문구용	1개	30cm
8	피펫 필러	실험용	1개	고무재질 피펫 필러만 지참 가능

※ 피펫 필러

1. 구조

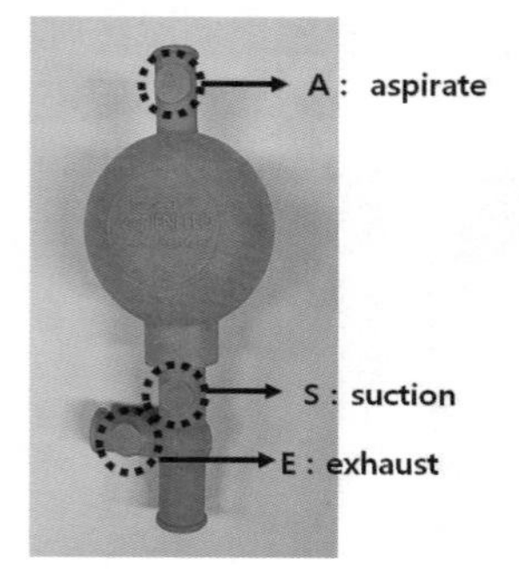

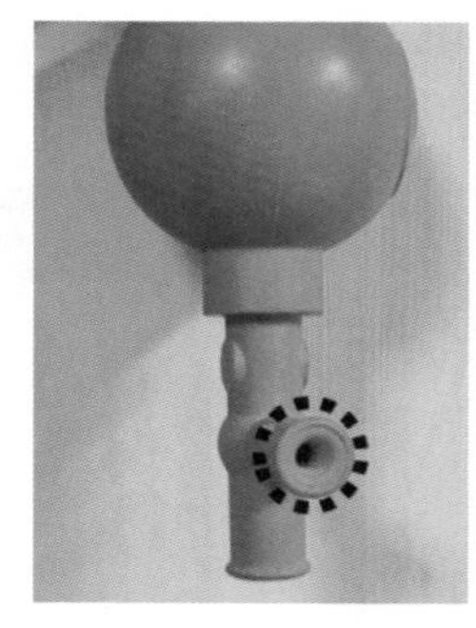

- A : 공 부분의 공기를 넣고 빼는 역할
- S : 피펫으로 액체를 빨아 올리는 역할
- E : 피펫의 액체를 배출하는 역할
- E 부분 옆의 둥근 부분 : 조금 남은 피펫의 액체를 배출하는 역할

2. 사용방법

① 피펫에 피펫 필러를 끼운다.
② 엄지와 검지로 A를 누른 상태에서 공을 눌러 공의 공기를 뺀다.
③ 피펫 끝을 옮기고자 하는 액체에 담그고 S를 누르면 액체가 피펫 안쪽으로 올라온다.
④ E를 누르면 다시 액체는 내려간다.
⑤ S와 E를 적당히 누르며 원하는 양을 조절하면서 피펫에 채운다.
⑥ 액체를 옮겨 담을 용기에 피펫을 넣고 E를 눌러서 액체를 배출한다.
⑦ 마지막 한 방울은 E 옆에 둥근 부분의 구멍을 눌러서 배출한다.

3. 사용 시 주의사항

① 피펫 필러에 피펫을 끼울 때 너무 꽉 끼우지 않도록 한다.
② 피펫을 너무 꽉 끼우거나 너무 헐겁게 끼우게 되면 액체가 잘 빨려 올라오지 않는다.
③ 피펫 필러 속으로 액체가 빨려 들어가지 않도록 주의해야 한다.
④ 피펫 필러를 사용하지 않을 때는 항상 공 부분의 공기를 빼놓는다.

2. 작업형 실험과정 및 답안 작성

① 실험하기 전 유의사항

1 실험에 사용할 실험도구 확인

① 실험실에 입실하면 실험실 내 실험대, 후드, 저울, 분광광도계 등의 위치를 확인한다.
② 실험에 사용될 기구, 유리류 및 라벨용지 등 준비되어 있는 실험기구를 확인한다.
③ 사용해야 할 실험기구 목록을 예상하여 가면 더 확실하게 확인할 수 있다.
④ 예상한대로 잘 준비되어 있는지 또는 더 필요한 것이 무엇인지 확인한다.
⑤ 피펫과 부피플라스크가 용량별로 필요한 개수만큼 준비되어 있는지 확인한다.

2 실험과정 확인 및 실험 계획

① 시험지가 주어지면 전체 실험과정을 파악한다.
② 주의할 점이 있는지 확인하여 해당 부분에 밑줄을 긋고 유의해야 한다(흑색 필기도구만 사용).
③ 실험을 어떤 순서로 할 것인지를 계획하여 시험지 여백에 실험순서를 써 놓는다.
④ 공용으로 사용하는 실험기구(특히, 저울)를 순서대로 기다려 사용해야 할 경우도 있으므로, 기다리는 시간이 길어질 수도 있음을 인지한다.
⑤ 발색시약을 먼저 만들고 표준인산액, 미지시료를 제조하는 것이 실험시간을 절약할 수 있다.

3 실험 시 주의사항 인지

① 수험자 간에 대화나 시험에 불필요한 행위는 금지한다(위반 시 **실격**).
② 실험은 성실하게, 조심스럽게, 정확하게 주어진 실험과정대로 행해야 한다.
③ 실험 중 만든 시약은 라벨용지에 용액 이름, 농도 등을 적어 붙여 놓는다.
④ 피펫과 부피플라스크의 표선을 맞출 때는 표선의 높이와 눈높이를 맞추고 메니스커스의 아랫부분이 표선과 맞추어지도록 한다.
⑤ 유리류 등 실험기구를 파손하거나 떨어뜨리지 않도록 주의한다(유리기구 등을 파손하였을 시 **10점**, 시약을 과도하게 흘렸을 경우에는 **5점 감점**).
⑥ 실험과정에서 적절한 실험기구를 올바른 방법으로 사용하여야 한다(과정이 적절치 못하고 숙련성이 없다고 감독위원의 전원 합의가 있는 경우 **실격**).
㉠ 정확한 농도의 용액을 만들 때에는 부피플라스크를 사용한다(표준용액, 미지시료 등).
㉡ 정확한 부피를 취할 때는 피펫을 사용한다.
㉢ 피펫 필러를 올바르게 사용한다.

⑦ 염산이나 질산 등의 강산을 사용할 경우 많은 양의 증류수에 산을 천천히 조금씩 가해야 한다.

⑧ 실험을 모두 마친 후에는 주위를 깨끗이 청소하고, 사용한 실험기구를 깨끗하게 씻고, 실험기구에 부착된 라벨용지를 꼭 제거한 후 제자리에 놓아두어야 한다.

⑨ 답안 작성 시 계산문제는 풀이과정이 꼭 있어야 한다.

⑩ 개인적으로 준비한 추가 실험도구(스포이트 등)는 감독위원의 허락하에 사용하여야 한다.

② 실험 : 비색법(바나드몰리브덴산암모늄법)

1 시약 조제

(1) 발색시약(A)

①메타바나드산암모늄(NH_4VO_3) 0.56g을 ②약 150mL의 물에 완전히 녹이고 잘 녹지 않을 경우에는 Hot plate 등에서 조금 가열시켜 준 다음 부피플라스크를 이용하여 ③질산 125mL를 가한다. ④이 액에 몰리브덴산암모늄[$(NH_4)_6Mo_7O_{24}$ · $4H_2O$] 13.50g을 물에 녹여 부어주고 ⑤물을 가해 500mL로 한다.

① 메타바나드산암모늄(NH_4VO_3) 0.56g은 소수점 둘째 자리까지 측정되는 분석용 저울을 사용하여 무게를 단다. 단, 무게를 달기 전에 저울 위에 유산지를 올린 후 영점을 조정한다.

※ 실험실에는 소수점 둘째 자리까지 측정되는 분석용 저울과 소수점 넷째 자리까지 측정되는 분석용 저울이 있는데 여기서는 소수점 둘째 자리까지 측정되는 것을 사용한다.

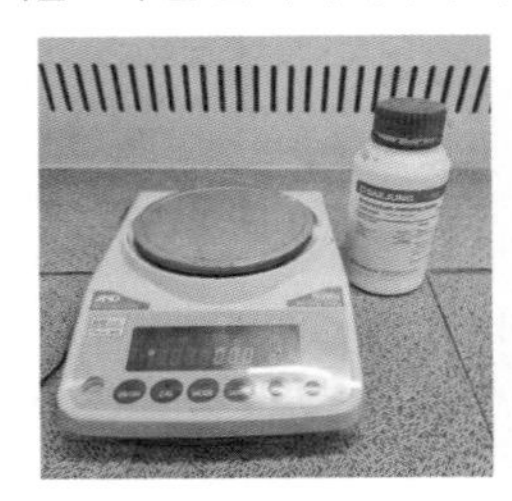

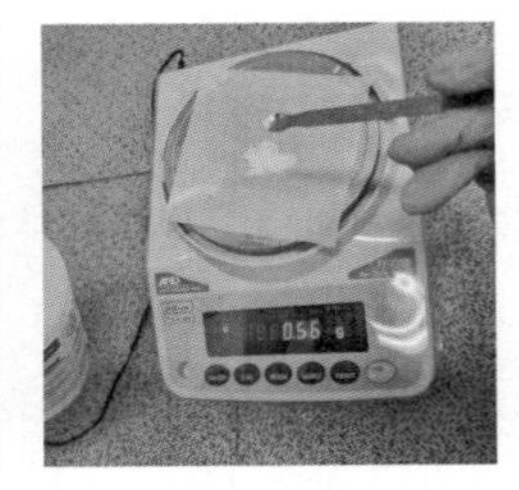

② 500mL의 비커에 약 150mL의 증류수를 넣고 메타바나드산암모늄(NH_4VO_3) 0.56g을 넣은 후 유리막대로 완전히 녹인다(Hot plate 가열 과정은 생략 가능하다).

※ 처음부터 500mL 부피플라스크에 용액을 제조하여도 되지만, ①~④ 과정 후 500mL 부피플라스크에 옮겨 최종 부피를 맞추어도 된다.

③ 질산 125mL를 가하여 완전히 녹인다.

※ 질산을 가하면 더 잘 용해된다.

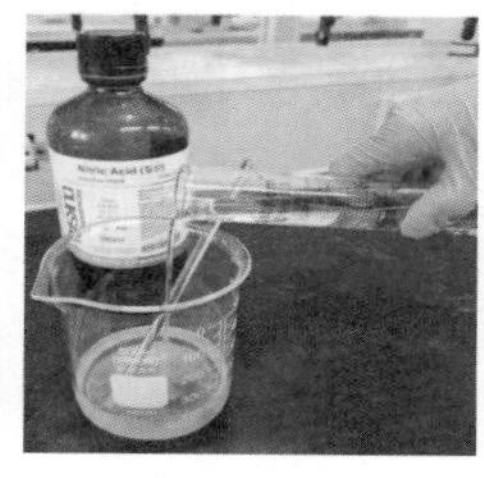
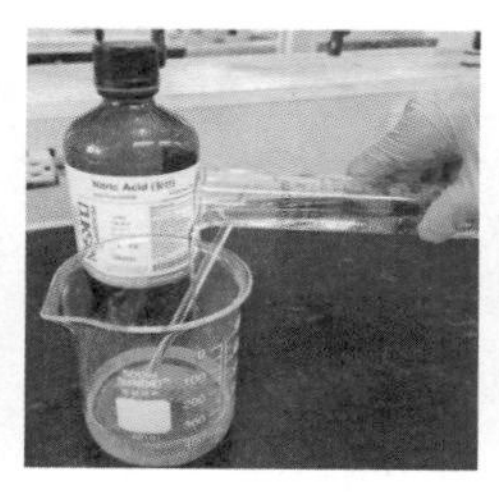

④ 250mL 비커를 준비하여 몰리브덴산암모늄[$(NH_4)_6Mo_7O_{24}$ · $4H_2O$] 13.50g을 칭량하여 넣고 적당량의 증류수(약 100~150mL)를 부은 후 유리막대를 사용하여 녹인다.

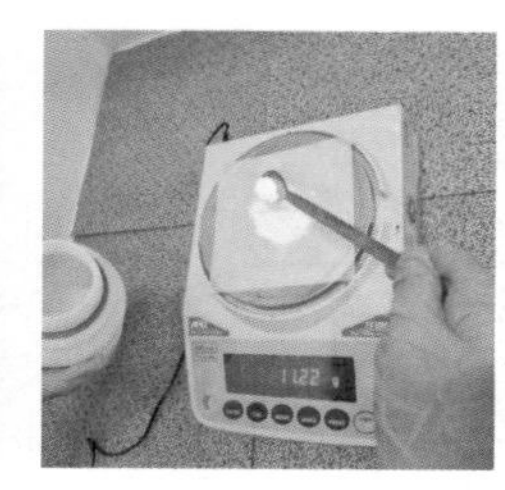

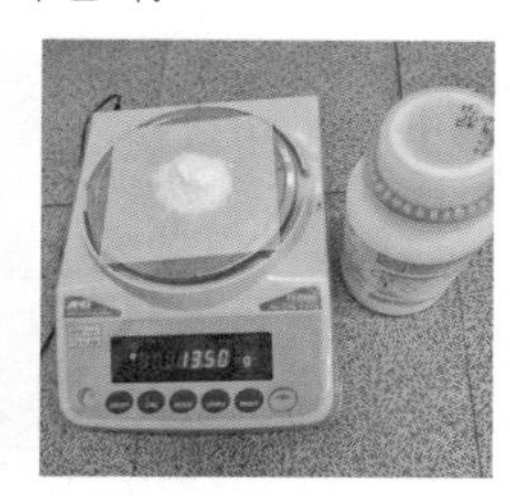

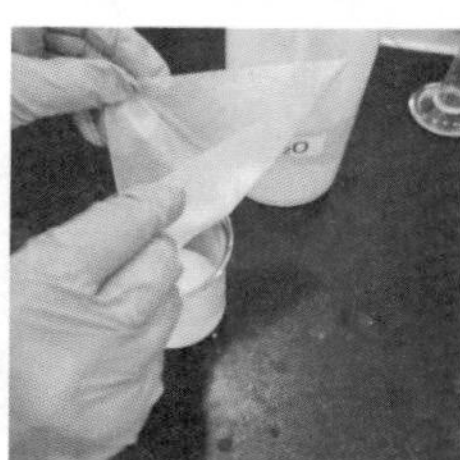

⑤ ③의 용액과 ④의 용액을 500mL 부피플라스크에 넣고 최종 부피가 500mL가 되도록 표선까지 증류수를 넣은 후 파라필름으로 입구를 봉하고 잘 흔들어 준다.

※ 발색시약이 든 부피플라스크에는 표면에 바로 라벨링하거나 포스트잇이나 견출지로 라벨링을 하여도 되나, 라벨링한 흔적은 실험 종료 시에는 깨끗하게 제거해야 한다.

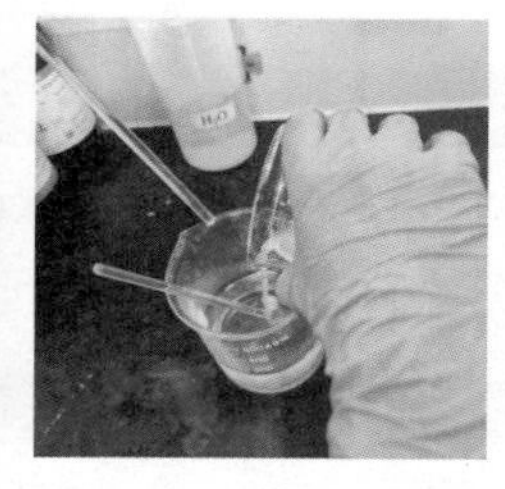

(2) 표준인산액

①특급 인산제1칼륨으로 액 1mL 중에 P_2O_5로서 1mg이 함유되도록 ③,④표준인산용액 1L를 조제한다(단, ②특급 인산제1칼륨의 순도는 시약병에 명기된 내용을 감안하여 계산하되, 순도가 명기되지 않은 경우에는 99.99%를 기준으로 하며, KH_2PO_4의 분자량은 136.08934, 원자량은 각각 K : 39.102, P : 30.9738, O : 15.9994, N : 14.0097, H : 1.00797이다).

순도 99.0%의 KH_2PO_4 시약으로 가정

① $\dfrac{1\text{mg } P_2O_5}{1\text{mL}} \times \dfrac{1{,}000\text{mL}}{1\text{L}} = 1{,}000\text{ppm}$ 의 표준인산액(표준용액)을 조제한다.

$\left(1{,}000\text{ppm} = \dfrac{1{,}000\text{mg}}{1\text{L}} = \dfrac{1\text{g}}{1\text{L}}\right)$

② $NH_4H_2PO_4(\text{mol}) : P_2O_5(\text{mol}) = 2 : 1$

$$\frac{1{,}000\text{mg } P_2O_5}{1\text{L}} \times \frac{1\text{g}}{1{,}000\text{mg}} \times \frac{1\text{mol } P_2O_5}{141.9446\text{g } P_2O_5} \times \frac{2\text{mol } KH_2PO_4}{1\text{mol } P_2O_5}$$

$$\times \frac{136.08934\text{g } KH_2PO_4}{1\text{mol } KH_2PO_4} \times \frac{100\text{g } KH_2PO_4 \text{ 시약}}{99.0\text{g } KH_2PO_4} = 1.93687\text{g } KH_2PO_4 \text{ 시약}$$

③ 소수점 넷째 자리까지 측정되는 분석용 저울을 이용하여 약 1.9369g의 KH_2PO_4 시약을 0.1mg(=0.0001g) 단위까지 정확히 달아야 한다.

㉠ 1.9369g을 정확히 측정하는 것이 편하다.

㉡ 예를 들어, 1.9366g을 달아도 0.0001g 단위까지 정확히 달기만 하면 된다(감점요인 아님). 그러나 1.9366g의 시약을 사용하게 되면 표준용액의 농도가 약간 작아진다.

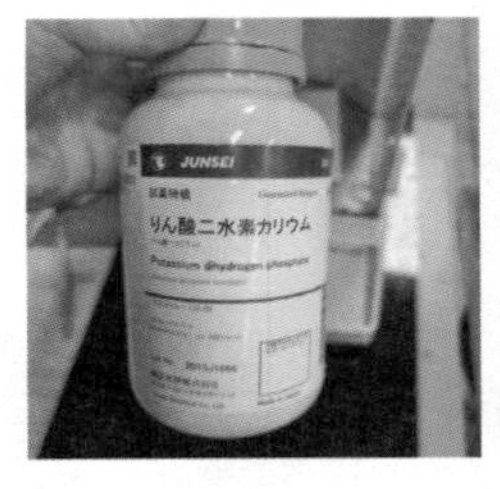

④ 1L 부피플라스크에 적당량의 증류수를 채운 뒤 정확히 측정한 KH_2PO_4 시약을 넣고 최종 부피가 1L가 되도록 증류수로 표선을 맞추어 잘 흔들어 준다.

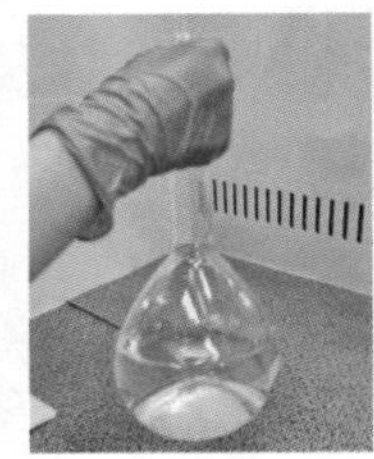
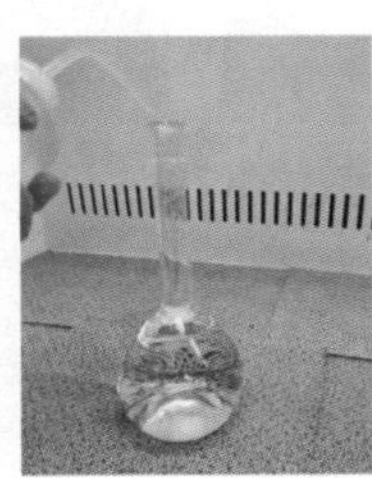

2 표준용액 조제 작성 (예시)

답안지 1. 표준용액 조제

실제 시료채취량	1.9369g	감독확인 (인)
순도	99.0%	감독확인 (인)

1,000ppm 표준용액 조제

- 계산과정

$$\frac{1{,}000\text{mg } P_2O_5}{1\text{L}} \times \frac{1\text{g}}{1{,}000\text{mg}} \times \frac{1\text{mol } P_2O_5}{141.9446\text{g } P_2O_5} \times \frac{2\text{mol } KH_2PO_4}{1\text{mol } P_2O_5}$$

$$\times \frac{136.08934\text{g } KH_2PO_4}{1\text{mol } KH_2PO_4} \times \frac{100\text{g } KH_2PO_4 \text{ 시약}}{99.0\text{g } KH_2PO_4} = 1.93687\text{g } KH_2PO_4 \text{ 시약}$$

- 답

  1.9369g KH_2PO_4 시약

- 조제방법

  1L 부피플라스크에 적당량의 증류수를 채운 뒤 정확히 측정한 1.9369g의 KH_2PO_4 시약을 넣고 최종 부피가 1L가 되도록 증류수로 표선을 맞추어 잘 흔들어 준다.

※ 답안 작성 시 조제방법은 시료 칭량 후 작성 가능하다.

3 미지시료 조제

①감독위원이 제시한 공시품($NH_4H_2PO_4$)을 정확하게 저울로 취하고, ②적당량의 물을 이용하여 완전히 녹인 후 ③염산 약 30mL 및 질산 약 10mL를 가한 다음 공시품이 완전히 녹은 것을 확인한 후 물을 가하여 정확하게 1L를 조제한다(단, 제시한 공시품 채취량이 예를 들어 0.2340g이고 저울로 단 무게가 0.2335~0.2345g 범위일 경우 저울의 시료량을 채취량으로 할 수 있으며, 이 값을 벗어나는 값을 취한 경우나 다른 값으로 취한 경우에는 실격됨을 유의한다).

제시한 공시품(순도 99.0%, $NH_4H_2PO_4$ 몰질량 115.02892g/mol) 채취량은 0.2340g으로 가정

① 소수점 넷째 자리까지 측정되는 분석용 저울을 이용하여 0.2340g의 $NH_4H_2PO_4$ 시약을 정확히 달아야 한다.

㉠ 0.0001g 단위까지 정확히 달아야 한다.

㉡ 시료채취 시 목표값의 오차범위(±0.0005g)를 벗어난 값을 사용할 경우에는 **실격 처리**된다.

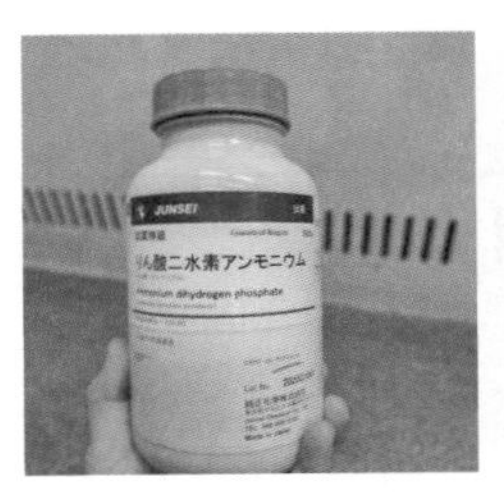

② 1L 부피플라스크에 적당량의 증류수를 이용하여 완전히 녹인다.

③ 염산 약 30mL 및 질산 약 10mL를 가한 다음 공시품이 완전히 녹은 것을 확인한 후 최종 부피가 1L가 되도록 표선까지 증류수를 넣은 후 파라필름으로 입구를 봉하고 잘 흔들어 준다.

4 미지시료 농도 작성 (예시)

답안지 2. 미지시료 농도

실제 시료채취량	0.2340g	감독확인 (인)
순도	99.0%	감독확인 (인)

이론상 미지시료의 농도

- 계산과정

$$\frac{0.2340\text{g NH}_4\text{H}_2\text{PO}_4 \text{ 시약}}{1\text{L}} \times \frac{99\text{g NH}_4\text{H}_2\text{PO}_4}{100\text{g NH}_4\text{H}_2\text{PO}_4 \text{ 시약}} \times \frac{1\text{mol NH}_4\text{H}_2\text{PO}_4}{115.02892\text{g NH}_4\text{H}_2\text{PO}_4}$$

$$\times \frac{1\text{mol P}_2\text{O}_5}{2\text{mol NH}_4\text{H}_2\text{PO}_4} \times \frac{141.9446\text{g P}_2\text{O}_5}{1\text{mol P}_2\text{O}_5} \times \frac{1{,}000\text{mg}}{1\text{g}} = 142.93\text{ppm}$$

- 답

142.93ppm

※ 답안 작성은 시료 칭량 후 작성 가능하다.

5 정량 및 측정

(1) 표준인산액

①표준인산액을 정확하게 100mL의 부피플라스크에 미지시료 중의 인(인산)의 양이 0~15mg/L (0ppm, 5ppm, 10ppm, 15ppm)가 되도록 수단계로 하여 표준액 사이의 인산(P_2O_5)으로써 취해 ②발색시약(A) 20mL를 넣고 100mL 표선까지 증류수를 가하여 흔들어 ③10~20분간 놓아둔 후 파장 415nm에서 흡광도를 측정한다.

① 표준인산액(1,000ppm)으로 5ppm의 표준액을 제조하려면 1,000ppm 표준인산액 0.5mL를 취하여 최종 부피가 100mL가 되도록 증류수로 채워야 한다. 이렇게 준비하게 될 경우 취해야 하는 진한 용액의 부피가 적어 오차가 크게 작용할 수 있으니 표준인산액을 묽힌 표준인산액(100ppm)으로부터 0ppm, 5ppm, 10ppm, 15ppm의 표준액을 제조한다.

- 묽힌 표준인산액(100ppm) 제조 : $1{,}000\text{ppm} \times x(\text{mL}) = 100\text{ppm} \times 100\text{mL}$, $x = 10\text{mL}$, 표준인산액(1,000ppm) 10mL를 피펫으로 정확히 취하여 100mL 부피플라스크에 옮기고 100mL 표선까지 증류수를 가하여 잘 흔들어 준다.

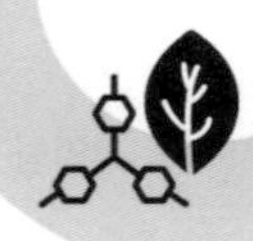

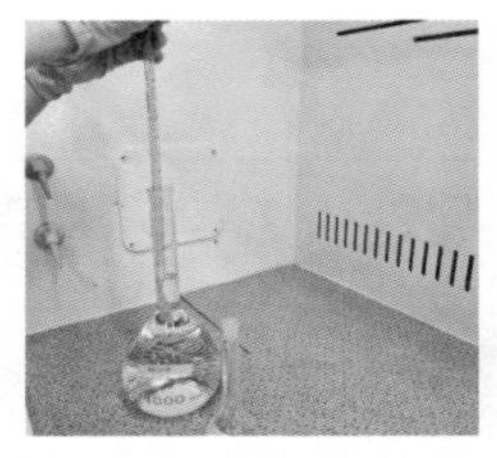
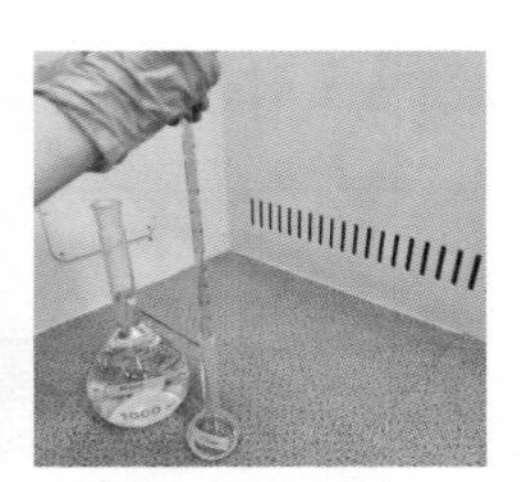

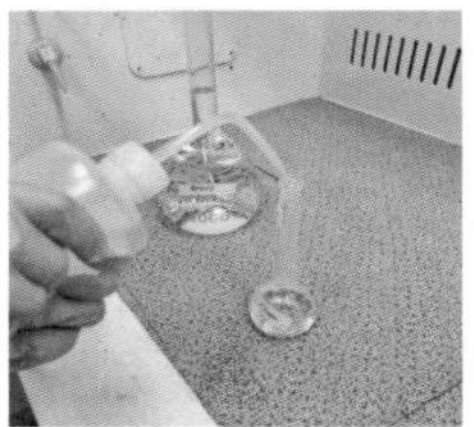

② 0ppm, 5ppm, 10ppm, 15ppm의 표준액 제조 시 100mL 부피플라스크 4개에 각각 발색시약 (A) 20mL를 넣고 묽힌 표준인산액을 넣은 후 100mL 표선까지 증류수를 가하여 최종 부피 100mL가 되도록 한다.

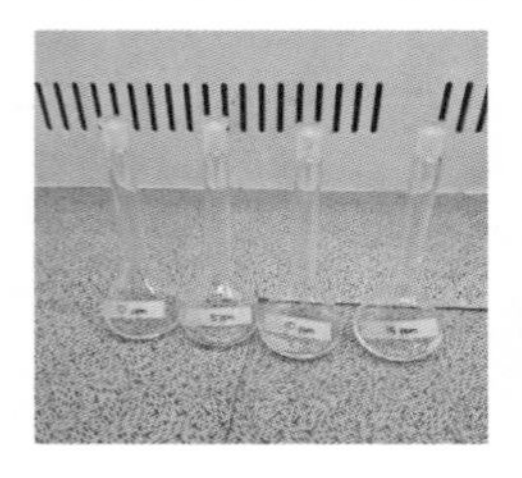

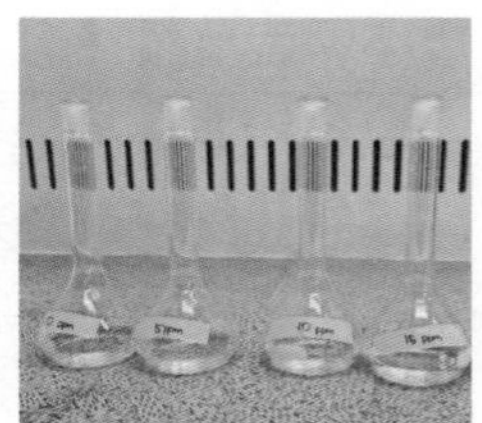

㉠ 0ppm 표준액(100mL) 제조 : 100mL 부피플라스크에 표선까지 증류수를 가하여 잘 흔들어 준다.

㉡ 5ppm 표준액(100mL) 제조 : $100\text{ppm} \times x(\text{mL}) = 5\text{ppm} \times 100\text{mL}$, $x = 5\text{mL}$, 묽힌 표준인산액(100ppm) 5mL를 피펫으로 정확히 취하여 100mL 부피플라스크에 옮기고 표선까지 증류수를 가하여 잘 흔들어 준다.

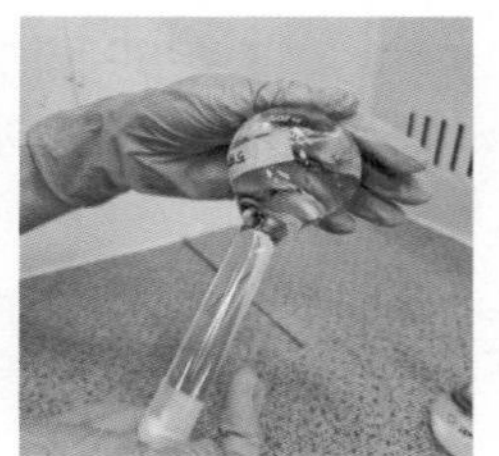

㉢ 10ppm 표준액(100mL) 제조 : 100ppm×x(mL)＝10ppm×100mL, x＝10mL, 묽힌 표준 인산액(100ppm) 10mL를 피펫으로 정확히 취하여 100mL 부피플라스크에 옮기고 표선까지 증류수를 가하여 잘 흔들어 준다.

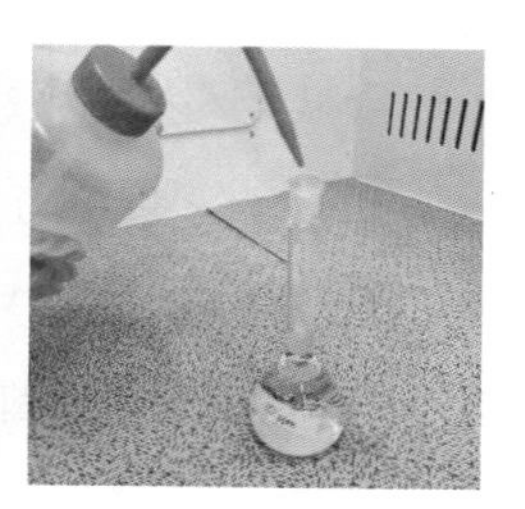

㉣ 15ppm 표준액(100mL) 제조 : 100ppm×x(mL)＝15ppm×100mL, x＝15mL, 묽힌 표준 인산액(100ppm) 15mL를 피펫으로 정확히 취하여 100mL 부피플라스크에 옮기고 표선까지 증류수를 가하여 잘 흔들어 준다.

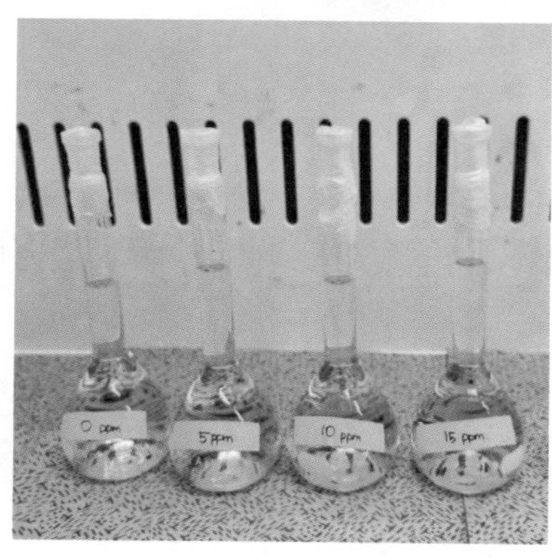

⇦ 0ppm, 5ppm, 10ppm, 15ppm 표준용액

③ 10~20분간 놓아 둔 후 파장 415nm에서 흡광도를 측정하여 그 값을 기록하고 감독위원의 확인 날인을 받는다.

㉠ 표준액의 흡광도 측정은 농도가 낮은 표준액부터 순서대로 측정한다(0ppm → 5ppm → 10ppm → 15ppm).

㉡ 표준액의 흡광도 측정은 각 농도별 2회까지 허용된다.

㉢ 흡광도의 재측정이 있을 경우 이후 과정을 진행하기 전 답안 작성에 사용할 값을 제외한 모든 흡광도값에 두 줄(=)을 그어 표시하여야 한다.

㉣ 감독위원의 입회하에 즉시 감독위원의 확인 날인을 받지 않은 경우나 흡광도 측정값을 임의로 고친 경우 **실격 처리**된다.

(2) 미지시료

> ②미지시료의 일정량을 100mL 부피플라스크에 취하고, 표준인산액과 마찬가지로 ③흡광도를 측정한다. 측정한 흡광도가 정량범위를 벗어난 경우에는 ①반드시 5~15ppm 내에 들도록 미지시료를 적당히 희석한 후 다시 미지시료의 흡광도를 측정한 다음 인산(P_2O_5)의 함량(%)을 구한다.

① 이론상 미지시료의 농도는 142.93ppm이므로 5~15ppm 내에 들어가도록 적당히 묽혀야 한다.

㉠ 검량선 중앙에 미지시료의 (농도, 흡광도)가 그려지려면 범위의 중앙값인 약 19의 희석배수를 선택한다(희석배수 20배 선택).

㉡ 희석배수를 20으로 묽힌 미지시료의 농도는 $142.93\text{ppm} \times \frac{1}{20} = 7.1465\text{ppm}$ 으로 제시한 농도 범위 내의 농도가 된다.

② 20배 묽힌 미지시료(약 7.1465ppm, 100mL)를 제조한다.

$142.93\text{ppm} \times x\,(\text{mL}) = 7.1465\text{ppm} \times 100\text{mL}$, $x = 5\text{mL}$, 진한 미지시료(142.93ppm) 5mL를 피펫으로 정확히 취하여 100mL 부피플라스크에 옮기고 발색시약(A) 20mL를 포함하여 100mL 표선까지 증류수를 가하여 잘 흔들어 준다.

③ 10~20분간 놓아 둔 후 파장 415nm에서 흡광도를 측정하여 그 값을 기록하고 감독위원의 확인 날인을 받는다.

㉠ 미지시료의 흡광도 측정은 3회까지 허용된다.

㉡ 흡광도의 재측정이 있을 경우 이후 과정을 진행하기 전 답안 작성에 사용할 값을 제외한 모든 흡광도값에 두 줄(=)을 그어 표시하여야 한다.

㉢ 감독위원의 입회하에 즉시 감독위원의 확인 날인을 받지 않은 경우나, 흡광도 측정값을 임의로 고친 경우 **실격 처리**된다.

㉣ 최종 미지시료 흡광도값이 표준용액의 흡광도 범위를 벗어났을 경우 **실격 처리**된다.

6 희석 및 발색 작성 (예시)

답안지 3. 희석 및 발색

희석배수	20	감독확인(인)

표준용액

- 조제방법(표준액(100mL) 제조)

① 0ppm(Blank) : 100mL 부피플라스크에 적당량의 증류수와 발색시약(A) 20mL를 넣고 100mL 표선까지 증류수를 가하여 잘 흔들어 준다.

② 5ppm : $100ppm \times x(mL) = 5ppm \times 100mL$, $x = 5mL$, 묽힌 표준인산액(100ppm) 5mL를 피펫으로 정확히 취하여 100mL 부피플라스크에 옮기고 적당량의 증류수와 발색시약(A) 20mL를 넣고 100mL 표선까지 증류수를 가하여 잘 흔들어 준다.

③ 10ppm : $100ppm \times x(mL) = 10ppm \times 100mL$, $x = 10mL$, 묽힌 표준인산액(100ppm) 10mL를 피펫으로 정확히 취하여 100mL 부피플라스크에 옮기고 적당량의 증류수와 발색시약(A) 20mL를 넣고 100mL 표선까지 증류수를 가하여 잘 흔들어 준다.

④ 15ppm : $100ppm \times x(mL) = 15ppm \times 100mL$, $x = 15mL$, 묽힌 표준인산액(100ppm) 15mL를 피펫으로 정확히 취하여 100mL 부피플라스크에 옮기고 적당량의 증류수와 발색시약(A) 20mL를 넣고 100mL 표선까지 증류수를 가하여 잘 흔들어 준다.

미지시료

- 희석배수

$$\text{희석배수} = \frac{142.93\,ppm}{5 \sim 15\,ppm} = 9.53 \sim 28.59\ \text{범위}$$

검량선 중앙에 미지시료의 (농도, 흡광도)가 그려지려면 범위의 중앙값인 약 19의 희석배수를 선택 → 희석배수 20배 선택

- 조제방법

20배 묽힌 미지시료(약 7.1465ppm, 100mL) 제조 : $142.93ppm \times x(mL) = 7.1465ppm \times 100mL$, $x = 5mL$, 진한 미지시료(142.93ppm) 5mL를 피펫으로 정확히 취하여 100mL 부피플라스크에 옮기고 적당량의 증류수와 발색시약(A) 20mL를 넣고 100mL 표선까지 증류수를 가하여 잘 흔들어 준다.

※ 흡광도를 언제 측정할 것인지 감독위원에게 말하고, 발색과 흡광도 측정순서를 기다리는 동안 답안을 작성한다.

7 흡광도 측정 작성 (예시)

답안지 4. 흡광도 측정

분광광도계를 이용하여 시료의 흡광도를 측정하여 측정값을 작성한다.

Blank		5ppm		10ppm		15ppm	
0.013	감독확인 (인)	0.146	감독확인 (인)	0.279	감독확인 (인)	0.419	감독확인 (인)
	감독확인 (인)		감독확인 (인)		감독확인 (인)		감독확인 (인)
미지시료		0.205	감독확인 (인)				
			감독확인 (인)				
			감독확인 (인)				

※ 1. Blank = 0ppm 표준액
2. 흡광도 측정 시 표준용액은 각 농도별 2회, 미지시료는 3회까지 허용된다.
3. 흡광도의 재측정이 있을 경우 이후 과정을 진행하기 전 답안 작성에 사용할 값을 제외한 모든 흡광도값에 두 줄(=)을 그어 표시한다.

③ 분석 그래프 작성

1 회귀방정식(일차방정식)과 상관계수

측정된 데이터를 모두 활용하여 회귀방정식(일차방정식) 및 상관계수를 구하시오. (단, Blank 처리는 실험의 정확도 향상을 위하여 수험자 개인에 맞게 가장 적합한 방법대로 할 수 있습니다.)

(1) 보정흡광도

농도(ppm)	Blank	5	10	15	미지시료
측정흡광도	0.013	0.146	0.279	0.419	0.205
①Blank 흡광도	0.013	0.013	0.013	0.013	0.013
②보정흡광도	0	0.133	0.266	0.406	0.192

① Blank = 0ppm 표준액

② 보정흡광도 = 측정흡광도 − Blank 흡광도

$$y = mx + b$$

여기서, y : 보정흡광도

m : 기울기

x : 농도

b : y절편

- 기울기$(m) = \dfrac{n\sum_{i=1}^{n}(x_i y_i) - \sum_{i=1}^{n}x_i \sum_{i=1}^{n}y_i}{n\sum_{i=1}^{n}({x_i}^2) - (\sum_{i=1}^{n}x_i)^2}$

- y절편$(b) = \dfrac{\sum_{i=1}^{n}({x_i}^2)\sum_{i=1}^{n}y_i - \sum_{i=1}^{n}x_i \sum_{i=1}^{n}(x_i y_i)}{n\sum_{i=1}^{n}({x_i}^2) - (\sum_{i=1}^{n}x_i)^2}$

- 상관계수$(R) = \dfrac{n\sum_{i=1}^{n}(x_i y_i) - \sum_{i=1}^{n}x_i \sum_{i=1}^{n}y_i}{\sqrt{\left\{n\sum_{i=1}^{n}({x_i}^2) - (\sum_{i=1}^{n}x_i)^2\right\}\left\{n\sum_{i=1}^{n}({y_i}^2) - (\sum_{i=1}^{n}y_i)^2\right\}}}$

(2) 계산과정 (예시)

$n=3$	x	y	x^2	y^2	xy
ST1	5	0.133	25	0.017689	0.665
ST2	10	0.266	100	0.070756	2.66
ST3	15	0.406	225	0.164836	6.09
Σ	30	0.805	350	0.253281	9.415

① 기울기(m) $= \dfrac{n\sum_{i=1}^{n}(x_iy_i) - \sum_{i=1}^{n}x_i\sum_{i=1}^{n}y_i}{n\sum_{i=1}^{n}(x_i^{\,2}) - (\sum_{i=1}^{n}x_i)^2}$

$$= \frac{(3\times 9.415)-(30\times 0.805)}{(3\times 350)-(30)^2}$$

$$= 0.0273$$

② y절편(b) $= \dfrac{\sum_{i=1}^{n}(x_i^{\,2})\sum_{i=1}^{n}y_i - \sum_{i=1}^{n}x_i\sum_{i=1}^{n}(x_iy_i)}{n\sum_{i=1}^{n}(x_i^{\,2}) - (\sum_{i=1}^{n}x_i)^2}$

$$= \frac{(350\times 0.805)-(30\times 9.415)}{(3\times 0.350)-(30)^2}$$

$$= -0.00466667$$

③ 상관계수(R) $= \dfrac{n\sum_{i=1}^{n}(x_iy_i) - \sum_{i=1}^{n}x_i\sum_{i=1}^{n}y_i}{\sqrt{\left\{n\sum_{i=1}^{n}(x_i^{\,2}) - (\sum_{i=1}^{n}x_i)^2\right\}\left\{n\sum_{i=1}^{n}(y_i^{\,2}) - (\sum_{i=1}^{n}y_i)^2\right\}}}$

$$= \frac{(3\times 9.415)-(30\times 0.805)}{\sqrt{\{(3\times 350)-(30)^2\}\times\{(3\times 0.253281)-(0.805)^2\}}}$$

$$= 0.99989$$

(3) 회귀방정식

$y = 0.0273x - 0.0047$

(4) 상관계수

$R = 0.9999$

2 분석 그래프(1) 작성 (예시)

답안지 5. 분석 그래프(1)

(1) 회귀방정식 구하기

- 계산식

① 기울기$(m) = \dfrac{n\sum_{i=1}^{n}(x_iy_i) - \sum_{i=1}^{n}x_i\sum_{i=1}^{n}y_i}{n\sum_{i=1}^{n}({x_i}^2) - (\sum_{i=1}^{n}x_i)^2} = \dfrac{(3\times 9.415) - (30\times 0.805)}{(3\times 350) - (30)^2}$

$= 0.0273$

② y절편$(b) = \dfrac{\sum_{i=1}^{n}({x_i}^2)\sum_{i=1}^{n}y_i - \sum_{i=1}^{n}x_i\sum_{i=1}^{n}(x_iy_i)}{n\sum_{i=1}^{n}({x_i}^2) - (\sum_{i=1}^{n}x_i)^2} = \dfrac{(350\times 0.805) - (30\times 9.415)}{(3\times 0.350) - (30)^2}$

$= -0.00466667$

- 회귀방정식

$y = 0.0273x - 0.0047$

(2) 상관계수 구하기

- 계산식

상관계수$(R) = \dfrac{n\sum_{i=1}^{n}(x_iy_i) - \sum_{i=1}^{n}x_i\sum_{i=1}^{n}y_i}{\sqrt{\left\{n\sum_{i=1}^{n}({x_i}^2) - (\sum_{i=1}^{n}x_i)^2\right\}\left\{n\sum_{i=1}^{n}({y_i}^2) - (\sum_{i=1}^{n}y_i)^2\right\}}}$

$= \dfrac{(3\times 9.415) - (30\times 0.805)}{\sqrt{\{(3\times 350) - (30)^2\}\times\{(3\times 0.253281) - (0.805)^2\}}}$

$= 0.99989$

- 상관계수

$R = 0.9999$

※ 1. 회귀방정식 및 상관계수는 반드시 계산하여야 하며, 계산기의 회귀방정식 기능을 이용하여 도출하는 등 계산과정이 누락되어 있는 경우 해당 문항부터 이후 문항의 배점이 0점 처리된다.
2. y절편은 0에 가까울수록 좋으며, 음수가 나와도 괜찮다.
3. 분석 그래프 작성에서는 소수점 넷째 자리까지 나타낸다.

3 그래프 작성

①그래프의 가로축은 농도, 세로축은 흡광도로 하고, 세로축에 흡광도 측정값을 모두 포함하는 범위로 눈금 단위(scale)를 기록하시오.
②표준물질의 각 농도에 해당하는 흡광도 값을 그래프에 점(•)으로 모두 정확하게 표시하고, 각 점에 해당하는 값을 (농도, 흡광도)의 양식으로 기록하고, ③회귀방정식을 이용하여 계산된 일차방정식을 반드시 자 등을 이용하여 일직선이 되게 검량선을 그리시오.
④미지시료의 흡광도 측정값을 세로축에 화살표(→)로 표시하고, 그 값을 그래프 용지 좌측에 기록하고, 가로축과 평행한 점선을 검량선과 접하게 그리고, ⑤회귀방정식으로 얻은 직선의 방정식을 이용해 계산한 미지시료 농도에 세로축과 평행한 점선을 그려 가로축 하단에 화살표(↑)로 표시하고 그 값을 소수점 둘째 자리까지 계산하여 기록하시오.

① 그래프의 가로축 농도의 단위는 ppm, 세로축 흡광도는 단위 없음, 눈금은 등간격이어야 한다.

② 점(•)은 너무 크지 않게 나타내고, 각 점에 해당하는 값(농도, 흡광도)을 기재한다.

③ 회귀방정식을 이용한 계산된 일차방정식 $y = 0.0273x - 0.0047$의 그래프를 자 등을 이용하여 일직선이 되게 검량선을 그린다. 단, 모든 점을 반드시 지나지 않아도 된다(감점요인 아님). 검량선 작도 시 직선이 아닌 꺾은선 또는 곡선 등으로 작도 시 **실격 처리**된다.

④ 미지시료의 보정흡광도값 0.192를 세로축에 화살표(→)로 표시하고, 그 값을 그래프 용지 좌측에 기록하고, 가로축과 평행한 점선을 검량선과 접하게 그린다.

⑤ $y = 0.0273x - 0.0047$ 식에 미지시료의 보정흡광도 0.192를 대입한다.
$0.192 = 0.0273x - 0.0047$, $x = 7.2051$ $\therefore x = 7.21$
세로축과 평행한 점선을 그려 가로축 하단에 화살표(↑)로 표시하고 7.21을 기록한다.

4 분석 그래프(2) 작성 (예시)

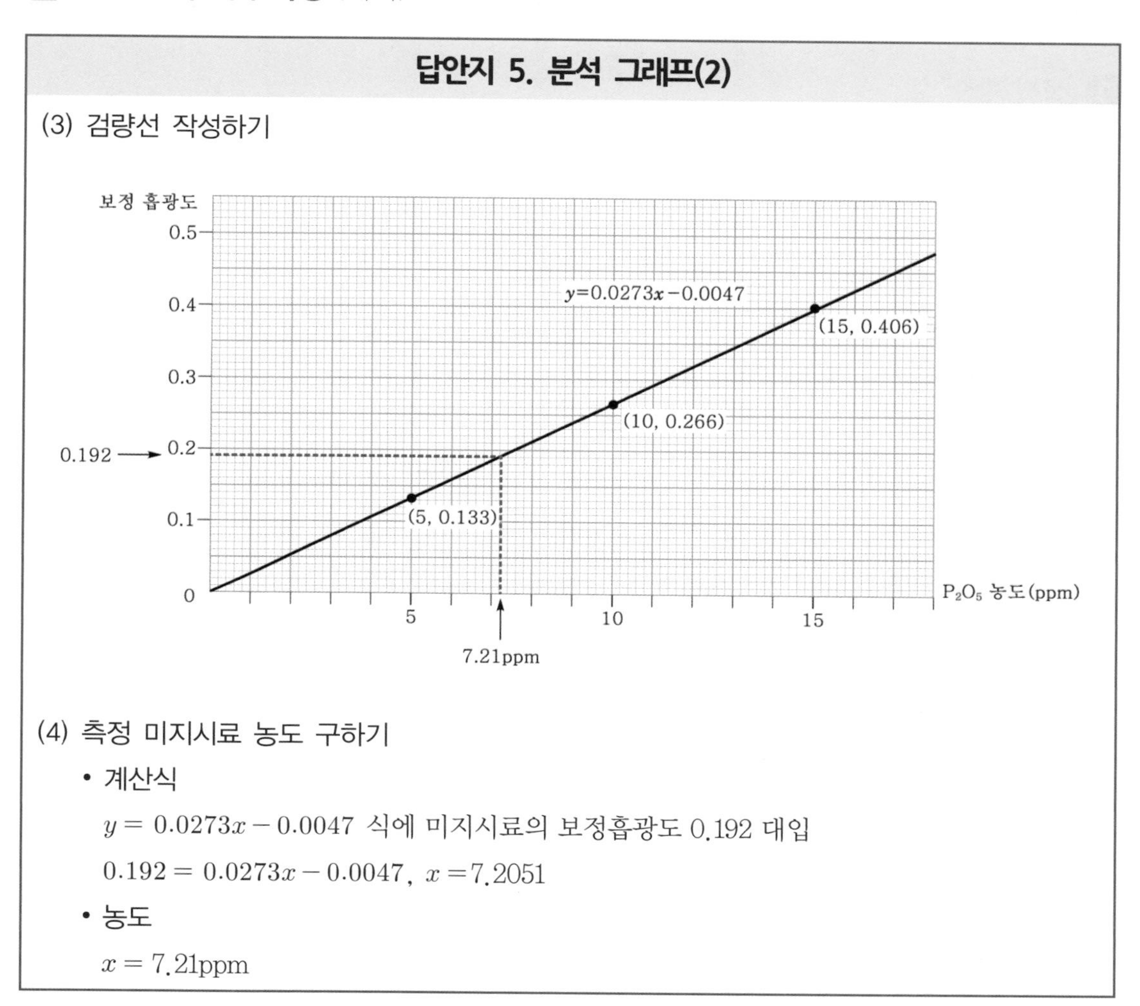

답안지 5. 분석 그래프(2)

(3) 검량선 작성하기

(4) 측정 미지시료 농도 구하기

- 계산식

  $y = 0.0273x - 0.0047$ 식에 미지시료의 보정흡광도 0.192 대입

  $0.192 = 0.0273x - 0.0047$, $x = 7.2051$

- 농도

  $x = 7.21$ppm

※ 측정 미지시료의 농도를 구한 다음 그래프에 미지시료의 농도와 흡광도를 표시한다.

④ 성적 계산서 작성

1 성적 계산

시료 칭량 무게, 희석배수, 흡광도 및 농도를 근거로 인산(P_2O_5)의 함량(%)과 오차를 구하시오.

(1) 인산(P_2O_5) 함량(%)

① 측정 인산(P_2O_5) 함량(%)

정확히 채취한 0.2340g $NH_4H_2PO_4$ 공시품 1L 용액 중에 들어있는 인산(P_2O_5)의 함량을 구한다.

$NH_4H_2PO_4$ 공시품 용액의 농도 : $\dfrac{0.2340\text{g}}{1\text{L}} \times \dfrac{1{,}000\text{mg}}{1\text{g}} = 234.00\text{ppm}$

미지시료의 농도 : 검량선으로 구한 미지시료 농도 × 희석배수

$= 7.21\text{ppm} \times 20 = 144.20\text{ppm}$

측정인산(P_2O_5) 함량(%) $= \dfrac{144.20\,\text{ppm}}{234.00\text{ppm}} \times 100 = 61.6239\%$ $\therefore$ 61.62%

② 이론 인산(P_2O_5) 함량(%)

$NH_4H_2PO_4$ 공시품에 들어 있는 인산(P_2O_5)의 이론상의 함량을 구한다.

$NH_4H_2PO_4$(mol) : P_2O_5(mol) = 2 : 1, 공시품의 순도는 99%이다.

$$\frac{99\text{g } NH_4H_2PO_4}{100\text{g } NH_4H_2PO_4 \text{ 공시품}} \times \frac{1\text{mol } NH_4H_2PO_4}{115.02892\text{g } NH_4H_2PO_4} \times \frac{1\text{mol } P_2O_5}{2\text{mol } NH_4H_2PO_4}$$

$$\times \frac{141.9446\text{g } P_2O_5}{1\text{mol } P_2O_5} \times 100 = 61.0825\% \quad \therefore 61.08\%$$

(2) 오차

① 절대오차

측정값 − 이론값 = 61.62 − 61.08 = 0.54

② 상대오차(%)

$$\frac{\text{측정값} - \text{이론값}}{\text{이론값}} \times 100 = \frac{61.62 - 61.08}{61.08} \times 100 = 0.884\%$$

$\therefore$ 0.88%

2 성적 계산 작성(예시)

답안지 6. 성적 계산

(1) 측정 인산(P_2O_5)의 함량(%) 구하기

- 계산식

$NH_4H_2PO_4$ 공시품 용액의 농도 : $\frac{0.2340g}{1L} \times \frac{1,000mg}{1g} = 234.00ppm$

미지시료의 농도 : 검량선으로 구한 미지시료 농도 × 희석배수

$= 7.21ppm \times 20 = 144.20ppm$

$\frac{144.20ppm}{234.00ppm} \times 100 = 61.6239\%$

- 함량(%)

61.62%

(2) 이론 인산(P_2O_5)의 함량(%) 구하기

- 계산식

$$\frac{99g\ NH_4H_2PO_4}{100g\ NH_4H_2PO_4\ \text{공시품}} \times \frac{1mol\ NH_4H_2PO_4}{115.02892g\ NH_4H_2PO_4} \times \frac{1mol\ P_2O_5}{2mol\ NH_4H_2PO_4}$$

$$\times \frac{141.9446g\ P_2O_5}{1mol\ P_2O_5} \times 100 = 61.0825\%$$

∴ 61.08%

- 함량(%)

61.08%

(3) 상대오차(%) 구하기

- 계산식

$\text{상대오차(\%)} = \frac{61.62 - 61.08}{61.08} \times 100 = 0.8841\%$

- 상대오차(%)

0.88%

※ 1. 시료채취량과 검량선의 미지시료의 흡광도값과 농도값으로부터 성적 계산까지 중 근거없는 값을 의도적으로 기재하였다는 감독위원의 전원 합의가 있는 경우 실격 처리된다.
2. 표준시험시간 내에 실험결과값(인산의 함량)을 제출하지 못한 경우 미완성으로 실격 처리된다.

⑤ 실험 종료

① 답안지 제출 후 정리한다.
② 사용한 실험기구 등의 라벨을 제거하고 깨끗하게 세척한다.
③ 사용한 기구들은 제자리에 두고, 주위를 깨끗하게 청소한다.
④ 감독위원의 안내에 따라 퇴실한다.

참고 문헌 & 사이트

- 기기분석, James W. Robinson 외 2인, 2018, 자유아카데미
- 맥머리의 유기화학, John E. McMurry, 2012, 사이플러스
- 레이먼드 창의 기본일반화학, Raymond Chang 외 1인, 2020, 사이플러스
- 분석화학, Daniel C. Harris 외 1인, 2022, 자유아카데미
- 스쿠그의 기기분석의 이해, Douglas A. Skoog 외 2인, 2018, 센게이지러닝코리아(주)
- 스쿠그의 분석화학강의, Douglas A. Skoog 외 3인, 2016, 사이플러스
- 위험물산업기사 필기+실기, 여승훈,박수경, 2023, 성안당
- 일반화학, Jill K. Robinson 외 2인, 2022, 자유아카데미
- 화학분석기사, 이영진, 2019, 성안당

- 국가직무능력표준
  https://www.q-net.or.kr/crf005.do?id=crf00505&gSite=Q&gId=&jmCd=1563&examInstiCd=1
- 명명법
  http://new.kcsnet.or.kr/iupacname
- 연구실안전관리사 학습가이드
  https://license.kpc.or.kr/nasec/qplus/main.do?qtype=qplus&qcertiCode=LSM
- 주기율표
  http://new.kcsnet.or.kr/periodictable
- IR, ^{1}H-NMR, ^{13}C-NMR, MS spectrum
  https://www.chemicalbook.com/

M·E·M·O

M·E·M·O

M·E·M·O

M · E · M · O

M · E · M · O

M·E·M·O

저자 소개 박수경

약력

- 계명대학교 화학 전공, 이학박사 취득
- 계명대학교, 금오공과대학교, 대구가톨릭대학교 등 출강
- 위험물산업기사, 화학분석기사 자격 취득
- 성안당 위험물 / 화학 강사

저서

- 위험물산업기사 필기 / 실기(성안당)
- 위험물기능사 필기 / 실기(성안당)
- 화학분석기사 필기 / 실기(성안당)

화학분석기사 실기

2023. 9. 6. 초 판 1쇄 발행
2025. 3. 12. 개정2판 2쇄(통산 5쇄) 발행

지은이 | 박수경
펴낸이 | 이종춘
펴낸곳 | BM ㈜도서출판 성안당
주소 | 04032 서울시 마포구 양화로 127 첨단빌딩 3층(출판기획 R&D 센터)
10881 경기도 파주시 문발로 112 파주 출판 문화도시(제작 및 물류)
전화 | 02) 3142-0036
031) 950-6300
팩스 | 031) 955-0510
등록 | 1973. 2. 1. 제406-2005-000046호
출판사 홈페이지 | www.cyber.co.kr
ISBN | 978-89-315-8432-5 (13570)
정가 | 32,000원

이 책을 만든 사람들
책임 | 최옥현
진행 | 이용화
전산편집 | 김수진, 이다혜
표지 디자인 | 임흥순
홍보 | 김계향, 임진성, 김주승, 최정민
국제부 | 이선민, 조혜란
마케팅 | 구본철, 차정욱, 오영일, 나진호, 강호묵
마케팅 지원 | 장상범
제작 | 김유석